普通高等教育“十三五”规划教材
电子信息类精品教材

微机原理与接口技术

（第2版）

张颖超　叶彦斐　陈逸菲
周　丽　孙　宁　杨　乐　编著

電子工業出版社
Publishing House of Electronics Industry
北京·BEIJING

内容简介

本书是根据电气与电子信息类本科专业的共同要求而编写的，共15章，分为原理篇、接口篇和拓展篇。

原理篇包括微型计算机基础、8086/8088 CPU及其指令系统、汇编语言程序设计、存储器技术、输入/输出技术、中断技术等。指令系统和汇编语言部分引入了DEBUG调试结果截图，以及与C语言的比较内容，同时保证了比较内容的相对独立性。

接口篇以自动气象站设计为例，导入了8259A、8253、8255A、8251A等可编程接口芯片和A/D转换器。

拓展篇包括总线技术、高性能微处理器及新技术、实验指导。其中接口部分的实验均基于Proteus平台，具有较大的灵活性。

本书内容深入浅出，通过案例导入、问题牵引、比较学习、点线面循序渐进等方式，实现了理论与应用的有机融合，使本书具有较强的可读性。本书在每一章给出了内容提要、教学目标，学习指导和典型例题，为读者学习提供了全方位的辅导。本书适合作为高等学校电气与电子信息类各专业的教材或参考书，还可供从事微机系统设计与应用的工程技术人员阅读和参考。

图书在版编目（CIP）数据

微机原理与接口技术 / 张颖超等编著. —2版. —北京：电子工业出版社，2017.9

电子信息类精品教材

ISBN 978-7-121-31856-6

Ⅰ. ①微… Ⅱ. ①张… Ⅲ. ①微型计算机－理论－高等学校－教材②微型计算机－接口技术－高等学校－教材 Ⅳ. ①TP36

中国版本图书馆CIP数据核字（2017）第130868号

责任编辑：韩同平　　特约编辑：邹凤麒　王　博　段丹辉
印　　刷：三河市良远印务有限公司
装　　订：三河市良远印务有限公司
出版发行：电子工业出版社
　　　　　北京市海淀区万寿路173信箱　　邮编：100036
开　　本：787×1092　1/16　印张：24.25　字数：776千字
版　　次：2011年2月第1版
　　　　　2017年9月第2版
印　　次：2022年11月第11次印刷
定　　价：55.90元

凡所购买电子工业出版社图书有缺损问题，请向购买书店调换。若书店售缺，请与本社发行部联系，联系及邮购电话：（010）88254888。

质量投诉请发邮件至zlts@phei.com.cn，盗版侵权举报请发邮件至dbqq@phei.com.cn。

服务热线：（010）88258888。

第 2 版前言

本书第 1 版于 2011 年出版，被列为“江苏省高等学校精品教材”，配套课件在 2013 年全国高校多媒体课件竞赛中获奖。本教材是作者数十年微机教学经验的总结和多项江苏省高校教育教学成果奖的结晶，自出版以来受到了许多高校老师的青睐和广大读者的欢迎，不仅纷纷选作教材或学习用书，而且还提出了不少宝贵的意见和建议；此外，微机技术发展迅速，教学改革不断创新，互联网+的应用日趋成熟。综合考虑以上因素，这次的第 2 版在保持第 1 版教材特色的基础上，在内容和结构上主要做了以下几个方面的修订。

（1）在原有的原理篇和接口篇的基础上增加了拓展篇。

- 把第 1 版中高性能微处理器及其新技术一节的内容拓展为一章，移入拓展篇，重点新增了微机技术的发展历程和微处理器的最新技术。
- 总线技术一章修改后移入拓展篇，重点新增了总线技术的最新发展和应用。
- 新增了以仿真技术为支撑的实验和实训一章，以满足课程实践性强的特点。

（2）增加了教学指导和辅导内容。在每一章的开始增加了内容提要和教学目标，结尾增加了学习指导和典型例题，同时在每一节增加了适量的练习题。此外，在每一章还增加了部分例题，最后提供了 2 套自测试卷及答案。修订后的教材为读者学习提供了全方位的辅导。

（3）对部分章节进行精简，特别是对指令系统和汇编语言程序设计的部分内容做了删减。

（4）对部分可供自学或者有选择性的教学内容，教材中加星号(*)表示。

全书共 15 章，分为原理篇、接口篇和拓展篇。

原理篇由第 1～7 章组成。第 1 章介绍了微机的发展、结构及特点。以一个模型微型计算机执行指令的过程为切入点，建立了对微型计算机工作原理的初步认识。第 2 章以 8086/8088 CPU 为实例，介绍了 CPU 的构成和特点，并以此为基础讨论了总线操作与时序的概念。第 3 章 8086/8088 CPU 的指令系统和第 4 章汇编语言程序设计引入了与 C 语言的比较内容，实现了两种语言的互补学习；部分内容给出了 DEBUG 环境下的示例，便于读者理解。第 5 章存储器技术，从存储器分类和基本存储单元电路入手，把存储原理和存储器与 CPU 的连接结合起来进行讨论，并引入了现代存储技术的基本内容。第 6 章输入/输出技术以接口、端口、输入/输出方式为主线，讨论了接口的功能、不同输入/输出方式的基本原理和特点。第 7 章中断技术，借中断式输入/输出的基础讨论了中断的概念和中断管理的方法，在此基础上阐明了 8086/8088 CPU 的中断系统。本篇是学习接口篇的基础。

接口篇由第 8～12 章组成。本篇开始以自动气象站的设计为例，导入了中断控制器 8259A（第 8 章）、定时/计数器 8253（第 9 章）、并行接口 8255A（第 10 章）、串行接口 8251（第 11 章）等可编程接口芯片和 A/D 转换器（第 12 章）。每一章都讨论了各个可编程接口芯片的功能、结构、初始化方法和应用设计。第 12 章对 A/D、D/A 转换器的转换原理、接口方法进行了系统讨论。在分步学习与设计的基础上，最后通过集成设计完成一个基本的自动气象站系统的设计工作。本篇在讨论各类常用接口芯片的基本功能和特点的基础上侧重应用。

拓展篇由第 13～15 章组成。第 13 章概述总线的分类、功能及特点，常用的和最新的总线控制方法和标准。第 14 章以 80486 为重点介绍高性能微处理器及其发展，然后阐述了当前高性能微处理器的关键新技术。第 15 章为实验和实训，主要包括汇编语言部分和接口部分的基本实验，覆盖了理论部分的主要知识点。接口实验均基于 Proteus 仿真软件，具有较大的灵活性。

本教材具有以下特色：

（1）案例导入和问题教学相融合，抓住微机课程特点，注重理论联系实际

微机系统运行时各个部件同时工作，内容前后交叉联系密切，不可分离，但是教学中必须分开讲解，这是微机教学的特点也是难点。本书通过案例（自动气象站）导入和问题牵引相融合来解决这一难题：把 8253、8255A、8251A、8259A 等可编程接口芯片以及 A/D 转换器等全部合理导入，采用整体到局部再到整体，循序渐进、适当循环提高的方法来组织内容。

（2）通过比较教学法，借 C 语言基础，促汇编语言学习

汇编语言和 C 语言思维方式不同，语言间既有区别又有联系，而大部分学习微机原理的学生都有良好的 C 语言基础，通过比较教学实现互补，既能促进汇编语言的学习，又能深化对 C 语言的理解和找准 C 语言概念与汇编语言的异同。教材在该部分内容的处理上，保证了与 C 语言比较内容的相对独立性，可以像没有 C 语言存在一样使用。

（3）巧借 DEBUG 调试结果辅助汇编语言的学习，强化与实践的结合

在指令系统和汇编语言编程的讨论中，巧妙地借用 DEBUG 环境下的调试结果截图来说明指令的内涵、程序执行过程和 DEBUG 软件的使用，特别是对指令与标志位的关系、转移类指令目的地址与目标程序的关系的比较论述等问题的准确理解大有益处，同时也拉近了课堂教学与上机实习的距离。

（4）电子资源丰富

- 电子课件注重用多媒体手段刻画抽象问题，提高教学效果。计算机指令运行过程和内部原理很抽象，我们借助动画等多媒体技术着意对其进行刻画，如指令的读取、存储、执行和指令间的关联、时序及输入/输出过程等。这有助于学习效率的提高。
- 新版教材还提供课后习题答案，以及第 15 章的实验参考程序和仿真电路。这些教材资源将帮助教师更好地展开教学工作。

本书配套的电子课件、部分源程序、部分习题答案等教学资源，读者可以登录华信教育资源网（www.hxedu.com.cn）下载，也可以联系编者索取(ch_yi_f@126.com)。

（5）集教材、辅导书、实验指导书为一体

新版教材在每一章列出了重点难点，给出了学习指导和典型例题，并提供了自测试卷和答案。新增的第 15 章对汇编语言部分的主要知识点和接口部分的主要芯片，都设计了实验项目。接口实验部分引入了 Proteus 仿真软件，方便教师和学生使用。

（6）二维码的使用，更是方便了读者学习和知识的拓展

为了丰富教材内容，同时不增加教材篇幅和出版成本，部分实例和内容采用二维码的形式，方便读者下载和在线学习。

本书由南京信息工程大学张颖超、河海大学叶彦斐、南京信息工程大学陈逸菲、周丽、孙宁和杨乐编写。张颖超教授负责全书的统编定稿。本书得到了南京信息工程大学教材建设基金的资助。

书中不足之处，敬请读者及时指正(ch_yi_f@126.com)。衷心感谢所有阅读和关心本书的朋友！

编著者

目　录

原　理　篇

接　口　篇

拓 展 篇

原理篇

微型计算机发展迅速，结构特点鲜明。本篇首先以一个模型微型计算机执行指令的过程为切入点，建立读者对微型计算机工作原理的初步认识。接着以 8086/8088 CPU 为实例，讨论 CPU 的构成和特点，并以此为基础讨论总线操作与时序的概念，这有助于正确理解微机的工作原理和指令。指令系统和汇编语言部分在内容编排上先介绍了数据传送、算术运算、逻辑和移位等指令，然后结合程序设计介绍了各类转移指令、循环指令和串操作指令等。存储系统从存储器分类和基本存储单元电路入手，把存储原理和存储器与 CPU 的连接结合起来讨论，并引入了现代存储技术的基本内容。输入/输出技术以接口、端口、输入/输出方式为主线，讨论了接口的功能、不同输入/输出方式的基本原理和特点，实现了人与计算机的交流。中断技术借中断式输入/输出的基础讨论了中断的概念和中断管理的方法，在此基础上阐明了 8086/8088 CPU 的中断系统。

本篇是接口篇学习的基础。

第 1 章　微型计算机基础

内容提要：

微型计算机的基础知识对认知和学习微机原理与接口技术非常重要。本章介绍微型计算机的发展、组成和结构，以及微型计算机的主要编码形式及相应的运算规则。

教学目标：

- 了解计算机的发展阶段和特点
- 掌握微型计算机的组成和结构
- 掌握数制及相互转换方法
- 掌握有符号数在计算机中的表示方法和加减运算规则
- 掌握 BCD 数的编码方式及运算中出现的问题

1.1　微型计算机发展概述

1971 年，第一个 4 位的微处理器 Intel 4004 由英特尔(Intel)公司研制成功，利用该处理器组成的 MCS-4 作为世界上第一台微型机掀起了计算机大普及的浪潮。微处理器是微型机的核心部件，微处理器是将中央处理器(CPU)和一组称为寄存器(Registers)的特殊存储器集成在一片大规模集成电路或超大规模集成电路封装起来的器件。狭义地说，微处理器就是 CPU。微型机的发展是以 CPU 的发展来表征的。

计算机的发展一般可划分为以下几个阶段。

第一代，1971 年开始，4 位和低档 8 位微处理器时代。典型产品有 Intel 4004(1971 年，仅用于计算器样品研制，改进型为 Intel 4040)和 Intel 8008(1972 年)，如图 1.1-1 和图 1.1-2 所示。

图 1.1-1　Intel 4004

图 1.1-2　Intel 8008

Intel 4004 有 16 个引脚，集成了 2300 个晶体管，能执行 4 位运算，最高频率为 740kHz，平均执行指令时间为 10μs～15μs，支持 8 位指令集及 12 位地址。Intel 8008 有 0.5MHz 和 0.7MHz 两种频率，能执行 8 位运算，整体效能要比 Intel 4004 好很多。

第二代，1973 年开始，8 位微处理器时代。典型产品有 Intel 8080(1973 年)，Motorola MC6800、MC6502(1974 年)，Zilog Z80(1976 年)，Intel 8085(1977 年)。

Intel 8080 集成了 6000 只晶体管，主频为 2MHz，平均执行指令时间为 1μs～2μs，有 16 位地址总线和 8 位数据总线，包含 7 个 8 位寄存器，支持 16 位内存，同时也包含一些输入/输出端口，这也是一个相当成功的设计，有效地解决了外部设备内存寻址能力不足的问题。

第三代，1978 年开始，16 位微处理器时代。典型产品有 Intel 8086(1978 年)，Intel 8088(1979 年)，Zilog Z8000(1979 年)，Motorola MC68000(1979 年)，Intel 80286(1982 年)。

Intel 8086 集成了 29 000 只晶体管，主频为 5MHz，平均指令执行时间为 0.5μs，采用 16 位寄存器、16 位数据总线，标志着第三代微处理器问世；Intel 8088 是一个以 Intel 8086 为基础的微处理器，采用 16 位寄存器和 8 位外部数据总线。Intel 80286 处理器集成了大约 13 万个晶体管，最大主频为 20MHz，采用 16 位数据总线和 24 位地址总线。80286 有两种工作模式：实模式和保护模式。在实模式下，80286 直接访问内存的空间被限制在 1MB 内；而在保护模式下，80286 可以直接访问 16MB 的内存，并具有异常处理机制，这为后来的微软的多任务操作系统 Windows 准备了条件。

第四代，1983 年开始，32 位微处理器时代。典型产品有 Zilog Z80000(1983 年)，Motorola MC68020(1984 年)，Intel 80386(1985 年)，Intel 80486(1989 年)，Motorola MC68030、MC68040(1989 年)。

Intel 80386 集成了约 27.5 万只晶体管，主频 16～40MHz，，平均指令执行时间小于 0.1μs，数据总线和地址总线都是 32 位，首次采用高速缓存(外置)解决内存速度瓶颈问题。80386 除了有实模式和保护模式外，还增加了“虚拟 86”工作模式。在真实模式下，80386 直接访问内存空间被限制在 1MB；在保护模式下，80386-DX 可以直接访问 4GB 内存，并具有异常处理机制；在虚拟 86 模式下，可以同时模拟多个 8086 处理器来加强多处理能力。

Intel 80486 的前身是 Intel 80386，在结构上有很大的突破，它有内置资料快取芯片，一个浮点运算处理器和多重管线，在最佳的条件下，80486 的核心可以在一个时钟周期内处理一个指令。

第五代，1993 年开始，X86 架构处理器时代。典型产品有 Intel Pentium(1993 年)，Intel Pentium Pro(1995 年)，Pentium MMX(1996 年)，Pentium II(1997 年)，Pentium III(1999 年)，Pentium 4(2000 年)等。第五代微处理器是适应人们对多媒体信息和大流量数据处理要求产生的。

Intel Pentium 系列主频从 Pentium 的 66MHz 到 Pentium 4 的最高 3.6GHz，采用了全新的超标量架构，内部有两条管线并行工作，每个时钟周期执行两条运算指令，片内有两片 8KB Cache，节省了 CPU 的存取时间；Pentium 系列后期型号增加了 MMX 多媒体指令，从而拥有更强大的数据处理能力。

第六代，至今，64 位和双核微处理器时代。典型产品有 Intel Pentium D 系列，Core Duo 系列，Intel Itanium 系列，AMD Athlon(速龙)等。

内核是 CPU 的最主要部分(CPU 中间隆起的部分就是内核)，CPU 所有的计算、接收/存储命令、处理数据都由核心执行。

Core(酷睿)系列是 Intel 公司为结束使用长达 12 年之久的 Pentium 处理器而推出的。它采用先进的双核架构，将两个处理器内核封装在一起，支持新的 SSSE3 指令集，全面支持 64 位内存扩展技术。

AMD 和 Intel 的双核技术在物理结构上是不一样的。AMD 将两个内核做在一个晶元上，通过直连架构连接起来，集成度更高；Intel 则是将放在不同晶元上的两个内核封装在一起。

练习题 1

1.1-1 目前制造计算机所采用的电子器件是(　　)。

A．晶体管　　B．电子管　　C．中小规模集成电路　　D．超大规模集成电路

1.1-2 从第一代到第四代计算机的体系结构都是相同的，都是由运算器、控制器、存储器以及输入输出设备组成的，称为(　　)体系结构。

A．艾伦・图灵　　B．冯・诺依曼　　C．比尔・盖茨　　D．罗伯特・诺伊斯

1.2 微型计算机系统的组成、结构与工作过程

微型计算机和大、中、小型机一样，基本结构都是基于冯·诺依曼结构的，如图 1.2-1 所示，由运算器、控制器、存储器、输入设备和输出设备 5 部分组成。

1.2.1 微型计算机系统的组成与结构

1. 微型计算机的组成

微型计算机包括微处理器、存储器、输入/输出(I/O)接口电路和系统总线，如图 1.2-2 所示。它最大的特点就是将控制器和运算器集成在一起，也就是我们常说的中央处理器(CPU)。随着电路集成度的提高，整个 CPU 集成在一个集成电路芯片上，统称为微处理器(Microprocessor)；一般在不引起混淆的情况下，CPU 就是微处理器。

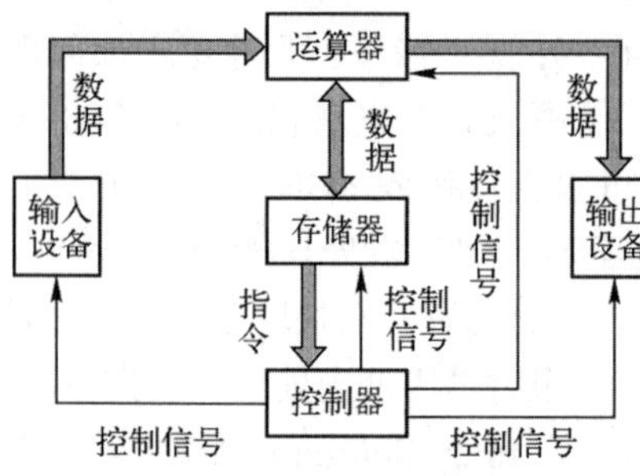

图 1.2-1 冯·诺依曼结构

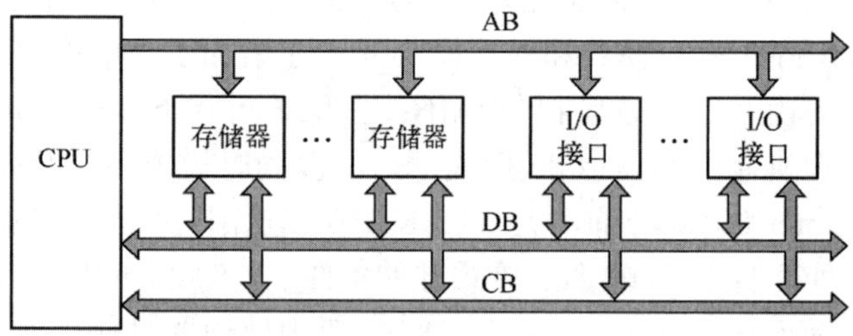

图 1.2-2 微型计算机的组成

（1）CPU

CPU 是微型计算机的核心，包括运算器、控制器和寄存器三个主要部分，主要进行指令译码、算术逻辑运算，通过外部系统总线和存储器或输入/输出接口电路来进行信息交换等。运算器又叫做算术逻辑单元(ALU)，主要负责算术逻辑运算；控制器一般由指令寄存器、指令译码器和控制电路组成，主要负责指令译码并根据指令要求，发出相应控制信息；寄存器主要负责存放经常使用的数据。CPU 的一个重要指标是字长，即它在单位时间内一次可处理的二进制码的位数，如 16 位机、32 位机、64 位机，即指 CPU 的字长。

（2）存储器

这里的存储器主要指主存储器(又叫内存储器)，是具有记忆功能的部件，用来存放数据和程序。存储器中存放信息的最小单位叫存储单元，每个存储单元都用一个地址来标识，也就是说通过地址即可找到某个存储单元，也就可以访问存储单元里存放的信息了。微机中常用的存储容量单位有“位(bit)”、“字节(Byte)”、“字(Word)”等，1bit 即二进制中 0 或 1 所占大小，1Byte = 8bit，1Word = 2Byte = 16bit。通常一个存储单元，存放一个字节信息。若有 1 个字，则需要 2 个存储单元存放，且根据小尾顺序原则存储，即高字节放高地址、低字节放低地址。以图 1.2-3 所示的存储器结构为例，假设要存放字数据 0201H，需要连续的 2 个存储单元，其中低字节 01H 存储在低地址单元 10000H，高字节 02H 存储在高地址单元 10001H。

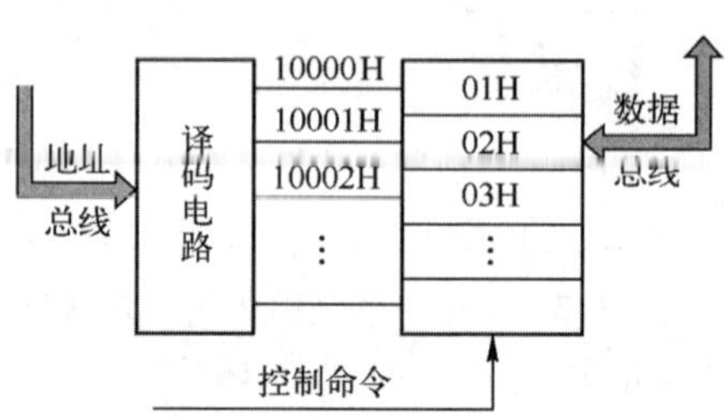

图 1.2-3 存储器结构

存储器读操作：CPU 发地址信息，经过地址总线送到译码电路译码，选中相应的存储单元，CPU 发读控制

命令，相应存储单元中的数据通过数据总线被读出。注意，被读的存储单元中内容不变，除非重新写入新的信息。

存储器写操作：CPU 发地址信息，经过地址总线送到译码电路译码，选中相应的存储单元，CPU 发写控制命令，通过数据总线将数据写入相应存储单元。

（3）输入/输出接口

输入/输出接口电路是外围设备与 CPU 的连接电路，在两者之间进行信息交换的过程中，起暂存、缓冲、类型变换及时序匹配的作用。外部设备是指微型计算机上配备的输入/输出设备，其功能是为微型计算机提供具体的输入/输出手段。常用的输入设备有键盘、鼠标和扫描仪等，常用的输出设备有显示器、打印机和绘图仪等，磁盘、光盘既是输入设备，又是输出设备。由于各种外部设备的工作速度、驱动方法差别很大，无法与 CPU 直接匹配，所以不能将它们简单地连接到系统总线上，需要有一个接口电路来充当它们和 CPU 间的桥梁，通过接口电路来完成信号变换、数据缓冲、与 CPU 联络等工作，这种接口电路叫做 I/O 接口。

（4）总线

总线负责在 CPU 和存储器、输入/输出接口电路间传送地址、数据、控制信息，分为地址总线（AB）、数据总线（DB）和控制总线（CB）。

地址总线：是 CPU 用来向存储器或 I/O 端口传送地址的，是三态单向总线。地址总线宽度决定了 CPU 的寻址能力。一般地，n 根地址线可寻址 2^n 个存储单元。假设一个存储单元容量为一个字节，则有 20 根地址总线的系统，其存储器寻址范围为 2^{20} 字节即 1MB。

数据总线：是 CPU 与存储器及外设交换数据的通路，是三态双向总线。CPU 进行读操作时，外部数据通过数据总线送往 CPU；写操作时，CPU 中的数据通过数据总线送往外部。数据线的多少决定了一次能够传送数据的位数。

控制总线：是用来传输控制信号的，协调系统中各部件的操作，传送方向就具体控制信号而定，有输出控制、输入状态等信号。控制总线决定了系统总线的特点，如功能、适应性等。

2. 微型计算机的性能指标

微型计算机的主要性能指标如下：

（1）主频：是指微型计算机 CPU 的时钟频率。微机运行的速度与主频有关，一般来说，相同架构的处理器主频越高，速度越快。

（2）字长：指微型计算机能够直接处理的二进制数的位数。字长越长，运算速度越高，功能越强。

（3）内存容量：指微机存储器能存储信息的字节数。内存容量越大，能存储信息越多，信息处理能力越强。

（4）存取周期：指主存储器完成一次读写所需的时间。存取时间越短，即存取速度越快，相应的整机运算速度越快。存取周期与主存储器指标有关。

（5）运算速度：指微机每秒所能执行的指令条数，单位用 MIPS（百万条指令/秒）表示。

（6）内核数目：指封装在一个处理器内的处理器内核数目，内核越多则 CPU 处理并行计算的能力越强。

（7）高速缓存：又称 Cache，其作用是使数据存取的速度适应 CPU 的处理速度。对于同类 CPU 来说，高速缓存的容量越大，CPU 的执行效率越高，速度越快。

3. 微型计算机系统

以微型计算机为主体，配上外部输入/输出设备和软件就构成了微型计算机系统，也就是说微机系统是由硬件系统和软件系统组成的。

硬件系统包括微处理器、系统总线、内存储器、I/O 接口和外部设备等，也称为裸机。

软件系统是为了运行、管理和维护微机而编制的各种程序的总和，它包括系统软件和应用软件。系统软件通常包括操作系统、语言处理程序、诊断调试程序、设备驱动程序以及为提高机器效率而设计的各种程序。应用软件是指用于特定应用领域的专用软件，它又分为两类：一类是为解决某一具体应用、按用户的特定需要而编制的应用程序；另一类是可以适合多种不同领域的通用性的应用软件，如文字处理软件、绘图软件、财务管理软件等。

1.2.2 微机系统的工作过程

1．相关概念

微机按照程序自动完成信息处理任务，其工作过程实质上就是执行程序的过程；微机在时钟脉冲作用下有条不紊地执行指令，即按照时序进行工作。时钟周期是计算机中最小的时间单位；利用总线进行数据传递所花的时间叫总线周期，一个基本的总线周期需要 4 个时钟周期；完成一条指令所需的时间称为指令周期，一个指令周期往往包括多个总线周期。

2．微机工作过程

程序是由一条条指令组合而成的，指令通常由操作码和操作数构成，操作码表示要进行什么样的操作，操作数则是参与操作的对象，机器内部指令是以二进制代码形式出现。执行一项信息处理任务的程序代码，是以字节为单位按顺序存放在存储器的一段连续的存储区域内(程序存储)。微机工作时，CPU 中的控制器部分，按照程序指定的顺序(由代码段寄存器 CS 及指令指针寄存器 IP 指引)，到存放程序代码的内存区域中去取指令代码，在 CPU 中完成对代码的分析；然后由 CPU 的控制器部分依据对指令代码的分析结果，适时地向各个部件发出完成该指令功能的所有控制信号(程序控制)。

根据冯·诺依曼的设计，执行一条指令又可分为以下 5 个基本操作：取指令、分析指令、取操作数、执行指令、保存结果。

取指令是从存储器某个地址单元中取出要执行的指令送到 CPU 内部的指令寄存器暂存；分析指令又称为指令译码，把保存在指令寄存器中的指令送到指令译码器，译出该指令对应的操作信号，控制各个部件的操作；如果需要，则取操作数，取操作数过程就是发出取数据命令，到存储器取出所需的操作数；执行指令即根据指令译码，向各个部件发出相应控制信号，完成指令规定的各种操作；如果需要保存计算结果，则把结果保存到指定的存储器单元中。

3．一个程序工作的例子

一个典型的 8 位微处理器结构如图 1.2-4 虚线框内所示，其内部主要包括以下部分。

（1）累加器(Accumulator，A)和算术逻辑单元(Arithmetic Logic Unit，ALU)

累加器用于在运算和传输过程中临时存储数据；算术逻辑单元主要完成算术和逻辑运算，同时将操作结果的特征状态送入标志寄存器(FLAGS，F)。

（2）寄存器组

寄存器组包括通用寄存器、段寄存器、标志寄存器和程序计数器寄存器(Program Counter，PC)。通用寄存器用来寄存参与运算的数据或地址信息；段寄存器用来存放存储器段基址；标志寄存器存放正在执行的程序的状态以及相应的控制信息；程序计数器寄存器(PC)的作用是指明下一条指令在存储器中的地址，每取一个指令字节，PC 自动加 1，如果程序需要转移或分支，只要把转移地址放入 PC 即可。

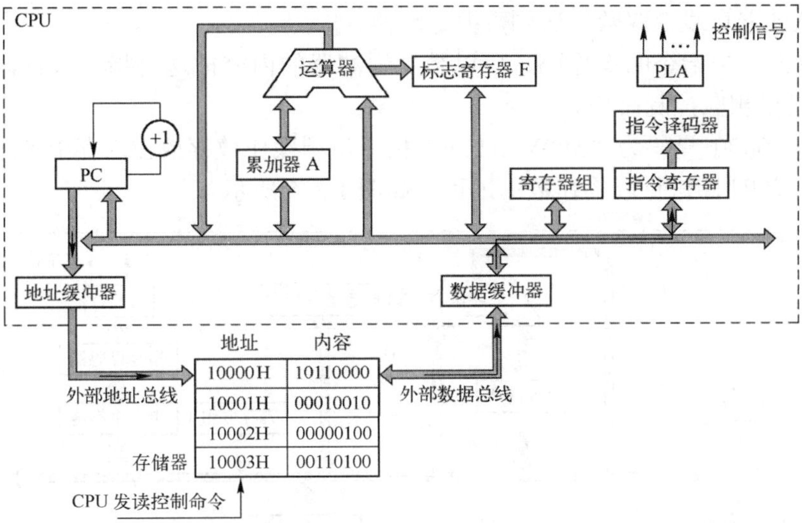

图 1.2-4　CPU 取第一条指令

（3）指令寄存器、指令译码器和定时及产生控制信号的电路

指令寄存器用来存放当前正在执行的指令代码；指令译码器用来对指令代码进行分析、译码，根据指令译码的结果，输出相应的控制信号；时序逻辑产生出各种操作电位、不同节拍的信号、时序脉冲等执行此条命令所需的全部控制信号。

（4）内部总线和总线缓冲器

内部总线把 CPU 内各寄存器和 ALU 连接起来，以实现各单元之间的信息传送。内部总线分为内部数据总线和地址总线，分别通过数据缓冲器和地址缓冲器与芯片外的系统总线相连。

以图 1.2-4 中的模型机为例来说明微机的工作过程。假设计算“12H + 34H”，我们知道需要编写程序，微机才能自动执行该操作，程序如下：

```
    MOV  AL, 12H          ; 将 12H 送到累加器中
    ADD  AL, 34H          ; 计算 12H+34H，结果送回累加器
```

编译后，两条指令对应的机器指令(二进制码)为：

```
    10110000  00010010   ;“MOV  AL, 12H”的机器指令
                         ; 10110000 是操作码, 00010010 是操作数
    00000100  00110100   ;“ADD  AL, 34H”的机器指令
                         ; 00000100 是操作码, 00110100 是操作数
```

两条指令译码后共有 4 个字节，存储器中 1 个存储单元存放 1 字节信息，所以这段程序在存储器中占 4 个存储单元(假设它存放在存储器从 10000H 开始的 4 个单元里)。

CPU 取第一条指令过程如图 1.2-4 所示，程序计数器 PC 用来存放并生成指令地址，如程序载入存储器开始执行时，赋给 PC 第一条指令的首地址，本例中即为 10000H，将 10000H 单元中的内容送入数据缓冲器，通过 PC 加 1 操作，可以依次取指令执行。

CPU 取第一条指令的过程：

① PC 的内容 10000H 送到地址缓冲器。

② PC 的内容送入地址缓冲器后，PC 自动加 1，即由 10000H 变为 10001H。

③ 把地址缓冲器中内容 10000H 送到外部地址总线上至存储器，经地址译码器译码后，选中 10000H 单元。

④ CPU 发读控制命令。

⑤ 在读控制命令控制下，存储器把 10000H 单元中的内容(即第一条指令的操作码 10110000)

送到数据总线上。

⑥ CPU 从数据总线上取数据送到数据缓冲器。

⑦ 因为取出的是指令的操作码，所以数据缓冲器的内容被送到指令寄存器中，经过指令译码器译码，发出相应控制命令。

操作码 10110000 译码为“MOV AL, n”指令，源操作数存放在内存中紧跟操作码的下一个存储单元中。CPU 即进行取操作数的过程，如图 1.2-5 所示。

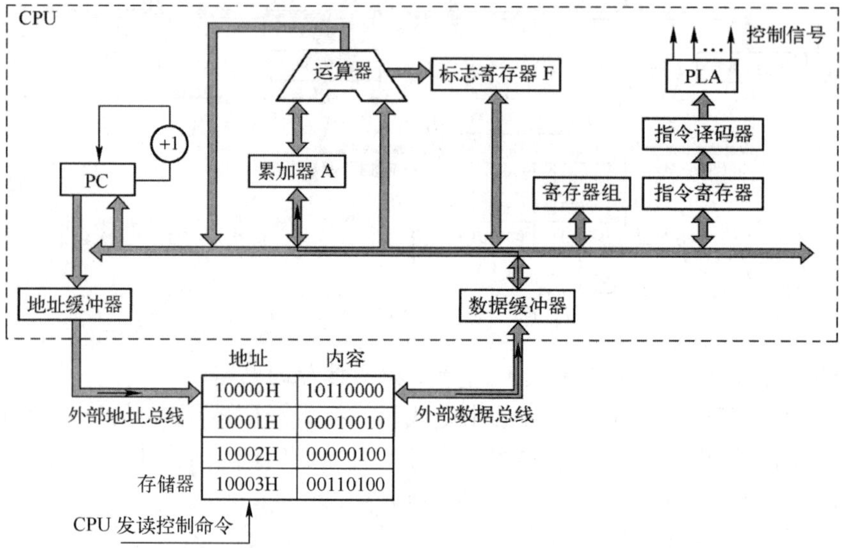

图 1.2-5　CPU 取第一条指令的操作数

① 把 PC 的内容 10001H 送到地址缓冲器。

② PC 的内容送入地址缓冲器后，PC 自动加 1，即由 10001H 变为 10002H。

③ 把地址缓冲器中内容 10001H 送到外部地址总线上至存储器，经过地址译码器译码后选中 10001H 单元。

④ CPU 发读控制命令。

⑤ 在读控制命令控制下，存储器把 10001H 单元中的内容 12H 送到数据缓冲器。

⑥ CPU 从数据总线上取数据 12H 送到数据缓冲器。

⑦ 因为取出的是操作数，按指令要求把它送到累加器，所以数据缓冲器的内容通过内部数据总线送到累加器。

至此第一条指令执行结束，CPU 开始执行第二条指令。取第二条指令的过程与取第一条指令的过程相同，PC 加 1 后变为 10003H，10002H 存储单元中的内容 00000100 送到数据缓冲器后，通过内部数据总线送到指令寄存器，经过指令译码后，该指令的一个操作数存在累加器中，另一个操作数由第二条指令给出，所以需要取第二条指令的操作数，该操作数在内存中紧跟在第二条指令操作码后面。取第二字节操作数及执行指令的过程如下：

① PC 的内容 10003H 送到地址缓冲器。

② PC 的内容送入地址缓冲器后，PC 自动加 1，即由 10003H 变为 10004H。

③ 把地址缓冲器中内容 10003H 送到外部地址总线上至存储器，经地址译码器译码后，选中 10003H 单元。

④ CPU 发读控制命令。

⑤ 在读控制命令控制下，存储器把 10003H 单元中的内容(即第二条指令的操作数 00110100)送到数据总线上。

⑥ CPU 从数据总线上取数据送到数据缓冲器。

⑦ 数据缓冲器中的内容 34H 通过内部数据总线送暂存器。

⑧ 累加器中的内容和暂存器中的内容同时送到运算器的两个输入端，执行加法操作。

⑨ 最后运算器运算结果 46H 送回到累加器中。

这样，第二条指令执行结束。

这两条指令执行过程是一种串行工作方式，是以往计算机提高工作速度的一个障碍，根本解决的方法是采用并行操作。现在的计算机采用流水线技术，是一种同时进行若干操作的并行处理方式，它把取指令操作和执行指令操作并行进行，在执行一条指令的同时，又取另一条和若干条指令。

练习题 2

1.2-1 通常所说的 32 位机，指的是这种计算机的 CPU（ ）。

A．是由 32 个运算器组成的　　B．能够同时处理 32 位二进制数

C．包含有 32 个寄存器　　D．一共有 32 个运算器和控制器

1.2-2 一般在微处理器中包含有（ ）。

A．算术逻辑单元　　B．主存　　C．I/O 单元　　D．数据总线

1.2-3 一个完整的计算机系统应该包括（ ）。

A．系统软件和应用软件　B．计算机及其外部设备　C．硬件系统和软件系统　D．系统硬件和系统软件

1.2-4 构成微机的主要部件除 CPU、系统总线、I/O 接口外，还有（ ）。

A．CRT　　B．键盘　　C．磁盘　　D．内存（ROM 和 RAM）

1.2-5 一台计算机实际上是执行（ ）。

A．用户编制的高级语言程序　　B．用户编制的汇编语言程序

C．系统程序　　D．由二进制码组成的机器指令

1.2-6 一台计算机之所以能连续自动进行数据处理，其主要原因是（ ）。

A．采用了开关电路　B．采用了半导体器件　C．具有存储程序的功能　D．采用了二进制

1.2-7 运算器的主要功能是（ ）。

A．算术运算　　B．逻辑运算　　C．算术和逻辑运算　　D．函数运算

1.2-8 判断题

（1）所谓三总线就是数据总线、控制总线、地址总线。（ ）

（2）无论什么微机，其 CPU 都具有相同的机器指令。（ ）

（3）汇编语言就是机器语言。（ ）

1.2-9 在计算机内部所有信息的存取、处理、传送都是以__________形式进行的。

1.2-10 两个数 1234H 和 9ABCH 分别存储在 10000H 和 21000H 开始的存储单元中，试画图表示存储情况。

1.3 常用数制与编码表示方法

1.3.1 计算机中常用的数制

1. 数制

现实生活中，使用最多的是十进制，即有 0, 1, 2, 3, 4, 5, 6, 7, 8, 9 十个数；计算机中采用的是二进制，即只有 0 和 1 两个数。有时也使用十六进制、十进制、八进制来表示二进制数。不

同数制用不同后缀表示，二进制的后缀是 B，八进制的后缀是 O 或 Q，十进制的后缀为 D(一般省略不写)，十六进制的后缀为 H。这些进制值叫做基数(记作 r)。

二进制数制中有 0 和 1，八进制中有 0, 1, 2, 3, 4, 5, 6, 7 八个数，十六进制中有 0, 1, 2, 3, 4, 5, 6, 7, 8, 9, A, B, C, D, E, F 十六个数，这些数就叫做该数制的数码(记作 a)；每个数中的每一位与之对应的单位值，叫“权”(是基数的某次幂，记作 r^i)，如一个十六进制数$(6C2A)_H$ 每位对应的权为 $16^3, 16^2, 16^1, 16^0$。

通常，任意 r 进制数 N 可以表示为

$$N = a_{n-1} \cdot r^{n-1} + a_{n-2} \cdot r^{n-2} + \cdots + a_2 \cdot r^2 + a_1 \cdot r^1 + a_0 \cdot r^0 + a_{-1} \cdot r^{-1} + \cdots + a_{-m} \cdot r^{-m} = \sum_{i=-m}^{n-1} a_i \cdot r^i$$

在进行算术运算时，二进制逢 2 进 1，借 1 当 2；八进制逢 8 进 1，借 1 当 8；十进制逢 10 进 1，借 1 当 10；十六进制逢 16 进 1，借 1 当 16。对不同的数制进行算术运算时，需要考虑这些区别。

2．不同数制间的转换

（1）r 进制数转换成十进制数

公式 $N = \sum_{i=-m}^{n-1} a_i \cdot r^i$ 实际上给出了 r 进制数转换成十进制数的方法，任何数制都可由其数码乘上对应的权再求和转换成十进制数。

【例 1. 3-1】 将二进制数$(1011.001)_B$ 转换为十进制数。

【解答】 $(1011.001)_B = 1 \times 2^3 + 0 \times 2^2 + 1 \times 2^1 + 1 \times 2^0 + 0 \times 2^{-1} + 0 \times 2^{-2} + 1 \times 2^{-3} = (11.125)_D$

（2）十进制数转换成 r 进制数

十进制数转换成 r 进制数时，根据需要，将数分成整数部分和小数部分(如果有小数部分的话)分别转换。

整数部分除 r 取余，直到商为零，余数按逆序排列，即第一个余数排在最右边；小数部分乘 r 取整数部分，留小数部分继续乘 r，直到小数部分为零或达到要求的精度为止(可能小数部分永远得不到零)，所得整数按顺序排列，即第一个得到的整数排在最左边。

【例 1.3-2】 将十进制数$(21.643)_D$ 转换为二进制数。

【解答】 分成整数部分 21、小数部分 0.643 分别转换为二进制数：

整数部分	余数	小数部分	取整数部分
2 | 21		0.643 × 2	
2 | 10	1 ↑	1.286 × 2	1 ↓
2 | 5	0	0.572 × 2	0
2 | 2	1	1.144 × 2	1
2 | 1	0	0.288 × 2	0
0	1	0.576	0

则$(21.643)_D \approx (10101.10100)_B$(精度为 5 位小数)。

（3）二进制、八进制、十六进制数间的转换

十进制数转换为二进制数转换过程较长，二进制数表示十进制数需要占更多位数容易出错。为方便起见，一般借助八进制数或十六进制数表示十进制数，然后再转换为二进制数，3

位二进制数相当于 1 位八进制数($8^1=2^3$)，4 位二进制数相当于 1 位十六进制数($16^1=2^4$)。它们与十进制数的对照见表 1.3-1。

表 1.3-1 常用数制对照表

二进制	八进制	十进制	十六进制
0000	0	0	0
0001	1	1	1
0010	2	2	2
0011	3	3	3
0100	4	4	4
0101	5	5	5
0110	6	6	6
0111	7	7	7
1000	10	8	8
1001	11	9	9
1010	12	10	A
1011	13	11	B
1100	14	12	C
1101	15	13	D
1110	16	14	E
1111	17	15	F

这样，二进制数转换为八进制数时，分成整数部分和小数部分，每 3 位为一组对应一个八进制数，不满 3 位的补零；反之，八进制数、十六进制数转换为二进制数只需将 1 位对应成 3 位、4 位二进制数即可。

【例 1.3-3】 将二进制数$(10100.10100)_B$转换为八进制数。

【解答】 $(\underset{2}{\underline{010}}\ \underset{4}{\underline{100}}.\underset{5}{\underline{101}}\ \underset{0}{\underline{000}})_B=(24.50)_O$

【例 1.3-4】 将十六进制数$(6C2A.15)_H$转换为二进制数。

【解答】 $(6C2A.15)_H=(\underset{6}{\underline{0110}}\ \underset{C}{\underline{1100}}\ \underset{2}{\underline{0010}}\ \underset{A}{\underline{1010}}.\underset{1}{\underline{0001}}\ \underset{5}{\underline{0101}})_B$

1.3.2 计算机中信息的编码表示

编码是采用少量的基本符号，选用一定的组合原则，以表示大量复杂多样的信息的技术。计算机中任何信息必须转换成二进制形式数据后才能由计算机进行处理、存储和传输。

1. BCD 码(二-十进制编码)

BCD(Binary Code Decimal)码是用四位二进制数表示一个十进制数的编码，这种编码形式使二进制和十进制之间的转换更快捷。表 1. 3-2 是十进制数 0～9 的 BCD 编码对照表。一个字节可以表示一位或两位 BCD 码，若一个字节表示一位 BCD 码即为非压缩 BCD 码，若一个字节表示两位 BCD 码即为压缩 BCD 码。

表 1.3-2 十进制数与 BCD 码的对照表

十进制数	0	1	2	3	4	5	6	7	8	9
BCD 码	0000	0001	0010	0011	0100	0101	0110	0111	1000	1001

微型计算机中利用 BCD 码表示十进制数，但是运用 BCD 码进行运算时，微机是按照二进制进行计算的，得到的结果中可能出现 1010～1111，而非 BCD 码。这是由不同进位制所导致的，必须根据 BCD 码调整规则对运算结果进行调整。压缩 BCD 码的十进制调整规则如下：

(1) 结果中个位(D_3向D_4)有进位/借位，则加/减 06H；

(2) 结果中十位(D_7向D_8)有进位/借位，则加/减 60H；

(3) 结果中个位超过计数符号 9(1001 B)，则加/减 06H；

(4) 结果中十位超过计数符号 9(1001 B)，则加/减 60H。

【例 1.3-5】 求 BCD 数 88 与 59 的和。

【解答】

```
       ↓┐
  88 | 10001000 B
+)59 | 01011001 B
-----------------
 147 | 11100001 B
```

结果不是 BCD 数。结果低 4 位有进位，但不是到 10 而是到 16 后才进位；高 4 位结果超过 10，但没有进位，不是 BCD 码。显然此处符合调整规则中的情况（1）和（4），因此调整如下：

```
    88  |    10001000 B
  +)59  |    01011001 B
  ------+-------------
   147  |    11100001 B
        | +) 01100110 B
        |  -----------
        |  1 01000111 B
        |  ↑_|
```

可见，根据上述原则调整之后结果为 BCD 数。程序设计时，BCD 运算仅需使用调整指令，让计算机自动调整，不需要手工调整(详见第 3 章)。

2. ASCII 码

计算机中用二进制编码来表示字符和字符串。另外，从键盘输入的信息或显示输出的信息都是字符形式的，如：字母 a～z、A～Z；数字 0～9 等。这些字符用 ASCII 码(美国信息交换标准代码，American Standard Code for Information Interchange)表示。ASCII 码用 8 位二进制表示一个字符，其中低 7 位为 ASCII 值，最高位一般作为校验位，见附录 C。

练习题 3

1.3-1 完成下列数制的转换。

（1）$(201)_D$=(　　　　　$)_H$ =(　　　　　$)_O$=(　　　　　$)_B$

（2）$(123.45)_D$=(　　　　　$)_H$ =(　　　　　$)_O$=(　　　　　$)_B$

（3）$(1ACD)_H$=(　　　　　$)_D$ =(　　　　　$)_O$=(　　　　　$)_B$

（4）$(10110101)_B$=(　　　　　$)_D$ =(　　　　　$)_O$=(　　　　　$)_H$

1.3-2 十进制数 255 的 ASCII 码可以表示为________；用压缩型 BCD 码表示为 __________；其十六进制数表示为___________。

1.3-3 判断：与二进制数 11001011B 等值的压缩型 BCD 码是 11001011B。(　　)

1.3-4 用 BCD 码求下列各数，要求结果为 BCD 码。

（1）38 + 49　　　（2）33 + 34　　　（3）91 + 66　　　（4）87 + 15

1.4 微型计算机中的数据表示方法

1.4.1 无符号数与有符号数

数在微型计算机中用二进制数表示，包括无符号数和有符号数两种。

无符号数不分正负，二进制格式的数位都是数值位，均用来表示数的大小。例如，8 位无符号数的范围是 0～255(0～FFH)。

有符号数的最高位是符号位：1 表示负数，0 表示正数。数的表示范围受字长和数据类型的限制。有符号数有三种表示方法：原码、反码、补码。下面以 8 位字长为例进行介绍。

（1）原码

整数 X 的原码除去最高位即符号位外，其余数值部分就是其绝对值的二进制数。如：

$[+1]_{原}$ = 00000001 B　　　　$[-1]_{原}$ = 10000001 B

$[+127]_{原}$ = 01111111 B　　　　$[-127]_{原}$ = 11111111 B

$[+0]_{原}$ = 00000000 B　　　　$[-0]_{原}$ = 10000000 B

（2）反码

整数 X 的反码：对于正数，反码同原码；对于负数，符号位为 1，其余数值位取反。如：

```
[+1]反   = 00000001 B        [-1]反   = 11111110 B
[+127]反 = 01111111 B        [-127]反 = 10000000 B
[+0]反   = 00000000 B        [-0]反   = 11111111 B
```

（3）补码

整数 X 的补码：对于正数，补码同原码；对于负数，用 $2^n-|X|$表示，n 为机器字长，求负数补码的简单方法是将此数对应的正数原码写出，然后符号位为 1，其余数值位取反后加 1。

```
[+1]补   = 00000001 B        [-1]补   = 11111111 B
[+127]补 = 01111111 B        [-127]补 = 10000001 B
[0]补    = 00000000 B        [-128]补 = 10000000 B
```

1.4.2 有符号二进制数的计算

三种表示法中，最常用的是补码表示法，原因如下：

（1）符号位能与有效数值部分一起参加数值运算，从而简化运算规则、节省运行时间。

（2）使减法运算转化成加法运算，从而简化计算机中运算的线路设计。

进行运算时，乘、除操作均可用加、移位操作实现，减操作实际是加上一个负数，用补码可以方便地进行运算。

1．补码加减法运算规则

采用补码来表示数，在加减法运算时，不必判断数的正负，只要符号位参加运算就能得到正确结果。运算规则如下：

$$[x+y]_{补}=[x]_{补}+[y]_{补}，\quad [x-y]_{补}=[x]_{补}+[-y]_{补}$$

【例 1.4-1】 按补码运算规则计算“−6＋4”和“−10−5”。

【解答】

```
[6]补  = 00000110 B
[-6]补 = 11111010 B
[-6+4]补 = [-2]补 = 11111110 B
[-6]补+[4]补 = 11111010 B + 00000100 B = 11111110 B
[5]补  = 00000101 B                [10]补  = 00001010 B
[-5]补 = 11111011 B                [-10]补 = 11110110 B
[-10-5]补 = [-15]补 = 11110001 B
[-10]补+[-5]补 = 11110110 B + 11111011 B = 11110001 B
```

2．补码加减法运算的溢出判断

计算机字长有限，因此能表示的数据是有范围的，比如 8 位补码表示的有符号数在−128～+127 范围内。当超出这个范围时，运算结果将出错，这称为溢出。产生溢出的原因是数值位占用了符号位。加减法运算溢出的判断有以下两种方法。

（1）符号位判别法

- 若两个同号数相加，结果的符号位与之相反，则溢出。
- 若两个异号数相减，结果的符号位与减数相同，则溢出。
- 若两个异号数相加或同号数相减，则不溢出。

（2）双高位判别法

- 若次高位（即最高数值位）和最高位（即符号位）不同时产生进位或借位，则溢出。
- 若次高位和最高位同时产生进位或借位，则不溢出。

换句话说，将最高数值位向符号位的进位/借位记为 C_P，符号位向前产生的进位/借位记为 C_S，有 $C_P \oplus C_S = 1$ 则溢出，$C_P \oplus C_S = 0$ 则不溢出（⊕为异或）。

【例 1.4-2】 当字长为 8 时，计算 127 + 1，并用两种方法来判断结果是否正确。

【解答】

```
     127          [127]补 = 01111111 B
 +)    1            [1]补 = 00000001 B
 ---------     ------------------------
     128                  10000000 B
                          ↑
                          Cp
```

根据符号位判别法可知：两个正数数相加结果为负数，因此结果溢出；根据双高位判别法 $C_P \oplus C_S = 1 \oplus 0 = 1$，因此结果溢出。

练习题 4

1.4-1 判断题

（1）若$[X]_{原}=[X]_{反}=[X]_{补}$，则该数为正数。（ ）

（2）补码的求法是：正数的补码等于原码，负数的补码是原码连同符号位一起求反加 1。（ ）

（3）如果二进制数 11111B～01111B 的最高位为符号位，其能表示 31 个十进制数。（ ）

1.4-2 用补码表示的二进制数 10001000B 转换为对应的十进制数真值为__________。

1.4-3 假设某微机的字长是 8 位，给出−52 的原码、反码、补码。

1.4-4 计算机的内存“溢出”是指其运算结果（ ）。

A．为无穷大

B．超出了计算机内存储单元所能存储的数值范围

C．超出了该指令所指定的结果单元所能存储的数值范围

D．超出了一个字所能表示数的范围

1.4-5 已知 X=85，Y=76（均为十进制数），设字长为 8，求$[-85]_{补}$，$[-76]_{补}$。并利用补码的加减法运算规则计算$[X-Y]_{补}$，$[-X+Y]_{补}$，$[-X-Y]_{补}$。要求写出计算过程，并判断是否溢出。

1.5 本章学习指导

1.5.1 本章主要内容

1．计算机的发展

微型计算机系统的发展历程，各阶段微机主要特点。

2．微型计算机系统

微型计算机由处理器、存储器、输入/输出接口及三大总线（数据总线 DB、地址总线 AB、控制总线 CB）组成。其中：

- 数据总线为双向三态，数据线的多少决定了一次能够传送数据的位数。
- 地址总线为单向三态，输出将要访问的内存单元或 I/O 端口的地址，地址总线宽度决定了 CPU 的寻址能力。
- 控制总线的各信号线特点各异。

处理器由运算器、控制器和寄存器组成。以微型计算机为主体加上外部输入/输出设备，就得到了常说的裸机。在裸机的基础上加上软件系统就得到了微机系统。

X86 系列微机存储器采用小尾顺序原则：数据的低位保存在内存的低地址部分，而数据的高位保存在内存的高地址部分。

3．计算机中数和编码的表示

（1）进制的表示及相互之间的转换，常用的有：二进制数、十进制数、八进制数、十六进制数。

（2）有符号数的表示(包括：真值、原码、反码、补码)及相互之间的转换。注意：

- 正数的原码、反码和补码相等。
- 负数的反码等于其原码的符号位不变、其他位求反。
- 负数的补码等于其原码的符号位不变、其他位求反后加 1。
- 常用补码运算规则：

$$[x+y]_{补}=[x]_{补}+[y]_{补}，[x-y]_{补}=[x]_{补}+[-y]_{补}$$

（3）编码的表示：非压缩型 BCD 码(用 8 位二进制数表示 1 位十进制数，其中高 4 位为 0)、压缩型 BCD 码(用 8 位二进制数表示 2 位十进制数)、ASCII 码。

（4）有符号数进行补码运算时，数值部分发生溢出的判断方法有以下两种。

① 符号位判别法：

- 若两个同号数相加，结果的符号位与之相反，则溢出。
- 若两个异号数相减，结果的符号位与减数相同，则溢出。
- 若两个异号数相加或同号数相减，则不溢出。

② 双高位判别法：$C_P \oplus C_S = 1$ 则溢出；$C_P \oplus C_S = 0$ 则不溢出。其中 C_P 为最高数值位向符号位的进位/借位，C_S 为符号位向前产生的进位/借位。

1.5.2 典型例题

【例 1.5-1】 某台计算机有 20 根地址线和 16 根数据线，则其存储器寻址空间多大？通过数据总线一次可传送的有符号数的范围是多大（设采用补码）？

分析：地址线多少决定了计算机能直接寻址的存储器范围，而数据线多少决定了一次可传送的二进制位数，假设地址线和数据线根数分别为 n 和 m，则存储器寻址空间为 2^n B，一次可传送的有符号数的范围：$-2^{m-1}\sim2^{m-1}-1$。

【解答】其存储器寻址空间为 1MB，数据总线一次可传送的用补码表示的有符号数的范围是-32768～32767($-2^{15}\sim2^{15}-1$)。

【例 1.5-2】 试说明微处理器、微型计算机和微机系统的概念。

【解答】微处理器也称为 CPU，是构成微机的核心部件，通常是包含运算器和控制器的一块集成电路。具有解释指令、执行指令和与外界交换数据的能力。

微型计算机是通过总线把 CPU、I/O 接口电路和半导体存储器(ROM 和 RAM)组合在一起构成的一台物理装置。

微机配上外部设备、系统电源和软件就构成了一个微机系统，简称系统机。其中，所有物理装置的集合称为硬件系统，也称为裸机或硬核，是计算机存储和执行程序、实现各种功能的物质基础。硬件系统必须与软件系统(系统软件和应用软件)相配合构成一个微机系统，才能完成各种工作。

三者的关系如图 1.5-1 所示。

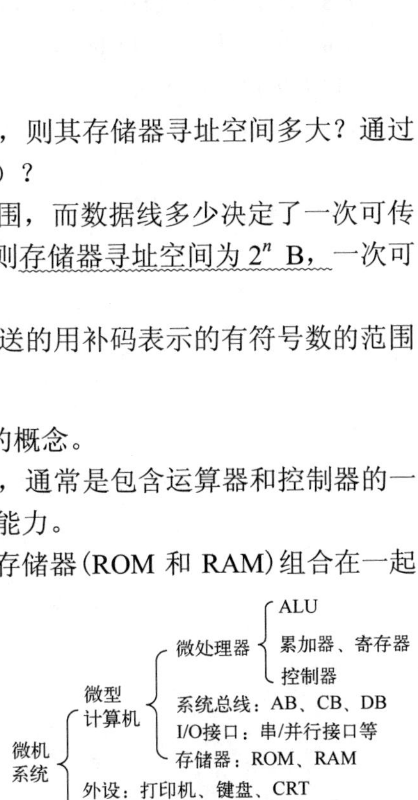

图 1.5-1 微机系统层次图

【例 1.5-3】 计算$(11010.1)_2 + (100100.1000)_{BCD} + (26.8)_{16} = (\quad)_{10}$

分析：考查二进制、十六进制及 BCD 码之间的运算，运算结果为十进制。先把所有数据转换成十进制后再相加。

【解答】$(11010.1)_2 = (0001\ 1010.1000)_2 = (1A.8)_{16} = 1\times16^1 + A\times16^0 + 8\times16^{-1} = (26.5)_{10}$

$(100100.1000)_{BCD} = (0010\ 0100.1000)_{10} = (24.8)_{10}$

$(26.8)_{16} = 2\times16^1+6\times16^0+8\times16^{-1} = (38.5)_{10}$

$(11010.1)_2 + (100100.1000)_{BCD} + (26.8)_{16} = (89.8)_{10}$

本章习题

1-1 下面是四个无符号数的大小顺序，正确的排列是（　　）。

A．0FEH > 250D > 371Q > 0111111B　　B．250D > 0FEH > 371Q > 0111111B

C．371Q > 0FEH > 250D > 0111111B　　D．0111111B > 0FEH >250D > 371Q

1-2 一个 8 位二进制数，若采用补码表示，且由 4 个 1 和 4 个 0 组成，则最小值为（　　）。

A．−120　　B．−7　　C．−112　　D．−121

1-3 用 BCD 码进行相加，结果为 BCD 码，为得到正确结果，对高 4 位和低 4 位都进行加 6 修正的是（　　）。

A．38 + 49　　B．33 + 34　　C．91 + 56　　D．87+15

1-4 完成下列无符号数的加、减运算。

（1）24A5H 和 0033H　　（2）62FCH 和 0004H　　（3）7889H 和 0777H

（4）7BCDH 和 35B5H　　（5）5CBEH 和 0BAFH

1-5 试指出十六进制数计数符号 0～9 及 A～F 的 ASCII 码值，并说明其 ASCII 码值之间的数值关系。

1-6 设计算机字长为 8 位，对下列有符号数进行计算，并用双高位法判断是否产生溢出。

（1）(+90) + (+107)　　（2）(−110) + (−92)　　（3）(+45) + (+30)

（4）(−14) + (−16)　　（5）(−117) + (+121)　　（6）(−12) + (+9)

第 2 章　8086/8088 微处理器

内容提要：

8086 是 X86 架构的鼻祖。本章介绍微机系统的核心部件——微处理器(CPU)。对具有典型基础意义的 8086/8088 微处理器详细解析了其功能结构、寄存器结构、存储器寻址方法、各引脚功能以及总线时序。

教学目标：

- 掌握微处理器的功能结构组成。
- 理解和掌握微处理器的寄存器结构，明确各寄存器的用法。
- 理解“段加偏移”的存储器寻址方法，掌握物理地址和逻辑地址的关系。
- 掌握微处理器的总线周期的概念，理解微机系统在时序作用下的工作过程。

2.1　8086/8088 微处理器特点

20 世纪 80 年代初，IBM 公司用 Intel 8088 作为中央处理器(CPU)，推出了个人计算机 IBM-PC/XT 系统(现称微机系统或 PC)，从此，开创了个人计算机系统的先河，微处理器 8086/8088 成为微机系统的典型芯片。

在 PC 系列微机中，应用最广泛的微处理器是 Intel 公司的 X86 系列，为了保持产品的兼容性和维护老用户在软件上的投资不受损失，Intel 公司推出的新一代 X86 系列微处理器一定兼容 8086/8088 微处理器指令系统，这就决定了新型芯片是在老芯片基础上改进和发展起来的。因此，X86 系列(包括 Pentium 和 Pentium Ⅲ)都是在 8086/8088 基础上逐步改进发展而来的。学习 8086/8088 微处理器的基本结构原理就成为掌握 X86 系列处理器的基础。

8088 微处理器是 IBM PC/XT 微型计算机系统板的核心部件。在这片大规模集成电路芯片上，集成了控制整个微型计算机工作的指令译码电路、微程序控制电路、寄存器组及算术逻辑运算部件(ALU)。它是一种通用的高性能的准 16 位微处理器。

8086 是 Intel 系列的 16 位微处理器。8086 和 8088 的内部结构基本相同，所不同的是：8086 的外部数据总线为 16 位，而 8088 的外部数据总线为 8 位，因此，称 8086 为 16 位微处理器，而 8088 为准 16 位微处理器。功能强大的微处理器 8086/8088 还有如下一些特点：

（1）指令系统功能齐全，各类指令共 100 多条。

（2）多种寻址方式，适用于高级语言中的数组和记录等数据结构形式。

（3）20 位地址线。存储器寻址范围可达 1MB 的存储空间。

（4）16 位 I/O 端口地址线，I/O 接口可寻址 64K 端口地址。

（5）具有较强中断处理能力。能处理软件中断、非屏蔽中断和可屏蔽中断三类中断源。

（6）具有管理和响应 DMA 操作的能力。

（7）可实现多处理器协调和管理总线的能力。

2.2 8086/8088 微处理器结构

了解 8086/8088 CPU 内部结构是理解微机工作原理的重要基础，其寄存器构成及作用是编写汇编语言程序所必须掌握的。掌握本节内容对后续章节的学习非常重要。

2.2.1 8086/8088 功能结构

在 8086/8088 之前，微处理器执行指令的过程是串行的，即取指令后分析执行，继而取下一条指令再分析执行。为了使取指令与分析、执行指令能并行进行，提高 CPU 的执行效率，8086/8088 CPU 由两大模块，即总线接口部件(Bus Interface Unit，BIU)和执行部件(Execution Unit，EU)组成，如图 2.2-1 所示。

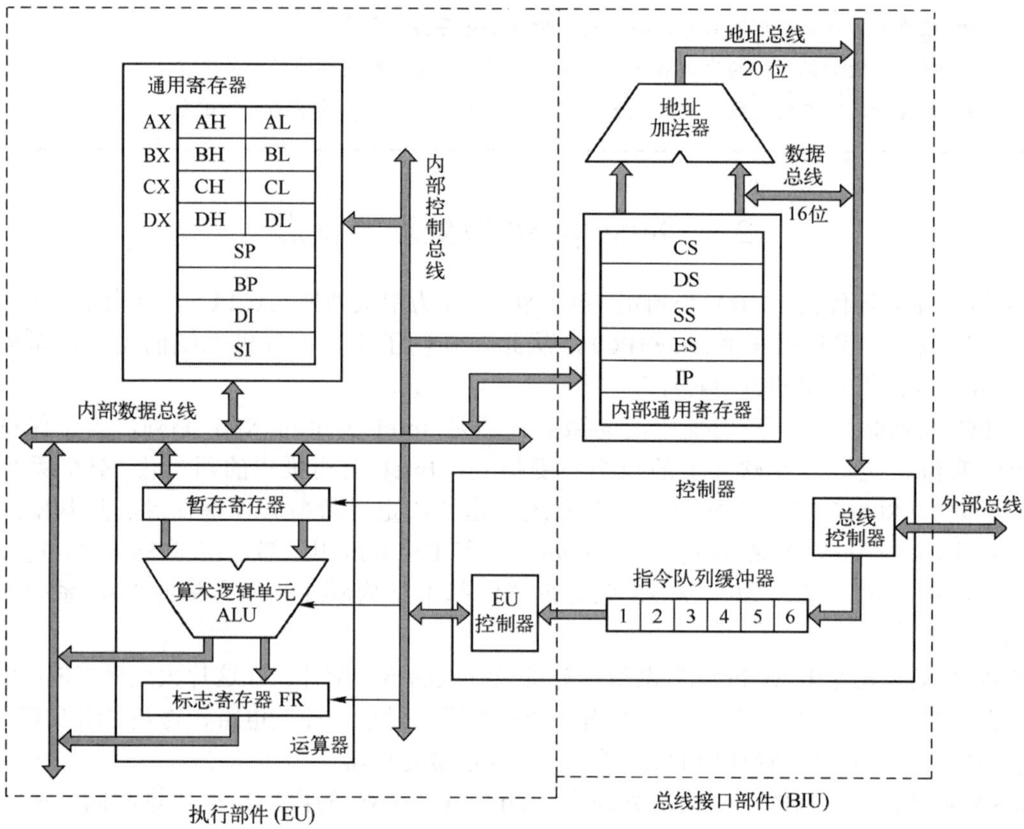

图 2.2-1 8086 内部功能结构

1．总线接口部件(BIU)

总线接口部件(BIU)负责在 CPU 与存储器、I/O 端口之间传送数据。BIU 完成下述功能：

（1）保持当前要执行的指令、分析指令、向执行部件提供稳定的指令特征状态；

（2）计算下条指令的地址，以便控制程序的走向，保证正确地执行程序；

（3）控制存储器、输入/输出设备之间的数据交换。

BIU 的内部结构由 4 个段寄存器(CS、DS、SS、ES)、指令指针寄存器 IP、完成与 EU 通信的内部寄存器、地址加法器和指令队列缓冲器组成。这些寄存器的主要功能如下：

（1）地址加法器将段地址寄存器的内容和地址偏移量相加，生成 20 位物理地址。

（2）16 位指令指针寄存器(IP)，类似于前面介绍的程序计数器(PC)，它可用于以下 3 种情况：

① 当取指令时，用代码段寄存器 CS 加上 IP 偏移量，形成要取出的指令字节的 20 位物理地址。每取一个指令操作码字节后，IP 自动加 1。

② 形成指令队列时，按 IP 顺序取出的指令字节装入指令队列中，进行排队，等待执行，程序员不能对 IP 进行存取操作。

③ 执行转移类指令、子程序调用和返回指令及中断响应时，能按照指令自动修改 IP 的内容。

BIU 部件提供存储器与输入/输出接口的地址、数据和控制信号线。图 2.2-1 所示的外部总线是这些信号线的总称，后面会详细介绍具体引脚。

2．执行部件(EU)

执行部件(EU)负责指令的执行。EU 由算术逻辑单元、暂存寄存器、标志寄存器、通用寄存器组和 EU 控制器构成。其主要任务是执行指令，进行全部算术逻辑运算，完成偏移地址的计算，向总线接口单元(BIU)提供指令执行结果的数据和偏移地址，并对通用寄存器和标志寄存器进行管理。

取指令部分与执行指令部分是分开的，在一条指令的执行过程中，就可以读取下一条及后续的多条指令到指令流队列中排队。这种重叠式的操作技术，过去只在大型计算机中才使用。

3．指令队列缓冲器

指令队列缓冲器是暂存指令的寄存器，又称为指令栈。它由 6 个(8088 是 4 个)八位的寄存器组成。8086/8088 在指令译码和执行指令的同时，总线接口部件从存储器中取下面一条或几条指令，取来的指令就放在指令队列中。一般情况下，CPU 执行完一条指令就可以立即执行下一条指令，从而提高了 CPU 执行指令的速度。

如图 2.2-2 所示，指令队列缓冲器遵循先装入的指令先取出、后装入的后取出。开始时队列缓冲器是空的，执行部件处于等待状态，取出的第 1 条指令放入队列缓冲器，当执行部件执行第 1 条指令时，便从队列缓冲器取走了第 1 条指令，同时 BIU 又取出第 2 条指令，并存入指令队列缓冲器。由于执行部件第 1 条指令尚未执行完，队列缓冲器未满，于是总线接口部件又开始取第 3 条指令，并存入指令队列缓冲器。执行部件执行完第 1 条指令后，从队列缓冲器中又取走第 2 条指令执行。在执行第 2 条指令期间，总线接口部件又接连取出第 4、第 5 条指令存入队列缓冲器。执行部件执行第 2 条指令时需要取出操作数，于是总线接口部件重叠地处理，什么时候停止重叠取指令，什么时候清除队列缓冲器，什么时间开始取指令，主要视队列缓冲器是否空或满，如果符合下列情况，便开始操作：

（1）只要指令队列缓冲器中有 2 个或 2 个以上(8088 是 1 个)字节未装指令时，便自动执行取指令操作；

（2）如果指令队列已填满指令时，便自动停止取指令操作；

（3）如果执行部件执行完转移、调用和返回指令时，则要清除指令队列缓冲器。

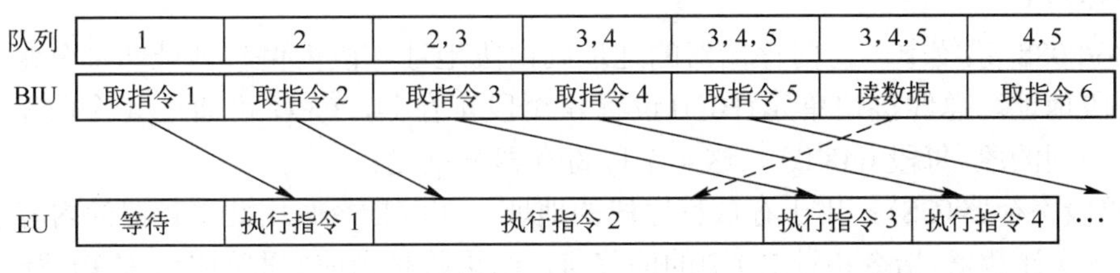

图 2.2-2　重叠执行指令的过程

2.2.2　8086/8088 寄存器结构

8086/8088 CPU 内部具有 14 个 16 位寄存器，形成一个寄存器组，用于提供运算中需要的操作数及中间结果，控制指令执行和对指令及操作数寻址，其寄存器结构如图 2.2-3 所示。按寄存器功能可分为通用寄存器、段寄存器和控制寄存器几类。

1. 通用寄存器

如图 2.2-3 所示，通用寄存器分为数据寄存器、地址指针和变址寄存器。

（1）通用数据寄存器组

通用数据寄存器组包括 4 个 16 位的寄存器：AX(累加器)、BX(基地址寄存器)、CX(计数器)和 DX(数据寄存器)。在指令执行的过程中，既可用来寄存操作数，也可用于寄存操作的结果。它们中每一个又分成独立的两个 8 位寄存器，分别对应高 8 位(AH，BH，CH 和 DH)与低 8 位(AL，BL，CL 和 DL)。8 位寄存器只能用来存放数据；16 位寄存器主要用来存放数据，也可用来存放地址。

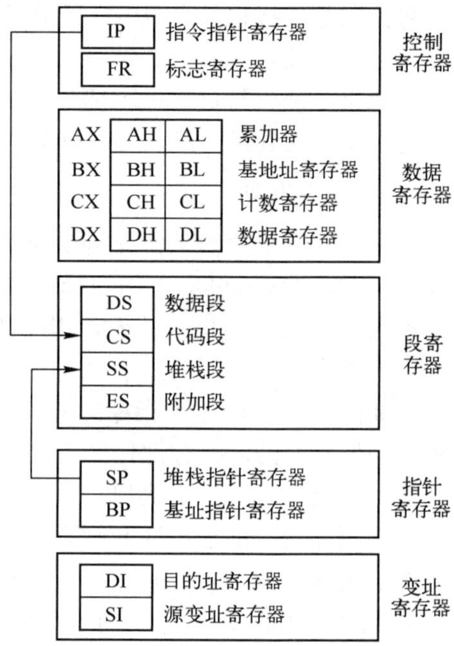

图 2.2-3　8086/8088 寄存器结构

（2）地址指针和变址寄存器

地址指针和变址寄存器包括 SP、BP、SI 和 DI，也是 4 个 16 位的寄存器，这组寄存器在功能上的共同点是在对存储器操作数寻址时，用于形成 20 位物理地址码的组成部分。在任何情况下，它们都不能独立地形成访问内存的地址码，因为它们只有 16 位，访问存储器的地址码由段地址和段内偏移地址两部分构成，而这 4 个寄存器用于存放段内偏移地址的全部或一部分。

它们也可以用来存放一个 16 位数据，作为一般的 16 位寄存器使用。但更多的是用它们提供段内寻址的偏移地址。

① 堆栈指针寄存器(Stack Pointer，SP)：主要用于指示堆栈的栈顶位置，必须与段寄存器 SS 一起形成堆栈的顶部地址，进行堆栈操作。SP 始终指向栈顶位置。

② 基址指针寄存器(Base Pointer，BP)：用做堆栈的一个附加指针，与 SS 联用，确定堆栈中某一存储单元的物理地址，用于对栈区的数据进行操作。它与 SP 的区别为：它不具有 SP 始终指向栈顶位置的功能，但它可以作为栈区内的一个偏移地址，访问栈区内任意位置的存储单元。

③ 源变址寄存器(Source Index，SI)和目的变址寄存器(Destination Index，DI)：SI 和 DI 寄存器具有自动增量和自动减量的功能，因此常与 DS、ES 联用，用于数据区中的数据块或字符串传送操作。在这类操作指令中，SI 指示源地址，而 DI 指示目的地址。

2. 段寄存器

在 8086/8088 系统中，访问存储器的地址码由段地址和段内偏移地址两部分组成，段寄存器用来存放段地址。总线接口单元(BIU)设置 4 个段寄存器，CPU 可通过 4 个段寄存器访问存储器中 4 个不同的段(每段 64KB)。这 4 个段寄存器分别是：

① 代码段寄存器(CS)：用于存放程序段的地址，在取指令时用此寄存器的内容左移 4 位以后的值加上指令计数器(指令指针 IP)中的偏移值，结果就是当前要取的指令的物理地址。

② 数据段寄存器(DS)：它存放当前数据段地址。执行指令时，根据指令寻址方式中段的

指定，在执行部件中获得偏移地址，这一地址加上数据段寄存器左移 4 位后的值，结果就是实际要用的操作数的物理地址。

③ 堆栈段寄存器(SS)：栈操作时堆栈指针寄存器(SP)提供偏移地址，将堆栈段寄存器的内容左移 4 位后和偏移地址相加，即获得堆栈操作的物理地址。

④ 附加段寄存器(ES)：用于字符串操作。当进行字符串操作时，附加段作为目的区地址使用，ES 存放附加段的段地址，DI 存放目的区的偏移地址。

分段寻址的好处：把程序区、堆栈区和数据区互相隔离开来，使不同程序在不同区域中运行时，可以共享一个数据区。

3．标志寄存器

8086/8088 内部有一个 16 位的标志寄存器 FLAGS，设置了 9 位标志。其中 3 位是控制标志，它是用专门的置 1 或清除指令人为设置的，以此来控制 CPU 的操作；6 位是状态标志，它们反映了执行操作后算术或逻辑运算结果的特征，8086/8088 可以根据这些标志位的状态决定其后续动作。剩下的 7 位未用。各标志位的安排如图 2.2-4 所示。

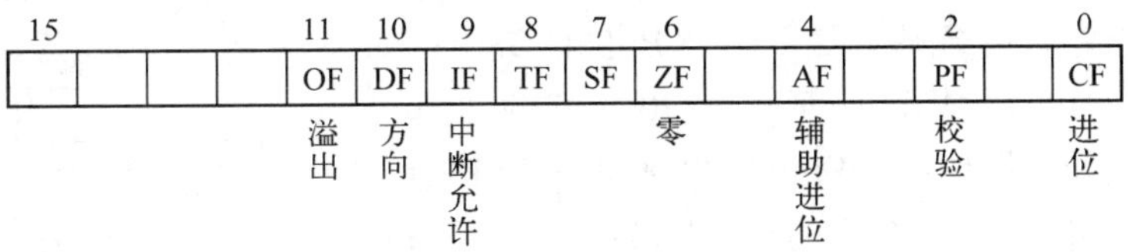

图 2.2-4　标志寄存器

6 位状态标志为：CF、PF、AF、ZF、SF、OF。3 个控制标志为：DF、IF、TF。

① CF：进位标志。在进行算术运算时，最高位产生进位或借位时使 CF 置 1；否则 CF 置 0。移位指令也影响这一标志。还可用有关指令置位、清零或取反。

② PF：奇偶标志。若操作结果中低 8 位“1”的个数为偶数，PF = 1；否则 PF = 0。

③ AF：辅助进位标志。在进行字节运算时，由低半字节向高半字节产生进位或借位时，AF = 1；否则为 0。AF 与 CF 一起，用来对 BCD 码运算的结果进行十进制调整。

④ ZF：零标志。当前运算结果为零时，ZF = l；否则 ZF = 0。

⑤ SF：符号标志。与运算结果的最高位相同，结果为负数 SF = 1；否则 SF = 0。

⑥ OF：溢出标志。所谓溢出是指在算术运算中，带符号数的运算结果超出了所能表达的范围。例如，字节的运算结果超出了–128～127 范围，或字的运算结果超出了–32768～32767 的范围。溢出时 OF = 1，否则 OF = 0。

⑦ DF：方向标志，用于在字符串操作中规定数据处理的方向。在 DF = 1 时，字符串操作指令修改地址指针用减法，此时字符串处理从高地址向低地址进行。若 DF = 0，则相反，字符串操作指令修改地址指针用加法，即字符串处理从低地址向高地址进行。

⑧ IF：中断允许标志。IF = 1 时允许 CPU 响应可屏蔽中断；若 IF = 0，禁止 CPU 接受外界的可屏蔽中断请求。该标志可用有关指令置位或清零，从而控制 CPU 是否响应可屏蔽中断。

⑨ TF：跟踪标志。当 TF = 1 时为单步操作，CPU 每执行一条指令后进入内部中断，以便对指令的执行情况进行检查；若 TF = 0，则 CPU 处于正常的连续执行指令状态。

【例 2.2-1】 两个八位有符号数 40H 和 41H 执行加法运算后，系统的标志位将如何变化？

【解答】

```
  01000000  |    +64
+ 01000001  |  + +65
----------------------
  10000001  |   +129
```

当执行加法运行时，最高位没有向前产生进位，CF=0；操作结果中低 8 位“1”的个数为偶数，PF=1；D_3 位没有向 D_4 位产生进位，AF=0；结果不是 0，ZF=0；由于最高位为 1，SF=1；两个数相加的结果超出了字节运算的范围(−128～127)，产生了溢出，OF=1。

值得指出的是 CF 是对无符号数运算有意义的标志位，而 OF 是对有符号数运算有意义的标志位。因此，在 CF/OF 标志位的利用上，编程者必需考虑数据的类型。

2.2.3 8086/8088 存储器寻址

8086/8088 系统中存储器按字节编址，20 条地址线可寻址的存储器空间为 2^{20} = 1MB，对应存储器的地址编码为 00000H～FFFFFH。在这一范围内，每一个存储单元(1B)由 20 条地址线的一个唯一的编码与之对应。这个编码也就是存储单元的地址。这种实际的存储器编码地址称为物理地址或绝对地址。

访问一个存储单元必须使用 20 位的地址信息，但 8086/8088 内部的数据总线和寄存器都是 16 位的，无法存储 20 位的物理地址。因此，对地址的传送和运算只能在 16 位范围内进行，也就是说，CPU 的寻址能力被局限在 2^{16} = 64KB 的区域内。如何解决这一问题呢？可以设想，任何一个 20 位的地址都可分成两部分 16 位地址，例如：8FFFFH =80000H + FFFFH，这样可把 8000H 存储到一个 16 位的寄存器 DS，把 FFFFH 存储到另一个 16 位寄存器 BX，需要物理地址时，用一个 20 位的加法器把 DS 的内容 8000H 乘 16(相当于把 8000H 左移 4 位)，再把 BX 的内容 FFFFH 加在低 16 位上，即形成了 20 位的物理地址。如图 2.2-5 所示。

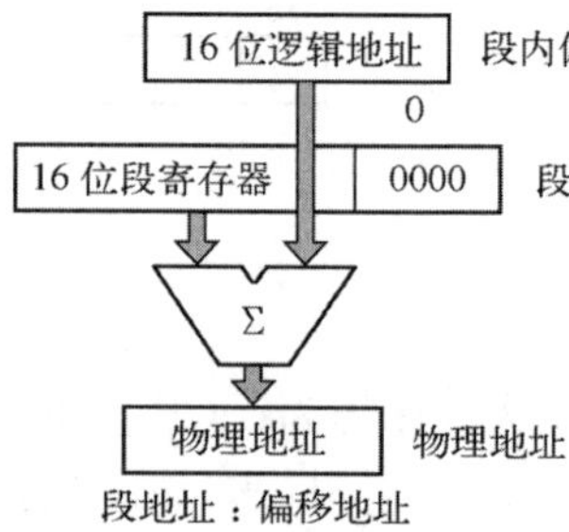

图 2.2-5 8086/8088 物理地址的形成

当 DS 内容不变，BX 的内容从 0000H 变到 FFFFH 时，所产生的地址范围为 80000H～8FFFFH，即 64KB 寻址空间。显而易见，DS 指示了物理地址的高位地址，BX 的内容为这一范围内的相对变化量(偏移量)。DS 和 BX 中的地址都不是绝对地址，而是一个相对的地址，通常称这种程序中编排的地址为逻辑地址，它包括两部分：段地址和偏移地址。用这一方法把 1MB 的存储空间分成若干段，每个段的容量不超过 64KB。把段的起始地址的高 16 位(称段基址)存放到段寄存器，段内的相对地址(相对于段起始地址的偏移值，称偏移地址，又称有效地址)存放到另一些 16 位寄存器中，经过 20 位的加法器就可以形成任意一个 20 位的物理地址。

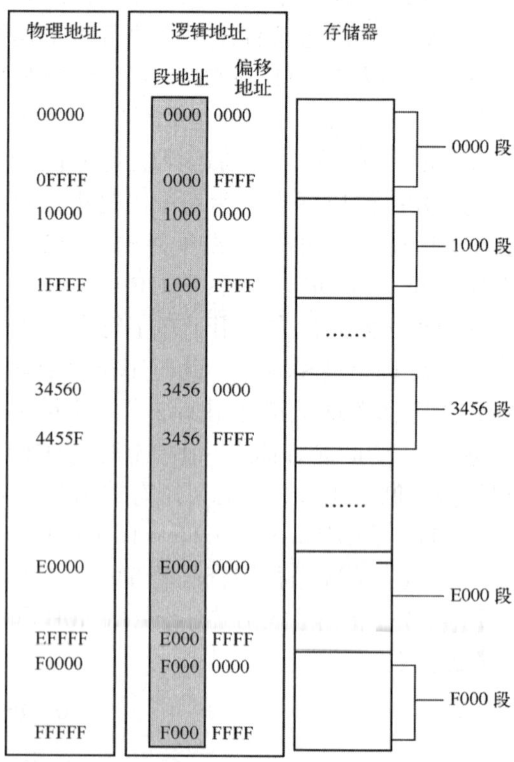

图 2.2-6 存储器段示意图

如果把 1MB 的存储空间划分为连续的固定的 64KB 的逻辑段，可以分成 16 个逻辑段，如图 2.2-6 中所示的 0000～F000 段。在实际应用中，允许将 1MB 存储器分成更多的逻辑段，它们可在整个存储空间中浮动，也就是说，段与段之间可以部分重叠，完全重叠，连续排列，断续排列，如图 2.2-6 中所示的 3456 段，其中实际地址 4455FH 可以从两个部分重叠的段中得到：一个段地址为 3456H，偏移地址为 FFFFH；另一个段地址为 4000H，而偏移地址为 4455FH，由此可见，尽管使用了不同的段地址和偏移地址，但它们仍然指向同一个实际地址。从 20 位地址形成的原理可以看出，段基址是 20 位地址中的高 16 位的部分，相当于低 4 位为零的 20 位地址，因此，段的起始地址必须是低 4 位为零的那些地址。

需要强调的是，段区的分配工作是由操作系统完成的，但必要时程序员可以指定所需占用的内存区域。

计算机的存储器中存放着 3 类信息：代码——指令的机器码，指示 CPU 执行什么操作；数据——数值和字符，程序加工的对象；堆栈——临时保存的返回地址和中间结果。为了避免混淆，这 3 类信息通常分别存放在各自的存储器区域内。用段寄存器指示这些存储区域的起始地址。一般每个段中存放着同类性质的信息。

8086/8088 系统通常约定用 4 个 16 位的段寄存器存放上述信息的段基址。这 4 个段寄存器分别是：CS—16 位代码段寄存器；DS—16 位数据段寄存器；ES—16 位附加段(第二数据段)寄存器；SS—16 位堆栈段寄存器。

【例 2.2-2】 数据段内一个数据的偏移地址 EA = 5678H，且 DS = 1234H，则该数据在内存中的物理地址是多少？该数据段首单元和末单元的物理地址是多少？

【解答】 物理地址= 1234H×16(左移 4 位) + 5678H = 179B8H

首单元的物理地址= 1234H×16 + 0000H = 12340H

末单元的物理地址= 1234H×16 + FFFFH = 2233FH

2.2.4 8086/8088 外部引脚

8086 微处理器采用双列直插式封装结构，共有 40 个引脚，如图 2.2-7 所示。它的外部引脚由以下几类信号组成：

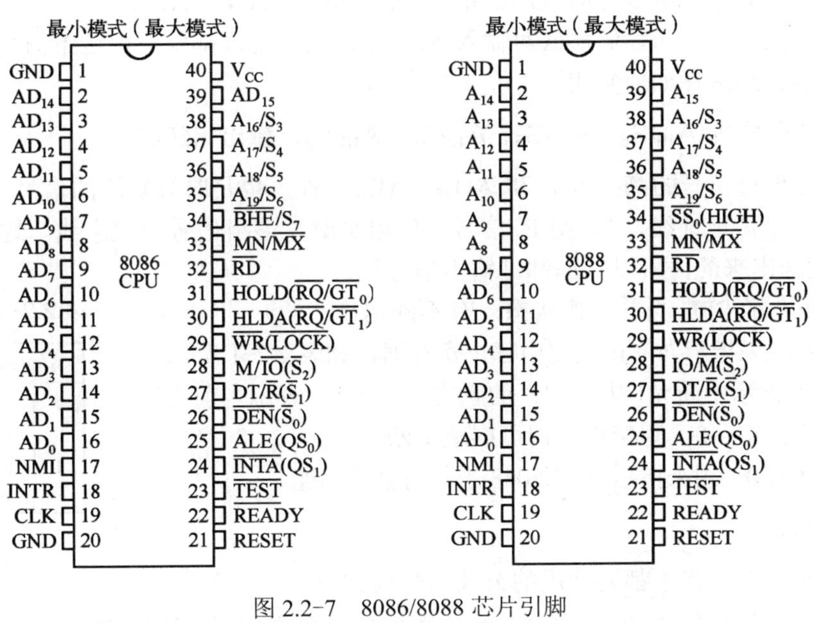

图 2.2-7 8086/8088 芯片引脚

（1）为微处理器芯片的工作提供电源、时钟、复位等必备的信号；

（2）与存储器之间交换数据时所需要的地址线、数据线和存储器读写控制线；

（3）与 I/O 端口之间交换数据所需要的地址线、数据线、I/O 读写控制线、I/O 接口的中断管理、DMA 控制线及时钟复位信号等。

当用 8086 微处理器构成一个微机系统时，8086 有两种不同的组态或模式可供选择，即最大组态和最小组态。选择哪种工作模式，主要取决于应用系统的规模。

当用 8086 微处理器构成一个单 CPU 系统时，存储器组织芯片较少，I/O 端口较少，如单板机规模。这种规模组成的系统，只需要加上少量的锁存器和缓冲器就可隔离它的地址、数据和控制总线，无须太多驱动电路，读写控制可直接由 CPU 来控制管理。在这种情况下，一般选择 8086 最小工作组态，它既满足设计需要，又减少了辅助电路(见图 2.3-1)。

若要构成较大的系统，如存储器容量大、I/O 接口多的情况；或者两片以上的微处理器系统，如微型计算机系统的规模。外部系统总线不总是由一个微处理器控制，而是由两个以上的微处理器分时控制，为此，在系统中设置一个总线控制器，由控制着系统的微处理器发送信号给总线控制器，总线控制器发出控制总线的信号。这种系统组织就要选择 8086 的最大工作组态(见图 2.3-3)。

用一个引脚 $MN/\overline{MX}$ 来规定 8086 处在什么工作模式。若 $MN/\overline{MX}$ 引脚连至电源(+5V)，则是最小组态；若把它接地，则 8086 处在最大工作模式。这两种组态下，8086/8088 引脚中的第 24～31 脚的名称和意义是不同的，如图 2.2-7 所示，要注意其意义与区别。

按照微处理器引脚的用途归类可分为地址线、数据线和控制线，下面详细说明 8086/8088 引脚的功能及使用方法。

1．地址/数据总线(AD_{15}～AD_0，三态，双向)

这是一组地址与数据时分复用信号线，所谓时分复用，是指一条信号线要传输一种以上的信号，它是从信号占用的时间来加以区分的。地址/数据线在第一个时间段作为地址信号线，在第二个时间段作为数据信号线，它们都是并行的 16 位输入或输出。具体实现时是这样的：当 ALE 为高电平时，该组信号做地址线；当 ALE 信号为低电平时，该组信号做数据线。8088 外部数据总线只有 8 条，所以分时复用的地址/数据总线为 AD_7～AD_0。

使用时，当 CPU 访问存储器或对输入/输出端口操作时，都要复用这组信号线，下面的总线时序分析中会详细解释如何复用。

2．地址/状态总线(A_{19}/S_6、A_{18}/S_5、A_{17}/S_4、A_{16}/S_3，输出，三态)

A_{19}～A_{16} 是地址信号的高 4 位，和 AD_{15}～AD_0 一样，也是时分复用的信号，当 ALE 为高电平时，该组信号做地址线，当 ALE 信号为低电平时，该组信号做状态线。地址线和状态线都是由 CPU 发送出来的，所以它们都是输出信号线。

4 位状态线表示 CPU 当前工作状态，有不同用途。

（1）S_4、S_3 用来指示当前正在使用哪个寄存器，如表 2.2-1 所示。

表 2.2-1　S_4、S_3 状态

S_4	S_3	段寄存器
0	0	ES
0	1	SS
1	0	CS
1	1	DS

（2）S_5 用来指示中断允许标志 IF 的状态，$S_5 = 1$，表示当前允许可屏蔽中断请求；$S_5 = 0$，则禁止一切可屏蔽中断。

（3）S_6 始终为 0，用来指示 8086/8088 当前与总线相连。

3．控制总线

最大和最小工作方式下都要使用的公共信号线如下。

（1）$\overline{BHE}/S_7$ (输出，三态)——高 8 位数据总线允许/状态复用引脚，低电平有效。8086 在总线周期的 T_1 状态用 $\overline{BHE}$ 指出高 8 位数据总线上的数据有效。在 T_2～T_4 时，S_7 输出状态信息，在 8086 芯片设计中，S_7 未赋予实际意义，始终为逻辑 1。

（2）$MN/\overline{MX}$——最大/最小模式控制引脚。若$MN/\overline{MX}$引脚连至电源(+5V)，则为最小组态；接地，则 8086 处在最大组态。

（3）$\overline{RD}$(输出，三态)——读选通信号，低电平有效。当其有效时，表示正在进行存储器读或 I/O 读。在 DMA 方式时，此线浮空。

（4）READY(输入)——准备就绪信号。这是所寻址的存储器或 I/O 设备发给 CPU 的响应信号，高电平有效。当其有效时，将完成数据传送。CPU 在 T_3 周期开始采样 READY 线，若其为低电平，则在 T_3 周期结束以后插入 T_W 周期，直至 READY 变为有效，则在此 T_W 周期结束以后，进入 T_4 周期，完成数据传送。

（5）INTR(输入)——可屏蔽中断请求信号。它是一个电平触发输入信号，高电平有效。CPU 在每一个指令周期的最后一个 T 状态采样这条线，以决定是否进入中断响应周期。这条线上的请求信号，可以用软件复位内部的中断允许标志位来加以屏蔽。

（6）$\overline{TEST}$(输入)——这个检测输入信号是由“Wait”指令来检查的。若此输入脚有效(低电平有效)，则执行继续；否则处理器就等待，进入空转状态。这个信号在每一个时钟周期的上升沿由内部同步。

（7）NMI(输入)——非屏蔽中断信号，是一个边沿触发信号。这条线上的中断请求信号不能用软件来加以屏蔽，所以当这条线由低到高变化时，就在现行指令结束以后引起中断。

（8）RESET(输入)——复位请求信号，该信号有效，将使 CPU 回到其初始状态；当其无效时，CPU 将重新开始工作。为保证可靠复位，在上电复位(冷启动)时，要求 RESET 的有效时间应维持 50μs 以上；在不掉电复位(热启动)时，该信号的有效时间应维持在 4 个时钟周期以上。

（9）CLK(输入)——时钟输入信号。它提供了处理器和总线控制器的定时操作。8086 的标准时钟频率为 5MHz。

4. 电源线和地线

电源线 V_{CC} 接入电压为 5V±10%。地线 GND 接地。

5. 其他信号线

8086/8088 CPU 的第 24～31 引脚是一些控制信号线，它们根据$MN/\overline{MX}$信号连接方式决定的 8086/8088 工作模式不同，其名称和意义会有很大区别，在 2.3 节将详细介绍。

练习题 1

2.2-1 8086 CPU 在结构上由两个独立的处理单元_______和_______构成。

2.2-2 将 62A0H 和 4321H 相加，则 AF =___，SF =____，ZF =____，CF =___，OF =___，PF =___。

2.2-3 设某台微处理器有 20 根地址总线，16 根数据总线，若存储器寻址空间和 I/O 地址的寻址空间是分开的，则存储器空间大小为_____，经数据线一次可传送的带符号数（用补码表示）的范围是________。

2.2-4 已知 CS=1800H, IP=1500H, 则指令所处的物理地址为_________，给定一个数据的有效地址是 2359H，且 DS = 49B0H，该数据在内存中的实际物理地址为_________H。

2.2-5 8086/8088 段寄存器的功能是（　　）。

A．用于计算有效地址　　B．执行各种数据传送操作　　C．用于存放段地址

2.2-6 微机的地址总线主要功能是（　　）。

A. 只用于选择存储器单元　　B．只用于选择进行信息传输的设备

C. 用于传送要访问的存储器单元或 I/O 端口的地址　　D．只用于选择 I/O 端口

2.2-7 在堆栈段中，存放栈顶地址的寄存器是（　　）。

A．IP　　B．SP　　C．BX　　D．BP

2.3 8086/8088 CPU 工作模式和引脚

2.3.1 8086/8088 最小工作模式

1. 最小工作模式引脚

当MN/$\overline{MX}$引脚接+5V时，CPU处于最小工作模式，第24～31引脚功能和使用方法如下：

（1）M/$\overline{IO}$（输出，三态）——这条引脚用以区分是存储器访问还是I/O访问。若此引脚为高电平，则为存储器访问；若此引脚为低电平，则为I/O访问。当CPU处在DMA响应时，此脚浮空。8088此引脚为IO/$\overline{M}$。

（2）$\overline{WR}$（输出，三态）——此脚低电平有效，是CPU写操作时输出的一个选通信号，表示是处在存储器写或I/O写（取决于M/$\overline{IO}$信号）周期。此信号在整个T_2、T_3、T_W状态有效。当CPU处在DMA响应时此脚浮空。

（3）$\overline{INTA}$（输出）——是CPU输出的中断响应信号，低电平有效。它在每一个中断响应周期的T_2、T_3和T_W状态有效，可用做中断向量读选通信号。

（4）ALE（输出）——地址锁存允许信号，高电平有效，这是一个在T_1状态时钟低时由CPU提供的正选通脉冲，把在地址-数据线AD_{15}～AD_0和地址-状态线A_{19}～A_{16}上出现的地址信号，锁存到用三态输出锁存器74LS373组成的地址锁存器中去。

（5）DT/$\overline{R}$（输出，三态）——数据发送/接收信号（Date Transmit/Receiver）。在最小系统组态时，若为了增强数据总线的驱动能力，用双向三态数据缓冲器74LS245实现数据的发送和接收。74LS245的方向控制线就用这个信号控制，以确定数据传送的方向。此引脚为高电平，则数据发送（CPU写）；为低，则为接收（CPU读）。当CPU处在DMA响应时，此脚浮空。

（6）$\overline{DEN}$（输出，三态）——数据允许（Date Enable）信号，低电平有效。该信号连接在数据双向缓冲器74LS245的输出使能信号上，作为74LS245芯片的输出允许信号。它在每一次存储器访问、I/O访问或中断响应周期有效。当CPU处在DMA响应时，此脚浮空。

（7）HOLD（输入），HLDA（输出）——HOLD是系统中别的总线主设备要求占用总线时，向CPU发出的总线请求信号，高电平有效。当CPU接收到有效的HOLD信号后，在当前总线周期的T_4状态输出一个高电平有效的总线请求响应信号（HOLD Acknowledge）HLDA。同时，CPU就使地址线、数据线和相应的控制信号线浮空。当CPU检测到HOLD信号变为低电平后，它使HLDA变为低电平，同时又控制总线。

注意：在8088中，没有$\overline{BHE}/S_7$引脚，对应的引脚定义为状态信号$\overline{SS_0}$，它与IO/$\overline{M}$线和DT/$\overline{R}$线一起，反映现行总线周期的状态，如表2.3-1所示。

表2.3-1 $\overline{SS_0}$系统状态

IO/$\overline{M}$	DT/$\overline{R}$	$\overline{SS_0}$	性能
1	0	0	中断响应
1	0	1	读I/O端口
1	1	0	写I/O端口
1	1	1	暂停（Halt）
0	0	0	取指
0	0	1	读存储器
0	1	0	写存储器
0	1	1	无源

2. 最小工作模式系统结构

在最小工作模式下，M/$\overline{IO}$、$\overline{WR}$和$\overline{RD}$组合决定CPU是访问存储器还是执行输入/输出操作。图2.3-1示出了一种典型的8086最小组态方式的系统结构。

图 2.3-1 中 74LS373 是 8 位三态输出锁存器，其输入使能端 LE 是锁存控制信号，连接到 CPU 的地址锁存信号 ALE 上，由 ALE 信号对其进行锁存控制，当 ALE 信号有效时，表示在地址锁存时段，数据/地址复用信号线 AD_{15}～AD_0 用做地址线，地址被锁存在 74LS373 的输出端，该锁存着的地址就是访问存储器单元地址或操作输入/输出端口地址。当 ALE 为低时，表示进入数据交换时段，数据/地址复用信号线 AD_{15}～AD_0 用做数据线。

74LS245 是 8 位三态双向数据缓冲器，DIR 信号线控制输入/输出的方向，74LS245 的 $\overline{G}$ 信号是输出使能信号。

当 CPU 发出写信号时，表示欲将 CPU 中的某个寄存器内容输出到存储器或 I/O 输出端口；当 $\overline{DEN}$ 有效，DT/$\overline{R}$ 为高电平时，使 74LS245 双向数据缓冲器实现由 CPU 写到存储器或 CPU 输出到 I/O 端口的数据流。

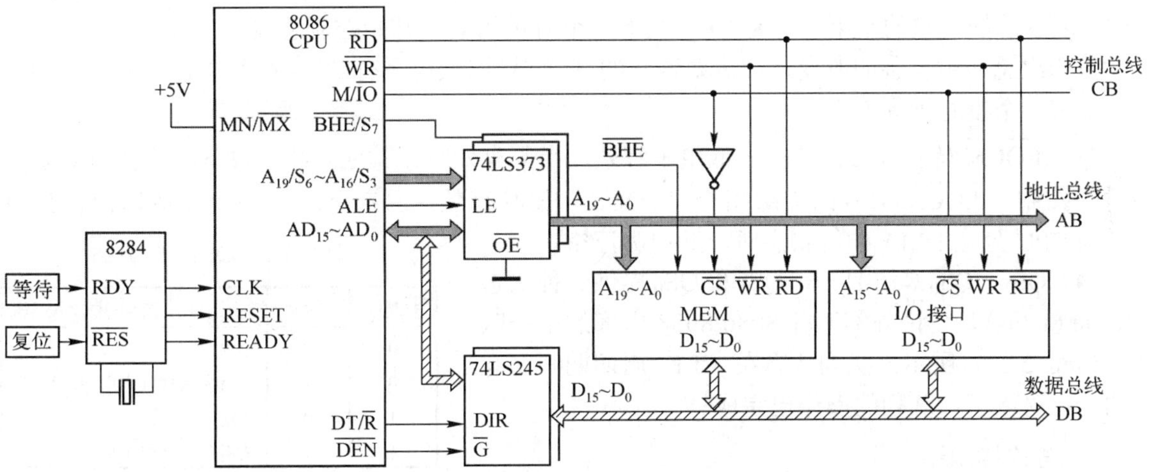

图 2.3-1　8086 CPU 最小组态方式系统结构

当 CPU 发出读信号时，表示将存储器或 I/O 输入端口的数据传输到 CPU 的某个寄存器中；当 $\overline{DEN}$ 有效，DT/$\overline{R}$ 为低电平时，使 74LS245 双向数据缓冲器实现由存储器到 CPU 或 I/O 端口到 CPU 的数据流。

2.3.2　8086/8088 最大工作模式

1．最大工作模式引脚

当 MN/$\overline{MX}$ 引脚接地时，8086/8088 微处理器处于最大组态工作方式下，它的第 24～31 引脚与最小组态意义不同，这 8 条引脚的功能和使用方法如下：

（1）$\overline{S_2}$、$\overline{S_1}$、$\overline{S_0}$（输出，三态）——状态线的编码如表 2.3-2 所示。

表 2.3-2　8086 发出总线控制编码

$\overline{S_2}$	$\overline{S_1}$	$\overline{S_0}$	性　能
0	0	0	中断响应
0	0	1	读 I/O 端口
0	1	0	写 I/O 端口
0	1	1	Halt
1	0	0	取指
1	0	1	读存储器
1	1	0	写存储器
1	1	1	过渡状态

8288 总线控制器根据 8086 微处理器发出的 $\overline{S_2}$ $\overline{S_1}$ $\overline{S_0}$ 信号的编码，进入表 2.3-2 所示的总线周期，用于控制有关存储器访问或 I/O 操作的总线周期，并在每个总线周期产生各种所需要的控制信号。

在时钟周期 T_1 状态期间，$\overline{S_2}$ $\overline{S_1}$ $\overline{S_0}$ 的任一组合，指示一个总线周期的开始；而在 T_3 或 T_W

期间返回到过渡状态(111)，即表示一个总线周期的结束。

当 CPU 处在 DMA 响应状态时，这些引脚浮空。

（2）$\overline{RQ}/\overline{GT_0}$，$\overline{RQ}/\overline{GT_1}$ (输入/输出)——请求/允许(Request/Grant)脚，是由外部的总线主设备请求总线并促使 CPU 在现行总线周期结束后让出总线用的。每一个引脚都是双向的，$\overline{RQ}/\overline{GT_0}$ 比 $\overline{RQ}/\overline{GT_1}$ 有更高的优先权。这些引脚的内部有一个上拉电阻，所以允许这些引脚浮空。请求和允许的顺序如下：

① 由其他的总线主设备输送一个宽度为一个时钟周期的脉冲给 8086/8088，表示总线请求，相当于 HOLD 信号。

② CPU 在当前总线周期的 T_4 或下一个总线周期的 T_1 状态，输出一个宽度为一个时钟周期的脉冲给请求总线的设备，作为总线响应信号(相当于 HLDA 信号)，从下一个时钟周期开始，CPU 释放总线。

③ 当外设的 DMA 传送结束时，总线请求主设备输出一个宽度为一个时钟周期的脉冲给 CPU，表示总线请求的结束。于是 CPU 在下一个时钟周期又开始控制总线。

每一次总线主设备的改变，都需要这样的 3 个脉冲(低电平有效)。在两次总线请求之间，至少要有一个空时钟周期。

（3）$\overline{LOCK}$ (输出，三态)——低电平有效，当其有效时，其他总线主设备不能获得对系统总线的控制。$\overline{LOCK}$ 信号由前缀指令“LOCK”使其有效，且在下一个指令完成以前保持有效。当 CPU 处在 DMA 响应状态时，此引脚浮空。

（4）QS_1、QS_0 (输出)——QS_1 和 QS_0 提供一种状态(Queue Status)，允许外部追踪 8086/8088 内部的指令队列，如表 2.3-3 所示。队列状态在 CLK 周期期间是有效的，在这以后，队列的操作已完成。

表 2.3-3 QS_1QS_0 状态

QS_1	QS_0	性　能
0	0	无操作
0	1	从指令队列取走第一个字节
1	0	队列空
1	1	从指令队列取走后继字节

2. 总线控制器

最大工作模式系统中，会出现两个以上的微处理器，在某个时刻，只有一个微处理器管理着总线，为了协调微处理器对总线管理的更替，使用总线仲裁器进行仲裁。一旦仲裁之后，就确立了由哪个微处理器管理总线。该微处理器就向总线控制器发送 $\overline{S_2}$ $\overline{S_1}$ $\overline{S_0}$ 控制编码。

8288 就是为解决这一问题而设计的，它为专用于 8086/8088 微处理器系列最大模式系统中的总线控制器。在最大模式下，微处理器发出控制编码，8288 总线控制器按时序要求发出控制信号，不再由 8086 直接输出。8288 的引脚和内部结构如图 2.3-2 所示。

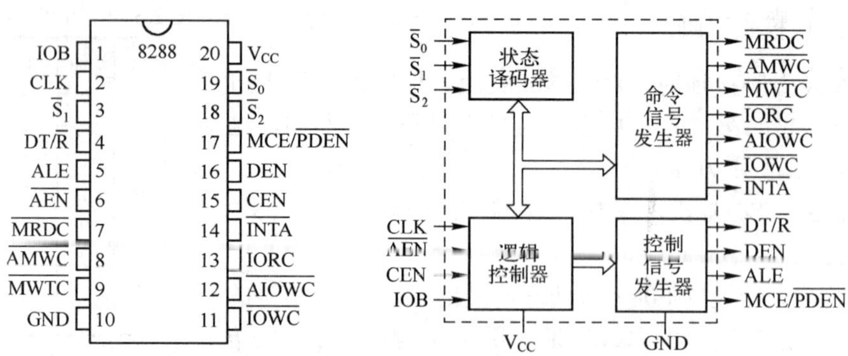

图 2.3-2　8288 总线控制器引脚与内部结构

（1）8086/8088 的控制编码 $\overline{S_2}\ \overline{S_1}\ \overline{S_0}$ 与 8288 输出命令关系

8288 总线控制器接收 8086/8088 的控制编码 $\overline{S_2}\ \overline{S_1}\ \overline{S_0}$，经 8288 状态译码后，确定系统总线执行何种操作，每个控制编码只能使表 2.3-4 中的某一行有效。

表 2.3-4 $\overline{S_2}\ \overline{S_1}\ \overline{S_0}$ 与 8288 输出对应关系

$\overline{S_2}$	$\overline{S_1}$	$\overline{S_0}$	8086 总线周期	8288 命令输出
0	0	0	中断响应	$\overline{\text{INTA}}$
0	0	1	读 I/O 端口	$\overline{\text{IORC}}$
0	1	0	写 I/O 端口	$\overline{\text{IOWC}}$ $\overline{\text{AIOWC}}$
0	1	1	暂 停	—
1	0	0	取指令码	$\overline{\text{MRDC}}$
1	0	1	读存储器	$\overline{\text{MRDC}}$
1	1	0	写存储器	$\overline{\text{MWTC}}$，$\overline{\text{AMWC}}$
1	1	1	过渡状态	—

（2）8288 输出信号

8288 输出信号线是多选一的，每个输出与微处理器的某个总线周期相对应，因此，下面又将选中某条信号线称做执行某个命令。

① $\overline{\text{MRDC}}$（输出）——存储器读命令，相当于最小模式系统中由 CPU 发出的控制信号 $\overline{\text{RD}}$ 和 M/$\overline{\text{IO}}$ 为高电平时的组合。指示存储器把指定存储单元的内容送到数据总线上。

② $\overline{\text{IORC}}$（输出）——I/O 端口读命令，相当于最小模式中由 CPU 发出的控制信号 $\overline{\text{RD}}$ 和 M/$\overline{\text{IO}}$ 为低电平时的组合。指示 I/O 端口把数据送到数据总线上。

③ $\overline{\text{MWTC}}$（输出）——存储器写命令，相当于最小模式系统中由 CPU 发出的 $\overline{\text{WR}}$ 和 M/$\overline{\text{IO}}$ 为高电平时的组合。该信号指示存储器接收总线上的数据，并将数据写入到指定的存储单元。

④ $\overline{\text{IOWC}}$（输出）——I/O 端口写命令，相当于最小模式系统中的控制信号 $\overline{\text{WR}}$ 和 M/$\overline{\text{IO}}$ 为低电平时的组合。该信号指示 I/O 端口接收总线上的数据，并将数据写入到指定的 I/O 端口。

⑤ $\overline{\text{AMWC}}$ 和 $\overline{\text{AIOWC}}$（输出）——存储器和 I/O 端口超前写命令，这两个信号的作用同 $\overline{\text{MWTC}}$ 和 $\overline{\text{IOWC}}$。其区别是 $\overline{\text{AMWC}}$ 和 $\overline{\text{AIOWC}}$ 分别比 $\overline{\text{MWTC}}$ 和 $\overline{\text{IOWC}}$ 提前一个时钟周期出现。当系统配备的 I/O 设备和存储器速度较慢时，使用这两个信号就能得到一个额外的时钟周期执行写入操作。

⑥ $\overline{\text{INTA}}$（输出）——中断响应信号，与最小模式下由 CPU 直接发出中断响应信号相同。

（3）8288 的控制信号

① CEN（输入）——命令允许信号，由外部输入，高电平有效。当有多片 8288 协同工作时起片选作用。CEN 有效时，允许 8288 输出所有类型控制信号。CEN 为低电平时，禁止发控制信号，同时使 $\overline{\text{DEN}}$ 和 MCE/$\overline{\text{PDEN}}$ 呈高阻态。任何时候只允许 1 片 8288 的 CEN 信号为高电平。

② $\overline{\text{AEN}}$（输入）——地址允许信号，由总线仲裁器输入，低电平有效。用于多总线之间的同步控制。当 $\overline{\text{AEN}}$ 变为无效时，8288 的命令输出引脚立即进入高阻状态。只有当 CEN 和 $\overline{\text{AEN}}$ 都有效时，8288 才能正常输出命令和控制信号。

③ IOB（输入）——总线方式控制信号，高电平有效。当 IOB = 1 时，8288 工作于 I/O 总线方式，表示 8288 只用来控制 I/O 总线，仅对 I/O 端口进行控制；当 IOB = 0 时，8288 工作于系统总线方式，这时 8288 产生访问存储器和 I/O 端口的全部控制信号。一般情况下，IOB = 0。

④ MCE/$\overline{\text{PDEN}}$（输出）——主控级联/外设数据允许信号，向外部输出。当 8288 工作在系统总线方式时，用做主控级联允许信号 MCE。在中断响应周期的 T_1 状态时 MCE 有效，控制主 8259A 向从 8259A 输出级联地址；工作于 I/O 总线方式时，用做外设数据允许信号 $\overline{\text{PDEN}}$，用来控制外部设备通过 I/O 总线传送数据。

⑤ DEN——数据传送允许信号，输出，高电平有效。

3．最大工作模式系统结构

图 2.3-3 所示为一种典型 8086 最大组态模式下的系统结构。图中有 2 个微处理器：主微处理器 8086 和协处理器 8087，1 个 8288 总线控制器，它还包括如下的器件：总线地址锁存器 74LS373、总线数据缓冲器 74LS245、存储器系统、输入/输出接口。

其在结构上与最小组态系统的主要区别是增设了 1 个总线控制器 8288 和协处理器，它们可以构成以 8086 CPU 为核心的多处理器系统。两个处理器的总线输出状态信号 $\overline{S_2}$ $\overline{S_1}$ $\overline{S_0}$ 同时接到 8288 上，但在某个时刻只有一个处理器工作，由管理总线的处理器发送 $\overline{S_2}$ $\overline{S_1}$ $\overline{S_0}$ 信号。

8087 不是一个可独立工作的处理器，称为协处理器。它也是 40 引脚的器件，它的引脚除 QS_1、QS_0、BUSY 和 INT 之外，其余引脚的意义与 8086 最大组态方式下的相应引脚的意义完全相同。通过用 QS_1、QS_0、BUSY 信号与 8086 主处理器挂钩，确定当前管理系统的处理器，哪个处理器管理阶段，哪个处理器的总线信号就起作用，另一个处理器处相应的总线处于挂起浮空状态，也就不会影响总线信号。关于 8087 协处理器在此不做进一步讨论。

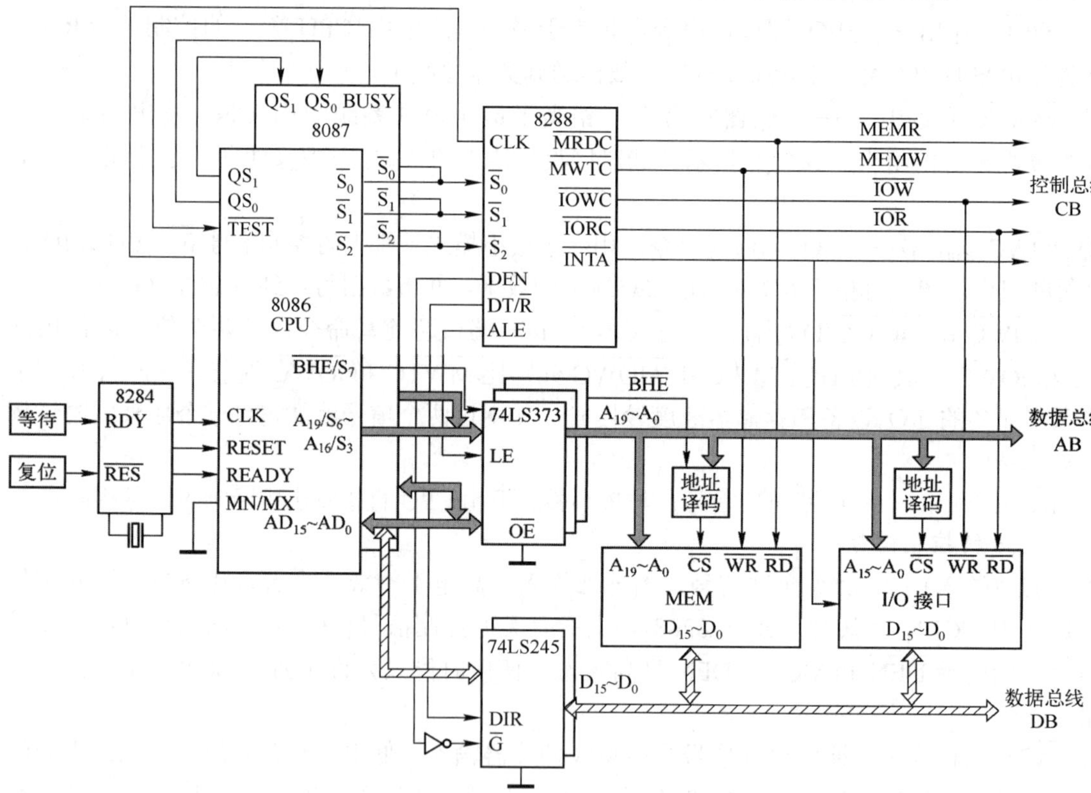

图 2.3-3　8086 CPU 最大组态系统结构

练习题 2

2.3-1　8086 中地址/数据线分时复用，为保证总线周期内地址稳定，应配置____________，为提高总线驱动能力，应配置___________。

2.3-2　8086 最小组态下的总线控制信号由_____产生，最大组态下由________产生。

2.3-3　8086 有两种工作方式，当 8086 处于最小方式时，$MN/\overline{MX}$ 接（　　）。

A．+12V　　B．−12V　　C．+5V　　D．地

2.3-4　8086/8088 CPU 上 INTR 信号为（　　）信号有效。

A. 上升沿　　B. 下降沿　　C. 高电平　　D. 低电平

2.3-5 下列说法中属于 8086 CPU 最小工作模式特点的是（　　）。

A. CPU 提供全部的控制信号　　B. 由编程进行模式设定

C. 不需要地址锁存器　　D. 需要总线控制器 8288

2.4　8086 的总线时序

时序(Timing)是指信号高低电平(有效或无效)变化及相互间的时间顺序关系，总线时序用于描述 CPU 引脚如何实现总线操作。CPU 的时序决定系统各部件间的同步和定时。

微机系统的所有操作都按统一的时钟节拍来进行，这就是 CPU 的系统时钟信号 CLK。8086 的最高时钟频率为 5 MHz。IBM PC/XT 采用时钟发生器 8284 向 CPU 提供 4.77MHz 的时钟信号。每个时钟周期约 210 ns。时钟周期的时间长度就是时钟频率的倒数。

8086 的各种对外操作都需要通过总线，它们都可被称为“总线操作”。总线操作主要有：存储器读和 I/O 读操作、存储器写和 I/O 写操作、中断响应操作、总线请求及响应操作等；还有 CPU 正在进行内部操作，并没有进行实际对外操作的空闲状态。CPU 通过总线操作与外界(存储器和 I/O 端口)进行一次数据交换的过程(时间)称为总线周期(Bus cycle)，也称为机器周期(Machine cycle)。一条指令经取指、译码、读写操作数到执行完成的过程称为指令周期(Instruction cycle)。

8086 的基本总线周期需要 4 个时钟周期，每个时钟周期的总线操作并不相同。为了便于区别和叙述，通常将基本总线周期中的 4 个时钟周期编号为 T_1, T_2, T_3 和 T_4。因此总线周期中的时钟周期也被称为“T 状态”。

注意，存储器读包括读取指令代码和读取存储器操作数，因为它们都是从存储器中读取信息，存储器读、写和 I/O 读、写是任何一个微处理器最基本和最频繁的 4 种总线周期。

不同工作模式的具体时序有所区分，下面分别介绍。

2.4.1　最小工作模式典型时序

最小组态的典型时序就是存储器读写和 I/O 读写时的总线周期，学习总线周期可以帮助读者了解 CPU 是如何工作的，对用 8086 CPU 组成微型机系统的电路理解与设计将起到作用。

1. 存储器读周期和存储器写周期

存储器的读写总线周期由 4 个时钟节拍 T_1～T_4 组成。下面结合图 2.3-1 的最小组态电路和图 2.4-1、图 2.4-2 的时序图来分析。

（1）T_1 状态

① CPU 根据执行的是访问存储器还是访问 I/O 端口的指令，首先在 $M/\overline{IO}$ 线上发出有效电平。若为高电平，表示从存储器读；若为低电平，则表示从 I/O 端口读。此信号将持续整个周期。

② 从地址/数据复用线 AD_{15}～AD_0 和地址/状态复用线 A_{19}/S_6～A_{16}/S_3 发要访问的存储器单元的地址(20 位)或发 I/O 端口地址(16 位)。因为这类信号都是复用线，只持续 T_1 状态，因此必须将其锁存起来，以供整个总线周期使用。

③ 为了实现对存储体的高位字节(奇地址存储体)进行寻址，CPU 在 T_1 状态通过 $\overline{BHE}/S_7$ 引脚发 $\overline{BHE}$ 信号。该信号也是复用线，因此也需要锁存。

④ 为了锁存上述信号，CPU 在 T_1 状态从 ALE 引脚上输出一个正脉冲加到 3 片地址锁存器

74LS373 的输入使能端 LE 作为锁存信号。当 ALE 为正时，74LS373 锁存输出随着输入变化(输出等于输入)，此时，地址信号输出到 74LS373 的输出端。当 ALE 变为低电平时，其输出锁存保持不变，即把 20 位地址和 $\overline{BHE}$ 锁存到地址锁存器中，并输出到系统的地址总线上，如图 2.4-1 所示。

⑤ 为了控制数据传输方向，使 DT/$\overline{R}$ 输出低电平，控制 74LS245 的传输方向为存储器到 CPU。DT/$\overline{R}$ 信号的有效电平一直保持到整个总线周期结束。

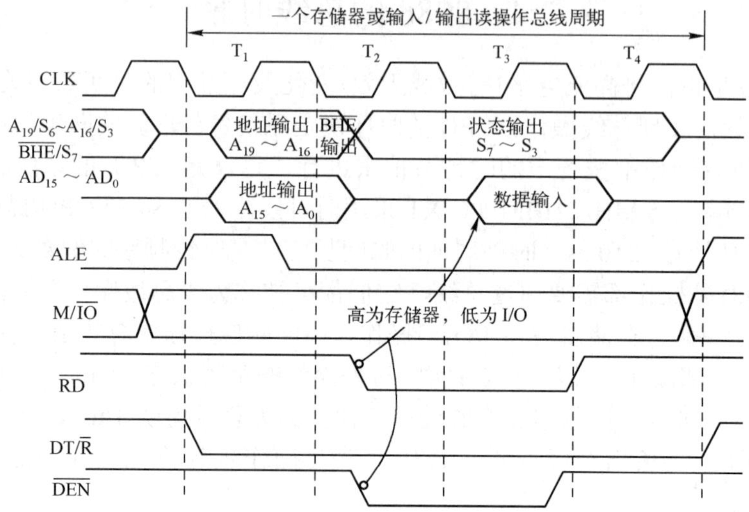

图 2.4-1　存储器读周期时序

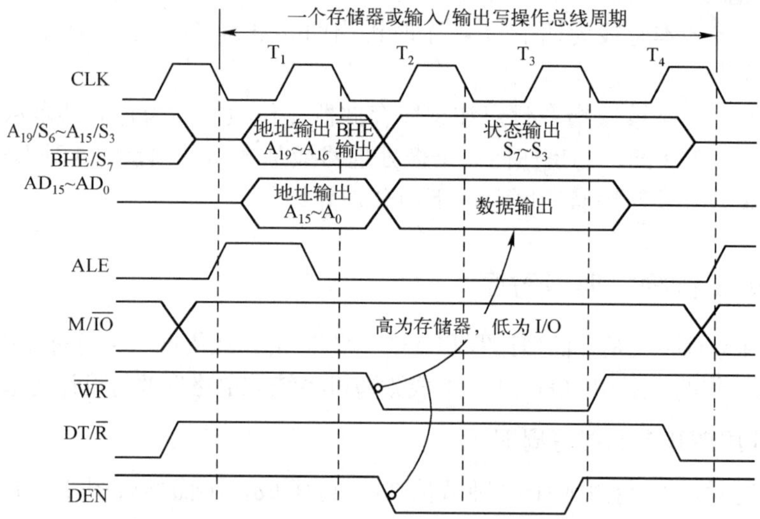

图 2.4-2　存储器写周期时序

（2）T_2 状态

① CPU 撤销输出的地址信息，AD_{15}～AD_0 成为高阻态，为读写数据做准备。A_{16}/S_3～A_{19}/S_6 和 $\overline{BHE}/S_7$ 引脚上输出状态信息 S_3～S_7，并一直持续到 T_4 状态。

② $\overline{DEN}$ 信号变为低电平，允许 74LS245 传输数据。

③ $\overline{RD}$ 引脚输出低电平的读信号到控制总线上，此信号接到系统中所有存储器和 I/O 端口，用来打开存储器的数据单元，以便将数据送至数据总线。

④ $\overline{WR}$ 引脚输出低电平的写信号到控制总线上，此信号接到系统中所有存储器和 I/O 端口，用来打开存储器的数据单元，以便把 CPU 输出到数据总线上的数据写入存储器的选中单元。

（3）T_3 状态

经过 T_1 和 T_2 后，存储单元把数据送至数据总线，以供 CPU 读取；或者 CPU 把要写入存储单元的数据送至数据总线。

在基本总线周期的 T_3 状态，如果被选中的单元来得及把读出数据送到数据总线上，或者存储器能及时从数据总线上取走写入数据，则 8086 系统的等待控制逻辑使 READY 信号有效(高电平)，在 T_3 周期开始的下降沿上，8086 采样 READY 线上输入的信号。如果 READY 为高电平，则在 T_3 状态结束 T_4 状态开始的时钟脉冲下降沿把数据总线上的数据读入 CPU 或者写入存储单元。

（4）T_4 状态

8086 完成了数据传输，在此期间恢复各信号线的初态，准备执行下一个机器周期。

2．I/O 读周期和 I/O 写周期

I/O 的读写总线周期也由 4 个时钟节拍 T_1～T_4 组成。它的总线周期时序与存储器读写总线周期时序是类似的。所有信号在 T_1～T_4 内的变化都相同，只是 $M/\overline{IO}$ 线上发出低有效电平，表示对 I/O 端口读写操作。

3．等待周期 T_W

等待周期 T_W 是为了匹配慢速的存储器或 I/O 接口器件读写操作而增设的。

如果是慢速存储器或外设，在 T_3 期间不能把数据读到数据总线上，则等待控制逻辑使 READY 为低电平，8086 采样到 READY 信号无效，就在 T_3 结束后插入一个等待状态 T_W。在 T_W 开始的下降沿上，8086 再对 READY 信号采样，只要 READY 为低电平，就在本状态结束后插入一个等待状态，直至采样到 READY 信号为有效的高电平为止。这时表示慢速部件已把数据送上了数据总线，在最后一个 T_W 和 T_4 交界的下降沿把总线上的数据读入 CPU，如图 2.4-3 所示。

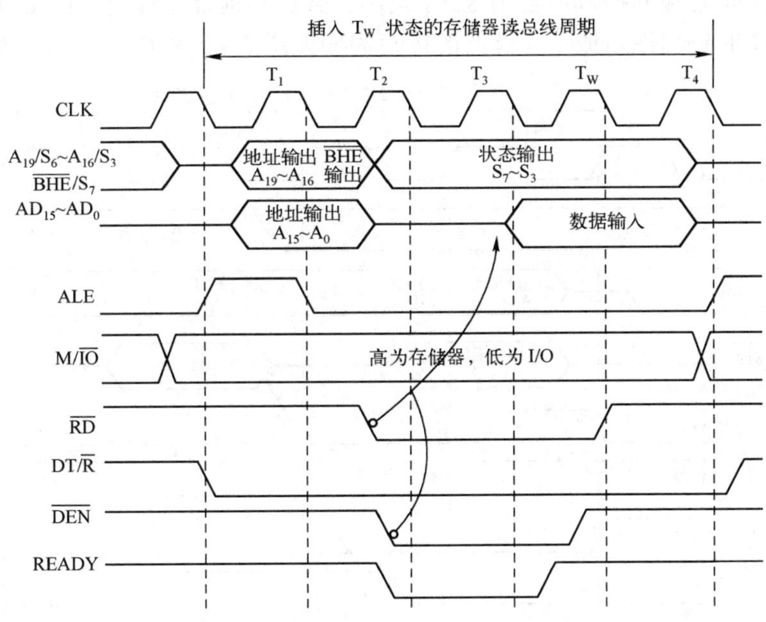

图 2.4-3　具有 T_W 状态的读周期时序

和读周期时序一样，当存储器或外设端口的工作速度较慢时，写总线周期也会在 T_3 和 T_4 状态之间插入一个或几个 T_W 状态，对应的时序图略。

4．复位周期

8086 的 RESET 信号线，可以用来重新启动系统。

当 CPU 从 RESET 引脚上检测到一个脉冲的上升沿时，便终止当前工作，直到 RESET 信号变为低电平。这时寄存器被复位到初始状态，如表 2.4-1 所示。

8086 要求复位脉冲的有效电平必须至少维持 4 个时钟周期，若为开电源引起的复位，即必须大于 50μs。复位周期的时序如图 2.4-4 所示。

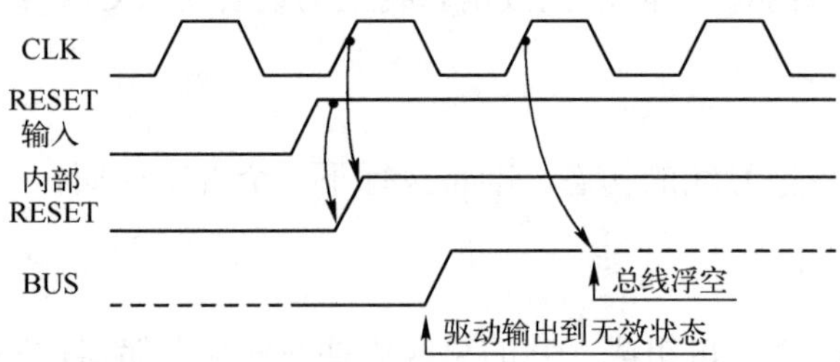

图 2.4-4　复位总线周期时序

表 2.4-1　复位后寄存器的状态

CPU 中的部分	内　容
标志位	清除
指令指针 IP	0000H
CS	FFFFH
DS	0000H
SS	0000H
ES	0000H
指令队列	空

复位时，8086 微处理器使内部寄存器和系统总线分别处于表 2.4-1 和表 2.4-2 所示状态。

表 2.4-2　8086 复位时的总线状态

信　号	状　态
$AD_{15}\sim AD_0$、$A_{19}/S_6\sim A_{16}/S_3$、$\overline{BHE}/S_7$、$M/\overline{IO}$、$DT/\overline{R}$、$\overline{DEN}$、$\overline{WR}$、$\overline{RD}$、$\overline{INTA}$	高阻、三态
ALE、HLDA、$\overline{RQ}/\overline{GT_0}$、$\overline{RQ}/\overline{GT_1}$、$QS_0$、$QS_1$	无效

2.4.2　最大工作模式典型时序

在最大组态下，8086 的基本总线周期常用的有存储器读写和 I/O 读写四个总线周期，除此之外，复位总线周期与最小方式是一致的。

1．存储器读周期和存储器写周期

在最大组态下，总线的控制信号由 8288 发出，数据和地址总线仍然由 CPU 发出。标准的总线周期也是 4 个时钟周期组成。存储器的读写周期如图 2.4-5 和图 2.4-6 所示。

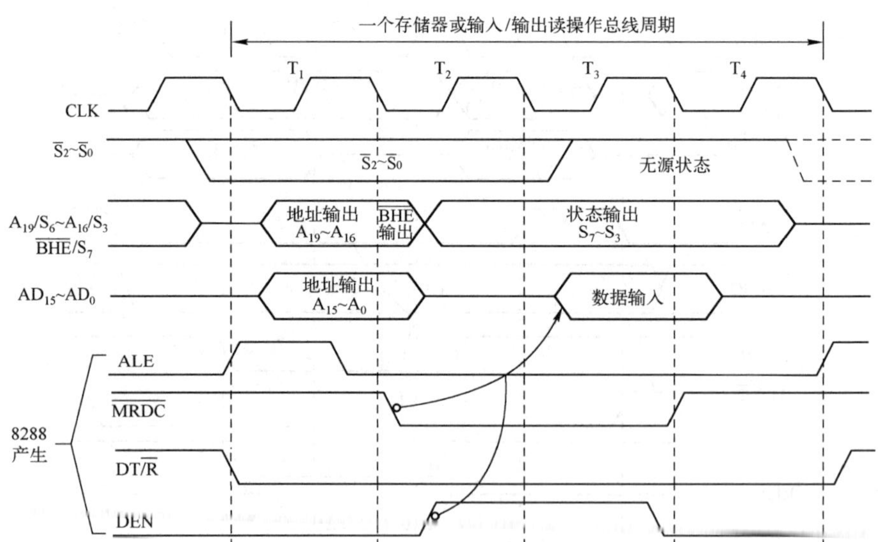

图 2.4-5　最大组态的存储器读周期时序

（1）T_1 状态

① CPU 发出 20 位地址信号线，同时送出控制编码 $\overline{S_2}$、$\overline{S_1}$ 和 $\overline{S_0}$ 给 8288 总线控制器。8288 对 $\overline{S_2}$ $\overline{S_1}$ $\overline{S_0}$ 进行译码，产生相应的输出命令。

② 在 T_1 状态期间，8288 送出地址锁存允许信号 ALE，将 CPU 发出的 20 位地址信号锁存到地址锁存器中。

③ 为了控制数据传输方向，8288 使 $DT/\overline{R}$ 输出低电平，控制 74LS245 的传输方向为存储器到 CPU；如果 8288 使 $DT/\overline{R}$ 输出为高电平，表示控制传输方向相反，$DT/\overline{R}$ 信号的有效电平一直保持到整个总线周期结束。

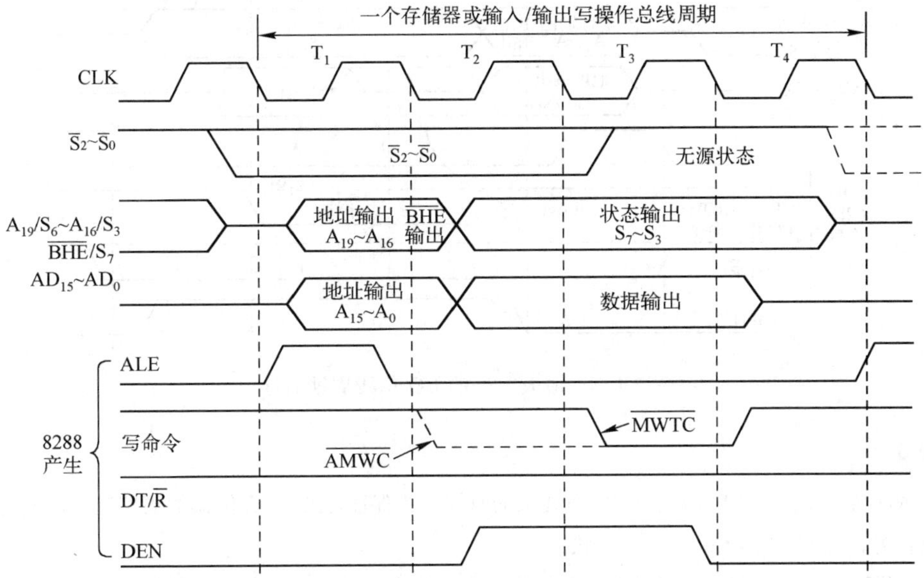

图 2.4-6　最大组态的存储器写周期时序

（2）T_2 状态

① CPU 撤销输出的地址信息，AD_{15}～AD_0 成为高阻态，为读写数据做准备。A_{16}/S_3～A_{19}/S_6 和 $\overline{BHE}/S_7$ 引脚上输出状态信息 S_3～S_7，并一直持续到 T_4 状态。

② 8288 发出的 DEN 信号变为高电平，允许 74LS245 传输数据。

③ 若 8288 发出的信号 $\overline{MRDC}$ 为低电平，$\overline{MRDC}$ 就是读控制信号，此信号接到系统中所有存储器的 $\overline{RD}$ 线上，用来打开存储器的数据单元，以便将数据送至数据总线。

若 8288 发出的信号 $\overline{MWTC}$ 为低电平，$\overline{MWTC}$ 就是写控制信号，此信号接到系统中所有存储器的 $\overline{WR}$ 线上，用来打开存储器的数据单元，以便将数据总线上的数据写入存储器。注意：8288 写控制信号有两个：$\overline{MWTC}$ 和 $\overline{AMWC}$，如图 2.4-6 所示 $\overline{AMWC}$ 比 $\overline{MWTC}$ 提前到达，它的写信号有效时间长些，有些慢速器件需要使用这个信号才能保证写成功。

（3）T_3 状态

经过 T_1 和 T_2 后，存储单元把数据送上数据总线，以供 CPU 读取(读周期)；或者 CPU 送出要写入存储单元的数据(写周期)。

在 T_3 状态，CPU 采样 READY 线，若 READY 无效，则插入一个至几个 T_W 状态，直到 READY 信号有效，存储器从数据总线上取走数据或者 CPU 从数据总线读取数据。

（4）T_4 状态

8086 完成了数据传输，在此期间恢复各信号线的初态，准备执行下一个机器周期。

2. I/O 读周期和 I/O 写周期

I/O 的读写总线周期也由 4 个时钟节拍 T_1～T_4 组成。它的总线周期时序与存储器读写总线周期时序是类似的。所有的信号在 T_1～T_4 期间变化都相同，只是 I/O 读信号是 8288 发出的

$\overline{IORC}$，I/O 写信号是 $\overline{IOWC}$ 和 $\overline{AIOWC}$，如图 2.4-7 所示。

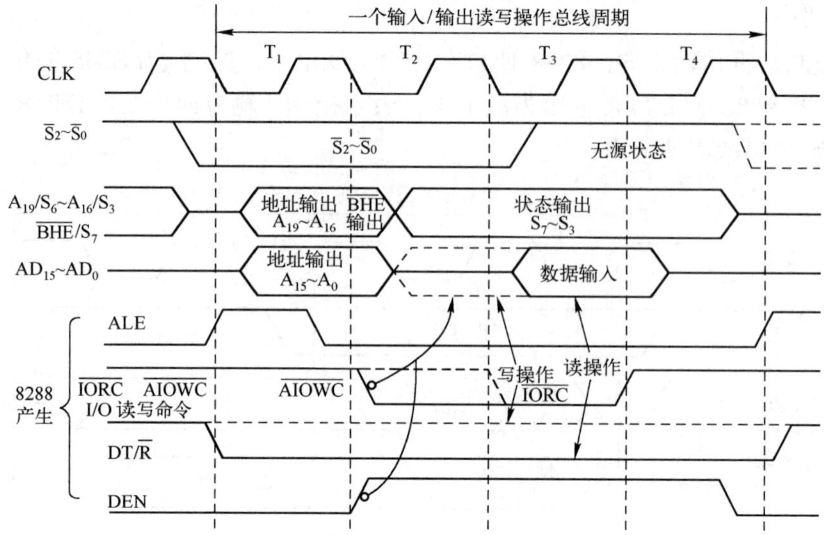

图 2.4-7　最大组态的 I/O 总线周期时序

练习题 3

2.4-1　当存储器的读出时间大于 CPU 所要求的时间，为保证 CPU 与存储器的周期配合，就需要用______信号，使 CPU 插入一个______状态。

2.4-2　判断：8086 访问一个字节单元和访问一个字单元，只需要一个总线周期。（　　）

2.4-3　对存储器访问时，地址线有效和数据线有效的时间关系应该是（　　）。

A．数据线较先有效　　B．二者同时有效　　C．地址线较先有效　　D．同时高电平

2.4-4　8086 CPU 芯片的时序中，不加等待的一个总线周期需时钟周期数为（　　）。

A．1　　B．2　　C．3　　D．4

2.4-5　8086 执行一个总线周期最多可传送（　　）个字节。

A．1　　B．2　　C．3　　D．4

2.4-6　RESET 信号有效后，CPU 执行的第一条指令地址为（　　）。

A．00000H　　B．FFFFFH　　C．FFFF0H　　D．0FFFFH

2.5　本章学习指导

2.5.1　本章主要内容

1．8086/8088 功能结构

8086/8088 微处理器的功能结构由两大模块组成，即总线接口部件(BIU)和执行部件(EU)。总线接口部件负责在 CPU 与存储器、I/O 端口之间传送数据；执行部件负责指令的执行。

2．8086/8088 寄存器结构

按寄存器功能，8086/8088 可分为通用寄存器、段寄存器和标志寄存器几类。其中：

● 通用寄存器分为数据寄存器(AX、BX、CX、DX)、地址指针和变址寄存器(SP、BP、SI、DI)。数据寄存器既可以用来存放数据，也可以用来存放偏移地址。地址指针和变

址寄存器通常用于存放段内偏移地址。

- 段寄存器用来存放段地址，8086/8088 的 4 个段寄存器分别是：代码段寄存器(CS)，用于存放程序段地址；数据段寄存器(DS)，用于存放当前数据段地址；堆栈段寄存器(SS)，用于存放堆栈段地址，通常与 SP 提供的偏移地址结合，获得堆栈操作的物理地址；附加段地址(ES)，结合 DI 提供的偏移地址，用于字符串操作。
- 标志寄存器 FLAGS 设置了 9 位标志，其中 3 位是控制标志，专门用来控制 CPU 的操作；6 位是状态标志，它们反映了执行操作后算术或逻辑运算结果的特征，8086/8088 可以根据这些标志位的状态决定其后续动作。值得指出的是，在 CF/OF 标志位的利用上，编程者必须考虑数据的类型。

3．8086/8088 存储器寻址

存储器每一个存储单元的实际编码地址称为物理地址或绝对地址，由 20 条地址线所表示的唯一一个编码与之对应。8086/8088 内部的数据总线和寄存器都是 16 位的，无法直接存储实际存储单元的物理地址。因此，8086/8088 的 1MB 存储空间采用的是分段存储的概念，每一段的段地址存放在段寄存器中，偏移地址存放在能存储偏移地址的寄存器中，进而形成了“段加偏移”的寻址机制。段地址和偏移地址被称为逻辑地址，将段地址的内容左移 4 位再加上偏移地址即可得到存储单元的实际物理地址。

4．8086/8088 CPU 工作模式和引脚

8086/8088 CPU 有两种工作模式：最大模式和最小模式。两者的区别主要在于所构成的微机系统中微处理器的个数：如果微机系统中只有单个 CPU，则为最小系统；如果系统中包括多个微处理器，则为最大系统。引脚 $MN/\overline{MX}$ 用来规定 8086/8088 处在什么工作模式：若 $MN/\overline{MX}$ 引脚连至电源(+5V)，则是最小组态；若把它接地，则处在最大工作模式。

8086 的 AD_{15}～AD_0 以及 8088 的 AD_7～AD_0 引脚是地址/数据线时分复用信号线。这意味着地址信息和数据信息都在相同的信号线中传输，CPU 依靠 ALE 信号的高低电平对地址和数据信号进行区分，以实现不同时间段内传输不同的信号。由于地址/数据线是时分复用的，所以在构成微机系统时，需要对 CPU 先发出的地址信息进行锁存。

5．8086/8088 的总线时序

8086 的各种对外操作都需要通过总线，总线时序用于描述 CPU 引脚如何通过信号高低电平变化及相互间的时间顺序关系实现总线操作。总线操作主要有：存储器读和 I/O 读操作、存储器写和 I/O 写操作、复位操作、中断响应操作、总线请求及响应操作等。本章主要介绍了前 5 种，其他总线操作将在后续章节介绍。学习总线时序可以帮助读者了解 CPU 是如何工作的，对用 8086/8088 CPU 组成微型机系统的电路理解与设计将起到作用。

2.5.2 典型例题

【例 2.5-1】 在存储器中存放的信息如图 2.5-1 所示，试读出 20042H 单元的字节内容和 20041H 字单元的内容。

20040H	BC
20041H	9A
20042H	32
20043H	1F

图 2.5-1　内存单元

【解答】 20042H 单元的字节内容为 32H，20041H 字单元内容为 329AH。

【例 2.5-2】 8086 系统中的物理地址最多有多少？逻辑地址呢？8086 是怎样实现对整个地址空间寻址的？

【解答】 8086 系统有 20 条地址线，因此可寻址的物理地址最多为 2^{20} B，即 1MB。

由于逻辑地址分段地址和偏移地址两部分，都存储于 16 位寄存器中，所以 8086 最多有 64K 个逻辑段，每个段最多有 64K 个偏移地址，也就是 64K 个内存单元。

8086 的物理地址为 1MB。而 CPU 内部只有 16 位的存储器，最大寻址空间为 64KB，无法满足 1MB 的寻址要求，因此，8086 采用“分段寻址”机制，即将 1MB 的空间分为多个最大为 64KB 的存储空间，每一段共用一个段地址，此地址存储于段寄存器中。段中存储单元相对于段的起始位置的偏移地址，存储于通用寄存器中。实际的 20 位物理地址即可由段地址和偏移地址经过 CPU 的地址加法器进行计算得到，实现了 1MB 的寻址。

【例 2.5-3】 一个物理地址所对应的逻辑地址 ____(是、不是)唯一的，请举例说明。

【解答】 不是。例如物理地址 12300H，可以由逻辑地址 1000H:2300H，也可以由逻辑地址 1200H:0300H 与之对应。

【例 2.5-4】 8086 系统中为什么一定要有地址锁存器？需要锁存哪些信息？

【解答】 8086 系统中地址和数据都使用 AD_{15}～AD_0 引脚作为信号传输线，地址信息和数据信息分时占用信号线。进行总线操作时，总是在总线周期的 T_1 时刻发出地址信息，如果地址信息发出后不对其进行锁存，而后输出的数据信息将覆盖地址信息，导致地址信息丢失，因此，一定要使用地址锁存器对地址信息进行锁存。需要锁存地址信息和 $\overline{BHE}$ 。

【例 2.5-5】 8086/8088 基本总线周期由几个时钟周期组成？假定某 8086 CPU 的时钟频率为 24MHz，试问它的一个时钟周期是多少？

【解答】 8086 的基本总线周期需要 4 个时钟周期，通常编号为 T_1, T_2, T_3 和 T_4。

时钟周期=1/24M =0.042μs。

【例 2.5-6】 若 8086 CPU 工作于最小模式，试指出当 CPU 将 AH 的内容送到物理地址为 91001H 的存储单元时，以下哪些信号应为低电平：$M/\overline{IO}$ 、$\overline{RD}$ 、$\overline{WR}$ 、$\overline{BHE}/S_7$、$DT/\overline{R}$ ？

【解答】 因为执行的是访问存储器的操作，所以 $M/\overline{IO}$ =1；因为数据是从 CPU 内送到存储器的，即写操作，所以 $\overline{RD}$ =1，$\overline{WR}$ =0，$DT/\overline{R}$ =1；因为访问的 91001H 单元是奇地址，所以 $\overline{BHE}/S_7$=0。

本章习题

2-1 微型计算机的硬件主要由哪几部分组成？

2-2 8086 微处理器由哪两部分组成？它们的主要功能是什么？8086 与 8088 的主要区别是什么？

2-3 8086 CPU 预取指令队列有什么好处？8086 CPU 内部的并行操作体现在哪里？

2-4 8086 CPU 中有哪些寄存器?各有什么用途?

2-5 标志寄存器中有哪些标志位?各在什么情况下置位?

2-6 8086/8088 微处理器的外部引脚是怎样的？请将地址信号线、数据信号线、控制信号线及电源信号线分类，思考为什么要设置这些信号线？

2-7 什么是 8086 CPU 的最大工作模式和最小工作模式？将 8086/8088 下列方式的特点填入表中。

特点 / 方式	$MN/\overline{MX}$ 引脚	处理器个数	总线控制信号的产生
最小模式			
最大模式			

2-8 在 8086/8088 中，RESET 信号来到后，各寄存器内容和总线状态是怎样的？结合操作系统引导过程，思考 BIOS 执行 ROM 的首地址是多少？

2-9 试说明在图 2.3-1 中部件 8284、74LS245、74LS373 的作用；在该电路中能否不用锁存器？为什么？

第 3 章　8086/8088 指令系统

内容提要：

8086/8088 指令系统是 X86 系列处理器指令的基本集合，且向后兼容。本章介绍 8086/8088 寻址方式和指令系统中的数据传送、算术运算、逻辑运算、移位操作指令等。

教学目标：

- 掌握 8086/8088 的不同寻址方式
- 掌握数据传送类指令的使用
- 掌握算术运算类指令的使用
- 掌握逻辑运算类指令的使用
- 掌握移位运算类指令的使用

3.1　寻 址 方 式

计算机是进行数据处理和运算的机器，那么有两个基本的问题：①处理的数据在什么地方？②要处理的数据有多长？这两个问题在机器指令中必须给出明确或隐含的说明，否则计算机就无法工作。本节将针对 8086/8088 CPU 对这两个问题进行讨论。

指令的一般格式为：

操作码	操作数 1	……	操作数 n

操作码指出计算机所要执行的操作，即指出操作类型，是一种助记符。

操作数指在指令执行操作的过程中所需要的数。该字段可以是操作数本身，也可以是操作数地址或地址的一部分，还可以是指向操作数地址的指针或其他有关操作数的信息。如何寻找操作数就是寻址方式。

在 8086/8088 系统中，操作数可以以立即数方式放在指令代码中，也可以存放在寄存器、存储器或者 I/O 接口中。CPU 要读写一个内存单元的时候，必须要先给出这个单元的地址。通过前面的学习，我们了解到 8086/8088 CPU 内部提供的寄存器资源均为 16 位，而实际的物理地址却需要 20 位，因此内存地址由段地址和偏移地址两部分组成。偏移地址有多种构成方式，对应于不同的寻址方式。这导致了寻址方式的复杂性。

下面将详细介绍各种寻址方式。本书中描述指令常用的符号及其含义见表 3.1-1。

1．立即寻址

立即寻址方式提供的操作数直接放在指令中，紧跟在操作码后，与操作码一起放在代码段，数据可以是 8 位或者 16 位。直接包含在机器指令中的数据，在汇编语言中称为立即数(idata)。

表 3.1-1　符号及其含义

符　号	含　义
REG, REG8, REG16	寄存器，8 位寄存器，16 位寄存器
SREG	段寄存器
MEM	内存操作数
idata	立即数
ACC	累加器，AX 或者 AL, AH
EA/SA	偏移地址（有效地址）/段地址

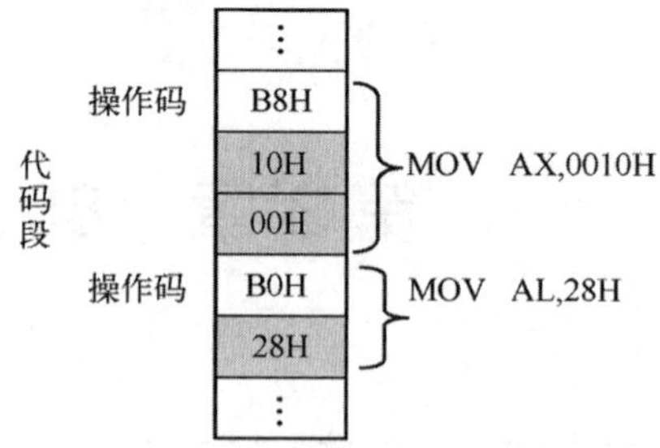

图 3.1-1　立即寻址举例

表 3.1-2 和图 3.1-1 中给出了两个立即寻址的实例。对于这样的指令，在执行前所要处理的数据作为指令的一部分读入 CPU 内部的指令缓冲器。

表 3.1-2　立即寻址举例

指　令	控制 CPU 完成的操作	机器码
MOV　AX, 0010H	将 0010H 送入寄存器 AX	B81000H
MOV　AL, 28H	将 28H 送入寄存器 AL	B028H

2. 寄存器寻址

操作数包含在 CPU 的内部寄存器中，如寄存器 AX、BX、CX、DX 等。寄存器可以是 8 位或者 16 位的。表 3.1-3 给出了寄存器寻址的实例。

表 3.1-3　寄存器寻址举例

指　令	控制 CPU 完成的操作	机 器 码	指令执行前数据的位置
MOV　AX, BX	将 BX 中的 1 个字送入寄存器 AX	89D8H	CPU 内部寄存器 BX
MOV　AL, BL	将 BL 中的 1 字节送入寄存器 AL	88DBH	CPU 内部寄存器 BL

3. 直接寻址

指令要处理的数据在内存中，逻辑地址为段地址:偏移地址。在汇编指令中可用[idata]的格式给出偏移地址，而段地址在某个段寄存器中。存放段地址的寄存器可以是默认的，也可以通过段超越前缀显式给出，如表 3.1-4 所示。如果不显式给出段地址，则默认为 DS 段。

表 3.1-4　直接寻址举例

指　令	控制 CPU 完成的操作	机 器 码	指令执行前数据的位置
MOV AX, [0002H]	将数据段内偏移地址为 0002H 处的 1 个字送入寄存器 AX	A10200H	内存的 DS:2～DS:3 单元
MOV AL, [0002H]	将数据段内偏移地址为 0002H 处的 1 字节送入寄存器 AL	A00200H	内存的 DS:2 单元
MOV BX, ES:[0002H]	将附加段内偏移地址为 0002H 处的 1 个字送入寄存器 BX	8B1E0200H	内存的 ES:2～ES:3 单元

图 3.1-2～图 3.1-4 分别描述了表 3.1-4 中 3 条指令的执行。

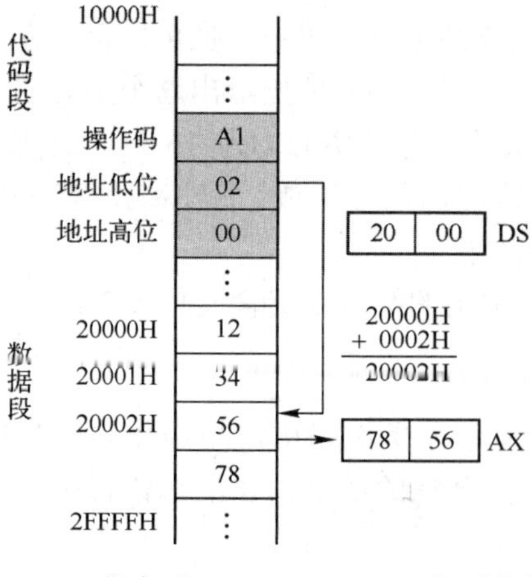

图 3.1-2　指令“MOV AX, [0002H]”示意图

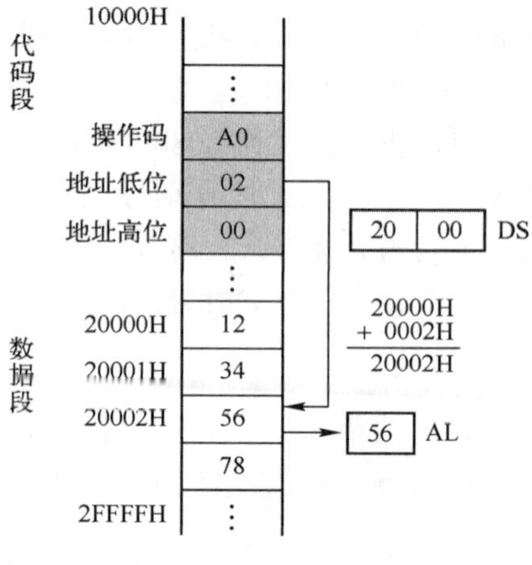

图 3.1-3　指令“MOV AL, [0002H]”示意图

在汇编语言中还允许用符号地址代替数值地址。例如：

```
VAR   DW 1234H
  ⋮
MOV   AX, VAR
```

这里的 DW 伪指令语句用来定义变量(详见 4.1 节)，变量名 VAR 表示内存中一个数据区的名字，也就是符号地址，该地址存放一个字数据 1234H。变量名可以作为指令中的内存操作数来引用，因此属于直接寻址方式。

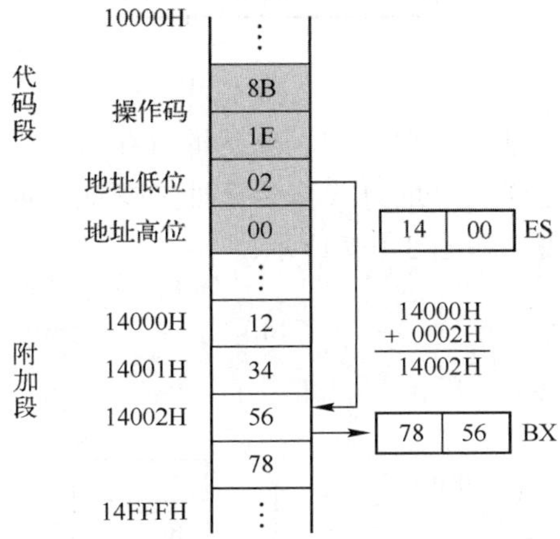

图 3.1-4　指令“MOV BX, ES:[0002H]”示意图

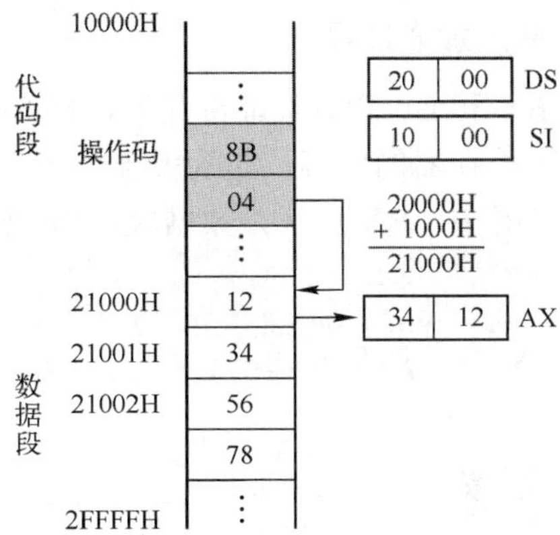

图 3.1-5　指令“MOV AX, [SI]”示意图

4. 寄存器间接寻址

操作数在存储器中，但是操作数地址的 16 位偏移地址包含在 SI、DI、BX、BP 这 4 个寄存器之一中。可以分成两种情况：

（1）以 SI、DI、BX 间接寻址，通常操作数在现行数据段区域中，此时 DS × 16 + REG 为操作数的地址，REG 表示寄存器是 SI、DI、BX 之一。

（2）以寄存器 BP 间接寻址，操作数在堆栈段中，即 SS × 16 + BP 作为操作数的地址。

例如，图 3.1-5 描述了以下指令的执行过程。

```
MOV   SI, 1000H
MOV   AX, [SI]
```

寄存器间接寻址的一般格式如表 3.1-5 所示。这种寻址方式也可以使用段超越前缀来从默认段以外的段中取得数据，如：

```
MOV   BX, DS:[BP]
MOV   AX, ES:[DI]
```

表 3.1-5　寄存器间接寻址格式

寻址方式	含　义
[BX]	EA=BX，SA=DS
[SI]	EA=SI，SA=DS
[DI]	EA=DI，SA=DS
[BP]	EA=BP，SA=SS

由于寄存器内的偏移地址可以在运行时修改，因此寄存器间接寻址方式在处理一维数组时特别有用。与数组下标类似，间接寻址的操作数可以指向数组的不同元素，如第 4 章的程序 4.4-1。

5. 寄存器相对寻址

寄存器相对寻址由指定的寄存器内容，加上指令中给出的 8 位或 16 位偏移量作为操作数的偏移地址(操作数在存储器中)。一般格式为：[REG+idata]，其中 REG 是 SI、DI、BX、BP 这 4 个寄存器之一。例如：

```
MOV   BX, 1000H
MOV   AX, [BX+1]
```

执行过程如图 3.1-6 所示。

寄存器相对寻址的常见格式如表 3.1-6 所示。这种寻址方式也允许使用段超越前缀，例如：

```
MOV   BL,  ES:[SI+10]
```

🔔 寄存器相对寻址也适合一维数组处理。idata 可以看成数组首元素在段内的偏移地址，基址或变址寄存器内容作为元素下标值或相对于数组首地址的偏移，如第 4 章的程序 4.4-5。

表 3.1-6　寄存器相对寻址格式

寻 址 方 式	含　义
[BX+idata] /idata[BX]	EA=BX + idata，SA=DS
[SI+idata] /idata[SI]	EA=SI + idata，SA=DS
[DI+idata] /idata[DI]	EA=DI + idata，SA=DS
[BP+idata] /idata[BP]	EA=BP + idata，SA=SS

6. 基址加变址寻址

把 BX 和 BP 看成基址寄存器，把 SI、DI 看成变址寄存器，把一个基址寄存器的内容加上一个变址寄存器的内容，作为操作数的偏移地址，这样的寻址方式称为基址加变址寻址。操作数在存储器中，BX 默认为数据段，BP 则对应堆栈段。如图 3.1-7 所示。

```
MOV   BX, 1000H
MOV   SI, 1
MOV   AX, [BX+SI]
```

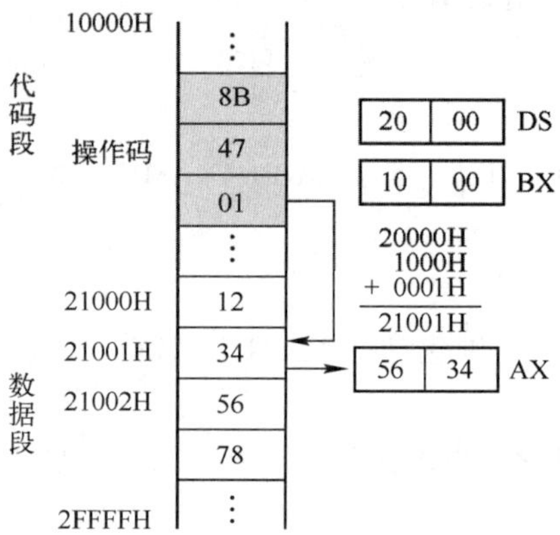

图 3.1-6　指令“MOV AX, [BX+1]”示意图

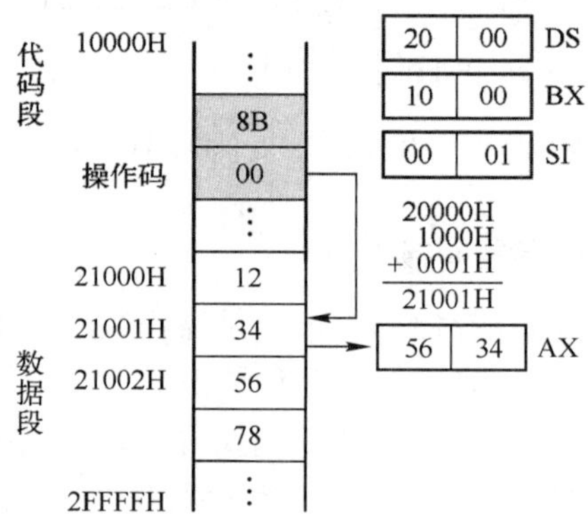

图 3.1-7　指令“MOV AX, [BX+SI]”示意图

基址加变址寻址的常见格式如表 3. 1-7 所示。

🔔 基址加变址寻址同样可以用于一维数组的访问：将数组首地址存放于基址寄存器，变址寄存器作为元素下标值或相对于数组首地址的偏移。由于基址寄存器的内容也可以动态修改，因此该寻址方式也可以用于二维数组的访问，例如基址寄存器可以对应于行方向，变址寄存器对应于列方向。

7. 相对基址变址寻址

操作数在存储器中，其偏移地址由“基址寄存器＋变址寄存器＋相对偏移量”形成。

相对基址加变址寻址的常见格式如表 3.1-8 所示。

表 3.1-7　基址加变址寻址

寻 址 方 式	含　义
[BX + SI] / [BX][SI]	EA=BX + SI，SA=DS
[BX + DI] / [BX][DI]	EA=BX + DI，SA=DS
[BP + SI] / [BP][SI]	EA=BP + SI，SA=SS
[BP + DI] / [BP][DI]	EA=BP + DI，SA=SS

表 3.1-8　相对基址加变址寻址

寻 址 方 式	含　义
[BX + SI + idata] /idata[BX][SI]	EA=BX + SI + idata，SA=DS
[BX+ DI + idata] /idata[BX][DI]	EA=BX + DI + idata，SA=DS
[BP + SI + idata] /idata[BP][SI]	EA=BP + SI + idata，SA=SS
[BP + DI + idata] /idata[BP][DI]	EA=BP + DI + idata，SA=SS

例如，图 3.1-8 所示：

```
MOV   BX, 1000H
MOV   SI, 1
MOV   AX, [BX+SI+1]
```

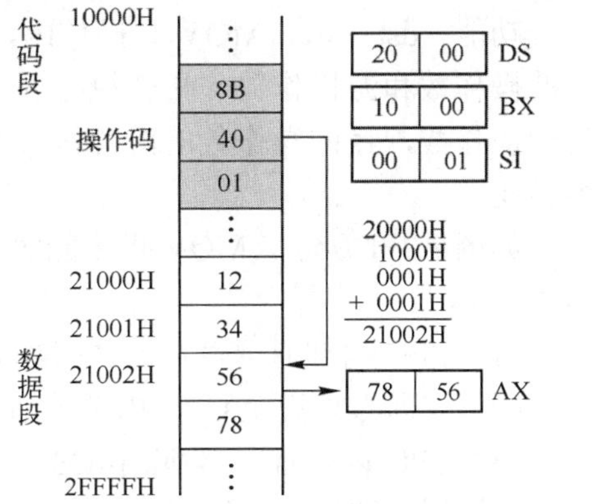

图 3.1-8　指令“MOV AX, [BX+SI+1]”示意图

8. 寻址方式小结

从直接寻址方式开始的寻址方式中，操作数都存放在除代码段以外的内存区域中，通过求得操作数的有效地址，取得操作数。比较这几种寻址方式，可以发现：

- [idata]用一个常量来表示地址，可以用于直接定位一个内存单元；
- [BX]用一个变量来表示内存地址，可以用于间接定位一个内存单元；
- [BX+idata]用一个变量和常量来表示地址，可以在一个起始地址的基础上用变量间接定位一个内存单元；
- [BX +SI]用两个变量表示地址；
- [BX + SI +idata]用两个变量和一个常量表示地址。

它们都是对内存操作数的访问，只是地址的表示方式不同。而其他两种寻址方式，立即寻址方式中操作数和指令存放在一起，寄存器寻址方式中操作数就在 CPU 内的相关寄存器内。

练习题 1

3.1-1　指出下列指令中操作数的寻址方式。

（1）MOV　BX, 20H　　（2）MOV　AX, [1245H]　　（3）MOV　DX, [SI]

（4）MOV　100[BX], AL　　（5）MOV　[BP][SI], AX　　（6）MOV　[BX+100][SI], AX

（7）MOV　[1800H], AL　　（8）MOV　[SI], AX

3.1-2　判断下列操作数寻址方式的正确性，对正确的指出其寻址方式，错误的说明其错误原因。

（1）[AX]　（2）[SI+DI]　（3）BP　（4）BH

（5）DS　（6）[BL+44]　（7）[BX+BP+32]　（8）[DX]

（9）[CX+90]　（10）[BX*4]　（11）BX+90H　（12）SI[100H]

3.1-3　已知 DS = 2000H，ES = 1000H，SS = 1010H，SI = 1100H，BX= 0500H，BP = 0200H，请指出下列指令中源操作数是什么寻址方式？源操作数的物理地址是多少？

（1）MOV　AL, [2500H]　　（2）MOV　AX, [BP]

（3）MOV　AX, ES:[BP+10]　　（4）MOV　AL, [BX+SI+20]

3.2　数据传送指令

根据功能不同，8086 CPU 的指令可以分为：数据传送类指令、算术运算类指令、逻辑运算类指令、移位指令、处理器控制指令、跳转指令、循环指令、串操作指令、子程序指令、中断指令等。本章主要介绍前 5 类指令，其他与程序控制结构相关的指令将在第 4 章汇编语言程序设计的相应部分介绍。

3.2.1　MOV 指令

格式：MOV　dst, src

功能：dst←src，MOV 是操作码，dst 和 src 分别是目的操作数和源操作数。指令执行后，源操作数传送至目的操作数，目的操作数的内容被改变而源操作数的内容不变。

如图 3.2-1 所示，MOV 指令能实现以下途径的数据传送：

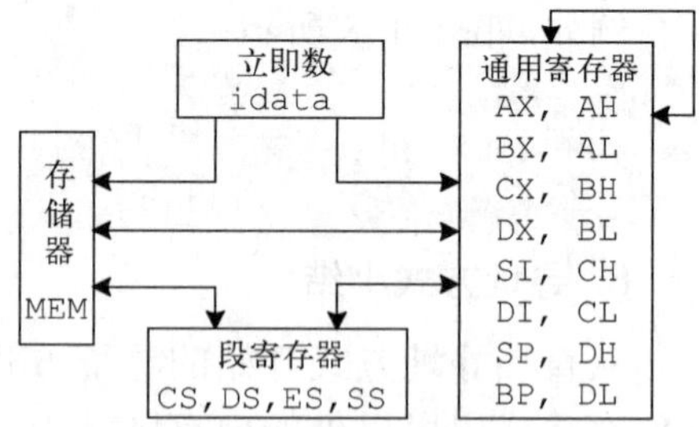

图 3.2-1　MOV 指令数据传送途径示意图

（1）CPU 内部通用寄存器之间数据的任意传送；

（2）立即数传送至 CPU 内部的通用寄存器；

（3）CPU 内部寄存器(除了 CS 和 IP 以外)与存储器(所有寻址方式)之间的数据传送；

（4）用立即数给存储单元赋值。

表 3.2-1 给出了 MOV 指令的常见格式。

表 3.2-1　MOV 指令常见格式

指令格式	举　例
MOV　REG, idata	MOV　AX, 8
MOV　REG, REG	MOV　BX, AX
MOV　REG, MEM	MOV　AX, [SI]
MOV　MEM, REG	MOV　[SI+1], AX
MOV　SREG, REG	MOV　DS, AX
MOV　REG, SREG	MOV　AX, DS
MOV　SREG, MEM	MOV　DS, [0000H]
MOV　MEM, SREG	MOV　[0000H], DS
MOV　MEM, idata	MOV　BYTE PTR [0000H], 01H

使用 MOV 指令时应注意几个问题：

- IP 不能用作源操作数和目的操作数。
- CS 不能用作目的操作数。
- 不允许两个内存操作数之间直接进行信息传送。作为一种替代方法，在送入目的操作数之前，可以把源操作数移入一个寄存器中，如：

```
MOV   AX, [0100H]
MOV   [1230H], AX
```

- 两个段寄存器之间不能直接传送信息，也不允许用立即寻址方式为段寄存器赋初值。
- 目的操作数不能用立即寻址方式。
- 操作数类型要匹配，字对字、字节对字节传送。如表 3.2-1 的最后一行，需通过伪指令“BYTE PTR”说明[0000H]这个内存操作数是字节类型的，然后将 01H 送入。如果不加此伪指令，系统无法区分内存操作数为字节型或字型，就会出错。伪指令 PTR 将在 4.1 节详细介绍。

📖 MOV 指令类似 C 语言中的赋值操作，用于给寄存器或存储单元赋值。C 语言中的变量名本身就是一个符号地址，对应于特定的内存单元，只不过我们可以不知道这些单元的具体位置，根据标识符就可以实现数据的存取；而汇编语言中必须了解数据的具体位置。

3.2.2　栈指令

栈是一种具有特殊访问方式的存储空间，它的特殊性在于：最后进入这个空间的数据最先出去(后进先出)。例如，洗碗的时候每洗干净一个碗，就摞在之前洗好的碗上面，那么每次用的时候从最上面取，最先取的就是最后洗干净的碗。

8086/8088 CPU 提供相关的指令来以栈的方式访问内存空间。不过在 8086/8088 中，栈空间的使用是从高地址往低地址方向的。

要实现对栈的操作，必须解决两个问题：①如何让 CPU 知道哪一段内存空间用做栈空间；②如何让 CPU 知道栈顶的位置。

回忆在第 2 章学习过的堆栈段寄存器 SS 和堆栈指针寄存器 SP，栈顶的段地址放在 SS 中，偏移地址放在 SP 中，任意时刻 SS:SP 指向栈顶。

8086/8088 CPU 提供入栈和出栈指令。

（1）PUSH 指令

格式：PUSH　src

功能：将字类型的源操作数 src 压入堆栈。

如表 3.2-2 所示，src 可以是 16 位的通用寄存器、段寄存器和内存操作数，但不能是立即数。

CPU 从 SS 和 SP 获得栈顶的地址。PUSH 指令执行过程如下：

① SP ← SP−2；

② 将 src 送入 SS:SP 指向的内存单元中，此时 SS:SP 指向新栈顶。

表 3.2-2　PUSH 和 POP 指令格式

指令格式		说　明
PUSH	REG16	将一个 16 位寄存器中的数据入栈
PUSH	SREG	将一个段寄存器中的数据入栈
PUSH	MEM	将内存单元处的字入栈
POP	REG16	将栈顶的字数据送入一个 16 位寄存器
POP	SREG	将栈顶的字数据送入一个段寄存器
POP	MEM	将栈顶的字数据送入内存单元

（2）POP 指令

格式：POP　dst

功能：将当前栈顶的一个字送到目的操作数 dst 中。

dst 的形式如表 3.2-2 所示。POP 指令执行的过程如下：

① 将 SS:SP 指向的内存单元中的一个字数据送入 dst 中；

② SP ← SP +2，SS:SP 指向新栈顶。

【例 3.2-1】 设将 20000H～2000FH 这段内存区间用做栈，分析依次执行以下指令前后栈的变化情况。

```
MOV  AX, 1234H
PUSH  AX
POP   BX
```

【解答】 栈的变化情况见图 3.2-2。初始时栈空，SS:SP 指向栈底；执行“PUSH AX”后，字数据 1234H 入栈，SP 减 2，栈顶地址为 2000EH；执行“POP　BX”之后，SP 加 2，SS:SP 重新指向栈底，成为空栈。此时虽然 2000EH 和 2000FH 单元中的数值不变，还是 34H 和 12H，但是它们已经不属于栈的内容。

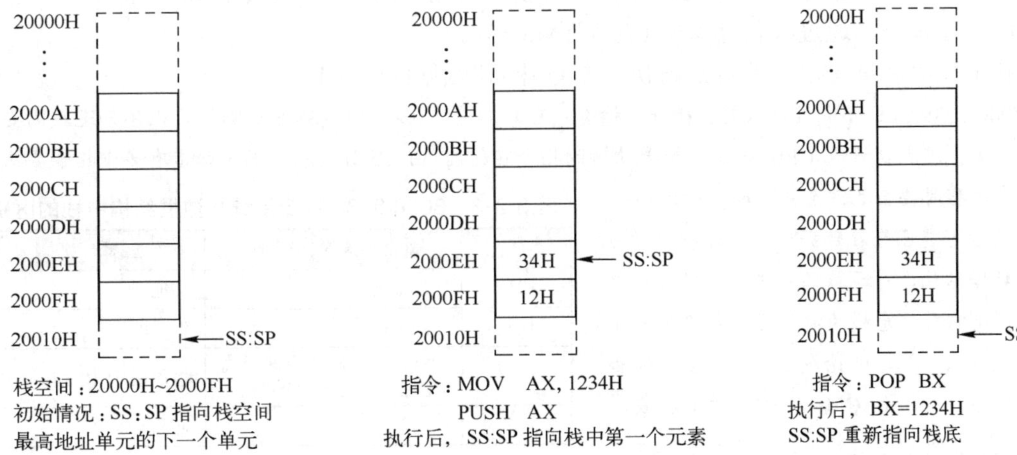

图 3.2-2　PUSH 指令和 POP 指令的执行过程

【例 3.2-2】 对比图 3.2-3(a)和图 3.2-4(a)所示的两段指令，分析它们的功能。

【解答】 通过图 3.2-3(b)和图 3.2-4(b)的分析可以看出，这两个程序段都是将 1234H 送入了内存单元 20000H～20001H。但前一段程序通过 MOV 指令实现，后一段程序则是通过栈操作实现的。

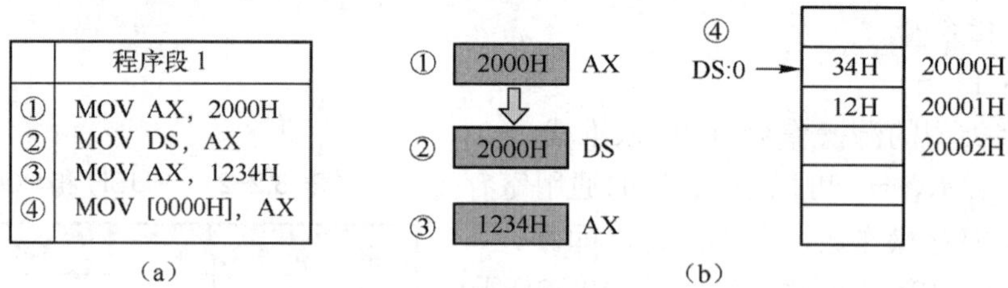

图 3.2-3　程序段 1 及其执行过程

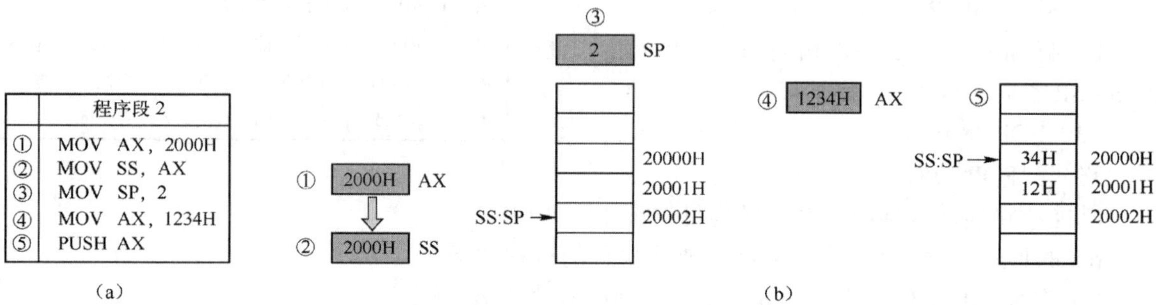

图 3.2-4　程序段 2 及其执行过程

通过例 3.2-2 可知 PUSH 和 POP 实质上就是一种内存数据传送指令，可以在寄存器和内存之间传送数据。它们与 MOV 指令的区别在于：PUSH 和 POP 指令访问的内存单元的地址不是在指令中直接给出的，而是由 SS:SP 隐含地指出的；CPU 执行 MOV 指令只需要一步操作；而执行 PUSH 和 POP 指令则要分两步：先修改 SP，然后向 SS:SP 处传送数据；或先取 SS:SP 处的数据，后改变 SP。

在程序中栈有以下作用(将在第 4 章介绍)：

- 当某一寄存器有多种用途时，栈可方便地作为其临时保存区域；在寄存器使用完毕之后，可以通过栈恢复其原始值(见程序 4.6-4)。
- CALL 指令执行时，CPU 用栈保存当前被调用过程的返回地址(见 4.6.1 节)。
- 调用过程时，通过栈传递参数(见程序 4.6-5)。
- 利用栈“后进先出”的特点解决一些特殊问题(见程序 4.4-5)。

🔔 8086/8088 CPU 不会进行栈越界操作的检查，它只知道栈顶在何处(SS:SP 指示)，而不知道我们安排的栈空间有多大。这点就好像 CPU 知道当前要执行的指令在何处(由 CS:IP 指示)而不知道有多少指令要执行一样。因此在编程时要自己注意栈顶越界的问题。

📖 读者可能已经在数据结构等课程中学习了栈这种数据结构，对于栈的先进后出特点已经掌握了。但是需要注意栈的定义存在表 3.2-3 中的区别。另外，这里讨论的栈属于运行时栈(runtime stack)，是由 CPU 内部硬件直接支持的，在系统层上处理子过程调用；而数据结构中的栈抽象数据类型通常用于实现依赖于后进先出操作的算法，一般用高级语言编写。

表 3.2-3　8086/8088 指令系统与数据结构中栈的区别

	8086/8088 指令系统	数据结构(顺序栈)
栈顶	低地址	高地址
栈底	高地址	低地址
栈空	SS:SP 指向栈空间最高地址单元的下一个单元	栈顶指针=栈底指针
增长方向	向低地址增长	向高地址增长
入栈	SP 减 2	栈顶指针加 1
出栈	SP 加 2	栈顶指针减 1
操作单位	字	数据元素，长度取决于具体的数据类型

3.2.3　交换指令 XCHG

格式：XCHG　dst, src

功能：dst ↔ src，即把一个字节或一个字的源操作数与目的操作数相交换。

常用格式见表 3.2-4。

交换可在通用寄存器与累加器之间、通用寄存器之间、通用寄存器与存储器之间进行。但段寄存器和立即数不能作为操作数，不能在累加器之间进行交换。

表 3.2-4　XCHG 指令格式

指令格式	举　例
XCHG　REG，REG	XCHG　CL，BL
XCHG　REG，MEM	XCHG　BX，[0000H]
XCHG　MEM，REG	XCHG　[0000H]，BX

【例 3.2-3】 编写指令实现[0100H]和[1000H]处两个字的交换。

【解答】 如果交换两个内存操作数，需要使用一个寄存器作为临时存储容器，并把 MOV 指令和 XCHG 指令结合起来使用。

```
MOV   AX, [0100H]
XCHG  AX, [1000H]
MOV   [0100H], AX
```

3.2.4　累加器专用传送指令

（1）IN 指令

IN 指令的功能是从 I/O 端口输入一个字节或一个字数据至 AL 或 AX，常用指令格式见表 3.2-5，其中 port 是一个用 8 位立即数表示的端口号。

（2）OUT 指令

该指令将 AL 或 AX 中的内容传送到一个输出端口。端口寻址方式与 IN 指令相同，如表 3.2-6 所示。

表 3.2-5　IN 指令格式

指令格式	含　义
IN　AL, port	AL←port
IN　AX, port	AH←port +1, AL←port
IN　AL, DX	AL←(DX)
IN　AX, DX	AH←(DX+1) , AL←(DX)

表 3.2-6　OUT 指令格式

指令格式	含　义
OUT　port, AL	AL→port
OUT　port, AX	AH→port +1, AL→port
OUT　DX, AL	AL→(DX)
OUT　DX, AX	AH→(DX+1), AL→(DX)

表 3.2-5 和表 3.2-6 中的第 1、2 条指令和第 3、4 条指令在形式上的区别就在于端口地址是否在指令中直接给出，这两种格式的指令分别称为长格式和短格式。当端口地址 port≥256 时，指令必须采用短格式，用 DX 做端口寻址最多可寻找 64K 个端口。

【例 3.2-4】 下面是用 IN、OUT 指令从 I/O 端口读写数据的例子。

```
IN    AL, 0F0H       ; 从 F0H 端口读入一个字节到 AL
IN    AX, 80H        ; 从 80H 端口读入一个字节到 AL,81H 端口读入一个字节到 AH
MOV   DX, 310H       ; 端口地址 310H 先送入 DX 中
OUT   DX, AL         ; 将 AL 中的内容送到 310H 端口
```

（3）XLAT 指令

格式：XLAT

功能：AL←(DS×16+BX+AL)，是将数据段中偏移地址为 BX+AL 的对应内存单元中的一个字节送入 AL，从而实现 AL 中的字节变换。该指令的寻址方式是隐含的，默认为数据段。

要求：①寄存器 AL 的内容作为一个长度不超过 256 字节的表的下标；②表的基地址在 BX 中；③转换后的结果存放在 AL 中。

本指令可用在数制转换、函数表查表、代码转换等场合。

【例 3.2-5】 已知 AL 中有一个 0～9 范围内的数，试用查表指令写出能查找出该数平方值的程序。

【解答】 为了进行查表，必须确定一张 0～9 的平方值表。若平方值表的起始地址为 21000H，相应平方值表如图 3.2-5 所示。AL 中的数恰好等于该数平方值相对于表起始地址的偏移量，设 DS=2000H，则相应指令为：

```
MOV   AX，2000H       ；取平方表的段地址
MOV   DS，AX
MOV   BX，1000H       ；取平方表的偏移地址
MOV   AL，06H         ；AL 中为待查找的数
XLAT
```

执行该程序段后 AL = 36，刚好是待查找数 6 的平方值。

21000H	0
21001H	1
21002H	4
21003H	9
21004H	16
21005H	25
21006H	36
21007H	49
21008H	64
21009H	81

图 3.2-5　0～9 的平方表

3.2.5　地址传送指令

（1）LEA 指令

格式：LEA　REG16，src

功能：REG16 ←EA(src)，即把源操作数 src 的地址偏移量传送至寄存器 REG16。

要求：①源操作数的寻址方式不能是立即数和寄存器方式；②目的操作数必须是一个 16 位的通用寄存器，但不能是段寄存器。这条指令的特殊之处就在于，它传送的不是操作数本身而是操作数的有效地址。

【例 3.2-6】 假设 SI=0100H，DS=0200H，对应内存单元内容如图 3.2-6。比较以下两条指令执行之后的结果：

```
MOV   AX, [SI+20H]
LEA   AX, [SI+20H]
```

【解答】 第 1 条指令执行后，AX 的内容是 01ABH，它的作用是将数据段内偏移地址为 0120H 处的一个 16 位数送入 AX。第 2 条指令执行后，AX 的内容是 0120H，即将源操作数的偏移地址送入 AX。

0200 : 0000H	
⋮	⋮
0200 : 0120H	AB
0200 : 0121H	01

图 3.2-6　内存单元内容

LEA 指令还可以有以下形式：

```
LEA   DI, DATA1
LEA   BX, AGAIN
```

其中，DATA1 和 AGAIN 可以是已定义的变量，也可以是程序中的语句标号(见 4.1 节)。变量和标号都有段地址和偏移地址的属性。LEA 指令的作用就是把它们的偏移地址送入相应的寄存器。

📖 在 C 语言中可以通过“&”指令来取一个变量的地址，并赋值给与该变量数据类型相对应的指针，如：

```
int a; int *p;
p=&a;
```

p 就是一个指向整型变量 a 的指针。汇编指令“LEA　AX, [SI]”则是取源操作数的偏移地址送 AX。

（2）LDS 指令

格式：LDS　REG16, mem32

功能：REG16←mem32 低 16 位，DS←mem32 高 16 位。即将源操作数有效地址对应单元的 32 位内容(4 字节地址指针)分别送入 DS 和指令所指出的寄存器 REG16 中。

要求：源操作数的寻址方式不能是立即数和寄存器方式，目的操作数不能是段寄存器。

【例 3.2-7】 假设 DS=1200H，(12350H)=ABCDH，(12352H)=0A0BH 问执行指令 LDS　SI，[0350H]后，SI，DS 的值是多少？

【解答】 执行该指令后，从 DS:0350H 单元取出连续的 2 个字节送 SI，再从 DS:0352H 单元取出连续的 2 个字节送 DS，因此 SI=ABCDH，DS=0A0BH。

（3）LES 指令

格式：LES　REG16, mem32

功能：REG16←mem32 低 16 位，ES←mem32 高 16 位

这条指令除将地址指针的段地址部分送入 ES 外，与 LDS 类似。例如：

```
    LES  DI, [BX+COUNT]
```

3.2.6　标志位传送指令

标志位传送指令共有 4 条，专门用于对标志寄存器的保护或更新。

（1）LAHF 指令

格式：LAHF

功能：AH←FLAGS 的低字节。即将标志寄存器的低字节送寄存器 AH：状态标志位 SF、ZF、AF、PF、CF 分别送 AH 的 D_7、D_6、D_4、D_2、D_0 位，而 AH 的第 D_5、D_3、D_1 位任意。

（2）SAHF 指令

格式：SAHF

功能：FLAGS 的低字节←AH。即将 AH 寄存器内容送标志寄存器的低字节，根据 AH 的 D_7、D_6、D_4、D_2、D_0 位相应设置 SF、ZF、AF、PF、CF 标志。

（3）PUSHF 指令

格式：PUSHF

功能：SP←SP －2，(SP＋1,SP)←FLAGS，即将栈顶指针 SP 减 2，标志寄存器的内容入栈。

这条指令可用于保护调用过程(见 4.6 节)以前的标志寄存器的值。

（4）POPF 指令

格式：POPF

功能：FLAGS←(SP＋1, SP)，SP←SP＋2。即将栈顶字单元内容送标志寄存器，同时栈顶指针 SP 加 2。

该指令用于在过程返回(见 4.6 节)以后恢复标志状态。

练习题 2

3.2-1　判断下列指令的对错，如果错误请说明原因。

（1）MOV　CS, BX　　（2）MOV　CH, SI　　（3）PUSH　AL　　（4）MOV　DX, [BX][BP]

（5）MOV　CH, 100H　　（6）XCHG　BX, 3　　（7）PUSH　CS　　（8）MOV　AL, [BX][SI]

（9）PUSH　CL　　（10）OUT　3EBH, AL

3.2-2　给出 MOV 指令执行后的结果，设有关寄存器及存储单元内容如下：DS＝2000H, ES＝2200H, BX＝0100H, SI＝0004H, (22100H)＝12H, (22101H)＝34H, (22102H)＝56H, (22103H)＝ 78H, (22104H)＝9AH, (22105H)＝0BCH, (20100H)＝1AH, (20101H)＝2BH, (20103H)＝3CH, (20104H) =4DH, (20105H)＝5EH, (20106H)＝6FH。

（1）MOV　AX, ES:[BX][SI]　　（2）MOV　AX, BX　　（3）MOV　AX, [BX]

（4）MOV　AX, [BX+SI]　　（5）MOV　AX, [BX+SI+01]

3.2-3 假定SS=1000H，SP=0100H，AX=2107H，执行指令“PUSH AX”后，存放数据07H的内存物理地址是________。

3.2-4 已知 AX=1020H，DX=3080H，端口地址 PORT=41H，(40H)=6EH，(41H)=22H，指出下列各条指令执行的结果。

（1）IN AL, PORT ;AL = ______ （2）IN AX, 40H ;AX = ______

（3）OUT DX, AL ;(DX) = ______ （4）OUT DX, AX ;(DX) = ______

3.2-5 用一条指令实现把BX和SI之和传送给CX。

3.2-6 试比较下列3组指令的功能

（1）LDS SI, [DI]

（2）MOV SI, [DI]
MOV DS, [DI+2]

（3）MOV DS, [DI+2]
MOV SI, [DI]

3.2-7 指令“LDS SI, ES:[1000H]”的功能是（ ）。

A．把地址1000H送SI

B．把地址ES:[1000H]字单元内容送SI

C．把地址ES:[1000H]字单元内容送SI，把地址ES:[1002H]字单元内容送DS

D．把地址ES:[1000H]字单元内容送DS，把地址ES:[1002H]字单元内容送SI

3.2-8 在指令“POP [BX]”中，目的操作数的段地址和偏移地址分别在（ ）。

A．没有段地址和偏移地址 B．DS和BX中 C．ES和BX中 D．SS和BP中

3.3 算术运算指令

8086/8088 提供了加、减、乘、除 4 种基本算术操作，可用于字节或字运算，也都可以用于无符号数和有符号数的运算。

3.3.1 加法指令

1．ADD 指令

格式：ADD dst, src

功能：dst←dst + src。即完成两个操作数相加，结果送至目的操作数dst。

📖 ADD 指令类似于C语言中的a += b指令，结果保存在第一操作数中。

指令格式举例见表 3.3-1。本指令对标志位AF、CF、OF、PF、SF和ZF都有影响。

表 3.3-1 ADD 指令格式

指令格式	举例
ADD REG, idata	ADD AX , 8
ADD REG, REG	ADD AX, BX
ADD REG, MEM	ADD AX, [0000H]
ADD MEM, REG	ADD [0000H], AL
ADD MEM, idata	ADD WORD PTR[0000H], 1234H

【例 3.3-1】 分析下面两条指令执行之后CF和OF的状态。

```
MOV  AL, 99H
ADD  AL, AL
```

【解答】 99H + 99H 的结果应是 132H，超出了 AL 容量的上限 FFH，执行后 AL = 32H，进位值 1 记录在标志寄存器的 CF 位。所以图 3.3-1 中，当执行加法指令后，进位标志位的状态由“NC”变成“CY”[①]，即由 0 变成 1。在无符号数加法运算中，CF 用于记录运算结果的最高有效位向更高位的进位值。

---

①图 3.3-1 中采用 DEBUG 来跟踪指令的执行，DEBUG 的使用方法见 15.1 节。DEBUG 中操作数均为十六进制，且后面不加 H。

观察图 3.3-1 可以发现，溢出标志位的状态由“NV”变成了“OV”(由 0 变成 1)，说明产生了溢出。99H 为补码时对应的真值是−103。所以“ADD　AL,AL”进行的有符号数运算是：−103 + (−103) = −206，超过了 8 位有符号数的范围−128～127。而加法运算完成后 AL 中存储的 32H，是 50 的补码。显然这个结果是错误的。原因就是实际结果−206 在 AL 中存放不下。于是数值位侵占了符号位，发生了溢出。

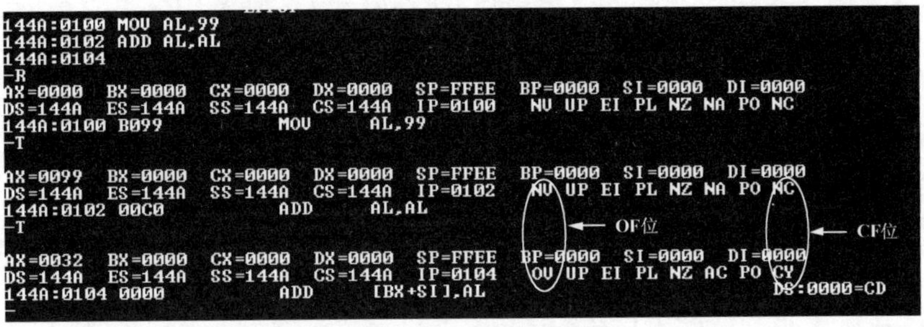

图 3.3-1　加法运算的进位与溢出问题

注意：CF 和 OF 的区别在于，CF 是对无符号数运算有意义的标志位，而 OF 是对有符号数有意义的标志位。算术运算中，在对标志位的利用上，对于无符号数和有符号数两种情况应该分别对待。

读者可能会有疑问，怎样才能知道什么时候进行无符号数运算，什么时候进行有符号数运算呢？实际上，机器和加法运算指令是不区分有符号数还是无符号数的，图 3.3-1 就是一个很好的说明。一个寄存器或者存储单元内存放的二进制位什么时候作为有符号数，什么时候作为无符号数，取决于程序的需求，程序员应该根据执行的操作类型来选择解释哪些标志位，忽略哪些标志位。再比如

```
        MOV   AL, 3FH
        ADD   AL, 50H
```

执行后 CF 为 0，OF 为 1，是否溢出取决于操作数是否为有符号数。如果是无符号数，我们可以忽略 OF 位；反之，则根据 OF=1 判断运算溢出。

2. ADC 指令

格式：ADC　dst, src

功能：dst←dst + src + CF

这条指令与 ADD 指令类似，只是在两个操作数相加时，要把进位标志 CF 的现行值加上，结果送至目的操作数。ADC 指令主要用于多字节运算中。指令格式及对标志位的影响与 ADD 相同。

【例 3.3-2】 写出程序段将存储在 DS:0000H 处的 4 字节数 12345678H 与 DS:0010H 处的 4 字节数 00ABCDEFH 相加，结果放在 DS:0020H 处。

【解答】 因为 8086/8088 CPU 最多进行 16 位运算，而需要进行加法运算的是 32 位数，因此只能分两次进行。如图 3.3-2 所示，先进行低 16 位相加，然后再做高 16 位相加。低 16 位相加时产生了进位，保存在 CF 标志位中，下一步做高 16 位相加时必须把 CF 的进位也加上。因此高 16 位相加时要用 ADC 指令。对应的程序段如下：

```
        MOV   AX, [0000H]
        ADD   AX, [0010H]            ; 低 16 位相加
        MOV   [0020H], AX            ; 低 16 位相加结果送 DS:0020H 处
        MOV   AX,  [0002H]           ; 取高 16 位数据
```

```
ADC   AX,  [0012H]          ; 高16位带进位相加
MOV   [0022H], AX           ; 高16位相加结果送 DS:0022H 处
```

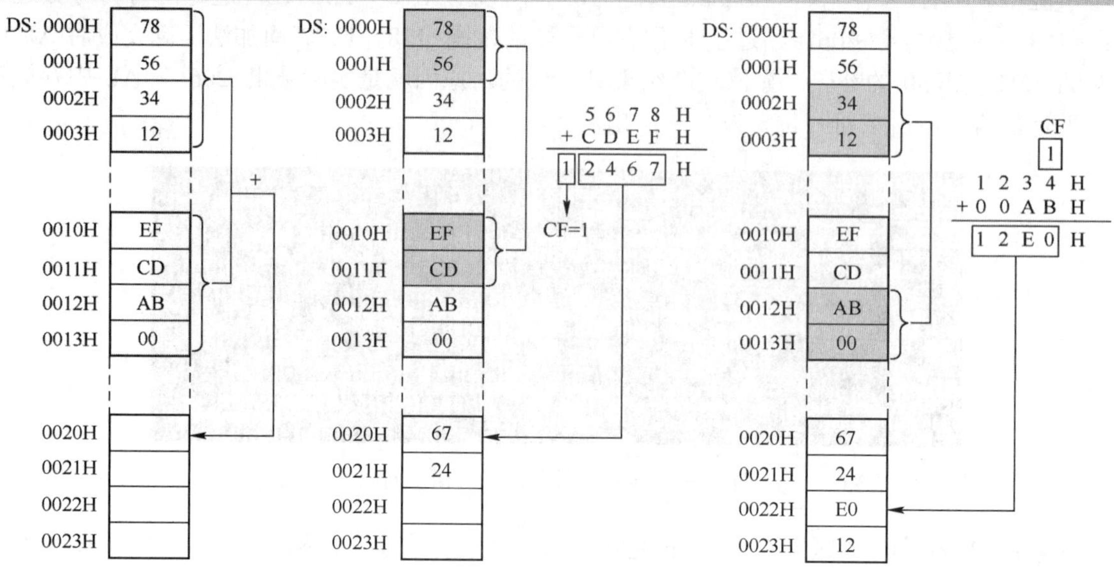

图 3.3-2　32 位数求和

📖 与 4.4 节介绍的循环指令结合，利用 ADC 和下面即将介绍的 SBB 指令可以很方便地实现任意尺寸大小(如 1024 位)数字的加法和减法。要编写 C 程序实现同样的功能，则不是一件简单的事。

3.　INC 指令

表 3.3-2　INC 指令格式

指 令 格 式	举　例
INC　REG16	INC　AX
INC　REG8	INC　BL
INC　MEM	INC　VAR；VAR 为变量

格式：INC　dst

功能：dst←dst + 1。即对操作数 dst 加 1，结果送回此操作数。

指令举例见表 3.3-2。此指令主要用于在循环程序中修改地址指针和循环次数等。需要注意的是 INC 指令对 CF 位没有影响。图 3.3-3 中，AL 的初值设为 FEH，当连续两次加 1 后，AL 的内容变为 00H，而 CF 位仍然是 NC(CF=0)，无进位。

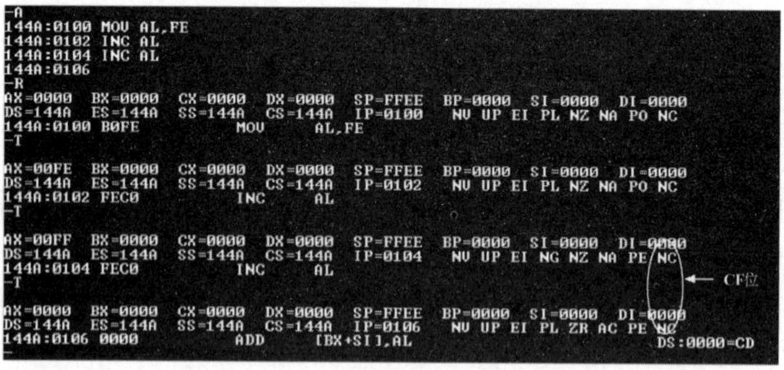

图 3.3-3　INC 指令对 CF 位无影响

📖 INC 指令与 C 语言中的“++”功能类似。

3.3.2　减法指令

(1) SUB 指令

格式：SUB　dst, src

功能：dst←dst－src。即完成两个操作数相减，从 dst 中减去 src，结果放在 dst 中。

SUB 指令的格式以及对标志位的影响同 ADD 指令。

🕮 SUB 指令类似于 C 语言中的 a－=b 指令，结果都是保存在第一操作数中。

（2）SBB 指令

格式：SBB　dst, src

功能：dst←dst－src－CF

这条指令与 SUB 类似，只是在两个操作数相减时，还要减去借位标志 CF 的现行值。

同 ADC 指令一样，本指令主要用于多字节操作数相减。

（3）DEC 指令

格式：DEC　dst

功能：dst←dst－1。即对指令中的操作数减 1，然后送回此操作数。

该指令与 INC 指令类似，在相减时把操作数作为一个无符号二进制数来对待。对 CF 标志位无影响(即保持此指令以前的值)。

🕮 DEC 指令与 C 语言中的“－－”功能类似。

（4）NEG 指令

格式：NEG　dst

功能：dst←0−dst。即将目的操作数的值取负。

该指令影响标志位 AF、CF、OF、PF、SF 和 ZF。该指令的结果一般总是使标志位 CF＝1；除非在操作数为零时，才使 CF＝0。指令中操作数的寻址方式可以采用除立即数外的各种寻址方式，但不能是段寄存器。

图 3.3-4 中 AL 的初值为 01H，取负后变为−1，此时 AL 中是其补码 FFH。相应的 SF、AF、PF 和 CF 位都发生了变化。

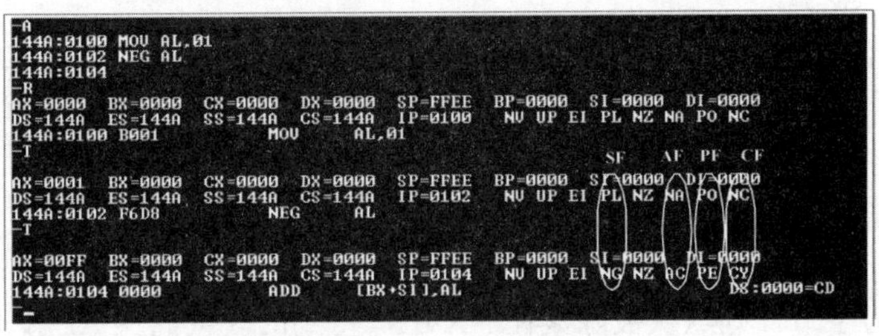

图 3.3-4　NEG 指令对标志位的影响

（5）CMP 指令

格式：CMP　dst, src

功能：dst−src。即完成两个操作数相减，使结果反映在标志位上，但并不送回结果，即不会改变 dst 的值。

该指令中两个操作数的寻址方式与加、减法指令的寻址方式相同。比较指令主要用于比较两个数之间的关系。比较指令执行后的结果仅仅体现在标志寄存器中，它是为后面的具有判别功能的指令提供条件的。具有判别功能的条件转移指令将在 4.3 节介绍。

3.3.3　乘除法指令

乘除法指令分为有符号数和无符号数运算两种。有符号数运算时，操作数和结果均以补码表示。

乘除法指令中的目的操作数的寻址方式是隐含的。源操作数可以是除立即数外的其他寻址方式，但不能是段寄存器。

（1）无符号数乘法指令 MUL

格式：MUL　src

功能：该指令完成字节与字节相乘、字与字相乘，且默认的操作数放在 AL 或 AX 中，而源操作数由 src 给出。

若 src 为字节，则默认被乘数在 AL 中，得到的 16 位积默认在 AX 中。即

$$AX \leftarrow AL \times src$$

若 src 为字，则默认被乘数在 AX 中，得到的 32 位积默认在 DX、AX 中，其中高位字在 DX 中，低位字在 AX 中。即

$$DX, AX \leftarrow AX \times src$$

MUL 指令影响 CF 位和 OF 位，若相乘后的结果中高 16 位(16 位乘法)或高 8 位(8 位乘法)均为零时，CF 和 OF 均被置为零，否则 CF 和 OF 均被置为 1。

【例 3.3-3】 分别计算 10 × 100 和 10×10000。

【解答】 10 和 100 都小于 255，所以做 8 位乘法，程序如下：

```
MOV   AL, 10
MOV   BL, 100
MUL   BL
```

10000 大于 255，所以做 16 位乘法，程序如下。

```
MOV   AX, 10
MOV   BX, 10000
MUL   BX
```

（2）有符号数乘法指令 IMUL

格式：IMUL　src

功能：该指令同 MUL 一样可以进行字节与字节、字与字的乘法运算。结果放在 AX 或 DX、AX 中。当结果的高半部分不是结果的低半部分的符号扩展(见 CWB 和 CWD 指令)时，标志位 CF 和 OF 将置位。

（3）无符号数除法指令 DIV

格式：DIV　src

功能：若 src 为字节，则默认被除数在 AX 中，得到的 8 位商在 AL 中余数在 AH 中。即

$$AX \div src \rightarrow AL, AH$$

若 src 为字，则默认被除数在 DX、AX 中，得到的 16 位商在 AX 中，余数在 DX 中。即

$$DX, AX \div src \rightarrow AX, DX$$

例如：AX = 2000H，DX = 200H，BX = 1000H，则“DIV　BX”执行后，AX = 2002H，DX = 0000H。

DIV 指令执行后，所有标志位均无定义。如果除数为零，或商的结果超出相应寄存器的范围，则在内部产生一个类型 0 的中断。

（4）有符号数除法 IDIV

格式：IDIV　src

功能：该指令执行过程同 DIV 指令，但 IDIV 指令认为操作数的最高位为符号位，商的最高位也为符号位。

📖 C 语言虽然在乘除法运算符上没有进行有符号和无符号的区分(乘法运算符只有“*”，除法运算符只有“/”)，但是在数据类型上分为无符号数(unsigned)和有符号数(signed)，根据数据类型选择进行对应的操作。

3.3.4 符号扩展指令

在进行算术运算时，有时会遇到两个长度不等的数。此时应该将长度短的数扩展成与长度长的数位数相同后再计算。CBW 和 CWD 的功能就是对有符号数进行扩展。

（1）字节扩展指令 CBW

该指令执行时将 AL 的符号扩展到 AH。即若 AL 中 $D_7 = 0$，则 AH = 0；否则 AH = 0FFH。

（2）字扩展指令 CWD

该指令执行时将 AX 的符号扩展到 DX。即若 AH 中 $D_{15} = 0$，则 DX = 0；否则 DX = 0FFFFH。

CBW、CWD 指令不影响标志位。

【例 3.3-4】 编写汇编语言程序段，计算(V − (X * Y + Z − 100))/X。已知 X、Y、Z、V 均为 16 位符号数，已装入 X、Y、Z、V 单元，要求将上式计算结果的商存入 AX，余数存入 DX。

【解答】 16 位符号数的乘积 X*Y 是 32 位的，因此在和 Z 相加之前需要对 Z 进行符号扩展，并且要注意操作数的保存，以及高 16 位相加/减时要加上低 16 位相加/减产生的进位/借位。

```
MOV   AX,  X          ;取被乘数 X
IMUL  Y               ;X*Y，结果在 DX，AX 中
MOV   CX, AX          ;将乘积保存在 BX，CX 中
MOV   BX, DX
MOV   AX, Z           ;取被加数 Z
CWD                   ;将 Z 符号扩展成 32 位(DX，AX)
ADD   CX, AX          ;加到 BX,CX 中的乘积上
ADC   BX, DX
SUB   CX, 100         ;从 BX、CX 中减去 100
SBB   BX, 0
MOV   AX, V
CWD                   ;将 V 扩展为 32 位
SUB   AX, CX          ;从符号扩展后的 V 中减去 BX,CX
SBB   DX, BX
IDIV  X               ;除以 X，商在 AX 中，余数在 DX
```

3.3.5 十进制调整指令

计算机中的算术运算，都是针对二进制数的，而人们在日常生活中习惯使用十进制。为此在 8086/8088 系统中，针对十进制算术的运算有一类十进制调整指令。

在计算机中人们用 BCD 码表示十进制数，BCD 码分为两类：一类为压缩 BCD 码，即规定每个字节表示两位 BCD 数；另一类为非压缩 BCD 码，即用一个字节表示一位 BCD 数，在该字节的高四位用零填充。例如，十进制数 25D，表示为压缩 BCD 数时为 25H；表示为非压缩 BCD 数时为 0205H，用 2 字节表示。相关的十进制调整指令见表 3.3-3。

表 3.3-3　十进制调整指令

指令格式	指令说明
DAA	压缩的 BCD 码加法调整
DAS	压缩的 BCD 码减法调整
AAA	非压缩的 BCD 码加法调整
AAS	非压缩的 BCD 码减法调整
AAM	乘法后的 BCD 码调整
AAD	除法前的 BCD 码调整

【例 3.3-5】 若执行前，AL = 28H，BL = 68H，分析下面指令的执行结果。

```
ADD    AL, BL
```

```
DAA
```

【解答】 执行 ADD 指令后 AL = 90H，AF = 1；再执行 DAA 指令后，正确的结果为：AL = 96H，CF=0，AF = 1。

【例 3.3-6】 若执行前，AL = 7，BL = 9，分析下面指令的执行结果。

```
MUL    BL
AAM
```

【解答】 执行 MUL 指令后，AX = 003FH；再执行 AAM 指令后，正确的结果为：AX = 0603H，即 BCD 数 63。

【例 3.3-7】 分析下面指令的执行结果。

```
MOV   AX, 0307H      ; 被除数
AAD                  ; AX=0025H
MOV   BL, 5          ; 除数
DIV   BL             ; AH=02H,AL=07H
```

【解答】 执行前，被除数为 0307H(37)，执行 AAD 后转换成二进制数 0025H，然后再除以 5，执行 DIV 指令后，商 07H 存放在 AL 中，余数 02H 存放于 AH 中。

注意：BCD 码进行乘除法运算时，一律使用无符号数形式，因而 AAM 和 AAD 应固定地出现在 MUL 之后和 DIV 之前。

练习题 3

3.3-1 判断下列指令的对错，如果错误请说明原因。

（1）ADC AX, 0ABH （2）MUL AL, CL （3）MUL AX, 25

（4）INC [SI] （5）ADD [BX], 456H （6）DIV AX, BX

（7）DEC [BP] （8）ADD CX+1 （9）DAA CX

3.3-2 求出以下各十六进制数与十六进制数 62A0 之和，并根据结果设置标志位 SF, ZF 和 OF 的值。

（1）1234 （2）4321 （3）CFA0 （4）9D60

3.3-3 扩展无符号数是否可以使用如下指令？为什么？

（1）CBW 指令 （2）CWD 指令

3.3-4 若 AL、BL 中是压缩 BCD 数，且在执行“ADD AL, BL”之后，AL = 0CH，CF = 1，AF = 0。再执行 DAA 后，AL 的值为多少？

3.3-5 判断题

（1）INC 和 DEC 指令不影响标志位。（ ）

（2）压缩型 BCD 码和非压缩型 BCD 码均有加减运算调整指令。（ ）

（3）压缩型 BCD 码和非压缩型 BCD 码均有乘除运算调整指令。（ ）

（4）DIV 指令在执行字节除法时，运算后的商存放在 AH 中，余数存放在 AL 中。（ ）

3.4 逻辑运算指令

逻辑运算指令可以通过选用不同的源操作数的各位代码，使目的操作数的某些位置位、清零、取反和测试目的操作数的某些位。

1. AND 指令

格式：AND dst, src

功能：dst←dst∧src。即对源操作数 src 和目的操作数 dst 进行按位的逻辑“与”运算，结果送回 dst。

指令中 src 可以为立即数、通用寄存器和任意寻址方式所指定的内存操作数。dst 可以为通用寄存器和任意寻址方式所指定的内存操作数，但不允许是立即数。当源操作数不是立即数时，两个操作数中必须有一个是寄存器。指令执行后，将 CF 和 OF 清零，SF 和 PF 反映操作结果，AF 未定义，源操作数不变。例如，指令

```
MOV   AL, 01100011B
AND   AL, 00110011B
```

执行后，AL = 00100011B。

通过 AND 指令可以将操作对象的相应位设为零(和“0”相与)，其他位不变(和“1”相与)。例如：

```
AND   AL, 11110111B        ; 将 AL 的 D3 位设为零
AND   AL, 11111110B        ; 将 AL 的 D0 位设为零
AND   AL, 0F0H             ; 将 AL 的低 4 位清零
```

【例 3.4-1】 假设 AL 中存储了小写字母，写出指令将其转换成大写字母。

【解答】 对比‘A’和‘a’的 ASCII 码，显然它们只有 D_5 位不同：

0 1 **1** 0 0 0 0 1B = 61H(‘a’)

0 1 **0** 0 0 0 0 1B = 41H(‘A’)

其他字母的大小写之间也存在同样的关系。所以只要将任意小写字母 ASCII 码的 D_5 位清零，其他位不变，就可以得到对应的大写字母。即

```
AND   AL, 11011111B
```

2. OR 指令

格式：OR　dst, src

功能：dst←dst∨src。即对源操作数 src 和目的操作数 dst 进行按位的逻辑“或”运算，结果送回 dst。寻址方式及对标志位的影响与 AND 指令相同。例如，指令

```
MOV   AL, 01100011B
OR    AL, 00110011B
```

执行后，AL = 01110011B。

通过 OR 指令可以将操作对象的相应位设为 1，其他位不变。例如：

```
OR    AL, 00001000B        ; 将 AL 的 D3 位设为 1
OR    AL, 00000001B        ; 将 AL 的 D0 位设为 1
OR    AL, 0FH              ; 将 AL 的低 4 位置 1
```

【例 3.4-2】 假设 AL 中存储了 0～9 之间的一个数字，写出指令将其转换成对应的 ASCII 码。

【解答】 0～9 之间的整数与对应的 ASCII 码只是 D_4 位和 D_5 位不同，如

0 0 **0 0** 0 0 0 1B = 1

0 0 **1 1** 0 0 0 1B = 31H(‘1’)

利用 OR 指令可以实现前者到后者的转换，方法是把 0～9 数字的 D_4 位和 D_5 位置 1，其余位不变，即

```
OR    AL, 00110000B
```

3. XOR 指令

格式：XOR　dst, src

功能：dst←dst ⊕ src。即对源操作数 src 和目的操作数 dst 进行按位的逻辑“异或”运算，结果送回 dst。寻址方式及对标志位的影响与 AND 指令相同。例如，指令

```
MOV   AL, 01100011B
XOR   AL, 00110011B
```

执行后 AL=01010000B。

通过 XOR 指令可以将操作对象的相应位取反，其他位不变。例如：

```
XOR   AL, 00001000B    ; 将AL的D3位取反
XOR   AL, 00000001B    ; 将AL的D0位取反
XOR   AL, 0FH          ; 将AL的低4位取反
```

4. TEST 指令

格式：TEST　OPR1, OPR2

功能：OPR1∧OPR2。即对操作数 OPR1 和 OPR2 进行按位的逻辑“与”运算，结果只体现在标志位上，不改变操作数的值。TEST 与 AND 的关系类似于 CMP 与 SUB 的关系。

利用该指令可以测试操作数的相应位是否为零。例如，测试 AL 的 D_3 位是否为 0：

```
TEST   AL, 00001000B
```

一般 TEST 指令后面会跟一个条件转移指令，见 4.3 节。

5. NOT 指令

格式：NOT　dst

功能：dst←$\overline{\text{dst}}$。即对操作数 dst 的各位按位取反。指令执行后，对标志位无影响。

例如：

```
MOV   AL, 01100011B
NOT   AL
```

执行后 AL = 10011100B。

练习题 4

3.4-1　AND、OR、XOR、NOT 为四条逻辑指令，下面解释有误的是（　　）

A．它们都是按位操作的

B．指令 XOR　AX, AX 执行后，结果不变，但是影响标志位

C．指令 AND　AL, 0FH 执行后，使 AL 的高 4 位清零，低 4 位不变

D．若 DL=09H，CH=30H，执行 OR DL, CL 后，结果为 DL=39H

3.4-2　将寄存器 BX 的内容求反不正确的操作是（　　）

A．NOT　BX　　　B．XOR　BX, 0FFFFH　　　C．AND　BX, 0FFFFH

3.4-3　四条逻辑运算指令 AND、OR、XOR、NOT 中，________指令对标志位均没有影响，而其他 3 条指令除对标志位 SF、ZF、PF 有影响外，还使________和________总是置“0”，AF 不确定。

3.4-4　如果要对一个字节或一个字的数求反，可以用________指令，要对寄存器或存储单元内容中指定位求反则可以用________指令。

3.4-5　按要求编写下列指令序列。

（1）清除 DL 中的低 2 位而不改变其他位；

（2）把 SI 的高 3 位置为 1 而不改变其他位；

（3）把 AX 中的 0～3 位置零，7～9 位置 1，13～15 位取反；

（4）检查 CX 中的 1、3 和 5 位中是否有一位为 1；

（5）检查 BX 中的 2、6 和 10 位是否同时为 1；

（6）检查 CX 中的 1、3、5 和 7 位中是否有一位为 0；

（7）检查 BX 中的 2、6、10 和 12 位是否同时为 0。

3.5 移 位 指 令

3.5.1 算术逻辑移位指令

可以对寄存器或者内存操作数的各位进行算术移位或者逻辑移位，移动的次数由指令中的计数值决定，图 3.5-1 给出了操作示意图。

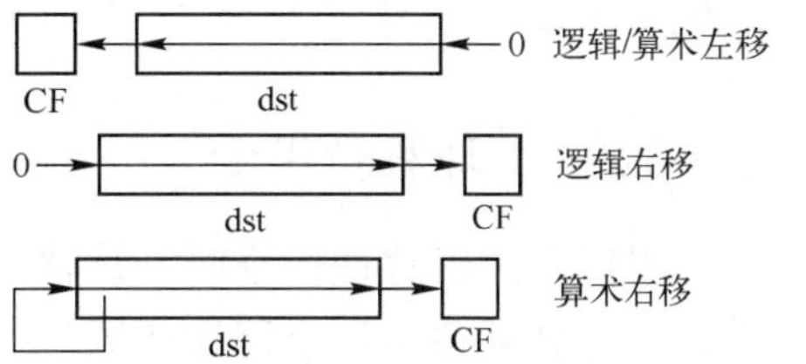

图 3.5-1 算术逻辑移位指令操作示意图

（1）SHL/SAL 逻辑/算术左移指令

格式：SHL dst, cnt/ SAL dst, cnt

功能：将目的操作数 dst 的各位左移，每移一次最高位移入 CF，而最低位补 0。dst 可以是除立即数以外的任何寻址方式；cnt 用于指定移位的位数，如果是立即数则只能是 1，如果移位次数大于 1，则 cnt 必须为寄存器 CL，CL 中的内容即为移位次数。

在移位次数为 1 位的情况下，如果移位后的最高位(符号位)被改变，则 OF 置 1，否则 OF 清 0。但在多次移位的情况下，OF 的值不确定。不论移位一次或多次，CF 总是等于目的操作数最后被移出去的那一位。SF 和 ZF 根据指令执行后目的操作数的状态来决定，PF 只有当目的操作数在 AL 中时才有效，AF 不定。例如：

```
MOV   AL, -128        ; AL=10000000B
SHL   AL, 1           ; AL=00000000B,OF=1,CF=1,SF=0,ZF=1,PF=1
```

左移 1 位，只要左移以后的数未超出 1 个字节或 1 个字的表达范围，则原数的每一位的权增加了 1 倍，相当于原数乘 2。因此 SHL 和 SAL 可以用于乘法。

【例 3.5-1】 不用乘法实现将 AL 中的数乘以 10。

【解答】 因为 $X \times 10 = X \times 2 + X \times 8$，所以可以采用移位和相加的办法来实现乘以 10。为保证结果完整，先将 AL 中的字节扩展为字。即

```
MOV   AH, 0
SAL   AX, 1           ; X×2
MOV   BX, AX          ; 移至 BX 中暂存
SAL   AX, 1           ; X×4
SAL   AX, 1           ; X×8
ADD   AX, BX          ; X×10
```

（2）SHR 逻辑右移指令

格式：SHR dst, cnt

功能：将目的操作数 dst 的各位右移，每移一次，最低位移入 CF，而最高位补 0。

（3）SAR 算术右移指令

格式：SAR dst, cnt

功能：将目的操作数 dst 的各位右移，每次移位时操作数的最低位移入 CF，而最高位保持不变，移入的仍然是原最高位。

相应地，右移 1 位相当于除以 2。SHR 可用于无符号数的快速除法，SAR 则用于有符号数的快速除法。但是，用这种方法做除法时，余数将被丢掉。

【例 3.5-2】 用右移的方法做除法 133/8 和-128/8，设操作数均为字节类型。

【解答】 133 是无符号数，用 SHR 指令做除法；-128 是有符号数，用 SAR 指令。则有：

```
MOV   AL, 10000101B      ; AL=133
```

```
        MOV    CL, 03H              ; CL 为移位次数
        SHR    AL, CL               ; 右移 3 次
```

指令执行后，AL = 10H = 16，余数 5 被丢失。标志位 CF=1，ZF=0，SF=0，PF=0，OF 和 AF 不定。

```
        MOV    AL, 10000000B        ; AL=-128
        MOV    CL, 03H              ; CL 为移位次数
        SAR    AL, CL               ; 右移 3 次
```

指令执行后，AL = 0F0H = −16。标志位 CF=0，ZF=0，SF=1，PF=1，OF 和 AF 不定。

3.5.2 循环移位指令

使用算术逻辑移位指令时，被移出操作数的数位均被丢失，而循环移位指令把操作数从一端移到另一端，这样移走的位就不会丢失了。循环移位指令的操作示意图如图 3.5-2 所示。

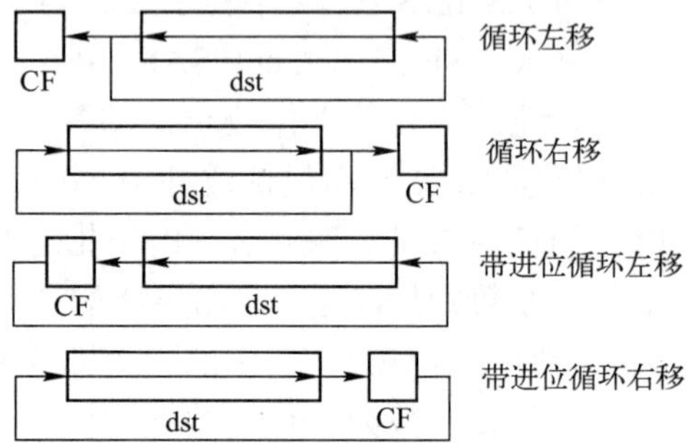

图 3.5-2 循环移位指令操作示意图

（1）ROL 循环左移指令

格式：ROL dst, cnt

功能：将目的操作数 dst 的各位左移，移位过程中，最高位移入标志寄存器的 CF 位，同时也移入最低位，构成了一个环形移位。

（2）ROR 循环右移指令

格式：ROR dst, cnt

功能：将目的操作数 dst 的各位右移，移位过程中，最低位移入标志寄存器的 CF 位，同时也移入最高位，构成了一个环形移位。

【例 3.5-3】 交换一个字节的高半部分和低半部分。

【解答】 可以使用 ROL 或 ROR 指令，移动 4 位。

```
        MOV    AL, 12H
        MOV    CL, 4
        ROL    AL, CL           ; AL=21H
        ROR    AL, CL           ; AL=12H
```

（3）RCL 带进位循环左移指令

格式：RCL dst, cnt

功能：将目的操作数 dst 的各位左移，移位过程中，最高位移入标志寄存器的 CF 位，而 CF 位移入最低位，构成了一个环形移位。

（4）RCR 带进位循环右移指令

格式：RCR dst, cnt

功能：将目的操作数 dst 的各位右移，移位过程中，最低位移入标志寄存器的 CF 位，而 CF 位移入最高位，构成了一个环形移位。

以上 4 条指令对各状态标志位的影响与算术逻辑移位指令类似。

汇编语言中的逻辑运算和移位指令与 C 语言中的位操作符有如下对应关系：

<table>
<tr><td>汇编语言</td><td>AND</td><td>OR</td><td>XOR</td><td>NOT</td><td>SHL/SAL</td><td>SHR/SAR</td><td>ROL/ROR</td><td>RCL/RCR</td></tr>
<tr><td>C 语言</td><td>&</td><td>|</td><td>^</td><td>～</td><td><<</td><td>>></td><td>_rotl, _rotr</td><td>无</td></tr>
</table>

算术移位和逻辑移位指令的区分是一个难点。C 语言似乎对算术移位和逻辑移位不加区分，如右移操作，只有“>>”一个操作符，这也是 C 语言学习的难点。其实，“>>”具有“重载”的特性，如果操作数是有符号数，它会按照 SAR 指令执行方式执行；如果是无符号数，则按 SHR 执行(C 语言在声明变量类型时决定

了是无符号数 unsigned 还是有符号数 signed)。另外，对于循环移位来说，C 语言由函数_rotl 和_rotr 来完成，但只能对于整型(int)来完成移位，带进位的移位却不能实现，这也是汇编语言的优势所在。

练习题 5

3.5-1 8086 的移位类指令若需移动多位时，应该先将移动位数置于（　　）。

A．AL　　B．AH　　C．CL　　D．CH

3.5-2 对于算术左移指令"SAL AL, 1"，若 AL 中的带符号数在执行指令后符号有变，可以通过（　　）来确认。

A．OF=1　　B．OF=0　　C．CF=1　　D．CF=0

3.5-3 AL 的内容实现算术右移 4 位的正确指令是（　　）。

A．SHR　AL, 4

B．MOV　CL, 4
　　SHR　AL, CL

C．SAR　AL, 4

D．MOV　CL, 4
　　SAR　AL, CL

3.5-4 将 BUF 字节单元内容算术左移一位，以下指令不正确的是（　　）。

A．MOV　BX, OFFSET BUF
　　SAL　BX, 1

B．MOV　BL, BUF
　　SAL　BL, 1

C．SAL　BUF, 1

D．LEA　BX, BUF
　　SAL　BYTE PTR [BX], 1

3.5-5 试用移位指令把十进制数+35 和−41 分别乘以 2。应该用什么指令？得到什么结果？如果除以 2，结果又如何？

3.6　处理器控制指令及标志位处理指令

表 3.6-1 给出了处理器控制指令及标志位处理指令的助记符格式和功能说明。

表 3.6-1　处理器控制指令及标志位处理指令

助记符格式	功 能 说 明
CLC	标志位 CF 清零
CMC	标志位 CF 取反
STC	标志位 CF 置 1
CLD	标志位 DF 清零
STD	标志位 DF 置 1
CLI	中断允许标志位 IF 清零
STI	中断允许标志位 IF 置 1
HLT	使 8086 进入暂停状态
NOP	空操作

说明：

（1）CLC、CMC 和 STC

进位标志位 CF 常用于多字(节)运算中，用来说明低位向高位进位的情况。在此类运算中往往需要对 CF 进行处理，CLC 可将 CF 清 0，CMC 将 CF 取反而 STC 可将 CF 置 1。

（2）CLD 和 STD

方向标志 DF 在执行串操作指令(见 4.7 节)时用来决定地址的修改方向，当串操作由低地址向高地址方向进行时，可用 CLD 指令将 DF 清 0；反之，可用 STD 指令将 DF 置 1。

（3）CLI 和 STI

中断允许标志位 IF 用于决定 CPU 是否可以响应外部的可屏蔽中断请求。指令 CLI 使 IF 清 0，禁止 CPU 响应中断；而指令 STI 使 IF 置 1，允许 CPU 响应可屏蔽中断。

（4）HLT

停机指令 HLT 使 CPU 进入暂停状态，不进行任何操作。程序中，HLT 指令经常用来等待中断的出现。

（5）NOP

NOP 是一条单字节指令，不完成任何操作，需要 3 个时钟周期。常被插在其他指令之间，在循环等操作中增加延时，或者在调试程序中使用。

3.7 本章学习指导

3.7.1 本章主要内容

1. 指令包含的信息

指令中一般包含的信息有：操作码和操作数。操作数在计算机中的位置包括：指令中直接给出的立即数(是指令码的一部分)、CPU 内部的寄存器、存储器、I/O 端口。

2. 寻址方式

寻址方式是指在执行一条指令过程中，CPU 如何找到操作数。如果操作数存放在存储器中，CPU 就要找到操作数的有效地址 EA。8086/8088 CPU 的寻址方式分成以下 7 种：

（1）立即寻址。操作数由指令给出，如：MOV AX, 30H。

（2）寄存器寻址方式。操作数在寄存器中，如：MOV AX, BX。执行时不需要指令周期，因而可以取得较高的运算速度。

（3）直接寻址。操作数的有效地址 EA(段内偏移)由指令直接给出，如：MOV AX, [30H]。

EA 在指令码中，操作数本身在存储单元中。实际程序设计中使用符号地址(见第 4 章)，那时直接地址不必加括号，如：MOV AX, NUM。

NUM 是在数据段用伪指令定义的变量，见 4.1 节。

（4）寄存器间接寻址。操作数的 EA 在指令码指定的基址或变址寄存器中，操作数本身在存储单元中，如：MOV AX, [BX]。

（5）寄存器相对寻址。操作数的 EA 为 8/16 位偏移量与基址或变址寄存器内容之和，且这两部分在指令码中给出，操作数本身在存储单元中，如：MOV AX, COUNT[SI]。

（6）基址加变址寻址。操作数的 EA 为基址与变址寄存器内容之和，操作数本身在存储单元中，如：MOV AX, [BX][SI]。

（7）相对基址加变址寻址。操作数的 EA 为基址与变址寄存器内容及 8/16 位偏移量之和，操作数本身在存储单元中，如：MOV AX, COUNT[BX][DI]。

学习时注意区别两对寻址方式：

- 立即寻址和直接寻址，如上面的（1）将数据 30H 送入 AX 中，而（3）将数据段 30H 单元开始的字送入 AX 中。
- 寄存器寻址和寄存器间接寻址，如上面的（2）将 BX 送入 AX 中，而（4）将 BX 所指示的地址中的内容送入 AX 中。

此外，还有隐含的寻址方式：指令中不指明操作数，但指令码中隐含指明了操作数地址，比如 XLAT 指令，源操作数在存储器中，目标操作数为 AL。

3. 指令系统

要求了解指令的格式、特点、用法对标志寄存器相关状态标志位的影响。常用指令要熟练掌握。本章的指令主要包括：

（1）数据传送类指令

```
MOV   dst, src    LEA   dst, src    XCHG  dst, src    XLAT
PUSH  src         POP   dst         PUSHF             POPF
LDS   dst, src    LES   dst, src    LAHF              SAHF
IN    dst, src    OUT   dst, src
```

（2）算术运算类指令

ADD dst, src	ADC dst, src	AAA	DAA
SUB dst, src	SBB dst, src	AAS	DAS
MUL src	IMUL src	AAM	CBW
DIV src	IDIV src	AAD	CWD
CMP src1, src2	INC dst	DEC dst	NEG dst

（3）逻辑运算类指令

AND dst, src	OR dst, src	XOR dst, src	NOT dst
TEST src1, src2			

（4）移位类指令

SHL dst, 1	SHR dst, 1	SAL dst, 1	SAR dst, 1
ROL dst, 1	ROR dst, 1	RCL dst, 1	RCR dst, 1
SHL dst, CL	SHR dst, CL	SAL dst, CL	SAR dst, CL
ROL dst, CL	ROR dst, CL	RCL dst, CL	RCR dst, CL

（5）处理机控制指令

CLC	STC	CLD	STD
CLI	STI	CMC	NOP
HLT			

3.7.2 典型例题

【例 3.7-1】 执行指令“MOV [SI],AX”，则 CPU 外部引脚 $\overline{WR}$ 、$\overline{RD}$ 和 $M/\overline{IO}$ 的状态如何？

分析： 考查寻址方式、数据传送指令以及与 CPU 读写相关的引脚功能。

“MOV [SI], AX”的源操作数是寄存器寻址方式，而目的操作数是寄存器间接寻址的内存操作数，所以执行的操作是 CPU 写，即把数据写入存储器，由此可以确定 3 个引脚的状态。

【解答】 $\overline{WR}=0$，$\overline{RD}=1$ 和 $M/\overline{IO}=1$。

【例 3.7-2】 设 DS=1000H、ES=2000H、SS=3000H、SI=00C0H、DI=0170H、BX=01B0H、AX=5657H，(10370H)=3AH，(10371H)=67H，数据段中的变量 NUM 的偏移地址为 0050H。

（1）求指令“ADD AX, NUM[BX][DI]”中源操作数的物理地址。

（2）指令执行完成后 OF=？CF=？

分析： 考查 8086 的寻址方式和算术运算指令。指令“ADD AX, NUM[BX][DI]”中源操作数在存储器中，操作数的有效地址 EA 是基址寄存器 BX 内容、变址寄存器 SI 的内容与相对位移量 NUM 之和。

【解答】 （1）EA = 0050H + 01B0H + 0170H = 0370 H；

物理地址 = DS × 10H + EA = 10370H。

因为目标操作数 AX 是 16 位的，源操作数为 10370H 单元和 10371H 单元内容，即 673AH(注意按小尾顺序，低字节在低地址、高字节在高地址)

（2）指令执行完后，AX = 673A H + 5657H = 0BD91H，根据第 1 章介绍的的双高位判别法和符号位判别法都可知 OF = 1(有溢出)， CF = 0(无进位)。

【例 3.7-3】 设指令“CMP AL，BL”执行后，CF=0，AF=1，SF=0，PF=0，OF=1，ZF=0，则：若 AL、BL 中的数据为有符号数的 8 位补码，AL、BL 中两数的大小关系为__________；若 AL，BL 中均为无符号数，则两数的大小关系为________。

分析： CMP 相当于减法运算，只不过运算结果不写入目的操作数 AL。

如果是有符号数运算，OF=1 表示结果溢出，说明两个操作数相减后得到 8 位结果的符号位与实际结果相反，SF=0，表明 8 位符号数的结果是正数，但实际结果应该是负数，两个数相减结果为负，且超出 8 位有符号数表示的范围，只可能是负数减正数的情况，由此可知 AL<BL。

如果是无符号数运算，OF 标志位和 SF 标志位是没有意义的。CF=0 表示减法无借位，说明够减，由此可知 AL>BL。

【解答】 AL<BL, AL>BL

【例 3.7-4】 下列程序段的功能是完成 $s = (a * b + c)/a$ 的运算，其中 a、b、c 和 s 均为有符号字数据，结果的商存入 s，余数不计，请按注释填空。

```
MOV     AX, a
MOV     BX, b
IMUL    BX
_____(1)_____
_____(2)_____          ; a*b 在 CX:BX 中
MOV     AX, c
_____(3)_____          ;c 扩展到 DX:AX 中
_____(4)_____
_____(5)_____          ; a*b+c 在 DX:AX 中
IDIV    a
_____(6)_____          ; 商存入 s
```

分析：这是一个算术运算的程序，变量 a、b、c 和 s 均为有符号字数据，第一步计算 $a * b$ ，其乘积是双字，默认存放在 DX:AX 中；第二步，将 c 扩展成双字，然后和 $a * b$ 的乘积相加，扩展前要将 $a * b$ 的乘积保存在其他寄存器中，另外高 16 位相加时要加上低 16 位相加时产生的进位；第三步，将相加的结果除以 a，并把商保存到 s 中。

【解答】

```
(1) MOV   CX, DX        (2) MOV   BX, AX        (3) CWD
(4) ADD   AX, BX        (5) ADC   DX, CX        (6) MOV   s, AX
```

【例 3.7-6】 若 AH 和 AL 分别存有非压缩 BCD 码，写出指令转换成组合的压缩 BCD 码，并存于 AL 中。

分析：此题考查 BCD 码的概念，以及移位和逻辑运算指令。

非压缩的 BCD 码，每个字节表示一位十进制数，其高四位为 0，压缩 BCD 码是每个字节表示 2 位十进制数。AH 和 AL 分别存有非压缩 BCD 码，它们的高四位都是 0。因此可以对 AL 中的数据逻辑左移 4 位，移位后的 AL 中的高 4 位和低 4 位就实现了互换，如图 3.7-1 所示；再对 AX 整体右移 4 位，此时 AL 中就是转换后的的压缩 BCD 码，见图 3.7-2。

【解答】

```
MOV   CL, 4
SHL   AL, CL
SHR   AX, CL
```

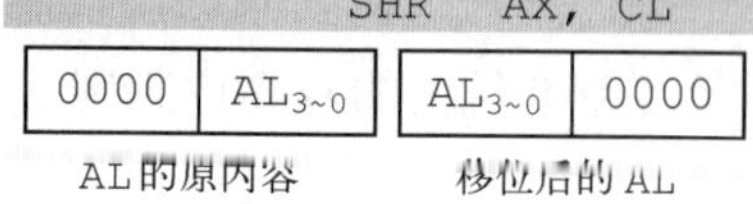

图 3.7-1　SHL 指令执行前后示意图

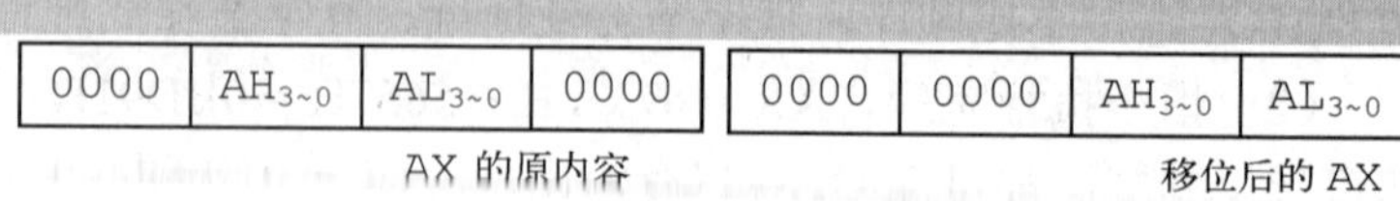

图 3.7-2　SHR 指令执行前后示意图

本章习题

3-1　写出以下指令序列中每条指令的执行结果，请在 DEBUG 环境下进行验证，并注意各标志位的变化情况。

```
MOV    BX, 23ABH
ADD    BL, 0ACH
MOV    AX, 23F5H
ADD    BH, AL
SUB    BX, AX
ADC    AX, 12H
SUB    BH, -9
```

3-2 编写计算多项式 $4A^2-B+10$ 值的程序段。说明：多项式值存于 AX 中，A、B 是无符号字节数。

数据说明：

```
A  DB 0AH
B  DB 10H
```

3-3 编写一个计算 CL 的 3 次方的指令序列，假设幂不超过 16 位二进制数。

3-4 假设 DX:AX 中存放一个双字的数据：

```
NEG    DX
NEG    AX
SBB    DX, 0
```

请问：上述程序段完成什么功能？设执行前，DX＝0001H，AX＝FFFFH，上述程序段执行后，DX、AX 的值是什么？

3-5 列出 2 种以上实现下列要求的指令或指令序列。

（1）清累加器 AX　　（2）清进位标志位

（3）将累加器内容乘以 2(不考虑溢出)　　（4）将累加器内容除以 2(不考虑余数)

3-6 写出下列程序段执行后 AX 的值为多少？

```
MOV    AX, 1234H
MOV    CL, 4
AND    AL, 0FH
ADD    AL, 30H
SHL    AH, CL
AND    AH, 0F3H
```

3-7 分析下列程序段，程序执行之后 AX 和 CF 的值为多少？

```
MOV    AX, 0099H
MOV    BL, 88H
ADD    AL, BL
DAA
ADC    AH, 0
```

3-8 试完成下面程序段，使其完成将存储单元 DA1 中压缩型 BCD 码，拆成二个非压缩型 BCD 码，低位放入 DA2 单元，高位放入 DA3 单元，并分别转换为 ASCII 码。

```
START:  MOV    AL, DA1
        MOV    CL, 4
        ___(1)___
        OR     AL, 30H
        MOV    DA3, AL
        MOV    AL, DA1
        ___(2)___
        OR     AL, 30H
        MOV    DA2, AL
```

第 4 章　汇编语言程序设计

内容提要：

每种高级语言程序在连接为可执行程序之前，都必须被编译为汇编语言程序，因此对于高级语言程序设计者来说，了解编译器如何生成汇编语言代码十分有用。汇编语言是一门重要的程序设计语言。本章介绍汇编语言基础，以及顺序结构、分支结构、循环结构、子程序结构、DOS 系统调用、字符串处理等相关指令的使用及程序设计方法。

教学目标：

- 了解汇编语言的基本语法
- 掌握汇编语言的常用伪指令
- 掌握汇编语言源程序的结构
- 掌握顺序程序、分支程序、循环程序、子程序设计方法及相关指令的使用
- 掌握常用 DOS 系统功能调用的方法
- 掌握字符串指令及字符串处理程序的设计
- 掌握汇编语言程序上机过程和调试技术

4.1　汇编语言基础

汇编语言是面向机器的程序设计语言。通过第 3 章的学习，读者应该已经体会到汇编语言与高级语言的一些区别。在高级语言中完成加法，如 a = b + c，只要定义变量 a、b、c 并且给 b 和 c 赋初值即可，不需要关心变量存储的具体位置。而在汇编语言程序中，必须指明 b 和 c 存放在何处(寄存器中、存储器中等)，相加之后的结果 a 该如何存放。使用者必须对处理器、存储器等机器的硬件结构有一定的了解，才能使用汇编语言编程。

汇编语言主要由汇编指令和伪指令组成。汇编语言的核心是汇编指令，它决定了汇编语言的特性，第 3 章介绍的指令都属于这一类，而伪指令将在本章介绍。

4.1.1　汇编语言的语句组成

汇编语言源程序是由若干条语句组成的，语句就是完成一个什么动作的说明，主要可以分成两类：指令性语句和伪指令语句。

1．指令性语句

指令性语句可由汇编程序(MASM)翻译成目标代码并执行，指令性语句组成如下：

[标号:]　[前缀]指令助记符　操作数　[;注释]

- 标号表示指令性语句的符号地址，标号必须以冒号“:”结尾，命名的原则见下文标识符部分。标号通常用做跳转和循环指令的目标地址，标号也可以省略。例如，下面的 JMP(跳转指令)将程序的执行转到标号 CYCLE 标识的位置，从而构成了一个循环。

```
CYCLE:  CMP   AL, 100    ; AL 中的值与 100 比较
         ⋮
        JMP   CYCLE
```

- 指令助记符指出指令的操作类型，汇编程序将其翻译成机器指令。它是语句的核心部分，不能省略。上面例子中的 CMP 是比较指令的助记符。指令助记符前可以有前缀，见 4.7 节。
- 操作数部分可以是常数、变量、表达式、寄存器名等，或者是以其他某种寻址方式给出的操作数地址。操作数不是每条指令所必需的。例如，STD 指令就不需要操作数，直接将 DF 位置 1。当一条指令中有两个以上操作数时，要用逗号隔开，而操作数与助记符之间必须用空格隔开。
- 注释仅用做语句或程序段的说明，它不是程序的可执行部分，编译时不形成任何目标码。注释必须以“;”开头，可以作为语句的一个部分，也可以作为一个单独的语句。

2. 伪指令语句

伪指令语句没有对应的机器指令，在编译源程序时由汇编程序进行处理，可以进行数据定义、存储区分配、段定义和分配等。伪指令语句组成如下：

[符号名]　伪指令助记符　操作数　[;注释]

- 符号名用符号地址表示，可以作为变量名、段名、过程名等，后面不能加“:”，可以省略。
- 伪指令助记符是汇编程序 MASM 规定的符号。
- 操作数由具体的伪指令要求，有的伪指令不允许带操作数，而有的伪指令却要求带多个操作数，多个操作数之间必须用逗号分开。操作数可以是常数、变量、字符串或表达式等。

如“SUM DB 0”中，SUM 是符号名，DB 是定义字节变量的伪指令，“0”是操作数，该伪指令定义了一个字节型变量 SUM，初值为零。

3. 标识符

标号和符号名都称为标识符，是程序员选择的名字。创建标识符时要注意以下几点：

- 标识符可以包含 1～31 个字符；
- 标识符对大小写不敏感；
- 标识符的第一个字符必须是字母、_(下划线)、@、? 或者$，后继字符可以是数字。
- 标识符不能与汇编器的保留字相同，凡是指令、伪指令、寄存器名等都是保留字。

尽量使标识符的名字具有实际意义且易于理解，以下是一些正确的标识符：

VAR1, count, $sum, _main, MIN, _4567

4.1.2　数据项

1. 常数

凡是出现在汇编语言源程序中的固定值，在运行期间不会变化，就称为常数。常数可以分为数值常数、字符串常数两类。

数值常数按其基数的不同，可以有二进制(B)、八进制(O)、十进制(D)、十六进制(H)等

不同的表示形式。例如，00101100B 是二进制数，1234D 或 1234 是十进制数，255O 是八进制数，56H 和 0BA12H 是十六进制数。

字符串常数是由引号括起来的一串字符。汇编程序把它们表示成一个字符序列，一个字符对应一个字节，把引号内的字符翻译成 ASCII 码。如'218'，其值并不表示十进制数 218，而是 2, 1, 8 三个数字的 ASCII 码，即 32H，31H 和 38H。

需要注意的是，只有在初始化存储器时才可以使用多于两个字符的字符串常数(见 4.1.4 节)。在能使用单字节立即数的地方，可以使用单个字符组成的字符串常量，如

```
MOV  AL, 'A'    ; 等价于 MOV  AL, 41H
```

在能使用字立即数的地方，可以使用两个字符组成的字符串常量，如

```
MOV  AX, 'AB'   ; 等价于 MOV  AX, 4142H
```

2. 变量

变量指存放在存储单元内的值，以变量名的形式出现在程序中，可以在程序运行时修改。如"SUM DB 0"定义了一个字节型变量 SUM，初值为零。在一个汇编语言源程序中，一个变量只能定义一次。变量具有三个属性：

- 段地址：变量所在段的段基址；
- 段内偏移地址：变量地址与段首地址之间的偏移量；
- 类型：变量中每个元素所包含的字节数，有字节型(BYTE)、字型(WORD)、双字型(DWORD)。

3. 标号

标号是可执行指令语句的符号地址，具有三个属性：

- 段地址：标号所在段的段基址；
- 段内偏移地址：标号地址与段首地址之间的偏移量；
- 类型：指在转移指令中标号可以转移的距离，也称距离属性。包括：NEAR(近标号)实现段内转移或调用；FAR(远标号)实现段间转移或调用，详见 4.3.1 节和 4.6.1 节。

4.1.3 表达式

表达式是由操作数和运算符组成的序列，它在编译时能产生一个值。运算符在宏汇编语言中非常丰富，可以分成算术运算符、逻辑运算符、移位运算符、关系运算符、分析运算符和合成运算符等。这里主要介绍前 4 种运算符，后两种将在 4.1.5 节介绍。

1. 算术运算符

算术运算符主要有：+、-、*、/、MOD(取余数)。

算术运算符都是双操作数运算，操作数一般都是数字操作数，结果也是数字的。例如：

```
8 MOD 3          ; 结果为 2
10 + 12          ; 结果为 22
```

对于地址操作数，有意义的算术运算是加、减一个数字量，如 SUM + 2 及 CYCLE−5 是有效的表达式，这里数字量表示的是地址的偏移量。SUM + 2 表示 SUM 之后两个字节的存储单元的地址。

2. 逻辑运算符

逻辑运算符有：AND(逻辑与)，OR(逻辑或)，NOT(逻辑非)，XOR(逻辑异或)。

逻辑运算的操作数只能是数字，且结果也是数字。存储器操作数不能进行逻辑运算。例如：

```
10101100B AND 00001111B        ; 结果为 00001100B
NOT 00001111B                  ; 结果为 11110000B
```

注意：逻辑运算符同时也是逻辑运算指令(见 3.4 节)的操作助记符，只有当它们出现在指令的操作数部分时，才是构成表达式的逻辑运算符。例如：

```
AND  BL, 0AH OR 0FH
```

其中 AND 是指令助记符，而 OR 是逻辑运算符。该指令表示，将 BL 中的内容与第二个操作数，即表达式的值(两数相或的结果 0FH)相与，相与的结果存放于 BL 中。

3. 移位运算符

移位运算符有：SHL(左移)和 SHR(右移)两个。

操作数都是数字操作数，结果也是数字的。例如：

```
10  SHR 2             ; 10 右移 2(÷4)结果为 2
30  SHL 2             ; 30 左移 2(×4)结果为 120
```

4. 关系运算符

关系运算符有：EQ(相等)、NE(不等)、LT(小于)、GT(大于)、LE(小于等于)、GE(大于等于)。

关系运算符的操作数一般也必须为数字操作数或同一段内两个存储单元的地址。当结果成立时，其结果为全 1，否则为全零。例如：

```
MOV   AX, 10H GT 16
ADD   BX, 6 EQ 0110B
```

汇编语言中的表达式不能作为单独语句，只能是语句的一个部分。例如：

```
MOV   AL, SUM+2
JMP   AGAIN+5
MOV   BL, VB GE VA
```

上述各语句中都含有表达式，表达式中的标识符可以是变量名，也可以是标号。需要指出的是，语句中表达式的求值不是在指令执行时完成的，而是在对源程序进行汇编链接时完成的。因此，语句中各表达式的值必须在汇编或链接时就是确定的。

4.1.4 数据定义

存放在存储单元中的操作数是变量，因为它们的值可以改变。在程序中出现的是存储单元地址的标号，即变量名。变量的类型为：字节(BYTE)、字(WORD)、双字(DWORD)等。变量通常用数据定义语句定义，格式如下：

```
变量名  DB    表达式       ; 定义字节变量
变量名  DW    表达式       ; 定义字变量
变量名  DD    表达式       ; 定义双字变量
```

说明：

（1）变量名是一个标识符，变量名后不能加冒号，只能用空格。变量名不是必需的。

（2）变量的类型与变量名后的关键字 DB、DW、DD 有关。

（3）格式中的表达式可以有以下几种情况：

① 一个或多个常数或表达式，常数之间、表达式之间用逗号隔开。

② 带引号的字符串。

③ 一个问号“？”。

④ 重复方式，此时表达式部分的格式为：

```
重复次数  DUP(表达式)
```

【例 4.1-1】 定义如下 10 个变量，假设第一个变量 DATA1 的地址为 1000:0000H，画出变量在内存中存放的示意图。

```
DATA1   DB   30H
DATA2   DW   1234H, 5678H
DATA3   DB   (2*4),(9/3)
DATA4   DD   0ABCDEFH
DATA5   DB   '1234'
DATA6   DW   'AB','C', 'D'
DATA7   DB   ?
DATA8   DW   ?
DATA9   DB   3 DUP(0)
DATA10  DB   5 DUP(?)
```

【解答】 伪指令 DB、DW、DD 的功能是在变量名对应的内存地址处依次存入表达式中各项值。表达式中每项值占用的内存字节数与变量的类型相对应。变量在内存中存放情况见图 4.1-1。

说明：

（1）表达式中的“?”表示只是定义该变量，为其预留了空间，但没有为其赋值，如变量 DATA7 和 DATA8。

（2）重复方式指出表达式的值可以重复地存放到变量对应的内存区域，重复次数在伪指令中给出。例如，DATA9 在其内存单元起始处，即 1000:0018H 处重复存放了 3 个字节的 00H，而 DATA10 从内存单元 1000:001BH 起重复保留了 5 个字节的空间。

（3）8086 CPU 存取内存数据时，采用的是**小尾顺序**，即变量的最低有效字节存储在地址值最小的地址单元中，其余字节在内存中按顺序连续存储。因此，如图 4.1-1 所示，DATA2 就是 12H 存储在 1000:0002H 处，而 34H 存储在 1000:0001H 处。

（4）当表达式为字符串时，对于字节型变量，一个字符占一个字节，并且存入的是字符的 ASCII 码。例如，DATA5 一共包含 4 个数字字符，所以占用了 1000:000BH～1000:000EH 共 4 个单元，分别存储了‘1234’的 ASCII 码，所有字符可以放在一对单引号内，也可以每个独立放在单引号内，即

```
DATA5  DB  '1', '2', '3', '4'  ; 等价于 DATA5  DB  '1234'
```

（5）如果是字型变量，每个变量的值不能超过 2 个字符，若为两个字符时，同样应遵循高位存入高字节、低位存入低字节的规则。例如，DATA6 中，‘AB’就是‘A’的 ASCII 码 41H 在高字节，‘B’的 ASCII 码 42H 在低字节；若只有一个字符时，则存入低字节，高字节为 00H，如 DATA6 中的‘C’和‘D’分别存储为 0043H 和 0044H。

地址	内容	变量
1000 : 0000	30H	DATA1
1	34H	DATA2
2	12H	
3	78H	
4	56H	
5	08H	DATA3
6	03H	
7	EFH	DATA4
8	CDH	
9	ABH	
A	00H	
B	31H	DATA5
C	32H	
D	33H	
E	34H	
F	42H	DATA6
1000 : 0010	41H	
11	43H	
12	00H	
13	44H	
14	00H	
15	?	DATA7
16	?	DATA8
17	?	
18	00	DATA9
19	00	
1A	00	
1B	?	DATA10
1C	?	
1D	?	
1E	?	
1F	?	

图 4.1-1 变量在内存中的存放

并非所有的数据定义都需要变量名，如果继续定义以 ARRAY 开始的数组，就可以在随后

的行上接着定义其他数据：

```
    ARRAY  DB  10,20,30,40
           DB  50,60,70,80
```

📖 汇编语言与C语言关于变量定义的对比见表4.1-1。

表中a1、b1、a2、b2各占用1个字节，而c1、c2占用连续4个字节。C语言的每个变量名在内存中均对应一个内存区域，直接通过变量名访问变量，而不用考虑变量在内存的具体位置。汇编语言中的每个变量也需在内存中分配对应的存储空间，使用者需要清楚其存储的位置。汇编语言定义的c2与C语言定义的数组c1非常类似，但是c1中的元素通常是通过数组名加下标来访问的，而c2中的数据则是通过起始地址加偏移量来访问的。同样是访问第2个元素，C语言中用c1[1]，而汇编语言中用c2+1。

表4.1-1 汇编语言与C语言关于变量定义的对比

语 言	C语言	汇编语言
定义	char a1; char b1 = 'A'; char c1[4];	a2 DB ? b2 DB 'A' c2 DB 4 DUP(?)

使用	a1 = b1 + 5;	MOV AL, b2
		ADD AL, 5
		MOV a2, AL

	a1 = c1[1]; //访问数组c1第二个元素	MOV AL, c2+1 ；访问变量c2第二个字节 MOV a2, AL ；将c2的值送变量a2中
区别	直接使用变量名	寻址方式为直接寻址

4.1.5 分析运算符与合成运算符

1. 分析运算符

标号或变量一旦被定义，就都具有相应的属性，利用分析操作符可以获取这些属性，其表达式格式见表4.1-2。

表4.1-2 分析操作符及其表达式

操 作 符	表达式格式	功 能
SEG	SEG 变量名或标号	取出变量名或标号所在的段地址
OFFSET	OFFSET 变量名或标号	取出变量名或标号所在段内的偏移地址
TYPE	TYPE 变量名或标号	取出变量名或标号的类型
LENGTH	LENGTH 变量名	取出变量的长度
SIZE	SIZE 变量名	取出变量的大小

说明：

（1）变量的类型TYPE是定义的变量所占据的字节数，对于DB、DW、DD定义的变量类型分别为1、2、4。标号的类型为NEAR或FAR。

（2）长度LENGTH，表示一个变量名所定义的变量个数，在含有DUP操作符的变量定义中，变量个数为重复次数，在其他各种变量定义中变量个数均为1。

（3）SIZE等于LENGTH与TYPE的乘积。

【例4.1-2】 对于例4.1-1定义的各变量，分析下面表达式的值：

（1）SEG DATA1 （2）OFFSET DATA2 （3）TYPE DATA3 （4）LENGTH DATA4
（5）SIZE DATA5 （6）LENGTH DATA9 （7）SIZE DATA9

【解答】 `SEG DATA1 ;结果为1000H`

```
OFFSET  DATA2        ;结果为 0001H
TYPE    DATA3        ;结果为 1
LENGTH  DATA4        ;结果为 1
SIZE    DATA5        ;结果为 1
LENGTH  DATA9        ;结果为 3
SIZE    DATA9        ;结果为 3
```

注意：DATA5 是 DB 类型的，所以 TYPE DATA5 等于 1；由于 DATA5 中不存在 DUP 重复定义，因此 LENGTH DATA5 为 1，所以 SIZE DATA5 是 1 而不是 4。

这些表达式与 4.1.3 节中的表达式一样，不能构成单独的语句，只能是语句的一个成分，并且表达式的求值也是在汇编过程中完成的。

2. 合成运算符 PTR

格式：类型/距离 PTR 表达式

功能：将 PTR 左边的类型属性赋给右边的表达式。格式中的类型可以是 BYTE、WORD、DWORD、FAR、NEAR 等。表达式可以为变量名、标号或其他表达式。

PTR 可以由已存在的存储器操作数声明一个段和偏移量相同，而类型不同的新的存储器操作数。如果需要将例 4.1-1 中定义的字节型变量 DATA3 当成字变量使用，可以用

```
MOV   AX, WORD  PTR  DATA3
```

该语句的功能是将从 1000:0005H 开始的一个字(0308H)送入 AX。需要指出的是 DATA3 仅在该语句中作为字变量使用，DATA3 原来定义的字节变量类型并没有被修改。

注意：当不能明确操作数的类型(8 位或 16 位)时，一定要用 PTR 伪指令进行说明。例如

```
MOV   BYTE PTR [1200H], 01H
MOV   WORD PTR [1200H], 01H
```

如果写成

```
MOV   [1200H], 01H
```

就是错误的，因为无法确定是将 01H 这个字节数据送入 DS:1200H 单元，还是将 0001H 字数据送入 DS:1200H～DS:1201H 单元。

也可以用 PTR 来改变距离属性，如

```
JMP   FAR PTR SUB1
```

在 JMP 语句中将标号 SUB1 改为 FAR，使 JMP 指令安排在其他代码段中也可以使用，以实现段间转移（见 4.3.1 节）。

4.1.6 符号定义

符号是通过将标识符(标号)与整数表达式或文本联系起来而创建的。与保留存储空间的变量定义不同，符号常量不占用任何实际的存储空间。符号常量仅在编译期间编译器扫描程序时使用，在运行期间不能修改。

1. EQU 伪指令

格式：符号名 EQU 表达式

功能：用来给变量、标号、常数、指令、表达式等定义一个符号名，程序中用到 EQU 左边的符号名时可以用右边的表达式代替。EQU 伪指令定义的符号在同一程序中不能重新定义。

例如：

```
BSIZE    EQU  100     ; 给 BSIZE 定义了一个值
COUNT    EQU  CX      ; 为 CX 定义了一个同义词
CBD      EQU  AAD     ; 定义了指令 AAD 的同义词
```

2. 等号伪指令

格式：符号名 = 表达式

功能：等号伪指令将符号名与表达式联系起来，功能与 EQU 语句相同。同一程序中以“=”定义的符号可以重定义。例如：

```
COUNT = 500
MOV   AX, COUNT      ; 第一次使用 COUNT，指令等价于 MOV  AX,500
  ⋮
COUNT = 20
ADD   CX, COUNT      ; 第二次使用 COUNT，指令等价于 ADD  CX,20
```

4.1.7 定位定义

1. $运算符

$运算符也称为当前地址计数器，用于返回当前程序语句的地址偏移值，利用$可以方便地计算数组或字符串的大小。例如：

```
ARRAY  DB  10,20,30,40,50
ARRSize = ($-ARRAY)
```

可知数组 ARRAY 的大小为 5 个元素。显然，无论数组是什么类型，数组的大小均可以表示为

```
ARRSize = ($-ARRAY)/TYPE ARRAY
```

2. ORG 伪指令

格式：ORG　　表达式

功能：说明该语句下面的程序在段内的起始地址为表达式所代表的值。

【例 4.1-3】 使用如下 ORG 伪指令，画出数据分布示意图。

```
ORG      1000H
DATA1    DB   30H
ORG      2000H
DATA2    DW   1234H, 5678H
  ⋮
```

【解答】 如图 4.1-2 所示，DATA1 从当前段的偏移地址 1000H 处开始存放，而 DATA2 从偏移地址 2000H 处开始存放。

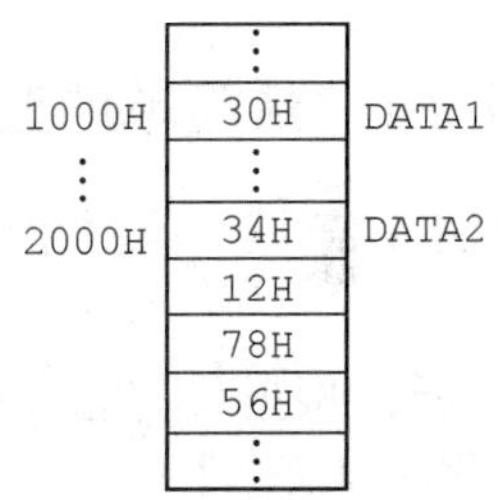

图 4.1-2　数据分布示意图

练习题 1

4.1-1　设 A=10，B=20，Q=30，D=2，执行下列指令后，AL 的值为多少？

（1）MOV　AL, A×5-B+D　　（2）MOV　AL, Q MOD (A-D)

（3）MOV　AL, A AND 7　　（4）MOV　AL, Q LE B

（5）MOV　AL, B/A MOD D　　（6）MOV　AL, (A SAL 2) + (Q SHL 2)

4.1-2　有如下数据定义：

```
DA1     DB 4  DUP (5) , 2
COUNT  EQU 10
DA2     DD  COUNT DUP(?)
```

问：（1）上述数据定义为变量 DA1 分配多少字节存储空间？（2）为变量 DA2 分配多少字节存储空间？

4.1-3　画出以下伪指令所定义的数据在存储器中的存放示意图。

```
DATA1   DB 66H, 33H
DATA2   DW 12ABH, 99H,?
DATA3   DB 05H, 3 DUP(1,2)
```

4.1-4 有如下数据定义:

```
D1  DB   20 DUP(?)
D2  DW   01H
```

请写出用一条指令实现取 D1 的偏移地址到 SI 的 2 种方法。

4.1-5 写出具有下列功能的伪指令语句:

（1）在 DATA 为首地址的存储单元中连续存放字节数据：4 个 18，5 个'B'，10 个(2,4,6);

（2）将字数据 1234H、0ABCH 存放在定义为字节变量的 VAR 存储单元中，并且不改变数据按字存储的次序。

4.1-6 假设程序中的数据定义如下：

```
LNAME        DB  30 DUP(?)
ADDRESS      DB  30 DUP(?)
CODE_LIST    DB  1,7,8,3,2
CITY         DB  15 DUP(?)
```

（1）用一条 MOV 指令将 LNAME 的偏移地址放入 AX。

（2）用一条指令将 CODE_LIST 的头两个字节的内容放入 SI。

（3）写一条伪操作使 CODE_LENGTH 的值等于 CODE_LIST 的域的实际长度。

4.2　顺序程序设计

顺序结构是指程序中的每一条指令都是按指令的排列顺序执行的，这是最简单的一种程序结构。

4.2.1　最简单的汇编语言程序

【例 4.2-1】 编程计算 4 个数 0123H、0456H、0789H、0ABCH 的和，结果保存在累加器 AX 中。

分析：根据目前已掌握的指令，可以将 4 个数逐个相加，结果保存在 AX 寄存器中。

【程序 4.2-1】

```
CODE      SEGMENT
    ASSUME  CS:CODE
    MOV    AX, 0123H
    ADD    AX, 0456H
    ADD    AX, 0789H
    ADD    AX, 0ABCH
    MOV    AX, 4C00H          ; 程序返回
    INT    21H
CODE       ENDS
           END
```

说明：

（1）SEGMENT 和 ENDS

SEGMENT 和 ENDS 是成对使用的一组伪指令，作用是定义一个段，SEGMENT 说明段的开始，ENDS 说明段的结束。段都有一个名称来识别，称为段名，格式为：

```
段名  SEGMENT
        ⋮
段名  ENDS
```

一个汇编语言程序往往由多个段组成，分别用于存放代码、数据或者作为栈空间。一个汇编语言程序至少有一个代码段，如程序 4.2-1 所示，位于“CODE SEGMENT”和“CODE ENDS”之间的内容都属于代码段。

（2）END

END 标志着一个汇编语言源程序的结束。编译器在编译汇编语言源程序的过程中，如果遇到 END 伪指令，就停止对源程序的编译。注意 ENDS 和 END 的区别，前者表示一个段的结束，后者表示整个汇编语言程序的结束。

（3）ASSUME

ASSUME 伪指令的作用是将由“SEGMENT … ENDS”定义的一个段与某些段寄存器进行关联。在例 4.2-1 中，ASSUME 将 CS 与 CODE 段关联起来。

4.2.2 包含多个段的汇编语言程序

如果例 4.2-1 中的 4 个数存储在以 DATA1 开始的连续内存单元中，即

```
DATA1  DW  0123H, 0456H, 0789H, 0ABCH
```

该如何处理呢？

如果能从内存中逐一读出这些数据，逐个累加就可以达到目的。但问题是如何寻找这些操作数的地址？

程序 4.2-1 只包含一个代码段，解决此问题比较好的方式是：用和定义代码段一样的方法来定义一个数据段，然后在数据段里面定义需要的数据。

【例 4.2-2】 计算存储在变量 DATA1 中 4 个字数据 0123H, 0456H, 0789H, 0ABCH 的和，结果保存在累加器 AX 中。

【程序 4.2-2】

```
DATA    SEGMENT
        DATA1  DW  0123H, 0456H, 0789H, 0ABCH
DATA    ENDS
CODE    SEGMENT
        ASSUME  CS:CODE, DS:DATA
START:  MOV    AX, DATA
        MOV    DS, AX                ; DS 指向 DATA 段
        MOV    BX, OFFSET  DATA1     ; BX 指向 DATA1 起始处，即指向 0123H
        MOV    AX, 0
        ADD    AX, [BX]
        ADD    BX, 2                 ; BX 指向 0456H
        ADD    AX, [BX]
        ADD    BX, 2                 ; BX 指向 0789H
        ADD    AX, [BX]
        ADD    BX, 2                 ; BX 指向 0ABCH
        ADD    AX, [BX]
        MOV    AX, 4C00H
        INT    21H
CODE    ENDS
        END    START
```

说明：

（1）定义多个段的方法

从程序 4.2-2 可知，定义数据段的方法与定义代码段的方法类似，只是段名不同。

（2）对段地址的引用

在程序 4.2-2 中有多个段，如何访问段中的数据呢？这要通过地址，而地址分成段地址和偏移地址两部分。如何指明要访问的数据的段地址呢？在程序中，段名相当于一个标号，代表了段地址。所以“MOV AX, DATA”的含义就是将名称为 DATA 段的段地址送入 AX。程序中对段名的引用，如 DATA 将被编译器处理为一个表示段地址的数值，由于 8086/8088 CPU 不允许将一个数值直接送入段寄存器，所以需再通过指令“MOV DS, AX”将段地址送入 DS。于是数据段中数据的段地址可以由段名来表示，偏移地址则取决于数据在段中的位置。如程序 4. 2-2 中字数据“0798H”的地址就是 DATA:0004H。

（3）对段的区分

在程序 4.2-2 中定义了 CODE 段、DATA 段，分别用于存放代码和数据。在源程序的最后，由 END START 指明了程序的入口。程序开始执行时，CS:IP 被设置指向这个入口，并执行程序的第一条指令。由于 START 在 CODE 段中，这样 CPU 就将 CODE 段中的内容当做指令来执行了。在 CODE 段中，通过指令：

```
        MOV   AX, DATA
        MOV   DS, AX
```

设置 DS 指向 DATA，CPU 执行这些指令后，将把 DATA 当成数据段使用。

在程序 4.2-2 中，用到了代码段和数据段，在有些情况下还需要堆栈段，定义堆栈段的方法与数据段类似，只是在使 SS 指向堆栈段后，还需设置堆栈指针 SP 指向栈顶。

【例 4.2-3】 利用查表法计算平方值。已知 0～9 的平方值连续存在以 SQTAB 开始的存储区域中，求 SUR 单元内容 X 的平方值，并放在 DIS 单元中。假定 $0 \leqslant X \leqslant 9$ 且为整数。

【程序 4.2-3】

```
STACK   SEGMENT
        DB  100 DUP(?)
        TOP LABEL WORD
STACK   ENDS
DATA    SEGMENT
        SUR    DB 4
        DIS    DB ?
        SQTAB  DB 0,1,4,9,16,25,36,49,64,81 ;0～9的平方表
DATA    ENDS
CODE    SEGMENT
        ASSUME CS:CODE, DS:DATA, SS:STACK
START:  MOV    AX, DATA
        MOV    DS, AX                  ; 为DS送初值
        MOV    AX, STACK
        MOV    SS, AX                  ; 为SS送初值
        MOV    SP, OFFSET  TOP         ; 设定栈顶指针
                                       ; 以下程序部分完成查表求平方值
        LEA    BX, SQTAB               ; 取平方表首址
        MOV    AH, 0
        MOV    AL, SUR                 ; SUR为参数
        ADD    BX, AX                  ; 计算出平方项的偏移量
        MOV    AL, [BX]
```

```
        MOV    DIS, AL                    ; 从平方表取出 SUR 的平方送入 DIS
            MOV    AX, 4C00H
            INT    21H
    CODE    ENDS
            END    START
```

说明： 程序 4.2-3 中定义的堆栈段长度为 100 个字节，根据 3.2.2 节中栈的定义，8086/8088 系统中，栈是往低字节方向增长的，所以当栈为空时，SP 应该指向栈空间内最高字节的下一字节。伪指令 TOP LABEL WORD 的作用，就是定义了一个 WORD 类型的标号 TOP，TOP 具有段(堆栈段)和偏移地址属性，但是它不占内存单元。TOP 的偏移地址正是空栈时栈顶的位置。

读者也可以考虑如何用 3.2.4 节介绍的查表指令 XLAT 实现程序 4.2-3 的功能。

总之，CPU 到底如何处理所定义的段的内容，是当做指令执行还是当做数据处理，或者是当做栈空间使用，完全是靠程序中具体的汇编语言指令，和对 CS:IP、DS、SS、SP 等寄存器的设置来决定的。

练习题 2

4.2-1 判断：汇编语言源程序通常由几个段组成，有的源程序可以没有数据段，没有堆栈段，但不能没有代码段。（　　）

4.2-2 完整的段定义是由伪指令 SEGMENT 定义段的开始，用伪指令 ENDS 作为段的结束。而段的性质可以由段的名字来决定吗？

4.2-3 阅读下列程序，找出其中不满足汇编语言规范之处，并修改。

```
DATA    SEGMENT
        A:  DB  35, 01000111B, 24H, 'XYZ'
        B:  DB  N   DUP (0)
        N:  EQU $-A
        ENDS
CODE    SEGMENT
START:  MOV    AX, DATA
        MOV    DS, AX
        LEA    SI, A
        LEA    DI, B
        MOV    CX, N
LOP     MOV    AL, [SI]
        MOV    [DI], AL
        INC    SI
        INC    DI
        LOOP   LOP                 ;跳转到标号 LOP 处构成循环结构
        MOV    AH, 4CH
        INT    21H
        ENDS
        END    START
```

4.2-4 用查表法将 AL 中的一个压缩 BCD 码转换成相应的 ASCII 码，并存放到存储器的 RESULT 单元。

4.2-5 试编写一个完整的汇编语言源程序，求出 $Z=[(X+Y)\times 8-X]/2$ 中的 Z 值，结果存放在 RESULT 单元中(设 X、Y 和 Z 均为 16 位)。

4.2-6 试编写一个完整的汇编语言源程序，将内存中 4 位压缩 BCD 码数据 DATA1 和 DATA2 相加，结果仍然为 BCD 码保存在 SUM 中。

4.3 分支程序设计

在实际的应用中很少有程序始终按直线执行的情况，经常需要根据各种不同的条件实现不同的功能。程序能根据各种条件进行判定，并决定程序的流向，这就是分支程序。图 4.3-1 给出了常见的分支程序结构。

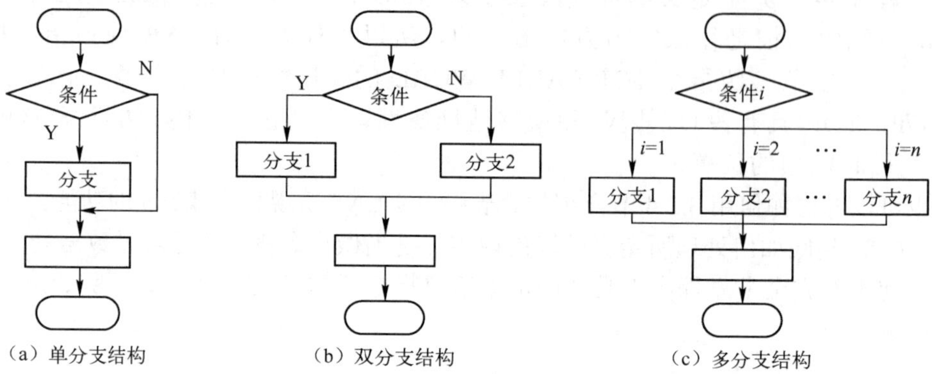

图 4.3-1 分支程序结构

4.3.1 转移指令

转移指令可以用于改变程序的执行顺序。可以修改 IP，或者同时修改 CS 和 IP 的指令，统称为转移指令。

8086/8088 CPU 的转移行为有以下几类：

- 同时修改 CS 和 IP 时，称为段间转移。
- 只修改 IP 时，称为段内转移。由于转移指令对 IP 的修改范围不同，段内转移又分为短转移和近转移。短转移的 IP 修改范围为−128～127 字节。近转移的 IP 修改范围为−32768～32767 字节。

8086/8088 CPU 的转移指令可以分为以下几类：无条件转移指令、条件转移指令、循环指令、过程和中断。本节介绍前两类指令，其他指令将在后面章节介绍。

1. 无条件转移指令 JMP

JMP 指令可以只修改 IP，也可以修改 CS 和 IP。JMP 指令要给出两种信息：转移的目的地址或转移的距离。根据给出目的地址的不同，转移位置的不同，JMP 指令有不同的格式。

（1）依据位移进行转移

1）段内短转移

格式：JMP short 标号

功能："short" 符号说明进行的是短转移，"标号" 是代码段中的标号，指明了要转移的目的地。其功能是段内短转移，即 IP← IP＋8 位位移。其中：

① 8 位位移＝标号处的地址 －JMP 指令后的第一个字节的地址；

② 8 位位移的范围是 −128～127 字节，用补码表示，也就是说最多向前越过 128 个字节，向后越过 127 个字节；

③ 8 位位移由编译程序在编译时算出。

该指令的寻址方式为相对寻址方式，以程序 4.3-1 为例进行说明。

【程序 4.3-1】

```
CODE    SEGMENT
        ASSUME  CS:CODE
START:  MOV     AX, 8
        JMP     SHORT S
        INC     AX
S:      ADD     AX, 1
        MOV     AH, 4CH
        INT     21H
CODE    ENDS
        END     START
```

在 DEBUG 中将程序 4.3-1 翻译成机器码，如图 4.3-2 所示。“JMP SHORT S”指令的首字节偏移量为 0003H，当 CPU 取出这 2 个字节的 JMP 指令后，首先增量地址指针，使 IP=0005H，指向 CPU 原打算执行的“INC AX”指令，然后 JMP 指令将改变程序执行的次序，它要转移的目的地址是 S，而 S 的偏移量是 0006H，所以 JMP 指令中的 8 位位移为：

8 位位移 = 目的地址偏移量 – IP 当前值 = 0006H – 0005H = 01H

这就是图 4.3-2 中第 2 行 JMP 指令机器码的第 2 个字节为 01H 的原因。接着 JMP 指令把 IP 修改为：IP = IP + 8 位位移 = 0006H。于是，程序转移到偏移量为 0006H 的位置，即标号为 S 处执行。

```
150E:0000 B80800        MOV     AX,0008
150E:0003 EB01          JMP     0006
150E:0005 40            INC     AX
150E:0006 050100        ADD     AX,0001
```

图 4.3-2　程序 4.3-1 的机器码

2）段内近转移

格式：JMP　NEAR　PTR　标号

功能：IP ←IP +16 位位移，其中：

① 16 位位移 = 标号处的地址 – JMP 指令**后**的第一个字节的地址；

②“NEAR　PTR”指明此处的位移是 16 位位移，进行的是段内近转移；

③ 16 位位移的范围是−32768～32767 字节，用补码表示。16 位位移由编译程序在编译时算出。

（2）转移的目的地址在指令中

格式：JMP　FAR　PTR　标号

功能：CS←标号所在段的段地址；IP←标号在段中的偏移地址。FAR PTR 指明了用标号的段地址和偏移地址修改 CS 和 IP，因此其寻址方式为直接寻址，属于段间远转移。

例如，设标号 PROG_F 所在段的基地址=3500H，偏移地址=080AH，则指令

```
JMP   FAR PTR PROG_F
```

执行后 IP = 080AH，CS = 3500H，程序转移到 3500: 080AH 处执行。

（3）转移地址在寄存器中

格式：JMP　REG16

功能：IP ← REG16 的内容

此指令的寻址方式属于寄存器寻址，属于段内间接转移。

例如，BX=3500H，则指令

```
JMP   BX
```

执行后 IP = 3500H，程序转移到代码段内偏移地址 3500H 处执行。

（4）转移地址在内存中

1）段内间接转移

格式：JMP　WORD　PTR　内存单元地址

功能：在内存单元地址处存放一个字，以其作为目的偏移地址，实现段内转移。内存单元的地址可以用除立即寻址和寄存器寻址外的任意寻址方式给出。比如

```
MOV   AX, 0123H
MOV   [BX], AX
JMP   WORD PTR [BX]
```

执行后 IP=0123H。

2）段间间接转移

格式：JMP　DWORD　PTR 内存单元地址

功能：在内存单元地址处存放两个字，以其作为目的段地址和偏移地址，实现段间转移。内存单元的地址可以用除立即寻址和寄存器寻址外的任意寻址方式给出。比如

```
MOV   WORD PTR [BX], 1512H
MOV   WORD PTR [BX+2], 0123H
JMP   DWORD PTR [BX]
```

执行后 IP=1512H，CS=0123H。

2．条件转移指令

条件转移指令在标志条件为真时，分支转移到新的目的标号处；如果条件为假，那么立即执行紧跟在条件转移指令之后的指令。条件转移指令见表 4.3-1。

表 4.3-1　条件转移指令

指　令	指 令 功 能	测 试 标 志
JC	有进位，则转移	CF=1
JNC	没有进位，则转移	CF=0
JZ/JE	结果为零，则转移	ZF=1
JNZ/JNE	结果不为零，则转移	ZF=0
JS	结果为负，则转移	SF=1
JNS	结果非负，则转移	SF=0
JP/JPE	结果中 1 的个数为偶数，则转移	PF=1
JNP/JNPE	结果中 1 的个数为奇数，则转移	PF=0
JO	结果溢出，则转移	OF=1
JNO	结果无溢出，则转移	OF=0
JB/JNAE	结果低于/不高于或不等于（无符号数），则转移	CF=1
JNB/JAE	结果不低于/高于或等于（无符号数），则转移	CF=0
JBE/JNA	结果低于或等于/不高于（无符号数），则转移	CF∨ZF=1
JNBE/JA	结果不低于或不等于/高于（无符号数），则转移	CF=0∧ZF=0
JL/JNGE	结果小于/不大等于（有符号数），则转移	SF⊕OF=1
JNL/JGE	结果不小于/大等于（有符号数），则转移	SF⊕OF=0
JLE/JNG	结果小等于/不大于（有符号数），则转移	(SF⊕OF)∨ZF=1
JNLE/JG	结果不小等于/大于（有符号数），则转移	(SF⊕OF)∨ZF=0
JCXZ	CX=0，则转移	\

所有的条件转移指令都是短转移，在指令的机器码中包含的是转移的位移，而不是目的地址，对 IP 的修改范围是−128～127 字节，寻址方式是位移量为 8 位的相对寻址方式。以 JZ 为

例进行说明。

格式：JZ 标号

操作：

- 当 ZF=1 时，IP←IP+8 位位移。8 位位移的计算方法和转移范围与 JMP 指令短转移情况下一致。
- 当 ZF≠1 时，什么也不做，程序向下执行。

从 JZ 的功能可以看出，“JZ 标号”相当于：

```
if (ZF==1)
   JMP  short  标号
```

【例 4.3-1】 阅读下面程序段，说明程序段执行后转移到哪里？

```
MOV   AL, 7FH         ; 7FH或者+127
MOV   BL, 80H
CMP   AL, BL          ; 80H或者-128
JA    IsAbove         ; 不跳转，因为 7FH 不高于 80H
JG    IsGreate        ; 跳转，因为+127 大于-128
```

【解答】 JA 和 JG 都可以用于判断被比较的两个数中被减数是否大于减数，但是前者是对于无符号数而言的，而后者是对于有符号数而言的。程序段的功能就是对 AL 和 BL 中的两个数先按无符号数规则比较，若 AL 中的数“高于”BL 中的数，则跳转到标号 IsAbove 处，否则继续按有符号数规则进行比较，如果 AL 中的数“大于”BL 中的数，则跳转至标号 IsGreate 处。如果将 7FH 和 80H 理解为无符号数，则 127 不“高于”128， JA 指令不会跳转；如果理解为有符号数，则有+127“大于”−128，因此跳转至标号 IsGreate 处。

以上分析说明，必须注意表 4.3-1 中各指令的使用场合，一般来说有符号数指令和无符号数指令是不能相互取代的。

4.3.2 分支程序举例

1. 单分支结构

【例 4.3-2】 求某整数 X 的绝对值，并送回原处，即 $F=\begin{cases}X, & X\geqslant 0\\ -X, & X<0\end{cases}$。

【程序 4.3-2】

```
DATA    SEGMENT
        XDAR  DW  ?            ; 数据段定义变量 XDAR 存放数 X
DATA    ENDS
CODE    SEGMENT
        ASSUME CS:CODE, DS:DATA
START:  MOV    AX, DATA
        MOV    DS, AX
        MOV    AX, XDAR        ; 采用直接寻址方式将 X 取入累加器 AX
        AND    AX, AX          ; 不改变 X 的值而根据 X 的正负设置 SF 位
        JNS    EDNIF           ; 与运算后取 SF,如果 SF=0, X 非负,不作处理
        NEG    AX              ; 如果 SF=1,X 为负数,对 X 求负
        MOV    XDAR, AX        ; 结果送回 XDAR
EDNIF:  MOV    AX, 4C00H
        INT    21H
CODE    ENDS
        END    START
```

说明：MOV 指令不影响状态标志位，因此程序 4.3-2 中使用“AND　AX, AX”，在不改变 *X* 值的前提下，能根据与运算的结果影响相关标志位，从而可以根据 SF 来判断 *X* 的正负。

📖 这里同时给出了与程序 4.3-2 对应的 C 语言程序段。为了方便对比，未采用求绝对值函数。

C 语言程序段：

```
int  X, F;
⋮
if (X<0)  {F=0-X; X=F;}
```

表 4.3-2　汇编语言与 C 语言的单分支结构

汇编语言框架	C 语言框架
CMP　　A, B 　　JNcond　ENDIF　; cond 为假 　　statement　　　; cond 为真 ENDIF:　…	if (cond) 　　statemant;

注意：在 C 语言中 unsigned 和 signed 两个关键字用于区分无符号数和有符号数，默认的是 signed 类型，即有符号数。因此在 C 语言中直接用关系表达式 X<0 就可以判断出 X 的符号正负。但在汇编语言中无声明有符号数的关键字，有符号数用补码表示(当然高级语言中有符号数最终也是用补码表示的)，因此判断有符号数的正负时需要观察 SF 位。

单分支结构就是 C 语言中仅包含一个 if 条件（没有 else 部分）的选择结构。如表 4.3-2 所示，CMP 指令用于对构成比较条件的两个数进行比较，“JNcond　ENDIF”表示条件不成立跳转至标号 ENDIF，退出选择结构，否则执行 statement 中的相关语句。

图 4.3-3　程序 4.3-3 的二维码

2．双分支结构

【例 4.3-3】 试编写程序段，判断一个非零符号数的正负。

【程序 4.3-3】请扫描图 4.3-3 中的二维码获取。

📖 对应的 C 语言程序段为

```
if (X>0)
     y=1;
else
     y=-1;
```

表 4.3-3 给出了汇编语言与 C 语言双分支结构之间的一般对应关系，当然读者并不一定要按这种格式编写汇编语言程序。

表 4.3-3　汇编语言与 C 语言的双分支结构

汇编语言框架	C 语言框架

CMP　　　A, B
　　　　JNcond　ELSE1 ;cond 为假
　　　　statement1　　　;cond 为真
　　　　JMP　　　ENDIF1
ELSE1:　statement2
　　　　⋮
ENDIF1:　statement3
	if (cond)
	　　statemant1;
	else
	　　statement2;
	statement3;

3．多分支结构

【例 4.3-4】 若有一组选项，当 *N* 选择不同值时，做相应处理。该组选择项及其对应的处理为：*N*=1 时，显示信息(DISPL)；*N*=2 时，传送信息(TRAN)；*N*=3 时，处理信息(PROCE)；*N*=4 时，打印信息(PRINT)；*N*=5 时，结束程序(EXIT)。假设 *N* 的值由键盘输入。

分析：显然这是一个多分支的程序。可以用多个条件转移指令实现，如程序 4.3-4，请扫描图 4.3-4 中的二维码获取。

图 4.3-4　程序 4.3-4 的二维码

在汇编语言中，多分支结构也可以利用跳转表来实现。比如，构造跳转表 JADT，根据给定的 *N* 值计算出对应的跳转地址在 JADT 表中的位移量 disp，然后用一条间接转移指令就可以实现所需的转移了。若转移属于段内转移，那么表中存放的是 16 位段内偏移地址，此时位移量与 *N* 的关系是 disp = 2(*N* − 1)。例如当 *N* = 4 时，disp = 6，即程序的入口地址存放在 JADT + 6 开始的两个单元之内，见程序 4.3-5。

【程序 4.3-5】

```
DATA    SEGMENT                      ; 跳转表偏移地址   N
    JADT  DW  DISPL                  ;    00H          1
          DW  TRAN                   ;    02H          2
          DW  PROCE                  ;    04H          3
          DW  PRIN                   ;    06H          4
          DW  EXIT                   ;    08H          5
DATA    ENDS
CODE    SEGMENT
        ASSUME  CS:CODE, DS:DATA
START:  MOV     AX, DATA
        MOV     DS, AX
DO:     MOV     AH, 01
        INT     21H
        SUB     AL, 30H
        CMP     AL, 01
        JB      DO
        CMP     AL, 05
        JA      DO
        SHL     AL, 01               ; AL*2
        CBW                          ; 符号扩展至 AH
        MOV     DI, AX
        JMP     JADT[DI-2]
DISPL:  ⋮
        JMP     DO
TRAN:   ⋮
        JMP     DO
PROCE:  ⋮
        JMP     DO
PRIN:   ⋮
        JMP     DO
EXIT:   MOV     AH, 4CH
        INT     21H
CODE    ENDS
        END     START
```

对比程序 4.3-4 和程序 4.3-5，可发现利用跳转表可以减少分支条件的比较和判断，程序更简洁。读者可根据实际情况选用具体的方法。

📖 以上结构与 C 语言中的 switch 语句功能类似。下面的 C 语言程序中，while 循环接收从键盘输入的 N，按照 N 的值选择对应的操作。

```
int main()
{
    int N ;
    int ex=0;
    while (1)
    {
        scanf("%d",&N);
```

表 4.3-4　汇编语言与 C 语言的多分支结构

汇编语言框架	C 语言框架

CMP expression, exp1
Jcond1 **CASE1**
CMP expression, exp2
Jcond2 **CASE2**
⋮
CMP expression, expN
JcondN **CASEN**
JMP **DEFAULT**
CASE1: statement1
JMP **ENDCASE**
CASE2: statement2
JMP **ENDCASE**
⋮
CASEN: statementN
JMP **ENDCASE**
DEFAULT: statement
ENDCASE:
…
	switch(expression)
	{
	case exp1: statement1;
	case exp2: statement2;
	……
	case expN: statementN;
	default : statement;
	}

```
        switch (N)
        {
            case 1: disp();break;
            case 2: tran();break;
            case 3: proce();break;
            case 4: print();break;
            case 5: ex=1    ;break;//当输入时 ex=1，退出 while 循环
            default:printf("please input a number between 1 to 5\n");
        }
        if (ex==1) break;
    }
    return 0;
}
```

表 4.3-4 给出了两种语言的多分支结构对比。

练习题 3

4.3-1 判断：段内转移要改变 IP、CS 的值。（　　）

4.3-2 判断：条件转移只能用于段内直接短转移。（　　）

4.3-3 条件转移指令的目标地址应该在本条件转移指令的下一条指令地址的__________字节范围内。

4.3-4 段内和段间的转移指令寻址方式有________和________两种。

4.3-5 请计算以下指令中转移的偏移地址。设 DS = 1200H, AX = 200H, BX = 0080H, SI = 0002H, 位移量 DISP = 0600H, (12680H) = 18H, (12681H) = 98H, (12082H) = 9AH, (12083H) = 22H，(12600H) = 10H，(12601H) = 20H。

（1）JMP　BX　　（2）JMP　DISP[BX]　　（3）JMP　[BX][SI]　　（4）JMP　[DISP]

4.3-6 阅读下面的程序段，分析 AL 满足什么条件时程序转移到标号 LOP 处执行。

```
        CMP   AL, 0FFH
        JNL   LOP
        ……
LOP:
```

4.3-7 根据下列要求，写出程序段。

（1）判断 AL 为负，则跳转至 NEXT。

（2）判断字节变量 DA1 为 0，则跳转至 NEXT。

（3）判断 AL 的 D_1 位为 1，则跳转至 NEXT。

（4）判断字变量 DA1 的 D_1 位为 0，则跳转至 NEXT。

（5）比较 AH 与字节变量 DA1 中的数，若 AH 不等于 DA1，则跳转至 NEXT。

（6）比较字节变量 DA1 与字符 ‘A’，若 DA1≥ ‘A’，则跳转至 NEXT。

4.3-8 阅读程序段，说明程序执行后转移到哪里？

```
MOV   AX, 8756H
MOV   BX, 1234H
SUB   AX, BX
JNO   L1
JNC   L2
JMP   L3
```

4.3-9 假设内存单元中存储了 3 个变量 A、B 和 C，编写程序判断它们能否构成三角形。如果可以，将 CF 设为 1，否则将 CF 设为 0。

4.4 循环程序设计

程序 4.2-2 中通过连续四个 ADD 指令实现了内存中 4 个字数据的求和。如果求和的数据更多，显然用连续的加法指令是不合适的。这样的问题用循环程序结构比较合适。

4.4.1 循环程序的基本结构

循环程序的基本结构如图 4.4-1 所示，由初始化部分、循环体、出口判定部分组成。

- 初始化部分是为循环做准备的，一般包括设定循环体部分用到的变量或寄存器的初始值，设置循环次数等。
- 循环体部分是循环程序的核心。重复操作位于循环体内。
- 出口部分的作用是判断循环是否结束或者继续。

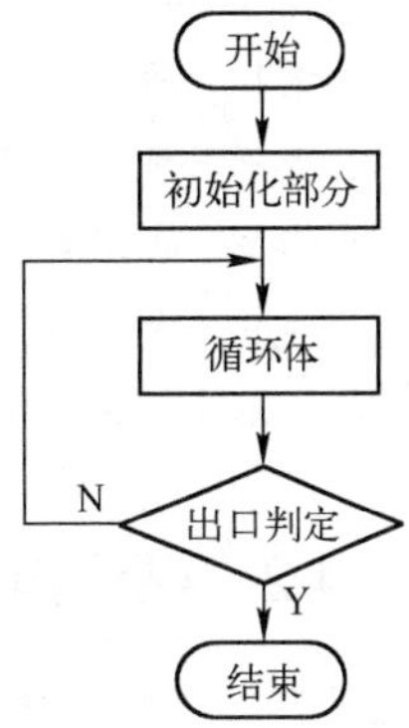

图 4.4-1 循环程序的基本结构

【例 4.4-1】 利用 4.3 节所学的条件转移指令，把 4 个数累加求和的程序 4.2-2 改写成循环结构的形式。

分析：对存放累加结果的 AX 清零，取 DATA1 首地址以及设置循环次数等操作应该放在初始化部分。假设循环次数保存在 CX 中。程序 4.2-2 中重复进行的累加求和操作“ADD AX, [BX]”，以及数据指针 BX 移动操作“ADD BX, 2”应该放在循环体部分。同时循环体每执行一次，CX 中记录的循环次数应该减 1，这可以通过“DEC CX”实现。在循环的出口处判断 CX 是否为 0，为 0 说明循环应结束，否则重新执行循环体内的语句。

【程序 4.4-1】

```
DATA    SEGMENT
        DATA1  DW   0123H, 0456H, 0789H, 0ABCH
DATA    ENDS
CODE    SEGMENT
        ASSUME  CS:CODE, DS:DATA
START:  MOV    AX, DATA
        MOV    DS, AX                ; DS 指向 DATA 段
        MOV    BX, OFFSET  DATA1     ; BX 指向 DATA 段的 DATA1 处的地址
        MOV    AX, 0
        MOV    CX, 4                 ; 设置循环次数
AGAIN:  ADD    AX, [BX]
        ADD    BX, 2
        DEC    CX
        JNZ    AGAIN
        MOV    AX, 4C00H
        INT    21H
CODE    ENDS
        END    START
```

📖 程序 4.4-1 与下面的 C 语言程序段功能类似:

```
int data1[4]={123,456,789,345};
    int a=0;  //与 MOV  AX,0 类似
    for (int i=0; i<4; i++)
        a += data1[i];
printf("a=%d\n",a);
```

数组 data1 的初始化语句与程序 4.4-1 的数据段功能类似，后面可以通过数组名来访问数组元素。变量 a 的功能与 AX 类似，用于累加求和。i 在这里有两个作用：一是作为循环变量，控制循环次数，与程序 4.4-1 中的 CX 功能类似；二是作为访问数组元素的下标，功能与程序 4.4-1 中的 BX 类似。

汇编语言和 C 语言不同的是，在程序 4.4-1 中必须根据 DATA1 的数据类型（DB、DW 或 DD 等）来决定访问数据元素时，每次 BX 移动的字节数。因为是 DW 类型，所以 BX 每次加 2。而在 C 语言中访问数组元素时，编程者不用考虑数据类型，直接通过数组名加下标就可以了，如 a[1]表示数组 a 的第 2 个元素。实际上 a 中每个数据元素占用 4 个字节（32 位机的 int 类型），每读出一个数据元素，其实相隔 4 个字节。所以两种语言在本质上是相同的，只是汇编语言要求编程者清楚地知道数据占用的字节数，并据此来访问，而 C 语言则不要求这样，不管什么类型的数组元素，直接通过下标访问即可。

4.4.2 循环指令

程序 4.4-1 是通过在循环体内对循环次数减 1，并配合条件转移指令实现循环的，汇编语言也提供了专门的循环指令。

1. LOOP 指令

格式：LOOP 标号

功能：CX = CX- 1，且

- 当 CX ≠ 0 时，IP ← IP + 8 位位移。
- 当 CX = 0 时，程序向下执行。

从 LOOP 的功能可以看出，“LOOP 标号”相当于：

```
CX--
if (CX ≠ 0)
    JMP short 标号
```

所以程序 4.4-1 中的指令“DEC CX”和“JNZ AGAIN”可以用“LOOP AGAIN”替代。

【例 4.4-2】 编写程序段，将数据段中 SRC 处开始存放的 100 个字节的数据传送至 DEN 开始的连续内存区域存储。

分析：分别用 SI 和 DI 指向 SRC 和 DEN，复制的同时同步移动 SI 和 DI，直至访问完 100 个字节的数据。

【程序 4.4-2】

```
                LEA     SI, SRC
                LEA     DI, DEN
                MOV     CX, 100
        AGAIN:  MOV     AL, [SI]
                MOV     [DI], AL
                INC     SI
                INC     DI
                LOOP    AGAIN
```

📖 分析程序 4.4-1 和程序 4.4-2 可以发现，汇编语言中的循环结构更接近于 C 语言中的 do … while 语句，见表 4.4-1。

“MOV CX, LEN”起初始化循环变量的作用，当 CX 大于 0 时执行循环体内的语句，否则循环结束。循环体至少被执行一次。对于 LOOP 指令构成的循环结构，循环变量的修改和出口条件的判定都隐含在 LOOP 指令中，而 C 语言则要求显式地写出对应的语句。

表 4.4-1 汇编语言与 C 语言的循环结构

汇编语言框架	C 语言框架

MOV CX, LEN
AGAIN: ⋮
LOOP AGAIN
	int k = len;
	do
	{
	……;
	k−−;
	} while(k > 0)

2. LOOPZ/LOOPE 指令

格式：LOOPZ/LOOPE　标号

功能：CX= CX−1。如果 CX≠0 且 ZF=1，则转移到标号处执行，相当于

```
CX--
if (CX ≠ 0 && ZF==1)
    JMP short 标号
```

3. LOOPNZ/LOOPNE 指令

格式：LOOPNZ/LOOPNE　标号

功能：CX= CX −1。如果 CX≠0 且 ZF = 0，则转移到标号处执行，相当于

```
CX--
if (CX ≠ 0 && ZF==0)
    JMP short 标号
```

【例 4.4-3】 编写程序段，将数据段中 SRC 处开始存放的 100 个字节的数据传送至 DEN 开始的连续内存区域存储，如果传送过程中遇到'#'则结束传送。

【程序 4. 4-3】

```
         LEA     SI, SRC
         LEA     DI, DEN
         MOV     CX, 100
         MOV     AL, [SI]
         CMP     AL, '#'
         JE      ENDT
AGAIN:   MOV     [DI], AL
         INC     SI
         INC     DI
         MOV     AL, [SI]
         CMP     AL, '#'
         LOOPNE  AGAIN
ENDT:    ......
```

说明：LOOPNE 转移的条件是 CX≠0 且 ZF = 0。上面的程序段当遇到以下两种情况之一时循环结束：传送的字节数达到 100 或者传送的字符为'#'。当传送的字节数达到 100 时，CX =0；当传送的字符为'#'时，AL= '#'，所以“CMP　AL, '#'”使得 ZF=1，破坏了 LOOPNE 转移的条件，因此程序顺序执行到标号 ENDT 处的语句。

4.4.3 循环程序举例

【例 4.4-4】 在给定个数的字类型数串中，找出大于零、等于零和小于零的个数，并紧跟着原串存放。

分析：这是一个统计问题，设定三个计数器分别统计三种情况下的结果。依次取出数据与 0 进行比较，注意比较后需要用有符号数的条件转移指令。

【程序 4.4-4】

```
DATA    SEGMENT
        BUFF     DW   X1, X2, …, Xn
        COUNT    EQU  $-BUFF         ; COUNT 的值为 BUFF 所占的字节数
        PLUS     DB   ?              ; 存放大于 0 的个数
        ZERO     DB   ?              ; 存放等于 0 的个数
```

```
        MINUS   DB   ?              ; 存放小于 0 的个数
DATA    ENDS
CODE    SEGMENT
        ASSUME  CS:CODE, DS:DATA
START:  MOV     AX, DATA
        MOV     DS, AX
        MOV     CX, COUNT           ; 将 BUFF 的长度送入 CX
        SHR     CX, 1               ; 相当于除 2,正好为 BUFF 中的数据个数
        MOV     DX, 0               ; 设定计数器初值，DH/DL 存放等于/大于 0 的个数
        MOV     AX, 0               ; 设定计数器初值，AH 存放小于 0 的个数
        LEA     BX, BUFF
AGAIN:  CMP     WORD  PTR  [BX],0
        JGE     PLU                 ; 大于等于 0，则转 PLU
        INC     AH                  ; <0，则统计
        JMP     NEXT
PLU:    JZ      ZER                 ; = 0，则转 ZER
        INC     DL                  ; >0，则统计
        JMP     NEXT
ZER:    INC     DH                  ;  = 0，则统计
NEXT:   ADD     BX, 2               ; 取下一个数
        LOOP    AGAIN
        MOV     PLUS, DL            ; 将结果送入相应的变量中
        MOV     ZERO, DH
        MOV     MINUS, AH
        MOV     AX, 4C00H
        INT     21H
CODE    ENDS
        END     START
```

说明：

（1）数据段的 BUFF 是数据缓冲区，X1, X2, …, Xn 代表 *n* 个字数据。缓冲区的长度 COUNT 由伪指令“EQU $-BUFF”计算得到。

（2）循环的次数由 BUFF 中的元素个数决定，因为是字数据，所以元素个数是 BUFF 的字节数 COUNT 的一半。

（3）利用寄存器 BX 指向当前数据，每判断完一个数据后，BX 需要移动两个字节指向下一个数据。

（4）这里的数据都是有符号数，所以在比较指令之后使用 JGE 指令实现转移，如果写成 JAE 指令，则不能得到正确的结果。

【例 4.4-5】 逆向复制字符串，编写一个程序把源字符串复制到目的串中，在复制过程中反转字符串的顺序。

分析：此问题至少可以采用两种方法解决。一种方法是从源字符串的最后一个字符开始复制。另一种方法是利用 3.2.2 节中介绍的栈，先循环遍历源字符串，并把每个字符都压入栈，然后再从栈中弹出字符到目的串。由于栈具有先进后出的特性，所以字符串的顺序就逆转了。另外需要注意栈操作是以字为单位的，而字符串是以字节为单位的。下面给出第二种方法的程序。

【程序 4.4-5】 请扫描图 4.4-2 所示的二维码获取。

图 4.4-2　程序 4.4-5 的二维码

练习题 4

4.4-1 与“LOOP　NEXT”指令功能等效的两条指令依次是____________和___________。

4.4-2 阅读下面的程序段，分析其功能

```
START:  LEA    BX, CHAR  ; CHAR是已定义的变量
        MOV    AL, 'A'
        MOV    CX, 26
LOP1:   MOV   [BX], AL
        INC    AL
        INC    BX
        LOOP   LOP1
        HLT
```

4.4-3 下面程序完成什么功能？指令“INC　SI”和“INC　DI”在程序中起何作用？

```
        MOV    SI, OFFSET BUF1
        MOV    DI, OFFSET BUF2
        MOV    CX, 10
NEXT:   MOV    AL, [SI]
        MOV   [DI], AL
        INC    SI
        INC    DI
        LOOP   NEXT
```

4.4-4 编写程序段，将 2B000H 开始的 256 个内存单元中的内容均减去 1，如果发现某个单元减为 0，则立即退出循环，其后的单元不再减 1。

4.5　DOS 系统功能调用

到目前为止，所有程序的运行结果不是保存在寄存器中，就是保存在存储器中。只能利用 DEBUG 工具来观察结果，非常不方便。能否将结果直接输出到屏幕呢？

最方便的方法就是调用操作系统中的 I/O 子程序。PC DOS 系统将输入/输出管理程序编写成了一系列子程序供系统和用户调用。这种调用系统提供的子程序的方式，就称为系统功能调用。系统功能调用的基本方法是采用一条软中断指令“INT n”。所谓软中断是以指令的方式产生的中断。CPU 执行该指令时，转入中断处理程序，中断处理程序结束后又返回到 INT 指令的下一条指令处。指令中的 n 为中断类型号，不同的 n 将转入不同的中断处理程序。所以系统提供的输入/输出子程序是以中断处理方式编写的。关于中断的具体知识将在第 7 章详细介绍。

4.5.1　常用系统功能调用

DOS 系统功能调用主要是由软中断指令“INT 21H”实现的，在 AH 设置不同的值，即系统功能调用号，并设置相应的入口参数，指令将完成不同的功能。比如在前面的许多程序中，已经使用了 AH=4CH 的功能调用，实现程序的返回。

表 4.5-1 给出了与输入/输出相关的一些功能调用，下面对部分功能进行说明。

表 4.5-1　常用 DOS 输入/输出系统功能

功能号	功　能	入 口 参 数	出 口 参 数
01H	键盘输入字符，回显，查 Ctrl+break	\	AL=输入字符
02H	显示一个字符，查 Ctrl+break	DL=输出字符	\
06H	控制台输入/输出，不查 Ctrl+break	DL=FFH(输入) DL=字符(输出)	AL=输入字符
07H	键盘输入(无回显)，不查 Ctrl+break	\	AL=输入字符
08H	键盘输入(无回显)，查 Ctrl+break	\	AL=输入字符
09H	显示字符串	DS:DX=串首址	\
0AH	输入字符串到内存缓冲区	DS:DX=串首址	\
0BH	查键盘输入状态	\	AL=00H(无键入), AL=FFH(有键入)
0CH	清除键盘输入缓冲区,调用键盘输入功能	AL 键盘功能=1,6,7,8, A	\
4CH	退出用户程序并返回 DOS	\	\

（1）键盘输入单字符

功能号：AH = 1。

入口参数：无。

出口参数：AL = 键入字符(码)。

功能：等待键入单一字符，存入 AL，回显，光标后退，检查 Ctrl + break。

（2）键盘输入字符串

功能号：AH = 0AH。

入口参数：DS:DX 存放输入缓冲区首址。

出口参数：无

功能：等待键入字符串，以回车结束，存入输入缓冲区，回显，光标后退。

要求先定义一个图 4.5-1 所示的输入缓冲区。缓冲区的第一个字节指出能容纳的最大字符个数，由用户给出；第二个字节存放实际输入的字符个数，由系统最后填入；从第三个字节开始存放从键盘输入的字符，直到输入回车键结束。例如，输入缓冲区的定义：

```
DATA  SEGMENT
        TLEN  DB 10
        RLEN  DB ?
        BUF   DB 10 DUP(?)
        ⋮
DATA  ENDS
```

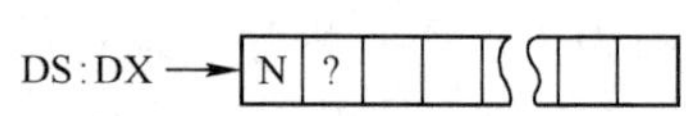

图 4.5-1　输入缓冲区格式

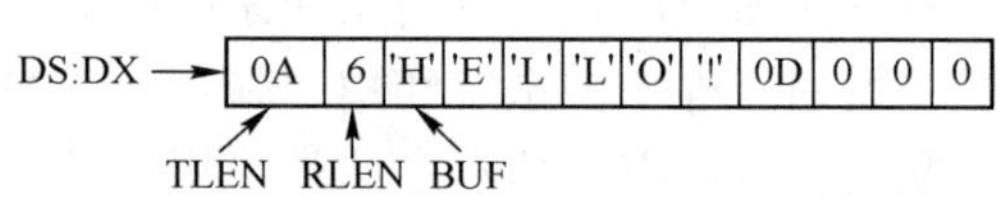

图 4.5-2　输入字符串存放格式

调用 0AH 号功能输入字符串‘HELLO!’后缓冲区内容如图 4.5-2 所示。需要注意的是回车符(0DH)也算做一个字符填入 BUF，但不计算在实际长度 RLEN 中，因此实际输入的字符个数不能超过 TLEN−1。

（3）单字符输出

功能号：AH = 2。

入口参数：DL = 待显字符的 ASCII 码。

出口参数：无。

功能：在当前光标处输出 DL 中的单字符，光标后退，检查 Ctrl + break。例如：

```
MOV   DL, 'x'
MOV   AH, 2
INT   21H
```

调用的结果是屏幕上在光标位置处显示‘x’。

（4）字符串输出

功能号：AH = 9。

入口参数：DS:DX 存放输出缓冲区首址。

出口参数：无。

功能：在当前光标处输出字符串直到串结束符‘$’，光标后退。

输出缓冲区格式如图 4.5-3 所示。

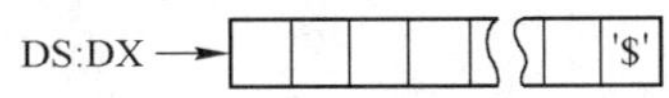

图 4.5-3　输出缓冲区格式

4.5.2　DOS 系统功能调用举例

下面通过实例来说明以上功能调用的使用方法。

【例 4.5-1】 编程实现从键盘接收一个字符串，再从键盘输入一个待查找字符(例如‘g’)，找到时提示“Yes，found”，找不到时提示“No found”。

【程序 4.5-1】

```
DATA    SEGMENT
    STRBUF1 DB 'Please input a string:','$'
    STRBUF2 DB 'Please input the character you want to look for:','$'
    PRMT1   DB 'Yes,found!','$'
    PRMT2   DB 'No found!','$'
    KEYLEN  DB 64
    KEYNUM  DB ?
    KEYBUF  DB 64 DUP(?)
    char    DB ?
    CRLF    DB 0AH, 0DH,'$'
DATA    ENDS
STACK   SEGMENT
        DB  100 DUP(0)
        TOP LABEL WORD
STACK   ENDS
CODE    SEGMENT
        ASSUME CS:CODE, DS:DATA, SS:STACK
START:  MOV    AX, DATA
        MOV    DS, AX
        MOV    AX, STACK
        MOV    SS, AX
        MOV    SP, OFFSET TOP
        LEA    DX, STRBUF1            ; 显示提示信息 STRBUF1
        MOV    AH, 9
        INT    21H
        LEA    DX, KEYLEN             ; 接收用户输入的字符串
        MOV    AH, 0AH
        INT    21H
        LEA    DX, CRLF               ; 回车换行
        MOV    AH, 09H
        INT    21H
        MOV    BL, KEYNUM             ; 字符串的实际长度送 BX
        MOV    BH, 0
        LEA    DX, KEYBUF             ; 字符串的实际起始地址
```

```
            ADD    BX, DX                     ; 字符串最后一个字符的后一个字节
            MOV    BYTE  PTR  [BX],'$'        ; 填入"$"
            MOV    AH, 09H                    ; 显示输入的字符串
            INT    21H
            LEA    DX, CRLF                   ; 回车换行
            MOV    AH, 09H
            INT    21H
            LEA    DX, STRBUF2                ; 显示提示信息 STRBUF2
            MOV    AH, 9
            INT    21H
            MOV    AH, 1                      ; 从键盘接收用户输入的一个字符
            INT    21H
            MOV    char, AL
            LEA    DX, CRLF                   ; 回车换行
            MOV    AH, 09H
            INT    21H
            MOV    CL, KEYNUM                 ; 循环查找字符串 KEYBUF
            MOV    CH, 0
            MOV    BX, OFFSET KEYBUF
            MOV    AL, char
    L1:     CMP    AL, [BX]
            JZ     FOUND
            INC    BX
            LOOP   L1
    NOFOUND: MOV   DX, OFFSET PRMT2
            MOV    AH, 9
            INT    21H
            JMP    EXIT
    FOUND:  MOV    DX, OFFSET PRMT1
            MOV    AH, 9
            INT    21H
    EXIT:   MOV    AH, 4CH
            INT    21H
    CODE    ENDS
            END    START
```

说明：

（1）在程序 4.5-1 中利用 AH＝9 功能，实现提示信息和结果的输出，这些字符串都是预先在数据段中定义好的。

（2）利用 AH＝0AH 功能，接收用户从键盘输入的字符串，字符串的实际长度送入变量 KEYNUM 中，字符串则存放于 KEYBUF 中。为了能在屏幕上再次输出用户输入的字符串，通过程序在字符串缓冲区 KEYBUF 存储的字符串末尾加'$'，再调用 AH＝9 功能进行输出。

（3）利用 AH＝1 功能，接收用户输入的字符，送入变量 char 保存，然后在 KEYBUF 循环查找字符，循环次数为 KEYNUM。

练习题 5

4.5-1 阅读程序并完成填空，从 BUFFER 单元开始将放置一个数据块，其中 BUFFER 单元存放预计数据块的长度 20H，BUFFER+1 单元存放的是实际从键盘输入的字符串的长度，从 BUFFER+2 单元存放的是从键盘上接收的字符，请将这些从键盘上接收的字符再在屏幕上显示出来。

```
MOV    DX, OFFSET BUFFER
MOV    AH, ______(1)______
INT    21H                      ; 读入字符串
LEA    DX, ______(2)______
MOV    BX, DX
MOV    AL, ______(3)______      ; 读入字符串的字符个数
MOV    AH, 0
ADD    BX, AX
MOV    AL, ______(4)______
MOV    [BX+1], AL
MOV    AH, ______(5)______
INC    DX                       ; 确定显示字符串的首地址
INT    21H
MOV    AH, ______(6)______
INT    21H
```

4.5-2 阅读下列程序段，说明程序段的功能。

```
AGAIN:  MOV    AH, 01H
        INT    21H
        CMP    AL, 41H
        JB     AGAIN
        CMP    AL, 5AH
        JA     AGAIN
        MOV    DL, AL
        ADD    DL, 20H
        MOV    AH, 02H
        INT    21H
```

4.6 子程序设计

子程序又称为过程，相当于高级语言中的过程或函数。一个程序中若干功能类似的程序段，如果只是某些变量的赋值不同，就可以定义为子程序，在需要时调用。

4.6.1 调用与返回指令

CALL 和 RET、RETF 都是转移指令，它们都修改 IP，或者同时修改 CS 和 IP，经常用于子程序设计。

1. CALL 指令

CALL 指令指示处理器在新的内存地址执行指令，以实现对过程的调用。从底层角度讲，CALL 指令的基本功能是将返回地址(即 CALL 指令的下一条指令的地址)压入堆栈，并把调用过程的地址复制到 IP 或 CS，并转向子程序的入口。

CALL 指令不能实现短转移，除此之外，CALL 指令实现转移的方法和 JMP 指令的原理相同。根据所给转移目的地址方式的不同，CALL 指令主要有以下 4 种格式。

（1）段内直接调用

格式：CALL　标号

功能：将当前的 IP 压栈后，转移到标号处执行指令。

CPU 执行此格式的 CALL 指令时，完成如下操作：

① SP ← SP − 2，(SS × 16 + SP) ← IP；

② IP ← IP + 16 位位移。

如果用汇编语法描述“CALL　标号”，相当于：

```
PUSH  IP
JMP   NEAR PTR 标号
```

（2）段间直接调用

格式：CALL　FAR PTR 标号

功能：将当前的 CS 和 IP 压栈后，转移到标号处执行指令。

CPU 执行此格式的 CALL 指令时，完成如下操作：

① SP ← SP − 2，(SS × 16 + SP) ← CS；SP ← SP − 2，(SS × 16 + SP) ← IP。

② CS ← 标号所在段的段地址，IP ←标号所在段的偏移地址。

如果用汇编语法描述“CALL　FAR PTR 标号”，相当于：

```
PUSH  CS
PUSH  IP
JMP   FAR PTR 标号
```

（3）段内间接调用

段内间接调用分为转移地址在寄存器内和在内存中两种情况：

格式一：CALL　REG16

功能：① SP ← SP − 2，(SS × 16 + SP) ← IP；② IP ← REG16。

如果用汇编语法来解释此格式，相当于

```
PUSH  IP
JMP   REG16
```

格式二：CALL　WORD　PTR 内存单元地址

功能：① SP ← SP − 2，(SS × 16 + SP) ← IP；② IP ←WORD PTR (内存单元地址)。

如果用汇编语法来解释此格式，相当于

```
PUSH  IP
JMP   WORD  PTR 内存单元地址
```

【例 4.6-1】 分析下面的程序执行后，IP 和 SP 的值为多少？

```
MOV    SP, 10H
MOV    AX, 4321H
MOV    [0000H], AX
CALL   WORD  PTR [0000H]
```

【解答】 AX 的值 4321H 送入数据段偏移地址为 0000H 处，当执行“CALL　WORD PTR [0000H]”时，先将 IP 当前的值压入堆栈，因此 SP 减 2，SP=0EH；接下来将数据段偏移地址为 0000H 处的字数据取出送 IP，于是 IP=4321H。

因此执行后，IP=4321H，SP=0EH。

（4）段间间接调用

格式：CALL　DWORD　PTR 内存单元地址

功能：① SP ← SP − 2，(SS × 16 + SP) ←CS；SP← SP − 2；(SS × 16 + SP) ← IP。

② IP ← WORD　PTR (内存单元地址)；CS←WORD　PTR (内存单元地址 + 2)。

如果用汇编语法来解释此格式，相当于

```
PUSH   CS
PUSH   IP
```

```
JMP     DWORD  PTR 内存单元地址
```

【例 4.6-2】 分析下面的程序执行后，IP、CS 和 SP 的值为多少？

```
MOV    SP, 10H
MOV    AX, 4321H
MOV    [0000H], AX
MOV    WORD  PTR [0002H], 0011H
CALL   DWORD  PTR [0000H]
```

【解答】 在执行 CALL 指令前，(DS:0000H)=4321H，(DS:0002H)=0011H，执行“CALL DWORD PTR [0000H]”时，需要连续将 CS 和 IP 的当前值压入堆栈，因此 SP=SP−4=0CH，接着将(DS:0000H)处的字数据送 IP，(DS:0002H) 处的字数据送 CS。

因此执行后，IP=4321H，CS=0011H，SP=0CH。

2. RET 指令

RET 指令用栈中的数据修改 IP 的内容，从而实现近转移。CPU 执行 RET 指令时，完成下面两步操作：

① IP ← (SS × 16 + SP)；② SP ← SP + 2。

如果用汇编指令解释 RET，相当于

```
POP  IP
```

3. RETF 指令

RETF 指令用栈中的数据修改 CS 和 IP 的内容，从而实现远转移。CPU 执行 RETF 指令时，完成下面 4 步操作：

① IP ← (SS × 16 + SP)；② SP ← SP + 2；③ CS ← (SS × 16 + SP)；④ SP ← SP + 2。

如果用汇编指令解释 RETF，相当于

```
POP  IP
POP  CS
```

4.6.2 过程定义

在汇编语言中子程序通常以过程的形式编写，过程的一般形式如下：

```
过程名    PROC [类型]
            ⋮
          RET
过程名    ENDP
```

其中：

（1）过程名是由用户给出的，应该是一个合法的标识符，写法和标号的写法相同。过程名是子程序入口的符号地址。

（2）PROC 和 ENDP 总是成对出现的，是定义过程的伪指令。它们中间的内容就作为一个过程，即一个子程序。

（3）类型有 NEAR 和 FAR 两种。如果调用程序和过程在同一个代码段中，则使用 NEAR 属性；否则使用 FAR 属性。类型可以默认，默认表示 NEAR 类型。

（4）RET 是过程的返回指令，根据类型决定是段内返回还是段间返回。

注意： 过程只有被指令 CALL 调用后才能执行，NEAR 类型的过程采用段内调用，FAR 类型的过程采用段间调用。

4.6.3 参数和结果的传递

1. 寄存器传递参数方式

【例 4.6-3】 设计一个子程序，可以根据提供的 N，来计算 N 的 3 次方。

分析：读者如果学习过高级语言，如 C 语言，应该知道这个问题可以通过定义函数来解决，N 作为函数的参数，而 3 次方作为函数的返回值。如果要用汇编语言实现同样功能，则涉及两个问题：参数 N 存储在什么地方？计算得到的数值存储在什么地方？

最方便的方法就是用寄存器来存储：可以把参数 N 放到 BX 中，因为子程序中要计算 $N\times N\times N$，可以使用 2 次 MUL 指令；为了方便将结果放到 DX 和 AX 中。

【程序 4.6-1】

```
DATA    SEGMENT
        N   DW 1,2,3,4,5,6,7,8,9
        Re  DD 0,0,0,0,0,0,0,0,0
DATA    ENDS
STACK   SEGMENT
        DB  100 DUP(0)
        TOP LABEL WORD
STACK   ENDS
CODE    SEGMENT
        ASSUME  CS: CODE, DS:DATA, SS:STACK
START:  MOV    AX, DATA
        MOV    DS, AX
        MOV    AX, STACK
        MOV    SS, AX
        MOV    SP, OFFSET TOP
        LEA    SI, N
        LEA    DI, Re
        MOV    CX, 9
S:      MOV    BX, [SI]            ; BX 为子程序入口参数
        CALL   CUBIC
        MOV    [DI], AX            ; AX, DX 为子程序出口参数
        MOV    [DI+2], DX
        ADD    SI, 2
        ADD    DI, 4
        LOOP   S
        MOV    AX, 4C00H
        INT    21H
CUBIC   PROC
        MOV    AX, BX
        MUL    BX
        MUL    BX
        RET
CUBIC   ENDP
CODE    ENDS
        END    START
```

在程序 4.6-1 中，对于存放参数的寄存器 BX 和存放结果的寄存器 AX 和 DX，主程序和子程序的读写顺序刚好相反：主程序将由 SI 指向的参数送入参数寄存器 BX，从结果寄存器

AX 和 DX 中取出返回值送入由 DI 指向的内存单元；而子程序从参数寄存器 BX 取出参数，将返回值送入结果寄存器 AX 和 DX。

例 4.6-3 中，子程序 CUBIC 只有一个参数，放在 BX 中。如果需要传递的数据有多个，该怎样存放呢？毕竟寄存器的数量有限，不可能简单地利用寄存器来存放多个需要传递的数据。如果返回值有多个的，也存在同样问题。

可以将批量处理的数据放到内存中，然后将它们所在的内存空间首地址放在寄存器中，传递给需要的子程序。对于具有批量数据的返回结果，也可以用同样的方法。

【例 4.6-4】 设计一个子程序，其功能是将一个由英文字母构成的字符串转化为小写。

分析： 设计该子程序需要明确两件事：字符串的内容和长度。因为字符串中的字母可能很多，不能将所有的字母直接作为参数传递给子程序。但是我们可以将字符串在内存中的首地址放在寄存器中传递给子程序。在字符串转换过程中要用到循环结构，循环的次数就是字符串的长度，所以可以考虑将字符串长度放在 CX 中。

表 4.6-1　英文字母的 ASCII 码

大写字母	A	B	C	D	E	F	…	Z
ASCII 码	41H	42H	43H	44H	45H	46H	…	5AH
小写字母	a	b	c	d	e	f	…	z
ASCII 码	61H	62H	63H	64H	65H	66H	…	7AH

表 4.6-1 给出了部分大小写字母的 ASCII 码。可以看出，小写字母的 ASCII 码比大写字母的大 20H。所以可以对字符串中的每个字母进行判断，如果 ASCII 码在 41H～5AH 内，则加上 20H，否则不做处理。

【程序 4.6-2】

```
DATA    SEGMENT
        STR DB  'HELLO WORLD!'
        LEN = $ -STR
DATA    ENDS
STACK   SEGMENT
        DB   100 DUP(0)
        TOP LABEL  WORD
STACK   ENDS
CODE    SEGMENT
        ASSUME  CS:CODE, DS:DATA, SS:STACK
START:  MOV   AX, DATA
        MOV   DS, AX
        MOV   AX, STACK
        MOV   SS, AX
        MOV   SP, OFFSET TOP
        MOV   SI, OFFSET STR        ; SI 为子程序入口参数，存放字符串首地址
        MOV   CX, LEN               ; CX 为子程序入口参数，存放字符串长度
        CALL  CAPT
        MOV   AX, 4C00H
        INT   21H
CAPT    PROC
S:      CMP   BYTE PTR [SI], 41H
        JB    NOTL                  ; ASCII 码小于 41H，则处理下一个字符
        CMP   BYTE PTR [SI], 5AH
        JA    NOTL                  ; ASCII 码大于 5AH，则处理下一个字符
        ADD   BYTE PTR [SI],20H     ; ASCII 码在 41H～5AH 内，转换成小写
NOTL:   INC   SI
```

```
        LOOP   S
        RET
CAPT    ENDP
CODE    ENDS
        END    START
```

2．寄存器冲突问题

将程序 4.6-2 改为多个字符串的转换。每个字符串的长度都是 12。请分析下面的程序是否正确？

【程序 4.6-3】

```
DATA    SEGMENT
    STR DB 'HELLO WORLD!'
        DB 'CONVERSATION'
        DB 'Very Good!!!'
DATA    ENDS
CODE    SEGMENT
        ASSUME CS:CODE, DS:DATA, SS:STACK
START:  MOV    AX, DATA
        MOV    DS, AX
        MOV    AX, STACK
        MOV    SS, AX
        MOV    SP, OFFSET TOP
        MOV    BX, OFFSET STR
        MOV    CX, 3
 NEXT:  MOV    SI, BX
        CALL   CAPT
        ADD    BX, 12
        LOOP   NEXT
        MOV    AX, 4C00H
        INT    21H
CAPT    PROC
        MOV    CX, 12
S:      CMP    BYTE PTR [SI], 41H
        JB     NOTL                    ; ASCII 码小于 41H,则处理下一个字符
        CMP    BYTE PTR [SI], 5AH
        JA     NOTL                    ; ASCII 码大于 5AH,则处理下一个字符
        ADD    BYTE PTR [SI], 20H      ; ASCII 码在 41H～5AH 内，转换成小写
NOTL:   INC    SI
        LOOP   S
        RET
CAPT    ENDP
CODE    ENDS
        END   START
```

程序 4.6-3 中，子程序和主程序都使用了寄存器 CX，但是作用不同，主程序中 CX 所控制的循环是取下一个字符串，而在子程序中则是取下一个字符。因此执行子程序时，CX 保存的循环计数值被改变，使得主程序的循环出错。

以上问题具有一般性，主程序中使用的寄存器很有可能在子程序中也会用到，这种情况称为寄存器冲突。

解决方法是在子程序的开始将子程序中用到的寄存器保存起来，子程序返回时再恢复。此

时就要用到 3.2.2 节学习过的堆栈。

根据以上思想，程序 4.6-3 中的子程序可以改为：

```
CAPT    PROC
        PUSH   CX
        PUSH   SI
        MOV    CX, 12
         ⋮                    ;省略部分与程序 4.6-2 一致
        LOOP   S
        POP    SI
        POP    CX
        RET
CAPT    ENDP
```

务必注意寄存器入栈和出栈的顺序要符合“后进先出”的原则。

3. 内存单元传递参数方式

参数除了利用寄存器传递外，也可以直接通过内存指定的单元进行传递。在这种情况下，主程序在调用子程序之前，需要把所有的参数值送入指定的内存区域，所需的结果也从指定区域中取出。进入子程序后，子程序则直接从指定的内存区域取出参数值，处理的结果也送入指定区域。

【例 4.6-5】 设计一个子程序，将一个由英文字母构成的字符串转化为小写，要求利用内存单元传递参数。

【程序 4.6-4】

```
DATA    SEGMENT
        STR1    DB 'HELLO WORLD!'
        ADOFFS  DW ?
        LEN     DW ?
DATA    ENDS
STACK   SEGMENT
        DW   100 DUP (?)
        TOP  LABEL  WORD
STACK   ENDS
CODE    SEGMENT
        ASSUME CS:CODE, DS:DATA, SS:STACK
START:  MOV    AX, DATA
        MOV    DS, AX
        MOV    AX, STACK
        MOV    SS, AX
        LEA    SP, TOP
        MOV    ADOFFS, OFFSET  STR1  ; 取字符串的偏移地址送 ADOFFS, 作为入口参数
        MOV    LEN, ADOFFS-STR1   ; ADOFFS-STR1 为字符串长度,送 LEN 作为入口参数
        CALL   CAPT
        MOV    AX, 4C00H
        INT    21H
CAPT    PROC
        PUSH   CX
        PUSH   SI
        MOV    SI, ADOFFS
        MOV    CX, LEN
S:      CMP    BYTE PTR [SI], 41H
        JB     NOTL                    ; ASCII 码小于 41H, 则处理下一个字符
        CMP    BYTE PTR [SI], 5AH
        JA     NOTL                    ; ASCII 码大于 5AH, 则处理下一个字符
        ADD    BYTE PTR [SI],20H       ; ASCII 码在 41H～5AH 内, 转换成小写
```

```
NOTL:   INC     SI
        LOOP    S
        POP     SI
        POP     CX
        RET
CAPT    ENDP
CODE    ENDS
        END     START
```

4．堆栈传递参数方式

堆栈传递参数方式是指子程序的入口参数和出口参数通过堆栈传递。主程序在调用子程序之前应该将子程序的参数压入堆栈，子程序则从堆栈中取出参数，运算后的结果也入堆栈。返回后，主程序再从堆栈取出结果。

【例 4.6-6】 设计子程序，将一个由英文字母构成的字符串转化为小写，要求利用堆栈传递传递参数。

【程序 4.6-5】

```
DATA    SEGMENT
        STR DB  "HELLO WORLD!"
        LEN = $ - STR
DATA    ENDS
STACK   SEGMENT
        DW  100 DUP(?)
        TOP LABEL WORD
STACK   ENDS
CODE    SEGMENT
        ASSUME  CS:CODE, DS:DATA, SS:STACK
START:  MOV     AX, DATA
        MOV     DS, AX
        MOV     AX, STACK
        MOV     SS, AX
        LEA     SP, TOP
        MOV     BX, OFFSET  STR         ; 字符串起始地址送 BX
        PUSH    BX                      ; 入栈保存，作入口参数
        MOV     BX, LEN                 ; 字符串长度送 BX
        PUSH    BX                      ; 入栈保存，作入口参数
        CALL    CAPT                    ; 段内调用子程序
        MOV     AX, 4C00H
        INT     21H
CAPT    PROC
        PUSH    BP                      ; 原 BP 寄存器值入栈保存
        MOV     BP, SP                  ; BP 记录当前的栈顶
        PUSH    CX                      ; 原 CX 寄存器值入栈保存
        PUSH    SI                      ; 原 SI 寄存器值入栈保存
        MOV     SI, [BP+6]              ; 把栈中保存的字符串首地址的偏移地址送 SI
        MOV     CX, [BP+4]              ; 把栈中保存的字符串长度送 CX
S:      CMP     BYTE  PTR [SI], 41H
        JB      NOTL                    ; ASCII 码小于 41H，则处理下一个字符
        CMP     BYTE  PTR [SI], 5AH
        JA      NOTL                    ; ASCII 码大于 5AH，则处理下一个字符
        ADD     BYTE  PTR [SI],20H      ; ASCII 码在 41H～5AH 内，转换成小写
NOTL:   INC     SI                      ; 取下一个字符
        LOOP    S
```

```
        POP     SI                            ; 恢复原寄存器状态
        POP     CX
        POP     BP
        RET     4                             ; 恢复栈初始状态
CAPT    ENDP                                  ; 子程序结束
CODE    ENDS                                  ; 代码段结束
        END     START                         ; 所有代码结束
```

说明：

（1）程序 4.6-5 中，栈起三个作用：一是用于传递参数，如主程序中将字符串的首地址和长度都作为参数压入栈中，如图 4.6-1(b)所示；二是保存返回地址，见图 4.6-1(c)；三是避免寄存器冲突。

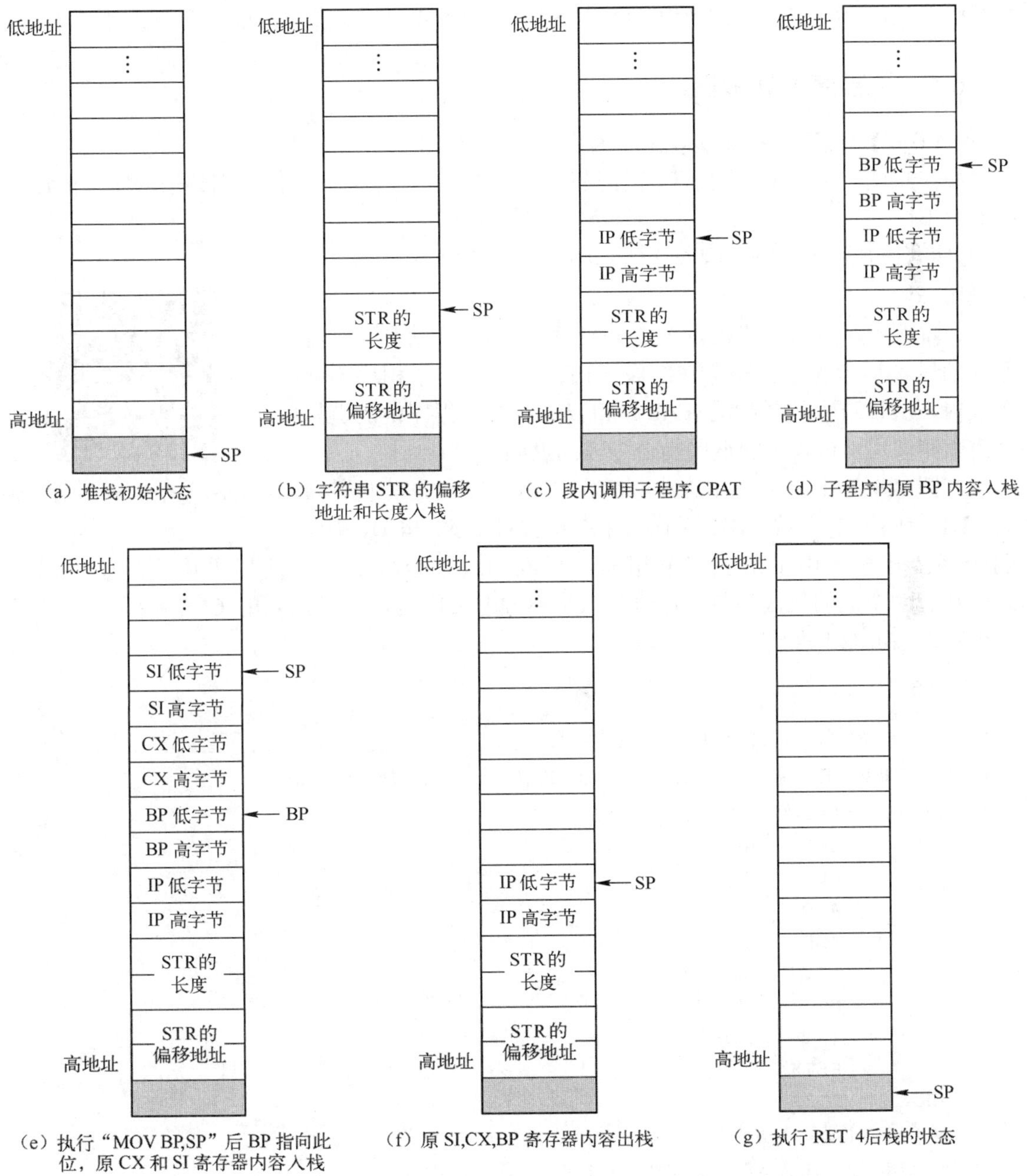

图 4.6-1　程序 4.6-5 执行过程中堆栈的变化情况

（2）进入子程序后，为了能从堆栈中获取所需参数，应该将 SP 的位置记下，因此在子程序开始将 BP 的原始内容入栈保存(图 4.6-1(d))，然后将 SP 的内容送入 BP，以后在子程序中通过 BP 取得参数，BP+6 处存放了 STR 的偏移地址，BP + 4 处存放了 STR 的长度。子程序中用到的寄存器 CX 和 SI 也都压入栈中，如图 4.6-1(e)所示。

（3）程序 4.6-5 中除了 PUSH 指令将数据压入栈外，子程序调用指令“CALL CAPT”会将当前 IP 寄存器的内容，即指令“MOV AX, 4C00H”第一个字节的地址压入栈中，见图 4.6-1(c)。

（4）当子程序执行指令“POP BP”后，栈的状态如图 4.6-1(f)所示，SP 指向存放返回地址的位置，如果用正常的 RET 指令返回，仍然有 4 个字节数据在栈中，因此栈顶指针 SP 不能恢复到图 4.6-1(a)所示的最初状态。这种情况需要使用带参数的返回，一般形式为“RET n”，n 是常数表达式，具体表达式要根据堆栈使用的情况确定。本例中 n = 4，即先从栈顶弹出 2 个字节的返回地址送入 IP，再将 SP 下移 4 个字节，即 SP+4，如图 4.6-1(g)所示，堆栈就恢复到初始状态。

4.6.4 子程序设计举例

【例 4.6-7】 编写子程序实现两个 6 字节数相加。

分析：将两个单字节相加的程序段设计为子程序。主程序分 6 次调用该子程序，但每次调用的参数不同。

【程序 4.6-6】 请扫描图 4.6-2 所示的二维码获取。

说明：

（1）本例中，有两个代码段 CODEM 和 CODE，前者为主程序所在的段，后者为子程序所在的段。由于主程序和子程序不在一个段内，所以过程的类型为 FAR。相应地，在主程序中的调用指令为段间调用，过程中的返回指令为段间返回。

图 4.6-2 程序 4.6-6 的二维码

（2）例 4.6-7 中利用寄存器进行参数传递，其中 SI 指向第 1 个数，DI 指向第 2 个数，BX 保存结果；每次对由 SI 和 DI 指向的两个字节相加，由于是多字节相加，每次的进位也要加上，所以采用了进位加法指令 ADC。注意两个数的最低字节相加时应该是不考虑 CF 的，所以预先用 CLC 指令将 CF 位清零，否则结果可能不准确。

练习题 6

4.6-1 子程序设计中，常用的参数传递方法有__________、__________和__________。

4.6-2 在如下子程序中，已知 AL 的值为 0～F 中的一位十六进制数，问：

```
HEAC    PROC    FAR
        CMP     AL, 10
        JC      KK
        ADD     AL, 7
KK:     ADD     AL, 30H
        MOV     DL, AL
        MOV     AH, 2
        INT     21H
        RETF
HEAC    ENDP
```

（1）该子程序完成什么功能？

（2）如果调用子程序时 AL = 2，子程序执行后，DL = ?

（3）如果调用子程序时 AL = 0AH，子程序执行后，DL = ?

4.6-3 填空说明在下列程序段执行过程中相应寄存器的值，假设程序段执行前 DS=3000H、SS=2000H、SP=3000H、AX=4567H、BX=1234H、CX=6789H。

```
            AND     BX, 00FFH
            CALL    MYSUB
            NOP                 ; SP=____________
                                ; AX=____________
                                ; BX=____________
            HLT
    MYSUB   PROC
            PUSH    AX
            PUSH    BX
            PUSH    CX
            SUB     AX, BX      ; SP=____________
            POP     CX
            POP     AX
            POP     BX          ; SP=____________
            RET
    MYSUB   ENDP
```

4.7 字符串处理

字符串处理是指对一组字符或者数字的编码进行处理。计算机中字符编码一般都采用 ASCII 码，每个字符的编码占一个字节，一个字符串存放在一串连续的内存空间。字符串的操作通常包括：字符串的复制、比较、查找等。这些操作可以用前面学过的指令编程实现，如例 4.4-2 和例 4.5-1。为了提高字符处理的效果，8086/8088 指令系统中专门提供了字符串操作指令。

4.7.1 字符串操作指令

常用的串操作指令有 5 种，见表 4.7-1。

表 4.7-1 串操作指令

功　能	指 令 格 式	执 行 操 作
串传送	MOVS dst, src MOVSB MOVSW	由操作数说明是字节或字操作；其余同 MOVSB 或 MOVSW (DS:SI)→(ES:DI)；SI = SI ± 1，DI = DI ± 1 (DS:SI)→(ES:DI)；SI = SI ± 2，DI = DI ± 2
串比较	CMPS dst, src CMPSB CMPSW	由操作数说明是字节或字操作；其余同 CMPSB 或 CMPSW (DS:SI) − (ES:DI)；SI = SI ± 1，DI = DI ± 1 (DS:SI) − (ES:DI)；SI = SI ± 2，DI = DI ± 2
串搜索	SCAS dst SCASB SCASW	由操作数说明是字节或字操作；其余同 SCASB 或 SCASW AL − (ES:DI)；DI = DI ± 1 AX − (ES:DI)；DI = DI ± 2
存串	STOS dst STOSB STOSW	由操作数说明是字节或字操作；其余同 STOSB 或 STOSW AL→(ES:DI)；DI = DI ± 1 AX→(ES:DI)；DI = DI ± 2
取串	LODS src LODSB LODSW	由操作数说明是字节或字操作；其余同 LODSB 或 LODSW (DS:SI)→ AL；SI = SI ± 1 (DS:SI)→ AX；SI = SI ± 2

对串操作指令要注意以下几个问题：

（1）使用的默认寄存器是：DS:SI（源串地址），ES:DI（目的串地址），CX（字串长度），AX 或 AL（存取或搜索的默认值）。

（2）可以进行字操作也可以进行字节操作，这可以由指令中的操作数的类型指出，也可以由指令码后加上 W 或 B 来指出。

（3）方向标志与地址指针的修改。DF = 1，则修改地址指针时用减法；DF=0 时，则修改地址指针时用加法，MOVS、STOS、LODS 指令不影响标志位。

1. 字符串传送指令 MOVS

指令的功能是把由 DS:SI 间接寻址的一个字节(或字)传送到由 ES:DI 间接寻址的一个字节单元(或字单元)中，然后根据方向标志 DF 及所传送数据的类型(字节或字)对 SI 及 DI 进行修改。DF = 0 时，地址指针以递增方式修改；反之，则以递减方式修改。如果是字操作，递增或递减的值为 2；若是字节操作则为 1。

【例 4.7-1】 在数据段中有一字符串 MESS1，其长度为 LEN，要求将其传送到 MESS2 开始的存储区域内，每个字符占一个字节。

【程序 4.7-1】

```
            ⋮
            LEN    EQU 20
            MESS1 DB LEN DUP(12H)
            MESS2 DB LEN DUP(0)
            ⋮
            MOV    AX, SEG MESS1
            MOV    DS, AX
            MOV    ES, AX
            LEA    SI, MESS1       ; 置源串偏移地址
            LEA    DI, MESS2       ; 置目的串偏移地址
            MOV    CX, LEN         ; 置串长度
            CLD                    ; 方向标志复位
    AGAIN:  MOVSB                  ; 字符串传送
            LOOP   AGAIN
```

说明：

（1）MESS1 和 MESS2 在同一个段中，取它们的段地址分别送入 DS 和 ES，所以 DS 和 ES 指向的段地址相同。

（2）指令 MOVSB 中的“B”指出了指令的操作类型为字节型，该指令也可以写为“MOVS　MESS2, MESS1”，MESS1 和 MESS2 仅指出了该指令的操作类型，寻址方式是隐含的，实际是按照表 4.7-1 中的说明进行寻址的。

（3）指令 CLD 的作用是置 DF 位为零。因此指令 MOVSB 的指针修正将以递增的方式进行，即 SI = SI + 1; DI = DI + 1。

2. 字符串比较指令 CMPS

字符串比较指令完成由 DS:SI 间接寻址的一个字节(或字)与由 ES:DI 间接寻址的一个字节(或字)的比较操作，与比较指令 CMP 一样，比较后只影响标志位，源串和目的串不会被修改。比较时是用**源串减去目的串**。指令的寻址方式和地址指针的修正与 MOVS 指令相同。相关实例见例 4.7-4。

3. 字符串扫描指令 SCAS

字符串扫描指令的作用是：将由指令指定的关键字节或关键字(分别存放在 AL 及 AX 中)，与 ES:DI 间接寻址的字节串(或字串)中的一个字节(或字)进行比较操作，使比较的结果影响标志位，然后根据方向标志位 DF 及所进行操作的数据类型(字节或字)对 DI 进行修改。

可用于在指定的数据串中搜索第一个与关键字节(或字)匹配或不匹配的字节(或字)。

【例 4.7-2】 在附加段中有一个字符串，存放在以符号地址 MESS 开始的区域中，要求在该字符串中搜索空格符(ASCII 码为 20H)。

【程序 4.7-2】

```
                    ⋮
          MESS   DB  'ab defgh'
          LEN    EQU $ - MESS
                    ⋮
          LEA    DI, MESS        ; 置串偏移地址
          MOV    AL, 20H         ; 设置待查找字符为空格
          MOV    CX, LEN         ; 置串长度
AGAIN:    SCASB                  ; 字符串扫描
          JE     FOUND           ; 找到匹配的字符
          LOOP   AGAIN
NO_FOUND:           ⋮
                    ⋮
FOUND:              ⋮
```

程序 4.7-2 执行完 SCASB 指令后，DI 的内容即为相匹配字符的**下一个字符**的偏移地址。执行 JE 指令跳出循环时，CX 中剩下的是还未比较的字符个数加 1。若字符串中没有所要搜索的关键字节(或字)，则当查完之后 CX = 0 退出循环。

4．字符串存储指令 STOS

字符串存储指令的功能是把指令中指定的一个字节或一个字(分别存放在 AL 及 AX 中)，传送到由 ES:DI 间接寻址的字节或字内存单元中，然后根据方向标志位 DF 及操作数类型(字节或字)对 DI 进行修改操作。可用于将 AL 或 AX 的内容存入到附加段中的一段内存区域中，该指令不影标志位。这组指令在需要以指定的字符填充整个字符串或数组时非常有用。

【例 4.7-3】 对附加段中从 MESS2 开始的 5 个连续的内存字节单元进行清零操作。

【程序 4.7-3】

```
          LEA    DI, MESS2       ; 装入目的区域偏移地址
          MOV    AL, 00H         ; 为清零操作做准备
          MOV    CX, 5           ; 设置区域长度
AGAIN:    STOSB                  ; 字符串存储
          LOOP   AGAIN
```

5．字符串装入指令 LODS

字符串装入指令的功能是从 SI 指向的内存位置向 AL 或 AX 中装入一个值，同时根据方向标志位 DF 及操作数类型(字节或字)对 DI 进行修改操作，实现从指定的字节串(或字串)中读出信息。

【例 4.7-4】 比较 DEST 和 SOURCE 中的 5 个字节，找出第一个不相同的字节，如果找到，则将 SOURCE 中的这个字节送 AL 中并显示。

分析：字符串比较用 CMPS 指令，找到不同的字节装入 AL 则用 LODS 指令。

【程序 4.7-4】

```
DATA      SEGMENT
          SOURCE  DB  0,0,0,'a',0
          LEN     EQU  $ - SOURCE
          PMT     DB   'They are the same!','$'
```

```
DATA    ENDS
EXTR    SEGMENT
        DEST     DB  0,0,0,'b',0
EXTR    ENDS
CODE    SEGMENT
        ASSUME  CS:CODE, DS:DATA, ES:EXTR
START:  MOV    AX, DATA
        MOV    DS, AX
        MOV    AX, EXTR
        MOV    ES, AX
        LEA    DI, DEST
        LEA    SI, SOURCE
        CLD
        MOV    CX, LEN
AGAIN:  CMPSB                  ; 字符串比较
        JNE    NO_EQUL
        LOOP   AGAIN
        LEA    DX, PMT         ; 无不相同字符则显示提示信息
        MOV    AH, 09H
        INT    21H
        JMP    EXIT
NO_EQUL:DEC    SI              ; SI 指向第 1 个不同的字符，并显示
        LODSB
        MOV    DL, AL
        MOV    AH, 02H
        INT    21H
EXIT:   MOV    AH, 4CH
        INT    21H
CODE    ENDS
        END    START
```

说明：

（1）若两字符串中没有不匹配的字符，当比较完成后，CX = 0 退出循环，然后调用 DOS 系统功能的 09H 号功能显示提示信息.

（2）若两字符串不相同，则程序 4.7-4 在执行完 CMPSB 指令后，SI 和 DI 的内容即为两字符串中第一个不匹配字符的**下一个**字符的位置。此时需要对 SI 减 1，指向源串中不相同字符的位置，再用 LODSB 指令装入不相同的字符至 AL，然后调用 DOS 系统功能的 2 号功能显示出来。

（3）这里的 LODSB 等价于指令“MOV AL, BYTE PTR[SI]”。

【例 4.7-5】 把字节数组的每个元素都加上一个常量。

分析：可以使用 LODSB 来取出字节数组中的每个元素，修改完后用 STOSB 送回。

【程序 4.7-5】 请扫描图 4.7-1 所示的二维码获取。

图 4.7-1　程序 4.7-5 的二维码

4.7.2　重复指令前缀

串操作类指令可以与重复指令前缀配合使用，从而使操作得以重复进行，及时停止。重复指令前缀的几种形式见表 4.7-2。

利用重复前缀后，循环程序可以进一步简化。例如：

- 字符串传送

```
LEA   SI, MESS1     ; 置源串偏移地址
LEA   DI, MESS2     ; 置目的串偏移地址
MOV   CX, LEN       ; 置串长度
CLD                 ; 方向标志复位
REP   MOVSB         ; 字符串传送
```

- 字符串查找

```
LEA   DI, MESS      ; 装入目的串偏移地址
MOV   AL, 20H       ; 装入关键字节
MOV   CX, LEN       ; 装入字符串长度
REPNE SCASB         ; 字符串扫描
```

表 4.7-2　重复指令前缀

汇编格式	执 行 过 程	影响指令
REP	① 若 CX=0，则退出； ② CX= CX−1； ③ 执行后续指令； ④ 重复①～③	MOVS STOS
REPE/ REPZ	① 若 CX=0 或 ZF=0，则退出； ② CX= CX−1； ③ 执行后续指令； ④ 重复①～③	CMPS SCAS
REPNE/ REPNZ	① 若 CX=0 或 ZF=1，则退出； ② CX= CX−1； ③ 执行后续指令； ④ 重复①～③	CMPS SCAS

4.7.3　字符串处理程序举例

【例 4.7-6】 对一个给定的字符串 1，从头开始查找，找到字符串 1 的第一个非空字符后，将其后的字符复制到字符串 2 中，并在屏幕上输出显示字符串 1 和字符串 2。

分析：完成以上功能，要利用字符串扫描指令 SCAS 来找到第一个非空字符，然后利用 MOVS 指令将其后字符复制到字符串 2。最后还要利用 DOS 功能调用的 09 功能号实现字符串的输出。

【程序 4.7-6】 请扫描图 4.7-2 所示的二维码获取。

图 4.7-2　程序 4.7-6 的二维码

练习题 7

4.7-1　串操作指令的两个隐含指针寄存器是________和__________。

4.7-2　有如下程序段：

```
DATA    SEGMENT
        ORG    20H
        BUF    DB 'ABCDEFGH'
        FLAG   DB ?
DATA    ENDS
        …
        LEA     DI, BUF
        MOV     AL, 'E'
        CLD
        MOV     CX, 8
        REPNZ  SCANS
        JZ      OK
        MOV     FLAG, -1
        JMP     DONE
OK:     DEC     DI
        MOV     FLAG, 1
DONE:   …
```

问：上述指令执行后，DI 和 FLAG 的值是多少？

4.7-3　下列程序实现把含有 20 个字符'A'的字符串从源缓冲区传送到目的缓冲区的功能，试在程序中的空白处填上适当的指令(每空只填一条指令)。

```
DATA    SEGMENT
        SOURCE_STRING  DB  20  DUP('A')
DATA    ENDS
```

```
EXTRA   SEGMENT
        DEST_STRING  DB 20  DUP(?)
EXTRA   ENDS
CODE    SEGMENT
        ASSUME  CS:CODE, DS:DATA, ES:EXTRA
START:  MOV    AX, DATA
        MOV    DS, AX
        MOV    AX, EXTRA
        MOV    ES, AX
        _________(1)_________
        LEA    DI, DEST_STRING
        CLD
        MOV    CX, 20
        _________(2)_________
        MOV    AH, 4CH
        INT    21H
CODE    ENDS
        END    START
```

4.7-4 下列指令的功能是：将从内存 2000:0A00H 开始的 2KB 内存单元清零。请在下列空格中填入合适的指令。程序指令完成后 DI 的内容是多少？

```
CLD
MOV    AX, 2000H
_________(1)_________
_________(2)_________
XOR    AL, AL
_________(3)_________
_________(4)_________
```

4.8 本章学习指导

4.8.1 本章主要内容

本章主要学习了汇编语言程序的结构、语法、各类转移指令、串操作指令以及相关的程序设计方法。

1. 汇编语言程序的基本结构

语句是汇编语言程序的基本组成单位。一个汇编语言程序中主要包含两种基本语句：

- 指令性语句：能产生目标代码，即 CPU 可执行、完成某种功能的语句。格式由四部分组成：

  [标号:] [前缀]指令助记符 操作数 [;注释]

- 伪指令语句：没有目标代码，CPU 不能执行，只是为了提供汇编语言的编译器在汇编程序时所需要的信息。也由四部分组成：

  [符号名] 伪指令助记符 操作数 [;注释]

2. 标号、变量及表达式

- 标号是用符号表示的地址。标号有 3 个属性：段地址、偏移地址和类型。标号的段地址和偏移地址是指标号对应的指令首字节所在的段地址和段内的偏移地址。标号的类型属性有两种，即 NEAR 和 FAR 类型，用来指出该标号是在本段内引用还是在其他段中引用的。若在段内引用，则称为 NEAR；若在段外引用，则称为 FAR。在转移和调用指令中常将标号作为转移目标地址使用。

- 变量是与一个数据项的第一字节相对应的标识符。它表示该数据项第一字节在现行段中的偏移量。变量有 3 个主要的属性：段地址(SEG)、偏移地址(OFFSET)、类型(TYPE)。类型定义为该变量所保留的字节数。
- 表达式由运算符和运算对象组成。运算符有算术、逻辑、移位、关系运算符和汇编语言特定的运算符(分析、合成等)；运算对象可以是常数、变量和标号，也可以是操作数，还可以是构成程序的段、偏移量。

3. 常用伪指令

- 数据及符号定义：DB、DW、DD、EQU、=
- 分析运算符：OFFSET、SEG、TYPE、LENGTH、SIZE
- 合成运算符：PTR、BYTE、WORD、DWORD、NEAR 和 FAR
- 段或过程定义：SEGMENT、ENDS、ASSUME、PROC、ENDP、END
- 定位定义：ORG、$

4. DOS 系统功能调用（INT 21H）

要求掌握功能号为：01H、02H、09H、0AH、4CH 等的用法。

5. 分支程序设计

掌握各类转移指令。程序的分支主要是依靠条件转移指令实现的。注意条件转移语句都是近程跳转(–128～+127 字节范围)。若程序所需要转移的地址超出其范围时，需要利用一条无条件转移指令作为中转。

6. 循环程序设计

循环程序结构主要用于某些需要重复进行的操作，主要使用循环指令 LOOP、LOOPZ、LOOPNZ 或条件转移指令。循环程序的设计可分为设置循环初始状态、循环体和循环控制条件 3 个部分。

7. 子程序设计

子程序可以被调用，且该子程序完成确定的功能后便返回调用程序处。

- 过程的定义和调用：定义格式

```
过程名    PROC [类型]
             ⋮
          RET
过程名    ENDP
```

调用过程时在 CALL 指令后写上该过程名即可。类型用来指明过程是 NEAR 类型还是 FAR 类型的。RET 指令放在过程体的尾部，用来返回主程序。

- 寄存器内容的保护和恢复(保护现场和恢复现场)：通常是用 PUSH 指令和 POP 指令来实现。必须注意：并不是过程中用的所有寄存器内容都要保护，只有那些子程序和主程序都要用且用途不同的寄存器才予以保护。
- 主程序和过程间的参数传递：主程序调用子程序时，必须先把子程序所需的初始数据(入口参数)设置好，子程序执行完毕返回主程序时也必须将运行所得的结果(出口参数)送给主程序。参数传递的方法主要有 3 种：寄存器传递、内存单元传递和堆栈传递。

8. 字符串处理

串操作指令是用一条指令的执行实现对一串字符或数据的操作，可以处理长达 64KB 的字符串。一条带重复前缀的串操作指令的执行相当于一个循环程序的运行，CX 作为计数器。其中 REP 只可配合 MOVS 和 STOS 指令，而 REPE/REPZ 和 REPNE/REPNZ 只与 CMPS 和 SCAS 指令联合使用。用方向标志位 DF 的值规定字符串处理方向，DF=0，由低地址向高地址方向处理；DF=1 则相反。利用串操作指令能够实现字符串的传送、比较、查找、插入和删除等。

4.8.2 典型例题

【例 4.8-1】 阅读下列程序段，执行指令后各寄存器的内容是多少？

```
ORG    0100H
ARX    DW   3, $+4, 5, 6
CNT    EQU  $-ARX
DB     7, CNT, 8, 9
MOV    AX, ARX+8
MOV    BX, ARX+10
```

分析：考查数据定义伪指令，以及变量在内存单元的分配。画图分析，如图 4.8-1 所示，ARX 是字类型的变量，第一个元素 0003H 占两个字节，即当前段内偏移地址为 0100H 和 0101H 的 2 个单元。当$ 独立出现在表达式中时，它的值为程序下一个所能分配的存储单元的偏移地址，所以第一个$对应的地址为 0102H，$+4 等于 0106H，这就是第二字数据。根据图 4.8-1，第二个$对应的地址为 0108H，所以 CNT=0108H−0100H=8。指令中 ARX+8 对应的是偏移地址为 0108H 的字数据，ARX+10 对应的是地址为 010AH 的字数据。

ARX	0100H	03H	
	0101H	00H	
	0102H	06H	$=0102H, $+4=0106H
	0103H	01H	
	0104H	05H	
	0105H	00H	
	0106H	06H	
	0107H	00H	
ARX+8	0108H	07H	$=0108H, $-ARX=8
	0109H	08H	CNT
ARX+10	0110H	08H	
	0111H	09H	

图 4.8-1　变量在内存单元的分配

【解答】 指令执行之后 AX=0807H，BX=0908H。

【例 4.8-2】 有下列指令序列：

```
       MOV    AX, 185AH
NEXT:  ADD    AL, 7CH
       CMP    AL, 0D0H
       JBE    NEXT
       INC    AL
```

问：（1）执行“ADD　AL, 7CH”后，CF 为__________，OF 为____________；

（2）“JBE　NEXT”执行后的下一条指令是____________。

分析：考查加法运算指令对标志位的影响以及条件转移指令。“ADD AL, 7CH”的源操作数为 7CH，目的操作数为 5AH，指令执行之后 AL=0D6H，CF=0，根据双高位判别法或者符号位法可知 OF=1(有溢出)。

比较指令“CMP AL，0D0H”是用 AL 中的内容减去 0D0H，不回送结果，但影响标志位，其执行后标志位分别是，ZF=0，CF=0，OF=0，SF=0，AF=0，PF=1。

JBE 的条件是判断 CF=1 或者 ZF=1，满足则转移到 NEXT 处执行。因为“CMP AL，0D0H”执行后 ZF=0，CF=0，所以不符合转移条件，于是顺序执行。

【解答】（1）CF=0，OF=1；（2）INC AL。

【例 4.8-3】 请填空完成下列程序，以实现对一维数组求和，该数组包含 100 个元素。

```
DATA      SEGMENT
          ARY     DB     100  DUB(?)
          SUM     DW ?
DATA      ENDS
CODE      SEGMENT
          ______(1)______
STRAT:    MOV      AX, DATA
          ______(2)______
          MOV      AX, SIZE  ARY
          PUSH     AX
          MOV      AX, OFFSET  ARY
          PUSH     AX
          MOV      AX, OFFSET  SUM
          PUSH     AX
          CALL     NEAR PRT SUM_PROC
          MOV      AH, 4CH
          INT      21H
SUM_PROC  PROC  NEAR
          ______(3)______
          MOV      BP,  SP
          MOV      BX,  [BP+6]
          MOV      SI,  [BP+4]
          ______(4)______
          XOR      AX,  AX
AND1:     ADD      AL,  [BX]
          ADC      AH,  0
          INC      BX
          LOOP     AND1
          ______(5)______
          ______(6)______
SUM_PROC  ENDP
CODE      ENDS
          END      START
```

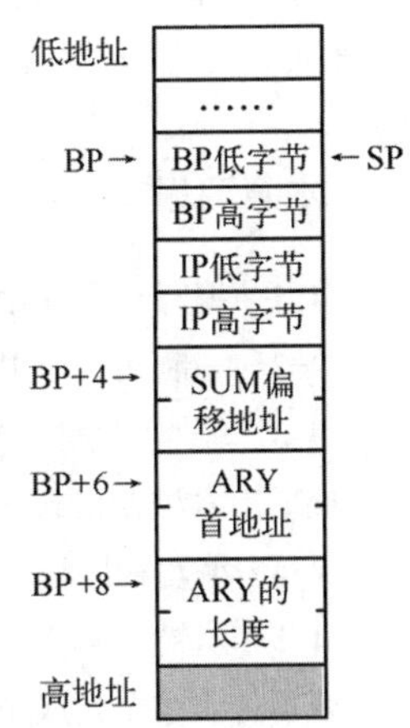

图 4.8-2 执行完“MOV BP,SP”后堆栈的内容

分析：本题主要考查子程序设计中利用堆栈传递参数的方法。根据题意要对一维数组求和。求和是由子程序完成的，主程序调用了子程序，通过堆栈传递了 3 个参数(3 次 PUSH 操作)，即数组 ARY 的长度、首地址以及求和结果变量 SUM 的偏移地址。为了便于分析，画出堆栈的相关内容，见图 4.8-2。当执行 CALL 指令时，由于是段内调用，所以只把当前的 IP 值压入堆栈。转去执行子程序后，为了能够从堆栈中取出以上 3 个参数，需要用到寄存器 BP，所以先将 BP 的内容压入堆栈保存。[BP+6]取出的正好是数组 ARY 的首地址，[BP+4]对应的则是变量 SUM，因此剩一个参数即数组长度[BP+8]需要取出。之后语句的功能是循环求和，所以数组长度[BP+8]应该送 CX。子程序结束之前，应该恢复 BP 的值。接着如果用正常的 RET 指令返回，根据图 4.8-2，仍然有 6 个字节数据在栈中，所以需要使用带参数返回。

【解答】 （1）ASSUME CS:CODE, DS:DATA

（2）MOV　DS, AX

（3）PUSH　BP

（4）MOV　CX, [BP+8]

（5）POP　BP

（6）RET　6

【例 4.8-4】 试编写程序，实现 Z = 3 * X + 8 * Y。其中 X 和 Y 分别为从键盘上输入的 1 位十进制数，即 0≤X≤9，0≤Y≤9。要求：有输入提示“X=”和“Y=”，并将表达式及计算结果显示在屏幕上。

分析：本题主要考查 DOS 系统功能调用、ASCII 码数与 BCD 码的相互转换以及算术运算指令等的使用。编程的流程图见图 4.8-3。首先用 DOS 系统功能的 0AH 号功能输出提示信息，接着由 01H 号功能接收输入的变量 X 和 Y。X 和 Y 都是 ASCII 码形式的，转换成对应的非压缩 BCD 码(0～9)只需通过 AND 指令与 0FH 相与。然后用乘法、加法指令计算得到 Z，此过程中需用十进制调整指令，将运算结果调整为非压缩 BCD 码。最后将 2 个字节非压缩 BCD 码表示的 Z 转换成 ASCII 码，调用 DOS 系统功能的 09H 号功能输出。

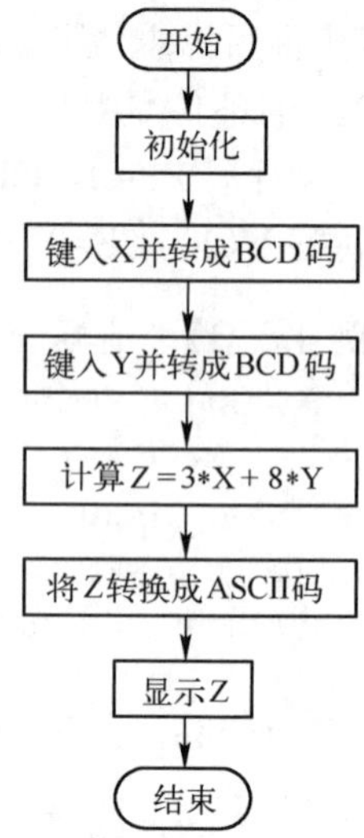

图 4.8-3　例 4.8-4 编程流程

图 4.8-4　程序 4.8-1 的二维码

【解答】 完整的程序(程序 4.8-1)请扫描图 4.8-4 所示的二维码获取。

本章习题

4-1　编写一个程序，统计 32 位数 DX:AX 中二进制位是 1 的位数。

4-2　编制两个通用过程，完成十六进制数转换成 ASCII 码，并显示 ASCII 码字符。

4-3　编写程序将 ASCII 码转换成十六进制数，要求从键盘上输入十进制整数(假定范围 0～65535)，然后转换成十六进制格式来存储。

4-4　编写程序将字变量中的无符号二进制数转换成 ASCII 字符串输出。

4-5　从键盘输入一个长度为 10 的字符串，用冒泡法对其从小到大进行排序，并在屏幕上输出排序结果，要求将排序定义成子程序，主程序和子程序在同一段内。

4-6　编制程序求某数据区中无符号字数据的最大值和最小值，结果送入 RESULT 单元。要求：最大值和最小值分别用于子程序计算，主程序和子程序直接分别用：（1）寄存器传递参数；（2）存储单元传递参数；（3）堆栈传递参数。

4-7　设有两个长度相等的字符串分别放在以 STR1 和 STR2 为首地址的数据区中，试编写程序检查这两个字符串是否相同。若相同时标志单元 FLAG 置 0，否则置-1。

4-8　某程序可以从键盘接收命令(0～5)，分别转向 6 个子程序，子程序入口地址分别为 P0～P5，编制程序，用跳转表实现分支结构。

4-9　编写程序计算 N!(N=0～6)，N 由键盘输入，结果输出到屏幕上。

第 5 章　存储器技术

内容提要：

存储系统是指计算机中由存放程序和数据的各种存储设备、控制部件及管理信息调度的设备（硬件）和算法（软件）所组成的系统。存储器一般由高速缓存、内存、外存三级构成。本章介绍了存储器的分类及主要技术指标，半导体存储器的结构和工作原理，半导体存储器接口设计，以及现代微机的存储体系。

教学目标：

- 了解存储器的分类及主要技术指标
- 了解现代微机的存储体系
- 掌握半导体存储器的结构和工作原理
- 掌握半导体存储器的接口设计

5.1　存储器概述

存储器(Memory)是计算机系统中的记忆设备，用来存放程序和数据，是计算机的重要组成部件。存储器的主要性能指标有：容量、速度和价格/位。一般速度越高的存储器，每位价格越高，相应的容量就小。为此现代计算机存储器系统一般采用图 5.1-1 中的塔式结构。

其中主存储器(主存或内存)一般采用半导体存储器，存放当前正在执行的程序和使用的数据，CPU 可以直接对其进行读写操作。在 8086/8088 微机系统中，内存是以字节为单位组成的一维线性空间。

辅助存储器(外存或主存)容量较大，成本较低，主要用来存放目前不经常使用的程序和数据，CPU 对其进行的读写操作，必须通过内存才能进行。常用的外存有磁盘、光盘和磁带等。

Cache 存储器又称缓存，其存取速度接近 CPU 的速度。Cache 中保存着主存一部分内容的副本，CPU 对内存请求数据时通常都是先访问缓存。但缓存的存储容量小，主要完成主存和 CPU 之间的速度匹配。

下面主要对内存进行介绍。

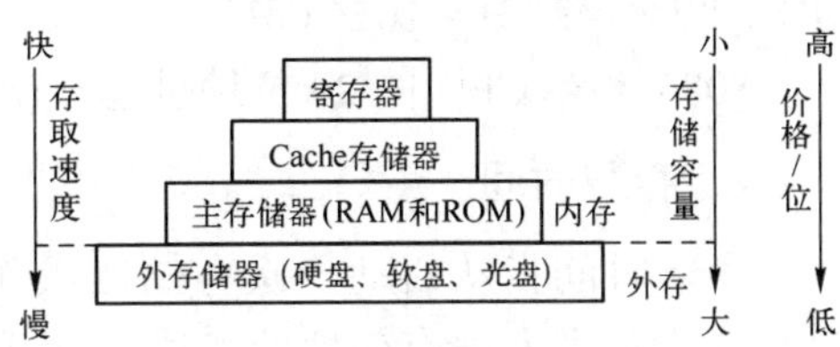

图 5.1-1　存储器层次结构

5.1.1　半导体存储器分类

内存一般由半导体存储器组成，按存取方式分为随机读写存储器(RAM)和只读存储器(ROM)两类。

（1）随机读写存储器

计算机可以随机地个别地对各存储单元进行访问，存储器的信息既可以读出，又可以写入。RAM 中的信息具有易失性，即一旦电源掉电，RAM 中的信息会全部丢失。因此，RAM 可以用来存储实时数据、中间结果、最终结果或作为程序的堆栈区。

按照存放信息原理的不同，随机读写存储器又可分为静态和动态两种。静态 RAM 是以双稳态元件作为基本的存储单元来保存信息的，因此其保存的信息在不断电的情况下，是不会被破坏的；而动态 RAM 是靠电容充放电原理来存放信息的，由于保存在电容上的电荷会随时间而泄漏，使得这种器件中存放的信息丢失，所以必须定时进行刷新。

（2）只读存储器

只读存储器的信息只可以读出，不可以写入。ROM 中的信息具有非易失性，即使电源掉电，也不会丢失。因此，ROM 通常用来存放固定不变的程序、汉字字形库及图形符号等。ROM 按工艺不同分为以下几类：

① 掩膜 ROM。制造商在制造时写入内容，一旦制成，其内容就不能更改。适用于存储固定的程序和数据，如系统的管理监控程序、数据表等。

② 可编程 ROM，即 PROM。厂家根据用户需求将芯片内部的二极管烧断而存储内容，一般固化程序使用，写入后不能再更改。

③ 可擦除可编程 ROM，即 EPROM。用户按规定的方法用专用工具编程后，可由紫外光照擦除其内容然后重写。

④ 电擦除可编程 ROM，即 E^2PROM。用设备写入内容后，通过加电可擦除其内容，芯片能重复使用。

⑤ 快擦型存储器(Flash Memory)。具有 E^2PROM 的特点，但读写速度更快。

5.1.2 存储器性能指标

1．存储容量

存储容量有 2 种表示方式。

（1）用存储单元数乘以位数表示，以位(b)为单位。如 1K×4b，表示该芯片有 1K 个存储单元，每个单元的 I/O 数据位为 4 位，因此该存储芯片的存储容量为 1024×4＝4096 b。统一记为：

$$芯片的存储容量 = 存储单元数 \times 存储单元的位数 = 2^M \times N$$

其中，M 是芯片的地址线根数，N 是芯片的数据线根数。

（2）用字节数表示容量，以字节(B)为单位，如 128B，表示该芯片有 128 个单元，默认每个存储单元的长度为 8 位。现代计算机存储容量很大，常用 KB、MB、GB 和 TB 来表示存储容量的大小。其中：1 KB = 2^{10} B = 1024 B；1 MB = 2^{20} B = 1024 KB；1 GB = 2^{30} B = 1024 MB；1 TB = 2^{40} B = 1024 GB。

8086/8088 CPU 的 20 位地址总线(A_{19}～A_0)可寻址的最大内存空间是 2^{20}=1MB。

2．存取时间

存取时间指从启动一次存储器操作到完成该操作所经历的时间。例如，读出时间是指从 CPU 向存储器发出有效地址和读命令开始，直到将被选中单元的内容读出为止所用的时间。显然，存取时间越短，存取速度越快。

3．功耗

功耗反映了存储器耗电的多少，同时也反映了其发热的程度。

4．可靠性

可靠性一般指存储器对外界电磁场及温度等变化的抗干扰能力。存储器的可靠性用平均故障间隔时间(Mean Time Between Failures，MTBF)来衡量。MTBF 可以理解为两次故障之间的平均时间间隔。MTBF 越长，可靠性越高，存储器正常工作能力越强。

5．集成度

集成度指在一块存储芯片内能集成多少个基本存储电路，每个基本存储电路存放一位二进制信息，所以集成度常用位/片来表示。

6．性能价格比

性能价格比(简称性价比)是衡量存储器经济性能好坏的综合指标，它关系到存储器的实用价值。

5.1.3　存储器系统结构

存储器系统结构如图 5.1-2 所示，通常由以下几部分组成。

（1）基本存储单元

一个基本存储单元可以存放一位二进制信息，不同类型的基本存储单元，决定了由其所组成的存储器件的不同类型。

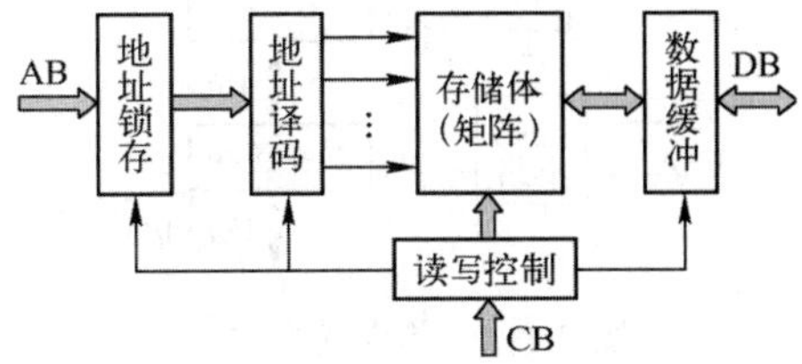

图 5.1-2　存储器系统结构

（2）存储体

一个存储芯片若要存放 $M \times N$ 位二进制信息，就需要用 $M \times N$ 个基本存储单元，它们按一定的规则排列起来，构成存储体或存储矩阵。

存储体中，可以由 N 个基本存储电路构成一个并行存取 N 位二进制代码的存储单元(N 的取值一般为 1、4、8 等。为了便于信息的存取，给同一存储体内的每个存储单元赋予一个唯一的编号，该编号即为存储单元的地址。这样，对于 2^m 个存储单元的存储体，至少需要 m 条地址线对其编址，若每个单元存放 N 位信息，则需要 N 条数据线传送数据，芯片的存储容量就可以表示为 $2^m \times N$ 位。如图 5.1-3 所示。

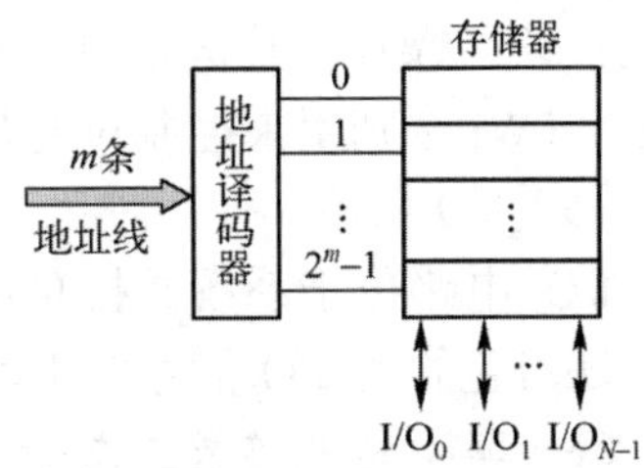

图 5.1-3　$2^m \times N$ 存储体结构

（3）地址译码电路

存储芯片中的地址译码电路对 CPU 送来的 m 位地址信息进行译码，从而唯一地选中片内某一存储单元，在读写控制电路的控制下对该单元进行读写操作。存储器地址译码有两种方式，即单译码与双译码。

① 单译码

单译码方式又称字结构，适用于小容量存储器。该方式只用一个译码电路对所有地址信息进行译码，译码输出的选择线直接选中对应的单元，一根译码输出选择线对应一个存储单元，如图 5.1-4 所示。

以一个 256×4 位的存储芯片为例，如图 5.1-4 所示。将所有基本存储电路排成 256 行×4 列(图中未详细画出)，每一行对应一个存储单元，每一列对应其中的一位。图中，$A_7 \sim A_0$ 共 8 根地址线经译码输出 256 根选择线，用于选择 256 个单元。例如，当 $A_7A_6A_5A_4A_3A_2A_1A_0$=00000000，而 $\overline{CS}$=0，$\overline{WR}$=1 时，将 0 号单元中的 4 位信息读出。

② 双译码

双译码方式把 m 位地址线分成两部分，分别送 X 译码器和 Y 译码器进行译码，产生一组行选择线 X 和一组列选择线 Y。每一根 X 线选中存储矩阵中位于同一行的所有单元，每一根 Y 线选中存储矩阵中位于同一列的所有单元。当某一单元的 X 线和 Y 线同时有效时，相应的存储单元被选中。图 5.1-5 示出了一个 1K×1b 的存储芯片的双译码电路。1K(1024)个基本存储电路排成 32×32 的矩阵，10 根地址线分成 $A_4 \sim A_0$ 和 $A_9 \sim A_5$ 两组。$A_9 \sim A_5$ 经 X 译码输出

32 条行选择线，$A_4 \sim A_0$ 经 Y 译码输出 32 条列选择线。行、列选择线组合可以方便地找到 1024 个存储单元中的任何一个。例如，当 $A_4A_3A_2A_1A_0$=00000，$A_9A_8A_7A_6A_5$=00000 时，第 0 号单元被选中，通过数据线 I/O 实现数据的输入或输出。图中，X 和 Y 译码器的输出线各有 32 根，总输出线数仅为 64 根。若采用单译码方式，将有 1024 根译码输出线。在大容量的存储器中，通常采用双译码结构。

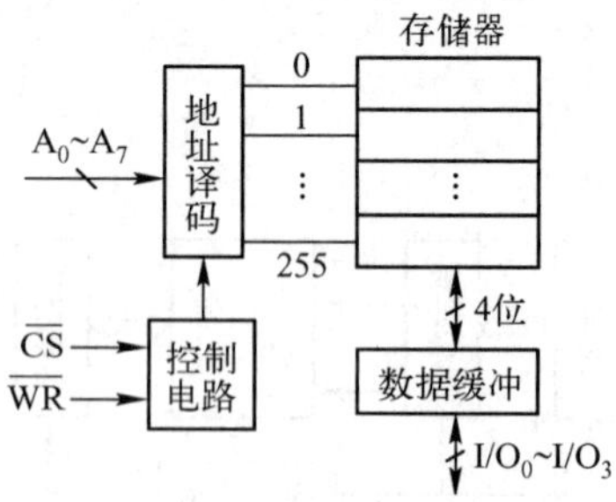

图 5.1-4　单译码方式

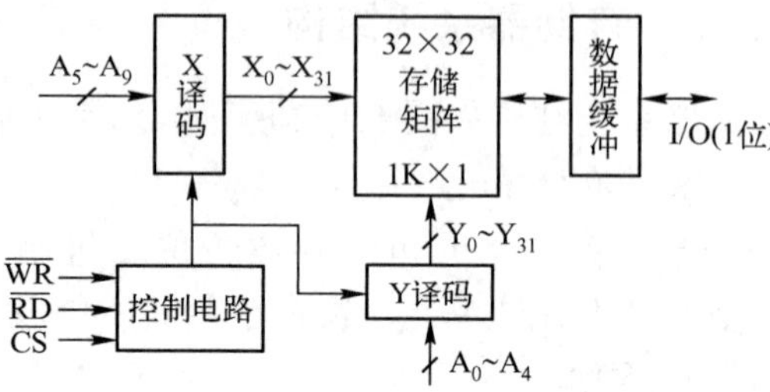

图 5.1-5　双译码方式

（4）片选与读写控制电路

片选信号 $\overline{CS}$ 用以实现芯片的选择。对于一个芯片来讲，只有当片选信号有效时，才能对其进行读写操作。片选信号一般由地址译码器的输出及一些控制信号来形成，而读写控制电路（$\overline{RD}$ 和 $\overline{WR}$）则用来控制对芯片的读写操作。

（5）I/O 电路

I/O 电路位于系统数据总线与被选中的存储单元之间，用来控制信息的读出与写入。必要时，还可包含对 I/O 信号的驱动及放大处理功能。

（6）集电极开路或三态输出缓冲器

为了扩充存储器系统的容量，常常需要将几片 RAM 芯片的数据线并联使用或与双向的数据线相连，这就要用到集电极开路或三态输出缓冲器。

（7）其他外围电路

对不同类型的存储器系统，有时还需要一些特殊的外围电路，如动态 RAM 中的预充电及刷新控制电路等，这也是存储器系统的重要组成部分。

练习题 1

5.1-1　易失型存储器是（　　）。

A．RAM　　B．PROM　　C．EPROM　　D．Flash Memry

5.1-2　CPU 不能直接访问的是（　　）。

A．RAM　　B．ROM　　C．内存　　D．外存

5.1-3　256KB 的 SRAM 具有 8 条数据线，那么它具有（　　）地址线

A．10　　B．18　　C．20　　D．32

5.1-4　PC 中，内存储器由________构成，存取方式分为________和_______，与外存储器相比其访问速度_______(快，慢)。

5.1-5　存储器译码有两种方式分别是___________和___________。

5.2　随机读写存储器

随机读写存储器(Random Access Memory，RAM)可以随机地对各个存储单元进行读写操作，分为静态 RAM 与动态 RAM 两种。大容量的 RAM 都是由一个个基本存储单元电路组成

的，每个基本存储电路存储一位二进制信息。静态 RAM 和动态 RAM 也是因其基本存储单元电路的特点而得名的。

5.2.1 静态 RAM

1. 静态 RAM 的构成

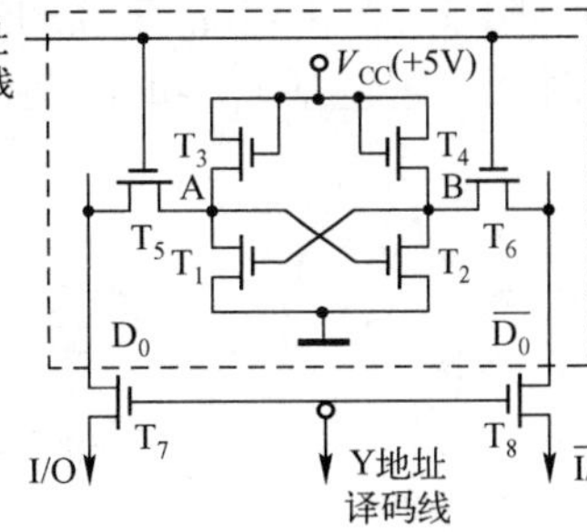

图 5.2-1 六管静态存储单元

静态 RAM 的基本存储单元是由六个 MOS 管构成的双稳态触发电路，见图 5.2-1 的虚线框内部分。其中 T_1、T_2 为控制管，T_3、T_4 为负载管，T_5、T_6 为行选通管。该电路有两个相对稳定的状态分别表示逻辑“1”和逻辑“0”。只要不掉电，“0”和“1”状态能一直保持，除非写入新的数据。对存储单元信息进行读操作时，也不会改变所保存的信息。

图 5.2-1 中 T_7、T_8 管为列选通管，配合 T_5、T_6 两个行选通管，可使该基本存储电路用于双译码电路。当 X 译码输出线为高电平时，T_5、T_6 管导通，A、B 端就分别与位线 D_0 及 $\overline{D_0}$ 相连；若相应的 Y 译码输出也是高电平，则 T_7、T_8 管(它们是一列公用的、不属于某一个存储单元)也是导通的，于是 D_0 及 $\overline{D_0}$ (这是存储单元内部的位线)就与输入/输出电路的 I/O 线及 $\overline{I/O}$ 线相通，从而可以进行读写操作。

静态 RAM 工作稳定，不需要进行刷新，外部电路比较简单，但是基本存储单元所包含的管子数目较多，功耗较大，因此适合在小容量存储器中使用。一般 Cache 存储器采用静态 RAM。静态 RAM 通常由地址译码器、存储矩阵、控制逻辑和数据缓冲器组成。

2. 静态 RAM 芯片举例

典型的静态 RAM 芯片有 Intel 2114(1K×4b)，Intel 6116(2K×8b)，6232(4K×8b)，6264(8K×8b)，62128(16K×8b)，62256(32K×8b)等。下面以 Intel 2114 为例进行介绍。

Intel 2114 是一种 1K×4b 的静态 RAM 芯片，内部排成 64×64 的矩阵形式，其最基本的存储单元就是如上所述的六管存储电路。

（1）Intel 2114 的外部引脚

Intel 2114 RAM 芯片为双列直插式集成电路芯片，共有 18 个引脚，如图 5.2-2 所示。各引脚的功能如下：

$\overline{WE}$：读写控制信号输入引脚，当 $\overline{WE}$ 为低电平时，使输入三态门导通，信息由数据总线通过输入数据控制电路写入被选中的存储单元；反之从所选中的存储单元读出信息送到数据总线。

A_9～A_0：10 根地址信号输入引脚，用来选择存储器中的一个存储单元，可以寻址 1K 个存储单元(2^{10}=1024)。

I/O_4 ～I/O_1：4 根数据输入/输出信号引脚。

$\overline{CS}$：低电平有效，通常接地址译码器的输出端。

V_{CC}：+5V 电源。

GND：地。

（2）Intel 2114 的工作时序

1）读操作时序

① 将欲读取单元的地址加到存储器的地址输入端；

② 加入有效的片选信号 $\overline{CS}$；

③ 在 $\overline{WE}$ 线上加高电平，经过一段延时后，所选择单元的内容出现在 I/O 端；

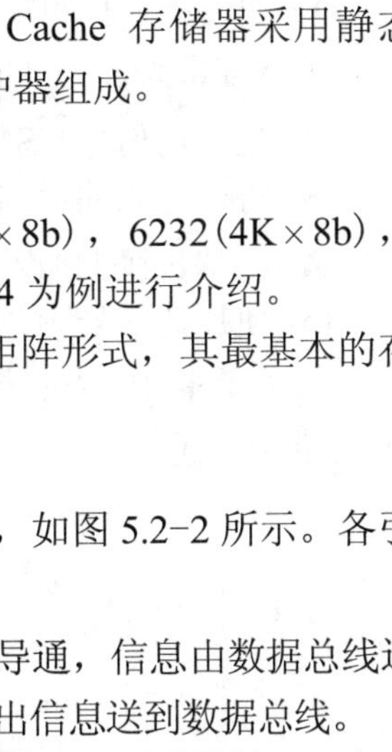

图 5.2-2 Intel 2114 引脚图

④ 让片选信号 $\overline{CS}$ 无效，I/O 端呈高阻态，本次读出结束。

图 5.2-3 中，t_{RC} 是读周期，指两次读取存储器所允许的最小时间间隔，也即有效地址维持的时间，它包括 t_{AA} 和 t_{RS} 两部分。

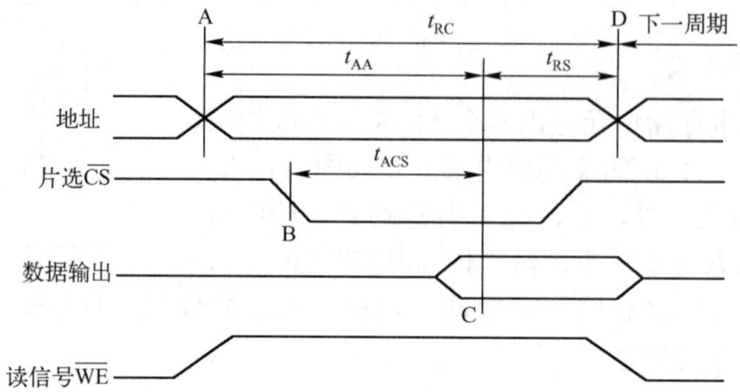

图 5.2-3　2114 读操作时序

t_{AA} 是读取时间，指从读取命令发出到数据稳定出现的时间，即从给出地址到数据出现在外部总线上的时间。

t_{RS} 是恢复时间，即本次数据读取完成到启动下一个读周期的间隔时间。

t_{ACS} 是在 RAM 地址输入端地址稳定的条件下，片选信号有效到数据稳定输出的时间。

2）写操作时序

① 将欲写入单元的地址加到存储器的地址输入端；

② 在片选信号 $\overline{CS}$ 端加上有效逻辑电平，使 RAM 工作；

③ 将待写入的数据加到数据输入端；

④ 在 $\overline{WE}$ 线上加入低电平，进入写工作状态；

⑤ 使片选信号无效，数据输入线回到高阻状态。

图 5.2-4 中，t_{WC} 是写周期，指连续进行两次写操作所需的最小时间间隔，是 t_{AW}、t_{WP} 和 t_{WS} 三部分之和。

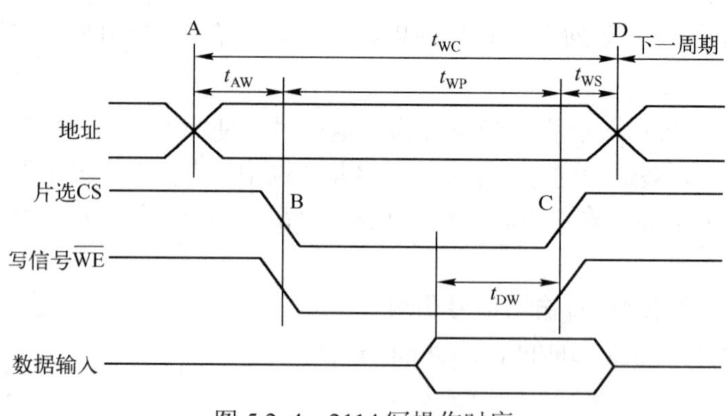

图 5.2-4　2114 写操作时序

t_{AW} 是地址建立时间，指在写信号有效前，地址必须稳定的时间。由于地址改变时，新地址的稳定要经过一段时间，为防止将数据错误地写入其他单元，需要在这段时间之后再加入写信号(即 $\overline{WE}$ 变低)。

t_{WP} 是写脉冲宽度，从写命令发出到数据进入存储单元的时间，即写信号有效时间。

t_{WS} 是恢复时间，指在写信号失效后，地址还要维持的时间。

t_{DW} 是数据有效时间，指写入的数据应在写信号失效前保持稳定的时间。

5.2.2 动态 RAM

DRAM 的基本单元电路简单，最简单的 DRAM 单元只由一个 MOS 管构成，因此 DRAM 器件的芯片容量很高，而且功耗低。但是由于电容会逐渐放电，所以对 DRAM 必须不断地进行读出和再写入，以使泄漏的电荷得到补充，也就是刷新。

1. 单管动态 RAM 基本存储单元

单管动态 RAM 的基本存储单元如图 5.2-5 虚线框内所示，它由一个 MOS 管 T_1 和位于其栅极上的分布电容 C 构成。当 C 上充有电荷时，表示该存储单元保存信息“1”。反之，当 C 上没有电荷时，表示该单元保存信息“0”。由于栅极电容的充电与放电是两个对立的状态，因此，它可以作为一种基本的存储单元。

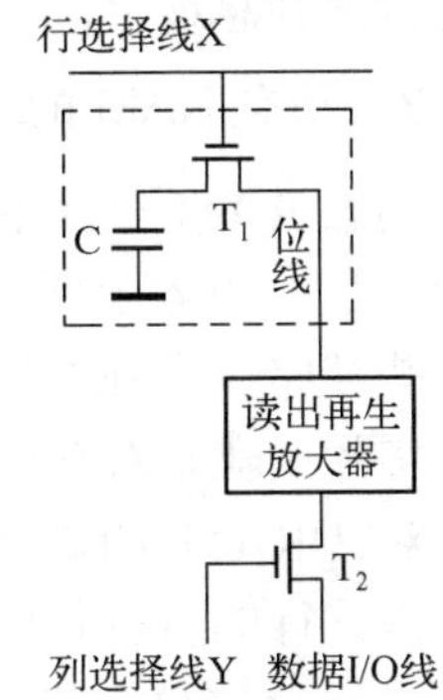

图 5.2-5　单管动态存储单元

写操作时，行和列选择线为高电平，T_1 和 T_2 管导通，写信号通过位线存入电容 C 中；读操作时，行选择线为高电平，存储在 C 上的电荷，通过 T_1 输出到数据线上，到读出放大器，同时列选择线为高电平、行和列均选通，即可得到所保存的信息。读出信息后，由读出再生放大器对其进行重写，以保存信息。

2. 动态 RAM 的结构

动态 RAM 芯片的集成度高，容量一般都较大，为减少引脚数和体积，通常行列地址采用复用引脚。为此，RAM 芯片内设有行列地址锁存器及行列地址选通信号 $\overline{RAS}$ 和 $\overline{CAS}$ 引脚。在进行单元选择时，先输入行地址，由行地址选通信号 $\overline{RAS}$ 把行地址锁存到片内行地址锁存器内；再输入列地址，用列地址选通信号 $\overline{CAS}$ 将其锁存到片内列地址锁存器内，经译码后选中其中的某行某列。图 5.2-6 为 1024×1b 动态 RAM 矩阵阵列结构，该结构中每行有 32 个单管动态存储电路，共 32 行。虚线框内为 RAM 芯片结构，虚线框外为 RAM 接口逻辑。

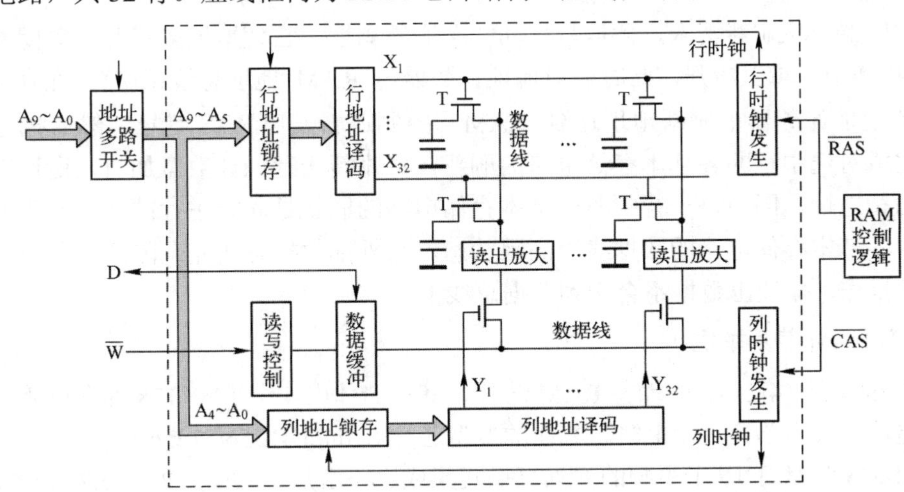

图 5.2-6　1024×1b 动态 RAM 的结构

1024 个单元需要的 10 根地址线 A_9～A_0 共用芯片的 5 个地址引脚。来自地址总线的 A_9～A_0 加到多路开关的输入端，RAM 控制逻辑发出控制信号控制多路开关输出 A_9～A_5 加到 RAM 的 5 位地址引脚。地址稳定后，RAM 控制逻辑产生的行地址选通信号加到 $\overline{RAS}$ 引脚，使片内行时钟发生器产生行锁存时钟，从而把 A_9～A_5 锁存到片内行地址锁存器，随即送至行地址译码器，译码后选中第 1～32 行中的某一行。多路开关输出行地址后，在控制信号的作用下紧接着输出列地址 A_4～A_0，加到 RAM 芯片的 5 位地址引脚，控制逻辑产生列地址选通信号加到 $\overline{CAS}$ 引脚，使片内列时钟发生器产生列选通时钟信号把 A_4～A_0 锁存到列地址锁存器，随即送至列地址译码器，译码后选中其中的某一列。被行列选中的单元经读出放大器和三态缓冲器即可读数据到总线上。

3．动态 RAM 的刷新

动态 RAM 存储单元实质上是依靠图 5.2-5 中 T_1 管栅极电容的充放电原理来保存信息的。时间一长，电容上所保存的电荷就会泄漏，造成了信息的丢失。因此，必须及时地向保存"1"的那些存储单元补充电荷，以维持信息的存在。这一过程，称为动态存储器的刷新。一次刷新过程实际上就是对存储器进行一次读取、放大和再写入。

对 DRAM 的刷新是按行进行的，此时存储体的列地址无效。具体执行时，每当选中某一行时，该行的所有存储单元都分别和读出放大电路接通，在定时时钟作用下，读出放大电路分别对该行存储单元进行一次读出、放大和重写，即进行刷新。每刷新一次的时间称为刷新周期。从上一次对整个存储器刷新结束到下一次对整个存储器全部刷新一遍所用的时间间隔称为最大刷新时间间隔，一般为 2ms。只要在刷新时限 2ms 中对 DRAM 系统进行逐行选中，就可实现全面刷新。刷新原理图如图 5.2-7 所示。

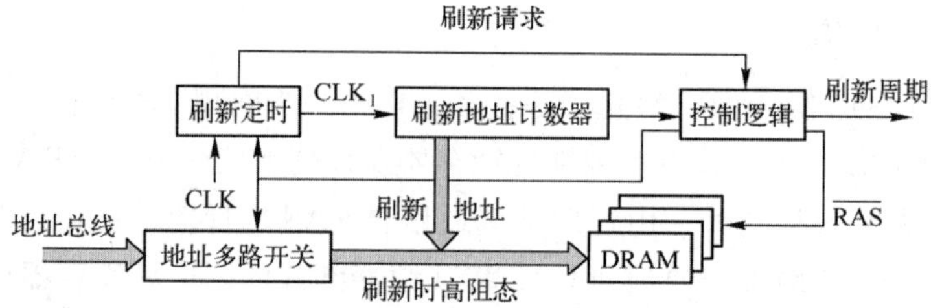

图 5.2-7　动态 RAM 刷新原理图

刷新定时器产生刷新请求，此信号启动一个刷新周期，它使地址多路开关关闭并使其输出为高阻态(相当于逻辑上断开，此时刷新地址计数器与 RAM 地址总线相连)。在存储器刷新周期中，刷新地址计数器把刷新地址送到 RAM，控制逻辑发出 $\overline{RAS}$ 信号，然后执行一次读操作，便可完成对选中行的各基本存储电路的刷新。每刷新一行，计数器加 1，所以它可以顺序提供所有的行地址。因为每一行中各个基本存储电路的刷新是同时进行的，故不需要列地址。此时芯片内各基本存储电路的数据线为高阻状态，与外部数据总线完全隔离。所以，尽管刷新进行的是读操作，但读出数据不会送到数据总线上。

4．动态 RAM 芯片举例

Intel 2164A 是 64K×1b 的动态 RAM 芯片，其存储体由 4 个 128×128 的存储阵列构成，它的基本存储单元采用单管存储电路。其他的典型芯片有 Intel 41256/51256 等。

Intel 2164A 是具有 16 个引脚的双列直插式集成电路芯片，其引脚如图 5.2-8 所示。

A_7～A_0：8 条地址线，采用分时复用的方法获得存储单元寻址所需的 16 条地址线的高 8 位和低 8 位地址线，分别作为行列地址。

$\overline{RAS}$：行地址选通信号输入引脚，低电平有效，表明芯片当前接收的是行地址。

$\overline{CAS}$：列地址选通信号输入引脚，低电平有效，表明当前接收的是列地址。

$\overline{WE}$：写允许控制信号输入引脚，当其为低电平时，执行写操作；否则，执行读操作。

D_{IN}：数据输入引脚。

D_{OUT}：数据输出引脚。

V_{DD}：+5V 电源引脚。

V_{SS}：地。

N/C：未用引脚。

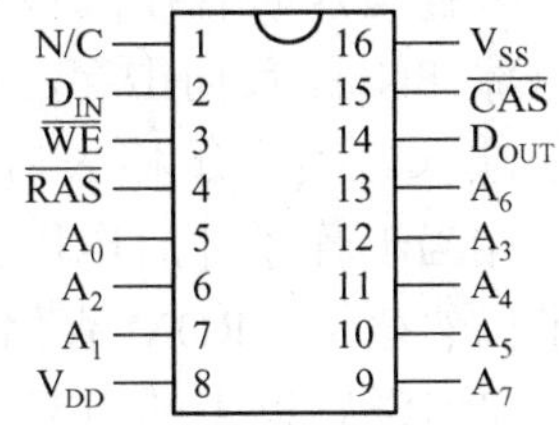

图 5.2-8　Intel 2164A 引脚

练习题 2

5.2-1　六管 MOS 型存储单元采用的是（　　　）存储信息。

A．电容　　B．单稳态触发器　　C．双稳态触发器　　D．三极管

5.2-2　关于 SRAM 叙述不正确的是（　　　）。

A．相对集成度低　　B．相对速度快　　C．不需要外部刷新电路　　D．地址线行列复用

5.2-3　关于 DRAM 叙述不正确的是（　　　）。

A．相对集成度高　　B．可读写存储器　　C．不需要外部刷新电路　　D．地址线行列复用

5.2-4　动态 RAM 必须要周期性地进行________，否则它的内容会发生改变；静态 RAM 在断电的情况下，其保存的内容会__________。

5.2-5　高速缓存 Cache 芯片一般用________构成，主存储器用________ 构成（注：在 DRAM 和 SRAM 中选择）。

5.3　只读存储器

只读存储器(Read Only Memory，ROM)的内容一般不会改变，掉电时也不会丢失，使用时可以随时将内容读出。ROM 结构简单，位密度比读/写存储器高，且具有非易失性和可靠性高等特点，一般用来存放系统启动程序，常驻内存的监控程序、字库等，用户设计的单片机系统中也可以用来存放用户程序。下面根据信息写入的方式，对 ROM 进行分类介绍。

5.3.1　掩模型 ROM 和可编程 ROM

掩模 ROM 由芯片制造商在制造时写入内容，以后只能读不能再次写入。基本存储原理是：以元件的“有/无”来表示存储的信息(“1”或“0”)，可以用二极管或晶体管作为元件。

可编程 ROM(PROM)在工厂生产时是空白的，由用户根据需要用专用设备写入程序或数据，但一经写入便无法更改。写入时，利用外部引脚输入地址，对 PROM 内部的二极管连线进行选择，使某些被烧断而某些保持原状来表示信息“0”和“1”，可见这一编程过程是不可恢复的。

5.3.2　可擦除可编程 ROM（EPROM）

1．EPROM 工作原理

EPROM 允许用户编程，可以多次擦除和重写，因而得到了广泛应用。EPROM 采用的是浮栅雪崩技术，信息存储由电荷分布决定，MOS 管的栅极被 SiO_2 包围，称为浮置栅，控制栅连接到字线。平时浮置栅上没有电荷，若控制栅上加正向电压使管子导通，则 ROM 存储信息为“1”。EPROM 的存储单元电路原理图如图 5.3-1 所示。

编程写入时若在漏极和衬底、漏极和源极间加上+12V 电压，使内部 PN 结反向击穿，形成较大的电流，部分电荷会在浮置栅上捕获注入。当电压移去后由于绝缘层的包围，注入的电荷无法泄露，相当于管子开启电压提高，控制栅上加上正向电压(+5V)后，管子仍然截止，ROM 存储信息为 0。

平时浮置栅上的电荷由于没有放电通路，一般经过 10 年后仍能保持 70%的电荷，因此可以作为只读存储器长期保存信息。在 EPROM 存储器芯片上方有一个石英玻璃窗口，当用紫外线照射这个窗口时，所有基本存储电路的浮置栅上的电荷会形成光电流泄露掉，使电路恢复初始状态，从而把写入的信息擦除，这样就可以对其再次编程。

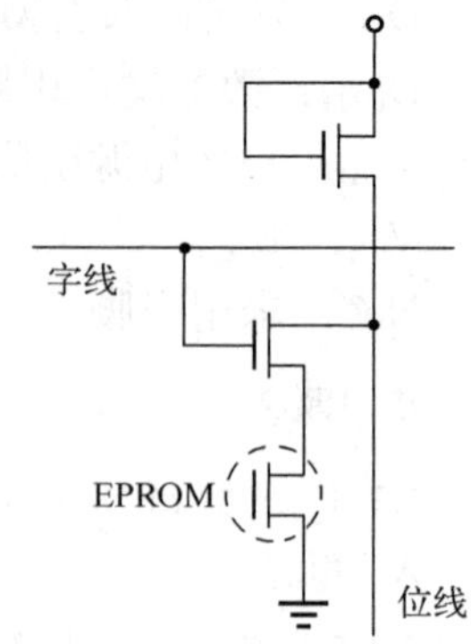

图 5.3-1　EPROM 基本原理图

2．EPROM 芯片举例

Intel 2732 是 4K×8b 的 EPROM，图 5.3-2 给出了其引脚图。

A_{11}～A_0：12 根地址线、输入，接地址总线。

D_7～D_0：8 根数据线，编程时为数据输入，读出时为数据输出，接数据总线。

$\overline{CE}$：芯片允许端，输入低电平有效，接地址译码器输出。

$\overline{OE}/V_{PP}$：输出允许，输入，低电平有效，接$\overline{RD}$信号。该引脚在编程时也作为编程电压 V_{PP} 的输入端。

GND：接地。

V_{CC}：电源电压，+5V。

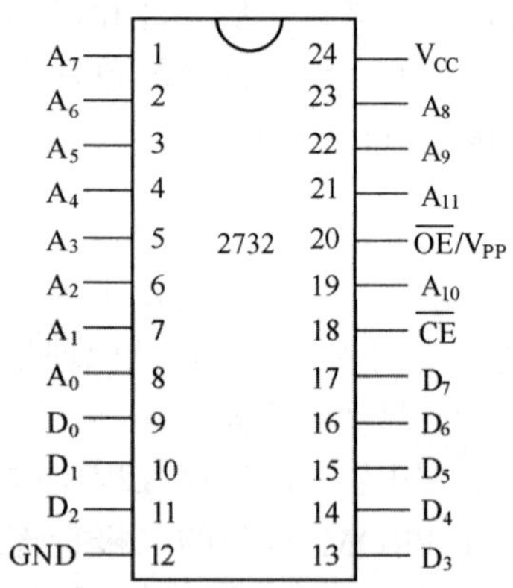

图 5.3-2　Intel 2732 引脚图

表 5.3-1　2732 的工作方式

引脚 模式	$\overline{CE}$	$\overline{OE}/V_{PP}$	A_9	V_{CC}	D_7～D_0
读	0	0	×	+5V	输出
输出禁止	0	1	×	+5V	高阻
待用	1	×	×	+5V	高阻
编程	0	V_{PP}	×	+5V	输入
编程禁止	1	V_{PP}	×	+5V	高阻
Intel 标识符	0	0	1	+5V	标识符编码

2732 有 6 种工作方式，见表 5.3-1。

读方式：$\overline{CE}$=0，$\overline{OE}/V_{PP}$=0，由 A_{11}～A_0 选中的单元内容被送到 D_7～D_0。

输出禁止方式：$\overline{CE}$=0，$\overline{OE}/V_{PP}$=1，输出端 D_7～D_0 高阻。

待用方式：$\overline{CE}$=1，2732 处于待机方式。输出端 D_7～D_0 高阻，且不受$\overline{OE}/V_{PP}$控制。

编程方式：$\overline{CE}$加 50ms 低电平有效的 TTL 编程脉冲，$\overline{OE}/V_{PP}$加+21V 电压。在编程之前，应保持芯片上的所有位均为 1。写入信息时，只是把应为 0 的位由 1 改为 0，而应为 1 的位保持不变。

编程禁止方式：$\overline{CE}$=1，$\overline{OE}/V_{PP}$加+21V 电压，禁止向芯片写入数据，D_7～D_0 为高阻状态。

Intel 标识符方式：A_9=1，$\overline{CE}$=0 且$\overline{OE}/V_{PP}$=0，可以从数据线上读出制造厂家和器件的编码。

5.3.3 电可擦除可编程 ROM（E^2PROM）

E^2PROM 是一种可擦除可再编程的只读存储器，擦除时只需要加高压对指定单元产生电流，形成“电子隧道”，将该单元信息擦除，其他未通电流的单元内容不变。E^2PROM 的擦除不需要紫外光的照射，写入时也不需要专门的编程设备，因而使用方便。

E^2PROM 的主要优点是能在应用系统中进行在线读写，并且在断电情况下保存的数据不会丢失；擦除时可以按字节分别进行，也可以全片擦除。写入的内容一般可以保存 10 年以上。每个存储单元允许擦除/编程上万次。

典型的 E^2PROM 芯片 28C64 容量为 8K×8 位，引脚图见图 5.3-2。其中：

A_{12}～A_0：13 地址线，用于选择片内的 8K 个存储单元。

D_7～D_0：8 根数据线。

$\overline{CE}$：片选信号，低电平有效。

$\overline{OE}$：输出允许信号。当 $\overline{CE}=0$，$\overline{OE}=0$，$\overline{WE}=1$ 时，将选中的地址单元中的数据读出。

$\overline{WE}$：写允许信号。当 $\overline{CE}=0$，$\overline{OE}=1$，$\overline{WE}=0$ 时，将数据写入指定的存储单元。

$RDY/\overline{BUSY}$：状态输入端。执行编程写入时，此管脚为低电平，写完后此管脚变成高电平。

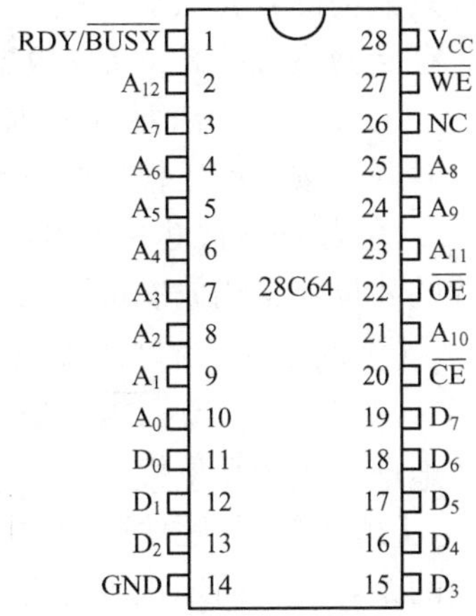

图 5.3-2　28C64 芯片引脚图

练习题 3

5.3-1 下列只读存储器中，可紫外线擦除数据的是（　　）。

A．PROM　　B．EPROM　　C．E^2PROM　　D．Flash Memry

5.3-2 下列只读存储器中，仅能写入一次数据的是（　　）。

A．PROM　　B．EPROM　　C．E^2PROM　　D．Flash Memry

5.3-3 判断：可擦除 ROM 在数据被擦除后，存储单元中的值为 0。（　　）

5.3-4 判断：因 ROM 是只读存储器，向它内部写数据是不可能的。（　　）

5.3-5 EPROM 的擦除方式是__________，EP^2ROM 的擦除方式是__________。

5.3-6 PC/AT 中，BIOS 程序放在__________中，要执行的应用程序放在__________中。

5.4 CPU 与存储器的连接

微机系统的规模、应用场合不同，对存储器系统容量、类型的要求也不同。一般情况下，需要用不同类型、不同规格的存储器芯片，通过适当的硬件连接，来构成所需要的存储器系统。存储器芯片与 CPU 之间的连接，实质上就是其与系统总线的连接，包括地址总线、数据总线和控制总线。需要注意的是，当存储器是由多片存储器芯片组成时，要正确进行地址分配和片选信号的输出。

5.4.1 存储器扩展

1．位扩展

位扩展是指存储芯片的单元数(即寻址空间)满足要求而 I/O 位数不够，需用多片存储芯片实现指定位数的数据 I/O。位扩展的特点：

（1）每个存储芯片的地址线和控制线(包括片选信号线、读写信号线等)并联在一起，以保证对每个芯片及内部存储单元的同时选中。

（2）数据线分别连至数据总线的不同位上，以保证通过数据总线一次即可访问到指定位数的数据。

【例 5.4-1】 用 1K×4 b 的 2114 芯片构成 1 K×8 b 的存储器系统。

分析：由于给定芯片为 1K 的寻址空间，故满足存储器系统的寻址空间要求。由于每个芯片只能提供 4 位数据，故需用 2 片这样的芯片，分别提供 4 位数据线至系统的数据总线，以满足存储器系统的 8 位 I/O 数据位的要求。设计要点：

① 1K 空间需要 $\log_2 1K=10$ 根地址线寻址，因此将每个芯片的 10 位地址线按引脚名称一一并联，按次序逐根接至系统地址总线的低 10 位。

② 数据线按芯片编号，1 号芯片的 4 位数据线依次接至系统数据总线的 D_3～D_0，2 号芯片的 4 位数据线依次接至系统数据总线的 D_7～D_4。

③ 两个芯片的 $\overline{WE}$ 端并在一起后接至系统控制总线的写信号端。

④ 芯片的片选 $\overline{CS}$ 引脚也分别并联后接至地址译码器的输出端，地址译码器的输入则由系统地址总线的高位来承担。

【解答】 其硬件连接如图 5.4-1 所示。当存储器工作时，系统根据高位地址的译码同时选中两个芯片，而地址码的低位也同时到达每一个芯片，从而选中它们的同一个单元。在读写信号的作用下，两个芯片的数据同时读出，送至系统数据总线，产生一个字节的输出，或者同时将来自数据总线上的字节数据写入存储器。

根据硬件连接，可以进一步分析出该存储器的地址分配范围如表 5.4-1 所示(假设只考虑 16 位地址)。

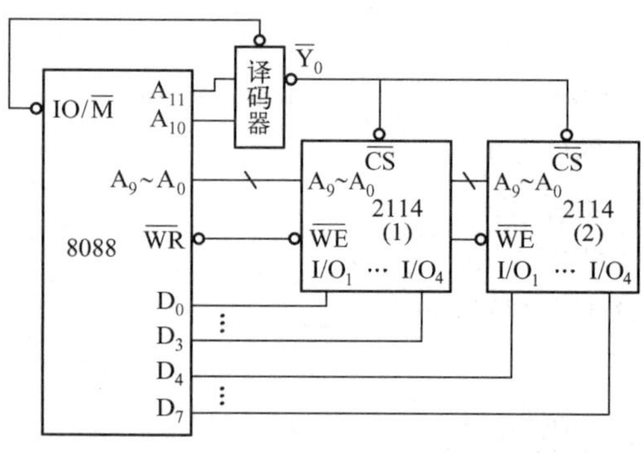

图 5.4-1 1K×4 芯片构成 lK×8 存储器系统

表 5.4-1 1K×4 芯片构成 1K×8 存储器地址分配表

地址码			芯片的地址范围
$A_{15}\cdots A_{12}$	$A_{11}\ A_{10}$	$A_9\ \cdots\ A_1\ A_0$	
×···×	0 0	0 ··· 0 0	0000H
		0 ··· 0 1	0001H
		⋮	⋮
		1 ··· 1 1	03FFH

×表示为任选值，在这里假设均选 0。

2．字扩展

字扩展适用于存储芯片的 I/O 位数满足要求而寻址空间不够的情况。

【例 5.4-2】 用 2K×8 b 的 2716A ROM 芯片组成 8K×8 b 的存储器系统。

分析：由于每个芯片的数据位为 8 位，故满足存储器系统的数据位要求。但由于每个芯片只能提供 2K 个存储单元，故需用 4 片这样的芯片来满足存储器系统寻址空间的要求。设计要点：

① 2K 的空间需要 $\log_2 2K=11$ 位地址线寻址，先将每个芯片的 11 位地址线按引脚名称一一并联，然后按次序逐根接至系统地址总线的低 11 位。

② 将每个芯片的 8 位数据线依次接至系统数据总线的 D_7～D_0。

③ 每个芯片的读控制信号 $\overline{OE}$ 端并在一起后接至系统控制总线的读信号端。

④ 它们的 $\overline{CE}$ 引脚分别接至地址译码器的不同输出，地址译码器的输入则由系统地址总线的高位来承担。

【解答】 硬件连接如图 5.4-2 所示。当存储器工作时，根据高位地址的不同，系统通过译码器分别选中不同的芯片，低位地址码则同时到达每一个芯片，选中它们的相应单元。在读信号的作用下，选中芯片的数据被读出，送至系统数据总线，产生一个字节的输出。

同样，根据硬件连接图，可以进一步分析出该存储器的地址分配范围如表 5.4-2 所示(假设只考虑 16 位地址)。

表 5.4-2　2K×8 存储器芯片组成 8K×8 存储器地址分配表

地址码			芯片的地址范围	对应芯片编号
A_{15} … A_{13}	A_{12}　A_{11}	$A_{10}A_9$…A_1A_0		
× … ×	0　0	0　0…0　0 0　0…0　1 ⋮ 1　1…1　1	0000H 0001H ⋮ 07FFH	2716(1)
× … ×	0　1	0　0…0　0 0　0…0　1 ⋮ 1　1…1　1	0800H 0801H ⋮ 0FFFH	2716(2)
× … ×	1　0	0　0…0　0 0　0…0　1 ⋮ 1　1…1　1	1000H 1001H ⋮ 17FFH	2716(3)
× … ×	1　1	0　0…0　0 0　0…0　1 ⋮ 1　1…1　1	1800H 1801H ⋮ 1FFFH	2716(4)

× 表示为任选值，在这里假设均选 0。

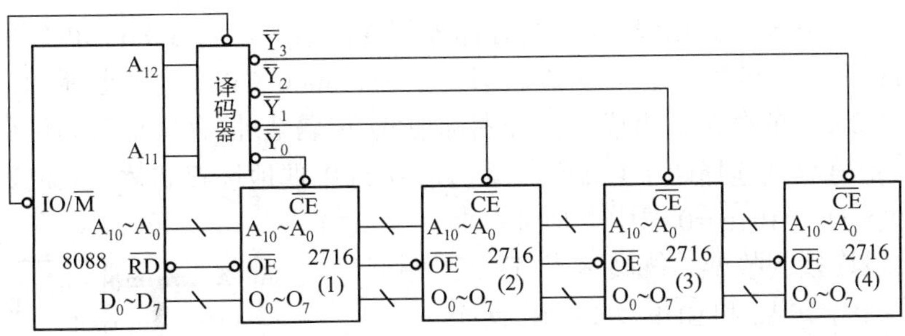

图 5.4-2　2K×8 存储器芯片组成 8K×8 存储器系统连线

3．字位同时扩展

当存储器芯片的单元数和 I/O 位数均不符合存储器系统的要求时，就需要用多片这样的芯片同时进行字扩展和位扩展，以满足系统的要求。

【例 5.4-3】 用 1K×4b 的 2114 芯片组成 2K×8b 的存储器系统。

分析：由于芯片的 I/O 位数为 4 位，因此首先需采用位扩充的方法，用两片芯片组成 1K×8b 的存储器。再采用字扩充的方法来扩充单元数，使用两组经过上述位扩充的芯片组实现。

设计要点：每个芯片的 10 根地址信号引脚接至系统地址总线的低 10 位，每组两个芯片的 4 位数据线分别接至系统数据总线的高/低 4 位。地址码的 A_{10}、A_{11} 经译码后的输出，分别作为两组芯片的片选信号，每个芯片的 $\overline{WE}$ 控制端直接接到 CPU 的读写控制端上，以实现对存储器的读写控制。

【解答】 硬件连接如图 5.4-3 所示。同

表 5.4-3　1K×4 芯片组成 2K×8 存储器地址分配

地址码			芯片组的地址范围	对应芯片编号
A_{15}…A_{12}	A_{11} A_{10}	A_9… A_0		
× … ×	0　0	0 …0 0 …1 ⋮ 1 …1	0000H 0001H ⋮ 03FFH	2114 (1) 2114 (2)
× … ×	0　1	0 …0 0 …1 ⋮ 1 …1	0400H 0401H ⋮ 07FFH	2114 (3) 2114 (4)

×表示为任选值，在这里假设均选 0。

样，根据硬件连接可以进一步分析出该存储器的地址分配范围如表 5.4-3 所示(假设只考虑 16 位地址)。

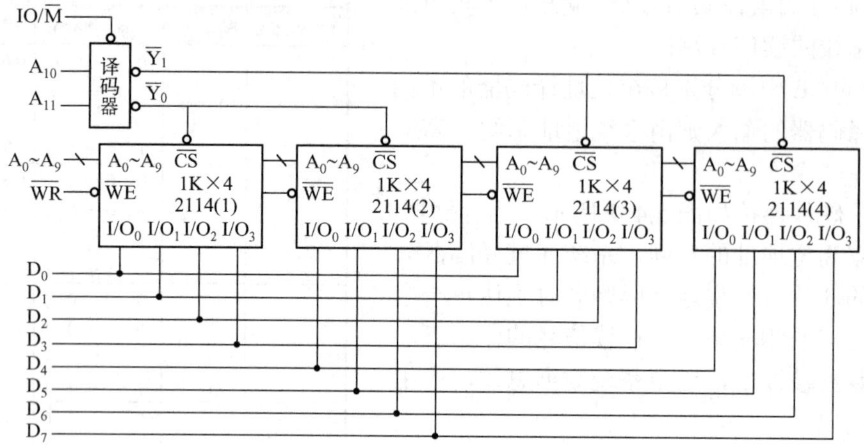

图 5.4-3　1K×4 的芯片组成 2K×8 的存储器系统连线

4. 8086 CPU 与存储器的连接

之前考虑的均是 8 位数据线 CPU 与存储器相连的情况，而 8086 CPU 的数据线宽度是 16 位的，一次可以读/写一个字节，也可以读写一个字。8086 CPU 可寻址 1MB，与其相连的存储器是用 2 个 512KB 的存储体组成的，分别称为低位(偶地址)存储体和高位(奇地址)存储体。用 A_0 和 $\overline{BHE}$ 信号分别选择两个存储体。若 A_0=0 选中偶地址存储体，它的数据线连接到数据总线低 8 位 D_7～D_0；$\overline{BHE}$=0 选中奇地址存储体，它的数据线连接到数据总线高 8 位 D_{15}～D_8。若读/写一个字，A_0 和 $\overline{BHE}$ 均为 0，两个存储体均选中。下面举一个 RAM 与 8086 CPU 相连的例子。

【例 5.4-4】 某 8086 系统中，工作于最小工作方式，请用 6116 SRAM (2K×8b)构成一个 8KB 的存储器系统。

分析：6116 SRAM 是 2K×8b，必须用 4 片 6116 连接成 8KB 的存储器，2 片为一组。片内寻址需要 $\log_2 2K=11$ 根地址线，而 A_0 用于指示低 8 位数据有效；$\overline{BHE}$ 用于指示高 8 位数据有效，因此用数据总线中的 A_{11}～A_1 进行片内寻址。

【解答】 图 5.4-4 中给出了存储器扩展的方法。

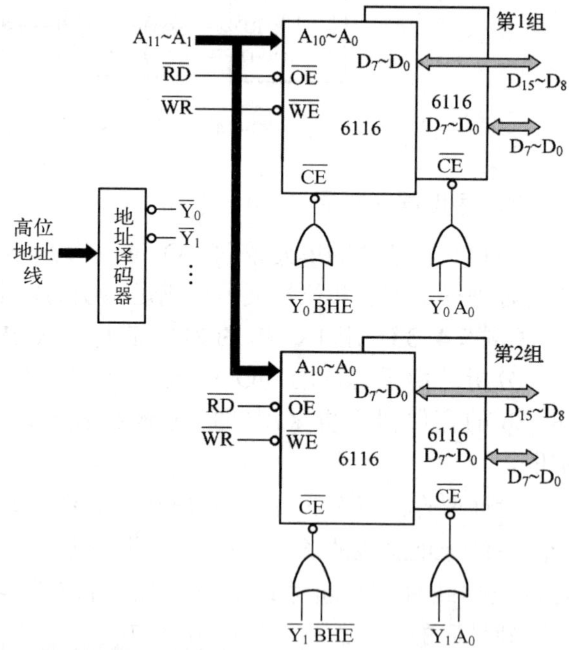

图 5.4-4　8086 系统中的存储器扩展

5.4.2　存储器译码

以上例子中所需的地址线数并未从系统整体上考虑。在实际系统中，总线中的地址线数往往要多于所需的地址线数，这时除片内寻址的低位地址线(即片内地址线)外，剩余的高位地址线一般要部分或全部用于片选译码，这样就对应于不同的译码方法。常用的译码方法有线选法、全译码法和部分译码法。

1．线选法

当存储器容量不大，所使用的存储芯片数量不多，而 CPU 寻址空间远远大于存储器容量时，可用高位地址线直接作为存储芯片的片选信号，每一根地址线选通一块芯片，这种方法称为线选法，如图 5.4-5 所示。

线选法的优点是连线简单，片选控制无须专门的译码电路。缺点主要的有以下两点：

（1）当存在空闲地址线时，由于空闲地址线可随意取值 1 或 0，故将导致地址重叠。

（2）整个存储器地址分布不连续，使可寻址范围减小。

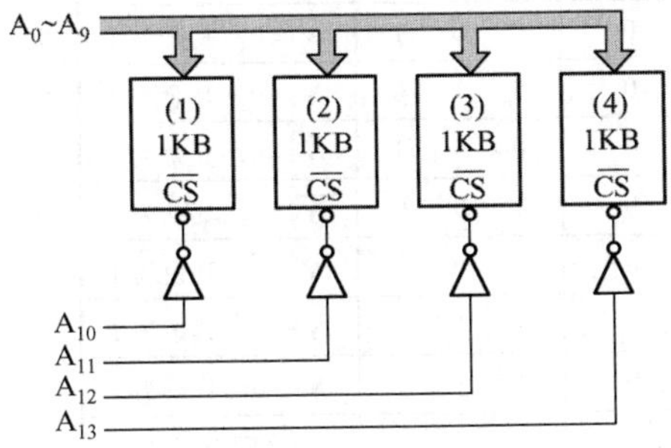

图 5.4-5　线选结构示意图

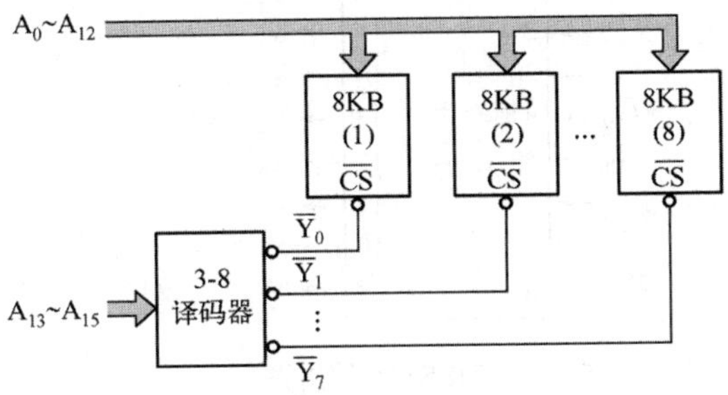

图 5.4-6　全译码结构示意图

2．全译码法

全译码法指的是将低位地址总线直接与各芯片的地址线相连，全部高位地址总线经译码后作为各芯片的片选信号，如图 5.4-6 所示。

全译码法可以提供对全存储空间的寻址能力。当存储器容量小于可寻址的存储空间时，可从译码器输出线中选出连续的几根作为片选控制，多余的空闲下来，以便需要时扩充。

优点：存储器的地址是连续的且唯一确定的，即无地址间断和地址重叠。

缺点：译码电路比线选法复杂。

3．部分译码法

这种方法介于线选法和全译码法之间，它将高位地址线中的一部分进行译码，产生片选信号，如图 5.4-7 所示，常用于不需要全部地址空间的寻址能力，但采用线选法地址线又不够用的情况。部分译码法的优点是较全译码简单，但缺点是存在地址重叠区。

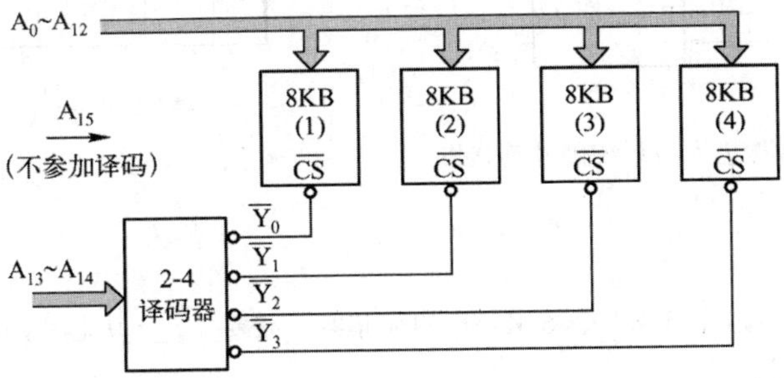

图 5.4-7　部分译码结构示意图

4．常用译码器介绍

一个容量大的存储器往往需要多片容量较小的芯片组合扩展来实现，为了能准确无误地访问到存储器中的任意一个单元，必须先确定要访问的单元在哪个存储芯片中，这个工作需要由逻辑译码电路或译码器来完成。

常见的译码器有 74LS138、74LS139、74LS155、74LS156 等，其中 74LS138 最为典型，图 5.4-8 给出了 74LS138 的管脚图。

当选通端 G_1 为高电平，另两个选通端 $\overline{G}_{2A}$ 和 $\overline{G}_{2B}$ 为低电平时，可将地址端 A、B、C 的二进制编码在一个对应的输出端以低电平译出。74LS138 引脚定义及译码输出真值表见表 5.4-4。

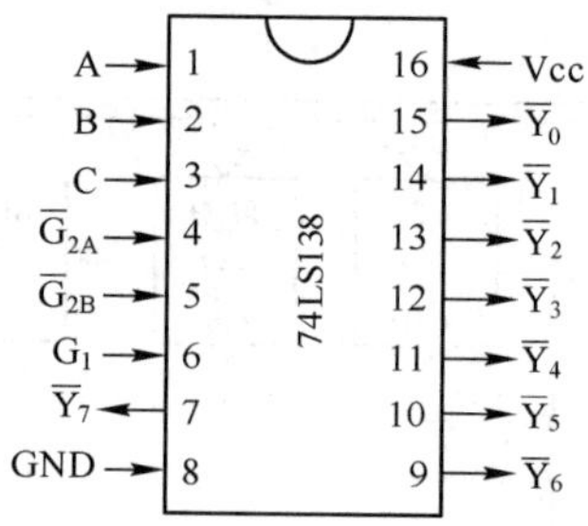

图 5.4-8　74LS138 管脚图

表 5.4-4　74LS138 真值表

G_1	$\overline{G}_{2A}$	$\overline{G}_{2B}$	C	B	A	输出
1	0	0	0	0	0	$\overline{Y}_0$=0，其余为 1
1	0	0	0	0	1	$\overline{Y}_1$=0，其余为 1
1	0	0	0	1	0	$\overline{Y}_2$=0，其余为 1
1	0	0	0	1	1	$\overline{Y}_3$=0，其余为 1
1	0	0	1	0	0	$\overline{Y}_4$=0，其余为 1
1	0	0	1	0	1	$\overline{Y}_5$=0，其余为 1
1	0	0	1	1	0	$\overline{Y}_6$=0，其余为 1
1	0	0	1	1	1	$\overline{Y}_7$=0，其余为 1
其他值			×	×	×	均为 1

5．应用举例

【例 5.4-5】 请将 SRAM 6264 芯片(8K×8b)与系统连接，使其地址范围为：38000H～39FFFH 和 78000H～79FFFH。假设用 74LS138 译码器构成译码电路。

【解答】 如表 5.4-5 所示，进行地址范围分析。可知 A_{12}～A_0 用于片内寻址，A_{18} 不参与译码，剩余的高位地址线参与片选译码。因此硬件连接如图 5.4-9 所示。

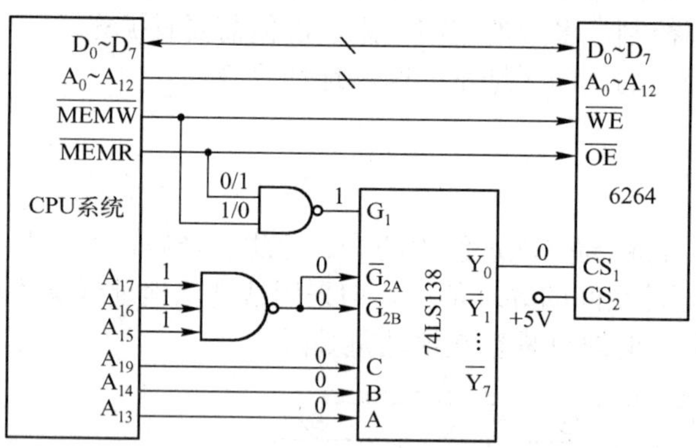

图 5.4-9　存储器芯片与系统硬件连接图

表 5.4-5　6264 芯片地址分配

地址码				地址范围
A_{19}	A_{18}	$A_{17}A_{16}A_{15}A_{14}A_{13}$	$A_{12}\cdots A_0$	
0	0	1 1 1 0 0	0 ⋯ 0 ⋮ 1 ⋯ 1	38000H ⋮ 39FFFH
0	1	1 1 1 0 0	0 ⋯ 0 ⋮ 1 ⋯ 1	78000H ⋮ 79FFFH

练习题 4

5.4-1　若用 16K×1b 的芯片组成一个 64K×8b 的存储器，需要______块芯片，片内寻址_______需要根地址线，片选需要_______根地址线

5.4-2　现有 16K×1b 的静态 RAM 芯片，欲组成 128K×8b 的存储器，需要______片这样的 RAM 芯片，需组成_______组芯片，这属于_______扩展，用于片内地址选择的地址线需用________根，至少需用_________根地址线进行译码来实现不同芯片组的选择。

5.4-3　译码器芯片 74LS138 有______条译码输入线，将产生________条译码输出信号。

5.4-4 连接到 64000H～6FFFFH 地址范围上的存储器是用 8K×8b RAM 芯片构成的，该芯片要（　　）片。

A．8 片　　B．6 片　　C．10 片　　D．12 片

5.4-5 采用部分译码片选法，若 2 条高位地址线不参与片选译码，则将有（　　）个存储空间发生重叠。

A．1　　B．2　　C．4　　D．8

5.4-6 一台 8 位微机的地址总线为 16 条，其 RAM 存储容量为 32KB，首地址为 4000H，问可用的最高地址是多少？

5.4-7 在以 8088 CPU 构成的系统中，设计一容量为 8K×8b 的 RAM，起始地址空间(无地址重叠)为 8000H，提供的芯片为：74LS138、SRAM 6264，请完成下列两个任务：

（1）简要说明设计工作原理。

（2）补全图 5.4-10 全译码片选法的电路，可适当添加所需电路或芯片。

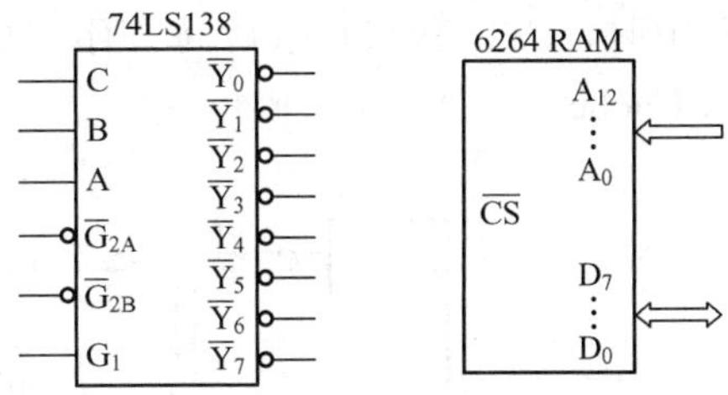

图 5.4-10　译码电路图

5.5　现代微机的存储体系

随着 CPU 的高速发展，微机的存储体系也有了较大发展。在现代微机中，为了提高 CPU 读写的速度，在主存和 CPU 间增加了两级高速缓冲(Cache)，形成了 Cache-主存结构。为了解决大容量信息处理和大程序的高效运行等问题，还采用了主辅存统一编址的虚拟存储器管理，即主辅存存储系统。这样，现代微机的存储系统采用 Cache-主存-辅存三级存储体系，使得整个存储器系统的容量和价格接近辅存，而速度接近高速缓冲，从而能与 CPU 的速率相匹配。尽管如此，CPU 很多时候还是要访问内存的，所以内存的技术也在不断发展，以提高微机系统的整体性能。

5.5.1　Cache-主存存储层次

1．Cache 的工作原理

Cache 即高速缓冲存储器，它是位于 CPU 和主存之间的规模较小、速度接近 CPU 的存储器，通常由 SRAM 组成，主要完成主存和 CPU 之间的速度匹配。Cache-主存结构的速度接近于 Cache，而容量与每位价格则接近于主存，因此解决了速度与成本之间的矛盾。

Cache 的工作原理是基于程序访问的局部性。对大量典型程序运行情况的分析结果表明，在一个较短的时间内，由程序产生的地址往往集中在存储器逻辑地址空间的很小范围内。由于指令地址的分布是连续的，而循环程序段和子程序段要重复执行多次，因此对这些地址的访问就具有时间上集中分布的倾向。数据分布的集中倾向不如指令明显，但对数组的存储和访问以及工作单元的选择都可使存储器地址相对集中。这种对局部范围的存储器地址频繁访问、而对此范围以外的地址则访问甚少的现象，称为程序访问的局部性。

CPU 对存储器进行数据请求时，通常先访问 Cache，Cache 中保存着主存中一部分内容的拷贝。但局部性原理不能保证所请求的数据一定在 Cache 中，因此便提出了命中率的概念，即 CPU 在任一时刻从 Cache 中可靠获取数据的几率。一般来说，Cache 的存储容量比主存容量小得多，但不能太小，太小则命中率太低；也没有必要过大，过大不仅会增加成本，而且当容量超过一定值后，命中率随容量的增加将不会有明显增长。一般规定 Cache 与内存的空间比为 4:1000，即 128KB Cache 可映射 32MB 内存。此时命中率都在 90%以上。

Cache 存储系统工作时，通过 Cache 控制器来协调 CPU、Cache 和内存之间的信息传输，如图 5.5-1 所示。CPU 访问存储器时，送出访问主存单元的地址，由地址总线传送到 Cache 控

制器中的主存地址寄存器，主存-Cache 地址转换机构从主存地址寄存器获取地址并判断该单元内容是否已在 Cache 中存有副本。如果副本已经在 Cache 中，即命中，立即把访问地址变换成它在 Cache 中的地址，然后访问 Cache 存储器；如果 CPU 访问的内容不在 Cache 中，即不命中时，CPU 转去直接访问主存，并将包含该存储单元的块信息(包括该块数据的地址信息)装入 Cache。

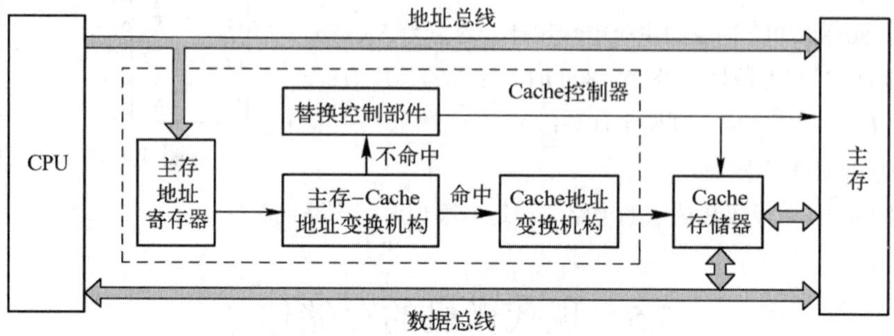

图 5.5-1 Cache 存储系统基本结构

CPU 从 Cache 内读写数据和指令还要占用 CPU 的外部总线，为了避免总线竞争和进一步提高存取速度，从 Intel 80486 以后的 CPU 内都集成了一定容量的 Cache，称为“片内 Cache”。片内 Cache 的容量相对较小，如 486 的片内 Cache 为 8K SRAM。CPU 大多数时间可在片内 Cache 高速存取信息，让出外部总线，从而提高了系统效率。片内 Cache 和片外 Cache 形成两极 Cache 结构。工作时 CPU 首先在片内 Cache 中查找数据，如果找不到，才转向片外 Cache 中去查找。

2. Cache-主存的地址映像

与主存容量相比，Cache 的容量很小，它所保存的信息仅是主存信息的一个子集，因此需要地址映像。地址映像即应用某种方法把主存地址定位到 Cache 中。目前有以下三种地址映像。

（1）直接映像(Direct Mapping)

直接映像指的是每个主存地址映像到 Cache 中的一个指定的地址。该方法一般是将主存空间按 Cache 的尺寸分区，每区内相同的块号映像到 Cache 中相同的块位置。一般地，Cache 被分为 2^N 块，主存被分为同样大小的 2^M 块，主存与 Cache 中块的对应关系可用如下映像函数表示：$j = i \bmod 2^N$。式中，j 是 Cache 中的块号，i 是主存中的块号，如图 5.5-2 所示。

直接映像是一种最简单的地址映像方式，它的地址变换速度快，而且不涉及替换策略问题。但是这种方式的块冲突概率较高，当程序往返访问两个相互冲突的块中的数据时，Cache 的命中率将急剧下降，因为这时即使 Cache 中有其他空闲块，也因为固定的地址映像关系而无法应用。

（2）全相联映像(Associative Mapping)

全相联映像指的是主存中的每一个字块可映像到 Cache 任何一个字块位置上，如图 5.5-3 所示。这种方式只有当 Cache 中的块全部装满后才会出现块冲突，所以块冲突的概率低，可达到很高的 Cache 命中率，但实现很复杂。当访问一个块中的数据时，块地址要与 Cache 块表中的所有地址进行比较以确定是否命中，查找速度慢。另外在出现冲突时，存在着一个比较复杂的替换问题，即决定将数据块调入 Cache 中什么位置，将 Cache 中哪一块数据调出主存。为了达到较高的速度，全部比较和替换都要用硬件实现，控制复杂，实现起来也比较困难。

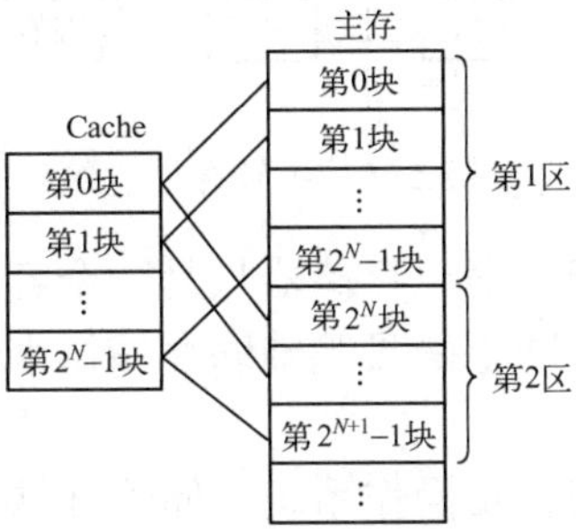

图 5.5-2　直接映像示意图

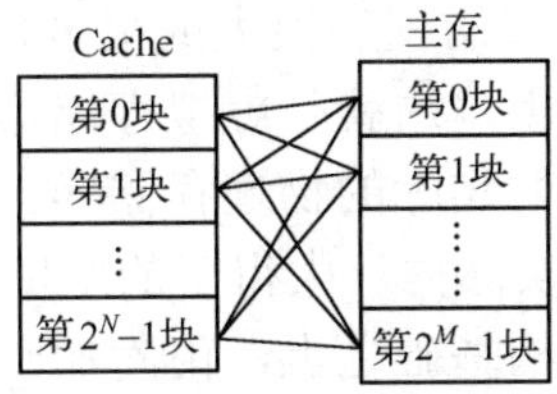

图 5.5-3　全相联映像示意图

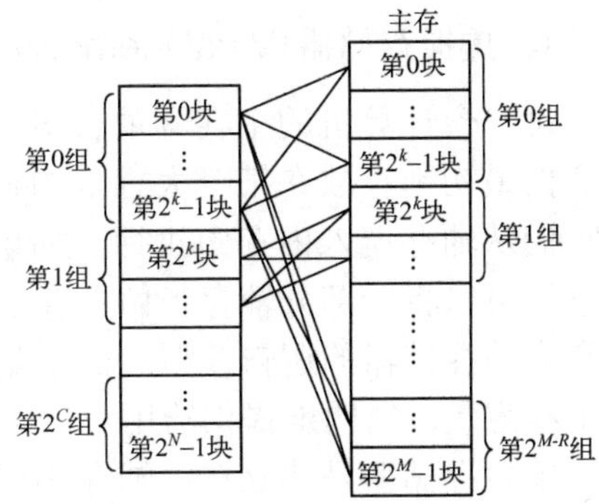

图 5.5-4　组相联映像示意图

（3）组相联映像(Set Associative Mapping)

组相联映像方式是直接映像和全相联映像的一种折中方案。这种方法将存储空间分为若干组，各组之间为直接映像，而组内各块之间则为全相联映像，如图 5.5-4 所示。它是上述两种映像方式的一般形式，如果组的大小为 1，即 Cache 空间分为 2^N 组，就变为直接映像；如果组的大小为 Cache 整个尺寸，就变为了全相联映像。组相联方式在判断块命中及替换算法上都要比全相联方式简单，块冲突的概率比直接映像的低，其命中率也介于直接映像和全相联映像方式之间。

3．替换策略

在 Cache-主存体系中，当 CPU 发出读命令时，根据它产生的主存地址分为两种情形：一种是所需要的数据已在 Cache 中，那么只需直接访问 Cache，从对应单元中读取信息到数据总线；另一种是所需要的数据尚未装入 Cache，CPU 从主存中读取信息，同时将该内容放到 Cache 中。若 Cache 中尚有空闲的块，则可将新的内容写入；若 Cache 中的块都已装满(全相联映像和组相联映像方式下)，则需进行替换。常见的替换策略有以下两种：

（1）先进先出策略(First In First Out，FIFO)。FIFO 策略总是把最先调入的 Cache 字块替换出去，它不需要随时记录各个字块的使用情况，较容易实现；缺点是经常使用的块，如一个包含循环程序的块也可能由于它是最早的块而被替换掉。

（2）最近最少使用策略(Least Recently Used，LRU)。LRU 策略是把近期 Cache 中使用次数最少的信息块替换出去，这种替换算法需要随时记录 Cache 中字块的使用情况。LRU 的平均命中率比 FIFO 高，在组相联映像方式中，当分组容量加大时，LRU 的命中率也会提高。

5.5.2　主辅存存储层次

由半导体器件构成的主存，其速度远高于磁表面存储器，但其价格是磁表面存储器的数十倍，容量也小得多，且掉电后信息即丢失，因此只能用来存储一些 CPU 所执行的程序和数据。而辅存一般为磁表面存储器和光存储器，成本低、容量大、速度慢，掉电后信息不会丢失，但 CPU 不能直接访问辅存。因此，它主要用来存储大量的待用程序、数据文件等。当 CPU 执行某程序时，在存储管理软件和有关硬件的支持下，把有关程序加载至主存，再由 CPU 从主存读出执行。这样，通过将软件和硬件结合，把主存和辅存统一做成了一个整体，如图 5.5-5 所示。这样就形成了一个主辅存层次结构的存储体系。从整体上看，其速度接近于主存的速度，其容量则接近于辅存的容量，而每位平均价格也接近于廉价的辅存平均价格。这种主辅存层次解决了存储器的大容量要求和低成本之间的矛盾。

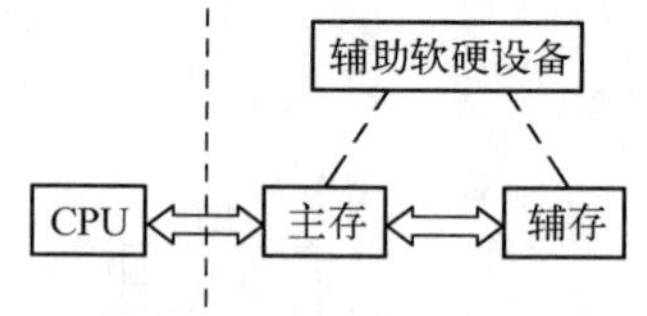

图 5.5-5　主辅存层次结构

1．虚拟存储器(Virtal Memory)

每一台计算机的主存容量有限，因此在大多数情况下，程序和数据最初都存放在某个大容量的辅存中(如硬盘)，当需要时才把它们从辅存调入内存中执行。如果执行的程序很大或很多，微机系统可以将一部分辅存当做主存来使用，这就是虚拟存储器系统。虚拟存储器只是一个容量非常大的存储器的逻辑模型，而不是任何实际的物理存储器。它借助于磁盘等辅助存储器来扩大主存容量，透明地提供给用户一个比实际内存大得多的地址空间。

虚拟存储器是建立在主辅存物理结构基础之上，由附加硬件装置及操作系统存储管理软件组成的一种存储体系，它将主存和辅存的地址空间统一编址，形成一个庞大的存储空间。在这个大空间里，用户自由编程，完全不必考虑程序在主存是否装得下，或者放在辅存的程序将来在主存中的实际位置。编好的程序由计算机操作系统装入辅助存储器，程序运行时，附加的辅助硬件机构和存储管理软件会把辅存的程序一块块自动调入主存由 CPU 执行，或从主存调出。用户感觉到的不再是处处受主存容量限制的存储系统，而是好像具有一个容量充分大的存储器。

2．虚地址和实地址

虚拟存储器的辅存部分也能让用户像内存一样使用，用户编程时指令地址允许涉及辅存大小的空间范围，这种指令地址称为“虚地址”(即虚拟地址)或叫“逻辑地址”，虚地址对应的存储空间称为“虚存空间”或叫“逻辑空间”。实际的主存储器单元的地址则称为“实地址”(即主存地址)或叫“物理地址”，实地址对应的是“主存空间”，亦称物理空间。

虚拟存储器的用户程序以虚地址编址并存放在辅存里，程序运行时，CPU 以虚地址访问主存，由辅助硬件找出虚地址和物理地址的对应关系，判断由这个虚地址指示的存储单元的内容是否已装入主存，如果在主存，CPU 就直接执行已在主存的程序；如果不在主存，就要进行辅存内容向主存的调度，这种调度通常以程序块为单位进行。计算机系统存储管理软件和相应的硬件把欲访问单元所在的程序块从辅存调入主存，且把程序虚地址变换成实地址，然后再由 CPU 访问主存。

5.5.3　并行主存系统及新型 RAM

目前，主存的存取速度已成为计算机系统的瓶颈，除去通过寻找高速元件来提高访问速度外，也可以采用多个存储器并行工作，并且用交叉访问技术来提高存储器的访问速度。

1．并行主存系统

位扩展法用多块芯片并联可以扩展字长构成预定字长(如 W 位)的存储器，该存储器在一个存取周期内读出一个字的 W 位。同理，可以采用字长 W 位的 n 个容量相同的存储器并行连接组成一个更大的存储器。这种存储器在一个存取周期内读出的不是一个存储单元的 W 位信息，而是 n 个字，存储元件仍保持原有的速度，但单位时间内存储器提供的信息量则提高 n 倍。这样组织的主存系统称为并行主存系统。并行主存系统一方面提高了存取信息位的能力，另一方面可采取交替操作方式，加速从主存读取信息到 CPU 的平均速度，有益于解决主存和 CPU 之间的速度差别。

并行主存系统多数在逻辑上包含几个能够独立编址的并行存储体，各分体间的地址编号采用交叉方式(即交叉编址)。所谓交叉编址，是指地址按并行分体横向顺序编号，而不是在一个体内按顺序排序编号。这样各分体交替并行工作，使得 CPU 可用流水线方式寻址。对 DRAM 存在恢复时间这一问题，采用多体交叉方式可以减少等待状态，提高访问效率。

以两体并行存储器为例来看交叉编址。假设存储体 1 和存储体 2 在物理上是两个并行独立的存储体，每个存储体在逻辑上分为 4 组，每组有 2 片 64K×4 的 RAM 芯片，构成 32 位宽的存储体。其交叉编址情况如图 5.5-6 所示，图中每一个地址对应一个单元。从图中可以看出，存储体 1 的地址位 A_2 均为 0，存储体 2 的 A_2 均为 1。这一点不难推断，因为每个存储体每行有 4 个字节，两个存储体每行的起始地址都差 4，恰好是 A_2 位的权。因此可由 A_2 位产生体选信号。整个存储器的地址是连续的，32 位总线一次最多只能读出 4 字节，因此在逻辑上相当于把存储体 2 插到存储体 1 中组成 4 组，形成如图 5.5-7 所示的 4 组交叉编址。

0组	1组	2组	3组
0000	0001	0010	0011
1000	1001	1010	1011
…	…	…	…
…	…	…	…
…	…	…	…

（a）存储体1

0组	1组	2组	3组
0100	0101	0110	0111
1100	1101	1110	1111
…	…	…	…
…	…	…	…
…	…	…	…

（b）存储体2

图 5.5-6　两体编址方法

0组	1组	2组	3组
0000	0001	0010	0011
0100	0101	0110	0111
1000	1001	1010	1011
1100	1101	1110	1111
…	…	…	…

图 5.5-7　两体 4 组编址

以 80386 至奔腾系列微处理器为核心的微机都采用了并行主存系统，只是分体和编址方案上有所差异。在高档奔腾系列微机中采用了更先进的现代 RAM 及相关电路。

2. 现代 RAM

近几年来主存技术一直在不断地发展，从最早使用的 DRAM 到后来的 FPM DRAM、EDO DRAM、SDRAM、DDR SDRAM 和 RDRAM，出现了各种主存控制与访问技术。它们的共同特点是使主存的读写速度有了很大的提高。

（1）快速页面模式内存(Fast Page Mode DRAM，FPM DRAM)

传统的 DRAM 是通过分页技术进行访问的，在存取数据时，需要分别输入一个行地址和一个列地址，这会耗费时间。FPM DRAM 通过保持行地址不变而只改变列地址，可以对给定行的所有数据进行更快的访问。

FPM DRAM 还支持突发模式访问，所谓突发模式是指对一个给定的访问在建立行和列地址之后，可以访问后面 3 个相邻的地址，而不需要额外的延迟和等待状态。一个突发访问通常限制为 4 次正常访问。

（2）扩展数据输出内存(Extended Data Out DRAM，EDO DRAM)

EDO DRAM 是在 FPM DRAM 基础上加以改进的存储器控制技术。传统的 DRAM 和 FPM DRAM 在存取每一数据时，输入行地址和列地址后必须等待电路稳定后，才能有效地读写数据，而下一个地址必须等待这次读写周期完成才能输出。而 EDO 输出数据在整个 CAS 周期都是有效的(包括预充电时间在内)，EDO 不必等待当前的读写周期完成即可启动下一个读写周期，即可以在输出一个数据的过程中准备下一个数据的输出。EDO DRAM 采用一种特殊的主存读出控制逻辑，在读写一个存储单元时，同时启动下一个(连续)存储单元的读写周期，从而节省了重选地址的时间，提高了读写速度。

（3）同步突发内存(Synchronous Burst DRAM，SDRAM)

SDRAM 采用新的双存储体结构，内含两个交错的存储矩阵，允许两个主存页面同时打开，当 CPU 从一个存储矩阵访问数据的同时，在主存控制器作用下另一个存储矩阵已准备好读写数据。通过两个存储矩阵的紧密配合，存取效率得到成倍提高。由于 SDRAM 的优良特性，使它成为当前主存市场的主流。

（4）双倍数据速率(Double Data Rate，DDR) SDRAM

DDR SDRAM 也可以说是 SDRAM 的升级版本，它与 SDRAM 的主要区别是：DDR SDRAM 不仅能在时钟脉冲的上升沿读出数据而且还能在下降沿读出数据，不需要提高时钟频率就能加倍提高 SDRAM 的速度。

（5）总线式动态 RAM(Rambus DRAM，RDRAM)

RDRAM 是继 SDRAM 之后的新型高速动态随机存储器。使用 FPM/EDO 或 SDRAM 的传统主存系统称为宽通道系统，它们的主存通道和处理器的数据总线一样宽。RDRAM 却是一种窄通道系统，它一次只传输 16 位数据(加上 2 个可选的校验位)，但速度却快得多。RDRAM 引入了 RISC 精简指令集技术，依靠其极高的工作频率，通过减少每个周期的数据量来简化操作。RDRAM 的时钟频率可达到 400MHz，由于采用双沿传输，使原有的 400MHz 变为 800MHz。Rambus 结构的带宽视 Rambus 通路的个数而定：若是单通路，800MHz 的 RDRAM 带宽为：800MHz×16 位÷8 = 1.6GB/s：若是两个通路，则可提升为 3.2GB/s；若是 4 个通路的话，将达到 6.4GB/s。

练习题 5

5.5-1 主存和 CPU 之间增加高速缓存的目的是（　　）。

A．解决 CPU 和外存之间的速度匹配问题　　B．扩大存储容量

C．即扩大存储容量又提高存取速度　　D．解决 CPU 和主存之间的速度匹配问题

5.5-2 微机系统中的存储器可分为四级，其中存储容量最大的是（　　）。

A．内存　　B．内部寄存器　　C．高速缓冲存储器　　D．外存

5.5-3 在微机中，下述存储器访问速度最快的是（　　）。

A．硬盘　　B．软盘　　C．光盘　　D．内存

5.5-4 当前 PC 中存储系统采用三级存储体系结构：__________、____________和_________。

5.5-5 判断题

（1）外存储器直接参与计算机的运算，它存放 CPU 当前不使用的程序和数据。（　　）

（2）Cache 是一种快速的静态 RAM，它介于 CPU 与内存之间。（　　）

（3）PC 系统中速度最快的存储器是高速缓冲存储器。（　　）

5.5-6 主存–Cache 体系和主存–辅存体系有哪些异同点？

5.6 本章学习指导

5.6.1 本章主要内容

1．存储器的分类

按存取速度和作用，存储器可分为.

- 主存储器(内存)：CPU 可以直接访问，存放当前使用的程序和数据，存取速度较快，具有一定容量、每位价格高。
- 辅助存储器(外存)：CPU 不能直接访问，存放当前不活跃的程序和数据，容量大、速度慢、单位价格低。

● 缓冲存储器(Cache)：用于在两个不同工作速度的部件之间起缓冲作用，如 CPU 和内存，其存取速度高于内存，容量小，每位价格高。

内存均采用半导体器件，按存取方式分为随机读写存储器 RAM 和只读存储器 ROM。RAM 掉电信息丢失，ROM 即使电源掉电，信息也不会丢失。表 5.6-1 对半导体存储器的分类和应用进行了总结。

表 5.6-1 半导体存储器分类及应用

分类			应用
半导体存储器	随机存储器 RAM	SRAM	Cache
		DRAM	计算机主存储器
	只读存储器 ROM	ROM	固定程序，微程序控制存储器
		PROM	用户自编程序，用于工业控制机或电器
		EPROM	用户编写并可修改程序或测试程序
		E^2PROM	IC 卡上存储信息
		Flash Memory	固态磁盘、IC 卡

2. 半导体存储器的主要性能指标

（1）存储容量。一般表示为：存储器芯片的容量 = 存储单元数×数据线位数，即 $2^m \times N$，其中 m 是芯片的地址线根数，N 是芯片的数据线根数。无论计算机运算字长是多少位，存储器芯片总是以字节(8 位)为单位的。

（2）存取时间。启动一次存储器操作到完成该操作所需的时间。

3. 随机读写存储器

静态 RAM 利用多个晶体管组成的双稳态电路来保存一位二进制信息。只要不掉电，信息就能稳定地保存。在单位面积上存储容量小，但速度快，可使用在高速缓存上。

动态 RAM 利用单个晶体管和极间电容来保存一位二进制信息。需要定时给那些信息为“1”的存储单元刷新。动态 RAM 芯片的集成度高，容量大，是计算机内存的首选。为减少引脚数和体积，通常行列地址采用复用引脚。

4. 只读存储器 EPROM 和 E^2PROM

EPROM 和 E^2PROM 常用来固化应用程序、常数或者作为函数库、字符库等。新购的 EPROM 和 E^2PROM 或经过擦除处理后的芯片，其内部的存储信息全为“1”，在用户完成了前期的编程工作，利用相关的编程设备将信息存入后，可作为非易失性存储器长期保存，又可将其擦除(EPROM 需脱机用紫外光擦除，E^2PROM 则可连机电擦除)，使用十分方便。EPROM 需整片擦除，而 E^2PROM 可以单字节或整片擦除。

5. 存储器接口设计

存储器接口设计主要解决如何用容量小、位数少的存储器芯片构成一定容量、一定位数的存储器的问题，具体步骤如下：

（1）芯片选择：确定存储器芯片的类型和数量。

（2）地址分配：列出每片存储器芯片占用的地址范围和地址分配表。

（3）地址译码：根据地址分配表找出规律，设计地址译码电路。

（4）存储器与 CPU 信号连接：包括数据总线 DB、地址总线 AB、控制总线 CB。

注意 8086 和 8088 系统存储器接口区别：8086 系统分为奇偶存储体，需要连接 $\overline{BHE}$ 和 A_0，而 8088 不分奇偶存储体，没有 $\overline{BHE}$ 引脚。

6．现代微机存储体系

现代微机存储体系采用 Cache–主存–辅存三级存储体系；Cache–主存存储层次用于解决存储器速度问题；主存–辅存存储层次用于解决存储器容量问题。使得整个存储系统容量价格接近辅存，速度接近 Cache。

5.6.2　典型例题

【例 5.6-1】 设有一个具有 14 位地址和 8 位字长的存储器，问：

（1）该存储器能存储多少字节的信息？

（2）如果存储器由 1K×1b 静态 RAM 芯片组成，需多少芯片？

（3）需要多少位地址来选择芯片？

（4）改用 4K×4b 的芯片，试画出与总线的连接框图(假设与 8 位微处理器连接)。

【解答】（1）已知存储器的地址是 14 位的，所以存储的地址单元数为 2^{14} 个，字长是 8 位，所以能存储 2^{14}=16KB 信息。

（2）因为采用 1K×1b 的芯片来构成存储器，所以一个芯片组需要由 8 个芯片构成(位扩展)，需要的芯片组数是 16K/1K=16 组(字扩展)，所以共需要芯片 8×16=128 片。

（3）对于每个芯片需要片内寻址的地址线根数为 $\log_2 1K=10$，用于芯片组选择的片选地址线根数为 $\log_2 16=4$。

（4）改用 4K×4b 的芯片，需要 2 片为一组，分成 16K/4K=4 组，共 2×4=8 片。

其中片内寻址的地址线根数为 $\log_2 4K=12$，使用低位地址线 A_{11}～A_0；片选地址线数为 $\log_2 4=2$，使用地址线 A_{13}～A_{12}，见图 5.6-1。

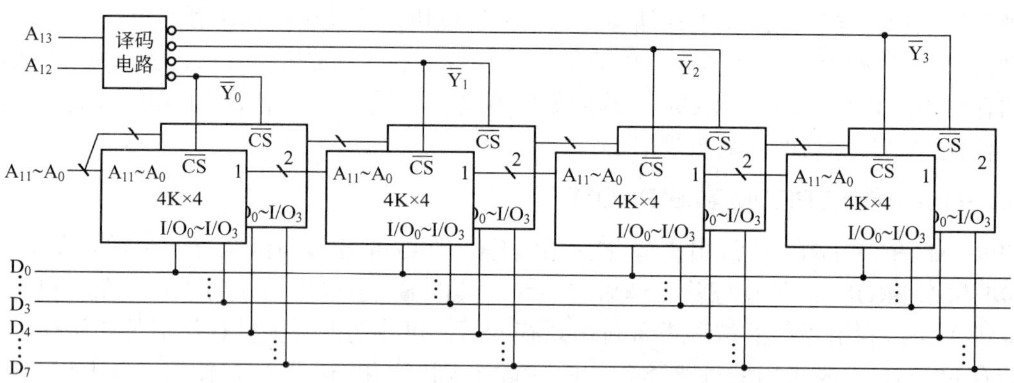

图 5.6-1　存储器芯片与系统总线连接框图

【例 5.6-2】 8086 系统工作于最小模式，利用 4K × 8b 的 EPROM 2732 和 2K × 8b 的静态 6116 芯片以及 74LS138 译码器，构成一个 16KB 的 ROM(从 F0000H 开始)和 8KB 的 RAM(从 C0000H 开始)。画出硬件连接图，写出 ROM 和 RAM 的地址范围。

分析：（1）芯片选择：系统设计要求 ROM 扩充 16KB，由于芯片容量是 4K×8b 的 2732，所以需要 4 片。同理 6116 也需要 4 片。

（2）地址分配：根据选择的芯片进行地址分配，A_0 单独列出，用于和 $\overline{BHE}$ 分别作为偶地址存储体和奇地址存储体的选择信号之一。由于选择的芯片分别是 4KB 和 2KB 的，用于片内寻址的地址线分别是 12 根和 11 根，因此 A_{12}～A_1 作为片内寻址与 4KB 的 ROM 地址线连接；

A_{11}～A_1 作为片内寻址线与 2KB 的 RAM 地址线连接。这样产生片选信号的地址就应该是 A_{19}～A_{13}。根据题目要求分配给 ROM 和 RAM 的地址分别从 F0000H 和 C0000H 开始，填写地址分配表，见表 5.6-2。

（3）根据表 5.6-2 可以看出：ROM 寻址范围是 F0000H～F3FFFH，RAM 寻址范围是 C0000H～C1FFFH。

（4）由表 5.6-2 可知：A_{19}～A_{13} 中发生变化的是 A_{17}、A_{16} 和 A_{13}，因此将这 3 根地址线作为译码器的输入线 CBA，得到表 5.6-3 所示的芯片与译码器输出关系。不发生变化的 A_{19}、A_{18}、A_{15} 和 A_{14} 作为译码器的控制线，再加上 $M/\overline{IO}$ 控制信号线，由于是访问内存，所以令 $M/\overline{IO}$ 为高电平。而 A_{12} 参与 RAM 芯片组 RAM0 和 RAM1 的选择。

根据以上分析得到图 5.6-2 所示的连线图。

表 5.6-2　地址分配表

	A_{19}	A_{18}	A_{17}	A_{16}	A_{15}	A_{14}	A_{13}	A_{12}	A_{11}	…	A_1	A_0	备注
ROM0	1	1	1	1	0	0	0	0	0	…	0	0	片内寻址
	1	1	1	1	0	0	0	1	1	…	1	1	
ROM1	1	1	1	1	0	0	1	0	0	…	0	0	
	1	1	1	1	0	0	1	1	1	…	1	1	
RAM0	1	1	0	0	0	0	0	0	0	…	0	0	
	1	1	0	0	0	0	0	0	1	…	1	1	
RAM1	1	1	0	0	0	0	0	1	0	…	0	0	
	1	1	0	0	0	0	0	1	1	…	1	1	

表 5.6-3　芯片与译码器输出关系

	A_{17} C	A_{16} B	A_{13} A	输出
ROM0	1	1	0	$\overline{Y_6}$
	1	1	0	
ROM1	1	1	1	$\overline{Y_7}$
	1	1	1	
RAM0	0	0	0	$\overline{Y_0}$
	0	0	0	
RAM1	0	0	0	$\overline{Y_0}$
	0	0	0	

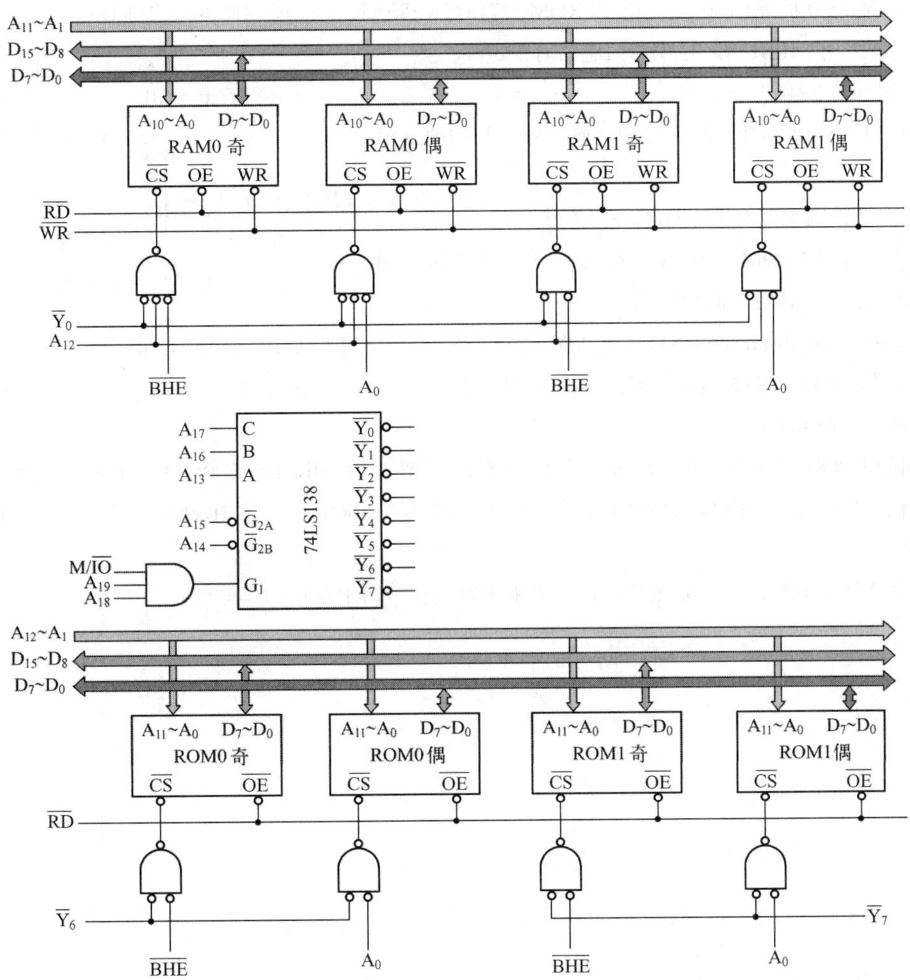

图 5.6-2　例题 5.6-2 连线图

【例 5.6-3】 有一个 2732 EPROM(4K×8b)芯片的译码电路如 5.6-3 图所示，试求:

（1）计算 2732 芯片的存储容量；（2）给出 2732 芯片的地址范围；（3）是否存在地址重叠区?

【解答】 （1）存储容量是 4KB。

（2）2732 芯片的地址范围是 08000H～09FFFH，分析见表 5.6-4。

（3）存在地址重叠区，如上分析可知：08000H～08FFFH，09000H～09FFFH 是重叠的，2732 中每个存储单元有 2 个地址，分别在以上两段地址空间内。

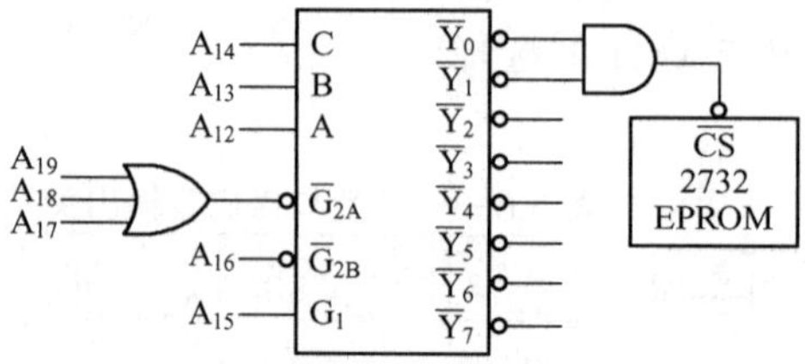

图 5.6-3 2732 EPROM（4K×8）芯片的译码电路

表 5.6-4 例 5.6-3 地址分析

	A_{19} A_{18} A_{17} A_{16} A_{15} A_{14} A_{13} A_{12}	A_{11}～A_0	地址
$\overline{Y}_0$	0 0 0 0 1 0 0 0	0 ～ 0	08000H
		1 ～ 1	08FFFH
$\overline{Y}_1$	0 0 0 0 1 0 0 1	0 ～ 0	09000H
		1 ～ 1	09FFFH

本章习题

5-1 在某个微机系统中，试用 EPROM 2716(2K×8b)芯片扩展 4K×8b 的 ROM。要求起始地址为 8000H，译码器采用 74LS138，导线和门电路若干。

（1）共需几片 2716?

（2）画出其与 8088 CPU 的连接图，确定各芯片的地址范围。

（3）根据连接图确定有无地址重叠，为什么?

5-2 有一个 EPROM2716(2K×8b)芯片的译码电路，如图 5.6-4 所示，请计算该芯片的地址范围。

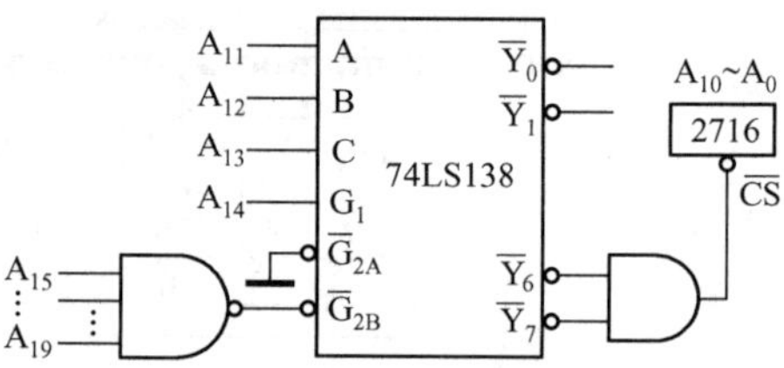

图 5.6-4 2716 芯片的译码电路

5-3 试画出容量为 2K×8b RAM 的连接图(CPU 用 8088，RAM 用 2114，RAM 地址区为 0800H～0FFFH)。

5-4 采用 SRAM 62256 存储器芯片(32K×8b)设计一个 8086 微机系统的 RAM 扩展电路，要求：容量为 32K 字，地址从 10000H 开始。

5-5 试以 8088 为 CPU 的系统设计存储器系统，要求用 64K×8b 的 ROM 芯片组成起始地址为 0 的 128K×8b 存储空间，用 128K×8b 的 RAM 芯片构成起始地址为 20000H 的 512K×8b 存储空间，画出该存储系统的电路原理图。

5-6 存储体系为什么采用分级结构，主要用于解决存储器中存在的哪些问题?

第 6 章　输入/输出接口技术

内容提要：

接口是计算机系统的重要组成部分，输入/输出(I/O)接口是 CPU 与外设间信息交换的桥梁。本章介绍外部设备接口(I/O 接口)的主要功能，I/O 接口的作用，I/O 端口的编址方式，4 种输入/输出方式等。

教学目标：

- 熟悉 I/O 接口的主要功能和作用
- 了解 I/O 端口的编址方式
- 掌握程序控制方式即无条件传输方式、程序查询方式的流程和程序设计
- 理解程序控制方式和中断方式的 I/O 传输电路图
- 了解 DMA 输入/输出方式

微型计算机系统可以划分为 CPU 子系统、存储器子系统和输入/输出子系统(简称 I/O 子系统)。CPU 子系统主要负责信息的处理和控制，存储子系统负责信息存储。CPU 与主存储器组成了一般概念中的主机，主机连接若干输入/输出设备才组成一个完整的系统。因此在一个计算机系统中，除了负责解释执行指令、实现运算处理的 CPU 子系统和负责信息存储的存储器子系统外，还需要有输入/输出子系统。

主机通过系统总线连接各种 I/O 设备。在标准、通用的系统总线和各具特色的 I/O 设备之间，需要设置接口逻辑部件。如图 6.0-1 所示，各类外设和存储器都是通过各自的接口连接到系统总线上的。用户要根据应用要求选用不同的外设，因此要设计相应的接口电路，把它们连接到系统总线上，以构成不同类型、不同规模的应用系统。

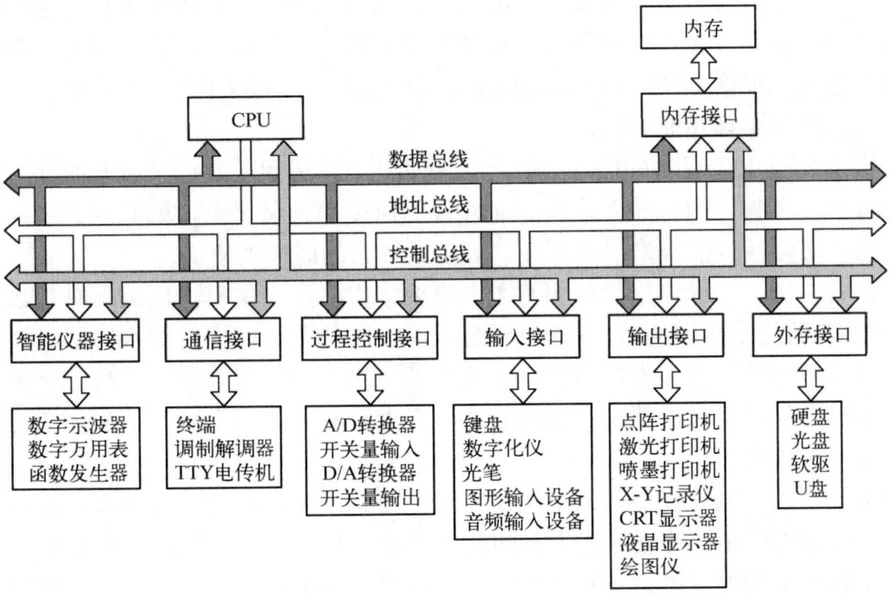

图 6.0-1　微机系统接口框图

通常，存储器是在 CPU 的控制下同步工作的，故存储器接口电路及其相应的控制机构比较简单。而 I/O 设备种类繁多，有机电式、电子式、电磁式、光电式等，这些设备速度各异，繁简差异很大。就常用的 I/O 设备而言，既有慢到秒级的键盘输入设备，也有快到微秒级的磁盘输入设备；大到一台数控加工中心，小到一个发光二极管。因此 I/O 接口电路逻辑各异，复杂程度相差悬殊。所以，接口问题一般多指 I/O 接口。

另外，由于 I/O 设备种类繁多，应用场合又不尽相同，为了使主机适应这种不同和应用要求，相应地有不同的数据传输控制方式。一般计算机都支持 3 种控制方式：程序控制传输方式(包含程序查询传输和无条件传输两种)、中断传输方式和直接存储器存取(简称 DMA)方式。不同的 I/O 方式不仅影响 CPU 与接口的逻辑，还涉及软件设计中输入/输出程序的组织。

本章将从 I/O 接口入手，提出端口的概念，在此基础上讨论 I/O 方式及其接口原理，I/O 程序的基本编制方法。

6.1　I/O 接口概述

接口技术是计算机的重要技术之一，人们使用计算机就必须和计算机进行信息交流，这种交流是通过外设实现的。由图 6.0-1 可知，外设必须通过接口才能和主机连接，这就不难理解为什么接口技术倍受重视了。

本章主要讨论主机和 I/O 设备之间的接口逻辑及有关软件，即 I/O 接口。结合图 6.0-1 可以看出 I/O 接口的作用，它的一侧和主机相连，另一侧和 I/O 设备相连。I/O 设备为什么不能直接和主机连接呢？一个接口应该具有怎样的功能呢？下面将把这两个问题结合起来讨论。

6.1.1　接口的功能及其作用

（1）地址识别，即地址译码功能。我们知道，一台计算机系统包含多台外设，相应地就不止一个 I/O 接口(至少从逻辑上应如此)。而任何瞬时主机只能和一台外设交换信息，为了能让主机实现唯一性选择，必须给不同的接口分配不同的地址，这一点与存储器编址的道理是一样的。而一个接口往往包含多个寄存器，有的用于数据的输入，有的用于数据的输出，有的用于接收主机的命令以控制外设，还有的用于接收外设的状态，以便 CPU 查询等，因此一个接口可能占用多个地址。根据 CPU 对存储器的操作我们知道，一般 CPU 一次只能对一个寄存器进行读写，为此，接口要有寻址功能。

（2）提供主机和 I/O 设备的缓冲、暂存、驱动能力，满足一定的负载和时序要求。主机和外设通常是按照各自独立的时序工作的，而外设的速度差异又很大，因此两者之间无法直接进行信息的交换，必须通过接口来缓冲暂存，以满足各自的时序要求。

以输出设备为例，一般输出设备相对于主机要慢得多，而主机输出数据时其数据的保持时间很短(由 CPU 的输出时序决定)，输出设备无法及时地取走数据，即两者的时序不配合，若不锁存就会造成数据的丢失。而接口和主机连接的一侧可以满足 CPU 的时序要求，和外设连接的一侧可以满足外设的时序要求。通过它就可使主机和外设两个时序不配合的相对独立的设备实现数据的可靠传输。

另外由于接口的一侧往往要和系统总线相连，而总线上连接有许多电路，且有一定距离，从而要求接口必须提供足够的驱动能力，同时要把接口对系统造成的负荷限制在一定水平下。

接口为了协调不同速度的设备和主机之间的速度不匹配，必须具有联络和控制功能，以便把外设的状态及要求传递给主机和把主机的控制命令送给外设。

总的来看，接口还要有缓冲、暂存、驱动、联络、控制和满足一定的负载要求及时序要求的功能。

（3）主机和外设进行数据传输时还存在着一个数据格式是否兼容的问题，如果不兼容必须进行格式转换。比如主机和一个串行设备通信，串行设备只能以串行方式接收和发送信息，而主机一般以并行方式进行信息的传输，因此必须进行并串和串并转换，这也要靠接口来完成。所以说接口有时还要具有数据格式转换功能。

（4）主机和外设进行数据传输时除了要考虑数据格式是否兼容外，还必须考虑其电气标准的兼容性，比如电平标准。以微机中的两个 RS232 标准的串行口为例，采用的是 RS-232C 标准。有些串行设备采用的是 TTL 电平标准，两者无法直接连接，中间必须再加接口。因此接口还要有电平转换功能。此外在有些通信中校验功能(如奇偶校验)也是由接口来完成的。

（5）有的设备所使用的信息不仅有数字量的，还有模拟量和开关量，而计算机只能处理数字量。如在计算机采集与控制系统中，输入设备(传感器)提供的往往是模拟信号，而输出设备(受控设备)往往只能接收模拟信号，对此必须由接口来实现计算机与它们之间的连接。完成模拟量到数字转换的接口称为 A/D 转换接口，把数字量转换为模拟量的接口称为 D/A 转换接口。至于开关量，可以有两种状态，比如开关的闭合和断开，也要被转换成用 0 或者 1 表示的数字量后，才能被计算机识别或者接受它的控制。

（6）主机和外设之间有不同的数据传输方式，传输方式不同，主机和外设间的连接方式也不同，因此必须由接口来实现这种连接。不仅如此，有时要求一个接口可以工作在不同的数据传输方式下，如中断接口也可以实现程序查询工作方式，DMA 接口中一般包含有中断机制等。因此一个接口有时还要求有多种控制逻辑。

严格地讲，不同的设备其接口功能差异很大，有的十分简单，比如用一个三态门作为接口就可以。有的则十分复杂，譬如 DMA 传输用的接口。所以以上这些功能只是 I/O 接口一般功能的总结。

6.1.2 接口的分类

和许多事物的分类一样，依据不同分类结果就不同。对接口的分类可以从以下几个方面划分。

1. 按数据传输的基本方式分类

数据通信(传输)的基本方式可分为并行通信和串行通信。与之对应的接口就有并行接口和串行接口。

并行通信是指利用多条数据传输线将一个数据(如一个字节)的各位同时传输。这种方式的特点是传输速度高，接口电路较为简单，但是当传输距离较远且位数较多时，将使通信线路变得复杂，通信成本提高，因此它适合传输距离较近、传输速度要求较高的场合。如 CPU 子系统与显示适配器之间采用的是并行通信，因此显示适配器是一个并行接口。

串行通信是指利用一条数据传输线，把数据一位一位地顺序传输。这种方法的特点是通信线路简单、通信成本低、通信距离较远，但它的通信速度低，接口电路较并行通信复杂。因此这种方式特别适用于远距离、允许慢速传输的场合。在计算机与终端、计算机与计算机之间常采用串行通信。而且它是构成计算机网络的基础。

至于在应用中是采用并行接口还是串行接口，这主要取决于外设的要求。例如，并行打印机用并行接口，串行打印机用串行接口，两者不能通用。

2. 按主机访问 I/O 设备的控制方式分类

可分为程序控制传输接口、中断传输接口和 DMA 接口等。前面已经提到，一个接口可能具有多种传输功能，如程序控制传输中的条件传输接口就涵盖了无条件传输接口的功能，中断传输接口则涵盖了程序查询传输接口的功能，而 DMA 接口一般包含有中断机制，亦可作为中断传输接口。

3. 按接口的总线标准来分类

可分为 ISA 总线接口、EISA 总线接口、PCI 总线接口、MCA 接口和 STD 总线接口、AGP 接口等。

另外还可以按照时序控制方式、按照应用对象或者几种分类方法相结合来分类等。

最后还必须说明一点，有的接口仅有硬件逻辑，而有的接口还包括与之相关的软件，如驱动程序、初始化程序等。这些驱动程序有的放在接口的 ROM 中，有的则在系统主板上的 ROM 中。在计算机系统中对接口的访问可以由用户直接编程进行，也可以通过 DOS 调用和 BIOS 调用来实现。利用系统调用来对接口进行操作，使用者无须详细了解接口的硬件逻辑，也可以掩盖可能发生变化的硬件细节。

6.1.3 简单 I/O 接口芯片

由前所述，I/O 接口电路是外设和计算机之间传送信息的交接部件，每一个外设都要通过接口电路才能和主机相连。这里先介绍几种简单的输入/输出接口芯片，后面几章将重点讨论几种常用的可编程接口芯片的工作原理、编程方法以及与 CPU 和外设的连接问题。

最常用的简单输入输出芯片有缓冲器和锁存器。

1. 缓冲器 74LS244

74LS244 是一种单向的 8 路数据缓冲器，其引脚如图 6.1-1 所示。74LS244 的内部有 8 个三态驱动器，分成两组，每组 4 个输入输出端，分别由控制端$\overline{1G}$和$\overline{2G}$控制。当$\overline{1G}$为低电平时，数据从 $1A_1$～$1A_4$ 传送到 $1Y_1$～$1Y_4$；$\overline{2G}$为低电平时，数据从 $2A_1$～$2A_4$ 传送到 $2Y_1$～$2Y_4$。$\overline{1G}$和$\overline{2G}$为高电平时，输出呈高阻状态。把它用于 8 位数据总线时，可以把$\overline{1G}$和$\overline{2G}$并连由一个片选信号控制。74LS244 常用来构成外设输入数据端口，这时它的输入端 A 和外设的数据线相连，而输出端 Y 并接至 CPU 的数据总线上。74LS244 的数据传输是单向的，只能从 A 到 Y 端。如果要进行双向数据传输，可选用双向数据缓冲器 74LS245。

2. 缓冲器 74LS245

74LS245 是一种双向的 8 路数据缓冲器，内部包含 8 个双向三态缓冲器，其引脚见图 6.1-2。控制信号端包括：低电平有效的门控输入端$\overline{G}$和方向控制端 DIR。当$\overline{G}$有效为低电平时，DIR=1，数据传送从 A 端到 B 端；DIR=0，数据传送从 B 端到 A 端。

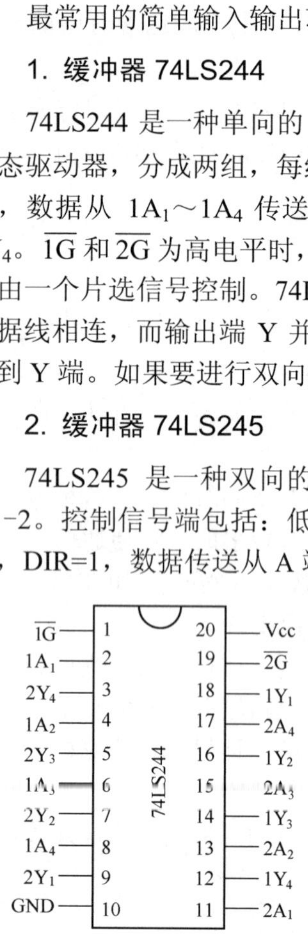

图 6.1-1　74LS244 引脚图

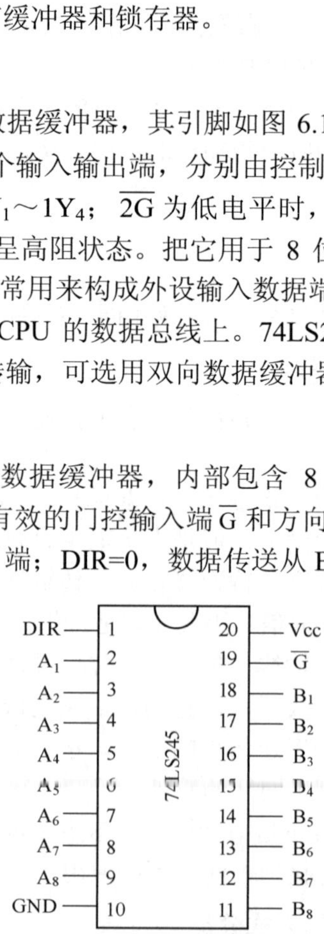

图 6.1-2　74LS245 缓冲器

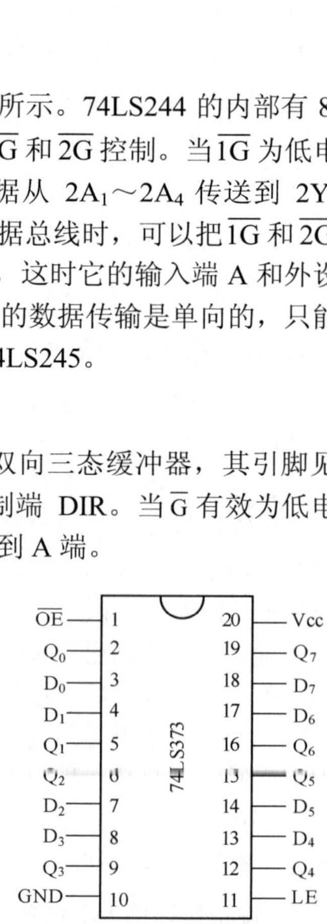

图 6.1-3　74LS373 引脚图

3. 锁存器 74LS373

锁存器具有暂存数据的能力，能在数据传输过程中将数据锁住，之后在输出控制信号的作用下，将数据送出去。

74LS373 是一款常用的 8 位锁存器，可直接挂接到总线上，具有三态总线驱动功能。

它由 8 个并行的、带三态缓冲输出的 D 触发器构成，其引脚如图 6.1-3 所示。它有 2 个控制端：三态允许控制端 $\overline{OE}$ 和锁存允许端 LE。LE、D 和 Q 信号之间的关系如表 6.1-1 所示。

当 $\overline{OE}$ 为低电平且 LE 为高电平时，Q_7～Q_0 随数据 D_7～D_0 而变，可用来驱动负载或总线；若 $\overline{OE}$ 为低电平，而 LE 从高电平变成低电平，输出 Q 将是前面锁存的数据，这时 D 端的任何变化都不影响输出。当 $\overline{OE}$ 为高电平时，Q_7～Q_0 呈高阻态，即不驱动总线，也不为总线的负载。

表 6.1-1　74LS373 真值表

$\overline{OE}$	LE	D	Q
低	高	高	高
低	高	低	低
低	低	×	锁存
高	×	×	高阻态

练习题 1

6.1-1　判断：CPU 与 I/O 接口是通过三总线连接的。（　　）

6.1-2　判断：一个 I/O 接口中必须有锁存器。（　　）

6.1-3　可用作简单输入接口电路的是（　　）。

A．译码器　　B．锁存器　　C．反向器　　D．三态缓冲器

6.1-4　下列芯片中可以作为双向数据缓冲器的是（　　）。

A．74LS244　　B．74LS138　　C．74LS245　　D．74LS373

6.1-5　下列芯片中可以作为地址锁存器的是（　　）。

A．74LS244　　B．74LS138　　C．74LS245　　D．74LS373

6.1-6　什么是 I/O 接口？其基本功能是什么？

6.2　I/O 端口及其编址方法

6.2.1　I/O 端口

主机通过接口与外设进行信息交换，在接口中必须有可供主机直接访问的、可以实现信息缓冲的寄存器(也叫锁存器)或硬件逻辑(如三态门)。这就是所谓的 I/O 端口。

在接口电路中，按端口寄存器存放信息的物理意义划分，端口可分为以下 3 类。

1. 数据端口

数据端口用来存放 CPU 要输出到外设的数据或者外设送给 CPU 的数据。这些数据是主机和外设之间交换的最基本的信息，一般长度 1～2 个字节。数据端口主要起缓冲的作用。

2. 状态端口

状态端口存放反映外设当前工作状态的信息。每种状态用 1 位表示，每个外设可以有几个状态。CPU 读取这些状态信息，以查询外设当前的工作情况。接口电路状态端口中最常用的状态位有：

（1）忙碌位(BUSY)：对输出设备，用忙(BUSY)信号表示输出设备是否能够接收新的输出信息，若“忙”(BUSY = 1)则不能接收，否则(BUSY = 0，即“闲”)可以接收。

（2）准备就绪位(READY)：对输入设备，用准备好(READY)信号表示输入设备是否做好了

输入准备，若已做好了输入准备，即准备好了一个输入信息供 CPU 读取，则 READY = 1；若还没有做好输入准备，则READY = 0，CPU 不能读取。

3. 控制端口

控制端口也称为命令端口，存放 CPU 向接口发出的各种命令字和控制字，以便控制接口或设备的动作。如主机送出的启动或停止输入/输出设备工作的信息，具体随设备要求和外设与主机连接的不同而不同。

显然，数据信息、状态信息和控制信息的性质不同，作用也不同，按理应该分别传输。但是在 8086/8088 微机系统中，CPU 通过接口和外设交换数据时只有输入和输出两种指令(即 IN 和 OUT 指令)，也就是说这三种信息都是通过数据总线传输的（状态信息作为输入数据、控制信息作为输出数据）。为了区分这三种不同的信息，需要把它们送到不同的端口，从而起到不同的作用。图 6.2-1 是引入端口概念的主机通过接口与外设的连接示意图。

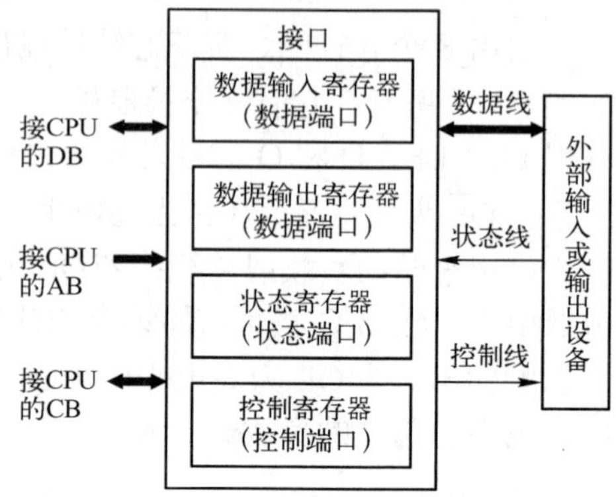

图 6.2-1　主机与外设连接示意图

事实上，主机并不能区分不同性质的端口，主机对哪一个端口进行读写操作完全取决于所执行 I/O 指令的端口地址，这一点是每一个编写输入/输出程序的人员应十分清楚的。

6.2.2　I/O 端口的编址方法

主机在进行输入/输出操作时必须对端口进行区分，即对哪个端口进行操作。为此必须像对待存储器那样给每一个端口分配一个地址。为它们分配地址的方式就称为编址方式，常见的编址方式有存储器统一编址和端口独立编址两种。

1. 存储器统一编址

存储器统一编址就是把一个端口当成一个存储器单元对待，主机访问端口与访问存储器完全一样。例如要把 BL 的内容送到地址为 PORT1 的端口，可用下述指令实现。

```
MOV  [PORT1],  BL
```

采用这种编址方式的计算机的寻址空间是内存容量和端口个数的总和。假设某 CPU 的寻址空间是 1MB，如果采用存储器统一编址方式，则 CPU 所能寻址内存的最大容量为 1MB 减去寻址端口所占用的地址个数。

这种方式的优点是：不需要专用的 I/O 指令，使指令系统简化；另外存储器操作的指令较为丰富，与端口独立编址方式相比，对端口的操作更加灵活。缺点是：I/O 端口占用了存储单元的地址空间。

另外，对外设的操作指令一般比较简单，并不需要复杂的寻址方式。寻址方式复杂反而会影响传输速度。因此存储器统一编址方式常被用于一些小系统中。

2. 端口独立编址

该编址方式是把 I/O 端口看成是独立于存储器的 I/O 空间，8086/8088 等微处理器习惯上采用这种寻址方式来访问外设。图 6.2-2 给出了 8086/8088 系统中端口和存储器地址的分配情况。在这种方式下通过专用指令 IN 和 OUT(见 3.2.4 节)来访问端口。

由于 I/O 地址线和存储器地址线是公用的，因此两者只能分时使用这一组地址线，为了区别当前是访问存储器的地址还是访问 I/O 端口的地址，一般要设置专用的控制线。例如在 8086

CPU 中由信号线 M/$\overline{\text{IO}}$ 来区分：当执行存储器操作指令时 M/$\overline{\text{IO}}$ 线为高电平；当执行输入/输出指令时 M/$\overline{\text{IO}}$ 为低电平，此时地址就只对端口有效。8088 CPU 的区分信号线为 IO/$\overline{\text{M}}$，其操作状态与 8086 CPU 相反。

端口地址	端口	备注
0000	**	可直接寻址
0001	**	
⋮	⋮	
00FE	**	
00FF	**	
0100	**	必须DX间接寻址
0101	**	
⋮	⋮	
FFFE	**	
FFFF	**	

存储器地址	存储单元
00000	**
00001	**
⋮	⋮
000FE	**
000FF	**
00100	**
00101	**
⋮	⋮
0FFFE	**
0FFFF	**
10000	**
10001	**
⋮	⋮
FFFFE	**
FFFFF	**

64K（00000～0FFFF）　1M（00000～FFFFF）

图 6.2-2　端口、存储器地址分配比较图

这种方式的优点是：将输入/输出指令和访问存储器的指令区分开，因此程序的可读性好；I/O 指令长度短，执行速度快；I/O 端口无需占用内存空间；I/O 地址译码电路简单。缺点是：需要专门的 I/O 指令和控制信号。

练习题 2

6.2-1 判断：一个 I/O 接口中必须有数据端口、控制端口和状态端口。（　　）

6.2-2 判断：I/O 接口与存储器统一编址的优点是可用相同指令操作。（　　）

6.2-3 判断：8086 CPU 的 I/O 接口与存储器是统一编址的。（　　）

6.2-4 8086/8088 CPU 使用_____根地址线进行 I/O 端口寻址，可寻址范围为______字节。

6.2-5 CPU 执行“IN　AL, DX”指令时，M/$\overline{\text{IO}}$ 引脚为____电平，$\overline{\text{RD}}$ 为____电平，$\overline{\text{WR}}$ 为____电平。

6.2-6 状态信息是通过（　　）总线进行传送的。

A．数据　　B．地址　　C．控制　　D．外部

6.2-7 8086 CPU 工作在最小模式下，当引脚 M/$\overline{\text{IO}}$ 为低电平，$\overline{\text{WR}}$ 为低电平时，CPU（　　）数据。

A．向存储器传输　　B．向 I/O 端口传输　　C．从存储器读入　　D．从 I/O 端口读入

6.2-8 8086 CPU 对地址为 240H 的 I/O 端口进行读操作的指令为（　　）。

A．MOV　AL, 240H　　B．MOV　AL, [240H]　　C．IN　AL, 240H　　D．MOV　DX, 240H
IN　AL, DX

6.2-9 执行指令“IN　AL, DX”后，进入 AL 寄存器的数据来自（　　）。

A．立即数　　B．存储器　　C．寄存器　　D．外设端口

6.2-10 采用独立编址后，I/O 端口地址与存储单元可以重叠使用，会不会产生混淆？

6.3　输入/输出方式及其接口

从控制输入/输出传输的角度，输入/输出的方式可分为 3 种，即程序控制传输方式、中断传输方式和直接存储器存取方式(简称 DMA)。

6.3.1 程序控制传输方式

程序控制传输方式的特点是：主机直接通过 I/O 指令对 I/O 接口进行操作访问，主机与外设交换信息的每一个过程均在程序中表示出来。它又分为无条件传输和程序查询传输两种方式。

1．无条件传输方式(同步方式)

当利用程序来控制主机与外设交换信息时，如果可以确信外设总是处于准备好或空闲状态，或者说外设和主机是同步的，主机无须询问接口的状态，就可以直接由 I/O 指令访问相应的 I/O 端口，输入或输出数据。这种方式称为无条件传输方式。

无条件传输方式的接口电路和传输程序都是最简单的。主机通过 IN 或 OUT 指令就可直接完成输入/输出操作。一般只能用于纯电子部件的输入/输出,以及完全由主机决定传输时间的场合。比如 CPU 送数或字模给 LED 数码显示器、送数给控制信号灯、送数给 D/A 转换器和输出信号以控制马达或阀门等的输出场合；读取开关状态、读取一个时间值、启动高速 A/D 转换器后立即读取结果等的输入场合。虽然这种方式的软硬件简单且速度高，但其局限性很大，它只适合那些随时可以进行 I/O 的外设和已知外设是处于准备好或空闲状态的外设。否则将会造成传输错误。图 6.3-1 为无条件传输方式的输入接口原理图，图 6.3-2 为无条件传输方式输出接口原理图，下面结合原理图讨论 I/O 过程。

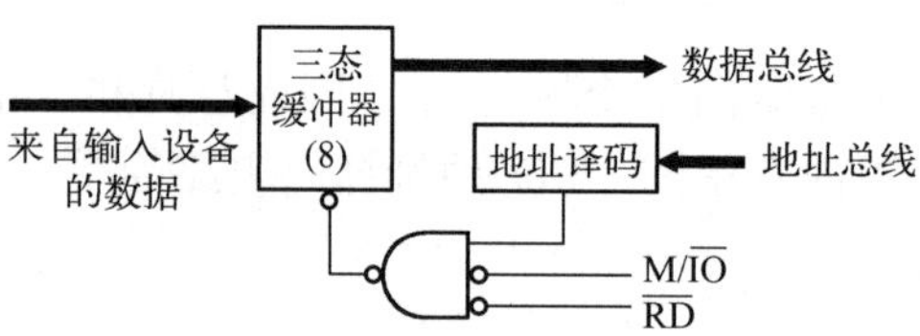

图 6.3-1　无条件传输方式输入接口原理图

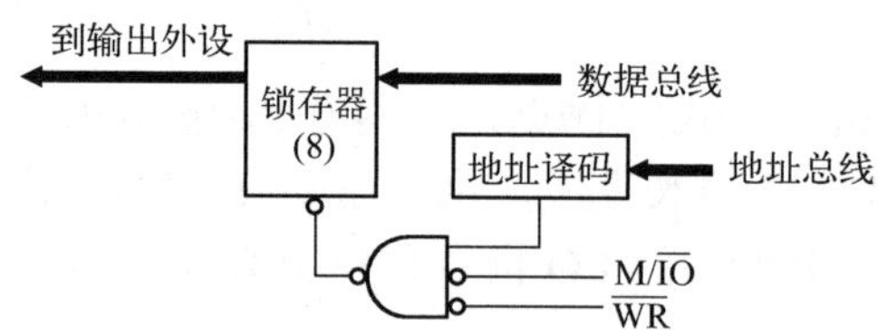

图 6.3-2　无条件传输方式输出接口原理图

（1）输入过程

在输入时，由于来自外设的输入数据的保持时间相对于 CPU 的读取时间要长得多，故输入端一般可直接用输入缓冲器与 CPU 的数据总线相连。

当 CPU 执行输入指令时，读信号 $\overline{RD}$ 为有效的低电平，存储器/输入输出选择信号 M/$\overline{IO}$ 处于低电平，地址译码器的输出为有效的高电平，因而输入缓冲器被选中，这样来自输入设备的数据经缓冲器进入数据总线，CPU 在 T_4 周期的前沿把数据取走。显然，为了保证数据读入的正确性，输入数据的出现和保持时间必须符合输入周期对数据的要求。如果不能保证数据的出现时间符合输入要求，就要用程序查询式输入方式；如果不能保证输入数据的保持时间符合输入要求，就要加输入锁存器。

（2）输出过程

在输出时，一般要有输出锁存器，因为外设的速度比 CPU 慢，CPU 送出的数据要由锁存器锁存，直到输出设备把它取走。

当 CPU 执行输出指令时，写信号 $\overline{WR}$ 为有效的低电平，存储器/输入输出选择信号 M/$\overline{IO}$ 处于低电平，地址译码器的输出为有效的高电平，因而输出锁存器被选中，这样 CPU 输出的数据经数据总线进入输出锁存器，输出锁存器保持这个数据直到输出设备把它取走。显然，CPU 在执行输出指令前，必须确信输出锁存器中的上一个数据已被外设取走，即输出锁存器是空的。否则就会出现覆盖错误。如果不能确定何时输出锁存器是空的，则需要用程序查询式输出方式。

【例 6.3-1】 图 6.3-3 所示为一无条件传输方式的接口电路，开关状态通过 74LS244 接口芯片采集进来，采集结果再通过 74LS373 接口芯片锁存输出并加反向驱动后控制 8 个发光二极管的显示，读入的开关状态为高电平时对应的发光二极管发光，开关状态为低电平时不发光。写出完成这一功能的程序段。

【解答】
```
IN   AL, 82H
OUT  80H, AL
```

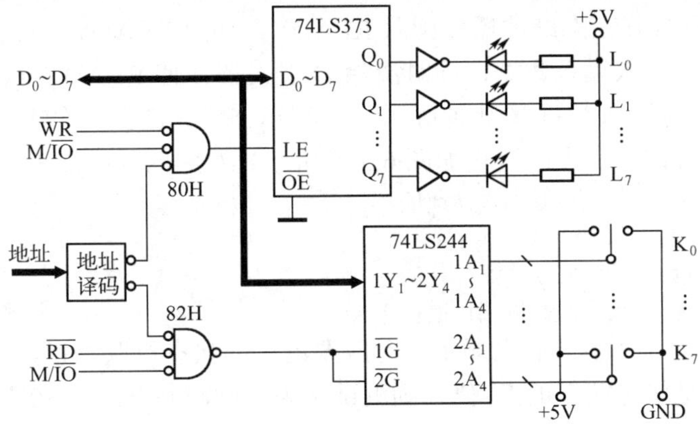

图 6.3-3　无条件件传输方式的接口电路

2．程序查询传输方式（条件传输方式）

我们接触的外设多数是不能被 CPU 随机读写的，而且其工作状态也是很难事先预知的。例如键盘，只有当有键被可靠按下并稳定时 CPU 才能读到正确的键位值，而何时有键按下是无法事先准确预知的；再如一台打印机只有处于空闲状态才能接收新的打印信息，而事先也是无法预知它是否空闲的。好在一般外设在传输数据的过程中都可以提供一些反映其工作状态的状态信号。例如，对输入设备来讲，它需提供准备好（READY）信号，READY＝1 表示输入数据准备好，CPU 可以做读操作。对输出设备来讲，则需提供忙（BUSY）信号，BUSY＝1 表示其正在忙，不能接收 CPU 送来的数据。如果先用程序来查询外设的相应状态，若状态不满足 I/O 条件则等待，当状态信号满足 I/O 条件时，才进行相应的传输，这就能保证 I/O 的正确性。从而使不同速度的外设均可以和 CPU 进行可靠的 I/O 操作。所以这种方式又叫条件传输方式。

下列操作在此方式相应的 I/O 程序中是不可少的：

① 读取外设状态信息。

② 判断是否可进行新的操作。如果设备还未准备好，则返回①；若已经准备好，就执行③。

③ 执行所需的 I/O 操作。这一步就是无条件传输方式下的 I/O 操作。

显然这种方式的接口中除了有和无条件传输方式一样的数据端口外，还必须设置有状态端口。因此程序查询接口覆盖了无条件传输方式的功能。

下面将对输入和输出过程分别加以讨论。

（1）输入过程

和无条件传输方式相比，程序查询传输方式的接口电路要复杂一些，因为它要设置供 CPU 查询的硬件逻辑，即供 CPU 查询外设状态用的状态端口。这样该接口至少包含有两个端口：一个数据端口和一个状态端口。程序查询式输入接口的原理图如图 6.3-4 所示。图中与外设连接一侧的锁存器和 D 触发器属于与外设接口的逻辑，与 CPU 总线相连的数据缓

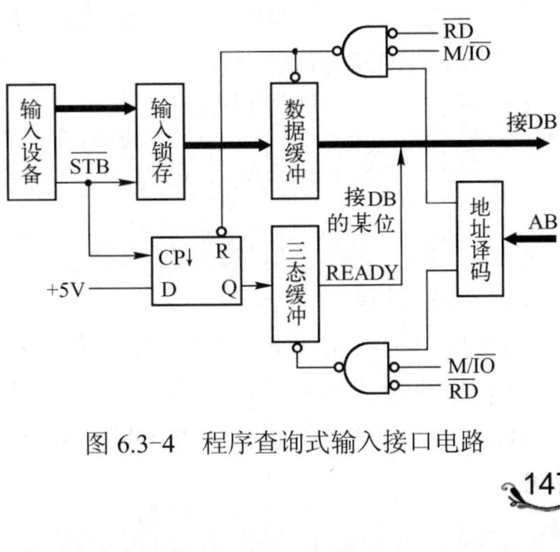

图 6.3-4　程序查询式输入接口电路

冲器、三态缓冲器、地址译码器及逻辑运算电路则属于与总线接口的逻辑。

工作过程：当输入设备将数据准备好后就把数据送出并发选通信号$\overline{STB}$。该选通信号一方面将数据锁存到输入锁存器中；一方面作为 D 触发器的 CP 信号，使其输出端 Q 变高电平，经三态缓冲器送至数据线的某位，这就是 READY 信号，此时 READY = 1，即输入数据准备好。CPU 通过一条 IN 指令打开三态缓冲器，读入 READY，如果 READY = 1，则再通过一条 IN 指令将数据缓冲器打开，读入输入数据，同时清除 D 触发器，使 READY = 0(如果 READY 再次为 1，则说明一个新的输入数据又准备好了)。这样，就完成了一次输入操作。如果读入的 READY = 0，就继续查询。其程序流程如图 6.3-5 所示。对应的程序段为：

```
STATUSIN: IN    AL, 状态端口地址
          TEST  AL, 测试字
          JZ    STATUSIN
          IN    AL, 数据端口地址
```

程序中的测试字是一个字节的立即数，对应要测试的状态位取“1”，其余各位均为“0”。比如设备的状态接的是状态端口的 D_7 位，则测试字为 10000000B，即 80H。

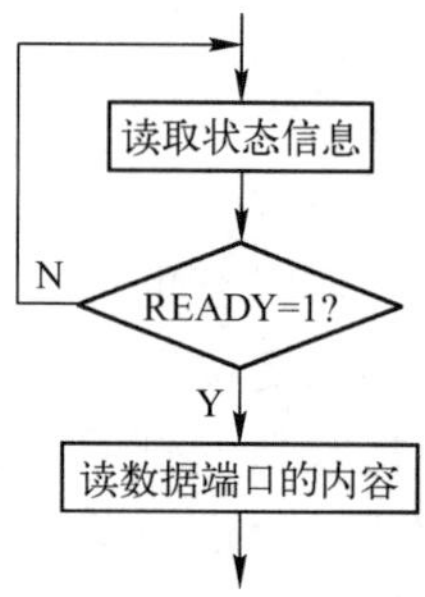

图 6.3-5　程序查询式输入流程

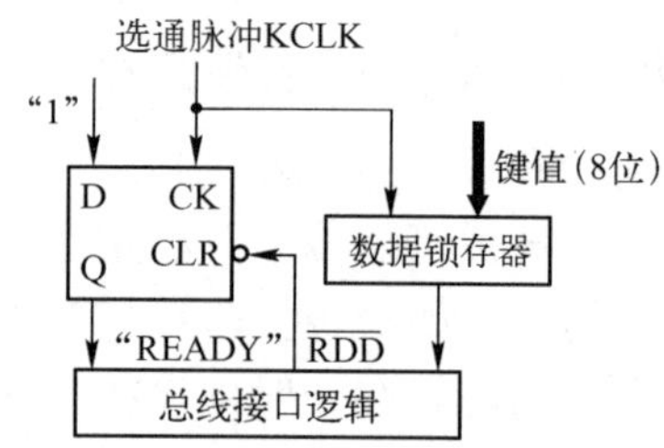

图 6.3-6　查询式键盘输入接口

【例 6.3-2】 查询式键盘输入接口如图 6.3-6 所示，其中总线接口逻辑与图 6.3-4 的总线接口逻辑相同。设状态端口的地址为 10H，数据端口的地址为 11H，状态“READY”接到状态端口的 D_0 位，即数据总线的 D_0 位。写出对应的程序段。

分析：该接口工作过程如下：

① 当某键被按下时，键盘设备就送出相应的 8 位键值，并发出一个键值打入脉冲(即选通脉冲)KCLK，该脉冲一方面把键值打入数据锁存器，一方面触发 D 触发器产生输入数据“准备好”信号，即使 READY=1。

② 键盘输入程序一直在不断地查询状态 READY 是否为“1”，即查询是否有新键被按下且键值已打入接口。

③ 当查询到 READY=1 时，就执行输入指令读取数据端口，读入新的键值。同时读数据端口选通信号 $\overline{RDD}$ 将状态位清除。

【解答】 其对应的源程序为：

```
KINSTART: IN    AL, 10H
          TEST  AL, 01H
          JZ    KINSTART
          IN    AL, 11H
```

（2）输出过程

输出接口电路见图 6.3-7。输出工作过程：当 CPU 要对某输出设备执行输出操作时，首先通过 IN 指令读状态端口的状态字，以了解外设是否忙。如果忙(BUSY=1)就继续查询，如果为空(BUSY=0)CPU 就执行一条 OUT 指令，通过与非门 1 产生选通信号，将要输出的数据送

入数据锁存器。该选通信号的作用有两个：一个是作为输出锁存器的打入信号，同时又作为状态触发器的 CP 信号，使其输出端 Q 变为 1。D 触发器输出的“1”信号有两个作用：一个是对外设的联络信号，其作用是通知外设在接口中已有数据可供取走，另一个作用是使经过状态寄存器接至数据线某位的作为查询信号的 BUSY 信号置“1”，以告诉 CPU 当前处于“忙”状态，阻止 CPU 输出新的数据。

当输出设备从锁存器中取走数据以后，会发回一个应答信号 $\overline{ACK}$，该信号将清除 D 触发器，使 BUSY = 0，以告诉 CPU 可以开始输出下一个数据。

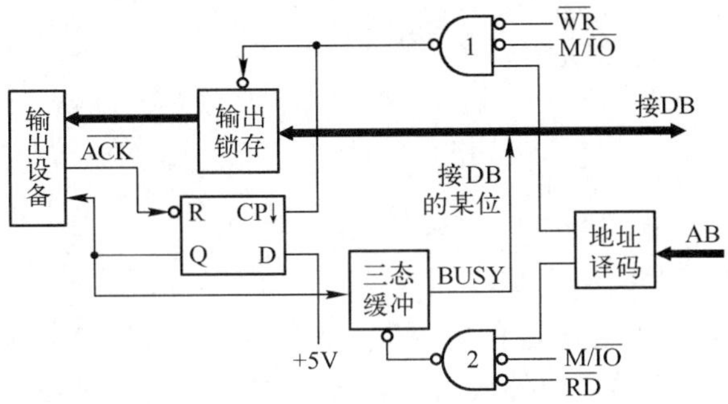

图 6.3-7　程序查询式输出接口电路

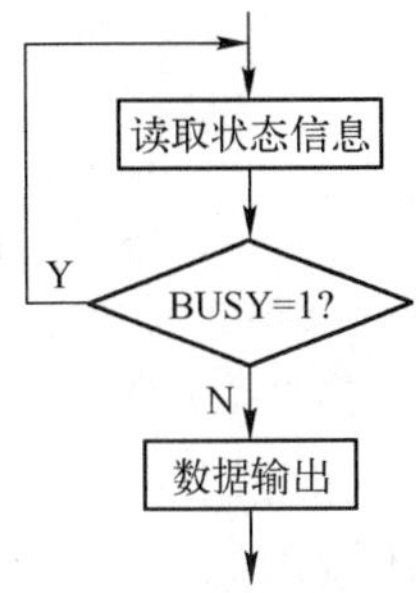

图 6.3-8　程序查询式输出流程图

程序查询式输出过程的程序流程图如图 6.3-8 所示。对应的程序段如下：

```
STATUSIN: IN     AL, 状态端口地址
          TEST   AL, 测试字
          JNZ    STATUSIN
          MOV    AL, 待输出数据
          OUT    数据端口地址, AL
```

在这一过程的学习中，我们认识到所谓输出设备“忙”或“空”的真正含义：“忙”是指输出数据锁存器中 CPU 上一次写入的新数据还没被外设取走；而“空”是指输出数据锁存器中数据已被外设取走，可以再写入一个新数。

下面再看一个具体的程序查询式输出的例子。

【例 6.3-3】 假设要把数据输出缓冲区中的一组 60 个数据通过某输出设备输出，接口电路如图 6.3-7 所示，当缓冲区的数据已被取空时就输出并显示一组信息“BUFFER EMPTY”，然后结束。设该设备的启动地址为 0100H，数据端口地址为 0101H，状态端口地址为 0102H，状态位为 D_7。程序如下：

```
DATA   SEGMENT
       MESS1 DB "BUFFER EMPTY","$"
       BUFF  DB  60  DUP(?)
DATA   ENDS
CODE   SEGMENT
       ASSUME  CS: CODE, DS: DATA
START: MOV    AX, DATA
       MOV    DS, AX
       MOV    BX, OFFSET  BUFF  ; 送缓冲区指针
       MOV    CX, 60            ; 送计数初值
       MOV    DX, 0100H
       OUT    DX, AL            ; 启动设备
```

```
WAIT: MOV    DX, 0102H
      IN     AL, DX            ; 查询状态，BUSY=1，则等待
      TEST   AL, 80H
      JNZ    WAIT
      MOV    AL, [BX]
      INC    BX
      MOV    DX, 0101H
      OUT    DX, AL            ; 输出数据
      LOOP   WAIT              ; 检测缓冲区是否空,不空继续输出
      MOV    DX, OFFSET MESS1  ; 缓冲区空，输出标志字符串
      MOV    AH, 09H           ; 显示“BUFFER EMPTY”字符串
      INT    21H
      MOV    AH, 4CH           ; 中止当前程序并返回
      INT    21H
CODE  ENDS
      END    START
```

在实际应用中对状态和控制的管理可能比上述过程更复杂一些。比如一个状态端口有 8 位，上述输入/输出过程中仅用 1 位状态，这样多个外设可公用一个端口。在对某设备的状态进行查询时，一定要注意该设备使用的是状态口的哪一位，以便设置正确的测试字。

另外，有的外设具有多个状态信息，如在打印机接口中就可能有“设备忙 BUSY”、“出错 ERROR”、“缺纸 PE”、“脱机 $\overline{\text{SLCTIN}}$ ”等，每个各占一位。有时一个状态位信息可能引发一连串的 I/O 操作。有时一个设备的某个 I/O 动作要依赖于另一个设备的某些状态，或者说某个设备的某些状态可能引发其他设备的 I/O 操作。例如打印机缺纸时可能要输出控制信号去点亮缺纸指示灯或使蜂鸣器发声进行声音报警等。如果把指示灯、蜂鸣器等看做打印机的一部分，上述操作仍然是对打印机的操作。如果把它们从逻辑上进行分离，上述操作就可以看成对另外一些设备的操作。

6.3.2　中断传输方式

1. 为什么要采用中断方式

条件传输方式虽然解决了无条件传输方式中所不能应用的场合，使不同速度的外设均可以和主机之间进行可靠的数据传输，但这是以牺牲主机的利用率为代价的。试想一个键盘外设，即便是一个最优秀的录入人员每秒敲击键盘的次数也不足 10 次，而 CPU 从外设读取一个字符的时间是微秒级的，若用程序查询方式进行输入，则绝大多数时间都在查询等待。虽然采取定时查询的方法可以从一定程度上减少无效查询，两次查询的间隔越长其无效查询时间就越短，但是如果两次查询的时间间隔过长不仅会使 CPU 对外设的响应不及时，而且还可能因两次查询之间出现多次事件而产生信息丢失。为了对外设的状态变化及时地做出反应并保证信息不丢失，两次查询的时间间隔不能过长，这就决定了 CPU 必然有大量的无效查询。另外，这种 I/O 方式对于多外设且实时性要求较高的系统也是不适宜的。这是因为：一个系统如果有多个外设，CPU 只能对每个外设轮流查询，而这些外设往往速度各异，显然 CPU 无法很好地满足每个外设随机性地对 CPU 提出的输入/输出服务要求，所以不具备实时性。

怎样才能既提高快速 CPU 和慢速外设之间进行数据传输时的工作效率，又能提高 CPU 对外部事件响应的及时性呢？回答是采用中断技术。什么是中断呢？可以举一个日常生活中的例子来说明，假如你正在看书，电话铃突然响了。这时，你记下当前的页码放好书，去接电话。

通话完毕，你取回书从被打断的位置继续看书。这个例子就表现了中断及其处理过程：电话铃声使你暂时中止当前的工作(看书)，而去处理更为急需处理的事情(接电话)，把急需处理的事情处理完毕之后，再回来继续做原来的事情(看书)。对应于计算机中就是：在计算机执行程序的过程中，由于出现某个特殊情况(或称为“事件”)，暂停执行现行程序，而转去执行处理这一事件的处理程序，处理完毕之后再回到被暂停的程序继续向下执行，这个过程就是中断。为了便于理解，图 6.3-9 给出了上述看书接电话的过程和对应计算机处理中断的过程。

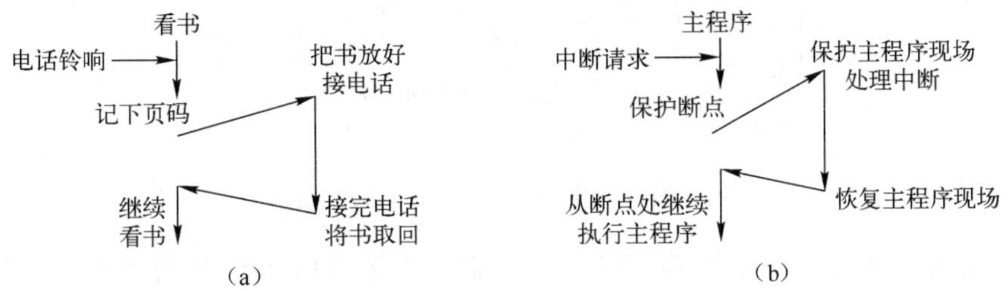

图 6.3-9　中断执行过程示意图

从执行路径来看，中断过程向中断处理子程序的转移类似于子程序的调用，但它们在实质上存在重大区别：子程序调用是由主程序安排在特定位置上的，通常完成主程序要求的功能；而中断的发生时刻是随机的，可以在主程序的任意位置进行程序切换，中断处理程序的功能往往与被中断的主程序没有直接关系。注意，这里的随机性可理解成两种情况：一种是指中断发生与否和发生时刻均是随机的；另一种仅指相对于主程序运行的发生时刻是随机的，而发生是必然的。

对键盘外设，若采用中断程序传输方式，平时不需要浪费 CPU 的时间去查询键盘，仅当按下某键时键盘才向 CPU 提出中断请求，然后 CPU 转去执行键盘中断处理程序，读取按键编码。显然这种方式既保证了按键响应的及时性，又提高了 CPU 的效率。

比较程序查询式方式与中断控制方式可以看出两种方式的主要差异是在如何获知外设的工作状态上。前者是靠 CPU 执行程序来获取的，所以叫程序查询方式；后者是靠 CPU 对中断请求信号的有效性判断来获取的，这里启动输入/输出靠的是中断，而输入/输出的实现仍然靠执行程序(执行 IN 或 OUT 指令)，所以这种方式叫中断传输方式。需要特别说明的是：CPU 获知中断请求信号的有效与否不是靠执行程序，而是靠硬件电路来完成的。在第 2 章中关于 8088/8086 CPU 及其时序部分我们已经知道，不管有无中断请求，CPU 都会在每个指令周期的最后一个 T 状态采样中断请求信号线，所以这种方式既保证了 CPU 对外设状态(外设的状态通过中断请求信号线的有效性来反映)获知的及时性，又不额外占用 CPU 的时间。

当然要可靠地完成一次中断并保证其工作的合理性，还有许多问题要考虑。比如 CPU 如何响应外设的请求？CPU 如何找到中断服务程序？CPU 为外设服务完后如何正确回到主程序并保证其继续正确运行？如果有多个外设同时要求数据传输怎么办？如果一个外设的数据传输正在进行而又有新的外设要求传输怎么办？等等。这些问题将在下一章讨论。

2．中断传输

一个用于中断方式输入的接口电路如图 6.3-10 所示。与程序查询式输入接口相比，反映输入设备是否准备好的状态信号，不再是供 CPU 查询的状态而是中断请求信号。该请求信号能否送向 CPU，一般还受设备级中断屏蔽触发器的控制，而该触发器受 CPU 的控制，可通过输出指令来设置。比如在图 6.3-10 中，当 CPU 向中断允许控制口写入数据的 D_i 位为“1”时，中断允许触发器被置为“1”，若设备有请求可送至 CPU。当写入数据的 D_i 位为“0”时，中断允许触发器被置为“0”，设备的中断请求无法送至 CPU(即被屏蔽)，从而增强了对设备的管理能力。

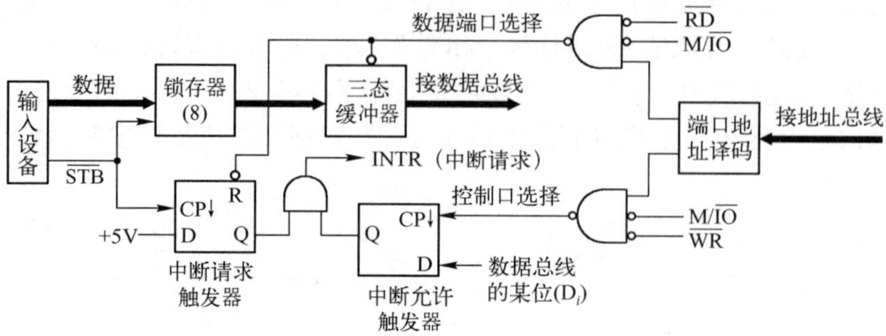

图 6.3-10　中断方式输入的接口电路

该接口电路的工作过程是这样的：输入设备用输入选通信号 $\overline{STB}$ 将输入数据打入锁存器，同时使中断请求触发器置 1；此时，若该中断源没有被屏蔽(即中断允许触发器被置“1”)，则接口向 CPU 发出中断请求信号 INTR；若 CPU 满足中断响应条件则暂停原程序的执行，为本设备服务，即转去执行本设备的中断服务子程序，通过一条 IN 指令将三态缓冲器打开，读入输入数据，同时清除中断请求触发器。如果请求再次有效，说明又一个输入数据准备好，再重复上述过程。

在这个过程中，如果外设没有准备好并不影响 CPU 执行原来的程序，只有外设准备好并向 CPU 发出中断请求后，在满足条件的情况下 CPU 才暂停原来的程序转去为外设服务，即执行该外设的输入/输出程序，服务完后又回到原来的程序继续运行，这就是中断方式的输入/输出过程。

6.3.3　DMA 方式

中断传输方式与程序查询方式相比，解决了慢速外设和快速 CPU 的矛盾，大大提高了 CPU 的效率。但是就其实现方法来看仍然是通过 CPU 执行程序来实现数据传送的。从上述中断执行的过程来看，实现一次中断 CPU 除了执行外设所希望执行的指令之外，还必须执行一系列的辅助操作，如被中断主程序返回点的保护、向中断服务子程序的转移、现场保护、现场恢复、中断返回及中断的管理等一系列辅助工作，这些要花费 CPU 的不少时间，因此这就限制了输入/输出速度的提高。当外设的传输速率很高(如磁盘)，或要进行大量的数据块传输时，效率仍然不高，会出现高速外设等待 CPU 的现象。另外通过 CPU 执行指令实现输入/输出，必须通过 AL(或 AX)中转，因此至少需要执行两条指令，一条存储器读或写指令，一条输出或输入指令。这一过程需要读指令、执行指令等，因此效率很低。针对以上 2 种方式的这一共同问题，提出了 DMA 传送方式。DMA 是“直接存储器存取(Direct Memory Access)”的缩写。DMA 方式下，利用专门的硬件电路实现外设直接和存储器进行高速数据传送，在传输过程中无须 CPU 执行指令干预。这样，数据传输的速度基本上取决于外设和存储器的速度，效率大大提高。用来控制这种传输的电路称为 DMA 控制器，简称 DMAC。

DMA 方式在进行数据传输时其工作过程十分简单，一般就是从外设输入一个数据(或数据块块)写入主存，或从主存读一个数据(或数据块)并输出到外设。

DMA 传输虽然是为了实现主存与外设间高速数据交换而设置的，但在不同的计算机系统中，其功能有所不同，最简单的仅能实现主存和 I/O 设备间的数据传输，较复杂还能实现外设与外设之间、主存与主存之间的数据传输。一般情况下一个数据的传输仅占用一个存储器读写周期或更短。因此它特别适用于需要高速批量数据传输的场合。

由于 DMA 一般只能实现单一或成组数据的传输，而不能进行较复杂事件的随机处理，因此它并不能完全取代中断。如某件事情，要边传输边处理，就要用中断方式。即使对于批量数据先传输后处理的场合，往往也是先以 DMA 方式传输，传输结束后以中断方式通知 CPU 结束处理。比如微机中的软盘控制器、声卡等既占用 DMA 资源又占用中断资源。另外，DMA 方式是以复杂的硬件接口为代价的，实现了不需要 CPU 控制的高速数据传输。虽然 DMA 传输可以实现内存与外设、外设与外设和内存与内存之间的数据传输，但是应用最多的还是内存与外设之间的传输形式，所以在 DMA 方式的讨论中，总是以这一形式为主进行讨论的。

1．DMA 传输过程

DMA 传输示意图如图 6.3-11 所示。一个完整的 DMA 过程应包括：初始化、DMA 请求、DMA 响应、DMA 传输、DMA 结束 5 个阶段。

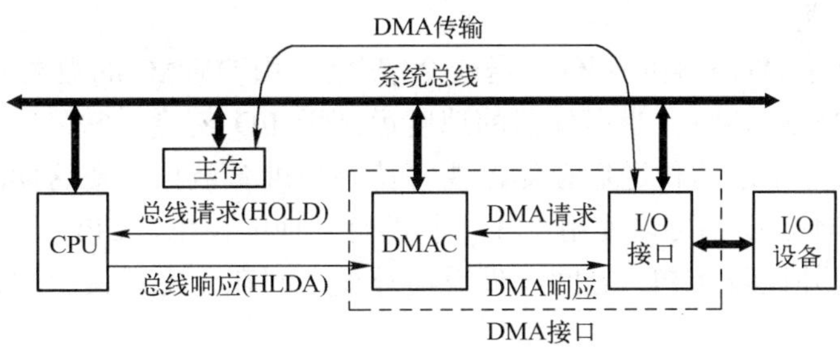

图 6.3-11　DMA 传输过程示意图

（1）*初始化*

所谓初始化，就是为 DMA 做的准备工作。虽然 DMA 传输是靠硬件逻辑实现的，但是在启动 DMA 传输之前，还必须由 CPU 执行指令来对 DMA 接口进行设置。虽然不同的 DMA 控制器设置并不一样，但是以下几个方面一般是不可缺少的。

- 准备好要输出的数据或设置好数据接收缓冲区。
- 根据传输要求设置数据的传输方向、工作模式及有关外设接口的初始状态等。
- 初始化地址指针和块长计数器。当进行输入设备与主存间的传输时，设置内存接收数据缓冲区的指针；当进行输出设备与主存间的传输时，设置内存发送数据缓冲区的指针；如果要进行的是主存内不同单元之间的传输，要同时设置接收和发送指针。另外，如果是成组传输，还要设置数据块长度计数器。
- 当 DMA 结束后，一般要由中断来请求 CPU 做结束处理，因此还包括对中断的有关初始化。对于多通道的 DMAC 还应考虑 DMA 请求的管理问题。

（2）*DMA 请求*

当外设准备就绪时，它通过接口向 DMA 控制器发 DMA 请求，DMA 控制器接到此信号后，经过优先级排队(如需要的话)，向 CPU 发总线请求。

（3）*DMA 响应*

CPU 接到总线请求信号 HOLD 后，如果条件允许(如一个总线周期结束等)，则发出 HLDA 信号作为响应，同时放弃对三总线的控制权，也叫与总线脱钩(即使其处于第三态)。

（4）*DMA 传输*

DMA 控制器收到 HLDA 信号后，即取得了总线控制权。这时，它在地址总线上发送地址信号，同时，发出相应的读写信号。每传送一个字节，DMA 控制器会自动修改地址寄存器的内容，以指向下一个要传送的字节。同时，修改字节计数器的内容，判别本次传输是否结束。

（5）DMA 结束

当字节计数器的值达到计数终点(或满足其他结束条件)时，DMA 过程结束。这时，DMA 控制器向 CPU 发结束信号，将总线控制权还给 CPU。一种是以计数器的回零信号告知 CPU，一种是由接口向 CPU 发中断请求。

从以上 DMA 传送过程不难看出，此时的 DMA 控制器充当了 CPU 的角色，要想完成 DMA 传送的控制工作，它的内部必须有控制寄存器、状态寄存器、地址寄存器、字节计数器等功能部件，并能发读写信号，以及向 CPU 发 HOLD 请求和接收 HLDA 响应的功能。

2．DMA 的数据传送方式

依据 DMAC 对总线的控制方式不同，DMA 的数据传送可分为三种方式，即单字传送、成组传送和请求传送。

（1）单字传送方式

所谓单字传送就是 DMA 响应后仅传送一个字(字长由 DMAC 的数据 I/O 宽度而定)就释放总线，并结束本次 DMA 传输。当存储器的速度远高于 I/O 速度时常采用这种方式。这是因为在这种场合下，完成一个字的传送后存储器要等待外设准备数据，在这期间把总线控制权还给 CPU 后，使其他 DMA 设备可以使用总线，若没有其他的请求，CPU 可以进行正常的总线操作。这样就可以实现外设与 CPU 之间、外设与外设之间在一定意义上的并行工作，这对提高系统效率是十分有益的。

虽然中断方式也能实现上述并行工作，但是 DMA 请求、响应、返回所占用的时间比中断的请求、响应、返回所用的时间要少得多。DMA 响应比中断响应及时，中断最快也要执行完当前指令，而 DMA 请求 CPU 执行完当前总线周期就可被响应。这是因为中断服务是靠 CPU 执行指令实现的，因此必须执行完当前指令才能响应。如果一条指令执行了一部分就去执行别的指令，返回后 CPU 是无法继续执行被中断的那部分指令的。DMA 就不同，DMA 的服务是靠 DMA 接口来完成的，因此响应 DMA 后并不影响 CPU 内部的正常操作，不破坏 CPU 的任何现场。如果被“干扰”的指令已经从主存被取走，DMA 响应后 CPU 仍然可以继续执行它。如果还有部分字节没有被从主存取走，待 DMA 结束，CPU 收回总线的控制权后可继续执行剩余的部分。这里之所以用“干扰”一词是想有别于中断，正像上面所说的，这条指令可能仅仅是在 DMA 响应期间被暂停的，CPU 把总线脱钩后就可继续执行它，这个暂停时间要比中断的全过程要短得多。

总之，DMA 期间只是不允许 CPU 进行总线操作，对于不影响总线的操作 CPU 可照常进行。这一点对现代计算机特别有利。8088 及以后的 CPU 就有了预取指令的指令流队列，特别是今天的 CPU 子系统，都具有指令 CACHE 和数据 CACHE，如果在 DMA 期间 CPU 要执行的指令和对数据的读写均在 CACHE 中，那么 CPU 和 DMA 就可以实现并行工作。

（2）成组传送方式

在单字传送方式中，DMA 请求、响应、返回总要一定的时间，当 I/O 设备的速度接近存储器的速度时，单字传输方式就会影响传输速度。这种情况下采用成组传送方式更为合理。

成组传送方式下，DMAC 一旦获得总线控制权，就连续占用多个总线周期，进行数据传送，直到一组数据传送完毕(计数器到零)，或外部作用要求强行结束才释放总线。

由于一般情况下外设的速度较存储器的速度要慢得多，因此成组传送方式下总线的使用效率仍有些浪费。为此 DMAC 一般还有以下第三种传送方式。

（3）请求传送方式

这种方式具有上述两种方式的共同优点。它和成组传送方式相比，主要是多了一种结束方式。除了计数次数到和外部信号强行要求结束外，当 DMA 请求信号变为无效时 DMAC 也释放对总线的控制权。请求传送方式下，DMAC 每传送一个字就对 DMA 请求端的有效性进行检测，一旦检测到 DMA 请求无效就释放总线，但是 DMAC 的现场保持不变(即计数器、指针、工作状态等不变)。释放总线后 DMAC 仍然继续检测 DMA 请求端，一旦 DMA 请求由无效变为有效马上恢复 DMA 传送。

这种方式的主要优点是：DMA 请求有效的时间就是 DMAC 控制总线的时间(除非数据块传输完毕或外信号强行结束)，在此时间内既可以进行字传送，也可以进行成组传送，还可以混合传送，使传送方式更加灵活。另外，这种方式下，当外设速度慢而未做好 I/O 准备时就可撤销 DMA 请求，允许 CPU 或其他外设使用总线。一旦数据准备好，马上恢复请求有效，DMAC 可以马上接着上一次的过程继续传输，从而使总线的利用率更高。

3．DMA 的特点

综上所述，可将 DMA 的特点简单概括如下：

① 可在存储器与 I/O 设备、存储器与存储器、I/O 设备与 I/O 设备之间直接传送数据，无须 CPU 干预。

② DMA 响应时无须保护 CPU 的现场和断点，因而响应速度快、效率高。

③ 源和目的指针的修改、计数均由硬件完成，因而速度快。

④ 有多种结束方式，与中断联合使用更加灵活。

⑤ CPU 和 I/O 设备在一定程度上可以并行工作，CACHE 功能越强大，并行性会越好。

4．DMA 接口的基本模型

DMA 传输是三种数据传输方式中唯一不靠 CPU 执行指令进行数据传输的方式，这种方式下控制数据传输的是 DMA 控制器而不是 CPU，因此 DMA 控制器必须具有基本的读写控制功能和总线管理功能。一个 DMA 接口可分为 DMA 控制逻辑和 I/O 接口逻辑两部分。DMA 控制逻辑负责控制 DMA 传输，I/O 接口一方面实现系统总线与外设的连接，另一方面还起到 DMA 控制器与外设连接的作用。一个最基本的 DMA 接口模型如图 6.3-12 所示，它包括实现取存数据的“数据源指针”和“目的指针”、实现传输数据块长度控制的“计数器”，以及相应的控制逻辑。对仅能实现 I/O 接口和主存之间传输控制的 DMAC，虽没有目的指针，也要有单独的信号线来控制 I/O 接口的数据存取。

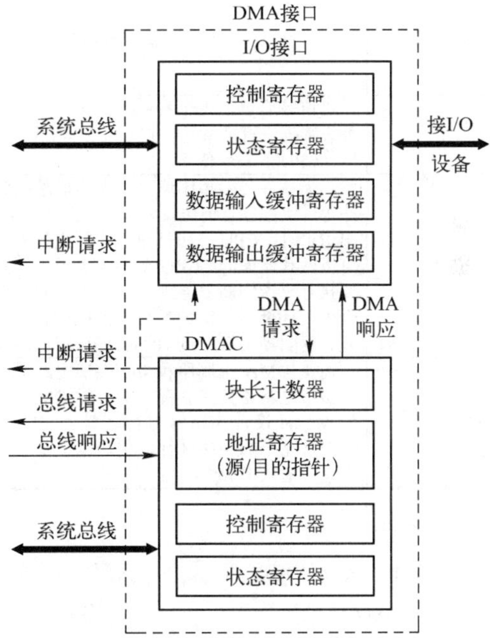

图 6.3-12　DMA 接口模型

5．DMA 应用

由 DMA 方式的特点，可知它一般用于主存与高速 I/O 设备或两高速设备间的数据传输。例如以下几个方面。

（1）磁盘接口。磁盘与主存间的数据交换是以数据块为单位的，在连续读写时数据传输速率很高，一般采用 DMA 方式进行数据传输。对于磁盘的寻道、确定数据块的起始位置等工作，一般仍采用中断方式。当数据块传输完毕时，一般也由 DMAC 向 CPU 请求中断来进行后续处理。所以在微机系统中，既要给磁盘设备分配 DMA 资源，又要为其分配中断资源。

（2）动态存储器刷新。动态存储器在工作时需要定时刷新，否则信息会丢失。现代动态存储器一般具有读出时自动刷新功能(即再生功能)，因而可通过 DMA 方式每隔一定的时间窃取一个总线周期，对 DRAM 的一行进行一次读操作，从而完成一行的刷新操作。如此反复，就可实现逐行刷新。这不仅可以简化刷新控制逻辑，而且刷新速度快。

（3）网络通信接口。计算机网络通信虽然采用的是串行通信，但目前也达到了很高的通信速率。在网络通信中，一般以帧为单位，一帧就是一次要传送的一个数据块，因此也适合用 DMA 方式传送。当一帧数据传送完后，由中断进行后续处理。在 IBM PC 系列微机中，用户 DMA 通道就可以用于 DMA 通信的控制。

（4）高速数据采集。A/D 转换的速度越来越快，随着多媒体技术的发展，对图像、音频采集和处理的实时性要求越来越高。这不仅在娱乐应用中，在工业生产的计算机应用中也是如此，因而对数据采集的速度要求也越来越高。在这种情况下一般可采用 DMA 方式进行数据采集。采集结束后可用中断方式请求 CPU 进行后续处理。

6.3.4 4 种 I/O 方式的比较

4 种传输方式各具特点，传输速度不同，对接口的要求不同，因此在使用时应根据外设的特点、接口条件、对数据传输的要求和 CPU 的工作情况综合选择。为了便于理解、比较和根据需要选择 4 种输入/输出方式，表 6.3-1 对它们特点和适用场合进行了总结。

表 6.3-1　4 种 I/O 方式的比较

传输方式	特　　点	应 用 场 合
无条件传输	接口简单，不考虑控制问题时只有数据端口	一般用于纯电子部件的输入/输出，以及完全由 CPU 决定传输时间的场合和外部设备与 CPU 能同步工作的场合，否则就会出错
程序查询传输(条件传输)	接口较简单，比无条件传输接口多一个状态端口。在传送过程中，若外设数据没有准备好，则 CPU 一般为查询、等待状态，而不能做其他事情。CPU 的效率低下	理论上可用于所有的外设，但是由查询等待等原因，主要应用在 CPU 负担不重，允许查询等待的场合
中断传输	和无条件传输相比增加了中断请求电路、中断屏蔽电路和中断管理电路等，比程序查询传输要复杂一些。只有当外设数据准备好并向 CPU 发出请求时，CPU 才可能进入中断服务程序进行数据传送。其余时间 CPU 可以做其他事情，CPU 效率大大提高。但是，每传送一次数据，CPU 都要执行一次中断服务程序，在中断服务程序中，除执行 IN 和 OUT 指令外，还要进行保护断点、保护标志寄存器、保护某些通用寄存器、恢复、返回等工作，95%的时间是额外开销，从而使得传送效率并不太高	特别适合慢速外设和少量数据的传输
DMA 传输	需要 DMA 控制器和 I/O 接口电路，在 4 种方式中硬件最为复杂，往往接口电路还具有中断功能。在 DMAC 的控制下，外设和存储器(也可外设与外设，存储器与存储器之间)直接进行数据传送，而不必经过 CPU，完全靠硬件进行，传送速度基本取决于外设与存储器的速度，从而使传送效率大大提高	特别适合高速外设的批量传输

练习题 3

6.3-1　从硬件角度而言，采用硬件最少的数据传送方式是（　　）。

A．DMA 控制　　B．无条件传送　　C．查询传送　　D．中断传送

6.3-2　从输入设备向内存传送数据时，若数据不需经过 CPU，其 I/O 数据传送方式是（　　）。

A．DMA 控制　　B．无条件传送　　C．查询传送　　D．中断传送

6.3-3　主机与外设信息传送的方式分别为查询方式、中断方式、DMA 方式。相比之下，中断方式的主要优点是（　　）。

A．接口电路简单、经济，只需少量的硬件　　B．数据传输的速度最快

C．CPU 的时间利用率高　　D．能实时响应 I/O 设备的输入输出请求

6.3-4　DMA 方式常用于（　　）。

A．高速外设的输入/输出　　　　　　　　B．慢速外设的输入/输出

C．寄存器与存储器之间的程序传送　　　　D．寄存器与寄存器之间的数据传送

6.3-5　CPU 与外设之间数据传输的控制方式包括：无条件传输、________、________和 _______方式。

6.3-6　设数据端口地址为 61H，状态端口地址为 60H，外部输入信息准备好状态标志位为 D_7=1，试用查询方式编写完整的 FAR 型子程序，要求实现：当外设准备好后，读入数据，并将数据存入数据段偏移地址为 2000H 的存储单元。

6.4　本章学习指导

6.4.1　本章主要内容

1. I/O 接口的作用和结构

一般 I/O 接口的基本功能有：地址译码和设备选择功能、数据缓冲功能、信号转换功能、对外设的控制和检测功能、中断请求和管理功能等。

为了实现 CPU 与外设的速度匹配，一般接口电路中使用锁存器把输出信息锁存，再由外设处理。

CPU 与外设交换信息只允许在读/写周期占用总线，所以在接口电路中一般使用三态缓冲器实现 CPU 与外设的隔离。

2. I/O 端口编址方式

I/O 端口编址方式有存储器统一编址和端口独立编址两种，区别见表 6.4-1。8086/8088 CPU 一般采用端口独立编址方式，通过专门的 I/O 端口访问指令(IN 和 OUT)来对端口进行访问。

表 6.4-1　I/O 端口编址方式对比

	存储器统一编址	端口独立编址
特点	把一个端口当成一个存储器单元对待， 主机访问端口与访问存储器完全一样	把 I/O 端口看成是独立于存储器的 I/O 空间 I/O 端口的地址可以与存储器相同
优点	简化了指令系统的设计 对端口的操作更灵活	I/O 和访问存储器的指令分开，程序可读性好 I/O 指令短，执行速度快 I/O 端口不占用内存空间 I/O 译码电路简单
缺点	I/O 端口占用存储单元的地址空间 程序阅读困难	需要专门的 I/O 指令和控制信号

3. I/O 数据传输方式

CPU 与外设的数据传输控制方式包括：无条件传输、查询传输、中断传输、DMA 传输。前两种方式都属于程序控制 I/O 方式。各种方式的特点与使用场合见表 6.3-1。

另外需注意查询传输方式与中断传输方式，中断传输方式与 DMA 方式的区别，分别见表 6.4-2 和表 6.4-3。

表 6.4-2　查询传输方式与中断传输方式对比

查询传输方式	中断控制方式
CPU 利用率低，数据传输速度低	CPU 利用率高，数据传输速度较高
CPU 主动查询外设状态，然后决定是否传输	CPU 处于被动，当外设发出请求后，CPU 响应，实现传输或控制
对软、硬件要求较低	工作过程较复杂，编程较难

表 6.4-3　中断传输方式与 DMA 方式对比

中断控制方式	DMA 方式
通过 CPU 执行输入/输出指令来实现数据传输	不需要 CPU 执行任何指令，而是在 DMAC 的硬件控制下实现数据传输
数据传送路径必须经过 CPU	数据传送路径不需要经过 CPU
适合少量数据传输场合	适合批量数据高速传输的要求
中断传送在 CPU 与外设之间	DMA 传送形式多样：外设与内存、内存与内存、外设与外设之间
中断处理按中断优先次序排列，正在进行的中断服务可以被级别更高的中断请求打断，允许存在中断嵌套	DMA 的优先权排序只是用来决定同时请求 DMA 服务的通道的响应次序。而任何一个通道一旦进入 DMA 服务以后，其他通道都不能打断它的服务，即不允许存在 DMA 嵌套

4. I/O 接口译码电路的设计

根据给出的译码电路分析出端口的地址(范围)，或者反过来已知端口地址(范围)设计正确的接口译码电路。

6.4.2　典型例题

【例 6.4-1】 某接口芯片有 2 条地址线 A_1、A_0，它的片选信号 $\overline{CS}$ 是总线上的地址信号 A_9～A_5 产生的，则该芯片（　　）。

A．占有 4 个端口地址，且端口地址唯一，互不重叠

B．占有 8 个端口地址，但每个端口地址重叠 2 次

C．占有 16 个端口地址，但每个端口地址重叠 4 次

D．占有 32 个端口地址，但每个端口地址重叠 8 次

分析：考查 I/O 接口芯片的寻址。

根据题意，在 A_9～A_5 产生正确的片选信号选中芯片时，A_4～A_0 这 5 条地址线取任意值都可以访问该芯片内的某个端口，所以提供的端口地址有 2^5=32 个。但由于芯片本身的地址只有 A_1、A_0 这 2 条，所以本身的端口数只有 4 个。这样每个端口就重叠了 32/4=8 次。

【解答】 D

【例 6.4-2】 图 6.4-1 为某 8088 系统，通过 2 个 74 系列芯片构成输入/输出接口，试编写程序段由输入端口读 10 个数据反相后由输出端口输出。

分析：74LS273 为锁存器，作为输出端口，地址为 200H。74LS244 为缓冲器，作为输入端口，地址为 201H。因为要传送 10 个数据，所以要用循环结构来实现，循环体内的操作包括：从输入端口读数据，取反，再通过输出端口输出。对应的程序段为：

【解答】

```
      MOV    CX, 10
  L1: MOV    DX, 201H
      IN     AL, DX
      NOT    AL
      MOV    DX, 200H
      OUT    DX, AL
      LOOP   L1
```

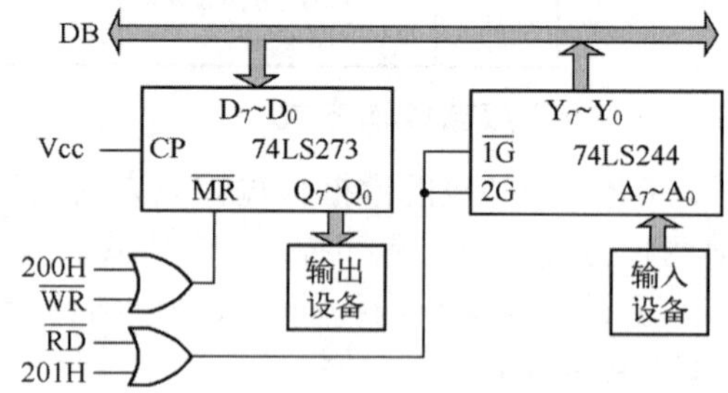

图 6.4-1　输入/输出接口电路

【例 6.4-3】 分析图 6.4-2 中 74LS138 各输出端的译码地址。

分析：考查 I/O 接口译码电路。解题步骤如下：

（1）根据电路先确定与使能控制信号 G_1，$\overline{G}_{2A}$，$\overline{G}_{2B}$ 相连的各个引脚：

- G_1 连+5V，始终有效；
- 若要使 $\overline{G}_{2A}$ 和 $\overline{G}_{2B}$ 为 0，则需满足 $\overline{IOR}$ 和 $\overline{IOW}$ 任意一个为 0，且 A_9=1、A_8=A_7=A_6=0 和

AEN=0。

（2）再分析与选择控制 C、B、A 相连的各引脚，可知 A_5、A_4、A_3 的组合有 8 种与 $\overline{Y}_0$～$\overline{Y}_7$ 对应。

（3）考虑到 A_2、A_1、A_0 未参加译码，其值任意，即取值为 000 ～ 111。

（4）最后综合所有地址信号的取值，得出结论。

【解答】 输出端的译码地址范围见表 6.4-1。

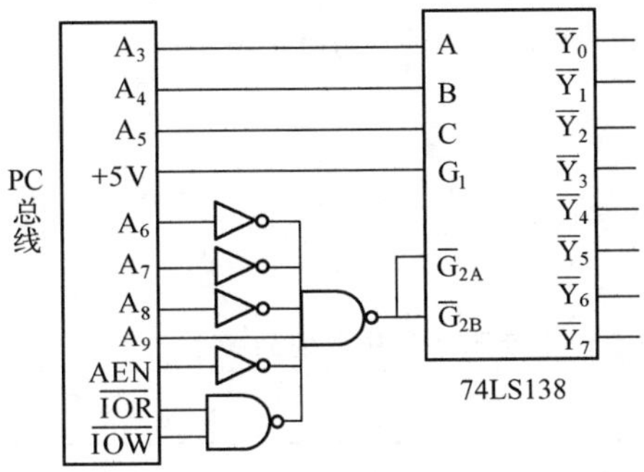

图 6.4-2　译码电路

表 6.4-1　译码地址范围

使能控制	选择控制	未参与	有效地址范围	输出端
A_9 A_8 A_7 A_6	A_5 A_4 A_3	A_2 A_1 A_0		
1 0 0 0	0 0 0	0 0 0 ⋮ 1 1 1	200 ～ 207H	$\overline{Y}_0$
	0 0 1		208 ～ 20F H	$\overline{Y}_1$
	0 1 0		210 ～ 217 H	$\overline{Y}_2$
	0 1 1		218 ～ 21F H	$\overline{Y}_3$
	1 0 0		220 ～ 227 H	$\overline{Y}_4$
	1 0 1		228 ～ 22F H	$\overline{Y}_5$
	1 1 0		230 ～ 237 H	$\overline{Y}_6$
	1 1 1		238 ～ 23F H	$\overline{Y}_7$

本章习题

6-1　在 8088 微机系统中，某外设接口所接的端口地址为 338H～33FH，请用 74LS138 译码器，设计符合要求的译码电路。

6-2　设计一个对 2F8H 进行读写操作的端口译码电路，要求分别用：（1）门电路；（2）门电路和 74LS138 译码器。

6-3　某个微机系统中有 8 块接口芯片，每个芯片占有 8 个端口地址，若起始地址为 300H，8 块芯片的地址连续分布，用 74LS138 做译码器，试画出端口译码电路，并说明每块芯片的地址范围。

6-4　图 6.4-3 为某 I/O 接口的地址译码电路，试问该 I/O 接口为输入口还是输出口。写出所占有的 I/O 地址范围。

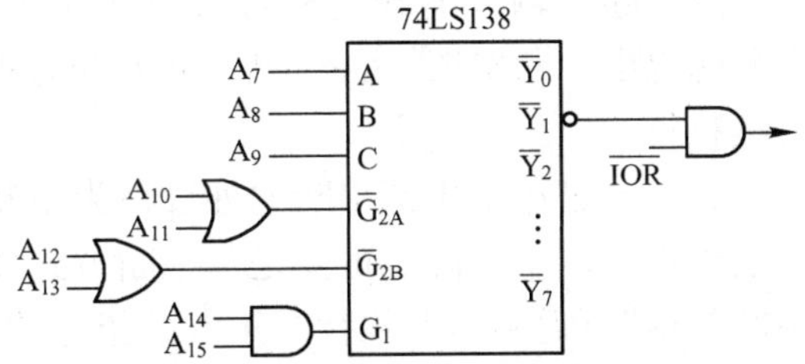

图 6.4-3　某 I/O 接口的地址译码电路

6-5　有 8 个发光二极管，其阴极上加低电平则亮，用 74LS373 芯片作为 I/O 接口与 8088 CPU 通信，若使这些二极管同时亮灭，并要求二极管亮灭的时间分别为 50ms 和 20ms。试画出其硬件接口电路（假设端口地址为 0300H），并编写程序完成上述要求（假设有延时子程序 CALL DELAY_10 可以直接调用，实现 10ms 的延时）。

6-6　现有 2 个输入设备，使用软件查询方式与 CPU 通信。若状态位 D_0=1，为 1 号设备输入字符；状态位 D_1=1，为 2 号设备输入字符；状态位 D_3=1，为 1 号设备输入结束；状态位 D_4=1，为 2 号设备输入结束。设状态端口地址为 0624H，1 号设备数据端口地址为 0626H，2 号设备数据端口地址为 0628H，输入字符串缓冲区首地址分别为 BUFFER1 和 BUFFER2，试编写程序完成该功能的查询程序。

第7章　中断技术

内容提要：

中断是用以提高计算机工作效率、增强计算机功能的一项重要技术。本章介绍中断的基本概念及其应用，中断系统的功能和中断优先级，8086/8088 的中断操作，中断响应过程与时序等。

教学目标：

- 掌握中断的基本概念、中断系统的功能
- 掌握 CPU 响应中断的条件、中断方式、中断优先级等概念
- 掌握 8086/8088 的中断分类及中断响应过程
- 掌握 8086/8088 中断向量、中断类型码、中断向量表、中断服务程序之间的关系
- 掌握 8086/8088 中断向量表初始化的方法

现代计算机中毫无例外地都要采用中断技术，通过上一章的讨论，对中断的概念已经有了初步认识。在上一章的中断方式输入/输出过程中还有许多问题没有解决。例如 CPU 如何转去为外设服务？服务完成后如何正确回到被暂停的程序继续执行？当多个事件同时要求处理时怎么办？当 CPU 正在处理某一中断事件时又有新事件请求中断怎么办？等等。从中断的概念来讲依次对应的是中断响应、中断返回、中断排队和中断嵌套等问题，这些是中断管理系统应具有的基本功能，也是本章所要讨论的重要内容之一。8086/8088 CPU 的中断技术具有代表性，本章将以此为例系统地讨论中断的概念和管理方法。

7.1　中断的基本概念及其应用

1．中断的定义和有关名词解释

从中断式输入/输出过程可以看出中断是这样的一个过程：当 CPU 正在执行某程序时，有中断源提出中断申请，CPU 暂停正在执行的程序转去为中断源服务，服务结束后再回到原程序继续执行。

在这一过程中申请中断的外设称为中断源(即引起中断的原因或来源)。除了以中断方式工作的外设外，中断源还可能是以中断方式要求 CPU 处理的软硬件故障或中断指令等。程序被中断的位置(返回后要执行的第一条指令的地址)称为断点。中断请求要求 CPU 执行的程序称为中断处理程序或中断服务程序，相对于被中断的程序，也可称其为中断服务子程序。中断源为了获得 CPU 的服务而向 CPU 发出的请求信号，称为中断请求信号或中断请求。CPU 检测到中断请求信号有效后转向中断服务程序的过程叫做中断响应。中断服务结束后再返回被中断的主程序继续执行的过程叫中断返回。在响应过程中，为返回而对断点的保护叫做断点保护。在中断处理程序中，对被暂停的程序中要保存的寄存器内容所进行的保护叫做现场保护。在中断返回前对所保护的内容进行的恢复叫现场恢复。

2．中断的典型应用

中断是现代计算机的重要技术，它的应用十分广泛，这里仅举出几个有代表性的应用加以说明。

（1）采用中断方式管理 I/O 设备，使 CPU 能与 I/O 设备并行工作，从而大大提高 CPU 的工作效率。用中断方式管理键盘外设就是典型一例。再如用中断方式管理打印机一类的输出设备：主机准备好一批待打印数据后，启动打印机，然后 CPU 继续执行其他程序。当打印机做好接收数据的准备后就向 CPU 发出中断请求。CPU 响应这一请求后，就暂停原程序的执行转去执行打印机的中断处理程序。在处理程序中，CPU 向打印机发出一批(如一行)要打印的数据，然后返回主程序继续执行。打印机打印完这一批数据后，再向 CPU 提出中断请求。如此重复，直到要打印的数据全部打印完毕。由于 CPU 完成输出一行字符的中断处理程序的执行时间，相对于打印机打印一行字符所花的时间要短得多，所以从宏观上看，CPU 与打印机可视为并行工作的。

（2）实时处理。所谓实时处理，是指当某个事件发生时能得到及时的处理，既不积压起来留待以后批量处理，也不拖延一段时间再处理。这里的“实时”是相对于被处理过程而言的一个相对概念，这是计算机用于控制领域中的一个重要指标。比如对火箭的飞行控制可能要求在 1～2ms 或更短的时间内实现，而工业锅炉的温度控制能在几秒钟之内实现就可以，有的则允许更长。

采用中断技术后，像系统运行中出现的一些需要及时处理的异常现象(如电流过大、温度过高、压力超限等)均可作为中断源向 CPU 申请中断，以得到及时处理。在计算机控制系统中除了这些异常现象常用中断方式处理外，像数据的定时采集、报表的定时打印、输出显示的定时扫描等也采用中断方式控制。由于事情的轻重缓急不同，当实时性要求相对较高的事件要求处理时，非实时性事件则可暂缓处理。例如系统出现异常现象要求处理时，像报表打印这样的非实时性事件请求就可被暂停处理。这就会使实时系统中的实时事件得到更加合理和及时的处理。

（3）故障处理。在系统运行中，故障出现与否以及何时出现都是随机的，因此不可能预先安排在程序的某个位置进行处理，只能以中断方式处理。当出现故障时，故障源就向 CPU 申请中断，CPU 立即响应这一中断，转入预先编制好的中断处理程序进行故障处理。

在计算机系统的故障中，一类是硬件故障，如系统掉电、存储器校验出错等。当发生掉电时，电源检测电路发出掉电中断请求，CPU 利用电源的短暂维持时间通过执行电源掉电中断处理程序来进行紧急处理。这类中断一般称为硬件中断。

另一类是软件故障，如运算溢出产生的溢出中断，除法运算中被 0 除产生的被 0 除中断，访存时地址超出允许范围产生的越界中断，还有用户使用了非法指令而产生的中断等，这些中断一般称为软件中断。

（4）系统调度。在多道程序系统中，多道程序的切换往往由中断引发，如时间片结束引发的时钟中断，又如在虚拟存储器的实现中，由于缺页中断而引发的对磁盘的调用。

（5）人机对话。系统的人机界面越来越受到重视。目前使用键盘和鼠标等输入设备选择功能项、回答计算机的提问、输入命令等仍然是主要的输入方式，这些人机对话中的操作通常都是以中断方式进行的。

（6）多机通信。在多处理机系统和计算机网络中，平时各个节点各自执行自己的程序，当一个节点需要和另一个节点通信时，一般都可以以中断方式向对方提出请求，而后者也可以同样的方式发回响应。

从以上讨论可以看出，中断技术不仅常用于 I/O 设备的输入/输出管理，而且还可用于各种随机事件的处理上。只要我们掌握了中断技术，就可以在各种计算机系统的设计中合理使用这种技术。

练习题 1

7.1-1 在微机系统中引入中断技术，可以（　　）。

A. 提高外设速度　　B. 减轻主存负担　　C. 提高处理器效率　　D. 增加信息交换的精度

7.1-2 判断：程序中断的断点是中断服务程序的返回地址。（　　）

7.1-3 CPU 的“中断”功能使它能够中断_________，转去________，并且之后返回原先执行的程序。

7.1-4 比较 8086/8088 CPU 子程序调用和执行中断服务程序的异同。

7.1-5 什么叫中断？采用中断有哪些优点？

7.1-6 什么叫中断源？通常有哪几类？

7.2　中断系统的功能和中断优先级

7.2.1　基本概念

根据以上讨论，要使中断的优点得以发挥并合理地管理多个中断源，中断管理系统至少应具有以下三个功能。

（1）实现中断的响应与返回。当有中断源提出中断请求时，应能根据系统当时的运行情况做出是否响应该请求的决定。若响应，应能正确地转入该中断源的中断处理子程序。当中断处理结束后，能正确返回被中断的程序继续执行。

（2）实现中断优先级(权)排队。当系统中有多个中断源同时提出中断请求时，就有一个先响应谁的问题。设计者事先应根据事件轻重缓急，给每个中断源确定一个优先服务的级别，这就是中断源的中断优先级；然后对它们按各自的优先级进行排队，重要和紧急的事件赋予更高的优先级，即排在队伍的前面。一般来讲，系统总是先响应具有较高优先级的中断源的请求。

（3）能够正确处理中断的嵌套问题。当 CPU 正在执行中断处理子程序时，又有新的中断源提出请求，如果 CPU 暂停当前正在执行的中断处理子程序，转去为新的中断源服务，当服务结束后再回到被中断的中断处理程序继续执行，这就称为中断嵌套。作为一个合理的中断管理系统，应该这样处理新的中断源的请求问题：当新的中断源的优先级高于正在被服务的中断源的优先级时，应该进行嵌套；如果新的中断源的优先级等于或低于正在被服务的中断源的优先级时，就不响应新的中断请求，继续原中断服务程序的执行，直至结束并返回主程序后再响应新的请求。即高级中断能中断低级中断，同级中断和低级中断不能中断当前中断。

7.2.2　中断优先级

当各中断源的优先级确定好之后，如何保证 CPU 能按优先级响应中断请求呢？这要靠优先级判优(排队)逻辑来实现。实现中断源的优先级判优的方法从大的方面可分为两类：软件判优法(常用软件查询实现)和硬件判优法(常用硬件排队实现)。

1. 软件判优法

软件判优法只需有简单的硬件电路。如系统中有 8 台设备，就可以将这 8 台设备的中断请求信号(高有效)相“或”以后作为系统的中断请求发向 CPU，这 8 台设备中只要有 1 台设备提出中断请求，就可以向 CPU 发中断请求。但当 CPU 进入中断服务子程序后仍不能唯一确定中断源，可再用软件读取中断源请求的状态信号，然后以查询的方式来确定到底响应哪一个中断源并提供相应的服务。图 7.2-1 为实现这一要求的电路。对应的查询流程如图 7.2-2 所示。

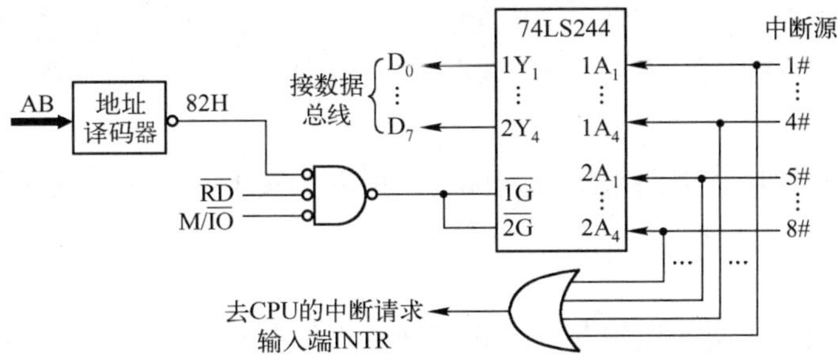

图 7.2-1　中断请求与查询电路

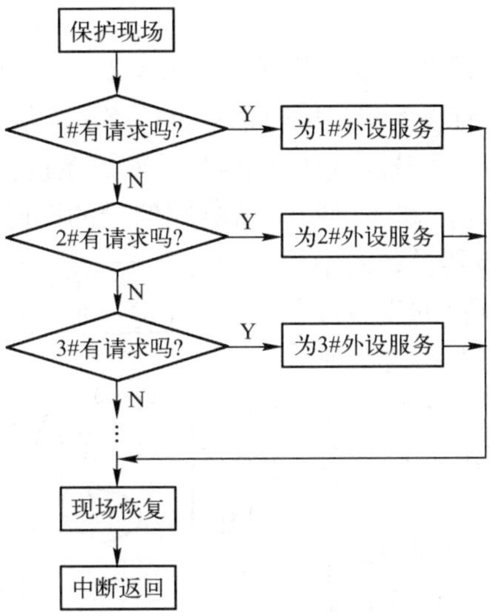

图 7.2-2　软件判优流程

CPU 响应中断后的查询程序如下：

```
PINTR:    PUSH  AX
          PUSH  BX
          IN    AL, 82H
          MOV   BL, AL
FAN1:     ROR   BL, 1           ; ROR 指令把 BL 的最低位移入 CF
          JC    ISP1            ; CF=1 表示 1#中断源有中断请求
FAN2:     ROR   BL, 1
          JC    ISP2
FAN3:     ROR   BL, 1
          JC    ISP3
           ⋮
FANOVER:  POP   BX
          POP   AX
IRET
ISP1:      ⋮                    ; 1#中断源的处理程序
          JMP   FANOVER
ISP2:      ⋮                    ; 2#中断源的处理程序
          JMP   FANOVER
ISP3:      ⋮                    ; 3#中断源的处理程序
```

```
        JMP     FANOVER
         :
```

2. 硬件判优法

硬件判优法是靠硬件排队电路来实现判优的。根据所实现的方法不同又可分为简单硬件法和专用硬件法。

（1）简单硬件法

简单硬件法就是利用通用的逻辑芯片，按中断管理的要求组成硬件判优电路。就其实现原理而言，又可分为串行优先级排队模式(采用链式结构)和并行优先权排队模式(采用优先权编码方式)两种。

① 串行优先级排队模式

基本设计思想是：将所有的设备连成一条链，最靠近 CPU 的设备优先级别最高，离 CPU 越远的设备优先级别越低。当链上有设备提出中断请求时，该请求信号可以被 CPU 接收，CPU 若满足条件可以响应，就发出中断响应信号。该响应信号沿着这条链先到达优先级别高的设备。若级别高的设备发出了中断请求，则在本级接收中断响应信号的同时，封锁该信号使其不能往后传输。这样，就使得后面的较低级别设备的中断请求不能得到响应。如果级别高的设备没有中断请求，它就把中断响应信号传递给它的下一级，以此类推。只有得到中断响应信号的设备才能得到服务。其实现的原理电路见图 7.2-3。

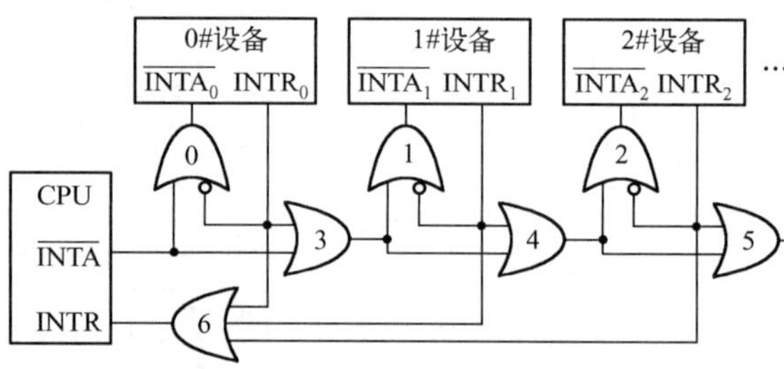

图 7.2-3 串行中断优先级排队电路

在图 7.2-3 中把 n+1 个中断源的请求 $INTR_0$～$INTR_n$(高电平有效)作为或门 6 的输入，其输出作为向 CPU 的中断请求，实现了只要有请求就能送向 CPU 的要求。假设 0#中断源有请求，一方面经或门 6 向 CPU 发出请求，另一方面还封锁之后各级，使或门 3、4 等的输出均为 1，从而使 0#以外的中断源不可能获得 CPU 送出的有效中断响应信号。当 CPU 满足中断响应条件发回中断响应信号 $\overline{INTA}$ 时，仅或门 0 的输出为低，即 0#中断源获得响应。如果 0#中断源无请求($INTR_0$=0)，则响应信号通过或门 3 向下传递；若 1#中断源有请求，它将获得响应信号，同时封锁以下各级；若 1#中断源无请求就传递给下一级……，依此类推。总之，如果 $INTR_0$～$INTR_{i-1}$ 无请求而 $INTR_i$ 有请求，则 CPU 发回中断响应信号 $\overline{INTA}$ 时，$\overline{INTA_i}$ 有效，比第 i 级优先级高的各级因未请求而 $\overline{INTA_0}$～$\overline{INTA_{i-1}}$ 无效，比第 i 级优先级低的各级因排队链上相应的门被封锁而使 $\overline{INTA_{i+1}}$～$\overline{INTA_n}$ 无效。

串行排队的优点是：电路较为简单，易于扩充，因各级逻辑一致，前级排队逻辑的输出就是后级排队逻辑的输入，连接方便。

其缺点是：当链接的级数较多时，会因时延增大而使后级的响应速度变慢。

② 并行优先级排队模式

图 7.2-4 所示的是一种并行优先级排队逻辑，它由并行优先级编码器 74LS148 和译码器 74LS138 组成，编码器的 3 位编码输出作为译码器的译码输入。

74LS148 为 8-3 线优先权编码器，其真值表如表 7.2-1 所示。$\overline{ST}$ 为选通输入端，$\overline{I_7}$～$\overline{I_0}$ 为编码输入端($\overline{I_7}$ 优先级最高)，$\overline{Y_2}$～$\overline{Y_0}$ 为编码输出端，Y_S 为选通输出端，$\overline{Y_{EX}}$ 为优先级扩展输出端，级联时使用，它可管理 8 级中断，通过级联可以按 8 的倍数扩展。扩展方法是：高位片的 Y_S 端与低位片的 $\overline{ST}$ 端相连，$\overline{Y_{EX}}$ 作为输出位的扩展端。在各中断请求输入中，74LS148 只对各有效请求中级别最高的进行编码。比如在 $INTR_0$～$INTR_7$ 8 个中断请求中($INTR_0$的级别最高，$INTR_7$的级别最低)，如果 $INTR_i$请求有效(即 i 号中断源有请求$\overline{INTR_i}=0$)，不论 $INTR_{i+1}$～$INTR_{i+n}$的各中断请求是否有效，优先级编码器的编码输出均为 i，当$\overline{INTA}=0$ 时选通 74LS138 译码器，在译码器的所有输出中，仅对应 $INTR_i$的中断响应信号$\overline{INTA_i}$有效，即各请求中仅级别最高的 i 号中断源被响应。在$\overline{INTA}$无效期间，74LS138 的译码输出均为高电平。

表 7.2-1　74LS148 优先权编码器真值表

输入端									输出端				
选通输入	编码输入								编码输出			级联输出	
$\overline{ST}$	$\overline{I_7}$	$\overline{I_6}$	$\overline{I_5}$	$\overline{I_4}$	$\overline{I_3}$	$\overline{I_2}$	$\overline{I_1}$	$\overline{I_0}$	$\overline{Y_2}$	$\overline{Y_1}$	$\overline{Y_0}$	$\overline{Y_{EX}}$	Y_S
1	×	×	×	×	×	×	×	×	高阻			1	1
0	1	1	1	1	1	1	1	1	高阻			1	0
0	0	×	×	×	×	×	×	×	0	0	0	0	1
0	1	0	×	×	×	×	×	×	0	0	1	0	1
0	1	1	0	×	×	×	×	×	0	1	0	0	1
0	1	1	1	0	×	×	×	×	0	1	1	0	1
0	1	1	1	1	0	×	×	×	1	0	0	0	1
0	1	1	1	1	1	0	×	×	1	0	1	0	1
0	1	1	1	1	1	1	0	×	1	1	0	0	1
0	1	1	1	1	1	1	1	0	1	1	1	0	1

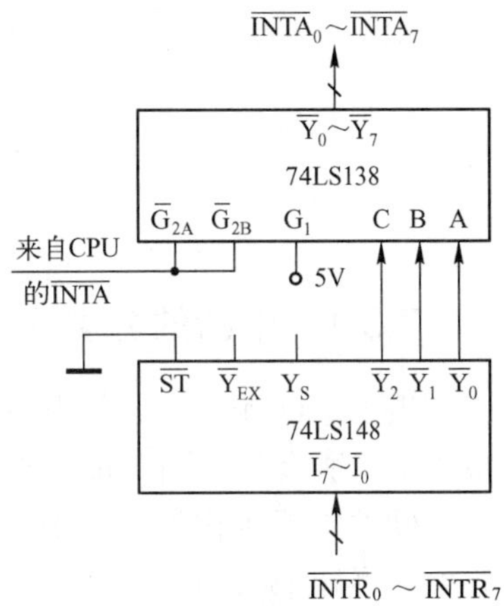

图 7.2-4　并行中断优先级排队电路

并行优先级排队的优点是：响应速度快，能满足高速 CPU 的要求；其不足之处是扩展性不如串行排队灵活，比如以图 7.2-4 为基础只能以 8 的整数倍扩展。

串行和并性排队模式各有优劣，在具体应用中可根据中断源的多少和实时性要求合理选择。当中断源数目较多时，也可分组处理，组内、组外和组间既可采用相同的模式也可采用不同的模式。

(2) 专用硬件方式

采用软件查询法或简单硬件中断优先权排队电路虽然都能解决中断优先级的问题，但它们或多或少都有一定的局限性。微机中多用可编程中断控制器芯片来管理中断，比如 Intel 8259A。

可编程中断控制器作为专用的中断优先权管理芯片，一般可以接收多级中断请求，进行优先权排队，从中选出级别最高的中断请求，将其传给 CPU。还可以通过编程选择不同的排队策略(如固定优先级还是旋转优先级)。它还设有中断屏蔽字寄存器，用户可以通过编程设置中断屏蔽字，从而改变原有的中断优先级。另外，中断控制器还支持中断的嵌套。

系统中采用可编程中断控制器以后，硬件的连线也发生了改变。这时，CPU 的 INTR 和$\overline{INTA}$引脚不再与外设的中断逻辑相连，而是与中断控制器相连。来自外设的中断请求信号通过中断控制器的中断请求输入引脚 IR_i 进入中断控制器。CPU 发出$\overline{INTA}$信号以后，由中断控制器将选出的级别最高的中断请求的中断类型码(中断源的唯一识别号，见 7.3 节)送出，使 CPU 可以转向相应的中断服务子程序。连接电路如图 7.2-5 所示。

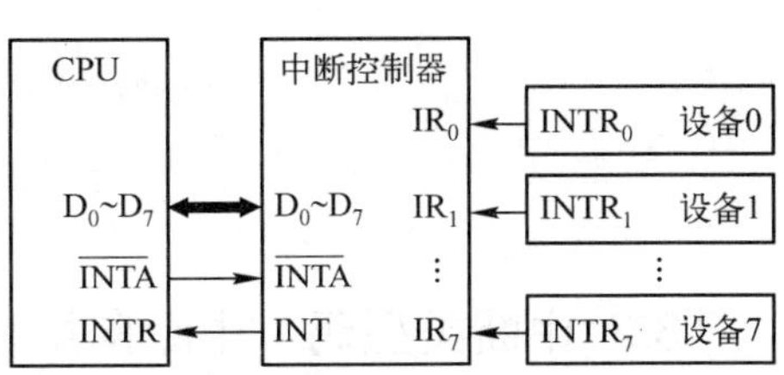

图 7.2-5　中断控制器的系统连接

由于中断控制器芯片可以通过编程来设置或改变其工作方式，因此使用起来方便灵活，第 8 章将系统讨论。

练习题 2

7.2-1 常见的中断源的优先级判优方法可分__________和__________两大类。

7.2-2 判断：每一个中断电路都必须设计中断优先权判断电路，否则 CPU 在响应中断后不能正确转入相应的处理程序。（ ）

7.2-3 判断：中断优先就是谁先中断，谁就得到优先响应。（ ）

7.2-4 简述中断优先级的概念。

7.2-5 在有多个中断源申请中断时，有几种方法确定它们的优先级别？

7.3 8086/8088 的中断操作

7.3.1 中断的分类

根据中断源性质不同和 CPU 对中断管理的不同，中断的分类也不尽相同。在 8086/8088 系统中，所有的中断分成两类，即硬件中断和软件中断。

硬件中断也称为外部中断，它是由外部的硬件产生的，如打印机、键盘等。硬件中断又可分为可屏蔽中断和不可屏蔽中断。其中不可屏蔽中断由 NMI 引脚输入，它不受 CPU 中断允许标志 IF 的影响，只要有请求，总能被 CPU 响应，一般都是用来处理紧急情况的。比如用来处理存储器奇偶校验错和 I/O 通道奇偶校验错等事件。硬件中断绝大部分属于可屏蔽中断，它由 INTR 引脚输入，受中断允许标志 IF 的影响，也就是说，只有当 IF=1(称为 CPU 处于开中断状态)时，才可能被 CPU 响应。同时，这类中断源一般设有自己的中断屏蔽字(即设备级的中断屏蔽)，用户可以通过写设备级的中断屏蔽字来改变中断的优先级。

软件中断是根据某条指令或者对标志寄存器中的某个标志的设置而产生的，它与硬件电路无关。常见的有除法错中断、溢出中断、单步中断，或由中断指令“INT n”产生的中断等。

综上所述，8086/8088 的中断逻辑如图 7.3-1 所示。

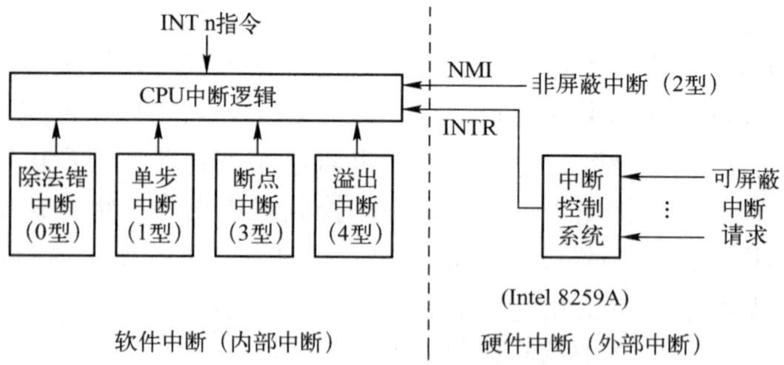

图 7.3-1 8088 中断类型分类示意图

7.3.2 中断类型码、中断向量和中断向量表

1. 中断类型码

为了更好地区分不同的中断源，8086/8088 为每个中断源规定(分配)了一个中断类型码，中断类型码的范围为 0～255。根据中断类型码的不同，整个系统一共可处理 256 种不同的中

断。这 256 种不同的中断也有不同的分工，其中有一部分为专用中断或已被系统占用的中断，这些中断类型码原则上用户是不能使用的，否则会发生一些意想不到的故障。PC 中部分中断类型码的功能如表 7.3-1 所示：

在这些中断类型码中，00H～04H 是专用中断，08H～0FH 是硬件中断，05H 和 10H～1AH 是基本外设的 I/O 驱动程序和 BIOS 中调用的有关程序，20H～3FH 由 DOS 操作系统使用，40H～FFH 号中断原则上可以由用户程序安排使用，但对 286 以上的机型，系统还会占据其中一些中断类型码。

表 7.3-1 PC 中部分中断类型码的功能

中断类型码	中断功能	中断类型码	中断功能
00H	除法错中断	0CH	串行通信(COM1)
01H	单步中断	0DH	硬盘中断(或并行口 2)
02H	NMI 中断	0EH	软盘中断
03H	断点中断	0FH	并行打印机中断
04H	溢出中断	10H	CRT 显示 I/O 驱动程序
05H	打印中断	13H	硬盘 I/O 驱动程序
08H	电子钟定时中断	14H	RS-232I/O 驱动程序
09H	键盘中断	16H	键盘 I/O 驱动程序
0BH	串行通信(COM2)	17H	打印机 I/O 驱动程序

2. 中断向量

8086/8088 系统采用的是向量式中断。每个中断服务子程序的入口地址称为一个中断向量，由段基址 CS 和段内偏移量 IP 两部分组成。

3. 中断向量表

把系统中所有的中断向量按照一定的规律排列成一个表，这个表就是中断向量表。当中断源发出中断请求，CPU 响应中断后，即可根据中断类型码查找该表，在表中找出该中断源的中断向量，转入相应的中断服务子程序。

8086/8088 的中断向量表位于内存 0 段的 0000～03FFH 的存储区内，各中断向量按其中断类型码的大小顺序依次存放。每个中断向量占四个单元，其中前两个单元存放中断处理子程序的入口地址的偏移量(IP)，低字节在前，高字节在后；后两个单元存放中断处理子程序入口地址的段地址(CS)，也是低字节在前，高字节在后。图 7.3-2 示出了中断类型码与中断向量所在位置之间的对应关系。

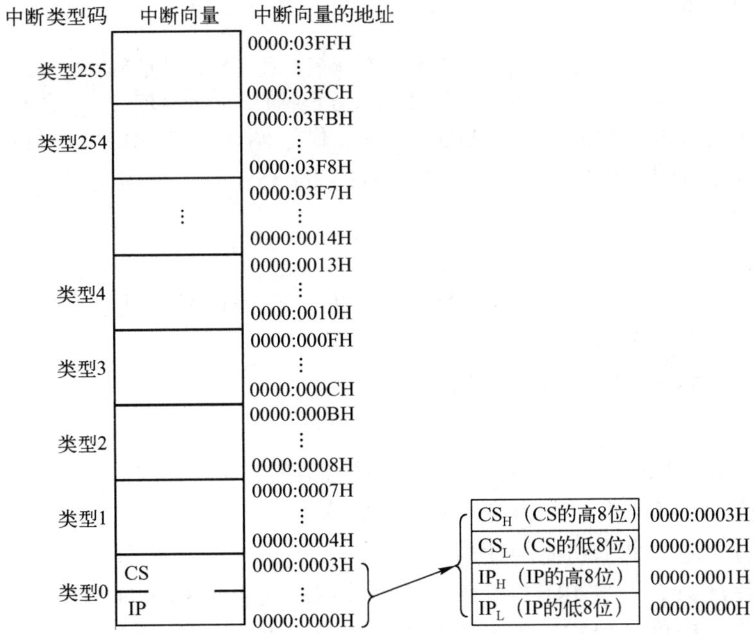

图 7.3-2 中断向量表

4. 中断向量的查找

了解了中断向量表的构造及其排列的规律以后，就可以很方便地计算出某个中断类型的中断向量在整个中断向量表中的位置。假设某个中断源的中断类型码为 *n*，将 *n* 左移两位即 *n*×4，就是该中断源的中断向量在中断向量表中的起始位置。系统初始化时，可以通过软件方式将 *n* 号中断服务子程序的入口地址依次存放在从此处开始的连续 4 个单元中(先放 IP，后放 CS)。当中断发生时，CPU 会根据 *n* 值自动找到这个位置，取出存放在这里的中断向量，依次装入 IP 和 CS，这样就可以转入相应的中断服务子程序。

5. 中断向量表的初始化

中断向量表的初始化是应用中断的重要一环，归纳起来有如下几点：

（1）由 BIOS 提供的中断服务，其中断向量是在系统加电后由 BIOS 负责初始化的。

（2）由 DOS 提供的中断服务，其中断向量是在启动 DOS 后由 DOS 负责初始化的。

（3）用户自己开发的中断服务程序，其中断向量由用户自己进行向量表的初始化。

用户开发的中断服务程序可以分为两种，一种是原系统中没有使用的中断类型；一种是系统中已经使用的，但用户想在某个时段或某种条件下用自己的中断服务程序替代原有程序。对第一种情况，用户只需根据中断类型号和中断服务程序的入口地址对向量表初始化即可。对第二种情况，用户要先对原有中断向量进行读出并转移(保护)以便恢复，然后才能设置新的中断向量。

【例 7.3-1】 设某中断类型号为 72H 的用户程序的入口地址为 USEINT，请初始化向量表。

【解答】 首先求出向量的起始地址为 72H×4=1C8H，完成初始化的程序段为：

```
MOV   AX, 0
MOV   DS, AX
MOV   BX, 01C8H              ; 中断向量的地址送 BX
MOV   AX, OFFSET USEINT      ; 中断服务程序的入口偏移值送 AX
MOV   [BX], AX               ; 中断服务程序的入口偏移值写入向量表
INC   BX
INC   BX
MOV   AX, SEG USEINT         ; 中断服务程序的入口段地址送 AX
MOV   [BX], AX               ; 中断服务程序的入口段地址写入向量表
```

为了方便中断向量的读出和写入，DOS 系统提供了两个子功能供用户程序调用。

● 从向量表中读取中断向量：由“INT　21H”的 35H 号子功能实现。

入口参数：AL＝ 中断类型号

出口参数：ES: BX＝ 中断向量

● 把中断向量写入中断向量表：由“INT　21H”的 25H 号子功能实现。

入口参数：AL＝ 中断类型号

　　　　　DS: DX＝ 要写入的中断向量

出口参数：无

执行该子功能后，DX(中断服务程序入口地址的段内偏移量)和 DS(中断服务程序入口地址的段基址)将被写入 AL×4 ～ AL×4＋3 的四个单元中。

下面举例说明上述两个子功能的使用。

1CH 型服务程序只有一条 IRET 指令，该服务程序由系统的 08H 型中断(系统时钟中断)每隔 55ms 调用一次。所以可以把它看做系统时钟中断的外扩，在用户需要定时的场合，可以设计自己的服务程序取代原先的 1CH 型中断服务程序。但在更新 1CH 型中断向量之前要先读出

并转移原向量。

【例 7.3-2】 假设某用户设计了一个“定时中断服务程序”，其过程名为 TIMER，想用它取代系统原先的 1CH 型服务程序。请通过 DOS 系统的相关功能调用完成。

【解答】 读取原中断向量并保存的子程序：

```
READ    PROC
        MOV    AH, 35H
        MOV    AL, 1CH
        INT    21H
        MOV    WORD PTR OLD1CHXL, BX
        MOV    WORD PTR OLD1CHXL+2, ES
        RET
READ    ENDP
```

中断向量写入子程序：

```
WRITE   PROC
        PUSH   DS
        MOV    AX, CS
        MOV    DS, AX                    ; TIMER服务程序入口地址的段基址送DS
        MOV    DX, OFFSET  TIMER         ; TIMER服务程序入口地址的偏移量送DX
        MOV    AH, 25H
        MOV    AL, 1CH
        INT    21H
        POP    DS
        RET
WRITE   ENDP
```

练习题 3

7.3-1 8086/8088 有一个强大的中断系统，可以处理______种不同的中断。从产生中断的方法来分，中断可以分为两大类：______中断和硬件中断。其中硬件中断又可以分为______中断和______中断。

7.3-2 在 8086/8088 CPU 中，NMI 中断的中断向量在中断向量表中的位置为（　　）。

A．是由程序指定　　B．由 DOS 自动分配

C．固定在 0008H 开始的 4 个字节　　D．固定在中断向量表的表首

7.3-3 8086 中断系统的中断类型号是（　　）。

A．中断服务程序的入口地址　B．中断向量表的内容　C．中断向量表的地址指针　D．以上三项都不是

7.3-4 中断向量的地址是（　　）。

A．子程序入口地址　　B．中断服务程序入口地址

C．中断服务程序入口地址的地址　　D．传送数据的起始地址

7.3-5 中断类型码为 40H 的中断服务程序入口地址存放在中断向量表中的起始地址是（　　）。

A．DS:0040H　B．DS:0100H　C．0000H:0100H　D．0000H:0040H

7.3-6 判断：8086 的中断类型码越小，则其中断优先级越高。（　　）

7.3-7 写出分配给下列中断类型码的在中断向量表中的物理地址。

（1）INT　12H　　（2）INT　8

7.3-8 中断向量表在存储器的什么位置？向量表的内容是什么？

7.3-9 某可屏蔽中断的类型码为 08H，它的中断服务程序的入口地址为 1020H:0040H，请编写程序将该中断的服务程序入口地址填入中断向量表。

7.4　中断响应过程与时序

图 7.4-1 示出了 8086/8088 中断响应的流程图。

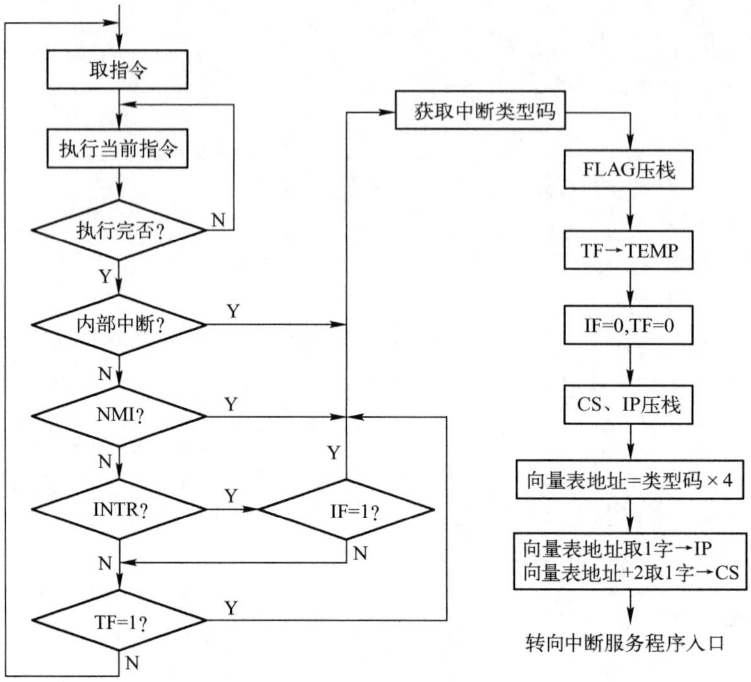

图 7.4-1　中断响应流程图

从图 7.4-1 中可以看出，8086/8088 响应中断的次序是：软件中断→NMI 端中断→INTR 端中断→单步中断。从宏观来看，软件中断的级别最高，而单步中断的级别最低。只有可屏蔽中断才需要进入中断响应周期，从数据总线读取中断类型码，而其余几种中断都没有这个操作，这是因为它们的中断类型码是固定的，由 CPU 直接生成。另外，指令中断也属软件中断，且不受 IF 标志的控制，但从优先级角度看，它是编程时安排的，所以不在优先级的排队之列。关于中断的嵌套，在执行中断服务子程序的过程中，若有 NMI 请求，则 CPU 总是可以响应的。当然，如果在这个中断处理中设立了开中断指令，则对 INTR 的请求也可以响应。

单步中断一般用在调试程序的过程中，它由单步标志 TF=1 引起，CPU 每执行一条指令中断一次。当进入单步中断响应时，CPU 自动清除了 TF，在中断返回后，由于恢复了中断响应时的标志寄存器的值，使 CPU 又回到了单步状态，直到程序将 TF 置为零为止。

8086/8088 对软件中断和硬件中断响应的过程是不同的，这里分别讨论。

7.4.1　硬件中断的响应过程和中断服务

1．硬件中断的响应过程

硬件中断指的是由 NMI 引脚进入的非屏蔽中断或由 INTR 引脚进入的可屏蔽中断。对 NMI 的中断请求，CPU 对其响应的条件是执行完现行指令。8086/8088 响应 NMI 中断后内部自动形成中断类型码 2。而对 INTR 的中断请求，8086/8088 首先要检查 IF 是否等于 1，如果 IF=1，则在当前指令执行完以后，进入中断响应，即 CPU 对 INTR 引脚中断请求响应的条件是：CPU 的中断是开放的(IF=1)且执行完现行指令。

对于多机系统，或采用 DMA 控制器的系统，使用 INTR 时要注意两点：一是多机系统中当$\overline{\text{LOCK}}$信号有效时，它告诉 CPU 在此两个周期中$\overline{\text{INTA}}$不能获得总线。二是若有 DMA 请求，且 HOLD 有效，则先响应 DMA 请求，然后再响应 INTR，也就是 INTR 的级别低于 HOLD。

8086/8088 CPU 响应 INTR 的中断后，从$\overline{\text{INTA}}$引脚连续发两个负脉冲，中断源在接到第二个负脉冲后，通过数据线发送它的中断类型码，8088/8086 CPU 收到这个中断类型码以后，进行如下操作：

（1）将中断类型码放入暂存器保存。

（2）将标志寄存器的内容压入系统堆栈，以保护中断发生时的状态。

（3）将 IF 和 TF 标志清零。

将 IF 清零的目的是防止在中断响应的同时又有别的中断，引起系统混乱。而将 TF 清零是为了防止 CPU 以单步方式执行中断服务子程序。这里要特别提醒，因为 CPU 在中断响应时自动关闭了中断允许标志(IF 清零)，因此当用户需要进行中断嵌套时，必须在自己的中断处理子程序的合适位置放置开中断指令 STI 来重新置 IF，否则系统将不支持可屏蔽中断嵌套。

（4）保护断点。保护断点的动作就是将当前的 IP 和 CS 的内容压入系统堆栈，这个动作的目的是为在中断结束时能正确地返回。

（5）根据取到的中断类型码，在中断向量表中找出相应的中断向量，将其分别装入 IP 和 CS，即可自动转向中断服务程序。

2. 中断服务程序的结构

中断服务程序是中断的重要组成部分，是中断请求的目的所在，它除了本次中断所希望 CPU 执行的程序(中断处理部分)以外，还要考虑现场的保护与恢复、中断允许的控制和中断的返回等。根据是否允许中断嵌套，其结构可分为图 7.4-2 所示的两种基本形式。

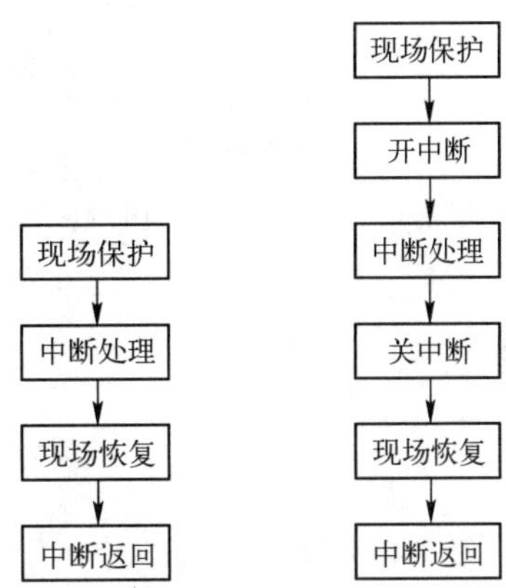

（a）不允许嵌套的结构　（b）允许嵌套的结构

图 7.4-2　中断服务程序的基本结构

现场的保护与恢复是为了使中断返回后能继续主程序的运行，主要是通过堆栈操作指令保护那些在主程序和中断服务程序中均用到的通用寄存器。对于在中断响应过程中由硬件自动保护的内容(如标志寄存器和断点)，在中断服务程序中无须再保护。中断返回靠中断返回指令 IRET 实现，它的功能主要有两个：一是把中断响应时所保护的标志寄存器的内容恢复，二是把断点地址弹出送至 IP 和 CS 从而实现返回。

对于允许嵌套的服务程序结构，需要增加一条开中断指令和一条关中断指令，从而实现在现场保护和恢复阶段处于关中断状态，以防可能对现场产生的破坏，仅在中断处理过程中是开中断的。

这里需要特别说明一点，虽然 CPU 响应中断后会自动关中断，但是对可屏蔽中断服务而言，不论在中断返回前 CPU 是处于开中断状态还是关中断状态，返回后总是开中断的。这是因为在响应中断前 CPU 肯定是开中断的，否则不会响应可屏蔽中断。在响应过程中是先保护标志寄存器后关中断的，而中断返回指令的功能之一就是恢复标志寄存器的内容，所以返回后 CPU 一定是开中断的。

另外，中断服务程序中可能还涉及中断结束问题，这一点将在第 8 章详细讨论。

上述对 INTR 中断的响应、处理和返回过程可以用图 7.4-3 加以说明。

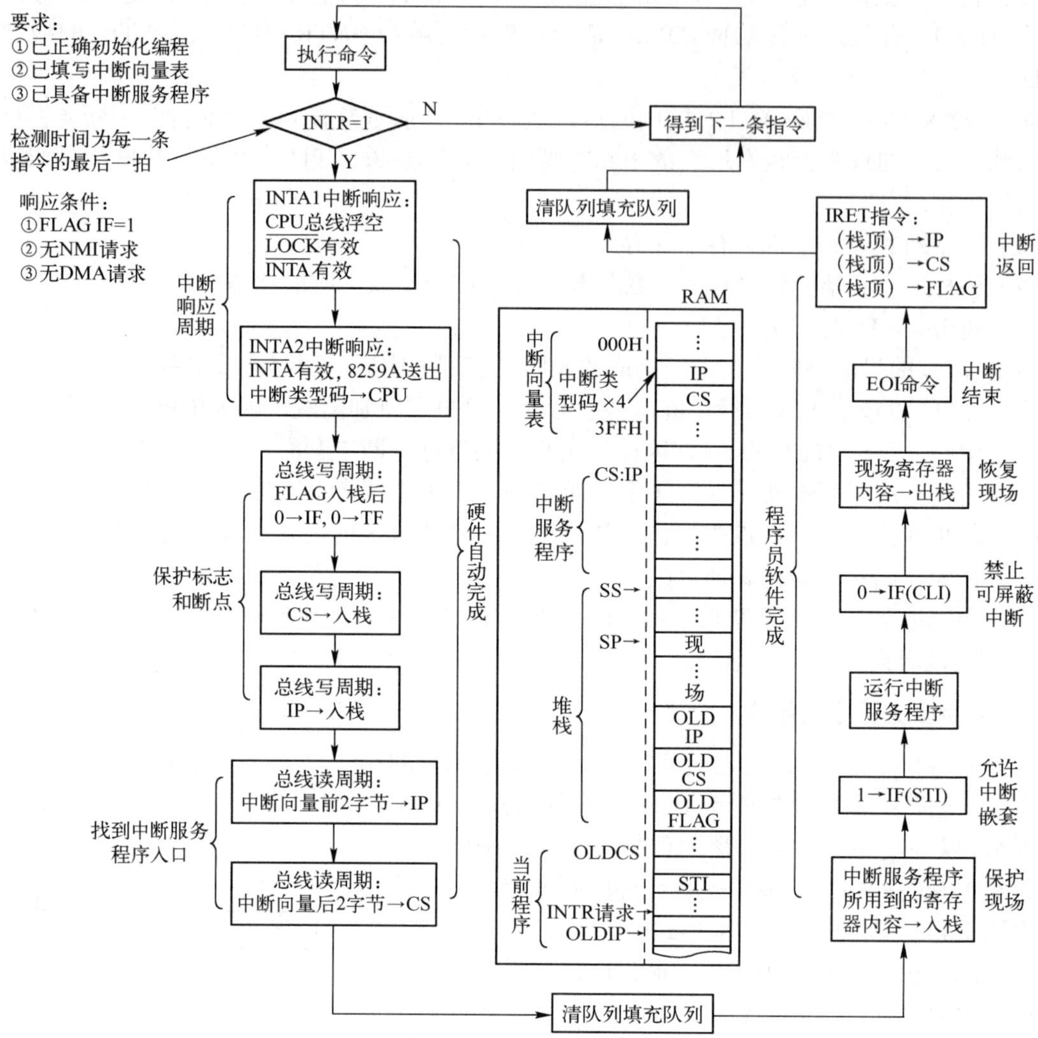

图 7.4-3　可屏蔽中断处理全过程及存储器使用

图 7.4-3 分为四大部分，上部是 CPU 执行现行指令和响应 INTR 的条件；响应以后分为三部分，左侧为中断响应及处理过程，全部由硬件自动完成；右侧为中断服务程序部分，全部为程序员编写的软件；中部为 RAM 的使用情况，通过这一部分可以看出当前程序(主程序)和中断服务程序以及堆栈段、数据段(中断向量表)在 RAM 中的分布和相互关系。

图中 RAM 的示意中：当前程序的段基址用 OLDCS 表示，段内偏移量用 OLDIP 表示；中断服务程序的段基址用 CS 表示，段内偏移量用 IP 表示；堆栈段基址为 SS，栈顶指针为 SP；中断向量表处在 DS＝0000H 的数据段。当前程序在执行过程中，若有中断请求 INTR 发生，并得到 CPU 的响应时，CPU 就把当前程序的断点“OLDCS:OLDIP”和标志寄存器内容 OLDFLAG 压入段基址为 SS 的堆栈。中断服务完毕，执行一条 IRET 指令时，又将上述压入堆栈的 OLDCS、OLDIP、OLDFLAG 弹出，分别送至相应的寄存器，从而继续当前程序的执行。

3．硬件中断的时序

中断操作是 8086/8088 的基本操作之一。8086/8088 对 INTR 端的中断响应要用两个总线周期，图 7.4-4 示出了 8086 中断响应总线周期的时序。

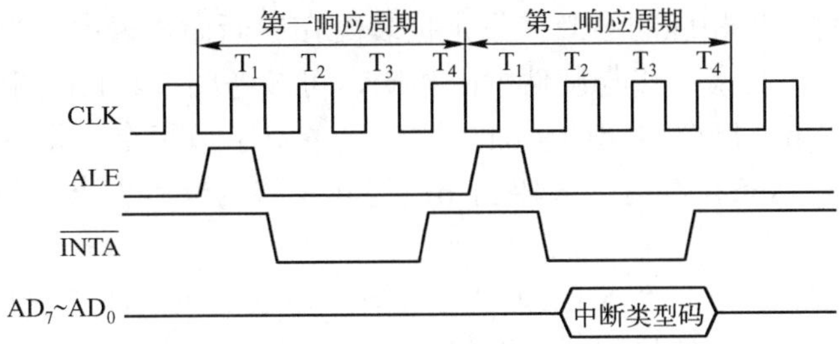

图 7.4-4　8086 中断响应总线周期

8086/8088 要求可屏蔽中断请求信号 INTR 是一个电平信号，并且要维持 2 个总线周期。这是因为 CPU 是在一条指令的最后一个 T 周期采样 INTR 的，进入中断响应以后，它在第一个中断响应周期的 T_1 周期仍需采样 INTR，以确信是一个有效的中断请求。另外，中断源在第二个中断响应周期送来的中断类型码是通过数据总线的低 8 位传送的，这点对 8086 来讲尤为重要。因为 8086 的对外数据线有 16 根，这就意味着外设的硬件连线中的数据线只能挂在 16 位数据总线的低 8 位上，不能是别的连接方式，否则会出错。

8086/8088 要求非屏蔽中断请求信号 NMI 为边沿触发信号，请求信号要维持两个时钟周期。

7.4.2　中断指令和软件中断的响应过程

1. 中断指令

（1）INT　n 软件中断指令

格式：INT　n

功能：产生一个中断类型号为 n 的软中断。

操作：① 标志寄存器入栈；② 断点地址入栈：CS 先入栈，IP 后入栈；③从中断向量表中获取中断服务程序入口地址，即 IP←(0:4n+1,0:4n)，CS←(0:4n+3,0:4n+2)。

（2）INTO 溢出中断指令

格式：INTO

功能：检测 OF 标志位。当 OF=1 时，产生中断类型为 4 的中断；当 OF=0 时，不起作用。

操作：① 标志寄存器入栈；② 断点地址入栈：CS 先入栈，IP 后入栈；③从中断向量表中获取中断服务程序入口地址，即 IP ←(0000H:0010H)，　CS←(0000H:0012H)。

（3）IRET 中断返回指令

格式：IRET

功能：从中断服务程序返回断点处，并将标志寄存器的值从堆栈弹出，继续执行原程序。本指令用于中断服务程序中。

操作：① 断点出栈：IP 先出栈，CS 后出栈；② 标志寄存器出栈。

2. 软件中断的响应过程

对硬件中断来讲，中断类型码是由发出中断请求的设备送给 CPU 的。而对软件中断来讲，其中断类型码是由系统分配的或由指令本身指定的。所以软件中断的响应过程相对来说比较简单。下面分两种情况来讨论。

首先讨论除“INT n”指令以外的软件中断，它包括除数为零引起的中断、单步中断、断点中断和溢出中断四种。对这四种软中断，系统分配给了特定的中断类型码，依次为 0、1、3

和 4，且系统初始化时已将相应的中断向量定位装配在中断向量表中。当中断发生时，只需直接查找中断向量表即可，其余动作与硬件中断相同，可参考图 7.4−1 和图 7.4−3。

接着分析由“INT n”指令引起的中断。这是一条双字节指令，指令的第二个字节即为中断类型码 n。CPU 执行这条指令时，先取出 n，将其左移两位后去查中断向量表，取出中断向量，实现转移。

下面以 CPU 执行中断指令“INT 21H”为例，介绍 CPU 对指令中断的响应过程。只要正确理解了各类中断响应过程的异同，本例就可以作为对整个中断响应过程的总结。

中断类型号 21H 是由指令提供的，设 21H 型中断的中断服务子程序的入口地址为 2000H:1234H。指令中断过程如图 7.4−5 所示。

在执行“INT 21H”中断指令之前，必须先把相应服务程序的入口地址 2000H:1234H 送入中断向量表 21H × 4 开始的 4 个单元。

当 CPU 取出“INT 21H”中断指令后，CS × 16 + IP 的值必定等于“INT 21H”下一条指令的物理地址 NEXT，这就是断点地址。经 CPU 对该指令译码可知，这是一条中断指令，于是 CPU 关闭中断(使 IF = 0)，然后进入图 7.4−5 所示过程。

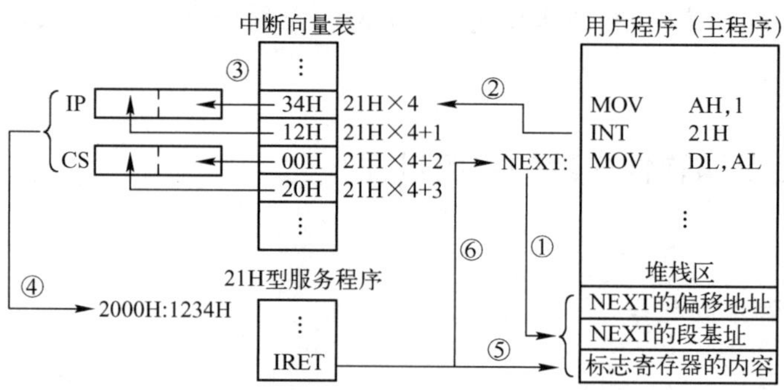

图 7.4−5　指令中断过程

① 将标志寄存器的内容、当前的 CS 值和 IP 值(断点地址)依次压入堆栈保护。

② 读取中断类型号 21H 并左移 2 位(即 21H × 4)，生成中断向量表的地址。

③ 读取 21H × 4～21H × 4 + 3 四个单元的内容(中断向量)送入 IP 和 CS。

④ 根据当前 CS:IP(2000H:1234H)转入中断服务程序。

图中的⑤⑥两步是中断服务结束执行中断返回指令 IRET 的过程，即把断点地址 NEXT 从堆栈中弹出装入 CS:IP，从而使 CPU 又回到被中断的程序继续执行，将标志寄存器的内容从堆栈中弹出，以恢复标志寄存器的内容。

说明：

（1）当除法运算中因商超出寄存器所能表示的范围或除数为零而产生 0 型中断时，DOS 为 0 型中断设计的服务程序仅仅是显示一条错误信息“Divide overflow”。用户在程序设计中对于出现的 0 型中断要做某种处理的话，必须用自己的中断服务程序取代原有的中断服务程序，否则就只能得到一条错误提示。

（2）当标志寄存器的 TF 标志为 1 时，CPU 每执行完一条指令就自动产生 1 型中断，调用 1 型中断的服务程序。我们把 CPU 执行一条指令称做一步，因此 1 型中断也叫单步中断。CPU 响应单步中断后，首先自动清除单步标志(使 TF=0)，然后转入单步处理程序。而在处理程序结束时又将 TF 恢复为 1。这样既保证了每执行主程序的一条指令就产生一次中断，又实现了以连续方式执行单步方式下嵌套的其他中断源的中断服务程序。

（3）DOS 为 1 型中断设计的中断服务程序也仅仅是一条 IRET 指令。实际上，单步中断是为 DEBUG 程序中单步调试程序的需要而设计的，因此在应用 1 型中断时，用户必须自己设计中断服务程序，并取代原有的中断服务程序。DEBUG 的单步调试功能是由 DEBUG 软件提供的。

（4）在调试程序时经常使用单步中断来对程序中的错误进行定位，但是如果仅靠这一种调试技术，对于比较大的程序的调试是十分困难的，所以一般采用与断点调试技术相结合来实现对错误的定位，这就是断点中断。在 DEBUG 中，是利用“INT 3”指令来设置断点的。“INT 3”指令是“INT n”中的一条特殊指令，它仅为 1 字节(“INT n”指令是 2 字节指令)，所以也被称为字节中断指令。在 DEBUG 中当程序执行到“INT 3”指令时就产生 3 型中断，显示当前程序的执行结果，供分析程序用。注意，和单步中断一样，DOS 系统的 3 型中断服务程序也仅仅是一条中断返回指令 IRET。因此在使用中也必须由用户编制自己的中断服务程序来取代原有的中断服务程序，DEBUG 的断点调试功能就是由 DEBUG 软件提供的。

（5）在除法错中断和单步中断中，都有两种方法响应对应类型的中断。因除法错引起的中断和执行“INT 0”指令产生的中断其结果是一样的，即都是执行 0 型中断服务程序。同样，因 TF=1 和 INT 1 引起的中断，其结果也是一样的，都是执行 1 型中断服务程序。与它们相比，溢出中断既有其共性，又有不同。溢出中断也有两种响应方式，但它是两条指令：INTO 和“INT 4”。而这两条指令又不完全相同。

（6）INTO 指令的功能是：先判别标志寄存器的溢出标志 OF 是否为 1，如果为 1(即有溢出)则产生 4 型中断，执行 4 型中断服务程序；如果为零则不产生中断，继续执行 INTO 的下一条指令。

（7）“INT 4”指令仅仅是“INT n”指令中的一条，执行“INT 4”指令时，不论 OF 是 1 还是零均产生 4 型中断，即它并不判断 OF 标志。

（8）和 1 型、3 型中断一样，DOS 为 4 型中断所设计的中断服务程序也仅仅是一条 IRET 指令。因此在使用中也必须由用户编制自己的中断服务程序来取代原有的中断服务程序。

（9）还有一点必须注意，当运算产生溢出时，CPU 仅设置溢出标志(使 OF=1)，并不产生溢出中断。如果用户需要对运算过程是否产生溢出进行监控，就必须在可能产生运算溢出的指令之后安排一条 INTO 指令(而不是“INT 4”指令)来监测溢出标志。

练习题 4

7.4-1 8086 对中断请求响应优先级最高的请求是（ ）。

A．NMI B．INTR C．内部中断 D．单步中断

7.4-2 当 8086 CPU 的 INTR=1，且中断允许位 IF=1 时，则 CPU 完成（ ）后，响应该中断请求，进行中断处理。

A. 当前时钟周期 B．当前总线周期 C．当前指令周期 D．下一个指令周期

7.4-3 在 8086/8088 中，执行单步中断服务程序的第一条指令时，TF 和 IF 的状态为（ ）。

A．TF=0，IF=0 B．TF=0，IF=1 C．TF=1，IF=0 D．TF=1，IF=1

7.4-4 下面的中断中，只有（ ）需要提供硬件中断类型码。

A．NMI B．INTR C．INT 0 D．INT n

7.4-5 响应可屏蔽中断后，8086/8088 CPU 是在（ ）读取中断向量号的。

A．保存断点后 B．第一中断响应周期 C．第二中断响应周期 D．T_4 前沿

7.4-6 简要说明 8086/8088 系统对可屏蔽中断请求的响应条件。

7.4-7 简述 8086/8088 CPU 的中断处理过程。

7.5 本章学习指导

7.5.1 本章主要内容

1. 中断技术概述

中断的基本概念，中断技术的优点，中断源的基本概念，中断源识别，中断处理过程，中断优先级等。

2. 中断系统的功能和优先级

中断过程包括：中断请求、中断判优、中断响应、中断服务、中断返回等阶段，需要由微机的软、硬件共同完成。能完成中断过程的所有硬件和软件构成中断管理系统，至少应具有以下功能：（1）中断的响应与返回；（2）中断优先级(权)排队；（3）正确处理中断的嵌套。

中断优先级靠判优(排队)逻辑来实现。常用的优先级判优方法可分为软件判优法(常用软件查询实现)和硬件判优法(常用硬件排队实现)。后者又可分为简单硬件法和专用硬件法。

3. 8086 的中断系统

（1）中断类型

8086/8088 可以处理 256 种不同的中断。每个中断对应一个中断类型码，共有 0～255 个中断类型码。所有中断分成两类，即硬件中断和软件中断。

硬件中断也称为外部中断，它是由外部硬件产生的，又可分为可屏蔽中断和非屏蔽中断两种，由 CPU 的相应硬件引入。非屏蔽中断仅有一级，不受中断允许标志位 IF 的屏蔽，常用来处理紧急事件。可屏蔽中断仅当 IF=1 时才可能有效。在一个系统中，通过中断控制器的配合，可屏蔽中断可以有几个甚至几十个。

软件中断是 CPU 根据某条指令或者对标志寄存器中的某个标志的设置而产生的，它与硬件无关。常见的有除法错中断、溢出中断、单步中断、断点中断，或由中断指令“INT n”产生的中断等。

（2）中断向量及中断向量表

8086/8088 采用中断向量方式表示中断，256 种中断对应 256 个中断向量。为区分不同类型的中断，系统为每个中断源设置的编号称为中断类型码。中断向量就是中断服务程序的入口地址，位于内存 0 段的 0～03FFH 区域中。一个中断向量占 4 个存储单元，前 2 个单元存放中断服务程序入口地址中的偏移量(IP)，后两个单元存放中断服务程序入口地址中的段地址(CS)。

中断类型码 n(0～255)与中断向量在向量表中的起始地址的关系为：$4\times n$。

注意：中断类型码只与存放中断向量的地址有关，但其不能决定中断向量本身和中断服务程序的功能，IP 和 CS 的内容以及中断服务程序的功能由软件开发者决定。

（3）中断响应和处理过程

在 8086 系统中各种中断的响应和处理过程是不完全相同的，主要区别在于如何获取相应的中断类型码。一般都包括：关中断；保护断点；保护现场；给出中断入口，转入相应的中断服务程序；恢复现场；开中断；返回。

4. 中断相关程序设计

（1）主程序中的初始化

和中断有关的主程序编写方法如下：

① 设置中断向量：常用方法包括直接装入法和 DOS 系统调用法。

② 设置中断控制器 8259A(可屏蔽中断才需要，第 8 章介绍)。

③ 设置 CPU 的中断允许标志 IF ，开中断 STI(可屏蔽中断)。

(2) 中断服务子程序设计

中断服务子程序的功能各不相同，但是都有类似的格式，即：

① 保护现场，通过一系列 PUSH 指令将 CPU 各寄存器的值入栈保护。

② 若允许中断嵌套，则用 STI 指令来开中断，使 IF=1(可选)。

③ 中断服务。

④ 用 CLI 指令关中断，使 IF=0，禁止其他中断请求进入(可选)。

⑤ 向 8259A 送中断结束命令，清除当前正在处理的中断请求标志位(可屏蔽中断)。

⑥ 恢复现场，通过一系列 POP 指令将 CPU 各寄存器的值恢复。

⑦ 用 IRET 指令返回主程序。

7.5.2 典型例题

【例 7.5-1】 根据图 7.5-1 所示 DEBUG 环境下提供的 8086 微机内存中的数据，判断“INT 11H”中断服务程序的入口地址是（　　）。

```
0000:0040  B3 18 8A CC 4D F8 00 F0 - 41 F8 00 F0 C5 18 8A CC
0000:0050  39 E7 00 F0 A0 19 8A CC - 2E E8 00 F0 DS EF 00 F0
```

图 7.5-1

A. 0F000:0F84DH　　B. 0A019:8ACCH　　C. 0CC8A:19A0H　　D. 4DF8:00F0H

分析：中断类型码为 11H，中断向量在中断向量表中的起始地址为：11H×4=44H，从图中可知从 44H 开始连续 4 个字节的内容是“4D F8 00 F0”，根据先 IP 后 CS，低字节在前高字节在后的顺序，IP=0F84DH，CS=0F000H。

【解答】 A

【例 7.5-2】 假设某非屏蔽中断系统电路图如 7.5-2 所示，3 个中断源通过 1 号与非门与 CPU 的非屏蔽中断引脚 NMI 相连。试编写程序实现以下功能：CPU 响应中断后，从 74LS244 读取中断源的中断请求信息，进行中断源的识别：如果是 K_1 被按下(中断源 1 发出中断请求)，则 L_1 亮，以此类推。

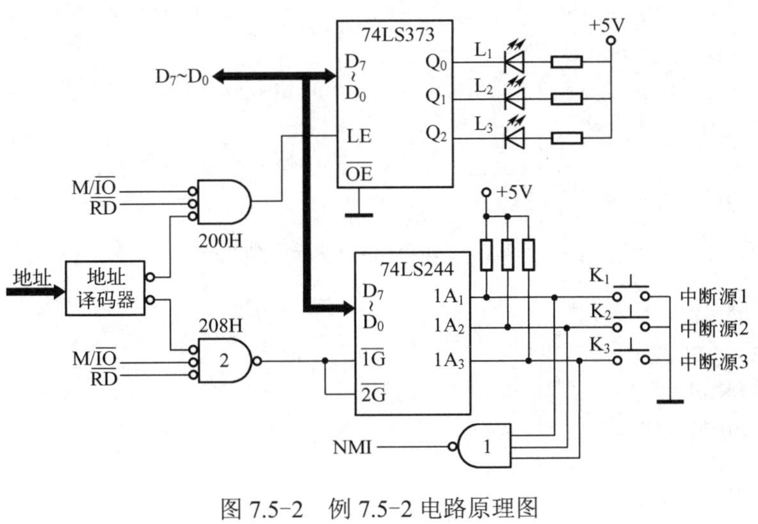

图 7.5-2　例 7.5-2 电路原理图

分析：在主程序中对中断向量初始化，NMI 中断类型码为 02H，可以采用直接写入法或者系统调用方法实现。没有按键按下(即无中断请求时)，1 号与非门输出低电平；3 个按键 K_1～K_3 任意一个按下，1 号与非门输出高电平。于是 NMI 引脚上出现低电平到高电平的跳变，触发 NMI 中断。中断源的识别在中断服务程序中通过查询的方法实现，即从 208H 端口读入开关状态，然后依次判断。

【解答】 相应的程序如下：

```
LS244  EQU   208H
LS373  EQU   200H
CODE   SEGMENT
       ASSUME   CS:CODE
START: MOV     AX, 0
       MOV     ES, AX
       MOV     SI, 2*4                         ; NMI 中断类型码为 02H
       MOV     AX, OFFSET NMI_SER
       MOV     WORD PTR ES:[SI], AX
       MOV     AX, SEG NMI_SER
       MOV     WORD PTR ES:[SI+2], AX
       MOV     AL, 0FFH                        ; 初始时 L1～L3 灭
       MOV     DX, LS373
       OUT     DX, AL
       JMP     $                               ; 等待中断请求的到来
NMI_SER   PROC                                 ; 中断服务程序
       MOV     DX, LS244                       ; 读入中断源信息
       IN      AL, DX
       TEST    AL, 01H                         ; 中断源 1 是否有效
       JZ      INT1                            ; 处理中断请求 1
       TEST    AL, 02H                         ; 中断源 2 是否有效
       JZ      INT2                            ; 处理中断请求 2
       TEST    AL, 04H                         ; 中断源 3 是否有效
       JZ      INT3                            ; 处理中断请求 3
       MOV     AL, 0FFH
       JMP     DISP
INT1:  MOV     AL, 11111110B                   ; 第一个中断源有效，L1 亮
       JMP     DISP
INT2:  MOV     AL, 11111101B                   ; 第一个中断源有效，L2 亮
       JMP     DISP
INT3:  MOV     AL, 11111011B                   ; 第一个中断源有效，L3 亮
       JMP     DISP
DISP:  MOV     DX, LS373                       ; 控制发光二极管显示
       OUT     DX, AL
       IRET                                    ; 中断返回
NMI_SER   ENDP
CODE   ENDS
       END    START
```

本章习题

7-1 试选用两种方法，为中断类型号为 0AH 的中断源设置中断向量，已知中断服务程序的首地址为 INT_PA。

7-2 列出 8086/8088 CPU 上的中断引脚和与中断有关的指令。

7-3 8086/8088 CPU 如何获得中断类型号？

7-4 中断响应有哪些条件？为什么 CPU 响应中断后立即关中断？

7-5 可屏蔽中断和非屏蔽中断的主要区别是什么？

7-6 中断向量存放在 0000H:0058H 开始的 4 个连续单元中，该中断向量所对应类型码为多少？若相应的中断服务程序入口地址为 5060H:7080H，请画出相应单元中的数据分布情况。

7-7 给定 SP=0100H，SS=0500H，FLAGS=0240H，在存储单元中已有内容(00024H)=0060H，(00026H)=1000H，在段地址为 0800H 及偏移地址为 00A0H 的单元中，有一条中断指令“INT 9”。问：执行“INT 9”指令后，SS、SP、IP、flags 的内容是什么？栈顶的 3 个字是什么？（提示：对于“INT n”指令，n=3 时，为 1 字节指令，n≠3 时，为 2 字节指令）

接口篇

微机接口技术是采用硬件与软件相结合的方法，使微处理器与外部设备进行最佳的匹配，实现 CPU 与外部设备之间高效可靠地交换信息的一门技术，是微机应用系统设计的关键。

本篇以自动气象站的设计为例，介绍了中断控制器 8259A、定时/计数器 8253、并行接口 8255A、串行接口 8251A 等可编程接口芯片的功能、结构、初始化方法和应用设计，系统讨论了模数转换器(A/D 转换器)和数模转换器(D/A 转换器)的转换原理、接口方法。在分步学习与设计的基础上，采用集成方法完成了一个基本的自动气象站系统设计。本篇在学习各类常用接口芯片的基本功能和特点的基础上，侧重于应用，不追究自动气象站设计中的气象问题，重点关注芯片的学习与计算机应用系统的设计。

引子——自动气象站

自动气象站是一种能自动地观测和存储气象观测数据的设备，主要由传感器、采集器、通信接口、系统电源等组成。随着气象要素值的变化，各传感器的感应元件输出的电量将产生变化，这种变化量被 CPU 实时控制的数据采集器所采集，经过线性化和定量化处理，实现工程量到要素量的转换，再对数据进行筛选，得出各个气象要素值。自动气象站观测项目主要包括风速、风向、雨量、气压、温度、湿度、太阳辐射等要素，经扩充后还可测量其他要素，一般每分钟采集并存储一组观测数据。为了实现组网和远程监控，往往还需配置无线通信功能和远程监控软件(本系统不讨论)，将自动气象站与中心站通过有线或无线连接形成自动气象观测系统。

自动气象站应实现以下功能：

(1) 瞬时风速和降雨量的测量。风速传感器和翻斗式雨量传感器的输出都是脉冲信号，一般瞬时风速 $V = a + bf$，其中 a 为常数(起动风速)，b 为系数(与传感器有关)，f 为单位时间内的脉冲数；翻斗式雨量传感器某时段的雨量计算公式为 $P = kN$，其中 N 为该时段内传感器输出脉冲的个数，k 为系数(翻斗的容积与雨量计桶的横截面积的比值)。要实现瞬时风速和降雨量的测量均需要实现对脉冲的计数和定时，可编程定时/计数器 8253 能满足计数和定时的要求，配以软件就可以求得瞬时风速和降雨量等。

(2) 风向测量。风向传感器输出的是数字量，通过扩展可编程并行接口 8255 配以软件就可以直接获取风向信息。

(3) 温度、湿度、气压和直接辐射强度的测量。温度、湿度、气压和辐射传感器的输出均为模拟量，要通过模数转换后才能被计算机读取。模数转换器 ADC0809 可以实现多路模拟量到数字量的转换。

(4) 数据上传。自动气象站采集的数据需要上传至与中心站连网的计算机，利用串行可编程接口 8251A 的通信功能，再通过电平转换，可以实现与计算机的 RS-232C 串行接口的连接，借助通信程序就可以完成自动气象站与计算机的数据上传或接收上位机下达的指令。

（5）人机接口。自动气象站还具有键盘输入和 LED 显示功能，通过可编程并行接口 8255A，再配以软件，就可以完成自动气象站所需要的人机接口功能。

（6）中断管理。自动气象站系统中的 8253、A/D 和键盘都涉及中断问题，有多个中断源需要管理，中断控制器 8259A 能够很好地管理这些中断。

应用 8088 CPU 最小工作模式，通过扩展可编程芯片 8253、8255A、8251A、8259A，以及 ADC0809 构成的自动气象站的原理框图如图 0-1 所示。

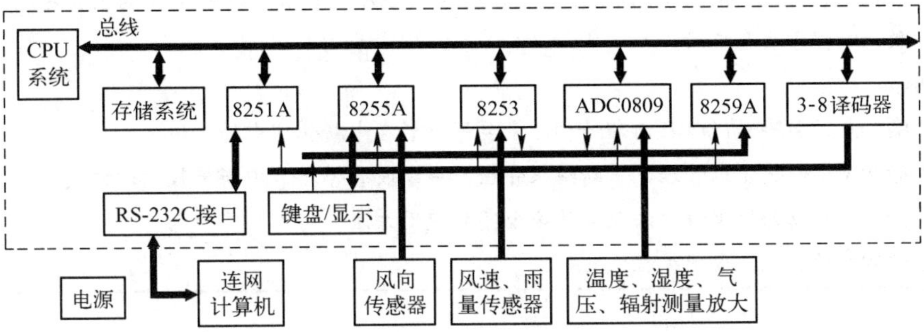

图 0-1　自动气象站原理框图

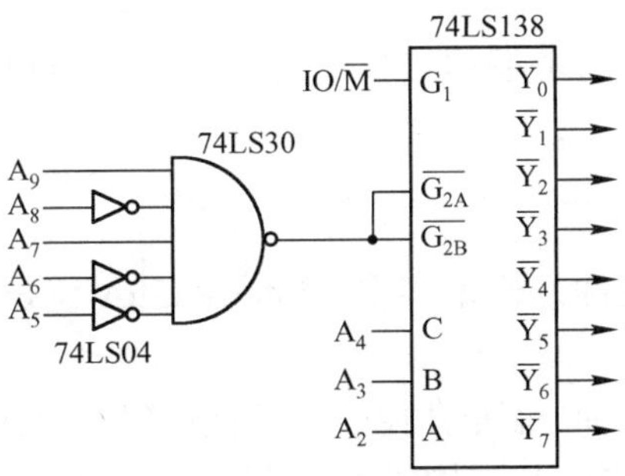

图 0-2　自动气象站接口芯片片选译码电路

为了实现对上述各芯片的寻址，系统的片选译码电路如图 0-2 所示。图中 74LS138 为 3-8 译码器，74LS30 为 8 输入与非门，74LS04 是 6 输入非门(反相器，图中只用了 3 个)。根据图示连接关系不难分析，当 CPU 做输入/输出操作时，对 8088 CPU 最小组态而言 $IO/\overline{M}$ 为高电平，当送出的地址 $A_9A_8A_7A_6A_5$ 为 10100 时 74LS30 与非门的输出为低，译码器的三个控制端同时有效，开始对输入端地址 $A_4A_3A_2$ 的状态进行译码，$\overline{Y}_0$～$\overline{Y}_7$ 的某一端译码有效时 A_1A_0 的全 0 到全 1 变化即得出对应端的地址范围，如表 0-1 所示。

实现自动气象站功能的设计方案很多，本系统并不是最佳应用设计，只是一个学习各种接口芯片的导入案例，通过案例的导入有助于学习接口芯片以及微机应用系统的设计。在以后各章的学习中，本案例的接口芯片应用均作为一个应用设计举例，最后再进行集成设计。

表 0-1　译码器输出端 $\overline{Y}_0$～$\overline{Y}_7$ 作为片选时所对应的地址范围

A_9 A_8 A_7 A_6 A_5	$A_4A_3A_2$	译码输出有效端	对应片选芯片	A_1A_0	对应地址范围
1 0 1 0 0	0 0 0	$\overline{Y}_0$	中断控制器 8259A	00～11	280H～283H
1 0 1 0 0	0 0 1	$\overline{Y}_1$	计数器/定时器 8253	00～11	284H～287H
1 0 1 0 0	0 1 0	$\overline{Y}_2$	并行接口 8255A	00～11	288H～28BH
1 0 1 0 0	0 1 1	$\overline{Y}_3$	串行接口 8251A	00～11	28CH～28FH
1 0 1 0 0	1 0 0	$\overline{Y}_4$	ADC0809	00～11	290H～293H
1 0 1 0 0	1 0 1	$\overline{Y}_5$		00～11	294H～297H
1 0 1 0 0	1 1 0	$\overline{Y}_6$		00～11	298H～29BH
1 0 1 0 0	1 1 1	$\overline{Y}_7$		00～11	29CH～29FH

第 8 章　可编程中断控制器 8259A

内容提要：

8259A 是 Intel 公司生产的用于中断管理的可编程接口芯片。本章介绍 8259A 的主要功能及结构、中断管理方式、级联、编程方法和应用。

教学目标：

- 了解 8259A 的引脚功能以及内部结构，主要寄存器在中断管理中的作用。
- 掌握 8259A 中断优先级管理、中断结束管理、中断嵌套管理、中断屏蔽管理方式。
- 掌握 8259A 的初始化编程方法及操作命令字的使用方法。
- 掌握 8259A 的级联及应用编程。

8.1　8259A 的主要功能及结构

中断控制器 8259A 是 Intel 公司生产的用于中断管理的可编程接口芯片，该芯片可以和 CPU 总线直接连接完成中断管理功能。

1. 8259A 的主要功能

在第 7 章讲到中断优先级的处理时，曾提到可用专用硬件方式来实现，Intel 8259A 就是一种可编程的中断优先级管理芯片，主要功能如下：

（1）一片 8259A 可以管理 8 级中断，并且在不增加其他电路的情况下，可以多片 8259A 级联，形成对多于 8 级中断请求的管理。最多可以用 9 片 8259A 来构成 64 级的主从式中断管理系统。

（2）对任一级中断都可以单独屏蔽，设置其为禁止或允许中断。

（3）可以通过编程使 8259A 工作在不同的工作方式下，使用起来灵活方便。

（4）能根据编程提供中断源的中断类型码。

2. 8259A 的引脚及功能

Intel 8259A 为双列直插式封装，28 个引脚，见图 8.1-1(a)引脚功能。说明如下。

D_7～D_0：数据线，双向，用来与 CPU 交换数据。

INT：中断请求，输出，由 8259A 传给 CPU，或由从 8259A 传给主 8259A。

$\overline{INTA}$：中断响应，输入，接收来自 CPU 的中断响应信号。

IR_7～IR_0：外设的中断请求信号输入端，可以是电平触发或边沿触发。多片 8259A 级联时，从片的 INT 引脚与主片的 IR_i 相连，$i = 0, \cdots, 7$。

CAS_2～CAS_0：双向级联信号。对主片来讲是输出信号，发送所选中从片的编号 000~111。对从片而言这三个信号是输入信号，以此可以判别本从片是否被选中。

$\overline{SP}/\overline{EN}$：从设备编程/缓冲器允许的双功能引脚，双向。当 8259A 工作于非缓冲方式时(由编程决定，该方式下 8259A 的 D_7～D_0 与数据总线直接相连)，$\overline{SP}/\overline{EN}$ 为输入引脚，执行 $\overline{SP}$ 功能，用于控制级联方式下的 8259A 为主片还是为从片，若 $\overline{SP}/\overline{EN}$ =1 为主片，若 $\overline{SP}/\overline{EN}$ =0 为从片。若系统中只有一片 8259A，则 $\overline{SP}/\overline{EN}$ =1，而 CAS_2～CAS_0 悬空。

在缓冲方式下(在一个大系统中 8259A 的 D_7～D_0 要通过缓冲器与数据总线相连)，$\overline{SP}/\overline{EN}$ 为输出引脚，执行 $\overline{EN}$ 功能，作为总线启动信号，以控制总线缓冲器的接收和发送。此时 8259A 的主从控制由初始化命令字 ICW_4 的 D_2(M/S)决定。

A_0：内部寄存器的选择，输入。当 A_0 = 0 时，对应的寄存器为 ICW_1，OCW_2 和 OCW_3；当 A_0=1 时，对应的寄存器为 ICW_2～ICW_4 和 OCW_1。由于 A_0 的一个状态要对应多个不同的寄存器，因此要在各命令字中用识别位加以区别。

$\overline{CS}$：片选信号，输入，低电平有效。一般接来自地址译码器的输出，作为系统对 8259A 的选择信号。

$\overline{RD}$：读信号，输入，低电平有效。用来控制数据由 8259A 读到 CPU。

$\overline{WR}$：写信号，输入，低电平有效。用来控制数据由 CPU 写到 8259A。

3. 8259A 的内部结构

8259A 的内部结构框图见图 8.1-1(b)，其主要模块的功能如下：

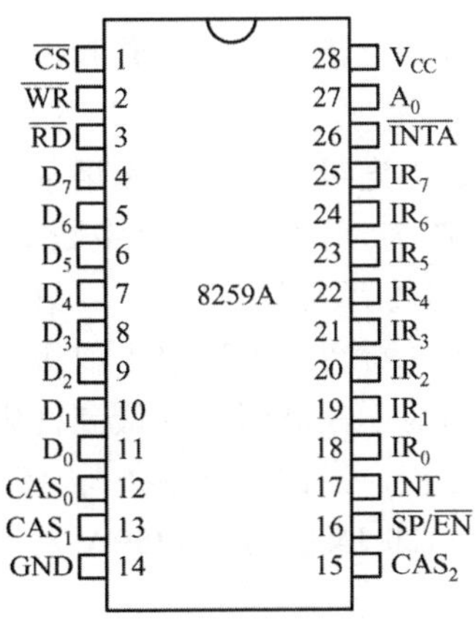

(a) 8259A的外部引脚

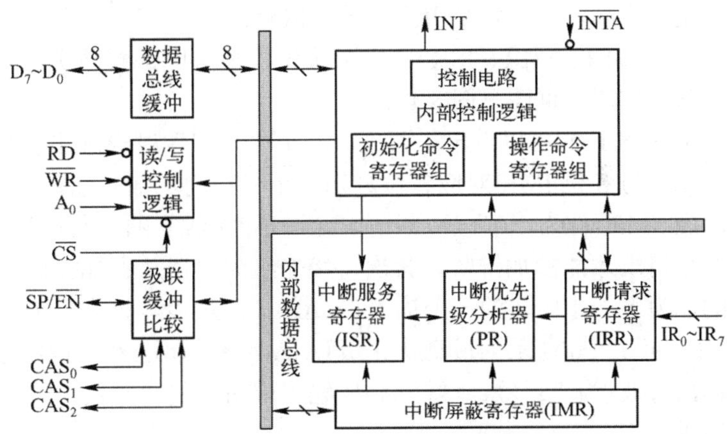

(b) 8259A的内部结构

图 8.1-1 8259A 的外部引脚和内部结构

(1) 中断请求寄存器(IRR)

IRR 是一个 8 位的寄存器，接收来自 IR_7～IR_0 上的中断请求信号，当收到请求信号时就在 IRR 的相应位置位，当中断请求被响应时 IRR 的相应位复位。外设产生中断请求的方式有两种：一种是边沿触发方式，另一种是电平触发方式。用户可通过初始化命令字 ICW_1 来设置。

(2) 中断屏蔽寄存器(IMR)

IMR 是一个 8 位的寄存器，用来存放中断屏蔽字，它是由用户通过编程(操作命令字 OCW_1)来设置的。IMR_i 与 IR_i 一一对应，当 IMR 中第 i 位置位时，就屏蔽了来自 IR_i 的中断请求，使锁存于 IRR_i 位的中断请求不能送达优先权裁决电路参加排队，也就是说，禁止了 IR_i 的中断请求获得服务的机会。这样用户就可以根据需要设置 IMR 的值，从而改变系统原有的中断优先级。

(3) 当前在服务寄存器(ISR)

ISR 也是一个 8 位的寄存器，它与 IR_i 中断源一一对应，标记了 CPU 正在为哪些中断源服务，分为两种情况：

① 若 CPU 不处于中断服务状态，有未被屏蔽的中断请求，CPU 满足中断响应条件，将响

应这些请求中级别最高的中断，如 IR_i 上的中断请求。当 8259A 收到第一个中断响应信号时将使 ISR_i 置 1，而 IRR_i 清零。ISR_i 置 1，表明 CPU 正在为 IR_i 端的中断请求服务；而 IRR_i 由 1 变 0，则表示 IR_i 端的中断请求已被响应。

② 若 CPU 正在为中断源服务，比如正在为 IR_6 端的中断请求服务中，如果 IR_0 又申请中断且没被屏蔽，按 8259A 的默认优先级 IR_0 高于 IR_6，因而 CPU 会暂停 IR_6 的中断处理而响应 IR_0 的中断请求，这样 ISR_0 也被置 1，此时 IRS_0、IRS_6 均为 1，这表明 IR_0、IR_6 的中断服务均未结束。从该意义上而言，ISR 的每一位都是“中断服务的标志位”。

ISR_i 的“1”状态一般要保持到收到相应的中断结束命令为止。

（4）中断优先权裁决电路

中断优先权裁决电路是用来管理和识别各个中断源的优先级的，也分为两种情况：

① 根据优先级的规定，判别同时送达优先权电路的中断源(IRR_i=1 且 IMR_i=0 的位)哪一个级别最高。

② 根据当前 ISR 的状态和新进入中断优先权裁决电路的中断请求，判别新的中断请求的级别是否更高，以决定是否进入中断嵌套。

上述 IRR、IMR、ISR 和中断优先权裁决电路共同实现了中断请求、屏蔽、排队和嵌套管理。其工作原理框图见图 8.1-2。

从图 8.1-2 可以看出：首先，8 个“与门”逻辑选出参加中断优先级排队的中断请求，即 8 位 IRR 与 8 位 IMR 对应各位分别送至“与门”输入端，只有 IRR 为“1”的位(有中断请求)和对应 IMR 位为“0”(中断请求允许)同时成立的“与门”其输出才有效(为“1”)。只有这些中断请求才能参加排队。其次，优先级编码器从参加排队的那些中断请求中选出当前级别最高的作为下一步比较的一个输入($A_2A_1A_0$)。最后，把来自 ISR 的当前正在被服务的最高优先级($B_2B_1B_0$)与当前请求的最高优先级($A_2A_1A_0$)一起送入比较器进行比较，当比较器输入 A>B 时其输出有效(为“1”)，这样 A>B 输出端所接的“与门”输出有效(即 INT=1)，8259A 发出中断请求。

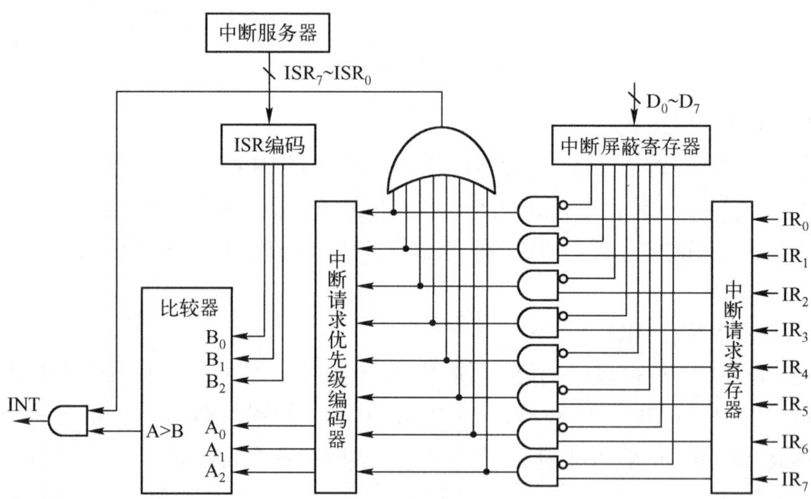

图 8.1-2　8259A 优先级裁决过程工作原理框图

（5）控制逻辑

在 8259A 的控制逻辑电路中，有一组初始化命令字寄存器(ICW_1～ICW_4)和一组操作命令字寄存器(OCW_1～OCW_3)，这 7 个寄存器均由用户根据需要通过编程来设置。控制逻辑可以按照编程所设置的工作方式来管理 8259A 的全部工作。在 IRR 中有未被屏蔽的中断请求位时，它可以输出高电平的 INT 信号向 CPU 申请中断。在中断响应期间，它使得 ISR 的相应位置位，并控制向 CPU 发送相应的中断类型码。在中断服务结束时，它按照编程指定的方式进行结束处理。

（6）数据总线缓冲器

数据总线缓冲器是一个 8 位的双向三态缓冲器，用做 8259A 与系统数据总线的接口，用来传输初始化命令字、操作命令字、状态字和中断类型码。

（7）读/写控制逻辑

读/写控制逻辑接收来自 CPU 的读/写命令，完成规定的操作。具体动作由片选信号 $\overline{CS}$、地址输入信号 A_0，以及读（$\overline{RD}$）和写（$\overline{WR}$）信号共同控制。当 CPU 对 8259A 进行写操作时，它控制将写入的数据送入相应的命令寄存器中。当 CPU 对 8259A 进行读操作时，它控制将相应的寄存器的内容输出到数据总线上。

（8）级联缓冲器/比较器

此功能部件在级联方式的主从结构中用来存放和比较系统中各 8259A 的从设备标志(ID)。与此相关的是三条级联线 CAS_2～CAS_0 和 $\overline{SP}/\overline{EN}$。

其中 CAS_2～CAS_0 是 8259A 相互间连接用的专用总线，用来构成 8259A 的主从式级联控制结构。编程时设定的从 8259A 的设备标志(ID)保存在级联缓冲器中。系统中全部 8259A 的 CAS_2～CAS_0 对应端互连，主 8259A 的 CAS_2～CAS_0 为输出线，用于发送所选中从 8259A 的设备标志码(ID)；从 8259A 的 CAS_2～CAS_0 为输入线，用于接收主设备发来的标志码。在中断响应期间，主 8259A 把所有申请中断的从设备中优先级最高的从 8259A 的设备标志(ID)输出到级联线 CAS_2～CAS_0 上，从 8259A 收到这个从设备标志后，就与自己的级联缓冲器中保存的从设备标志相比较，若相等则说明本片被选中。这样，在后续的 $\overline{INTA}$ 有效期间，被选中的从设备就把请求有效且未被屏蔽的级别最高的中断源的中断类型码送至数据总线。

$\overline{SP}/\overline{EN}$ 在缓冲方式下产生总线启动信号 $\overline{EN}$，以控制总线缓冲器的接收和发送。在非缓冲方式下，用来决定本片 8259A 是主片还是从片：若 $\overline{SP}/\overline{EN}$=1 为主片，若 $\overline{SP}/\overline{EN}$=0 为从片。

练习题 1

8.1-1 8259A 允许的外设中断请求触发方式包括__________和__________。

8.1-2 CPU 可以访问 8259A 的端口地址数为（　　）。

A. 1 个　　B. 2 个　　C. 3 个　　D. 8 个

8.1-3 8259A 的中断屏蔽寄存器为（　　），中断服务寄存器为（　　），中断请求寄存器为（　　）。

A. IRR　　B. IMR　　C. ISR　　D. PR

8.1-4 判断：8259A 的中断源 IR_7～IR_0 为高电平有效。（　　）

8.1-5 判断：通过设置 8259A 的中断屏蔽寄存器 IMR 的状态就可以控制 8086 CPU 是否响应可屏蔽中断。（　　）

8.1-6 8259A 的中断屏蔽寄存器 IMR 与 8086 中断允许标志 IF 有何区别？

8.2　8259A 的工作过程

8259A 的工作过程分为单片 8259A 工作过程和多片级联工作过程。

8.2.1 单片 8259A 的工作过程

单片 8259A 工作的过程为：

（1）中断源通过 IR_7～IR_0 向 8259A 发中断请求，使得 IRR 的相应位置位。

（2）若此时 IMR 中的相应位为零，即该中断请求没有被屏蔽，则进入优先级排队。8259A 分析这些请求，若条件满足，则通过 INT 向 CPU 发中断请求。

（3）CPU 接收到中断请求信号后，如果满足条件，则进入中断响应，通过 $\overline{INTA}$ 引脚发出两个连续负脉冲。

（4）8259A 收到第一个 $\overline{INTA}$ 时，进行如下操作：

① 使 IRR 的锁存功能失效(目的是防止此时再来中断导致中断响应的错误)，到第二个 $\overline{INTA}$ 时再有效。

② 使 ISR 的相应位置位，表示已为该中断请求服务。

③ 使 IRR 相应位清零，表明对应的中断请求被响应。

（5）8259A 在收到第二个 $\overline{INTA}$ 时，进行如下操作：

① 把中断类型码送至数据总线。中断类型码由用户编程和中断请求引脚的编码共同决定。

② 如果 8259A 工作在中断自动结束方式，此时将清除 ISR 的相应位，这种结束方式不能管理中断嵌套。因为 ISR 的相应位清除后，在中断服务期间若再有未被屏蔽的中断请求，只要 CPU 满足中断响应条件，不管其级别是否比现在被服务的中断源的级别高，都会予以响应，从而可能造成中断混乱。

③ 如果 8259A 工作在中断非自动结束方式，此时不清除 ISR 的任何位，只有在中断服务结束时发出中断结束命令，才会使 ISR 中的相应位清除。

8.2.2 多片 8259A 级联的工作过程

1 片 8259A 只能管理 8 级中断，8259A 可通过多片级联来扩大中断管理能力。在级联使用时，至少要 2 片 8259A(1 片为主片，1 片为从片，所以也叫主从式连接)，可管理 15 级外部中断。最多允许 9 片 8259A 级联(其中 1 片为主片，8 片为从片)，可管理 64 级中断。

1．连接方法

图 8.2-1 示出了一个由 3 片 8259A 组成的级联系统。从片 A 的 INT 引脚连接到主片的 IR_3 端，从片 B 的 INT 引脚连接到主片的 IR_6 端。在这个级联系统中，各中断源的优先级别从高到低依次为：主片的 IR_0～IR_2，从片 A 的 IR_0～IR_7，主片的 IR_4～IR_5，从片 B 的 IR_0～IR_7，主片的 IR_7。当用 9 片级联实现 64 级中断时，其连接方法为：

（1）64 个中断源的中断请求分别接到 8 个从片的中断输入端，每个从片的中断请求 INT 作为主片的一个中断输入。当中断源有请求并允许时，相应的从片向主片发出请求，再由主片向 CPU 发出请求。

（2）来自 CPU 的中断响应信号 $\overline{INTA}$ 复接到每个 8259A 的 $\overline{INTA}$ 端。

（3）主片的级联信号 CAS_2、CAS_1、CAS_0 依次复接到每个从片的 CAS_2、CAS_1、CAS_0 端。

（4）所有 8259A 的数据线 D_7～D_0 对应复接到数据总线的 D_7～D_0 端。

（5）由系统生成的片选信号分别接到各个 8259A 的片选端(注意：各个 8259A 的片选信号是互不相同的，即地址互不相同)。

（6）主片的$\overline{SP}/\overline{EN}$接高电平，从片的$\overline{SP}/\overline{EN}$接地(当 8259A 工作于缓冲方式时，请见该引脚的说明)。

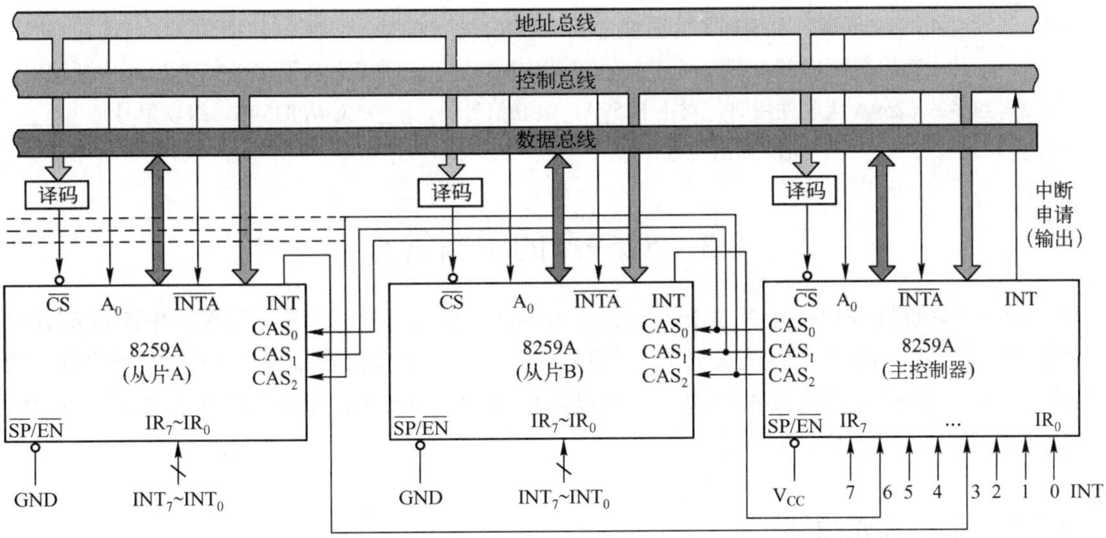

图 8.2-1　8259A 的级联

2．级联方式下的请求与响应过程

在级联方式下如果 CPU 响应的是主片上的中断源(该请求端接的是外部中断源而不是从片)，其响应过程和单一主片工作一样。下面讨论从片上中断源的请求与响应过程。

（1）从片上的中断源通过 IR_7～IR_0 向从 8259A 发中断请求，使得 IRR 的相应位置位。

（2）若此时 IMR 中的相应位为零，即该中断请求没有被屏蔽，则进入优先级排队。从 8259A 分析这些请求，若条件满足，则通过 INT 向主 8259A 发中断请求。

（3）主 8259A 收到请求后若满足条件则通过 INT 向 CPU 发中断请求。

（4）CPU 接收到中断请求信号后，如果满足条件，则进入中断响应，通过$\overline{INTA}$引脚发出两个连续负脉冲，该$\overline{INTA}$信号送给所有的 8259A。

（5）各 8259A 收到第一个$\overline{INTA}$时，使各自的 IRR 的锁存功能失效(目的是防止此时再来中断导致中断响应的错误)，直到第二个$\overline{INTA}$时再有效。这一点与单片工作时一样。不同的是：主片收到第一个$\overline{INTA}$后使对应的 ISR 位置，并通过 CAS_2～CAS_0 输出当前被响应的中断源所属从片的设备代码 ID。每个从设备有唯一的 ID 编码，它等于该从设备的 INT 端所连接的主片的 IR_i 引脚的编码 i。例如，图 8.2-1 中，从片 A 连在主片的 IR_3，则该从片的 ID 编码就为 03H(由初始化命令字 ICW_3 设置)。

（6）每个从片均收到这一设备代码并和自身的代码进行比较。

（7）与主片送出的代码一致的从片清除被响应的中断源的 IRR 位，置位被响应的中断源的 ISR 位，并做好把自身被响应的中断源的类型码送到数据总线的准备。

（8）在第二个$\overline{INTA}$脉冲有效期间，由被选中的从 8259A 将中断类型码送至数据总线。CPU 在中断响应周期的第二周期读取类型码，并生成中断向量表的地址，然后从向量表中读出中断向量而转入相应的中断服务程序。

级联系统中的所有 8259A 都必须进行独立的编程，以便设置各自的工作状态，因此每一个从片占用两个端口地址。这时，作为主设备的 8259A 一般需设置为特殊的全嵌套方式。这种方式与一般的全嵌套方式不同，两者的比较将在 8.3 节讨论。

练习题 2

8.2-1 管理 46 个中断源，至少需要_________片 8259A。

8.2-2 一片中断控制器 8259A 可管理_________级中断，______个芯片级联可以实现 22 级中断管理。

8.2-3 当多片 8259A 级联使用时，对主 8259A，级联信号是_____，对从 8259A，级联信号是_______。

A. 输入信号　　　　　　B. 输出信号

8.3 8259A 的中断管理

8259A 的中断管理包括中断优先级管理、中断结束管理、中断嵌套管理、中断屏蔽管理和多片级联管理，其中前 4 个管理又各有不同的工作方式。下面仅对前 4 个方面管理的有关概念加以讨论，至于各种方式的设置和切换可通过后面讨论的 8259A 初始化命令字 ICW_1～ICW_4 和操作命令字 OCW_1～OCW_3 来实现。

8.3.1 中断优先级管理

中断优先级管理包括以下工作方式：

（1）固定优先级方式

8259A 复位后自动处于固定优先级方式，8 个中断源的优先级别是固定的，由高到低依次为 $IR_0>IR_1>IR_2>IR_3>IR_4>IR_5>IR_6>IR_7$。

（2）循环优先级方式

在循环优先级方式下 8 个中断源的优先级是循环变化的：当 8259A 被设置为循环优先级后的瞬时优先级为 $IR_0>IR_1>IR_2>IR_3>IR_4>IR_5>IR_6>IR_7$；一旦某中断源的请求被响应后它就变为最低优先级，它的下一级则上升为最高优先级。比如 IR_4 端的中断请求被响应后，优先级变为 $IR_5>IR_6>IR_7>IR_0>IR_1>IR_2>IR_3>IR_4$。

（3）特殊循环优先级方式

与循环优先级方式相比，不同之处在于特殊循环优先级方式下由程序指明循环起始时的最低优先级。如指定 IR_2 为最低优先级，等价于指定 IR_3 为最高优先级，则设置后的瞬时优先级为 $IR_3>IR_4>IR_5>IR_6>IR_7>IR_0>IR_1>IR_2$。而循环优先级方式下，初始时最高优先级一定是 IR_0。通过操作命令字 OCW_2 可以使 8259A 进入和退出特殊循环级方式和指定特殊循环方式下最低优先权的中断源，具体设置方法见 8.4 节。

（4）查询排序优先级方式

这种方式一般用于中断级数多于 64 的场合。在此种方式下，8259A 接收中断请求的功能不变，优先权排队功能依然有效，但并不送出中断请求，而是由程序读取 8259A 的查询字来判断该 8259A 的中断源是否有请求，该查询字不但提供是否有中断请求的信息，而且在有请求的情况下还提供级别最高的中断源的二进制编码。另外这种方式下 8259A 不再提供中断类型码，而是由查询程序控制中断响应。因此这种方式下 8259A 已不再作为一个真正的中断控制器来使用。在多个 8259A 工作在这种方式下时，芯片与芯片间的优先级顺序是靠查询排序来决定的。具体查询过程见操作命令字 OCW_3 中的叙述。

8.3.2 中断结束管理

中断结束管理实际上就是对中断服务寄存器 ISR 中对应位的处理。中断结束时必须使 ISR 寄存器中对应位置 0，什么时刻使 ISR 中对应位置 0，就产生不同的中断结束方式。

（1）自动结束方式

自动结束方式在中断响应的第二周期中的 $\overline{INTA}$ 的后沿自动清除 ISR 中的最高优先级位。这种结束方式不能用于中断嵌套管理，原因见 8.2.1 节。

（2）一般结束方式

一般中断结束方式是由 CPU 向 8259A 的偶地址写入一个一般的 EOI 命令来实现的(操作命令字 OCW_2 中 EOI=1)，一旦写入该命令字，将清除 ISR 中优先权最高的 1，从而结束了本级中断服务。具体写入方法见 8.4 节。

（3）特殊结束方式

特殊结束方式是通过向 8259A 的偶地址写入一个特殊的 EOI 命令来实现的(操作命令字 OCW_2 中 EOI=1，SL=1)，这个命令字特殊在清除指定的 ISR 位，而不是像一般的 EOI 命令直接清除 ISR 中优先权最高的 1。具体写入方法见 8.4 节。

8.3.3 中断嵌套管理

1．完全嵌套方式

完全嵌套方式这是 8259A 最常用的嵌套管理方式，8259A 复位后自动处于这种方式。在这种方式下，8259A 按默认优先级管理中断，即优先级为 $IR_0>IR_1>\cdots>IR_7$；高级中断可以打断低级中断，低级或同级中断不能被响应。即当 CPU 正在进行某一级(IR_i)中断处理时，当前中断服务寄存器的对应位 ISR_i 为 1，由于中断裁决器的裁决，系统不响应同级和较低级的中断请求。当有级别比它高的未被屏蔽的中断源(IR_j，$j<i$)请求中断时，8259A 就向 CPU 送出中断请求，只要 CPU 的中断允许触发器处于开中断状态，即 IF=1，便允许对它进行响应，同时将相应的 ISR_j 位置 1。此时，较低级的中断源(被中断的中断源)对应的 ISR_i 位并不复位，只是使较低级的中断处理程序被更高级的中断处理程序嵌套，而较低级的中断处理程序被挂起来。当高级中断处理结束后再返回被中断的较低级中断继续处理。

这种方式下，当一个中断服务结束时必须通过中断结束命令(用一般的 EOI 命令即可)清除该中断源所对应的在服务寄存器的 ISR 位，否则将阻止同级或优先级低于它的中断源的响应。

下面通过一个例子来进一步说明完全嵌套方式下的中断响应、处理、嵌套、结束和返回的过程。

设某系统中只用了 1 片 8259A，初始化时，设置 8259A 为完全嵌套，一般结束方式，并设当前所有的 ISR 和 IMR 均为零。假设系统在执行主程序时，首先在 IR_2 和 IR_4 引脚上同时出现中断请求，然后 IR_1 引脚上又有中断请求。其工作过程如图 8.3-1 所示。

主程序执行 STI 指令后，使 IF 为 1。这时遇到中断请求 IR_2 和 IR_4，由于 IR_2 的优先级比 IR_4 高，于是系统响应 IR_2 中断请求。

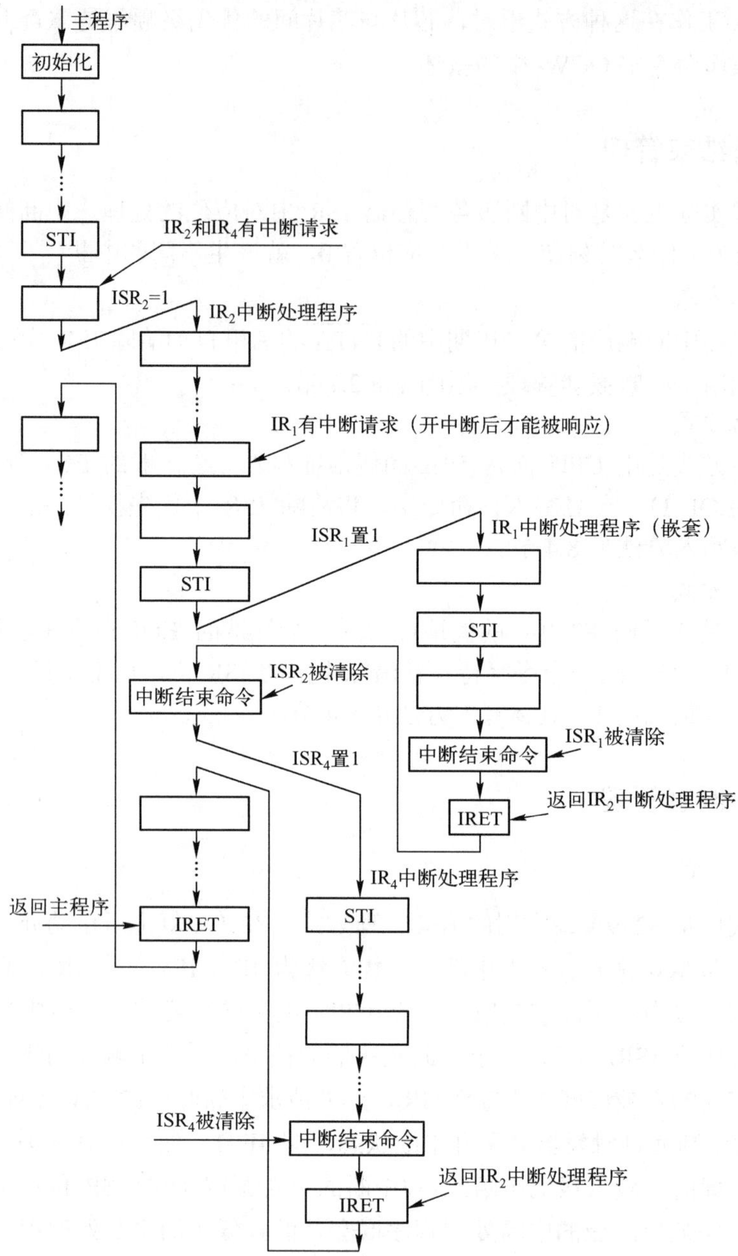

图 8.3-1　完全嵌套方式下的中断响应过程和结束

IR_2 收到响应信号后，使当前中断服务寄存器中的对应位 ISR_2 置 1。然后，CPU 开始执行 IR_2 对应的中断处理程序，此时 IF 又被自动清零。在执行 IR_2 的中断服务程序过程中，又有 IR_1 提出中断请求，虽然因 IR_1 的级别高于正在被服务的中断源 IR_2，8259A 再次向 CPU 发出中断请求，但是由于当前 CPU 处于关中断状态而不能被响应，在执行了一条开中指令 STI 后，CPU 暂停 IR_2 的中断服务而响应 IR_1 的中断请求，IR_1 收到响应信号后，使当前中断服务寄存器中的对应位 ISR_1 置 1。然后，CPU 开始执行 IR_1 对应的中断处理程序，此时 IF 又被自动清零。IR_1 中断处理程序除了完成自身规定的功能外，还要做两件事才能返回断点：一是执行 STI 指令使系统开中断，以便响应更高级的中断请求；二是在中断服务结束返回之前向 8259A 写入中断结束命令将 ISR_1 清除（因当前 ISR 为 1 的位中，ISR_1 的级别最高）。

当 CPU 从 IR_1 中断处理程序返回 IR_2 中断处理程序时，又通过 OCW_2 将 ISR_2 清除。这样，使得当前中断服务寄存器中的所有位都被清除了。所以，尽管 IR_2 中断处理程序并没有结束，但是 IR_4 中断请求却得到了响应。这样便造成了在全嵌套方式下较高级别中断 IR_2 被较低级别中断 IR_4 嵌套的例外情况。这种情况似乎与全嵌套方式下的中断优先级管理原则有所不符。但是，从刚才讲述的过程中可以看出，这种例外是 IR_2 中断处理程序提前发出中断结束命令，从而主动放弃自己的优先级造成的。由此可见，中断结束命令在中断处理程序中的提前发出会改变中断嵌套的次序。因此，在某些控制系统中，为了防止一个控制过程被级别较低的或同级的中断所打断，但又能开放较高级别的中断，需注意以下两点：一是要用 STI 指令打开中断；二是要在正确位置使用中断结束命令，且不能用中断自动结束方式。

IR_4 中断处理程序用 OCW_2 将 ISR_4 清除之后，返回 IR_2 处理程序。

IR_2 中断处理程序在前面已经清除了 ISR_2 位，所以执行完本身的功能后，便返回主程序，无须再执行中断结束命令。

通过这个例子，可引出这样两个重要的结论：

（1）进入中断处理程序后，只有执行 STI 指令，才能允许其他可屏蔽中断处理程序进行嵌套。如果一个中断处理程序一直没有执行 STI 指令，则此中断处理程序执行过程中就不会被其他可屏蔽中断处理程序嵌套。读者会问，这种情况下，系统怎样开放中断呢？实际上，在中断处理程序执行完最后一条指令 IRET 之后，系统便开放中断，从而允许新的中断请求进入。因为 IRET 指令的一个功能就是恢复进入响应中断前的标志寄存器的内容，而当时标志寄存器中 IF 的值肯定为 1，否则不会进入可屏蔽中断处理程序。

（2）进入中断处理程序后，如果一开始 STI 指令使 IF 为 1，从而开放了中断，但未用 OCW_2 清除对应的 ISR 位，这种情况下，会允许比本中断优先级高的中断进入，形成符合优先级规则的嵌套。如果在 STI 指令之后，接着用 OCW_2 命令清除了相应的 ISR 位，但中断处理过程并没有结束，这种情况下，中断嵌套就未必按优先级规则进行了。上述 IR_4 中断 IR_2 的情况就是例证。

综上所述，在编写具有中断功能的计算机程序时，要正确处理以下问题。

（1）在主程序中如允许响应可屏蔽中断，必须执行开中断指令使 IF 为 1。

（2）每当进入一个中断处理程序时，系统会自动关中断，所以只有在中断处理程序中再次开放中断，才有可能被较高级的可屏蔽中断嵌套。

（3）每个中断处理程序结束时，必须执行中断结束命令，清除对应的 ISR 位，才能返回断点。否则，将阻止同级和低级中断被响应。

2．特殊全嵌套方式

完全嵌套方式的中断管理能满足单一 8259A 工作时的中断管理要求，但对用于级联方式下的主片(主设备)管理则力不从心。

设某计算机系统由 2 片 8259A 构成主从式中断管理系统，主片 IR_4 端接有 1 个从片(从设备)，若从片上有 1 个中断源(IR_6)的中断正在被 CPU 处理，则主片的 ISR_4=1，从片的 ISR_6=1，如图 8.3-2(a)所示。

如果在处理从片的 IR_6 中断时，该从片上又有级别更高的中断源(如 IR_0)请求服务(IRR_0=1)，从片按照完全嵌套方式向主片发出中断请求(INT=1)，但是对主片而言该请求属于同级中断(是主片同一端的请求)，按全嵌套管理模式该请求将被屏蔽，使得从片上的高级中断没能中断低级中断。图 8.3-2(b)所示为 IR_6 被服务时又有 IR_0 请求的情况。可见在主片和从片都处于完全嵌套模式下时并不能使从片的中断源按完全嵌套模式进行中断。解决办法是让主片工作在特殊嵌套模式。

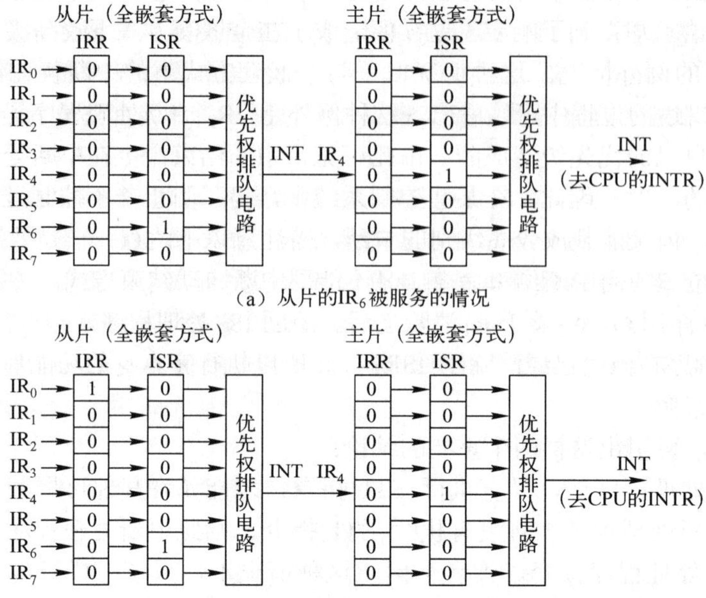

（a）从片的IR_6被服务的情况

（b）从片的IR_6被服务时又有IR_0请求的情况

图 8.3-2　全嵌套方式级联情况下的中断管理

特殊全嵌套方式与完全嵌套方式不同，当来自某个从设备的中断请求进入服务时，主设备的优先权控制逻辑不封锁这个从设备(即特殊全嵌套下不封锁本级中断)，从而使来自该从设备的较高优先级的中断请求能被主设备识别并向 CPU 发出中断请求。这使得它能合理地管理级联下的嵌套问题。在上述为从片上的中断源 IR_6 服务时，IR_0 的请求被从片送向主片后，主片将暂停 IR_6 的中断服务，转去为 IR_0 端的中断请求服务，即进入中断嵌套。此时主片的 ISR_4=1，从片的 ISR_6 和 ISR_0 均为 1，即 IR_6 和 IR_0 这两个中断源的服务均未结束，如图 8.3-3 所示。

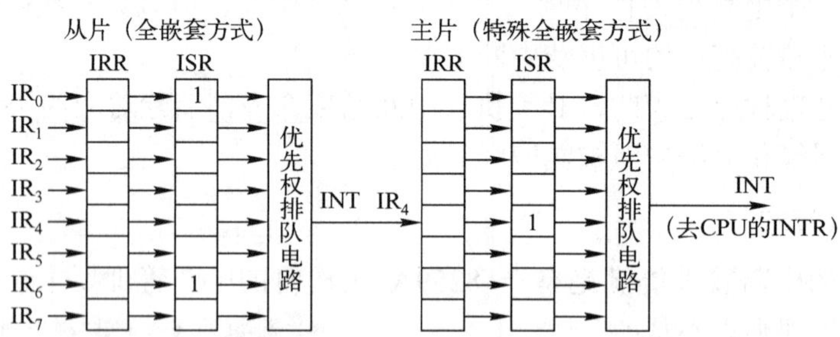

图 8.3-3　主片在特殊全嵌套方式级联情况下的中断管理

由于上述改变，使得主片的中断结束也不能像完全嵌套方式那样，只在中断服务程序的尾部输出一个一般的中断结束命令字即可，而必须先用软件来检查被服务的中断是否是该从设备中唯一的一个中断请求。为此，先向从设备发一个一般的中断结束命令 EOI，清除已完成服务的 ISR 中的相应位。然后再读出该从片的 ISR 内容，检查其是否为全零。若全为零，则刚结束的中断源是该从片唯一的中断，向主设备发一个一般的 EOI 命令，清除与从设备相对应的 ISR 中的相应位，表示为这个从设备的服务已完成。反之，则不是唯一的，该从片还有未结束的中断请求服务，就不向主设备发 EOI 命令，使该从片对应主片的 ISR 位仍处于在服务状态。

在上述问题中如果 IR_0 被服务结束时直接向主片发一个一般的 EOI 命令而清除了主片的 ISR_4，这以后主片上比 IR_4 端级别低的中断请求就可以被主片送出，而此时从片 IR_6 端的中断服务并没结束，又出现了低级中断中断高级中断的情况。注意：在上述连接中，在固定优先级情况下，中断的优先级顺序从高到低依次为：主片的 IR_0, IR_1, IR_2, IR_3；从片的 $IR_0, IR_1, IR_2, IR_3, IR_4, IR_5, IR_6, IR_7$；主片的 IR_5, IR_6, IR_7。

8.3.4 中断屏蔽管理

通过 CLI 指令可以禁止所有可屏蔽中断进入 CPU，也可以通过对中断屏蔽寄存器 IMR 的操作实现对某些中断源的屏蔽。有两种方式：

（1）一般屏蔽方式

将 IMR 中某一位或某几位置 1，即可将对应位的中断请求屏蔽掉。在这种屏蔽方式下，只屏蔽本级中断，使得被屏蔽的中断源无权参加优先权排队。其余中断源仍按原有中断管理模式进行中断。或者说高于被屏蔽中断源的优先级不变，而低于被屏蔽中断的优先级均相应升高。

（2）特殊屏蔽方式

特殊屏蔽方式与一般屏蔽方式有两点不同：一是对某中断源实施的特殊屏蔽方式一般是在为该中断源服务的某个时刻进行的，而不是像一般屏蔽那样在响应之前；二是它不仅屏蔽本级中断源的再次被响应(使 IMR 的对应位为 1，这一点与一般屏蔽相同)，而且还自动清除被屏蔽中断源的 ISR 位，这样在执行某中断源的中断服务中若设置了特殊屏蔽方式，除本中断源以外的任何未被屏蔽的中断请求都可以被 8259A 送出。通过在中断处理中设置特殊屏蔽，可以在需要的时候嵌套级别更低的中断处理，从而增加了中断管理的灵活性和可控性。

特殊屏蔽方式的设置和取消均通过操作命令字 OCW_3 来实现。

练习题 3

8.3-1 设 8259A 工作于循环优先级方式，CPU 执行完 IR_2 引脚的中断服务程序后，8259A 各引脚的优先顺序为（　　）。

A. $IR_2>IR_3>IR_4>IR_5>IR_6>IR_7>IR_0>IR_1$　　B. $IR_3>IR_4>IR_5>IR_6>IR_7>IR_0>IR_1>IR_2$

C. $IR_0>IR_1>IR_2>IR_3>IR_4>IR_5>IR_6>IR_7$　　D. $IR_2>IR_0>IR_1>IR_3>IR_4>IR_5>IR_6>IR_7$

8.3-2 设主、从 8259A 组成的中断系统中，主片设为特殊全嵌套方式，CPU 执行完主片 IR_3 引脚的中断服务程序后，主片 8259A 各引脚的优先顺序为（　　）。

A. $IR_2>IR_3>IR_4>IR_5>IR_6>IR_7>IR_0>IR_1$　　B. $IR_3>IR_4>IR_5>IR_6>IR_7>IR_0>IR_1>IR_2$

C. $IR_0>IR_1>IR_2>IR_3>IR_4>IR_5>IR_6>IR_7$　　D. $IR_2>IR_0>IR_1>IR_3>IR_4>IR_5>IR_6>IR_7$

8.3-3 8259A 有 3 种中断结束方式，其目的都是为了（　　）。

A. 发出中断结束命令，使相应的 ISR=1　　B. 发出中断结束命令，使相应的 ISR=0

C. 发出中断结束命令，使相应的 IMR=1　　D. 发出中断结束命令，使相应的 IMR=0

8.3-4 当用 8259A 时，其中断服务程序要用 EOI 命令，是因为（　　）。

A. 要用它屏蔽正在被服务的中断，使其不再发出中断请求

B. 要用它来清除该中断服务寄存器中的对应位，以及允许同级或低级的中断能被响应。

C. 要用它来清除该中断请求寄存器中的对应位，以免重复响应该中断。

8.3-5 已知一个 8086 的微机系统中用了 1 片 8259A，此时 ISR=30H，请问 8259A 处于______状态。

8.3-6 8259A 的当前中断服务寄存器 ISR 的内容代表什么？在中断嵌套和单个中断情况下，ISR 的内容有什么区别？

8.3-7 8259A 特殊全嵌套方式要解决的主要问题是（　　）。

A. 屏蔽所有中断　　B. 设置最低优先级　　C. 开放低级中断　　D. 响应同级中断

8.3-8 8259A 的循环优先级和特殊循环优先级方式有什么差别？

8.3-9 8259A 的特殊屏蔽和普通屏蔽方式相比，有什么不同之处？特殊屏蔽方式一般用在什么场合？

8.3-10 8259A 有几种结束中断处理的方式？各自用在什么场合？

8.3-11 设有 2 片 8259A 接成主从级联方式，主片设为特殊全嵌套方式，从片设为一般完全嵌套方式，从片的 INT 引脚接至主片的 IR_2 引脚，写出主、从片 8259A 引脚的中断优先顺序。

8.4 8259A 的编程

8259A 的编程涉及两类命令字：一类是初始化命令字，通过这些字使 8259A 处于初始化状态，这些字必须在 8259A 工作之前设置，工作过程中一般不再改变；另一类是操作命令字，在 8259A 处于初始状态以后，用这些字来控制 8259A 执行不同的操作方式，这些字可根据需要在初始化以后的任何时刻随时写入 8259A(有些要经常写入)。

8.4.1 初始化命令字

1. 初始化命令字 1(ICW_1)

ICW_1 的格式如图 8.4-1 所示，它必须写入 A_0=0 的口地址，D_4=1 是 ICW_1 的标志。

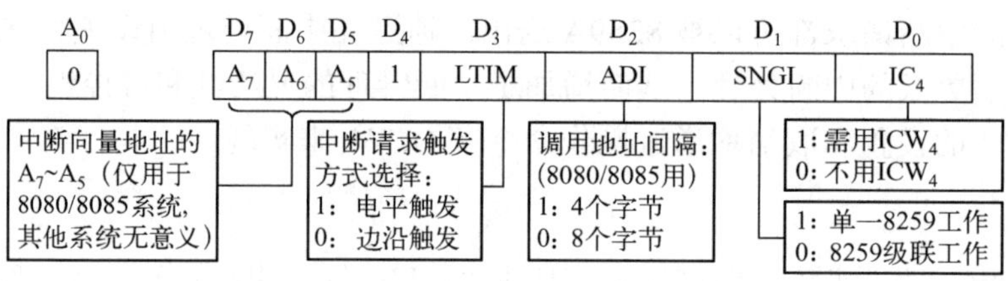

图 8.4-1　初始化命令字 1(ICW_1)的格式

D_0(ICW_4)：用来指出后面是否使用 ICW_4。若使用 ICW_4，则 D_0=1，反之为 0。对 8086/8088 系统来讲，后面必须设置 ICW_4，因此这位为 1。

D_1(SNGL)：用来指出系统中是否只有 1 片 8259A。若仅有 1 片，则 D_1=1，反之为 0。

D_3(LTIM)：用来设定中断请求信号的触发形式。当 D_3=1 时，表示为电平触发方式。此时 IR_i 的输入信号为高电平即可进入 IRR；当 D_3=0 时，表示为边沿触发方式，此时 IR_i 的输入信号由低到高的跳变被识别而送入 IRR。

D_2 和 D_5～D_7 在 8086/8088 系统中不用。

2. 初始化命令字 2(ICW_2)

A_0	D_7	D_6	D_5	D_4	D_3	D_2	D_1	D_0
1	A_{15}	A_{14}	A_{13}	A_{12}	A_{11}	A_{10}	A_9	A_8
	T_7	T_6	T_5	T_4	T_3	×	×	×

图 8.4-2　初始化命令字 2(ICW_2)

ICW_2 的格式如图 8.4-2 所示，它必须写入 A_0=1 的口地址，在 8086/8088 系统中，它用来设置中断类型码，其高 5 位即 T_3～T_7 为中断类型码的高 5 位，低 3 位写入值无意义。

8259A 的中断类型码由两部分组成，高 5 位来自用户设置的 ICW_2，低 3 位为 IR_i 的编码 i，由 8259A 自动插入。也就是说，当用户设置了 ICW_2 以后，来自各中断请求引脚的中断源的中断类型码也就唯一地确定了，而且每一片 8259A 的 8 个中断类型码都是连续的，其 IR_0～IR_7

的类型码的低 4 位要么为 0～7(T_3=0)，要么为 8～F(T_3=1)。表 8.4-1 给出了各引脚的中断类型码与 ICW_2 及引脚编号的关系。

例如，设 ICW_2=48H，则 IR_0～IR_7 的中断类型码分别为 48H, 49H, …, 4FH。事实上由于用户设置的只是中断类型码的高 5 位，所以在用户写入的 ICW_2 中只要高 5 位是一样的，不论低 3 位为何值其结果都是一样的。

表 8.4-1 中断类型码与 ICW_2 及引脚编号的关系

中断请求输入端	用户决定位					8259A 自动插入位		
	D_7	D_6	D_5	D_4	D_3	D_2	D_1	D_0
IR_0	T_7	T_6	T_5	T_4	T_3	0	0	0
IR_1	T_7	T_6	T_5	T_4	T_3	0	0	1
IR_2	T_7	T_6	T_5	T_4	T_3	0	1	0
IR_3	T_7	T_6	T_5	T_4	T_3	0	1	1
IR_4	T_7	T_6	T_5	T_4	T_3	1	0	0
IR_5	T_7	T_6	T_5	T_4	T_3	1	0	1
IR_6	T_7	T_6	T_5	T_4	T_3	1	1	0
IR_7	T_7	T_6	T_5	T_4	T_3	1	1	1

3．初始化命令字 3(ICW_3)

只有当系统中有多片 8259A 级联时才需要写入 ICW_3，必须写入 A_0=1 的口地址。它是用来说明主片和从片的连接关系的，注意主片和从片编程时的定义是不同的。

级联系统中的所有 8259A 都必须进行独立的编程，以便设置各自的工作状态。这时作为主设备的 8259A 一般设置为特殊的全嵌套方式，作为从设备的 8259A 一般设置为完全嵌套方式。

主片的 ICW_3 格式如图 8.4-3 所示。每一位对应一个中断请求引脚，哪条 IR_i 引脚上连接有从片，则相应 ICW_3 的 D_i 位为 1，反之为 0。因此，主片的 ICW_3 用来指出该片的哪条中断请求输入引脚连接的是从设备。

从片的 ICW_3 的格式如图 8.4-4 所示。ID_2～ID_0 是从设备标志 ID 的编码，它等于该从设备的 INT 端所连接的主片的 IR_i 引脚的编码 i。因此，从片的 ICW_3 用来指出本从片连在主片的哪一个引脚。例如，某从片连在主片的 IR_3 端，则该从片的 ICW_3 的低 3 位为 011。ICW_3 的高 5 位无用，一般取零。

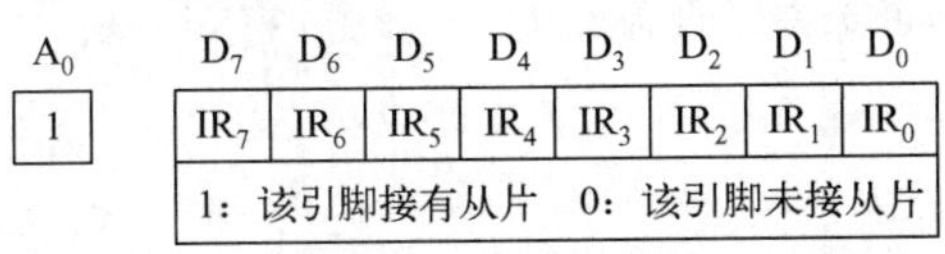

图 8.4-3 主片的初始化命令字 3(ICW_3)的格式

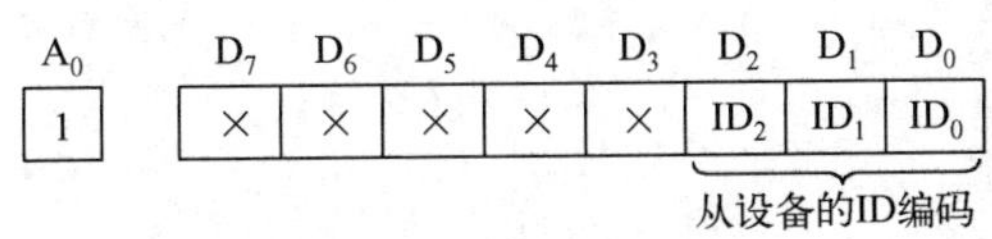

图 8.4-4 从片的初始化命令字 3(ICW_3)的格式

4．初始化命令字 4(ICW_4)

ICW_4 的格式如图 8.4-5 所示。A_0=1，$D_7D_6D_5$=000 是 ICW_4 的标志。

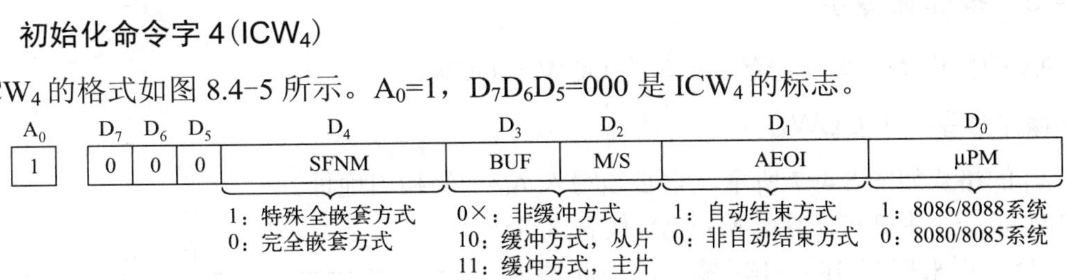

图 8.4-5 初始化命令字 4(ICW_4)的格式

D_0(μPM)：CPU 类型选择。在 8086/8088 系统中，μPM=1；在 8080/8085 系统中，μPM=0。

D_1(AEOI)：指出是否为中断自动结束方式。若选用中断自动结束方式，则 D_1=1。在这种方式下，当第二个 $\overline{INTA}$ 脉冲到来时，ISR 的相应位会自动清除。如果设置 D_1=0，则不用中断自动结束方式，这时必须在程序的适当位置使用中断结束命令(见 OCW_2)，使 ISR 中为 1 的相应位复位。

D_2(M/S)：在缓冲方式下有效，用来指出本片是主片还是从片。对主片 D_2=1，对于从片 D_2=0。非缓冲方式下该位无意义。

D_3(BUF)：用来指出本片是否工作在缓冲方式，并由此决定了 $\overline{SP}/\overline{EN}$ 的功能。D_3=1 表示 8259A 工作在缓冲方式，反之 8259A 工作在非缓冲方式。由于在缓冲方式下不能由 $\overline{SP}/\overline{EN}$ 来指明本片是主片还是从片，因此，需用 D_2 位(即 M/S 位)来指示。

D_4(SFNM)：用来指出本片是否工作在特殊的全嵌套方式，若是则 D_4=1，反之 D_4=0。D_4=0 时 8259A 工作在全嵌套方式。

8.4.2 初始化的程序流程

8259A 的初始化就是把按系统工作要求所确定的各初始化命令字分别写入指定的端口，其初始化流程如图 8.4-6 所示。由图可知，8259A 初始化时，对初始化命令字 ICW_1～ICW_4 的写入顺序是有要求的，同时对写入的端口地址也有要求。尤其是当系统中有多片 8259A 工作于级联方式时，对每片 8259A 均要单独编程，其中主片和从片的 ICW_3 的格式及功能均不相同，端口地址亦不相同，应视具体硬件的连接方式而定。

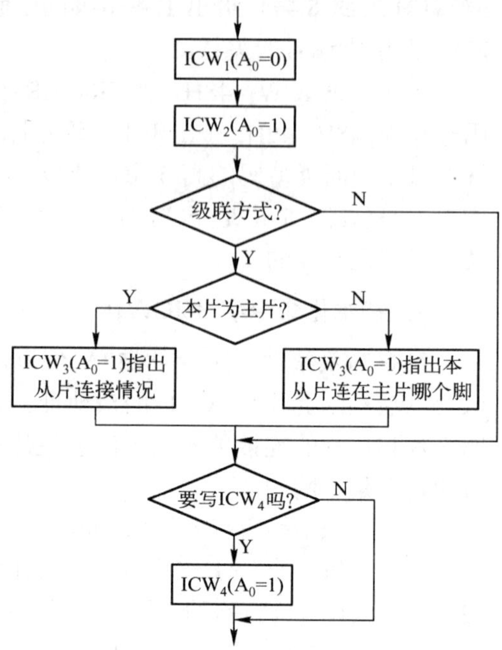

图 8.4-6　8259A 初始化流程图

【例 8.4-1】 一个 CPU 为 8088 的系统，采用 1 片 8259A 做中断控制器，要求其工作在全嵌套方式，不用中断自动结束方式，不用缓冲方式，中断请求信号为边沿触发方式，中断类型码为 0B0H～0B7H。该 8259A 的两个端口地址分别为 20H 和 21H，试完成初始化程序。

【解答】
```
MOV    AL, 13H        ;送 ICW1
OUT    20H, AL
MOV    AL, 0B0H       ;送 ICW2，写入中断类型码的高 5 位
OUT    21H, AL
MOV    AL, 01H        ;送 ICW4
OUT    21H, AL
```

8.4.3 操作命令字

8259A 的操作命令字一共有 3 个，为 OCW_1～OCW_3。

1. 操作命令字 1(OCW_1)

OCW_1 的格式如图 8.4-7 所示，它必须写入 A_0=1 的端口地址。

OCW_1 是一个中断屏蔽字。M_7～M_0 代表 8 个屏蔽位，分别用来控制 IR_7～IR_0 输入的中断请求信号。如果某位 $M_i=1$，则 IR_i 输入的中断请求被屏蔽，该请求不能进入优先级排队。如果某位 $M_i=0$，则允许相应的 IR_i 的中断请求信号进入优先级排队。

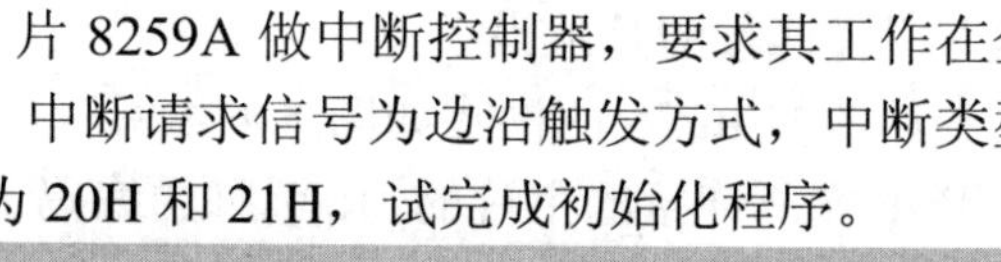

图 8.4-7　操作命令字 1(OCW_1)的格式

【例 8.4-2】 编写封锁 8259A 的 IR_3、IR_4 和 IR_6 中断请求的程序。设该 8259A 的两个端口地址分别为 20H 和 21H。

【解答】
```
MOV    AL, 01011000B    ; OCW1 的内容
```

```
OUT     21H, AL
```

2. 操作命令字 2(OCW_2)

OCW_2的格式如图 8.4-8 所示，它必须写入 $A_0=0$ 的端口地址，D_4D_3=00 为其标志。

A_0	D_7	D_6	D_5	D_4	D_3	D_2	D_1	D_0
0	R	SL	EOI	0	0	L_2	L_1	L_0
	1：循环优先级 0：固定优先级	1：L_2–L_0有意义 0：L_2–L_0无意义	1：有中断结束功能 0：无中断结束功能			SL=1时有意义： R=1、EOI=0时指出循环优先级起始最低优先级。 R=0、EOI=1时指出要清除的ISR位。 R=EOI=1时是上述两功能的组合，即指出要清除的ISR位，同时指定它为最低优先级。		

图 8.4-8　操作命令字 2(OCW_2)的格式

OCW_2 用来控制中断结束，以及循环优先级设置与复位。与这些操作有关的命令和方式控制大都以组合格式使用 OCW_2。下面首先对各位的功能加以讨论，然后再说明组合意义和应用。

D_7(R)：优先权循环控制位。$D_7=1$ 表示为循环优先权方式，反之为固定优先权方式。

在固定优先权方式下，中断优先级是 $IR_0>IR_1>\cdots>IR_7$。而在循环优先权方式下，优先级的队列是在变化的，刚刚服务过的中断源的优先级降为最低。初始时可以是 IR_7 级别最低(默认)，也可由 L_2～L_0 的编码确定。

D_6(SL)：用来指定 L_2～L_0 是否有效。D_6=1 时，OCW_2 的低 3 位即 L_2～L_0 有效，反之无效。

D_5(EOI)：中断结束命令。D_5=1 表示该命令字具有中断结束功能，它使 ISR 中最高优先权的位(或由 L_2～L_0 指定的 ISR 位)复位；D_5=0 表示该命令字没有中断结束功能。

D_2～D_0(L_2～L_0)：这三位对应的二进制编码有 8 个，即 000～111，它们的作用有两个：在中断结束命令中(EOI=1)，用来指出清除的是 ISR 的哪一位(此时即为特殊的 EOI 命令)；在设置特殊循环方式时可以用来指出循环优先权初始时哪个级别最低。

表 8.4-1 给出了 OCW_2 中各位的组合情况。这里要说明的是：凡是没有通过 L_2～L_0 来指出编码的 EOI 命令，均是清除 ISR 中优先权级别最高的位；凡是没有通过 L_2～L_0 来指出编码的循环优先权方式，其初始时均按 $IR_0>IR_1>\cdots>IR_7$ 的优先权队列处理。

表 8.4-1　OCW_2 中各位的组合

R SL EOI	L_2～L_0	功能名称	功能说明	应　用
0 0 0	无用	设置固定优先级	复位循环优先级回到 $IR_0>IR_1>\cdots>IR_7$	用于固定优先级和循环优先级间的切换
1 0 0	无用	设置循环优先级	启动 8259A 为循环优先级管理	
0 0 1	无用	一般的 EOI 命令(一般的中断结束)	自动清除 ISR 中优先级最高的 1	固定优先级下的中断结束命令字
0 1 1	给出要清除的 ISR 位的编码	特殊的 EOI 命令(特殊中断结束方式)	由 L_2～L_0 指定要清除的 ISR 位	
1 0 1	无用	循环优先级，一般的 EOI 命令	自动循环优先级管理，一般中断结束	循环优先级下的中断结束命令字
1 1 0	给出循环优先级的最低起始级的中断编码	设置特殊循环优先级	设置中断管理为特殊循环优先级，即设置为循环优先级同时由 L_2～L_0 指出开始循环时级别最低的中断源	用于设置特殊循环优先级
1 1 1	给出要清除的 ISR 位，同时又指定它为循环优先级的最低起始级	特殊的 EOI 命令，特殊的循环优先级	特殊循环优先级设置，即由 L_2～L_0 指定循环起始时最低优先级的中断源。特殊中断结束方式(同上)。	特殊循环优先级下的中断结束命令字
0 1 0	无操作			

对表 8.4-1 中 OCW_2 各组合情况的说明：

$D_7D_6D_5$=000：这是 8259A 复位后的状态，即 8259A 默认的 $IR_0>IR_1>\cdots>IR_7$ 的固定优先级。在由循环优先级回到固定优先级时需写入该状态的 OCW_2，这种状态下 L_2～L_0 无意义(因 SL=0)。一般取 000，则该命令字的值为 00H。

$D_7D_6D_5$=100：当把该状态的 OCW_2 写入后，8259A 就按循环优先级工作，初始的循环顺序是 $IR_0>IR_1>\cdots>IR_7$，一旦某中断源被响应后就轮为最低优先级，它的下一级就升至最高优先级。这种状态下 L_2～L_0 无意义(因 SL=0)，一般取 000，则该命令字的值为 80H。

$D_7D_6D_5$=001：这是一个一般的中断结束命令，当把该状态的 OCW_2 写入时，将清除当前在服务寄存器(ISR)中优先级最高的 1，是应用最多的中断结束方式。这种状态下 L_2～L_0 无意义(因 SL=0)，一般取 000，则该命令字的值为 20H。

$D_7D_6D_5$=011：这是一个特殊的中断结束命令，当把该状态的 OCW_2 写入时，将清除当前在服务寄存器(ISR)中由 L_2～L_0 指定的位。

$D_7D_6D_5$=101：这是一个循环优先级下的一般的中断结束命令。在循环优先级下写入，它将清除当前在服务寄存器(ISR)中优先级最高的为 1 的位。如果在固定优先级下写入它，不仅清除当前在服务寄存器(ISR)中优先级最高的为 1 的位，同时还把优先级改设为循环优先级。这种状态下 L_2～L_0 无意义(因 SL=0)，一般取 000，则该命令字的值为 A0H。

$D_7D_6D_5$=110：若把该命令字写入，8259A 被设置为特殊循环优先级，即在设置为循环优先级后不是按一般循环优先级那样从 IR_0 开始循环，而是从 L_2～L_0 所指定的中断源的下一级开始循环，这是因为该状态下 L_2～L_0 指定的是开始循环的最低优先级，它的下一级自然是循环的起点，即开始循环的最高优先级。

$D_7D_6D_5$=111：这是 011 和 110 两种功能的合成。它的写入有两个结果：一是因为 EOI=1 和 SL=1，它具有特殊的中断结束功能(011 的功能)，即清除了 L_2～L_0 所指定的 ISR 位；另一方面，R=1 和 SL=1，将使 8259A 按特殊循环优先级工作(110 的功能)，L_2～L_0 描述的为循环起始的最低优先级。从这一功能可以看出在特殊循环优先级的设置中为什么 L_2～L_0 指定的是循环起始的最低优先级而不是最高优先级。如果是最高优先级，将和该状态下的第一个结果相矛盾，因在循环优先级下结束的中断应轮为最低优先级。只有这样 011 和 110 的两个功能才能合成本功能。

3. 操作命令字 3(OCW_3)

OCW_3 的格式如图 8.4-9 所示，它必须写入 A_0=0 的端口地址，且 $D_7D_4D_3$=001。它主要用来控制 8259A 的中断屏蔽、查询和读寄存器等操作。

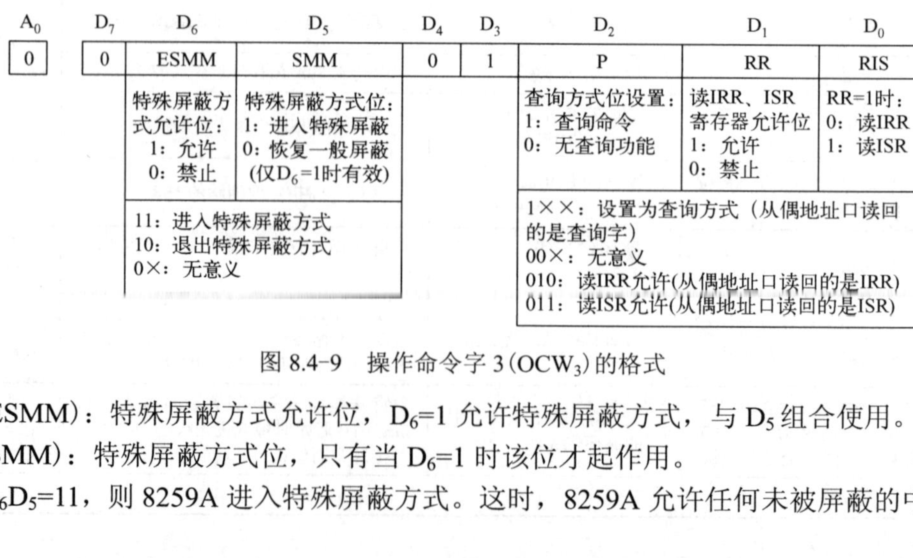

图 8.4-9 操作命令字 3(OCW_3)的格式

D_6(ESMM)：特殊屏蔽方式允许位，D_6=1 允许特殊屏蔽方式，与 D_5 组合使用。

D_5(SMM)：特殊屏蔽方式位，只有当 D_6=1 时该位才起作用。

若 D_6D_5=11，则 8259A 进入特殊屏蔽方式。这时，8259A 允许任何未被屏蔽的中断请求产生中断，而不管这些中断请求的优先权的高低。特殊屏蔽一般在中断处理中写入，以允许8259A 把级别低于本级中断的请求送出，它将破坏一般的中断嵌套规则。若 D_6D_5=10，则恢复原来的屏蔽方式。

D_2(P)：查询方式位。D_2=1 设置为中断查询方式，即用软件查询的方式来实现中断源的请求识别，靠软件实现中断的响应而不是靠中断向量。即这种方式下 8259A 既不产生硬件请求，也不提供中断类型码。这种方式多用在多于 64 级中断的场合。查询方式工作过程如下：

① 关闭系统中断：执行一条 CLI 指令。

② 设置查询命令字：向 8259A 的偶地址端口写入 P=1 的 OCW_3(此命令对 8259A 来讲相当于第二个 $\overline{INTA}$ 信号)，即 OCW_3 为 0CH。

③ 读取查询字：8259A 收到查询命令字后立即产生一个查询字等待 CPU 来读取。所以在写入查询命令字后的一条对偶地址端口的输入指令将得到一个格式如图 8.4-10 所示的查询字。而 8259A 收到这个读信号后除了把查询字放到数据总线供 CPU 读取外，还要把由 $W_2W_1W_0$ 决定的 ISR 位置位。

D_7	D_6	D_5	D_4	D_3	D_2	D_1	D_0
I	×	×	×	×	W_2	W_1	W_0
中断请求标志 1：有请求 0：无请求	无意义				I=1时为最高级别的中断请求源的编号 I=0时无意义		

图 8.4-10　8259A 的中断查询字格式

其中 I 为中断请求标志位。I=1 表示有中断请求，这时 W_2～W_0 给出最高级别的中断请求的二进制编码；I=0 表示无中断请求。

D_2=0 即不处于查询方式。

【例 8.4-3】 设 8259 的端口地址为 20H、21H。读查询字的程序段为：

```
MOV   AL, 0CH        ; 设置读查询字命令
OUT   20H, AL        ; 查询字命令写入 8259A
IN    AL, 20H        ; 读查询字
```

D_1(RR)：读寄存器命令字。在 D_2=0 的情况下，若 D_1=1 则允许读 ISR 和 IRR 寄存器。

D_0(RIS)：读 ISR 和 IRR 的选择位，它必须和 D_1 位结合起来使用。当 D_1D_0=10 时，允许读 IRR 的内容；当 D_1D_0=11 时，允许读 ISR 的内容。

对 8259A 内部寄存器内容的读出方式同读查询字一样，CPU 先送一个操作命令字 OCW_3(即读出命令)，然后用一条对偶地址的输入指令，即可读得对应的 IRR 和 ISR。

【例 8.4-4】 设 8259 的端口地址为 20H、21H。读 IRR 和读 ISR 的程序段分别为：

```
MOV   AL, 0AH
OUT   20H, AL        ; 写入读 IRR 命令字
IN    AL,  20H       ; 读回 IRR 的内容至 AL
MOV   AL, 0BH
OUT   20H, AL        ; 写入读 ISR 命令字
IN    AL,  20H       ; 读回 ISR 的内容至 AL
```

注意：每次读取 IRR 或 ISR 都要先写 OCW_3，读回命令是一次有效的。不论在什么情况下，读 A_0=1 的端口地址均可得到 IMR 的内容。

练习题 4

8.4-1　8259A 的 4 个初始化命令字 ICW_1、ICW_2、ICW_3 和 ICW_4 应顺序写入，其中：_______为必须写入

的，______为选择写入的。

8.4-2 有三片 8259A 级联，从片分别接入主片的 IR_2 和 IR_5，则主 8259 的 ICW_3 的内容为_____，两片从片 8259A 的 ICW_3 的内容分布为______和______。

8.4-3 8259A 操作命令字 OCW_2 写入值为 20H，功能为（　　）。

A．正常 EOI 中断结束　　B．自动 EOI 中断结束　　C．在自动 EOI 时循环　　D．在正常 EOI 时循环

8.4-4 若将 8259A 的 OCW_3 设置为 0AH，则其后从 PC 的 20H 口读入的是（　　）。

A．中断查询结果　　B．ISR 寄存器内容　　C．IMR 寄存器内容　　D．IRR 寄存器内容

8.4-5 判断题

（1）8259A 中各寄存器是通过不同的地址识别的。（　　）

（2）8259A 的初始化控制字 ICW_1~ICW_4 是必写控制字，而且只需要写入一次。（　　）

（3）8259A 的 IRR、IMR、ISR 寄存器的读操作必须先设置 OCW_3。（　　）

8.4-6 8259A 仅有两个端口地址，如何识别 4 条 ICW 命令和 3 条 OCW 命令？

8.4-7 怎样用 8259A 的屏蔽命令来禁止 IR_2、IR_6 引脚上的请求？又怎样撤销这一禁止命令？设 8259A 的端口地址为 93H、94H。

8.4-8 8088 系统中有一片 8259A，其占用地址为 0F0H~0F1H，采用非缓冲方式，一般嵌套，电平触发，普通中断结束，中断类型号为 80H~87H，禁止 IR_3、IR_4 中断，试写出 8259A 的初始化程序段。

8.4-9 下面是一个对 8259A 进行初始化的程序段，请为该程序段加上注释，并具体说明各初始化命令字的含义。

```
PORT0 EQU 40H
PORT1 EQU 41H
……
MOV    AL, 13H
MOV    DX, PORT0
OUT    DX, AL
INC    DX
MOV    AL, 08H
OUT    DX, AL
MOV    AL, 01H
OUT    DX, AL
```

8.5　8259A 的应用举例

8259A 的应用编程主要包括初始化命令字写入、操作命令字写入和状态字的读取三部分。而 8259A 的端口地址仅有两个，是靠一定的写入顺序和设置特征标志位来实现一个端口地址对多个寄存器操作的，为此把这些操作总结在表 8.5-1 中，以便写入时参考。

表 8.5-1　8259A 的基本操作

操作类型	$\overline{CS}$	A_0	$\overline{RD}$	$\overline{WR}$	功　能	特征标志及写入顺序及说明
写命令字	0	0	1	0	数据总线→ICW_1	命令字中的 D_4=1
	0	0	1	0	数据总线→OCW_2	命令字中的 D_4D_3=00
	0	0	1	0	数据总线→OCW_3	命令字中的 D_4D_3=01
	0	1	1	0	数据总线→OCW_1	————————
	0	1	1	0	数据总线→ICW_2、ICW_3、ICW_4	图 8.4-6 初始化流程

续表

操作类型	$\overline{CS}$	A_0	$\overline{RD}$	$\overline{WR}$	功 能	特征标志及写入顺序及说明
读状态字	0	0	0	1	IRR→数据总线	OCW_3 中的 RR=1，RIS=0，P=0
	0	0	0	1	ISR→数据总线	OCW_3 中的 RR=1，RIS=1，P=0
	0	0	0	1	查询字→数据总线	OCW_3 中的 P=1
	0	1	0	1	IMR→数据总线	任何时候
无操作	1	×	×	×		

8.5.1 8259A 在 X86 系统中的应用

8259A 的性能优越，在许多机器上都采用它来做中断控制器。从 8086/8088 到 286 和 386，均直接采用单片 8259A 或两片 8259A 的级联来工作，486 机虽然采用了集成技术，但芯片内部仍相当于两片 82C59 的级联。

例如在 286 微机中，可屏蔽的外部中断则是通过两片 8259A 的级联来管理的。其中 8259A 的主片基本同 XT 机，只是在原来留给用户的 IRQ_2 引脚上级联了一个从片，这个从片主要用来管理实时时钟、协处理器和硬盘等外部中断。表 8.5-2 和表 8.5-3 给出了 286 机外中断的中断源和中断类型码(对 286 以上机型也基本相同)。

表 8.5-2 主 8259A 的中断源和对应中断类型码

中断号	中断类型码	主 8259A	中断源	中断向量地址
0	08H	IR_0	电子钟时间基准	020H～023H
1	09H	IR_1	键盘	024H～027H
2	0AH	IR_2	来自从 8259A	028H～02BH
3	0BH	IR_3	串行口 2/4	02CH～02FH
4	0CH	IR_4	串行口 1/3	030H～033H
5	0DH	IR_5	并行口 2	034H～037H
6	0EH	IR_6	软盘	038H～03BH
7	0FH	IR_7	并行口 1(打印机)	03CH～03FH

表 8.5-3 8259A 扩展中断源和中断类型码

中断号	中断类型码	从 8259A	中断源	中断向量地址
8	70H	IR_0	实时时钟	1C0H～1C3H
9	71H 改向 0AH	IR_1	用户中断	1C4H～1C7H
10	72H	IR_2	保留	1C8H～1CBH
11	73H	IR_3	保留	1CCH～1CFH
12	74H	IR_4	保留	1D0H～1D3H
13	75H	IR_5	80287 中断	1D4H～1D7H
14	76H	IR_6	硬盘	1D8H～1DBH
15	77H	IR_7	保留	1DCH～1DFH

图 8.5-1 示出了 8259A 在 286 中的系统连接图。

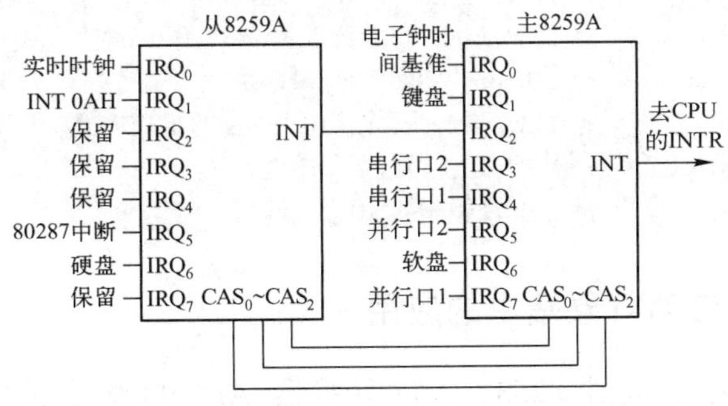

图 8.5-1 8259A 在 286 机中的应用连接

1. 命令字的确定

在 80286 以上 PC 中，工作于实模式下的主、从片中断电路的初始化命令字如下:

（1）写入主片 8259A 的 ICW

ICW_1=11H：定义主片 8259A 为上升沿触发方式，级联使用，要写入 ICW_3 和 ICW_4。

ICW_2=08H：定义主片 8259A 中断类型码初值从 08H 开始，对应于 IRQ_0 的中断类型码。

ICW_3=04H：定义主片 8259A 的引脚 IR_2 上接有从片 8259A。

ICW_4=01H：定义主片 8259A 工作在非缓冲器方式，非自动中断结束方式，完全嵌套方式和 8259A 芯片用于 X86 微机中。

当 CPU 向主片 8259A 写完上述 4 个 ICW 之后，主片 8259A 将自动工作于优先权固定方式和一般屏蔽方式。如不需要屏蔽某一 I/O 设备的中断请求信号，也不需要修改上述工作方式，写完 ICW 之后，就不要写 OCW。

（2）写入从片 8259A 的 ICW

ICW_1=11H：与主片完全相同。

ICW_2=70H：定义从片 8259A 中断类型码的初始值为 70H，对应于表 8.5-3 中断号 8(从片 IRQ_0)的中断类型码。

ICW_3=02H：定义为从片 8259A 的标志码，02H 表示从片接在主片的 IR_2 上。

ICW_4=01H：定义与主片完全相同。

当 CPU 向从片 8259A 写完上述 4 个 ICW 之后，如不需要屏蔽某一 I/O 设备的中断请求信号，也不需要修改上述工作方式，写完 ICW 之后，就不需要写 OCW。

2．初始化编程

8259A 的初始化程序就是把上述确定的各初始化命令字按规定写入各 8259A 的寄存器。要注意的是写入顺序和端口地址。

系统分配给 8259A 的端口地址是：主片为 20H 和 21H，从片为 A0H 和 A1H。

```
MOV    AL, 11H      ; ICW1送AL，上升沿触发，级联使用，需写入ICW3，ICW4
OUT    20H, AL      ; ICW1送主片ICW1口地址
OUT    0A0H,AL      ; ICW1送从片ICW1口地址
MOV    AL, 08H      ; ICW2送AL，设置主片中断向量初值08H
OUT    21H, AL      ; ICW2送主片ICW2口地址
MOV    AL, 70H      ; ICW2送AL，设置从片中断向量初值70H
OUT    0A1H,AL      ; ICW2送从片ICW2口地址
MOV    AL, 04H      ; ICW3送AL，定义主片IR2上接有从片
OUT    21H, AL      ; ICW3送主片ICW3口地址
MOV    AL, 02H      ; ICW3送AL，定义从片标志码
OUT    0A1H,AL      ; ICW3送从片ICW3口地址
MOV    AL, 01H      ; ICW4送AL，定义8259A的工作方式(主片从片一样)
OUT    21H, AL      ; ICW4送主片ICW4口地址
OUT    0A1H,AL      ; ICW4送从片ICW4口地址
```

8.5.2 8259A 在自动气象站中的应用

自动气象站中有定时/计数器 8253、A/D 转换器 ADC0809 和键盘 3 个中断源，分别接 8259A 的三个中断请求输入端 IR_0、IR_1、IR_2。设 8259A 的中断类型码为 50H～57H，采用电平触发，非自动 EOI 结束，非特殊全嵌套方式工作，固定优先级。8259A 的片选端接图 0-2 中译码器 74LS138 的 $\overline{Y}_0$，端口地址范围为 280H～283H，编程用 280H 和 281H。

假设自动气象站中 8253 的通道 0 定时中断服务程序名为 C0_INT0，ADC0809 的中断服务程序名为 ADC_INT1，键盘中断的服务程序名为 KEY_INT2。各中断服务程序的中断向量写入

向量表的程序和 8259A 的初始化程序如下。

- 8253 的通道 0 定时中断向量写入向量表程序(中断源类型码为 50H):

```
MOV    AX, OFFSET C0_INT0   ; 中断服务程序入口的偏移地址送 AX
MOV    DX, AX
MOV    AX, SEG C0_INT0      ; 中断服务程序入口的段地址送 AX
MOV    DS, AX
MOV    AH, 25H              ; 设置 INT 21H 的子功能号
MOV    AL, 50H              ; 中断类型码送 AL
INT    21H                  ; 中断向量写入向量表
```

- ADC0809 的中断向量写入向量表程序(中断源类型码为 51H):

```
MOV    AX, OFFSET ADC_INT1  ; 中断服务程序入口的偏移地址送 AX
MOV    DX, AX
MOV    AX, SEG ADC_INT1     ; 中断服务程序入口的段地址送 AX
MOV    DS, AX
MOV    AH, 25H              ; 设置 INT 21H 的子功能号
MOV    AL, 51H              ; 中断类型码送 AL
INT    21H                  ; 中断向量写入向量表
```

- 键盘中断向量写入向量表程序(中断类型码为 52H):

```
MOV    AX, OFFSET KEY_INT2  ; 中断服务程序入口的偏移地址送 AX
MOV    DX, AX
MOV    AX, SEG KEY_INT2     ; 中断服务程序入口的段地址送 AX
MOV    DS, AX
MOV    AH, 25H              ; 设置 INT 21H 的子功能号
MOV    AL, 52H              ; 中断类型码送 AL
INT    21H                  ; 中断向量写入向量表
```

- 8259A 的初始化程序

```
MOV    DX, 280H             ; 8259A 端口偶地址送 DX
MOV    AL, 00011011B        ; ICW1: 电平触发方式，单级使用
OUT    DX, AL
MOV    DX ,281H             ; 8259A 端口奇地址送 DX
MOV    AL, 01010000B        ; ICW2: 50H 对应于 IRQ0 的中断类型码
OUT    DX, AL
MOV    AL, 00001101B        ; ICW4: 非特殊全嵌套方式，非自动 EOI 方式
OUT    DX, AL
XOR    AL, AL
OUT    DX, AL               ; 写 OCW1
STI
```

8.6 本章学习指导

8.6.1 本章主要内容

1. 8259A 的内部结构

Intel 8259A 是一个可编程的中断控制器，用于实现中断优先级管理、中断结束管理、中断嵌套管理和中断屏蔽管理等功能。单片 8259A 可以管理 8 级硬件中断，可多片级联，9 片可构成 64 级主从式中断系统。芯片共有 28 个引脚。内部结构可以分为 3 大部分:

（1）总线及级联缓冲机构，包括数据总线缓冲器、读/写控制逻辑、级联缓冲比较器。

（2）中断控制机构，包括 IRR 寄存器、IMR 寄存器、ISR 寄存器、判优电路。其中：

IRR 寄存器用来接收来自 IR_7~IR_0 上的中断请求信号，当收到请求信号时就在 IRR 的相应位置位。

IMR 寄存器存放对中断请求的屏蔽信息。若要 CPU 不响应可屏蔽中断，可以通过设置 CPU 的标志寄存器中的 IF 位实现。还可以通过设置 IMR 寄存器来实现。当希望系统中有的可屏蔽中断被响应，有的不被响应，只能通过设置 IMR 来实现。

ISR 寄存器内容标记了 CPU 正在为哪些中断源服务。中断嵌套时，ISR 中至少有两位是 1，单个中断情况下只有 1 位为 1。

（3）中断编程结构，包括 4 个中断初始化命令字 ICW_1~ICW_4 和 3 个操作命令字 OCW_1~OCW_3。在使用 8259A 时，首先要对其编程，编程时需要按照固定的顺序设置初始化命令字，见图 8.4-6 和例 8.4-1。一般情况下，初始化命令字一旦设定，工作过程中就不再改变。操作命令字则是由应用程序设定的，用于对中断处理过程的动态控制。在一个系统运行过程中，可多次改写操作命令字。

2．设置优先级的方式

按优先级设置方法可以分为 3 种情况：

（1）固定优先级方式：这是 8259A 最常用的方式，优先级队列固定不变，规定为 IR_0, IR_1, …, IR_7。在对 8259A 进行初始化后，若没有设置其他优先级方式，则自动按此方式工作。

（2）循环优先级方式：在这种方式下，优先级队列不是固定不变的，一个设备受到中断服务后，其优先级自动降为最低。而初始化优先级队列规定为 IR_0, IR_1, …, IR_7。由 OCW_2 决定系统是否采用优先级自动循环。这种方式一般用在系统中多个中断源优先级相等的场合。

（3）特殊循环优先级方式：这种方式与循环优先级方式唯一的区别是优先级是通过编程确定的，而不是固定 IR_0 为初始最高级。它也由 OCW_2 决定。

3．屏蔽中断源的方式

（1）一般屏蔽方式：通过 OCW_1 使 8259A 中的 IMR 寄存器中的一位或者若干位置 1 来屏蔽与这些位对应的中断源。

（2）特殊屏蔽方式：在某些希望一个中断服务程序能动态地改变系统优先级结构的场合，常采用特殊屏蔽方式，即在此中断服务程序中，用操作命令字 OCW_1 将 IMR 寄存器中本级中断的对应位置 1，即将本级中断屏蔽，同时使 ISR 寄存器中当前对应位自动清 0，为开放低级中断请求提供可能。特殊屏蔽方式总是在中断处理程序中使用的。采用这种方式后，由于本级中断在中断服务程序中被屏蔽，对外界来说，好像 CPU 不处理任何中断。这样即使是最低级中断请求也会得到响应。

4．中断嵌套的处理方式

包括完全嵌套、特殊全嵌套两种方式。

（1）完全嵌套方式：在此方式下，中断请求按 0~7 优先级进行处理。当一个中断被响应，即把中断类型码置于数据总线上时，ISR 寄存器的对应位置为 1，并保持至 CPU 发出 EOI 命令，为判优电路提供判优的依据。因为判优电路要将新接收的中断请求与当前的 ISR 位进行比较，以决定中断优先级，优先响应高级中断，可形成嵌套。

（2）特殊全嵌套：多用于多片级联的主片。与完全嵌套方式不同的是，在特殊全嵌套下，当处理某一级中断时，可以响应同级的中断请求，从而实现对同级中断请求的特殊嵌套。这种方式是专门为多片 8259A 系统提供的，用来确认从片内部优先级的工作方式。

5．结束中断的处理方式

在 8259A 中，当一个中断请求得到响应时，会将中断服务寄存器 ISR 的相应位置位。而当中断服务结束时，应使相应位复位。这即为结束中断处理，否则 8259A 的中断控制功能就会不正常。8259A 有以下 3 种结束中断的处理方式。

（1）自动结束方式：仅用于多个中断源不发生嵌套的单片 8259A 系统中。只要在 8259A 初始化时，使初始化命令字 ICW_4 的 D_1 位（AEOI）为 1，则系统一进入中断过程就将 ISR 寄存器中相应位清零。宏观看好像已经结束了中断。

（2）一般结束方式：用在完全嵌套的情况下。当用输出指令往 8259A 发出一般中断结束命令时，8259A 会把当前 ISR 寄存器中最高的非零位复位，因此最高的 ISR 位对应着最后一次被响应和处理的中断。具体操作控制是 OCW_2 中 EOI=1，SL=0，R=0。

（3）特殊结束方式：用在非完全嵌套方式下，因为此时只根据 ISR 寄存器无法确定哪一级中断是最后响应和处理的。此时在程序中要发一条特殊的中断结束命令，指出要清除当前 ISR 寄存器中的哪一位。这也是通过设置 OCW_2 来实现的，此时 EOI=1，SL=1，R=0，$L_2L_1L_0$ 的状态指明要复位的 ISR 位。

6．引入中断的请求方式

有以下几种方式可供选择：

（1）边沿触发方式：以上升沿向 8259A 请求中断，上升沿后可一直维持高电平，通过 ICW_1 设置。

（2）电平触发方式：以高电平申请中断。但在响应中断后必须及时清除高电平，以防引起第二次中断。

（3）中断查询方式：这是一种用软件确定中断请求位的方式，一般在一个中断服务程序可为几个中断设备服务的场合使用。其特点是外设仍通过 8259A 申请中断(可为边沿触发或电平触发，由 ICW_1 设置)。但 8259A 却不使用 INT 信号向 CPU 申请中断；CPU 内部将 IF 复位，禁止了外部对 CPU 的中断请求；CPU 用软件查询确定中断源，从而实现对设备的中断服务。CPU 的查询命令通过 OCW_3 设置。

8.6.2 典型例题

【例 8.6-1】 若 8086/8088 系统采用单片 8259A 中断控制器控制中断，中断类型码给定为 24H，试问：

（1）对应该中断源的中断向量在中断向量表的地址是什么？

（2）这个中断源应该连向 IRR 的哪一个输入端？

（3）若中断服务程序入口地址为 4FE0H:0024H，则该中断源对应的中断向量表中的内容是什么？请画图表示。

（4）填写下面中断向量初始化的程序段。

```
________________
________________
________________
________________
MOV    AH, 25H
INT    21H
```

分析：中断类型码为 n，则中断向量在向量表的地址为 4n~4n+3。中断类型码是由初始化命令字 ICW_2 设置的，根据 ICW_2 的低 3 位来判断中断源是接到 IRR 哪个输入端。根据向量表的定义，中断向量的前 2 个字节(0024H)应该是 IP 值，后 2 个字节(4FE0H)为服务程序段地址，放在从 24H×4 开始的连续 4 个存储单元内。从给出的程序段，可知是通过调用 DOS 系统功能调用的 25H 号功能实现中断向量初始化的，因此 4 个空上应该完成对入口参数 DS、DX 和 AL 的设置。

【解答】（1）中断向量表地址为 24H×4=90H；

（2）中断类型码 24H 的最低 3 位为 100，所以中断源接入 IR_4 引脚；

（3）中断向量表中相应的内容见图 8.6-1。

00090H	24H
00091H	00H
00092H	E0H
00093H	4FH

图 8.6-1　中断向量表中的内容

（4）填入的初始化程序段为：

```
MOV    DX, 0024H
MOV    AX, 4FE0H
MOV    DS, AX
MOV    AL, 24H
```

【例 8.6-2】 IR_4 为正在运行的中断，希望在特殊的程序段上允许优先级较低的 IR_7 响应中断。试编写程序段。设 8259A 的端口地址为 20H 和 21H。

分析：要实现低优先级的中断打断高优先级中断服务程序的执行，需要采用特殊屏蔽方式，这需要在 IR_4 的中断服务程序中对 OCW_3 进行设置(ESMM=SMM=1)。同时用 OCW_1 将 IR_4 上的中断源屏蔽。

【解答】 IR_4 的程序如下：

```
  ⋮
CLI
MOV    AL, 01101000B       ; 设置特殊屏蔽方式（OCW3）
OUT    20H, AL
IN     AL,  21H            ; 读 IMR 状态
OR     AL,  10H            ; 屏蔽 IR4
OUT    21H, AL
STI                        ; 开中断，CPU 继续对 IR4 进行中断处理
  ⋮
  ⋮                        ; 若有 IR7 请求中断，CPU 响应并进行中断处理后返回
  ⋮                        ; 以便继续对 IR4 进行中断处理
CLI                        ; 关中断，以便设置命令
IN     AL, 21H             ; 读 IMR
AND    AL, 0EFH            ; 开放 IR4
OUT    21H, AL             ; 恢复原来的屏蔽字
MOV    AL, 01001000B       ; 退出特殊屏蔽方式（OCW3）
OUT    20H, AL
STI                        ; CPU 开中断
  ⋮                        ; 继续对 IR4 进行中断处理
MOV    AL, 00100000B       ; 发中断结束命令（OCW2）
OUT    20H, AL
IRET                       ; 返回主程序
```

【例 8.6-3】 设 8259A 工作于循环优先级方式，当前最高优先级为 IR_4，现在若要优先级最低的为 IR_1，则应该再设置哪个操作命令字？具体的值为多少？。

分析：本题考查的是 8259A 的优先级管理。循环的优先级有两种：一般循环优先级和特

殊循环优先级。如果采用的是前者，则当前最高优先级的中断 IR_4 被响应之后，应该是它的下一级 IR_5 变成优先级最高的，此时 IR_4 降为最低优先级。而题目要求优先级最低的为 IR_1，显然应该采用特殊循环优先级管理方式才行。

【解答】 应该设置 OCW_2，具体的值为 11000001B。

本章习题

8-1 若 8086 系统采用单片 8259A 中断控制器控制中断，中断类型码给定为 40H，如果 IR_4 端中断源的中断服务程序的入口地址为 3322H:1150H。问

（1）其中断向量在中断向量表中的地址是多少？

（2）其向量区对应的 4 个单元的内容依次是多少？

（3）请完成下面中断向量表的初始化程序段。

```
______________________
______________________
______________________
______________________
MOV    AH，25H
INT    21H
```

8-2 在一个 8086/8088 CPU 和单片 8259A 组成的系统中，试说明：

（1）8086/8088 CPU 响应可屏蔽中断的条件是什么？

（2）8086/8088 CPU 在响应中断过程中产生 $\overline{INTA}$ 的主要作用是什么？

（3）假设 8259A 已经被编程，ICW_2=0AH，若连接在 8259A 的 IR_3 端的外设提出中断请求，它的中断向量存放的地址是多少？

8-3 若 8086 系统采用级联方式，主 8259A 的中断类型码从 30H 开始，端口地址为 20H，21H。从 8259 的 INT 接主片的 IR_7，从片的中断类型码从 40H 开始，端口地址为 22H，23H。主片从片均工作在非缓冲方式，非自动 EOI、全嵌套工作方式，中断采用电平触发。试对其进行初始化。

8-4 试编程实现将 8259A 的各种工作状态(包括 IMR、IRR、ISR 和中断查询字)读出，并存入 BUF 指明的内存单元中。设 8259A 的端口地址为 180H 和 181H。

8-5 若要求 8259A 的地址为 E010H 和 E011H，试画出 8259A 与 8088 总线的连接图。若系统中只有 1 片 8259A、允许 8 个中断源边沿触发，不需要缓冲，一般全嵌套方式工作，一般结束方式，中断类型码规定为 40H，试编写初始化程序。如果 IR_4 端中断源的中断服务程序的入口地址为 1000H:8899H，请编写中断向量表的初始化程序段。

8-6 假如外设 S_1, S_2, S_3, S_4, S_5 按优先级排列，外设 S_1 优先级最高，按下列提问，说明中断服务程序的运行次序(中断服务程序中有 STI 指令)：

（1）外设 S_3, S_4 同时发中断请求；

（2）外设 S_3 中断处理中，外设 S_1 发中断请求；

（3）外设 S_1 中断处理未完成前发出 EOI 命令，外设 S_5 发中断请求。

第 9 章　可编程定时/计数器 8253/8254

内容提要：

定时和计数在计算机及其应用系统中具有重要作用。本章介绍了定时/计数器的用途，实现定时/延时的控制方法，重点以 8253 芯片为基础介绍了芯片的引脚功能、内部结构、8253 的初始化编程、工作编程以及综合应用。并概要介绍了 8254 及其与 8253 的异同。

教学目标：

- 了解定时/计数器的用途，实现定时/延时的控制方法
- 了解 8253 基本功能和内部结构
- 掌握 8253 控制字，计数初值计算
- 掌握 8253 初始化、工作编程及综合应用
- 了解 8254 芯片

在计算机系统中往往需要一些时钟，以便实现定时控制或延迟控制，如定时扫描、定时中断、定时检测、定时刷新、系统日历时钟以及音频发生等。对外部事件进行记录也是各种微机应用系统所常用的，因此也往往需要一些计数器。而定时功能通常是通过计数来实现的，当计数器的输入脉冲为固定频率的信号时，计数就具有了定时功能，因此一般定时器和计数器融为一体。

实现定时的方法可分为软件定时和硬件定时两种。软件定时的优点是不需要增加硬件设备，且定时时间改变灵活，只要改变定时子程序的执行时间即可。缺点是 CPU 执行延时程序将增加 CPU 的时间开销，降低了 CPU 的效率，也不容易提供多作业环境，因此软件定时一般用于 CPU 定时等待做某件事情的场合，即延时。

硬件定时又分为不可编程硬件定时和可编程硬件定时。对不可编程的硬件定时方法，可采用定时器 555，外接定时部件(电阻和电容)构成。这种定时方式的优点是电路比较简单，定时期间不占用 CPU 资源。缺点是：虽然通过改变电阻、电容值可实现定时时间在一定范围内的改变，但是定时值不好设定，工作过程中较易受外界干扰，特别是定时值和定时范围不便由程序控制和改变，使其在计算机系统中应用不方便。由此就产生了可编程定时电路。

可编程定时/计数器是为了方便计算机系统的设计和应用而研制的，很容易和系统总线连接。它综合了软件定时和硬件定时的双重优点，定时时间可以很容易地通过软件来设置和改变，定时过程通过硬件实现，当定时时间到时可输出时间到信号，由于定时/计数器一般具有连续工作的功能，所以可以输出速率波，并具有分频功能，因此它可以满足各种不同的定时和计数要求，在各种计算机系统的设计中得到了广泛的应用。

8253 是 Intel 系列的可编程定时/计数器(Programmable Interval Timer，PIT)，8254 是它的改进型。8253 被广泛应用于 PC 系列，提供系统定时和系统发声源等；在其他领域也常被用于定时、计数和信号发生。

8253 是一个采用 NMOS 工艺、由单一+5V 电源供电、24 条引脚的双列直插式封装的芯片。该芯片的主要功能如下：

（1）有 3 个独立的 16 位计数器。

（2）每个计数器都可以按二进制或二-十进制(BCD 码)计数。

（3）每个通道的计数频率可达 2MHz。

（4）每个计数器都具有 6 种不同的工作方式，可通过编程选择。

（5）每个计数器的计数初值都可以通过编程设置。

（6）所有的输入/输出都与 TTL 兼容。

本章以 8253A 为主进行讨论，在此基础上仅就 8254 与 8253 的不同加以说明。

9.1　8253 的引脚功能和编程结构

9.1.1　8253 的引脚功能

8253 有 24 个引脚，其引脚排列如图 9.1-1(a)所示。

（1）与读写控制逻辑有关的引脚有 5 个，这 5 个引脚全是输入引脚，其不同组合就确定了 8253 的所有操作。具体为：

$\overline{CS}$：片选信号，只有当$\overline{CS}$有效时，系统才选中此片 8253 工作。

$\overline{WR}$：写信号，用来控制对 8253 的写入操作，对应 CPU 的 I/O 写。

$\overline{RD}$：读信号，用来控制对 8253 的读出操作，对应 CPU 的 I/O 读。

A_1 和 A_0：内部口地址的选择，通常与系统地址总线的低位相连。这两个引脚信号的 4 个编码 00～11，分别对应 8253 内部的计数器 0#、计数器 1#、计数器 2#和控制寄存器。

（2）与计数器通道有关的引脚有以下 3 个：

CLK：计数器的时钟输入。

GATE：计数器的门控信号，输入，用来控制计数器的工作。通常只有当 GATE 为高时，才允许计数器工作，否则将禁止计数器的工作。但也有个别不同的地方，这取决于 8253 的工作方式。

OUT：计数器的输出，输出波形与工作方式有关。

（3）与 CPU 连接的数据线引脚 D_7～D_0，用于传输 CPU 对 8253 的读写信息。此外还有电源线和地线引脚。

9.1.2　8253 的编程结构

8253 的内部结构如图 9.1-1(b)所示，其组成如下。

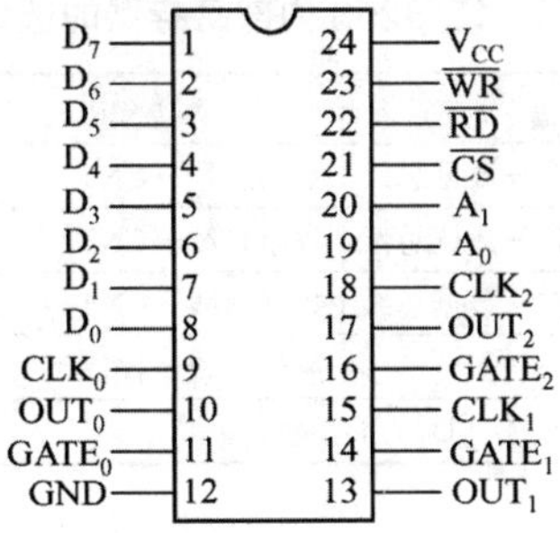

（a）引脚排列

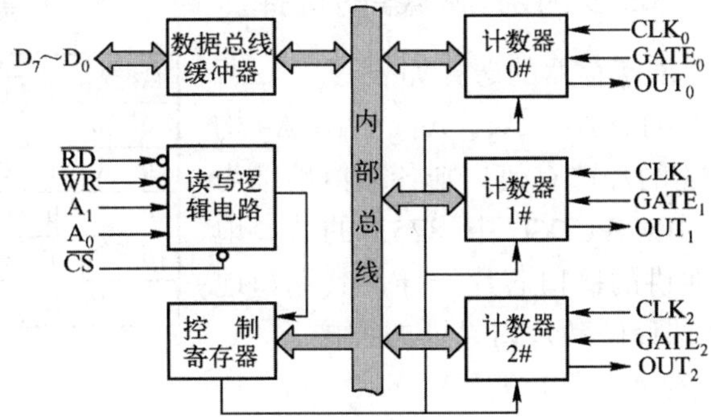

（b）内部结构

图 9.1-1　8253 的引脚与内部结构

（1）数据总线缓冲器

这是一个 8 位的双向三态缓冲器，通过引脚 D_7～D_0 与系统数据总线相连接，用来传输 CPU 向 8253 写入的控制字、计数器的初值，以及 CPU 读出的 8253 的计数器当前值。

（2）读写控制逻辑电路

由片选信号$\overline{CS}$来控制 8253 是否被选中。在选中情况下，接收来自 CPU 的读写控制信号和地址信号。经过组合产生控制整个芯片工作的内部控制信号，选择相应的操作。

（3）控制寄存器

当 A_1A_0=11 时，读写控制逻辑电路选中控制寄存器。它用来保存初始化时由 CPU 写入的控制字，并根据控制字内容发出相应的控制信号，控制每个计数器的操作方式，使各部件完成指定动作。

（4）计数器 0#、1#和 2#

这 3 个计数器完全相同且相互独立，每个计数器内部结构如图 9.1-2 所示，都是由 1 个 16 位的锁定寄存器(CR)和 1 个 16 位的可预置的减法计数器(CE)组成的。初始的计数值可保存在锁定寄存器中，由它传递给计数器。每个计数器通道可对输入脉冲 CLK 按二进制或二-十进制(BCD 码)进行减 1 计数，减到零为止，在 OUT 输出端输出一个信号。在计数的开始和计数过程中，计数器还要受到门控信号 GATE 的控制，两者的关系取决于方式控制字。

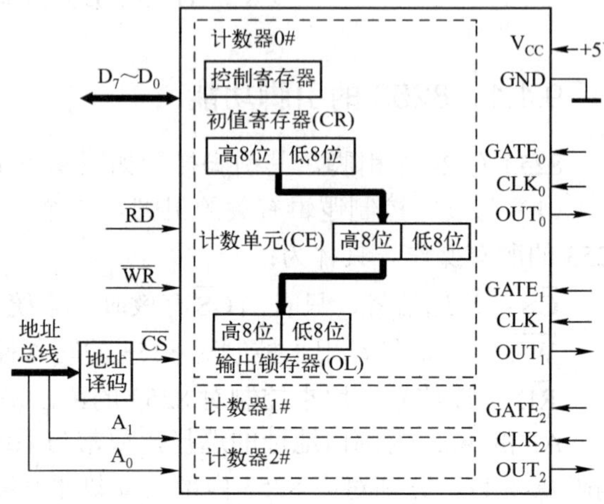

图 9.1-2　8253 计数器内部结构

在计数的过程中，CPU 随时可用输入指令读取任一通道的计数器当前值，以便了解通道当前的工作情况。不过这一操作不影响计数器的正常工作。

为什么一个计数通道要设置初值寄存器、减 1 计数器和输出锁存器 3 个寄存器呢？这是因为在输出连续波形时，计数器要自动初始化，即当减 1 计数器回零时要把计数初值自动装入计数器以启动新一轮的计数，所以需要一个寄存器保持初值。

另外当读取计数器瞬时值时，为了不影响计数器的正常计数，不是对减 1 计数器进行读操作，而是读的输出锁存器，在计数过程中输出锁存器与减 1 计数器是同步变化的，所以读出的锁存器值也就是计数器的瞬时值，其读取过程将在后面讨论。

9.1.3　8253 内部寄存器的选择

8253 内部寄存器的选择如表 9.1-1 所示。假设 A_6=1，A_7、A_5、A_4、A_3、A_2 均为 0 时 8253 的片选有效，则各端口地址为 40H～43H(IBM PC/XT 中 8253 的端口地址)。和前面讲的接口芯片一样，其端口地址取决于片选译码和片内寻址的连接。

表 9.1-1　8253 内部寄存器的选择

$\overline{CS}$	A_1	A_0	读($\overline{RD}$)	写($\overline{WR}$)	端口地址
0	0	0	CNT_0→数据总线	数据总线→CNT_0	40H
0	0	1	CNT_1→数据总线	数据总线→CNT_1	41H
0	1	0	CNT_2→数据总线	数据总线→CNT_2	42H
0	1	1	——	数据总线→控制字寄存器	43H
1	×	×	无效(D_7～D_0 为高阻状态)		

练习题 1

9.1-1　8253 内部共有______个____位的计数通道，占_______个口地址，每个计数通道有________种工作方式和 3 条信号线，即________、________ 和________ 。

9.1-2　假设 A_6=1，A_7、A_5、A_4、A_3、A_2 均为 0 时，8253 片选有效，则控制字端口地址应为（　　）。

A. 40H　　B. 41H　　C. 42H　　D. 43H

9.1-3　当 8253 的控制线引脚 $\overline{WR}$ =0，A_0=1，A_1=0，$\overline{CS}$ =0 时，完成的工作是（　　）。

A. 写计数器 0　　B. 写计数器 1　　C. 写计数器 2　　D. 写控制字

9.1-4　判断：8253 既可以做计数器也可以做定时器，本质上是计数器，定时器是通过对固定频率的脉冲计数而实现的。（　　）

9.1-5　判断：8253 的计数器在输入脉冲控制下完成加 1 计数。（　　）

9.2　8253 的编程

9.2.1　8253 的控制字

为了让定时/计数器正确工作，必须先设定控制字并写入。8253 的控制寄存器格式如图 9. 2-1 所示。

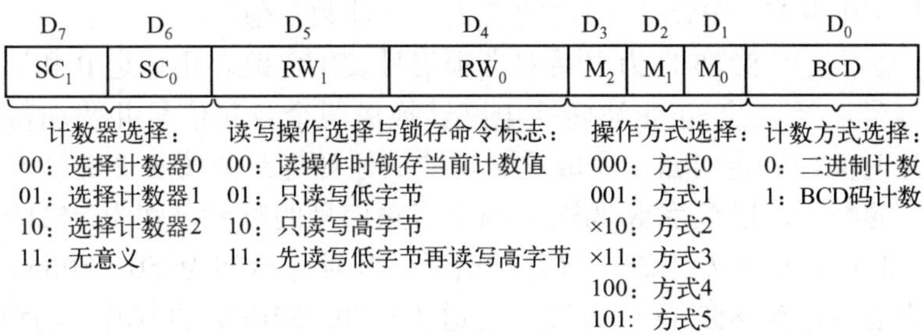

图 9. 2-1　控制寄存器格式

D_0(BCD)：计数方式选择，D_0=0 为二进制计数，D_0=1 为二-十进制(BCD 码)计数。

D_3~D_1(M_2~M_0)：工作方式选择，8253 工作时可以有 6 种方式供选择。到底当前工作于哪种方式，是通过控制字中的 M_2、M_1、M_0 这 3 位的设置来决定的，具体对应关系为：

0 0 0—方式 0，0 0 1—方式 1，× 1 0—方式 2，× 1 1—方式 3，1 0 0—方式 4，1 0 1—方式 5。

D_5D_4(RW_1，RW_0)：读写操作选择。

0 0——计数器锁存(表示锁存相应计数器的当前值，供 CPU 读取)。

0 1——只读/写计数器的低 8 位，高 8 位自动清零。

1 0——只读/写计数器的高 8 位，低 8 位自动清零。

1 1——先读/写计数器的低字节，再读写计数器的高字节。

D_7D_6(SC_1 SC_0)：选择计数器，因 8253 有 3 个计数通道，对应有 3 个控制寄存器分别管理各个通道的工作模式，而 8253 的控制端口地址只有 1 个(A_1A_0=11 时)，为了区分每一个通道的控制寄存器，所以在控制字中安排了两位通道识别位。对应关系为：

0 0 —计数器 0#，0 1 —计数器 1#，1 0 —计数器 2#，1 1 —无意义

9.2.2　8253 的计数初值

8253 的计数初值(也叫时间常数)是决定计数次数的，根据输出信号的不同，计算方法可分为两种情况。

① 当输出信号为连续的周期波时，假设计数器输入信号 CLK 的频率为 f_{CLK}，要求 OUT 端输出信号的频率为 f_{OUT}，则计数初值 $N = f_{CLK} / f_{OUT}$。

② 当定时/计数器工作在一次性有效的定时方式时，如希望的定时时间为 T，则计数初值 $N = f_{CLK} \times T$。

不论输出何种波形，由于 8253 的每一通道都是 16 位的，那么在二进制计数方式下，一个通道的最大计数次数为 65536 次(10000H 次)，在二-十进制计数方式下的最大计数次数为 10000 次，而对应这两种最大计数次数的计数初值 N 都是 0。这是因为 8253 的计数器是先做减 1 计数，后判是否回 0(计数次数到)的。当初值为 0 时减 1 以后为 16 位的最大值(二进制时为 FFFFH，十进制时为 9999)，再到 0 表示计数次数到，所以初值 0 时达最大计数次数(16 位表示的最大值加 1)。

9.2.3 8253 的初始化编程

对 8253 的初始化编程包括两方面的内容：①向控制器写入控制字；②向相应计数器写入计数初值。

这里需要特别指出的是：对 8253 初始化编程时需先送控制字，接着送计数初值。设置初始值时，要按控制字中 RW_1、RW_0 所约定的格式写入计数初值。

【例 9.2-1】 某系统用 8235 作为电话双音频信号发生电路。用通道 0 和通道 1 产生双音频所需的两个方波信号，经方波-正弦波转换电路转换成两个音频信号并叠加得到双音频信号。用通道 2 作为发号时间控制定时器。完成这一功能的原理电路如图 9. 2-2 所示。电话双音频信号是两个音频信号的叠加，以数字 8 为例，两个音频信号的频率分别为 852Hz 和 1336Hz。当按下一个电话号码时电话机将发出这一双音频信号，其发号时间为 50～80ms，本例选 50ms。根据原理电路使通道 0 产生 852Hz 的方波，通道 1 产生 1336Hz 的方波，通道 2 产生 50ms 的定时，时间到产生中断请求信号。请对 8253 各通道初始化。

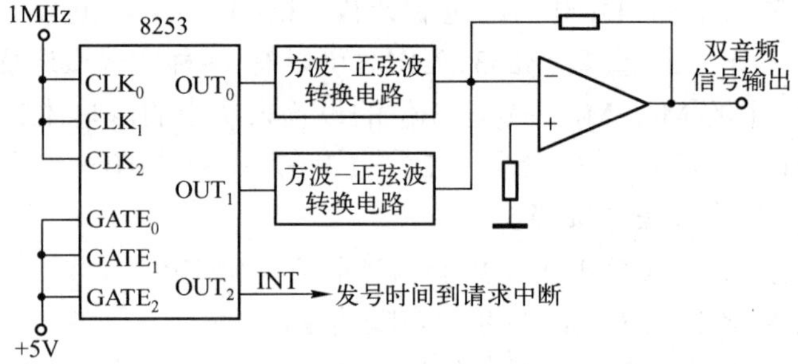

图 9. 2-2　电话双音频信号发生电路

【解答】 ① 计算各通道计数初值

通道 0：已知 $f_{CLK0}=1MHz$，$f_{OUT0}=852Hz$，则 $N=f_{CLK0}/f_{OUT0}=1MHz/852Hz=1174$。

通道 1：已知 $f_{CLK1}=1MHz$，$f_{OUT1}=1336Hz$，则 $N=f_{CLK1}/f_{OUT1}=1MHz/1336Hz=748$。

通道 2：已知 $f_{CLK2}=1MHz$，通道 2 希望的定时时间 T=50ms，则

$$N=f_{CLK2}\times T=1MHz\times 50ms=50000=C350H$$

② 确定各通道的控制字

通道 0：读写高低字节、方式 3、BCD 码计数，控制字为 00110111B(37H)。

通道 1：读写高低字节、方式 3、BCD 码计数，控制字为 01110111B(77H)。

通道 2：读写高低字节、方式 0、二进制计数，控制字为 10110000B(B0H)。

③ 确定端口地址

设地址总线的 A_7～A_2 为 111111 时 8253 的片选有效，A_1A_0 接 8253 的 A_1A_0，则端口地址为：FCH～FFH。

④ 初始化程序

```
COUNTER0:  MOV   AL, 37H
           OUT   0FFH, AL
           MOV   AL, 74H
           OUT   0FCH, AL
           MOV   AL, 11H
           OUT   0FCH, AL
COUNTER1:  MOV   AL, 77H
           OUT   0FFH, AL
           MOV   AL, 48H
           OUT   0FDH, AL
           MOV   AL, 07H
           OUT   0FDH, AL
COUNTER2:  MOV   AL, 0B0H
           OUT   0FFH, AL
           MOV   AL, 50H
           OUT   0FEH, AL
           MOV   AL, 0C3H
           OUT   0FEH, AL
```

说明：在上述十进制初始计数值写入时，为何以十六进制形式写入？以通道 0 的 1174 为例，低字节写入时 74 后面如果不加 H，则汇编时汇编程序按十进制处理，将把 74 转换成十六进制(二进制)的 4AH 作为操作数，高字节的 11 则转换成 0BH 作为操作数，初始化后初值寄存器的值为 0B4AH，而非 1174H。而以 74H 和 11H 的形式出现在指令中则初始化后初值寄存器的值就为 BCD 码表示的 1174。

9.2.4 8253 的计数器读操作

所谓计数器的读操作是指读出某计数器的当前值至 CPU 中。有直接读操作和锁存读操作两种方式。

（1）直接读操作

直接读方式又有两种方法。一种是直接执行输入指令读取相应通道的瞬时值。例如要将 1#通道的瞬时计数值读入 CX，则可执行下列程序段(假设在控制寄存器中已经设置为先读写低 8 位后读写高 8 位的 16 位读写格式)。设 8253 端口地址范围为 40H～43H。

```
IN     AL, 41H
MOV    CL, AL
IN     AL, 41H
MOV    CH, AL
```

这种方法虽然读取简单快捷，但是有读出结果错误的可能性。这是因为在读出过程中计数器仍然在工作，如果在两次读期间计数器刚好做了一次减 1 计数，且向高字节产生的借位，结果将是错误的。比如在读低字节时，若计数器的瞬间计数值为 0100H，则读回的低字节值为 00H；当读高字节时，假设计数器与读低字节时相比刚好做了一次减 1 计数，则此时计数器的瞬时值变为 00FFH，读回的高字节值为 00H，最终读回的 16 位计数器瞬时值为 0000H，正确结果应为 0100H 或 00FFH。

另一种读法可以解决上述问题，先通过 GATE 信号暂停计数器计数，再做读操作，读完后再让计数器继续工作。显然这种方法将因影响计数器的正常工作而影响定时计数的精度。

(2) 锁存读操作

锁存读既可以保证读取结果的正确无误，又不影响计数器的正常计数，是一种常用的读取方法。

锁存读的方法是：在读之前先向要读的计数通道发一个锁存字，其格式如图 9.2-3 所示，然后再做读操作，该锁存字将使输出锁存器锁存当时的瞬时值而不再跟随计数器变化，这样就可以保证分两次读出的计数器的值是可靠的。锁存命令之后，当对计数器重新编程，或 CPU 读取计数值以后能自动解除锁存状态。因此锁存命令既不影响计数器的正常计数，又保证了读取的正确性。

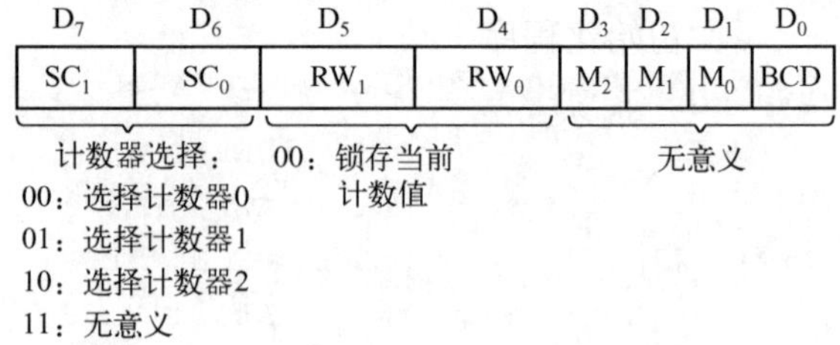

图 9.2-3　锁存命令格式

这种方式下读取 1#通道计数瞬时值的程序段为：

```
MOV   AL, 40H
OUT   43H, AL     ; 1#通道锁存命令写入控制寄存器
IN    AL, 41H     ; 读低字节
MOV   CL, AL
IN    AL, 41H     ; 读高字节，读信号上升沿解锁
MOV   CH, AL
```

练习题 2

9.2-1　8253 可以实现定时功能，若计数脉冲为 1kHz，则定时 1s 的计数初值应该为 ______。

9.2-2　若给 8253 的计数器预置的初值 $N=400$，则当计数器计到数值为 0 时，时间 $T=$ ______，设 8253 的计数脉冲频率为 0.5MHz。

9.2-3　8253 可编程定时/计数器为（　　）计数器，当作为定时器使用时，其定时基准由（　　）确定。

A. 二进制计数　　B. BCD　　C. 二进制或 BCD

D. 输入 CLK 频率　　E. 计数器计数值　　F. 定时时间常数(计数初值)

9.2-4　若对 8253 写入控制字的值为 96H，说明设定 8253 的（　　）。

A. 计数器 1 工作在方式 2 且只写入低 8 位计数初值

B. 计数器 1 工作在方式 2 且一次写入 16 位计数初值

C. 计数器 2 工作在方式 3 且只写入低 8 位计数初值

D. 计数器 2 工作在方式 3 且一次写入 16 位计数初值

9.2-5　当 8253 控制字设置为 3AH 时，CPU 将向 8253（　　）初值。

A. 一次写入 8 位　　B.一次写入 16 位　　C. 先写入低 8 位，再写入高 8 位　　D. 上述三种情况均不对

9.2-6　编程将 8253 计数器 0 设置为工作方式 1，计数初值为 3000H，计数器 1 设置为工作方式 2，计数初值为 2010H；计数器 2 设置为模式 4，计数初值为 4030H。端口地址为 80H~83H，CPU 为 8088。

9.3　8253 的工作方式

8253 共有 6 种工作方式，各工作方式的主要区别是：①输出的波形不同；②启动计数器的触发方式不相同；③计数过程中门控信号 GATE 对计数过程的影响不同；④计数过程中修改计数初值对计数过程的影响不同。

在各种工作方式中，以下 3 个方面是共同遵守的基本规则。

① 控制字写入计数器时，所有的控制逻辑电路立即复位，输出端 OUT 进入初始状态(有的方式为高，有的方式为低)。

② GATE 信号是上升沿起作用，GATE 信号的作用是在下一个 CLK 周期的下降沿生效。

③ 计数初值装入计数器和减 1 计数都是在输入脉冲的下降沿有效的。

以下对 6 种工作方式的讨论中，每一种方式都包括工作波形、工作特点和应用举例三个方面。而工作波形又包括正常计数波形、计数过程中改变计数值波形和门控信号 GATE 的作用波形三种。下面对每一种方式逐一介绍。

9.3.1 方式 0

该方式用于计数结束产生中断。方式 0 的波形如图 9. 3-1 所示。

方式 0 的特点为：

① 写入控制字之后，输出端 OUT 变低，写入计数值后开始计数。计数到零后输出端 OUT 为高电平，并且一直保持高电平，除非写入新的计数值。工作波形如图 9. 3-1(a)所示。

② 方式 0 的计数值是一次有效的，即写入一次工作一次。实际应用中，常将计数结束后的上升沿作为中断请求信号。

③ 在计数过程中改变计数值是立即有效的。即新的计数值写入后，在其下一个 CLK 周期开始按新值计数。改变计数值的波形如图 9. 3-1(b)所示。

④ 计数过程中可由 GATE 信号控制计数过程的暂停。当 GATE=0 时，计数器暂停计数，直到 GATE=1 时，计数器又继续计数。在计数过程中，GATE 的变化不影响 OUT 的状态。GATE 信号的控制作用如图 9. 3-1(c)所示。

⑤ 如果使用中断，OUT 信号即为中断请求信号，可将 OUT 信号直接接到 CPU 的中断请求输入端，或接到中断优先权排队电路的中断请求输入端。

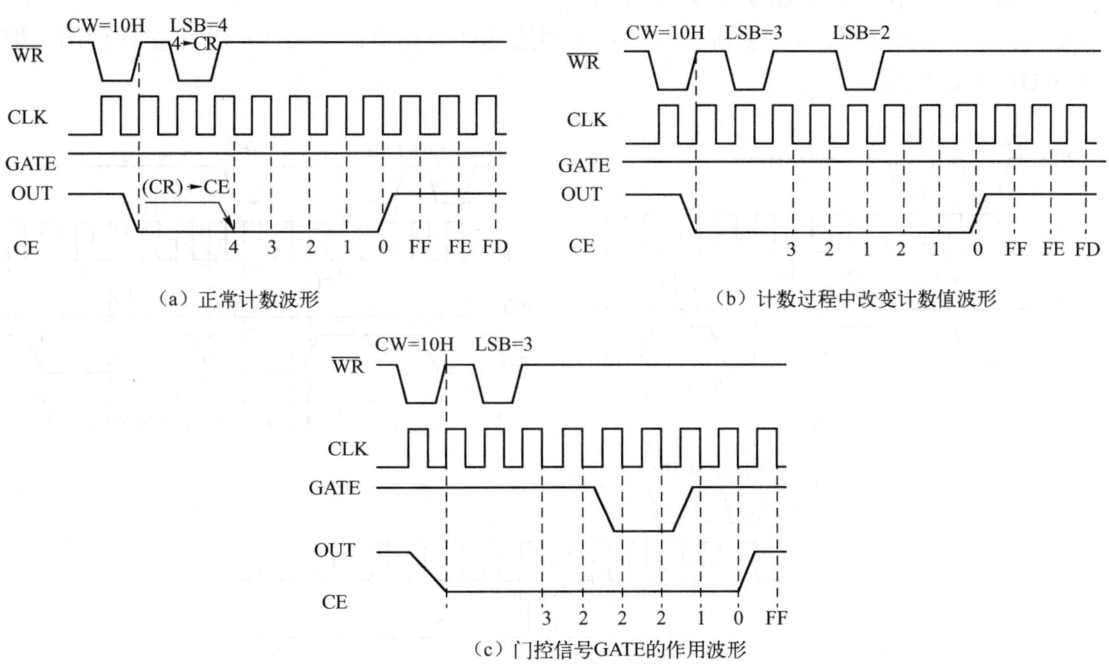

图 9. 3-1 方式 0 工作波形

【例 9.3-1】 要实现定时中断，定时时间为 4096(1000H)个 CLK 周期。采用计数器 0，设定方式 0，读写高低 2 字节，按二进制计数，原理电路如图 9. 3-2(a)所示。初始化及工作波形如图 9. 3-2(b)所示。设 8253 端口地址范围为 40H~43H，写出对应的初始化程序。

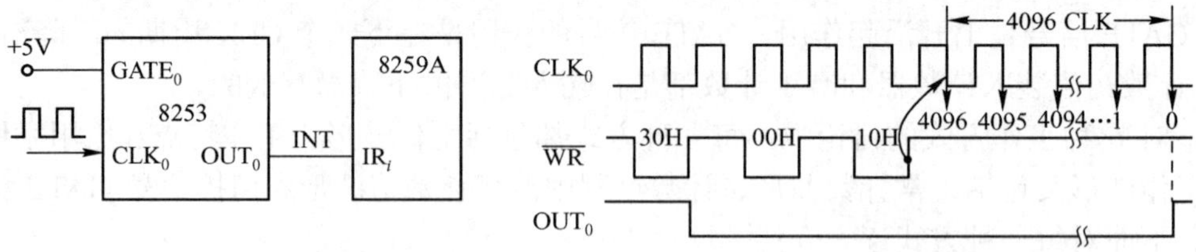

（a）原理电路　　（b）工作波形

图 9.3-2　方式 0 应用实例

【解答】 初始化程序如下：

```
MODE0:  MOV   AL, 00110000B
        OUT   43H, AL        ; 计数器 0，2 字节读写，方式 0，二进制计数
        MOV   AL, 00H
        OUT   40H, AL        ; 装入计数初值低 8 位
        MOV   AL, 10H
        OUT   40H, AL        ; 装入计数初值高 8 位
```

9.3.2　方式 1

该方式为可重复触发的单稳态触发器。方式 1 的波形如图 9.3-3 所示。

其特点为：

① 写入控制字后输出端 OUT 变高电平并保持，写入计数值后并不立即装入并计数，而是等待硬件(GATE)的触发。触发一次计数一次，计数到零后输出端 OUT 变高电平，计数次数到等待下次触发。工作过程如图 9.3-3(a)所示。

② 方式 1 的计数值不必重新写入，除非要改变计数初值，即写入一次可多次使用，取决于硬件 GATE 的触发。

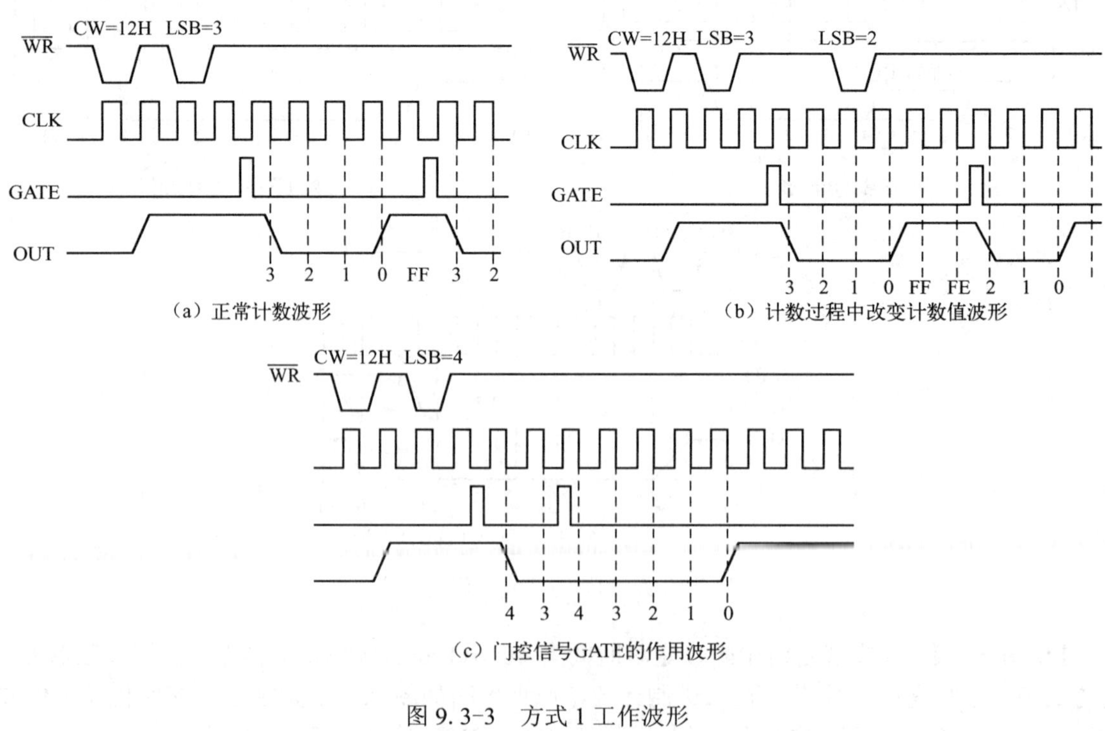

（a）正常计数波形　　（b）计数过程中改变计数值波形

（c）门控信号GATE的作用波形

图 9.3-3　方式 1 工作波形

③ 在计数过程中改变计数值不是立即有效的。即新的计数值写入后现行计数不受影响，新计数值在下次启动后才开始生效。计数值改变的波形如图 9. 3–3(b)所示。

④ 计数过程中可由 GATE 脉冲重新启动按初值计数，但 GATE 的变化不影响 OUT 的状态，只有计数到 0 时 OUT 才变高。门控信号 GATE 的作用波形如图 9. 3–3(c)所示。

【例 9.3–2】 某系统使用了 8253 的 3 个定时器，要求定时器 0 在初始化后立即启动定时，计数器 1 和定时器 2 在定时器 0 启动一段时间(这里设为 1000 个 CLK)后同时启动。要求计数器 1 的计数次数为 65536 次，计数器 2 的计数次数为 10000 次。为了满足上述要求，通道 0 工作在方式 0，只写入高字节，BCD 码计数；计数器 1 工作在方式 1，只写低字节，二进制计数；计数器 2 工作在方式 1，只写高字节，按 BCD 码计数。实现电路如图 9. 3–4 所示，用 OUT_0 作为计数器 1 和计数器 2 的启动信号，设端口地址为 40H~43H。写出对应的初始化程序。

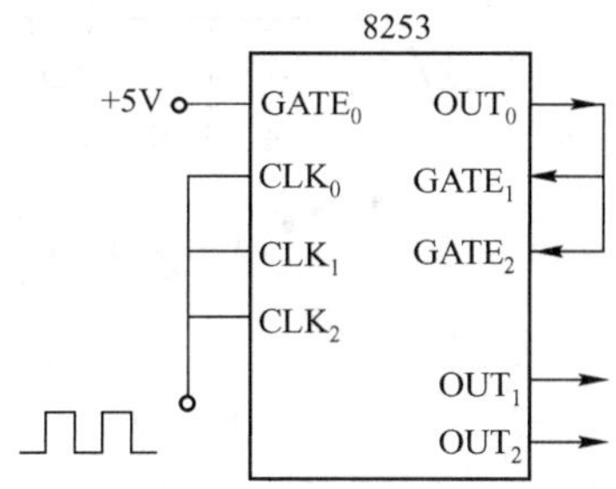

图 9. 3–4　方式 1 的应用举例

【解答】 初始化程序如下：

```
CNT1: MOV    AL, 01010010B
      OUT    43H, AL            ; 计数器 1，只读写低 8 位，方式 1，按二进制计数
      MOV    AL, 00H
      OUT    41H, AL            ; 写入计数器 1 的计数初值
CNT2: MOV    AL, 10100011B
      OUT    43H, AL            ; 计数器 2，只读写高 8 位，方式 1，按 BCD 计数
      MOV    AL, 00H
      OUT    42H, AL            ; 写入计数器 2 的计数初值
CNT0: MOV    AL, 00100001B
      OUT    43H, AL            ; 计数器 0，只读写高 8 位，方式 0，按 BCD 计数
      MOV    AL, 10H
      OUT    40H, AL            ; 写入计数器 0 的计数初值，同时启动定时
```

注意：在这种应用中，一般最后初始化计数器 0，因为如果先初始化计数器 0，在初始化其他计数器时，计数器 0 已经开始计数，假如计数器 0 的计数次数太少，就可能出现其他计数器初始化还没完成，计数器 0 的定时时间已到，而造成启动错误。

9.3.3　方式 2

该方式为速率发生器。方式 2 的波形如图 9. 3–5 所示。

这种方式的功能如同一个 N 分频计数器，其输出是输入时钟按照计数值 N 分频后的一个连续脉冲。即如果计数初值为 N，其输出是每到 N 个输入脉冲就输出 1 个脉冲。因此，这种方式可用做 N 分频器，或用做一个速率发生器，也可用于产生实时时钟中断。

其特点如下：

① 如果 GATE 为高，当控制字写入之后输出端 OUT 变高电平并保持，计数值写入之后开始计数。计数到 1(注意不是减到零)时，输出端 OUT 变低，经过一个 CLK 后输出又恢复为高电平，同时自动重新装入计数值开始计数。工作波形如图 9. 3–5(a)所示。

② 方式 2 的计数值是多次有效的，只需要写入一次计数值，就可连续输出周期性信号。

③ 当 GATE 为高电平时，在计数过程中写入新的计数初值不是立即有效的，仅当现行计数结束，OUT 输出负脉冲后，才将新的计数值打入减 1 计数器，开始按新值计数。计数过程中改变计数值波形如图 9. 3–5(b)所示。

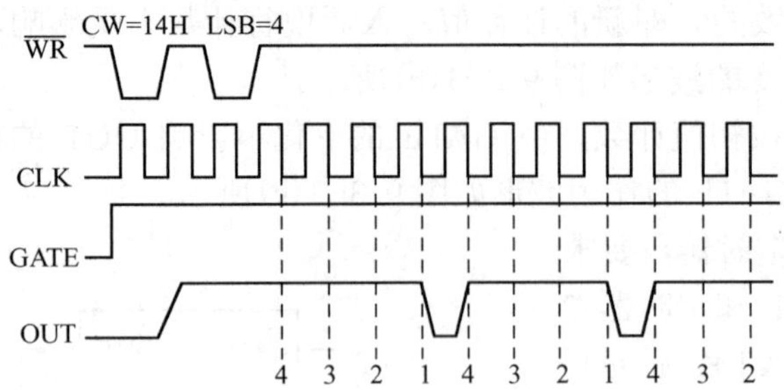

（a）正常工作波形

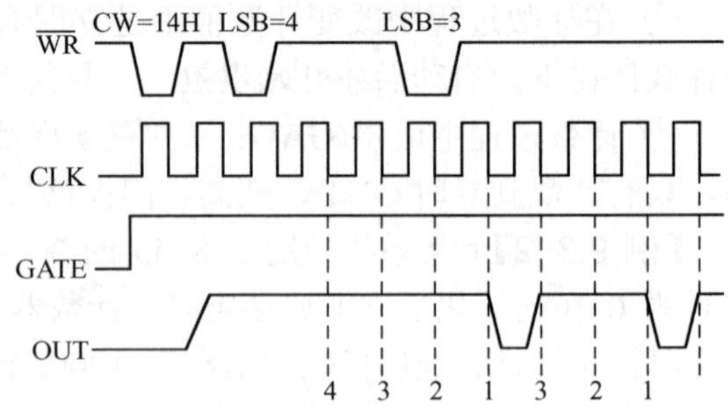

（b）计数过程中改变计数值波形

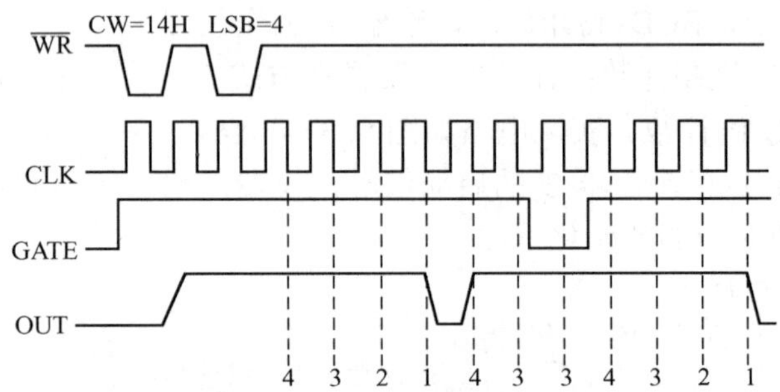

（c）门控信号GATE的作用波形

图 9. 3-5 方式 2 工作波形

④ 计数过程中可由 GATE 信号控制计数过程的暂停。当 GATE=0 时，计数器暂停计数，待 GATE 变高后的下一个 CLK 周期使计数器恢复初值 *N*，重新开始计数。但在计数过程中 GATE 的变化不影响 OUT 的状态。门控信号 GATE 的作用波形如图 9. 3-5(c)所示。

⑤ 如果使用中断，OUT 信号即为中断请求信号，可将 OUT 信号直接接到 CPU 的中断请求输入端，或接到中断优先权排队电路的中断请求输入端。

【例 9.3-3】 使 8253 每隔一定时间产生一次中断请求，中断请求间隔为 500 个 CLK 脉冲，采用计数器 2，方式 2，读写高低 2 个字节，按 BCD 计数。方式 2 的应用电路和工作波形如图 9. 3-6 所示。设 8253 端口地址范围为 40H~43H，写出对应的初始化程序。

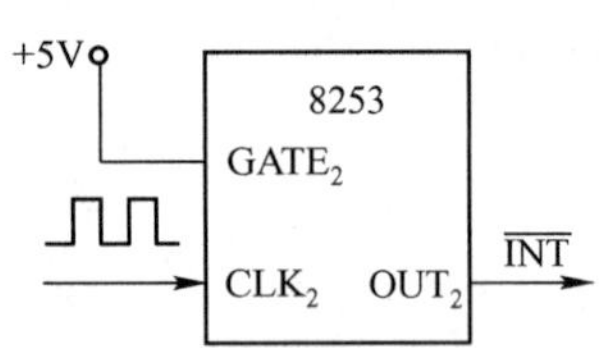

（a）原理图

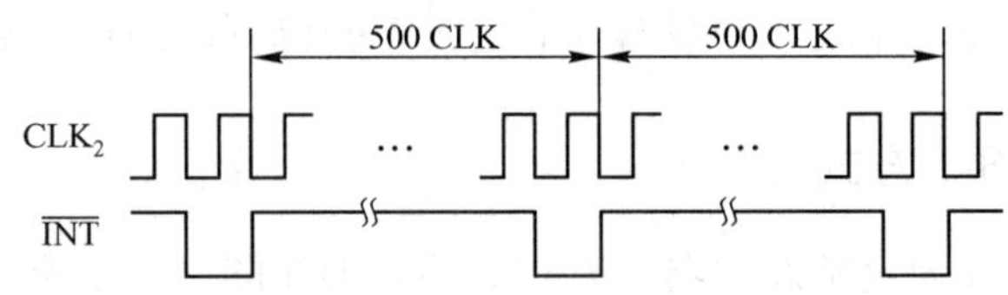

（b）工作波形

图 9. 3-6 方式 2 应用实例

【解答】 初始化程序如下：

```
MODE2:MOV   AL, 10110101B
      OUT   43H, AL          ; 计数器 2，读写高低字节，方式 2，按 BCD 计数
      MOV   AL, 00H
      OUT   42H, AL          ; 装入计数初值低 8 位值 00H
      MOV   AL, 05H
      OUT   42H, AL          ; 装入计数初值高 8 位值 05H
```

9.3.4 方式 3

该方式为方波发生器。方式 3 的波形如图 9. 3-7 所示。

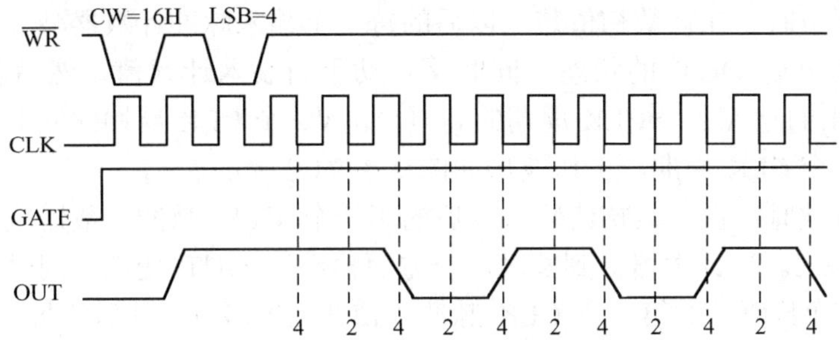

（a）正常计数波形（计数初值为偶数）

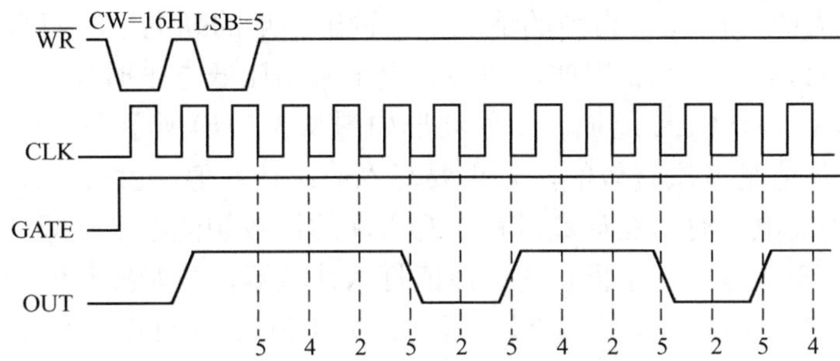

（b）正常计数波形（计数初值为奇数）

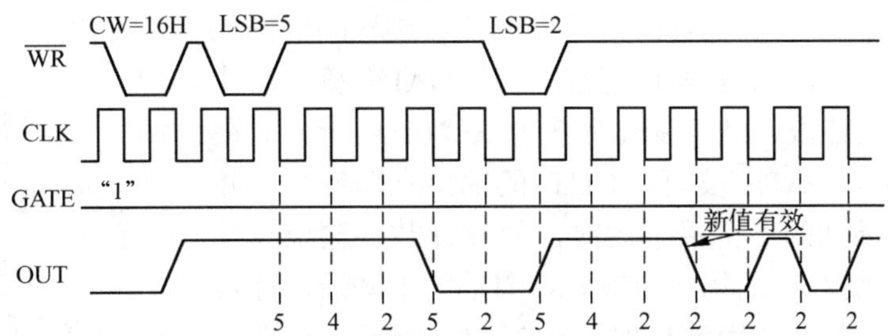

（c）计数过程改变计数初值波形（GATE始终为高）

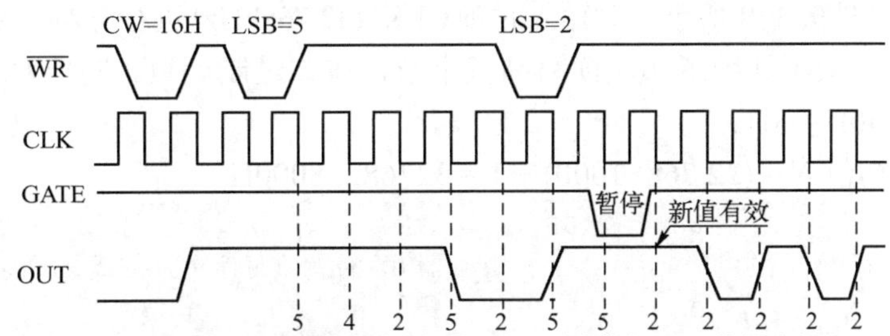

（d）计数过程中改变计数初值后OUT为高期间GATE作用波形

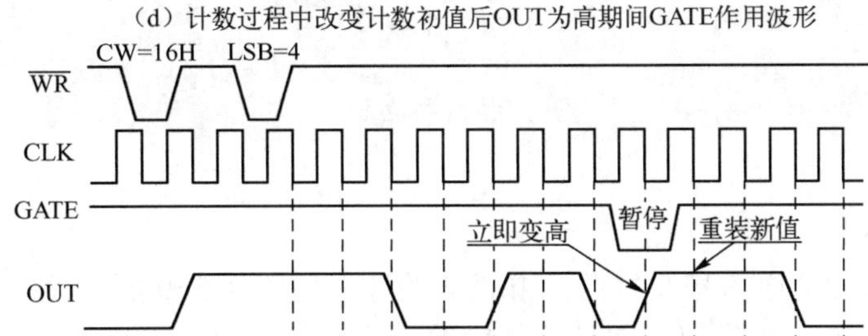

（e）OUT为低期间门控信号GATE作用波形

图 9.3-7　方式 3 工作波形

方式 3 和方式 2 类似，都是只需写入一次计数值，就可连续输出周期性信号。该方式的特点是：

（1）如果 GATE 为高，当控制字写入之后输出端 OUT 变高电平并保持，计数值写入之后开始计数。根据计数初值 N 的奇偶性分为以下两种情况。

① 当 N 为偶数时：在计数初值装入以后的每一个输入脉冲计数器减 2。当计数器减到零时，一方面改变输出端 OUT 的状态，同时又自动重新装入计数值，然后重复这一过程。因此，从 OUT 端输出的是 $N/2$ 个 CLK 周期的高电平，$N/2$ 个 CLK 周期的低电平的方波信号，输出信号的周期是 N 个 CLK 周期。工作波形如图 9. 3-7(a)所示。

② 当 N 为奇数时：在计数初值装入以后的第一个 CLK 脉冲计数器减 1，其后的每一个 CLK 脉冲计数器减 2。当计数器减到零时，一方面输出端 OUT 变低，同时又自动重新装入计数值。在重新装入计数值后的第一个 CLK 脉冲，使计数器减 3，其后的每一个 CLK 脉冲计数器又都减 2。当计数器减到零时，一方面输出端 OUT 恢复为高电平，同时又自动重新装入计数值重复上述过程。因此，在 N 为奇数的情况下，输出波形的高电平时间为$(N+1)/2$ 个 CLK 周期，低电平时间为$(N-1)/2$ 个 CLK 周期，即为高电平时间比低电平时间多一个 CLK 周期的近似方波，其周期仍然为 N 个 CLK 周期。工作波形如图 9. 3-7(b)所示。

（2）方式 3 的计数值是多次有效的，只需要写入一次计数值，就可连续输出周期性信号。

（3）当 GATE 为高电平时，在计数过程中写入新的计数初值不是立即有效的，仅当现行计数结束，OUT 输出改变状态后，才将新的计数值打入计数器，开始按新值计数，计数过程中改变计数值波形如图 9. 3-7(c)所示。如果写入新的计数初值后 GATE 产生由低到高的变化，在 GATE 变高后的第一个 CLK 周期下降沿开始按新值计数，其工作波形如图 9. 3-7(d)所示。

（4）计数过程中，可由 GATE 信号控制计数过程的暂停或重新启动计数。若在 OUT 为高电平期间，GATE 变低，则暂停计数过程，待 GATE 变高后计数器又重装初值开始计数，波形变化如图 9. 3-7(d)所示。而在 OUT 为低电平期间，GATE 变低，OUT 的输出立即变高，并不需要等待 CLK 周期的下降沿，此时，暂停计数，输出维持高电平。当 GATE 变高后的第一个 CLK 周期的下降沿，计数器又重装初值开始计数。作用波形如图 9. 3-7(e)所示。

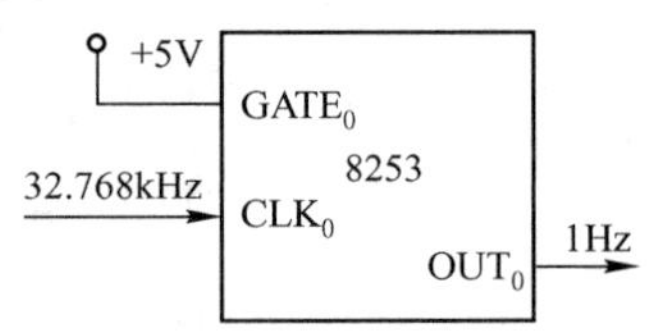

图 9. 3-8　方式 3 应用实例

【例 9.3-4】 如图 9. 3-8 所示，对输入时钟 CLK (32.768kHz)进行分频，获得 1Hz 其占空比为 50%的方波信号。采用计数器 0，读写高低字节，按二进制计数。写出对应的初始化程序，端口地址范围设为 40H~43H。

【解答】 计数初值 $N = (32.768\times1000) \div 1 = 32768 = 8000H$

```
MODE3:  MOV    AL, 00110110B
        OUT    43H, AL        ; 计数器 0，读写高低字节，方式 3，按二进制计数
        MOV    AL, 0
        OUT    40H, AL        ; 装入低位 00H
        MOV    AL, 80H
        OUT    40H, AL        ; 装入高位 80H
```

9.3.5　方式 4

该方式为软件触发选通信号发生器。方式 4 的波形如图 9. 3-9 所示。

这种工作方式和方式 0 类似，都是软件触发一次工作一次，即写入一次计数值工作一次。它们输出波形的不同在于初始条件不同和计数结束以后的输出也不同。其特点如下：

① 写入控制字之后，输出端 OUT 变高电平，写入计数值后开始计数(即软件启动)。计数到 0 时停止计数，输出端 OUT 变为低电平，维持一个 CLK 周期后又变为高电平。因此这种方式的计数是一次性的，只有再次写入计数初值，才启动另一次计数过程。一次定时时间到后输出不像方式 0 那样是高电平，而是一个 CLK 周期的负脉冲。工作波形如图 9. 3-9(a)所示。

② 在计数过程中改变计数值是立即有效的。即新的计数值写入后，在其下一个 CLK 周期开始按新值计数，若计数值为双字节，则在写入第一字节时停止计数，在写入第二字节后开始按新值计数。计数过程中改变计数值波形如图 9. 3-9(b)所示。

③ 计数过程中可由 GATE 信号控制计数过程的暂停。当 GATE=0 时，计数器暂停计数，直到 GATE=1 时，计数器又继续计数。在计数过程中，GATE 的变化不影响 OUT 的状态。门控信号 GATE 的作用波形如图 9. 3-9(c)所示。

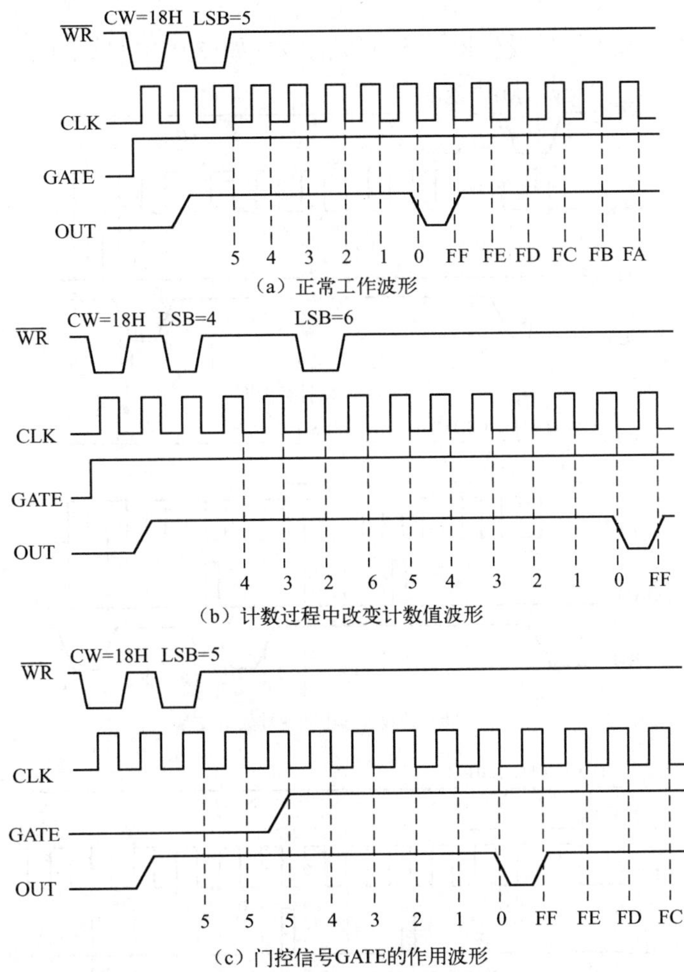

（a）正常工作波形

（b）计数过程中改变计数值波形

（c）门控信号GATE的作用波形

图 9. 3-9　方式 4 工作波形

【例 9.3-5】 对于锁存器，实现定时锁存控制，即在一定时间后产生一锁存信号 LE，延迟时间为 10 个 CLK 周期。采用计数器 1，方式 4，低位字节，按 BCD 计数。原理电路和工作波形如图 9. 3-10 所示，写出对应的初始化程序，端口地址范围设为 40H~43H。

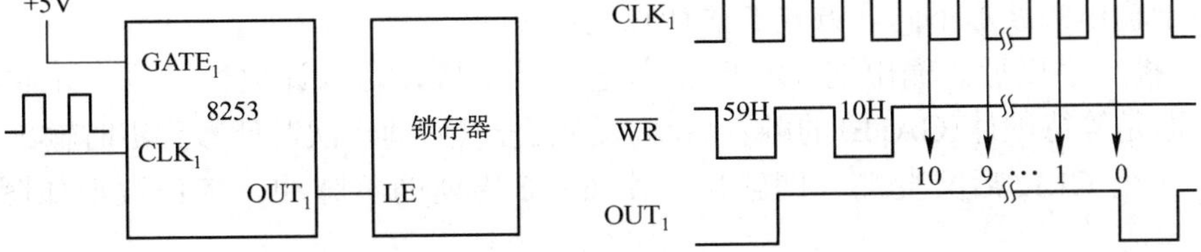

（a）原理电路　　　　（b）工作波形

图 9. 3-10　方式 4 应用实例

【解答】 初始化程序如下：

```
MODE4: MOV    AL, 01011001B
       OUT    43H, AL         ; 计数器 1，低位字节，方式 4，按 BCD 计数
       MOV    AL, 10H
       OUT    41H, AL         ; 写计数器初值
```

9.3.6 方式 5

该方式为硬件触发选通信号发生器。方式 5 的波形如图 9. 3-11 所示。

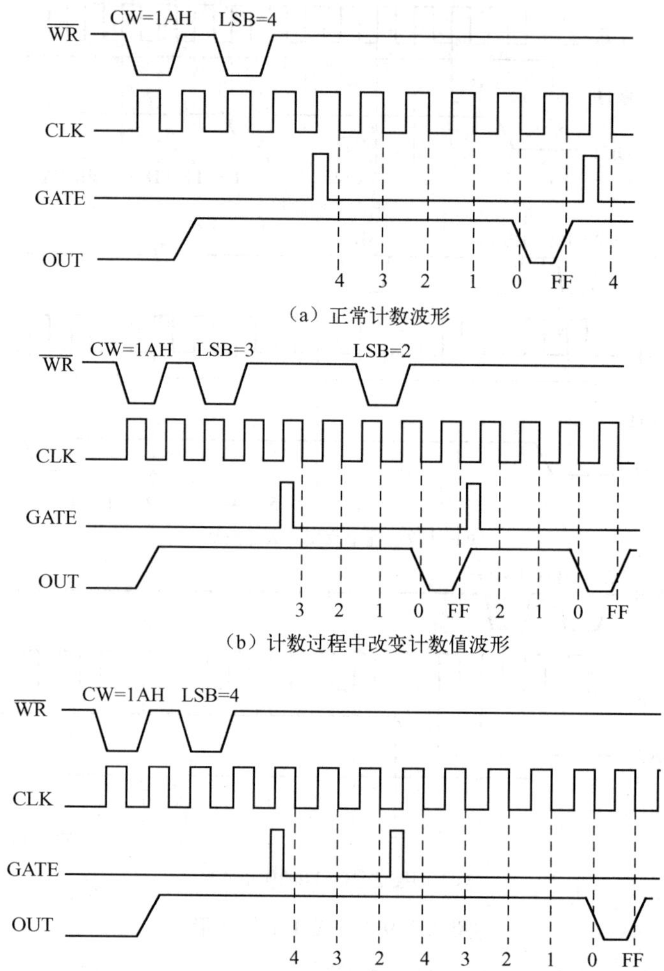

图 9. 3-11　方式 5 工作波形

这种工作方式和方式 1 类似，都是只需要写入一次计数值，硬件触发一次工作一次。它们的区别也在于输出的波形不同。方式 5 的特点是：

① 写入控制字以后，输出端 OUT 变高电平并保持，写入计数值以后，计数器并不立即开始计数，而是等待硬件(GATE)的触发启动。触发一次启动一次，计数到零时输出端 OUT 变为低电平，一个 CLK 后又变高，即输出一个 CLK 周期的负脉冲。工作波形如图 9. 3-11(a) 所示。

② 方式 5 的计数值不必重新写入，除非要改变计数初值。即写入一次可多次使用，取决于硬件 GATE 的触发。

③ 在计数过程中改变计数值不是立即有效的。即新的计数值写入后只要不发门控信号，现行计数不受影响，新计数值在下次启动后才开始生效。计数过程中改变计数值波形如图 9.3-11(b)所示。

④ 计数过程中可由 GATE 脉冲重新启动按初值计数，但 GATE 的变化不影响 OUT 的状态，只有计数到零时 OUT 输出一个 CLK 周期的负脉冲。门控信号 GATE 的作用波形如图 9.3-11(c)所示。

【例 9.3-6】 在一个通信系统中，收发双方采用握手方式进行通信应答，发送方采用$\overline{REQ}$发送请求后转入接收应答信号$\overline{SEND}$的检测，如果输出发送数据请求$\overline{REQ}$之后一定时间(这里为 100 个 CLK 脉冲)内不能接收到应答信号$\overline{SEND}$时，就在接收方发生通信异常信号$\overline{FAIL}$。用 8253 实现 100 个 CLK 的定时计数，实现电路如图 9.3-12 所示。这里采用计数器 1，方式 5，低位 1 字节，按二进制计数。写出对应的初始化程序，端口地址范围设为 40H~43H。

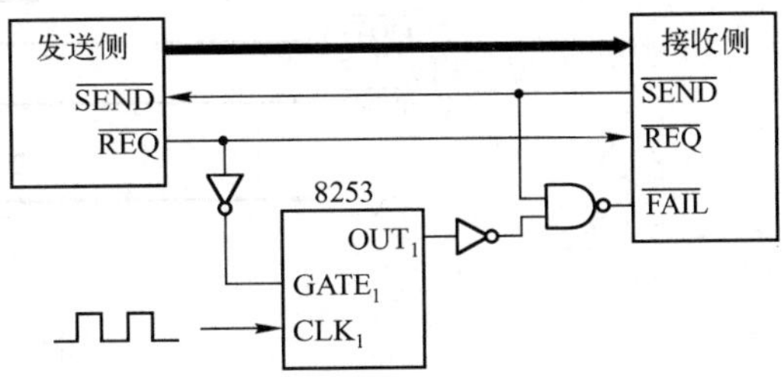

图 9.3-12　方式 5 应用实例

分析：工作过程及信号变化如下：复位后$\overline{REQ}$为高电平($GATE_1=0$)，$\overline{SEND}$也为高。8253 初始化后 OUT_1 为高电平，从而使加在接收侧的$\overline{FAIL}$信号为无效的高电平。当发送方发出请求信号后($\overline{REQ}=0$，$GATE_1=1$)就启动了计数器 1 开始计数。当 100 个 CLK 计数次数到时，OUT_1 输出一个负脉冲，这时如果接收方仍没有发出$\overline{SEND}=0$ 的应答信号，图中与非门的输出将为低，即产生通信异常信号$\overline{FAIL}$，对应的工作波形如图 9.3-13(a)所示。如果在 OUT_1 变低前$\overline{SEND}$变为低，与非门的输出将保持高电平，即不发通信异常信号$\overline{FAIL}$，见图 9.3-13(b)。

【解答】 初始化程序如下：

```
MODE5:  MOV     AL, 01011010B
        OUT     43H, AL         ; 计数器 1，低位字节，方式 5，按二进制计数
        MOV     AL, 100
        OUT     40H, AL         ; 计数初值送通道 1
```

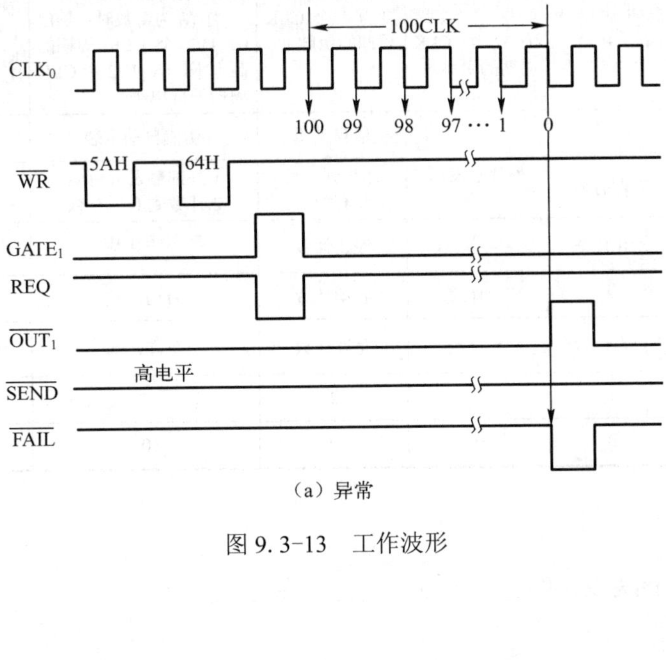

(a) 异常

图 9.3-13　工作波形

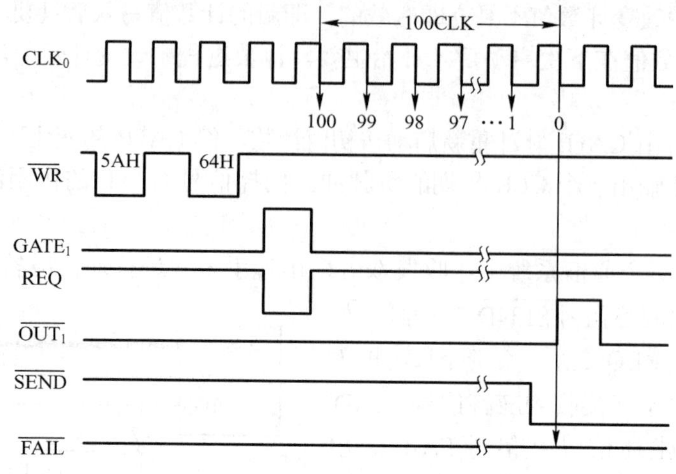

（b）正常

图 9.3-13　工作波形

9.3.7　6 种工作方式的比较

8253 的 6 种工作方式各有特点，如表 9.3-1 所示。

表 9.3-1　8253 工作方式比较

		方式 0	方式 1	方式 2	方式 3	方式 4	方式 5
功能		计数结束产生中断	可重复触发的单稳态触发器	速率发生器	方波发生器	软启动单拍脉冲发生器	硬启动单拍脉冲发生器
启动方式		写入计数值启动（软启动）	外部信号启动（硬件启动）	写入计数值启动（软启动）	写入计数值启动（软启动）	写入计数值启动（软启动）	外部信号启动（硬件启动）
输出波形		写入计数值 N 后经过 N+1 个 CLK 脉冲输出变高	启动后输出变低，经过 N 个 CLK 周期后输出变高，即产生一个宽度为 N 个 CLK 周期的负脉冲	经过 N–1 个 CLK 周期的高电平后输出宽度为 1 个 CLK 周期的负脉冲	当 N 为偶数时：输出 N/2 个 CLK 周期的高电平，N/2 个 CLK 周期的低电平（周期为 N 个 CLK 周期的方波） 当 N 为奇数时：输出 (N+1)/2 个 CLK 周期的高电平，(N–1)/2 个 CLK 周期的低电平	写入计数值后经过 N 个 CLK 后输出宽度为 1 个 CLK 周期的负脉冲	计数初值装入后经过 N 个 CLK 周期的高电平后输出宽度为 1 个 CLK 周期的负脉冲
初值重装				初值自动重装	初值自动重装		
计数过程改变计数值		立即有效	外部触发后有效	计数到 1 后有效	1.外部触发后有效 2.计数到 0 后有效	立即有效	外部触发有效
门控信号 GATE 的作用	GATE=0	停止计数	——	停止计数	停止计数	停止计数	——
	上升沿		启动计数	启动计数	启动计数		启动计数
	GATE=1	允许计数	——	允许计数	允许计数	允许计数	——
最大/最小计数次数下的计数初值	最小	1	1	2	2	1	1
	最大	0	0	0	0	0	0

练习题 3

9.3-1　8253 具有两种触发计数方式，分别为________和________。

9.3-2 8253 只采用硬件触发启动计数的工作方式为（　　）

A. 方式 0 和方式 1　　B. 方式 2 和方式 4　　C. 方式 1 和方式 5　　D. 方式 3 和方式 5

9.3-3 8253 的地址是 80H~83H，计数器 1 的 CLK_1=2kHz，OUT_1 每隔 20ms 输出一个 CLK 周期的负脉冲，GATE=1，则该计数器的方式字是________，写入的地址是________，计数值是________，写入的地址是________。

9.3-4 若 8253 的某一计数器用于输出方波，该计数器应工作在________。若该计数器的输入频率为 1MHz，输出方波频率为 5kHz，则计数初值应设为________。

9.3-5 分析下面的程序将使 8253 的哪个通道输出何种波形？

```
MOV    AL, 54H
MOV    DX, 2AFH
OUT    DX, AL
MOV    DX, 2ADH
MOV    AL, 0F0H
OUT    DX, AL
```

9.3-6 在某个应用系统中，计数器/定时器 8253 的地址为 FFF0~FFF6H，定义通道 0 工作在方式 2，CLK_0=2MHz，要求输出 OUT_0 为 1kHz 的速率波；定义通道 1 工作在方式 0，其 CLK_1 输入外部计数事件，每计满 1000 个向 CPU 发出中断请求。试写出通道 0 和通道 1 的初始化程序，并画出电路图。

9.4 8253 的应用举例

9.4.1 8253 多通道串联的应用

【例 9.4-1】 某个以 8086 为 CPU 的系统中，通道的基地址为 310H，8253 控制一个 LED 发光二极管的点亮和熄灭，要求点亮 10s 后再让它熄灭 10s，并重复上述过程。设输入的时钟信号频率为 2MHz。请完成实现以上功能的程序。

分析： 根据题意 8253 的 3 个计数通道和控制寄存器的地址分别为：通道 0—310H，通道 1—312H，通道 2—314H，控制字寄存器—316H。

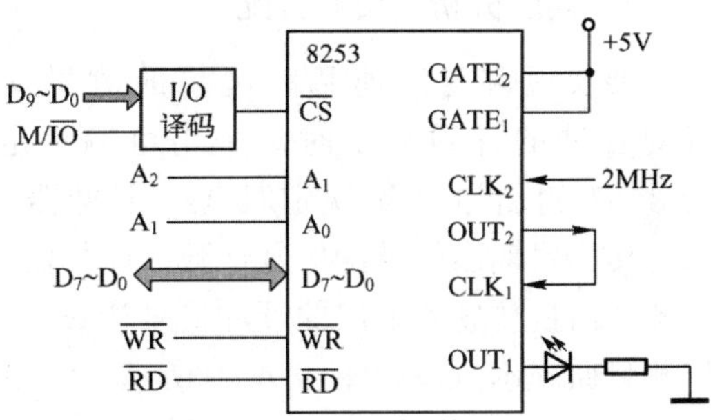

图 9.4-1　8253 多通道串联示例

假设利用通道 1 的 OUT_1 与 LED 相连，只要对 8253 编程，使 OUT_1 输出周期为 20 秒，占空比为 1∶1 的方波，就能使 LED 交替点亮熄灭 10 秒。计算通道 1 的计数初值：

$N_1 = 2\times10^6\times20 = 4\times10^7 > 65536$

所以仅用一个计数通道无法完成。因此用 2 个计数通道串联，假设是通道 1 和通道 2。要满足 $N_1\times N_2$=20s×2MHz= 4×10^7。对应的连接如图 9.4-1 所示。

通道 1：控制字 ＝01110111 B＝77H，BCD 码计数，计数初值 N_1=8000。

通道 2：控制字 ＝10110111 B＝B7H，BCD 码计数，计数初值 N_2=5000。

【解答】 初始化程序如下：

```
COUNT2: MOV    DX, 316H
        MOV    AL, 0B7H        ; 写入控制字
        OUT    DX, AL
        MOV    DX, 314H
```

```
          MOV    AL, 00H
          OUT    DX, AL           ; 装入计数初值低 8 位
          MOV    AL, 50H
          OUT    DX, AL           ; 装入计数初值高 8 位
  COUNT1: MOV    DX, 316H
          MOV    AL, 77H          ; 写入控制字
          OUT    DX, AL
          MOV    DX, 312H
          MOV    AL, 00H
          OUT    DX, AL           ; 装入计数初值低 8 位
          MOV    AL, 80H
          OUT    DX, AL           ; 装入计数初值高 8 位
```

说明：在 8253 的应用中，当一个计数器的计数/定时长度不够时，可以将 2 个或 3 个计数器串联起来使用，即将上一个计数器的输出 OUT 作为下一个计数器的 CLK 外部时钟输入，甚至可以将 2 个 8253 串联起来使用。

9.4.2 8253 在自动气象站中的应用

在自动气象站的瞬时风速和降雨量的测量中，风速传感器和翻斗式雨量传感器的输出都是脉冲信号，瞬时风速 $V=a+bf$，其中 a 为常数(起动风速)，b 为系数，f 为单位时间内的脉冲数(每秒脉冲数)；翻斗式雨量传感器某时段的降雨量计算公式为 $P=kN$，其中 N 为该时段内传感器输出脉冲的个数，k 为系数。本例时间段取 1 分钟。请应用 8253 实现瞬时风速和降雨量的测量。

1. 问题分析与资源分配

要实现瞬时风速和降雨量的测量均需要实现对脉冲的计数和定时，采用可编程定时/计数器 8253 的通道 0 实现定时 1s，计数器 1 用于对风速传感器输出的脉冲信号计数，计数器 2 用于对翻斗式雨量传感器输出的脉冲信号计数，风速、雨量测量原理示意，如图 9.4-2 所示。8253 的片选端 $\overline{CS}$ 接自动气象站片选译码电路的 $\overline{Y_1}$ (见图 0-2)，因此端口地址为 284H～287H。

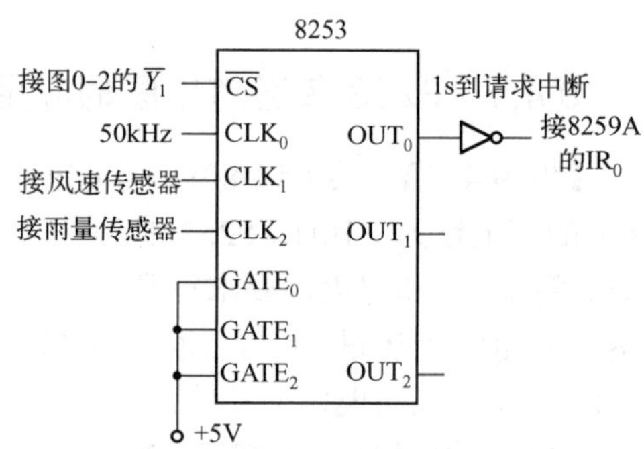

图 9.4-2 8253 用于风速、雨量测量原理示意图

计数器 0：产生 T=1s 的基准时间，工作在方式 2，设通道 0 的时钟频率 f_{CLK0}=50kHz，则计数器 0 的初始计数值 $N_0=T/T_{CLK0}=1s/0.02ms=50000$(C350H)。

计数器 1：记录风速传感器的输出脉冲，工作在方式 0，设计数初始值为 N_1，当定时 1s 到时如果读出的当前值为 M_1，则风速传感器输出脉冲的频率 $f_1=N_1-M_1$。一般风速传感器脉冲频率范围是 0～1221Hz，设计数器初值 N_1=FFFFH。

计数器 2：记录翻斗式雨量传感器的输出脉冲。工作在方式 0，设计数初始值为 N_2，当定时 60s(计数器 0 中断 60 次)到时如果读出的当前值为 M_2，则 60s 记录的脉冲个数 $N=N_2-M_2$，根据翻斗式雨量传感器某时段的雨量计算公式为 $P=kN$，可以求出该段时间内的降雨量。

2. 程序编写

各通道控制字确定：

通道 0：工作在方式 2，计数初值 C350H，二进制计数，读写两字节。控制字为：00110100B。

通道 1：工作在方式 0，计数初值 FFFFH，二进制计数，读写两字节。控制字为：01110000B。

通道 2：工作在方式 0，计数初值 FFFFH，二进制计数，读写两字节。控制字为：10110000B。

8253 初始化程序为：

```
        MOV   DX, 287H          ; 控制端口地址送 DX
        MOV   AL, 00110100B     ; 写入通道 0 控制字
        OUT   DX, AL
        MOV   AL, 01110000B     ; 写入通道 1 控制字
        OUT   DX, AL
        MOV   AL, 10110000B     ; 写入通道 2 控制字
        OUT   DX, AL
CNV0:   MOV   DX, 284H          ; 通道 0 端口地址送 DX
        MOV   AL, 50H           ; 写入通道 0 计数初值低 8 位
        OUT   DX, AL
        MOV   AL, 0C3H          ; 写入通道 0 计数初值高 8 位
        OUT   DX, AL
CNV1:   MOV   DX, 285H          ; 通道 1 端口地址送 DX
        MOV   AL, 0FFH          ; 写入通道 1 计数初值低 8 位
        OUT   DX, AL
        MOV   AL, 0FFH          ; 写入通道 1 计数初值高 8 位
        OUT   DX, AL
CNV2:   MOV   DX, 286H          ; 通道 2 端口地址送 DX
        MOV   AL, 0FFH          ; 写入通道 2 计数初值低 8 位
        OUT   DX, AL
        MOV   AL, 0FFH          ; 写入通道 2 计数初值高 8 位
        OUT   DX, AL
        MOV   BL, 0             ; 通道 0 中断次数计数器清零
```

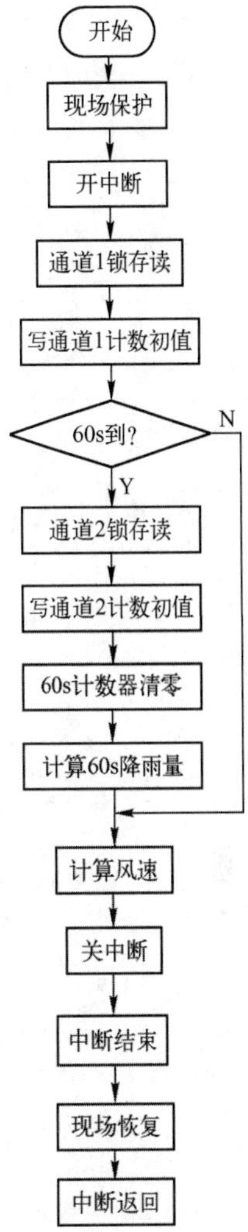

图 9.4-3　通道 0 的中断服务程序流程图

根据功能要求，通道 0 的中断服务程序流程图如图 9.4-3 所示。程序如下：

```
C0_INT: PUSH  AX
        PUSH  BX
        PUSH  CX
        PUSH  DX
        STI                     ; 开中断
RCNV1:  MOV   DX, 287H          ; 控制端口地址送 DX
        MOV   AL, 40H           ; 写入通道 1 锁存命令
        OUT   DX, AL
        MOV   DX, 285H          ; 通道 1 端口地址送 DX
        IN    AL, DX            ; 读取通道 1 的当前计数值
        MOV   CL, AL
        IN    AL, DX
        MOV   CH, AL
        MOV   M1, CX            ; 通道 1 当前计数值暂存 M1 开始的单元
CNV11:  MOV   DX, 285H          ; 通道 1 端口地址送 DX
        MOV   AL, 0FFH          ; 写入通道 1 计数初值低 8 位
        OUT   DX, AL
        MOV   AL, 0FFH          ; 写入通道 1 计数初值高 8 位
```

```
        OUT    DX, AL
        INC    BL              ; 秒计数器加 1
        CMP    BL, 60
        JNE    PFREG           ; 不到 60s 转风速计算
RCNV2:  MOV    DX, 287H        ; 控制端口地址送 DX
        MOV    AL, 80H         ; 写入通道 2 锁存命令
        OUT    DX, AL
        MOV    DX, 286H        ; 通道 2 端口地址送 DX
        IN     AL, DX          ; 读取通道 2 的当前计数值
        MOV    CL, AL
        IN     AL, DX
        MOV    CH, AL
        MOV    M2, CX          ; 通道 2 当前计数值暂存 M2 开始的单元
CNV21:  MOV    DX, 286H        ; 通道 2 端口地址送 DX
        MOV    AL, 0FFH        ; 写入通道 2 计数初值低 8 位
        OUT    DX, AL
        MOV    AL, 0FFH        ; 写入通道 2 计数初值高 8 位
        OUT    DX, AL
        MOV    BL, 0
        CALL   Num_Count       ; 调用降雨量计算子程序
PFREG:  CALL   Freq_Count      ; 调用风速计算子程序
        CLI                    ; 关中断
        MOV    AL, 20H         ; 8259 的 EOI 命令
        MOV    DX, 280H        ; 8259 的偶地址端口，见表 0-1
        OUT    DX, AL
        POP    DX
        POP    CX
        POP    BX
        POP    AX
        IRET
Num_Count:                     ; 60s 降雨量计算子程序
        ⋮
        RET
Freq_Count:                    ; 风速计算子程序

        RET
```

9.5 8254 芯片

8254 是 8253 的改进型，它们的引脚信号与排列、硬件组成基本上是相同的。因此 8254 的编程方式与 8253 是兼容的。凡是使用 8253 的地方均可用 8254 来代替。两者主要差别是：

① 最高计数频率不同。8253 的最高计数频率为 2MHz，而 8254 允许的最高计数频率可达 10MHz(8254 为 8MHz，8254-2 为 10MHz)。

② 8254 每个计数通道的内部都有一个状态寄存器和状态锁存器，而 8253 没有。

③ 8254 多一个读回命令字，用以读出当前计数单元的内容和状态寄存器的内容，而 8253 没有此读回命令字。

1. 8254 的状态寄存器和状态锁存器

8254 每一个计数通道都有一个状态寄存器和对应的状态锁存器，状态寄存器用于保存该

计数器的状态，其内容可经由状态锁存器被 CPU 读出。CPU 读出的状态锁存器的内容称为状态字，其格式如图 9.5-1 所示。

D_7	D_6	D_5	D_4	D_3	D_2	D_1	D_0
OUT	NULL count	RW_1	RW_0	M_2	M_1	M_0	BCD
反映该通道输出引脚的电平状态： 0：低电平 1：高电平	指示初值寄存器的内容是否装入计数单元： 0：已经装入 1：还没装入	与写入该通道的控制字意义相同 读写操作选择与锁存命令标志： 00：读操作时锁存当前计数值 01：只读写低字节 10：只读写高字节 11：先读写低字节再读写高字节		操作方式选择： 000：方式0 001：方式1 ×10：方式2 ×11：方式3 100：方式4 101：方式5			计数方式选择： 0：二进制计数 1：BCD码计数

图 9.5-1　8254 的状态字

$D_5 \sim D_0$：和写入到该计数器的控制字的内容对应相同。

D_7：输出引脚状态位，反映了该计数通道输出引脚信号 OUT 的状态。若 OUT 为高电平，则 $D_7=1$；若 OUT 为低电平，则 $D_7=0$。

D_6：指出初值寄存器中的内容是否已装入计数单元中，若已装入，$D_6=0$；若 CPU 向计数器写入控制字及计数初值后，但初值寄存器的内容还未装入计数单元，则 $D_6=1$。根据 8253 工作方式的讨论知道，对软启动工作方式，当计数初值装入初值寄存器后的一个 CLK 周期下降沿，初值打入计数单元并开始计数；对硬启动工作方式，初始化后要发一个启动脉冲，在启动脉冲上升沿后的一个 CLK 周期的下降沿初值寄存器的内容才打入计数单元开始计数。

2．8254 的锁存命令和读回命令

8254 有两个用于读计数器当前值的锁存命令字。

（1）锁存命令

8254 的锁存命令和 8253 一样，它也是写入与控制字相同的地址端口。其作用也是把当前的指定计数单元的内容锁存在相应的输出锁存器中，以供 CPU 读出。锁存命令的格式如图 9.5-2 所示，它与 8253 的锁存命令格式完全相同。

D_7	D_6	D_5	D_4	D_3	D_2	D_1	D_0
SC_1	SC_0	0	0	×	×	×	×
计数器选择： 00：选择计数器0 01：选择计数器1 10：选择计数器2 11：无意义		锁存命令标志		无意义			

图 9.5-2　8254 的锁存命令格式

$D_7, D_6(SC_1, SC_0)$：用于指示该锁存命令是对哪一个通道而言的。

D_5, D_4：为 00 表明是计数器锁存命令。若要对 3 个计数器值进行锁存，要写入 3 个锁存命令，这也和 8253 一样。

（2）读回命令

图 9.5-3 为 8254 读回命令的格式。读回命令不仅用来将指定的计数通道的计数单元的当前内容锁存入输出锁存器中，以供 CPU 读取，而且还能将状态寄存器的内容锁存在状态输出锁存器中供 CPU 读取当前状态用。另外，8254 锁存命令与 8253 的另一点不同是，能同时锁存几个计数通道的当前计数值，而不像 8253 那样一次只能锁存一个通道。

D_7, D_6：为 11。

D_0：为 0。

D_5：计数值输出锁存允许位。D_5=0，表示锁存当前计数值到输出锁存器。D_5=1，表示不锁存当前计数值。

D_4：当前状态输出锁存允许位。D_4=0，表示锁存当前状态值到状态锁存器。D_4=1，表示不锁存当前输出状态。

D_3～D_1：锁存通道指示位。1 表示锁存对应通道，0 表示不锁存该通道。D_3、D_2、D_1 依次对应通道 2、通道 1 和通道 0。锁存内容取决于 D_5D_4。

例如：当 D_5=0，D_4=1，$D_3D_2D_1$=010 时，则表示仅锁存计数器 1 的当前计数值。当 D_5=0，D_4=1，$D_3D_2D_1$=111 时，则表示同时锁存计数器 2、1、0 的当前计数值。只要 D_5=1，不论 $D_3D_2D_1$ 等于何值，则表示不锁存任何计数器的当前值。如果 D_5=1 而 D_4=0 则表示锁存 $D_3D_2D_1$ 为 1 的位所指定通道的当前状态值。假如 D_5 和 D_4 都为零，则同时锁存 $D_3D_2D_1$ 为 1 的位所指定通道的当前计数值和当前状态值。

D_7	D_6	D_5	D_4	D_3	D_2	D_1	D_0
1	1	COUNT	TATUS	CNT_2	CNT_1	CNT_0	0
		0: 把当前计数值锁存到输出锁存器 1: 不锁存计数值	0: 把当前状态值锁存到状态锁存器 1: 不锁存状态值	1：锁存通道2（锁存内容取决于D_5D_4） 0：不锁存通道2	1：锁存通道1（锁存内容取决于D_5D_4） 0：不锁存通道1	1：锁存通道0（锁存内容取决于D_5D_4） 0：不锁存通道0	

图 9. 5-3　8254 读回命令的格式

当 CPU 对 8254 写入读回命令后，CPU 可用一条读计数器的输入指令将锁存的内容读入 CPU 中。输入指令除读出锁存器中的内容外，还对锁存器起“解锁”作用，在写入锁存命令或读回命令后，CPU 执行读(输入)指令之前，8254 锁存器的内容将一直保持不变，即使再写入一次读回命令，也不会改变原来已锁存的内容。这也和 8253 的锁存命令相同。

在 D_5，D_4 两位同时为零，即当前计数值和状态同时指定锁存的情况下，CPU 执行的第一条输入指令读回的是状态寄存器的内容，下条输入指令读出的是计数器的输出锁存器中的内容。使用时应特别注意此规定。

9.5　本章学习指导

9.5.1　本章主要内容

1．8253 的基本结构

8253 内部有 3 个可编程的 16 位计数器，各个计数器之间完全独立。8253 的基本结构包括：

（1）数据总线缓冲器及控制逻辑：用于与 CPU 连接及芯片的读/写操作。

（2）控制寄存器(只读不写)：用于存放 8253 可编程控制字，3 个端口共用一个控制字寄存器，只有一个公用地址，因此在写入工作方式控制字时，要通过控制字中的最高 2 位(SC_1SC_0)的状态决定是对哪一个计数器进行控制字的写入。

（3）3 个独立的 16 位计数器寄存器：用于存放计数初值，每个计数器都有时钟输入、门控和输出 3 个信号。这 3 个计数器都是可读/写的。

2．8253 的编程命令

8253 的控制字由 8 位组成，可分为 4 组：

（1）D_0 的状态决定计数值选择 BCD 计数还是二进制计数。若选择 BCD 计数方式，则 D_0 应为 1，允许的最大计数次数为 10^4；否则选二进制计数，最大计数次数为 2^{16}。

（2）最高 2 位 D_7D_6 位经过编码决定选择计数器 0,1 或者 2。

（3）$D_3D_2D_1$ 位经过编码决定每个端口的工作方式，8253 的每个端口都有 6 种工作方式，分别为方式 0~方式 5。

（4）D_5D_4 是读/写指示位，组合为 00 时，对计数器进行锁存读，使当前计数值锁存在输出锁存器中，便于读出；为 01 时只读/写低 8 位；为 10 时，只读/写高 8 位；为 11 时，先读/写低 8 位，再读/写高 8 位。

8253 编程时必须严格遵守 2 条原则：（1）对计数器设置初值前必须先写控制字；（2）设置初始值，要符合控制字中的格式规定。

编程命令有读出和写入 2 种。读出用来读计数器的当前值；写入命令有 3 个，除写控制字和设定计数初值外，还有锁存命令。这是为了配合读出命令的，因为在读计数值时，必须先用读锁存命令将当前计数值锁存至输出锁存器中，否则将读不到一个确定的结果。

注意：方式控制字需写入控制端口，而计数初值应写入相应的计数器，且计数初值应与方式控制字中设定的计数形式相对应，即二进制数计数方式的计数初值为二进制码，BCD 计数方式的计数初值为压缩型 BCD 码。所有用到的计数器必须逐一进行初始化。8253 是 8 位接口芯片，而计数器是 16 位的，故在设置 16 位计数初值时必须送两次，先送低字节，再送高字节。在读入当前计数值前，需要送控制字锁存计数值。

3．8253 的工作方式

8253 的每个计数通道有 6 种工作方式，它们都遵守以下原则：

① 控制字写入计数器时，所有的控制逻辑电路立即复位，输出端 OUT 进入初始状态(高电平或低电平)；

② 计数初值写入后要延迟一个脉冲(一个上升沿和一个下降沿)，计数执行部件方能开始工作；

③ 计数器工作与门控信号有关，一般在时钟脉冲上升沿时采样门控信号；

④ 计数工作均在时钟的下降沿进行。

6 种工作方式的功能、启动方式、输出波形、初值重装、改变计数值、门控信号作用等方面的对比详见表 9.3-1。

9.5.2　典型例题

【例 9.5-1】 在某个以 8086 为 CPU 的系统中使用了一块 8253 芯片，硬件连接见图 9.5-1，所用的时钟脉冲频率为 1MHz。要求 3 个计数通道分别完成以下功能：

（1）通道 0 工作于方式 3，输出频率为 2kHz 的方波；

（2）通道 1 产生宽度为 480μs 的负脉冲；

（3）通道 2 用硬件触发，输出单脉冲，时间常数为 26。

请对 8253 完成初始化。

分析：由图 9.5-1 可知 8253 的 $\overline{CS}$ 由 74LS138 构成的地址译码器产生，只有当执行 I/O 操作即 $M/\overline{IO}$ =0 以及 $A_9A_8A_7A_6A_5$=11000 时，译码器才能工作。当 $A_4A_3A_0$=100 时，$\overline{Y_4}$ =0，使

$\overline{CS}$有效，选中偶地址端口，端口基地址为310H。CPU的A_2A_1分别与8253的A_1A_0相连，用于8253内部寻址，因此8253的4个端口地址分别为310H、312H、314H和316H。

通道0工作于方式3，即构成一个方波发生器，计数初值N_0=1M / 2k = 500。

通道1工作于方式1，即构成一个单稳态电路，由$GATE_1$的正跳变触发，输出一个宽度由时间常数决定的负脉冲。计数初值$N_1=1\times10^6\times480\times10^{-6}=480$。

通道2工作于方式5，即由$GATE_2$的正跳变触发减1计数，在计数到0时形成一个宽度与时钟周期相同的负脉冲。根据题意N_2=26。

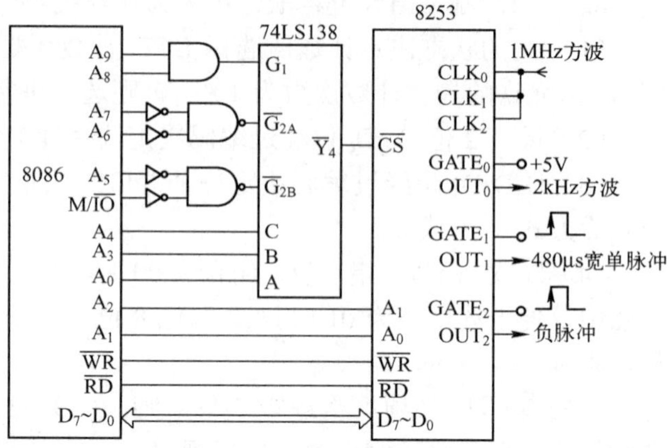

图9.5-1　例9.5-1电路图

【解答】 对3个通道初始化的程序如下：

```
MOV   DX, 316H  ; 通道0初始化
MOV   AL, 37H
OUT   DX, AL
MOV   DX, 310H
MOV   AL, 0
OUT   DX, AL
MOV   AL, 05H
OUT   DX, AL
MOV   DX, 316H  ; 通道1初始化
MOV   AL, 73H
OUT   DX, AL
MOV   DX, 312H
MOV   AL, 80H
OUT   DX, AL
MOV   AL, 04H
OUT   DX, AL
MOV   DX, 316H  ; 通道2初始化
MOV   AL, 9BH
OUT   DX, AL
MOV   DX, 314H
MOV   AL, 26H
OUT   DX, AL
```

【例9.5-2】 假设加在通道的时钟脉冲输入端的时钟频率为2MHz，请说出8253两种定时1s的软硬件工作方法，假设8253的基地址为CS8253，且是8088系统。

【解答】 根据已知条件，计数次数$N=2\times10^6$，超过了1个计数通道的计数范围，有2种解决方案：

① 和例9.4-1一样采用2个计数通道串联(详细方案略)。

② 只采用1个计数通道，同时结合软件计数的方法，假设1个计数通道采用方式0定时20ms，定时时间到后触发1次中断，在中断服务程序重新对8253写入计数初值，同时对中断次数计数，如果中断满50次，则定时1s时间到。对应的初始化和中断服务程序如下：

```
        ⋮
        MOV   NUM,0             ; 字节型变量NUM用来记录当前中断次数
```

```
        MOV   AL, 00110000B      ; 计数器 0 方式 0,写 16 位计数值，二进制方式
        MOV   DX, CS8253+3       ; 控制寄存器地址送 DX
        OUT   DX, AL
        MOV   AX, 40000          ; 计数初值 40000，定时 20ms
        MOV   DX, CS8253         ; 计数器 0 地址送 DX
        OUT   DX, AL
        MOV   AL, AH
        OUT   DX, AL             ; 写入计数初值到计数器 0
        STI                      ; 开中断
         ⋮
        TIMNINT PROC   FAR
        PUSH  AX
         ⋮
        INC   NUM
        CMP   NUM, 50
        JB    INIT
        MOV   NUM, 0
INIT:   MOV   AX, 40000          ; 重新写入计数初值到计数器 0
        MOV   DX, CS8253
        OUT   DX, AL
        MOV   AL, AH
        OUT   DX, AL
         ⋮
        POP   AX
        IRET
TIMNINT ENDP
```

本章习题

9-1 试比较硬件定时电路与软件定时方法的优缺点。

9-2 若 8253 的某计数器输入时钟(如 CLK_0)为 1.1925MHz，能否在它的输出端(OUT_0)实现 30ms 的定时脉冲呢？

9-3 设某 8088 系统中，8253 占用端口地址 40H~43H。其实现产生电子时钟基准(定时时间为 50ms)和产生方波用作扬声器音调控制(频率为 1kHz)。试为其编制 8253 的初始化程序。

9-4 试用 8253 输出周期为 100ms 的方波。设系统的时钟为 2MHz，端口地址为 1E0H~1E3H，CPU 为 8088。

9-5 若 8253 可利用 8088 的外设接口地址 D0D0H～D0DFH，试画出电路连接图。已知加到 8253 上的时钟信号为 2MHz。

（1）若利用计数器 0，1，2 分别产生周期为 100μs 的对称方波，以及每 1s 和 10s 产生一个负脉冲，试说明 8253 如何连接并编写包括初始化在内的程序。

（2）若希望利用 8088 程序通过接口控制 $GATE_0$，从 CPU 使 $GATE_0$ 有效开始，20μs 后在计数器 0 的 OUT_0 端产生一个正脉冲，试设计满足要求的硬件与软件。

9-6 某一接口电路中，需要通过 8253 定时从 90H 号外部端口读入一个字节数到 2500H 开始的单元中。假设加在通道的脉冲输入端的时钟频率为 2MHz，每定时 1s 输入一个数，在输入 200 个数后停止工作。

（1）请说出 8253 两种定时 1s 的软硬件工作方法。

（2）当接口中断系统已经设计好时，请编写实现定时输入 200 个数的工作主程序和中断服务程序。

假设 8253 的端口地址为 60H~63H。

第 10 章　可编程并行接口芯片 8255A

内容提要：

8255A 是 Intel 公司生产的可编程并行 I/O 接口芯片。本章介绍可编程并行接口芯片 8255A。概述了芯片的基本功能、内部结构、芯片引脚以及芯片的工作方式，对芯片在 3 种工作方式下的工作过程进行了详细的介绍。最后给出了 8255A 做为并行接口在自动气象站中的应用实例。

教学目标：

- 了解 8255A 的基本功能及端口构成。
- 理解 8255A 的 3 种工作方式及其工作原理。
- 重点掌握 8255A 的编程技术。

10.1　并行接口概述

接口是外部设备与 CPU 之间的桥梁。当 CPU 要输出信息到外部设备或从外部设备中输入数据时，CPU 不能将信息直接输出到外部设备，应通过各种接口实现 CPU 与外部设备之间的数据交换。

根据接口与外部设备之间数据线的数目，数据传送分为串行传送和并行传送。串行传送指通过 1 根数据线逐位传送数据。并行传送是用几根线同时并行传输数据，一般并行传送的数据线为 1 根以上，多至上百根数据线。微机中常用的并行数据线有 4 位、8 位和 16 位等。并行接口传送速度快，多用在实时、高速的场合；并行接口适用于距离较近的数据传输，而用于长距离传输有两个问题，一是并行干扰大，另一个是线路成本太高。

并行接口又分为可编程和不可编程两种。不可编程并行接口由纯硬件电路组成，如锁存器和缓冲器都属于并行输入/输出接口，可直接输入/输出，电路比较简单。可编程并行接口电路提供了可编程工作方式寄存器、命令寄存器和状态寄存器，通过程序对这些寄存器设置和查询，实现对并行接口的控制。因此，可编程并行接口设置灵活，可适应各类并行接口的需要，大多计算机系统中的并行接口都是这类接口。

可编程并行接口通常具有以下几个方面的功能：

（1）数据缓冲、锁存功能。并行接口以字节为单位传送数据。当从外部设备输入数据时，输入数据存放在并行接口的数据输入端口中，CPU 可直接访问数据输入端口；当 CPU 向外部设备输出数据时，CPU 把数据输出到输出端口，接口控制将输出端口的数据锁存到与外设连接的数据线上。

（2）查询工作状态功能。并行接口每交换一个字节数据，既要按照 CPU 输入/输出指令将交换的数据存放到数据缓冲器中，又要兼顾与外部设备速度匹配。用程序查询接口线路上信号电平(读接口内部的状态寄存器)来确定外设状态，根据外部设备的空闲或繁忙状态决定数据输入/输出。工作状态寄存器是并行接口中很重要的寄存器。

（3）选择数据传输方式功能。并行接口一般能适应 CPU 与外部设备之间的多种传输数据方式，如直接输入/输出数据传输方式、查询输入/输出数据传输方式、中断数据传输和 DMA 数据传输方式。而这些数据传输方式的选择一般是通过编程予以确定的。

（4）控制命令功能。有些是由 CPU 向并行接口的端口输出命令，通过编程直接控制并行接口上引脚信号，以表达接口的控制命令，如中断请求响应、DMA 请求响应等；有些是接口与外部设备之间的挂钩信号等。

（5）并行接口编程端口。并行接口中有各种端口，通过对端口的编程从而实现对接口的管理和控制。每一个并行接口中都有多个可编程控制的输入/输出端口，通过对并行接口上地址线和片选线的控制，实现对各个端口的寻址和输入/输出操作。

具备并行接口的外部设备种类繁多，如图 10.1-1 所示，有打印机、扫描仪、硬盘和 CD-ROM 等。通过电缆将外部设备与计算机连接起来，用并行接口来实现外设与 CPU 之间的数据交换。并行接口用查询、中断和 DMA 等多种数据传输方式传送数据，但并行接口与 CPU 之间的传输不是同步的，它起着中转、匹配、缓冲、传递等作用。

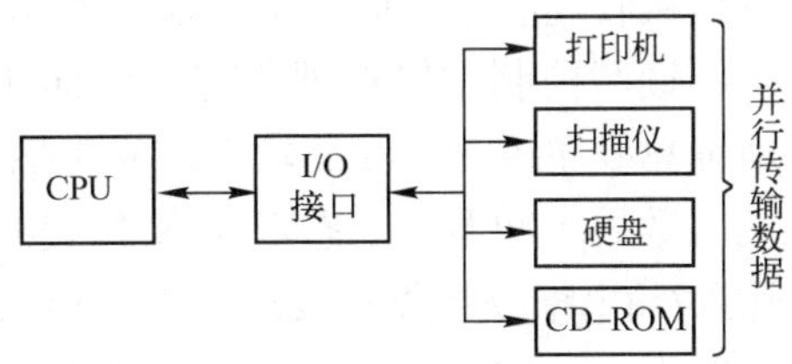

图 10.1-1　CPU、I/O 接口和外部设备

10.2　8255A 概述

Intel 8255A 是一个为微型机系统设计的通用可编程并行接口芯片，它的外部信号完全与 Intel 公司的 CPU 兼容和匹配，无须增加辅助电路即可实现并行接口的功能；在与外部设备之间进行并行数据传输时，可采用直接、查询、中断和 DMA 四种数据传输方式。因此，它通用性强，使用灵活，传输效率高，适用于键盘、打印机和数据采集设备等各种场合。

Intel 8255A 是一种功能完备的通用性并行接口，它的基本功能如下：

（1）具有 3 组共 24 条独立的输入/输出引脚，每条引脚可编程控制；

（2）具有简单输入/输出、可选择单向输入/输出和双向输入/输出 3 种可选择的工作方式；

（3）可实现与 CPU 之间的直接、查询、中断和 DMA 四种数据传输方式；

（4）输入与输出电平与 TTL 电平兼容，每次输出电流最大可达 4.0mA，若与 8MHz 时钟以上的 CPU 配合，需要增加等待周期；

（5）单一电源 5V，双列直插式的 40 引脚电路。

10.2.1　8255A 内部结构和芯片引脚

1. 8255A 的内部结构

Intel 8255A 芯片的内部结构框图如图 10.2-1 所示。各组成部分说明如下。

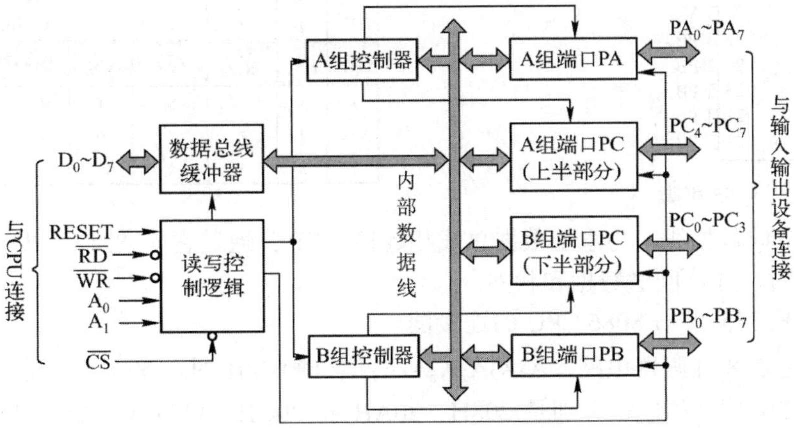

图 10.2-1　8255A 内部结构框图

8255A 有 3 个数据端口 PA、PB 和 PC，每个端口都是 8 位并行数据线，可作为输入或输出端口使用。把这 3 个端口分为 A、B 两组，A 组包括端口 PA 和端口 PC 的高 4 位，B 组包括端口 PB 和端口 PC 的低 4 位。

A 组控制器和 B 组控制器是内部控制部件，从读写控制逻辑接收 CPU 命令，从内部数据总线接收控制字，向有关的端口发出适当的命令。

读写控制逻辑管理所有的内部和外部的传送过程，包括数据及控制字。它接收来自 CPU 地址总线和控制总线的输入信号，然后向 A 和 B 两组的控制部件发送命令。

数据缓冲器是三态双向 8 位缓冲器，它是 8255A 与系统数据总线的连接部件，CPU 通过输入/输出指令接收和发送数据、控制命令和状态信息，由数据缓冲器把 CPU 的控制命令或输出数据送至相应的端口；也可把外设的状态信息或输入数据通过相应的端口送至 CPU。

2. 8255A 芯片引脚

Intel 8255A 芯片引脚如图 10.2-2 所示。引脚分两部分：

（1）与 CPU 系统连接部分

RESET：复位信号，输入，高电平有效，它清除控制寄存器和置所有端口(PA, PB, PC)为输入方式。

$\overline{CS}$：选片信号，输入，低电平有效，由它启动 CPU 与 8255A 之间的数据交换。

$\overline{RD}$：读信号，输入，低电平有效，它控制 8255A 送出数据或状态信息至 CPU。

$\overline{WR}$：写信号，输入，低电平有效，它控制把 CPU 输出的数据或命令信号写到 8255A。

A_1,A_0：端口地址选择线，输入，用来选择 3 个数据端口和控制字寄存器。其地址选择功能如表 10.2-1 所示。

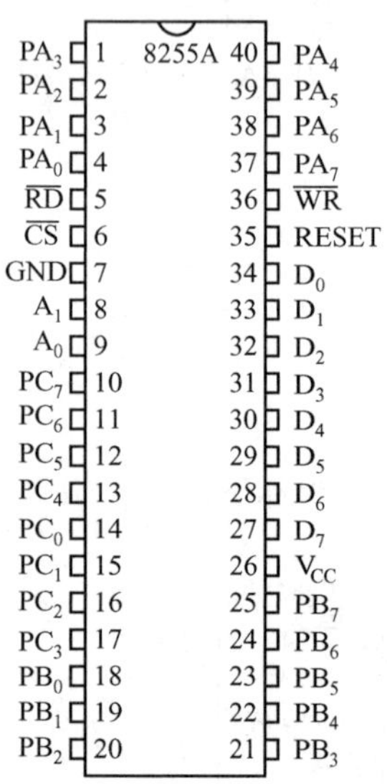

图 10.2-2　8255 引脚

表 10.2-1　8255A 端口选择表

A_1	A_0	$\overline{RD}$	$\overline{WR}$	$\overline{CS}$	输入操作(读)
0	0	0	1	0	端口 PA→数据总线
0	1	0	1	0	端口 PB→数据总线
1	0	0	1	0	端口 PC→数据总线
A_1	A_0	$\overline{RD}$	$\overline{WR}$	$\overline{CS}$	输出操作(写)
0	0	1	0	0	数据总线→端口 A
0	1	1	0	0	数据总线→端口 B
1	0	1	0	0	数据总线→端口 C
1	1	1	0	0	数据总线→控制字寄存器
A_1	A_0	$\overline{RD}$	$\overline{WR}$	$\overline{CS}$	断开功能
×	×	×	×	1	数据总线为三态
1	1	0	1	0	无效状态
×	×	1	1	0	数据总线为三态

D_7～D_0：双向数据线，与系统数据总线相连接，CPU 通过它向 8255A 发送命令和数据，8255A 也通过它向 CPU 回送数据和状态。

图 10.2-3 是 8255A 与 8086 CPU 的连接图。

74LS138 是 3-8 译码器电路，$A_9A_8A_7A_6A_5A_4A_3$=100×001 时，$\overline{Y}_1 = 0$。假设 A_6=0，该图示的 PA、PB 和 PC 端口的地址分别是 208H、20AH 和 20CH，可对这三个端口地址进行读写操作。控制字寄存器地址为 20EH。

（2）与外部设备连接部分

$PA_7 \sim PA_0$：端口 PA 的输入/输出数据线，输入/输出都可锁存，双向，三态引脚。

$PB_7 \sim PB_0$：端口 PB 的输入/输出数据线，输入不锁存，输出锁存，双向，三态引脚。

$PC_7 \sim PC_0$：端口 PC 的输入/输出数据线，输入不锁存，输出锁存，双向，三态引脚。该端口可通过编程分为 2 个 4 位的口，用于传送数据和状态字。

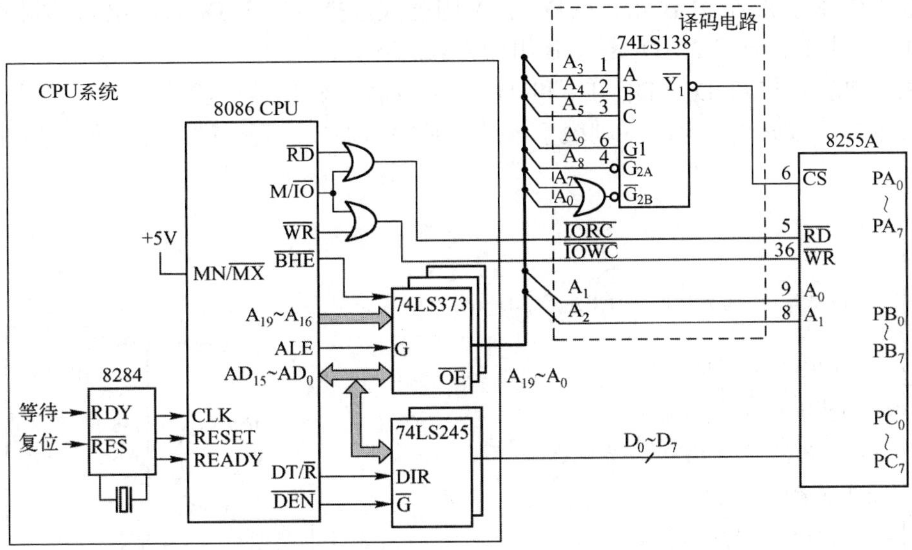

图 10.2-3　8086 CPU 系统总线与 8255A 接口连接

这 3 个端口分为 2 组，按组进行编程，每组 12 条引脚。

10.2.2　8255A 的工作方式和初始化编程

1．8255A 的工作方式

8255A 有 3 种工作方式：方式 0 为基本输入/输出方式；方式 1 为单向输入/输出方式；方式 2 为双向传输方式。

方式 0 主要工作在无条件输入/输出方式下，不需要“联络”信号。A 口、B 口和 C 口均可工作在此方式下。在方式 0，C 口的输出位可由用户直接独立设置为“0”或“1”。

方式 1 主要工作在条件传输方式(必须先检查状态，然后才能传输数据)下。此时，仅有 A 口和 B 口可工作于方式 1。由于条件传输需要联络线，所以在方式 1 下 C 口的某些位分别为 A 口和 B 口提供 3 根联络线。

方式 2 的双向传输方式是指在同一端口内分时进行输入/输出操作。8255A 中只有 A 口可工作在这种方式下。当 A 口工作在方式 2 时，它需要 5 个控制信号进行“联络”，这 5 个信号由 C 口提供。故此时 B 口只能工作在方式 0 或方式 1，当 B 口工作在方式 1 时，又需要 3 根联络线，所以当 A 口工作在方式 2，同时 B 口又工作在方式 1 时，8255A C 口的 8 根线将全部用做联络线，C 口也就因没有 I/O 功能而“消失”了。关于 C 口“联络”信号的定义后面将详细讨论。

2．8255A 的初始化编程

所谓 8255A 的初始化编程，就是用户在使用 8255A 前，用软件来定义端口的工作方式，选择所需要的功能。掌握 8255A 编程是正确使用该芯片的前提，为此须先了解 8255A 的控制命令。8255A 控制字有两个：工作方式控制字和 PC 端口的位控制字。这两个控制字都用同一个端口地址(A_1A_0=11，控制字寄存器)，编程时，用控制字的最高位(D_7 位)的值来区别两个不同的控制字。

控制字最高位 D_7=1，表示设置 8255A 的工作方式控制字。当 D_7=1 时，D_6～D_0 的各位定义如图 10.2-4 所示。

工作方式选择分 A 组和 B 组，D_6D_5 是 A 组方式选择，按照 D_6D_5 两位二进制编码的顺序定义方式 0、方式 1 和方式 2。D_2 定义 B 组的方式选择。

PA、PB、PC 端口由 D_4、D_3、D_1 和 D_0 定义为输入/输出端口，若该位为“1”，则表示该端口是输入端口，若该位为“0”，则表示该端口是输出端口。每个端口在复位之后默认为输入端口。

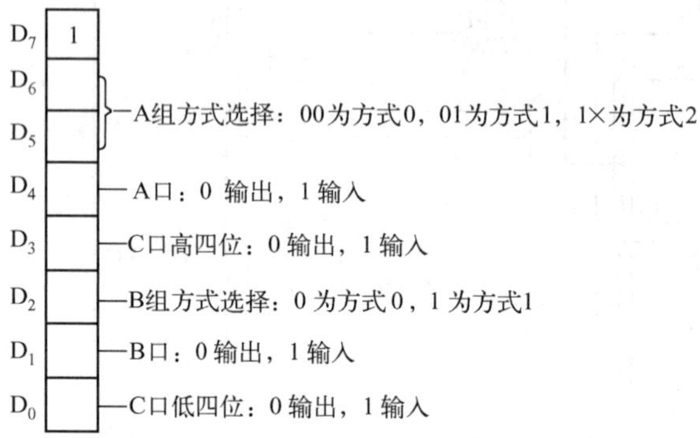

图 10.2-4 工作方式控制字格式

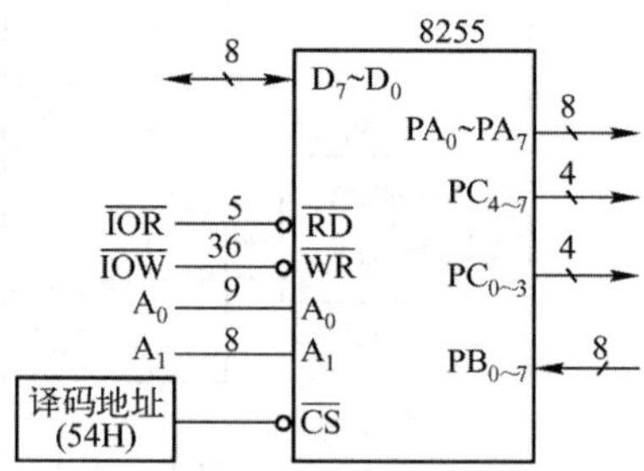

图 10.2-5 控制字设置示例

【例 10.2-1】 如果控制字输入的值是 10100010B(A2H)，表示 A 组工作在方式 1，PA 端口和 PC 端口的高四位为输出，B 组工作在方式 0，PB 端口为输入，PC 端口的低四位为输出。控制字设置如图 10.2-5 所示。假设控制寄存器地址为 57H，编写初始化程序。

【解答】 程序如下：

```
MOV    AL, 0A2H
OUT    57H, AL
```

控制字最高位 D_7=0，表示按位对 PC 端口的各个位进行置位和复位；当 D_7=0 时，控制字各位的定义如图 10.2-6 所示。

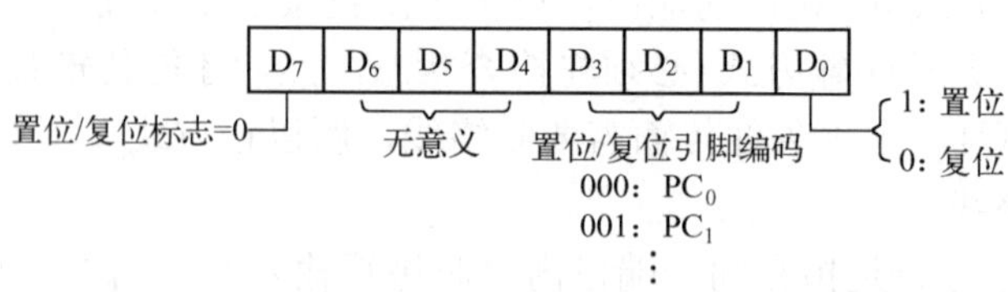

图 10.2-6 PC 端口按位置位和复位控制字格式

当 8255A 工作在方式 1 和方式 2 时，PC 端口用做控制口；当用做控制口时，PC 端口的每一位都有专用的控制意义，所以，PC 端口具有位控操作。例如：8255A 设置中断允许 INTE，如果编程设置 PC_4 置位，表示允许中断。

【例 10.2-2】 编写使 PC 端口的 PC_2 位置位和 PC_4 位复位的程序。假设控制字地址为 57H。

【解答】 程序如下：

```
MOV    AL, 00000101B
OUT    57H, AL              ; PC2位置位
```

```
    MOV    AL, 00001000B
    OUT    57H, AL             ; PC4位复位
```

练习题 1

10.2-1 8255A 与 CPU 之间的数据总线为（　　）数据总线，8255 与外设间每个端口的数据为（　　）。

A．4 位　　B．8 位　　C．16 位　　D．32 位

10.2-2 8255A 的控制信号 $\overline{CS}$=0、A_1=0、A_0=0、$\overline{RD}$=0 时，完成的工作是（　　）。

A．将 A 口数据读入　　B．将 B 口数据读入　　C．将 C 口数据读入　　D．将控制字寄存器数据读入

10.2-3 8255A 的控制信号 $\overline{CS}$=0、A_1=1、A_0=1、$\overline{WR}$=0 时，完成的工作是（　　）。

A．将数据写入 A 口　　B．将数据写入 B 口　　C．将数据写入 C 口　　D．将命令写入控制字寄存器

10.2-4 8255A 的方式控制字为 80H，其含义为（　　）。

A．A、B、C 口全为方式 0 输入方式　　B．A、B、C 口全为方式 0 输出方式

C．A 口为方式 2 输出，B、C 口全为方式 0 输出方式

D．A、B 口全为方式 0 输出方式，C 口任意

10.2-5 下列数据中，（　　）有可能为 8255A 的方式选择控制字。

A．00H　　B．79H　　C.80H　　D．54H

10.2-6 某一 8255A 芯片，需要对 PC_4 置 1，其控制字应为____________。

10.2-7 试编写程序使 B 口和 C 口均工作在方式 0 输出方式，并使 PB_5 和 PC_5 置输出低电平，而其他位的状态保持不变。设 8255A 的端口地址为 8CH~8FH，CPU 为 8088。

10.2-8 8255A 的三个端口在使用时有什么差别？

10.3　8255A 的工作过程分析

10.3.1　方式 0

方式 0 是基本输入/输出工作方式，在这种工作方式下，三个端口的每一个都可以由程序设置为输入或输出端口。它没有其他的控制线来挂钩，只有输入/输出的数据线，又称为直接输入/输出工作方式。

输出端口是锁存方式，而输入端口是缓冲方式，是不锁存的。当 CPU 发出输出数据指令后，数据按照指令指定的端口地址传输到端口，并锁存输出，可从引脚上测量到输出数据的电平，直至再次输出新数据才将其改变；当 CPU 发出读指令时，CPU 能够直接从 8255A 的输入缓冲端口读到数据，而读到的数据值就是当时引脚上的电平值。

【例 10.3-1】 假设 8255A 的 PA、PB、PC 和控制字地址分别是 30H、31H、32H 和 33H，3 个口均工作在方式 0。编程设置 PA 为输出，PB 为输出，PC 为输入，并将 PC 输入的值取反输出到 PA 口，PB 口高四位为高电平，低四位为低电平。

【解答】 程序如下：

```
    MOV    AL, 10001001B
    OUT    33H, AL             ; 设置控制字
    IN     AL, 32H             ; 输入 PC 口
    NOT    AL                  ; 取反操作
    OUT    30H, AL             ; 输出到 PA 口
    MOV    AL, 0F0H
```

```
        OUT    31H, AL            ; 输出到 PB 口
```

PC 端口设置与 PA 和 PB 端口有些不同，可以按照高 4 位和低 4 位分开设置输入或输出，当高 4 位与低 4 位输入/输出方式不同时，按照一个字节编程操作输出或输入。

【例 10.3-2】 编程设置 PC 口的工作方式，高 4 位为输入方式，低 4 位为输出方式，将高 4 位为输入的数据输出到 PC 口的低 4 位。假设端口地址为 60H～63H。

【解答】 程序如下：

```
        MOV    AL, 10001000B
        OUT    63H, AL            ; 设置控制字
        IN     AL, 62H            ; PC 口输入
        MOV    CL, 04H
        SHR    AL, CL             ; 将高四位移到低四位
        OUT    62H, AL            ; 输出到 PC 口
```

10.3.2 方式 1

方式 1 是单向输入/输出工作方式，它分为 A、B 两组，A 组由数据口 PA 和控制口 PC 高 3 位组成，B 组由数据口 PB 和控制口 PC 低 3 位组成。数据口的输入/输出都是锁存方式。所谓单向是指控制字一旦确定 PA 或 PB 口是输入或输出后，数据传输方向就不可改变，这点主要是相对方式 2 而言的。

在工作方式 1 下，PC 口用做挂钩线，不再是并行的 4 位或 8 位数据口，挂钩线时序关系是严格的，编程控制时要注意时序。

1．单向输出方式

方式 1 下的 A 组和 B 组都为输出时，控制引脚和控制格式分别如图 10.3-1 和图 10.3-2 所示。

下面分别介绍各信号的作用和时序关系。

$\overline{OBF}$（输出）：输出缓冲器满(Output Buffer Full)，低电平有效，输出控制信号，当 CPU 数据输出到端口 A 或端口 B 锁存器时，使 $\overline{OBF}$ 变为低电平，在外部设备返回 $\overline{ACK}$ 脉冲时，$\overline{OBF}$ 被置位。

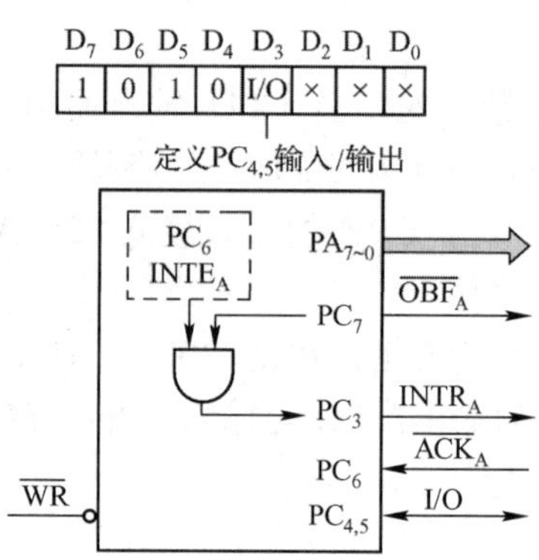

图 10.3-1 PA 口方式 1 的输出组态定义与引脚

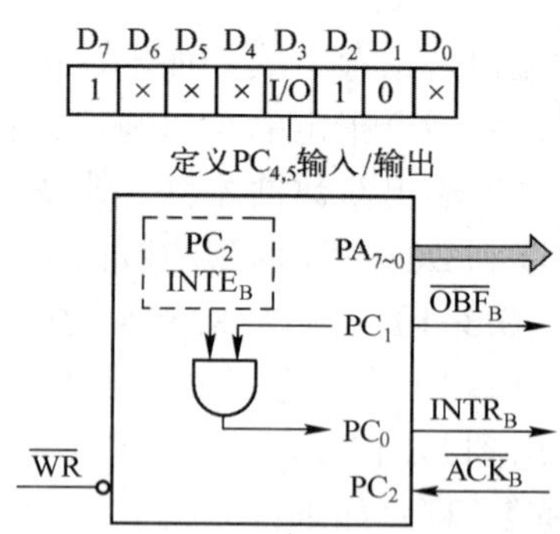

图 10.3-2 PB 口方式 1 的输出组态定义与引脚

$\overline{ACK}$：外设应答信号（Acknowledge），输入，低电平有效，该信号有效可使 $\overline{OBF}$ 引脚置位，指示外设已经接收到 8255A 端口送来的数据。

INTR：中断请求信号(Interrupt Request)，输出，高电平有效。在外部设备接收到数据

后，8255A 允许中断请求，则 INTR 信号变为高电平，向 CPU 发出中断请求。

INTE：中断允许信号(Interrupt Enable)，内部输出，这个控制信号由编程实现。当允许中断时，将该位置位；若不允许中断，则复位该位。注意：PA 口是 PC_6 位，PB 口是 PC_2 位。

方式 1 输出组态的时序关系如图 10.3-3 所示。当初始化设置了控制字之后，CPU 输出(写)一个数据到端口，$\overline{OBF}$ 变为有效的低电平，表示输出缓冲器满，指示外部设备取数据，同时使 INTR 信号变为无效的低电平。外部设备取走锁存在端口的数据之后，使 $\overline{ACK}$ 发出有效的低电平，$\overline{ACK}$ 响应信号又使 $\overline{OBF}$ 置位，并使中断请求 INTR(中断允许时)有效。

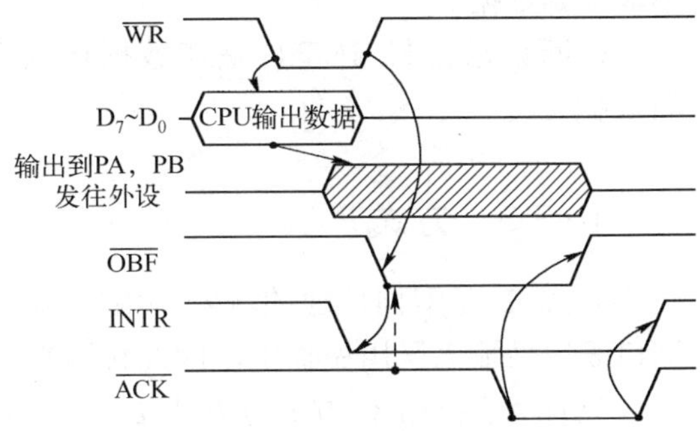

图 10.3-3　方式 1 输出操作时序

2．单向输入方式

方式 1 下的 A 组和 B 组都为输入时，控制的引脚和控制格式分别如图 10.3-4 和图 10.3-5 所示。

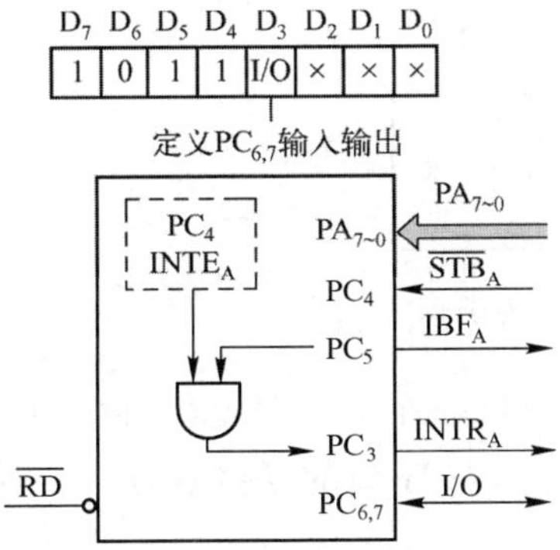

图 10.3-4　PA 口方式 1 的输入组态定义与引脚

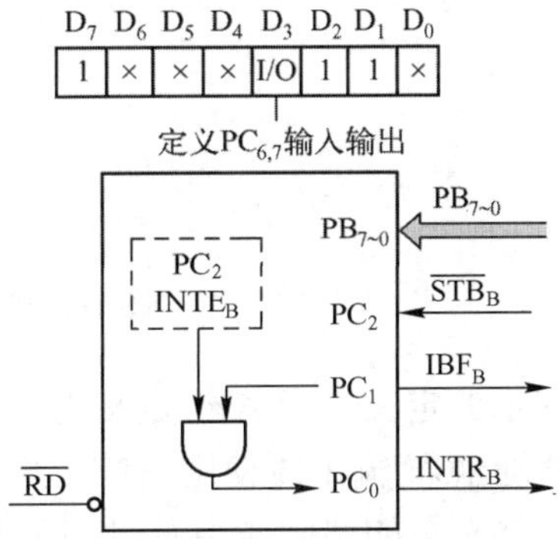

图 10.3-5　PB 口方式 1 的输入组态定义与引脚

在方式 1 输入时，PC 同样有 4 个控制口，中断请求信号 INTR 和中断允许信号 INTE 的作用与输出时相同，$INTE_A$ 由 PC_4 控制，$INTE_B$ 仍由 PC_2 控制。

$\overline{STB}$：选通信号(Storbe)，输入，低电平有效，将外部设备数据写入端口锁存器中，当数据输入到 8255 端口后，等待 CPU 通过读指令读取端口数据。

IBF：输入缓冲器满(Input Buffer Full)，输出，高电平有效，这个输出信号指示输入缓冲器已经存入了数据。CPU 将外设存入的数据读取后，IBF 信号会变成低电平，指示输入缓冲器空了。这是 8255 送给外设的状态信号，可供 CPU 查询。

8255A 方式 1 的输入组态的时序关系如图 10.3-6 所示。该时序说明，当外部设备数据准备好之后，发信号到 $\overline{STB}$ 端，将外部设备的数据锁存到 8255A 数据端口，并使 $\overline{STB}$ 成为低有效电平，该信号促使 IBF 信号由低变高，指示 8255A 接口输入缓冲器满。当 8255A 允许中断时，即向 CPU 发出中断请

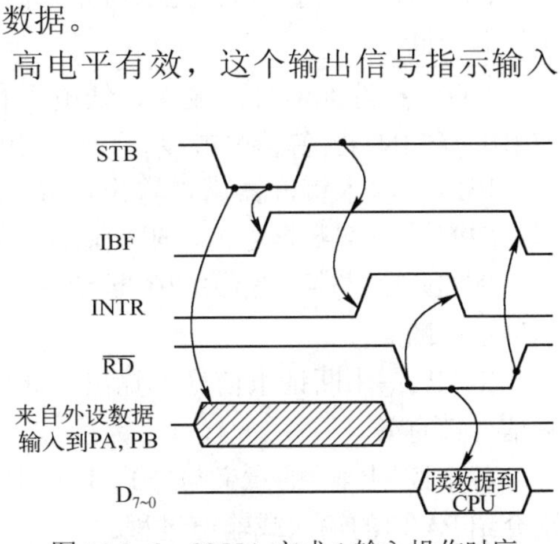

图 10.3-6　8255A 方式 1 输入操作时序

求信号 INTR。

IBF 是一个重要的信号，它的电平高低标志着什么时候能读到外设输入的数据，什么时候不能读到数据。

中断请求信号 INTR 是在数据输入之后发送的，表明此时读到的数据是外部设备输入的数据。

10.3.3 方式 2

方式 2 是双向选通的输入/输出方式。这种方式的特点是在一定控制信号的作用下，一个端口既用做输入又用做输出，因此称该端口为双向的。

只有 A 组的工作方式有方式 2，即只有 PA 口可以设置为双向的数据口，PC 口作为控制口使用。方式 2 下的 PA 口和 PC 口的控制引脚和控制格式如图 10.3-7 所示。

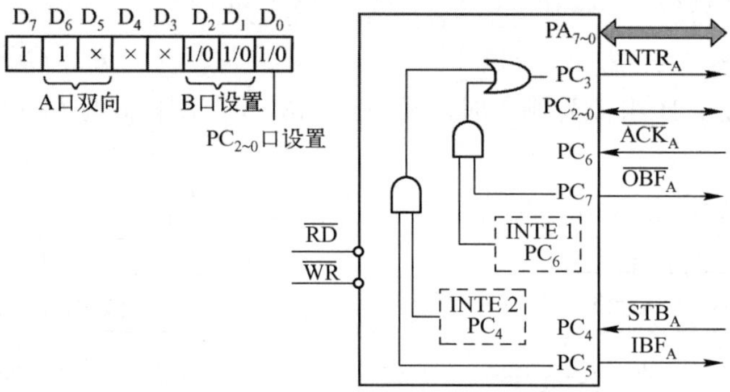

图 10.3-7 8255A 方式 2 定义与引脚

根据图示的定义，当 A 组定义为工作方式 2 时，B 组只能在工作方式 0，PC 口的 $PC_{2\sim0}$ 位可以作为普通输入/输出线使用。或工作于方式 1，$PC_{2\sim0}$ 作为 B 口的联络信号。下面介绍与 A 组工作方式 2 有关的引脚作用及时序关系。

$\overline{OBF_A}$：输出缓冲器满，输出，低电平有效。当 CPU 输出数据到端口 A 锁存器时，使 $\overline{OBF_A}$ 变为低电平，在外部设备返回 $\overline{ACK_A}$ 脉冲时，$\overline{OBF_A}$ 被置位。

$\overline{ACK_A}$：来自外部设备的响应信号，输入，低电平有效，该信号有效可使 $\overline{OBF_A}$ 引脚置位，指示外设已经接收到 8255A 端口送来的数据。

INTE 1：与输出相关的中断允许信号，内部输出，由 PC_6 置位表示允许中断，PC_6 复位表示屏蔽中断。

$\overline{STB_A}$：选通信号，输入，低电平有效，将外部设备数据写入输入端口锁存器中，并且引起 IBF_A 和 $INTR_A$ 等信号改变，以便 CPU 通过读指令读取端口数据。

IBF_A：输入缓冲器满，输出，高电平有效，这个输出信号指示输入锁存器已经存入了数据。CPU 未读取数据之前，阻止输入设备送来新的数据。

INTE 2：与输入相关的中断允许信号，内部输出，由 PC_4 置位表示允许中断，PC_4 复位表示屏蔽中断。

$INTR_A$：中断请求信号，输出，高电平有效，在输入或输出发出请求中断信号时，中断请求信号都有效。

各个控制信号的意义与方式 1 基本相同，8255A 方式 2 的时序如图 10.3-8 所示。下面分别介绍 PA 口的输入或输出过程。

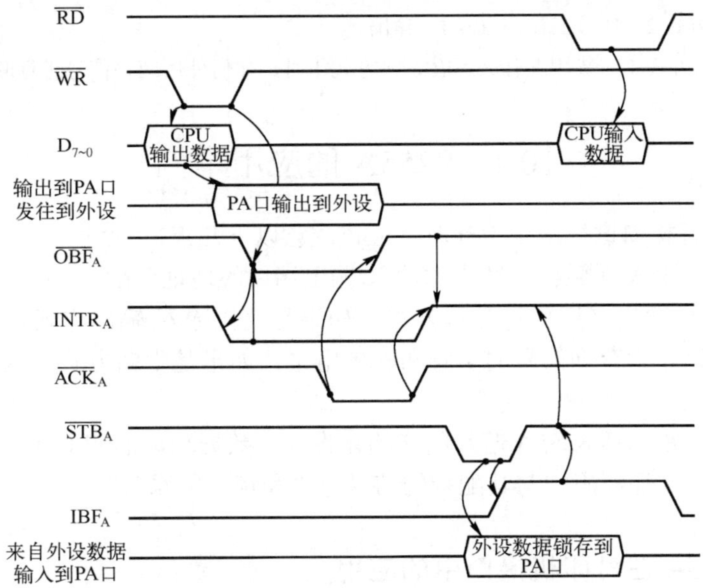

图 10.3-8　8255A 方式 2 时序关系图

当 PA 口作为输出口时，由输出缓冲器满信号 $\overline{OBF_A}$ 和外设应答信号 $\overline{ACK_A}$ 控制应答关系，也就是当 CPU 输出一个数据到 8255A，将数据锁存到 PA 口时，就向外部设备发出输出缓冲器满 $\overline{OBF_A}$ 信号，指示外部设备可以取数据，若外部设备将数据取走，不仅回应外设应答信号 $\overline{ACK_A}$ 有效，表示数据已取走，而且促使输出缓冲器满 $\overline{OBF_A}$ 变为无效信号，表示输出数据缓冲器空，以便程序查询状态。与此同时，当 8255A 中断允许 INTE 1（PC_6=1）时，还要通过中断请求信号 INTR 端发出中断请求。

当 PA 口作为输入口时，由输入选通信号 $\overline{STB_A}$ 和输入缓冲器满信号 IBF_A 控制应答关系，即当外部设备输入数据时，使用输入选通信号 $\overline{STB_A}$ 将外部设备数据锁存到 PA 口，并促使输入缓冲器满 IBF_A 为有效信号，以便程序查询状态使用。与此同时，当 8255A 的中断允许 INTE 2 有效（PC_4=1）时，8255A 通过中断请求信号 $INTR_A$ 发出中断请求，以便响应中断服务。

这里需要说明一点，8255A 的 PA 口的输入/输出都是采用独立的锁存器锁存数据，电路引脚信号上锁存的是输出锁存器中的数据，输入锁存器中的数据无法从引脚上测量，只能通过程序读操作读出锁存的输入数据内容。

练习题 2

10.3-1　8255A 只有工作在方式_______下可以实现双向数据传输，工作方式_______具有中断申请功能。

10.3-2　当 8255A 工作在方式 1 输入状态时，可通过信号（　　）知道外设的输入数据已准备好。

A．READY　　B．IBF　　C．$\overline{STB}$　　D．INTR

10.3-3　8255A 工作于方式 1 输出状态，A 口/B 口与外设之间的控制状态联络信号是（　　）。

A．$\overline{STB}$ 与 IBF　　B．IBF 与 $\overline{ACK}$　　C．$\overline{OBF}$ 与 $\overline{ACK}$　　D．$\overline{OBF}$ 与 $\overline{STB}$

10.3-4　8255A 的 A 口工作在方式 2 时，B 口可以工作在（　　）。

A．方式 0　　B．方式 1　　C．方式 2　　D．方式 0 和方式 1

10.3-5　试指出下列工作方式组合使用时，8255A 芯片 C 端口各位的作用。

（1）A 口工作在方式 2，B 口工作在方式 0，输入；

（2）A 口工作在方式 2，B 口工作在方式 1，输入；

（3）A 口工作在方式 2，B 口工作在方式 1，输出。

10.3-6　8255A 的方式 1 一般用在什么场合？在方式 1 时，如何使用应答信号进行联络？

10.4　8255A 的应用举例

在对 8255A 并行接口进行应用设计时，应该注意以下几点：

（1）并行接口 8255A 在微机系统中的输入/输出端口的地址分配。

（2）并行的输入/输出采用何种工作方式，如果是直接输入/输出方式，应该速度匹配；如果是查询方式，应该注意查询信号的引脚和有效电平；如果是中断方式，应该注意中断类型码和中断向量地址等。

（3）程序设计一般包括 8255A 芯片的初始化设计、数据端口的初值和初始状态。

（4）实际应用中，还要确定与其配合的信号电平和锁存关系等。

10.4.1　8255A 在打印机接口中的应用

设 8255A 工作在方式 1，采用中断方式将 BUFF 开始的缓冲区中 100 个字符送打印机输出。

假设打印机接口采用 Centronics 标准，相应引脚信号如表 10.4-1 所示。

打印机的工作流程如下：主机将要打印的数据送至数据线，然后发选通信号通知打印机。打印机将数据读入，同时使 BUSY 线为高，可用于通知主机停止送数据。这时打印机内部对读入的数据进行处理。处理完以后使 $\overline{ACK}$ 有效，同时使 BUSY 失效，可用于通知主机发送下一个数据。

表 10.4-1　Centronics 标准引脚信号

引　脚	名　称	方　向	功　能
1	$\overline{STB}$	入	数据选通，有效时接收数据
2～9	D_7~D_0	入	数据线
10	$\overline{ACK}$	出	响应信号，有效时准备接收数据
11	BUSY	出	忙信号，有效时不能接收数据
12	PE	出	纸用完
13	SLCT	出	选择联机，指出打印机不能工作
14	AUTOLF	入	自动换行
31	INIT	入	打印机复位
32	ERROR	出	出错
36	SLCTIN	入	有效时打印机不能工作

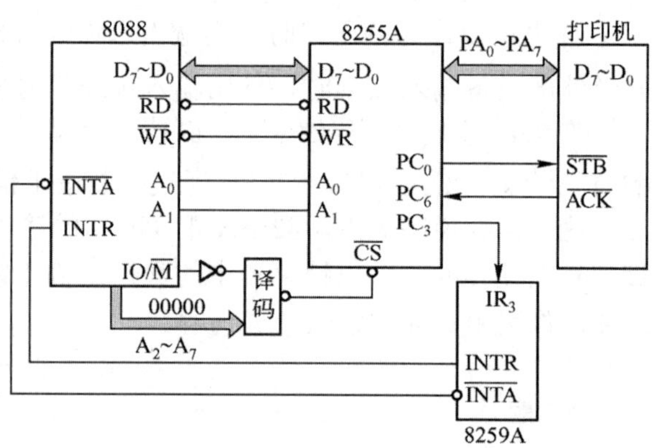

图 10.4-1　8255A 作为打印机接口

用 PC_0 作为打印机的选通 $\overline{STB}$，打印机的 $\overline{ACK}$ 接至 PC_6，8255A 的中断请求信号(PC_3)接至系统中断控制器 8259A 的 IR_3。

图 10.4-1 给出了中断传输方式下的打印机接口电路。

8255A 的控制字为：1010×××0。

PC_0 置位：00000001，即 01H。

PC_0 复位：00000000，即 00H。

PC_6 置位：00001101，即 0DH，允许 8255A 的 A 口输出中断。

由硬件连线可以分析出，8255A 的 4 个口地址分别为：00H，01H，02H，03H。假设 8259A 的端口地址为：20H，21H。

假设 8259A 初始化时送 ICW_2 为 08H，则 8255A A 口的中断类型码是 0BH，此中断类型码对应的中断向量应放到中断向量表从 2CH 开始的 4 个单元中。主程序如下：

```
MAIN:   MOV   AL, 0A0H
        OUT   03H, AL                ; 设置 8255A 的控制字
        MOV   AL, 01H                ; 使选通无效
        OUT   03H, AL
        XOR   AX, AX
        MOV   DS, AX
        MOV   AX, OFFSET PRINT
        MOV   WORD PTR [002CH], AX
        MOV   AX, SEG PRINT
        MOV   WORD  PTR [002EH], AX ; 送中断向量
        MOV   AL, 0DH
        OUT   03H, AL                ; 使 8255A 的 A 口输出允许中断
        IN    AL, 21H                ; 读 8259A 的中断屏蔽字
        AND   AL, 0F7H               ; 开放 8259A 的 IR3 中断
        OUT   21H, AL
        MOV   DS, SEG  BUFF
        MOV   DI, OFFSET  BUFF       ; 设置地址指针
        MOV   CX, 99                 ; 设置计数器初值
        STI                          ; 开中断
WAIT:   CMP   CL, 0                  ; 等待中断
        JNZ   WAIT                   ; 若 100 个字符未输完，则继续等待中断
        HLT
```

中断服务子程序如下：

```
PRINT   PROC  FAR
        MOV   AL, [DI]
        OUT   00H, AL                ; 从 A 口输出一个字符
        MOV   AL, 00H
        OUT   03H, AL                ; 产生选通
        INC   AL
        OUT   03H, AL                ; 撤销选通
        INC   DI                     ; 修改地址指针
        DEC   CL                     ; 修改计数值
        JNZ   NEXT
        IN    AL, 21H                ; 读 8259A 的屏蔽字
        OR    AL, 08H                ; 恢复 8259A 的原有的屏蔽字
        OUT   21H, AL
NEXT:   MOV   AL, 20H                ; 给 8259A 发 EOI 命令
        OUT   20H, AL
        IRET                         ; 中断返回
PRINT   ENDP
```

10.4.2 8255A 在自动气象站中的应用

风向传感器采用绝对格雷码盘编码，根据光电信号转换原理，可以准确输出相对应的风向信息，风向数据通过 8255A 的 PB 口(设置为方式 0，输入)采集，PA 口和 PC 口用做 4 位 LED 数码管和 4×4 键盘的接口，原理电路如图 10.4-2 所示。其中 A 口工作在方式 0 输出，B 口工作在方式 0 输入，C 口上半口输入下半口输出。

1. 风向信息采集

8 风向对应角度和名称如图 10.4-3 所示。风向传感器输出的是 7 位格雷码，通过 PB 口输

入，然后转换为对应的二进制码，根据二进制风向角度值结合图 10.4-3 就可以判断出对应的风向。表 10.4-2 所示为 8 风向角度、格雷码和二进制对应关系。二进制值若在 0001001～0011000 之间则为东北风，在 0011000～0101000 之间则为东风，以此类推。注意北风对应的二进制值范围为大于 1111000 或小于 0001001。因 8255A 的片选端接图 0-2 自动气象站片选译码电路的 $\overline{Y}_2$，所以端口地址为 288H～28BH。

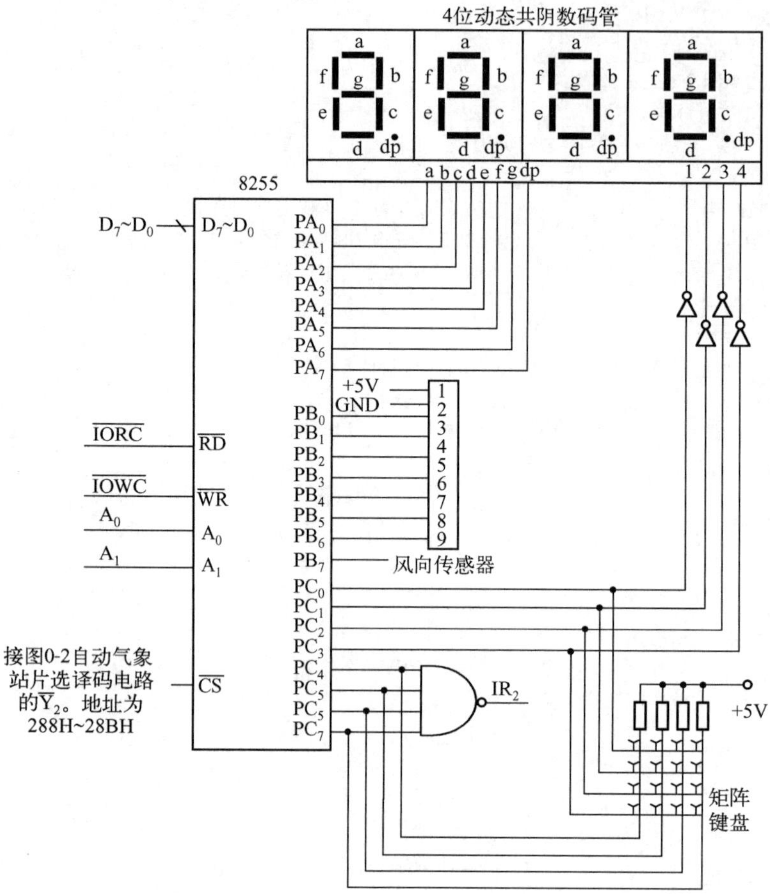

图 10.4-2　自动气象站风向采集与键盘显示电路

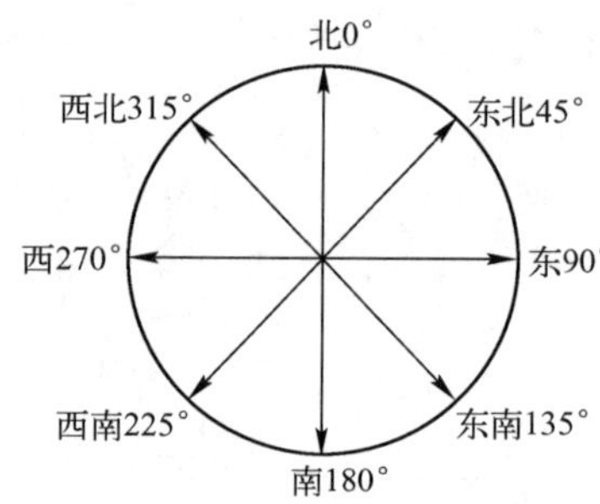

图 10.4-3　风向图标

表 10.4-2　风向与风向格雷码、二进制码对照表

方　位	中 心 角 度	角 度 范 围	风向格雷码	风向二进制码
北	0°	337.5° ～22.5°	1000100～0001100	1111000～0001001
东北	45°	22.5° ～67.5°	0001100～0010100	0001001～0011000
东	90°	67.5° ～112.5°	0010100～0111100	0011000～0101000
东南	135°	112.5° ～157.5°	0111100～0100100	0101000～0111000
南	180°	157.5° ～202.5°	0100100～1101100	0111000～1001000
西南	225°	202.5° ～247.5°	1101100～1110100	1001000～1011000
西	270°	247.5° ～292.5°	1110100～1011100	1011000～1101000
西北	315°	292.5° ～337.5°	1011100～1000100	1101000～1111000

根据 8255A 的端口工作要求编制的初始化和一次风向采集程序如下。

```
START:  MOV    DX, 28BH
        MOV    AL, 8AH
        OUT    DX, AL          ; 8255A 的方式控制字写入
        MOV    DX, 289H
        IN     AL, DX          ; 风向格雷码输入至 AL
```

2. LED 数码显示与程序设计

（1）LED 显示器的结构与种类

LED 显示器由若干个发光二极管按一定的位置排列在一起组成一个字符。每个发光二极管表示字符中的一段笔画。要显示某个字符时，只要将该字符相应笔画点亮即可。最常用的是七段 LED 显示器(又称数码管)，7 条发光线按“日”字形排列，7 个发光管可以称为 a、b、c、d、e、f、g，有的还带有小数点 dp，其结果如图 10.4-4(c)所示。

根据各发光二极管的连接方式不同，LED 显示器分为共阴极和共阳极两种。共阴极的各发光二极管的阴极接在一起，通常将其接地，如图 10.4-4(a)所示，要想让某一段点亮时，只需将该段的引脚置为高电平；共阳极的各发光二极管的阳极接在一起，通常将其接高电平，如图 10.4-4(b)所示，要想让某一段点亮时，只需将该段的引脚置为低电平。

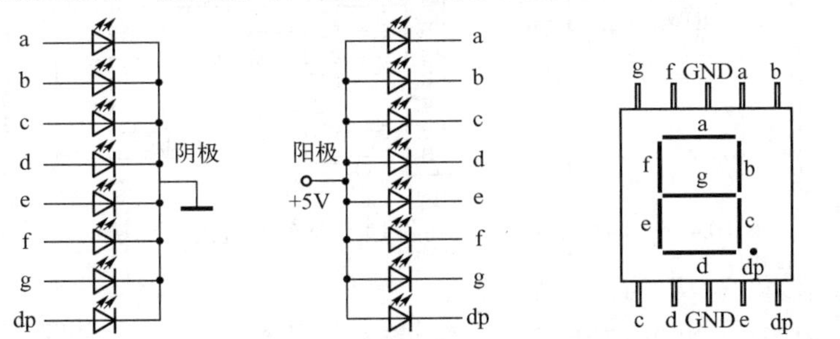

（a）共阴极　（b）共阳极　（c）共阴极LED显示器外形

图 10.4-4　七段 LED 显示器的结构和外形

通常将七段码连同小数点共八位段码控制位共同组成一个字节，a、b、c、d、e、f、g、dp 依次对应字节数的 $D_0D_1D_2D_3D_4D_5D_6D_7$。以共阴极 LED 为例，如果要显示字符“3”，则需要 a、b、c、d、g 段亮，相应位的输入引脚应该置“1”，而 f、e、dp 段不亮，相应位的输入引脚应该置“0”，因此对应的段码数据为 01001111B，即 4FH。这种用于控制显示不同字符的二进制字节编码称为字形码(或段码)。显示同一个字符时，共阴极和共阳极 LED 显示器的字形码互为反码。

通常将 LED 显示器能显示的所有字符汇总成一张表，称为字形码表(或段码表)，如表 10.4-3 所示，并将此表存放在内存中，显示时根据要显示的字符查找对应的字形码输出显示。

（2）LED 显示器的控制方式

当有多个 LED 显示器并列使用时，其控制方式有静态和动态两种。

① 静态方式

该方式下，共阴极的将阴极直接接地，共阳极的将阳极直接接+5V，每个 LED 显示器的段码控制线通过一个限流电阻与一个 8 位具有锁存功能的端口各位相连，如图 10.4-5 所示，用 8255 的 PA 口作为一位共阳极数码显示器的接口，PB 口作为一位共阴极数码显示器的接口。静态显示方式的优点是编程简单，不需要对同一显示内容进行重复刷新，用较小的电流驱动就可以获得较高的亮度，且字符无闪烁。缺点是占用 I/O 端口资源太多。

表 10.4-3　七段码 LED 显示字形码表

显示字符	共阴极字形码	共阳极字形码	显示字符	共阴极字形码	共阳极字形码	显示字符	共阴极字形码	共阳极字形码	显示字符	共阴极字形码	共阳极字形码
0	3FH	C0H	8	7FH	80H	P	73H	8CH	3.	CFH	30H
1	06H	F9H	9	6FH	90H	U	3EH	C1H	4.	E6H	19H
2	5BH	A4H	A	77H	88H	H	76H	89H	5.	EDH	12H
3	4FH	B0H	b	7CH	83H	L	38H	C7H	6.	FDH	02H
4	66H	99H	c	39H	C6H	“灭”	00H	FFH	7.	87H	78H
5	6DH	92H	d	5EH	A1H	0.	BFH	40H	8.	FFH	00H
6	7DH	82H	E	79H	86H	1.	86H	79H	9.	EFH	10H
7	07H	F8H	F	71H	8EH	2.	DBH	24H			

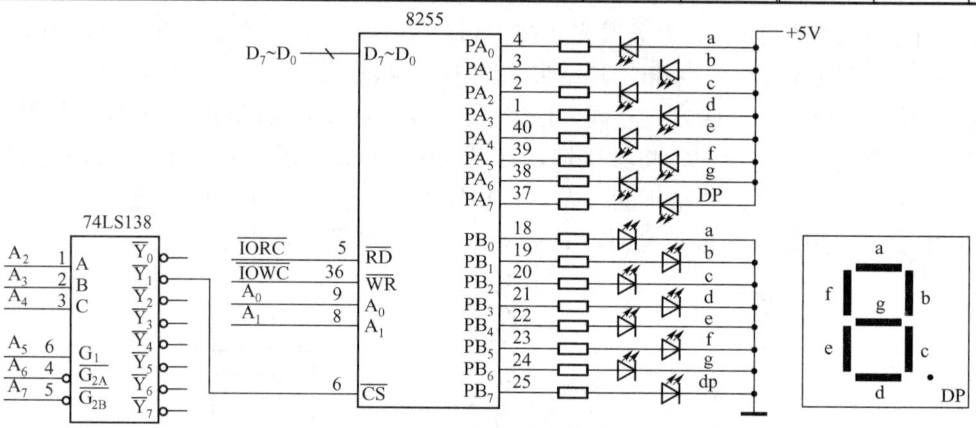

图 10.4-5　两位 LED 共阳共阴 LED 数码管静态显示接口

利用图 10.4-5 显示“6.4”的程序如下：

```
MOV    AL, 02H   ; “6.”的共阳极字形码送 AL
OUT    24H, AL   ; 送 8255 的 PA 口输出显示“6.”
MOV    AL, 66H   ; “4”的共阴极字形码送 AL
OUT    25H, AL   ; 送 8255 的 PB 口输出显示“4”
```

执行完上述程序后，两个 LED 显示器将持续稳定的分别显示“6.”和“4”，直到需要更新显示内容时用程序送更新的显示字符。

② 动态方式

多个 LED 显示器公用一个字形码端口，每一个 LED 显示器的共阴极或共阳极端(位控端)由另一个端口分别控制。显示时，首先把要显示的字形码送给字形码端口，然后通过位控端口使对应显示位的位控有效(共阴的为低电平，共阳的为高电平)，每一位显示一小段时间，然后切换到下一位，如此轮流显示，不停循环(即刷新)，虽然每一个时刻只有一个 LED 显示器是点亮的，但是依靠人眼的视觉停留作用，只要每秒钟每个显示器的刷新次数达到 24 次以上，人眼看到的将是各位同时在点亮。图 10.4-2 所示就是由 8255A 作为接口的 4 位 LED 显示器动态显示的原理电路，PA 口用于字形码输出，PC 口的下半口用做位控，由于位控电流是 8 个显示段电流的总和，所以为了得到足够的亮度，位控往往要加驱动。四位数码管显示从左向右依次为第 1 位、第 2 位、第 3 位和第 4 位，从第 4 位开始显示，其中有一位小数，即第 3 位为带小数点位，显示程序的流程如图 10.4-6 所示。

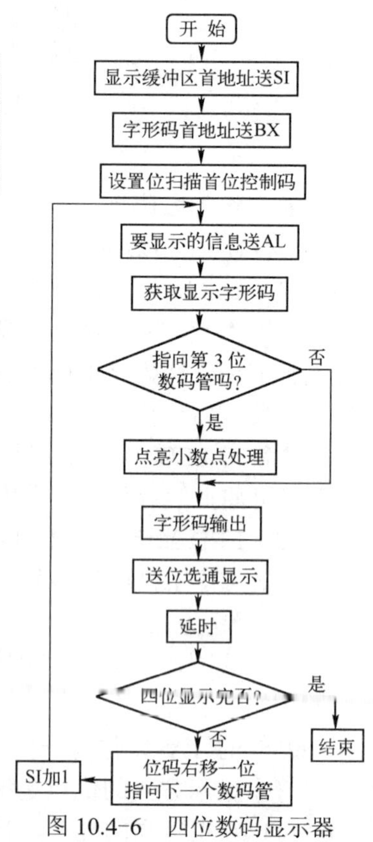

图 10.4-6　四位数码显示器动态显示程序流程

假设要显示的信息已存放在 DISPBUF 缓冲区，LED 显示器为共阴极，位控为反向驱动。相应的显示子程序如下：

```
DATA    SEGMENT
    DISPCODE  DB  3FH，06H，5BH，4FH，66H，6DH，7DH，07H，7FH，6FH
              DB  77H，7CH，39H，5EH，79H，71H    ;0～9和A～F的共阴极字形码
    DISPBUF   DB  4 DUP (?)        ; 留4个字节用做显示缓冲区存放待显数据
DATA    ENDS
DISP    PROC
        PUSH    SI
        PUSH    CX
        PUSH    BX
        PUSH    AX
        PUSH    DX
        LEA     SI, DISPBUF        ; 显示缓冲区首地址送SI
        LEA     BX, DISPCODE
        MOV     CL, 08H            ; 位码送CL，从第4位开始
DISI:   MOV     AL, [SI]           ; 取要显示的字符送AL
TR:     XLAT                       ; 得到显示字形码：AL←DS:[BX+AL]
        CMP     CL, 04H            ; 是否指向第3位数码管
        JNZ     SEC                ; 不是，转不带小数点显示
        OR      AL, 80H            ; 生成点亮小数点的对应字形码
SEC:    MOV     DX, 288H           ; 8255A的A口地址送DX
        OUT     DX, AL             ; 从A口送出字型码
        MOV     AL, CL             ; 位控信息送AL
        MOV     DX, 28AH           ; 8255A的C口地址送DX
        OUT     DX, AL             ; 从C口送出位控信息
        CALL    DELAY              ; 显示延时
LAST:   CMP     CL, 01H            ; 是否指向最后一个数码管
        JZ      QUIT               ; 是，四个LED已显示一遍，退出
        INC     SI                 ; 修改显示缓冲区指针
        SHR     CL，1              ; 位码右移一位，指向下一个数码管
        JMP     DISI
QUIT:   POP     DX
        POP     AX
        POP     BX
        POP     CX
        POP     SI
        RET
DISP    ENDP
```

3．矩阵键盘扫描原理与程序设计

键盘是一种常用的输入设备，它有两种类型：全编码键盘和非编码键盘。这里重点介绍非编码键盘，它像一组并关，一般组成行列矩阵。其工作过程包括按键识别、键号获取、防止串键及消除抖动等。

键盘处理程序的任务如下：

（1）键输入是键盘处理程序最主要的工作。考虑到键盘的机械结构，当键按下和松开时，键将有一个抖动过程。因此键输入的首要工作是检查键盘上是否有键被按下，消除按键抖动，然后确定被按的键在矩阵中的位置，获取键号。软件中采用延时采样的方法就可以有效地消除

抖动。

（2）键译码。键号为键盘位置码，根据键号查表得出被按键的键值，如数字键为 0～9、功能键为 0AH～0FH。

（3）键处理。根据键值转移到不同程序段。若键值为数字、字符键等则调用显示程序显示相应的数字和字符。若键值属于功能键，则进行多分支转移，执行各个功能程序段。

在键盘处理程序中，只有键输入部分是与接口有关的，其他部分实际上是一个数据转换和相关处理的过程。因此，这里主要讨论键输入的实现。

矩阵式键盘电路如图 10.4-7 所示，矩阵的行线和列线分别作为两个传输方向相反的 I/O 接口信号线，如行线作为输入接口信号线，列线作为输出接口信号线，或反之。图 10.4-7 中，用 C 口的低 4 位作为键盘矩阵的行线，高 4 位作为列线，则可连接 16 个按键。

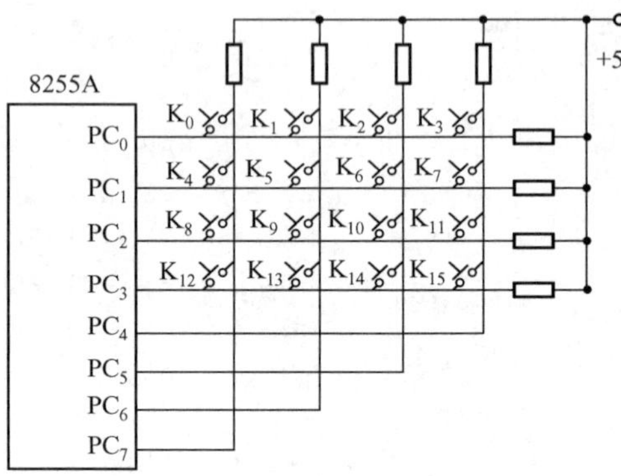

图 10.4-7　矩阵式键盘电路

对于键的位置或键号有两种获取方法：扫描法和翻转法。在扫描法中，设定行线输出，列线输入，反之也可。行线逐行输出 0，如果某列有按键，则列线输入为 0；如无按键，列线输入全部为 1。这样，根据行线和列线提供的信息就可以确定是哪个键被按下。以第 9 号键按下为例，在逐行扫描下，第 0 行首先为 0，由于 0 行上无键按下，故列线输入全为 1；然后扫描第 1 行，同样由于没有键按下，列线输入也全为 1；再扫描第 2 行，此时第 1 列输入为 0，其他为 1。由于列线 1 出现信号 0，认定第 1 列中有键按下。由行线 2 输出为 0 和列线 1 输入为 0，就可以知道按下的键在第 2 行和第 1 列的交叉点。

在翻转法中，行、列线交换输入、输出，两步就可获取键位置信息。可见，这种方法要比扫描法效率高。仍以第 9 号键按下为例，首先行线为输出，列线为输入，当行线输出全部为 0 时，列线 1 输入为 0，其他列线输入为 1；然后反之，列线为输出，行线为输入，当列线输出全部为 0 时，行线 2 输入为 0，其他行线输入为 1。最后由行线 2 输入为 0 和列线 1 输入为 0 也能认定已按下的键在第 2 行与第 1 列的交叉点。

键盘通常分为查询式键盘和中断式键盘，查询式键盘依靠软件查询判断是否有键按下以及按下的是哪一个键，中断式键盘是有键按下时向 CPU 申请中断，CPU 通过中断处理来识别是哪一个键按下。

在自动气象站中设置的是 4×4 的矩阵键盘，如图 10.4-2 所示，键 0～9 用于设置数值，键 10 用于显示小数点，键 10～15 实现设置、确定、取消、上移动、下移动功能。这里键盘采用中断工作方式，扫描法获取键号。由图 10.4-2 可知，在没有任何键按下时，键盘的列线全为高电平，因此中断请求与非门的输出为低，一旦有键按下，对应的列线则变低，中断请求与非门的输出则为高，从而通过中断控制器 8259 的 IR_2 端向 CPU 申请中断，CPU 如响应中断则进入键盘中断处理程序进行键码识别，进而根据操作要求进行菜单设置、数据通信、充电设置、存储时间设置等。

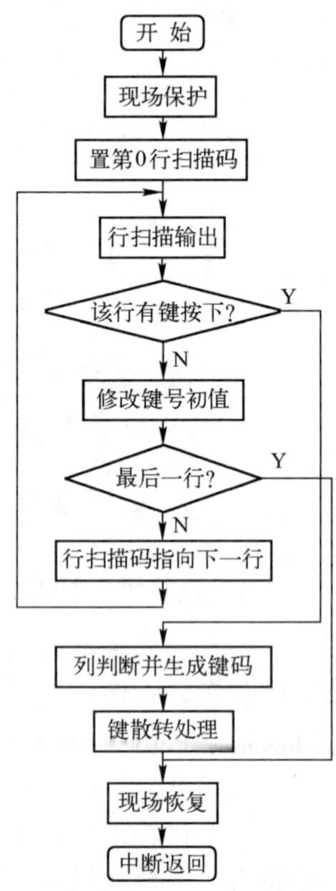

图 10.4-8　键盘中断处理子程序流程图

键盘中断处理子程序流程图如图 10.4-8 所示。键盘中断处理服务子程序如下：

```
KEY_INT2:   PROC   FAR
            PUSH   AX
            PUSH   BX
            PUSH   CX
            PUSH   DS
L1:         MOV    BL, 4              ; 行数送 BL
            MOV    BH, 4              ; 列数送 BH
            MOV    AL, 11111110B      ; 设置起始扫描码，使第 0 行为低电平
            MOV    CL, 0F0H           ; 设置屏蔽码
            MOV    CH, 0FFH           ; 设键号初值为 FF(-1 的补码)
L2:         MOV    DX, 28AH           ; 设置 C 口地址
            OUT    DX, AL             ; 行扫描
            ROL    AL                 ; 修改扫描码，为扫描下一行做准备
            MOV    AH, AL             ; 行扫描码送 AH 保存
            MOV    DX, 28AH
            IN     AL, DX             ; 读列线数据
            AND    AL, CL             ; 屏蔽无用位，保留列线位
            CMP    AL, CL             ; 列线是否有低电平
            JNE    L3                 ; 不等，则有键按下，转列判断并生成键号
            ADD    CH, BH             ; 没有则，修改键号，以便适合下一行
            MOV    AL, AH             ; 扫描码送 AL
            DEC    BL                 ; 行数减 1
            JNZ    L2                 ; 不是最后一行，转下一行扫描
            JMP    KEY_OVER           ; 扫描一遍结束
L3:         INC    CH                 ; 键号加 1
            RCL    AL                 ; 带进位循环左移一位
            JC     L3                 ; CF=1，说明该列没有键按下，转去检查下一列
            MOV    AL, CH             ; CF=0，说明该列有键按下，键号送 AL
KEY_JUMP:   CMP    AL, 0              ; 查 0 号键
            JZ     KEY0               ; 是 0 号键，转 0 号键处理
            CMP    AL, 1              ; 查找 1 号键
            JZ     KEY1               ; 是 1 号键，转 1 号键处理
            ⋮
            CMP    AL, 0FH            ; 查找 F 号键
            JZ     KEYF               ; 是 F 号键，转 F 号键处理
KEY_OVER:   POP    DS
            POP    CX
            POP    BX
            POP    AX
            IRET
KEY_INT2:   ENDP
KEY0:       ⋮
            JMP    KEY_OVER
KEY1:       ⋮
            JMP    KEY_OVER
            ⋮
KEYF:       ⋮
            JMP    KEY_OVER
```

10.5 本章学习指导

10.5.1 本章主要内容

1．8255A 三种工作方式的特点

（1）方式 0 为基本输入/输出方式。主要工作在无条件输入/输出方式下，其特点是无需"联络"信号，即状态线和控制线。A 口、B 口和 C 口均可工作在此方式下。在方式 0，C 口的输出位可由用户直接独立设置为"0"或"1"。方式 0 还可以用于条件传输，此时 3 个端口可以分别指定为数据端口、控制端口和状态端口。特别是端口 C，由于 PC_7~PC_4 属于 A 组，PC_3~PC_0 属于 B 组，因此 C 口可以同时具有输入/输出功能，这样 C 口可以同时充当控制端口和状态端口，详见例 10.5-2。

（2）方式 1 为单向输入/输出方式。主要工作在条件传输方式下。仅有 A 口和 B 口可工作于方式 1。条件传输时需要的联络线，由 C 口的某些位提供。也可以工作在中断传输方式下。

（3）方式 2 为双向传输方式。只有 A 口可工作在这种方式下。当 A 口工作在方式 2 时，它需要 5 个控制信号进行"联络"，这 5 个信号由 C 口提供。此时 B 口只能工作在方式 0 或方式 1，当 B 口工作在方式 1 时，又需要 3 根联络线，所以当 A 口工作在方式 2，同时 B 口又工作在方式 1 时，C 口的 8 根线将全部用做联络线。同样，数据传输方式可以是程序查询式也可以是中断式。

2．8255A 端口选通

8255A 提供给用户的端口地址选通线有片选信号 $\overline{CS}$ 和地址输入线 A_1、A_0，以选通 8255A 内部的 4 个数据寄存器(端口 A、B、C 和控制寄存器)。需要注意的是，在 8086 系统中采用 16 位数据线进行数据传输。从偶地址端口取得的数据总是通过低 8 位数据线传送到 CPU 的，而从奇地址端口取得的数据总是通过高 8 位数据线传送到 CPU 的。所以当 8255A 的数据线 D_7~D_0 接系统数据线的低 8 位时(为了硬件上的连接方便，实际中经常这样)，从 CPU 一边看 8255A 的 4 个端口应该全为偶地址。为了满足这个要求，同时又要满足 8255A 内规定的 4 个端口地址(00,01,10,11)的要求，在 8255A 的地址线连接时应为：

8086 CPU 地址线 A_2——8255A 地址线 A_1

8086 CPU 地址线 A_1——8255A 地址线 A_0

同时 CPU 在对 8255A 进行访问时，应使地址线 A_0 保持低电平，见图 10.2-3。

3．8255A 的编程

用户在使用 8255A 前，需先对芯片进行初始化编程，即用控制字命令来定义端口的工作方式，选择所需要的功能。8255A 控制字有两个：工作方式控制字和 PC 端口的位控制字。这两个控制字都用同一个写端口地址(A_1A_0=11，写控制字寄存器)，编程时，用控制字的最高位(D_7 位)的值来区别两个不同的控制字。

10.5.2 典型例题

【例 10.5-1】 CPU 通过 8255A 与开关 K0～K3 及 LED 显示器的接口见图 10.5-1，开关设置的二进制信息由 B 口输入，经程序转换成对应的七段 LED 段码后，通过 A 口输出，由七段

LED 显示开关二进制的状态值，试编写其控制程序(设 8255A 的端口地址为 80H～83H；0~F 的共阳极七段数码管编码表首地址为 TABLE)。

【解答】
```
MOV    AL, 82H        ; 初始化
OUT    83H, AL
IN     AL, 81H        ; 读 PB 口开关
AND    AL, 0FH        ; 取低 4 位
LEA    BX, TABLE      ; 取七段数码管编码表首地址
XLAT                  ; 查表指令取字符编码
OUT    80H, AL        ; 送 PA 口显示
```

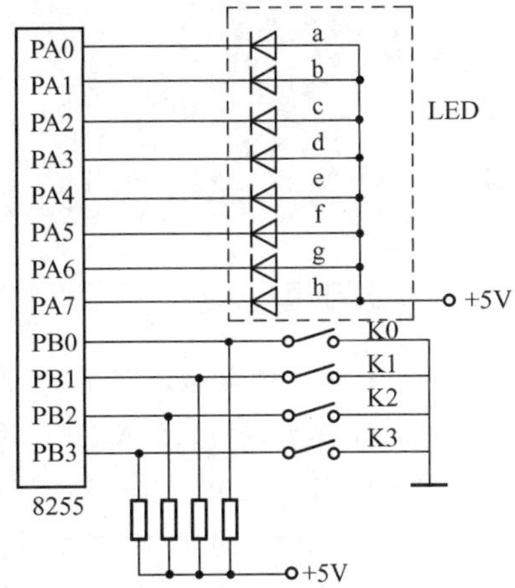

图 10.5-1　8255A 与数码管接口电路

【例 10.5-2】 8255A 与打印机连接如图 10.5-2(a)所示，利用 8255 工作在方式 0 实现打印机接口，其中 PC_0 作为打印机的状态(BUSY)，PC_7 作为打印机的选通控制线(负脉冲有效)，试编写初始化程序。若要将字符“A”送打印机打印，试写出打印程序。若采用 8255A 方式 1 与打印机相连，如图 10.5-2(b)所示，试编写初始化程序。设 8255 端口地址为 40H～43H。

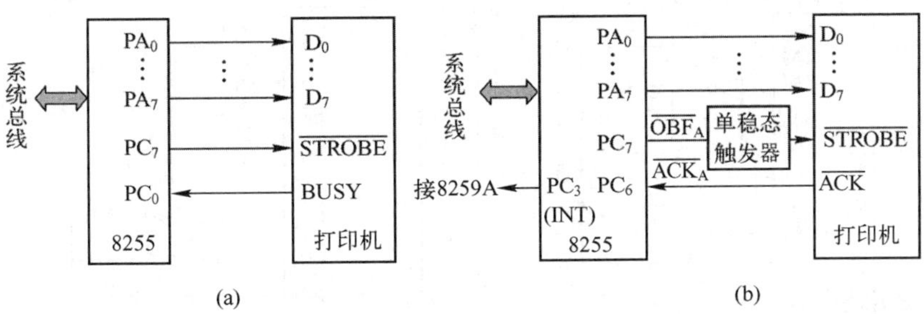

图 10.5-2　8255A 与数码管接口电路

分析：(1) 由图 10.5-2(a)可知，PA 作为数据输出口，工作于方式 0，PC_0 接收打印机的状态(BUSY)应该是输入，PC_7 作为打印机的选通控制线应该是输出，由此可以确定 8255 的工作方式控制字为 10000001B。

(2) 根据题意，打印字符时需要由 PC_7 向打印机发出一个负脉冲的选通信号，可以通过对 PC_7 置位→复位→置位实现负脉冲的输出，PC_7 置位命令为 00001111B，复位命令是 00001110B。同时需要查询打印机的状态，当 BUSY 为 1 时等待，为 0 时才能从 PA 口送出待打印数据。由于 BUSY 接 PC_0，所以测试字为 01H。本例属于第 6 章介绍的程序查询传输方式。

(3) 图 10.5-2(b)中 PA 口工作于方式 1，且采用中断式传输，除了要设置 8255A 的工作方式控制字外，还要开中断，即将 $INTE_A(PC_6)$置 1。

【解答】
```
(1)     MOV    AL, 81H
        OUT    43H, AL       ; 写入工作方式控制字
(2)     MOV    AL, 0FH       ; PC7=1
        OUT    43H, AL
LOOP1:  IN     AL, 42H       ; 从 PC0 读入 BUSY 状态
        TEST   AL, 01H       ; BUSY=1 时继续查询状态
        JNZ    LOOP1
        MOV    AL, 'A'       ; BUSY=0 时,CPU 送出数据
        OUT    40H, AL       ; 到 PA 口
        MOV    AL, 0EH       ; 从 PC7 发选通信号,PC7=0
        OUT    43H, AL
        INC    AL            ; PC7=1
```

```
        OUT     43H, AL
   (3)  MOV     AL, 0A0H
        OUT     43H, AL        ; 写入工作方式控制字
        MOV     AL, 0DH        ; PC6=1 即将 INTE A 置 1
        OUT     43H, AL        ; 开中断
```

本章习题

10-1 并行传输接口的特点是什么?

10-2 概要说明 8255A 的内部结构及基本工作原理。

10-3 简述 8255A 方式 1 的基本功能。

10-4 8255A 的方式选择控制字和 C 口置 1/置 0 控制字都是写到控制端口的，它们是由什么来区分的?

10-5 图 10.5-3 为 8086 系统中 8255A 实现开关控制 LED 灯亮灭的接口电路，试问:

(1) 8255A 的端口地址是多少?

(2) 试编写程序实现功能，并能在所有开关打开时退出程序。

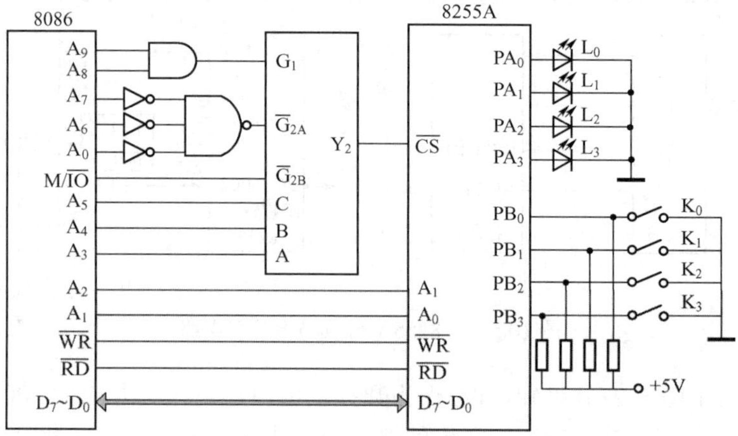

图 10.5-3 电路原理图

10-6 设 8255A 的 A 口工作在方式 1，作为中断方式下的字符打印机的接口。此时，若 CPU 发出控制信号通过 8255A 的 C 口向打印机发出数据锁存信号，则 CPU 送来打印的数据被锁存到打印机等待打印。打印机收到打印数据后向 8255A 发出应答信号。此时 8255A 就发出中断请求，中断信号从 8259A 的 IR_3 引入，中断类型号为 5BH。设中断服务程序必须装配在 3000:2240H 处。I/O 端口地址任选。

(1) 试写出 8255A 的初始化程序;

(2) 用直接装入法，将中断服务程序入口地址置入中断向量表中;

(3) 编写中断服务程序;

(4) 画出连接线路图。

第 11 章　串行通信与可编程接口芯片 8251A

内容提要：

串行通信是指计算机主机与外设之间，以及主机系统与主机系统之间将数据一位一位地依次传输的一种方式。本章介绍了串行通信方式、数据传送方式、信号传输方式等基本概念，以及典型的可编程串行接口芯片 8251A 的编程应用。

教学目标：

- 了解串行通信接口标准
- 掌握串行通信方式及协议
- 掌握数据传输方式
- 掌握信号传输方式
- 掌握接口芯片 8251A 的初始化编程及应用

11.1　串行通信基础

数据通信即数据传送。数据通信的基本方式可分为并行通信与串行通信两种，如图 11.1-1 所示。

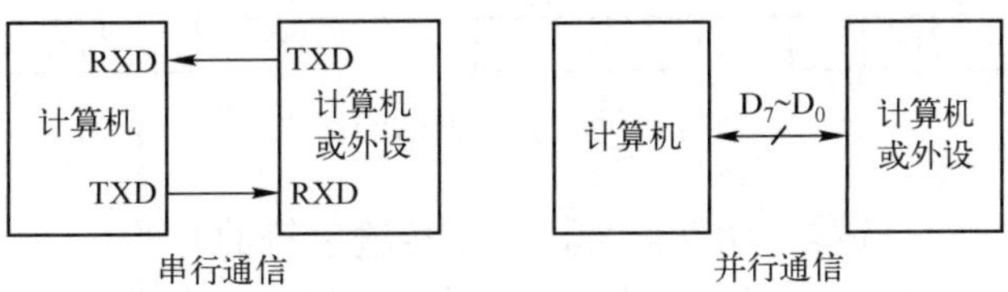

图 11.1-1　串行通信与并行通信

并行通信是指利用多条数据传输线将一个数据的各位同时进行传送。它的特点是传输速度快，但当距离较远、位数又较多时会导致通信线路复杂且成本高。

串行通信是指利用一条传输线将数据一位位地顺序传送。其特点是通信线路简单，利用电话或电报线路就可实现通信，从而大大降低了成本，特别适用于远距离通信，传输速度慢。

串行通信用于计算机与终端之间，以及计算机与计算机之间的通信，它是构成计算机网络的基础。此外，串行通信还广泛用于计算机与串行打印机、鼠标、绘图仪、传真机、键盘、远距离数据采集等外围设备之间的信息传送。

尽管串行通信使设备之间的连线减少了，但也随之带来将串行数转换为并行数，并行数转换为串行数等问题，这使串行通信比并行通信复杂些。串并转换可用软件实现，其方法简单，但速度慢，占用 CPU 大量时间，影响系统的性能。更为方便的实现方法是用硬件，目前常用的微处理机串行接口芯片有：通用的异步接收/发送器(UART，典型的器件有 Intel 8250)、通用的同步异步接收/发送器(USART，典型的器件有 Intel 8251A)和异步通信接口适配器(ACIA)等。无论是哪种芯片，它们都有一种基本功能，就是串并转换。

11.1.1　串行通信方式

数据串行通信时，发送和接收的数据是在时钟的作用下一位一位地串行移入或移出的，收发两端必须采用同样的时钟频率才能保证数据串行传输的正确性，这就是所谓的同步问题。串行通信可分为同步通信(Synchronous Data Communication，SYNC)和异步通信(Asynchronous Data Communication，ASYNC)两种，主要取决于其时钟是否是同一个，如图 11.1-2 所示。

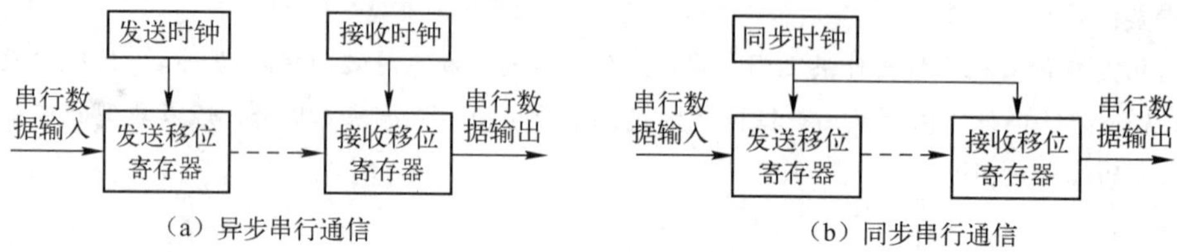

图 11.1-2　同步通信与异步通信方式

1. 异步通信及其协议

异步通信以一个字符为传输单位，通信中两个字符间的时间间隔是不固定的，然而在同一个字符中的两个相邻位代码间的时间间隔是固定的。接收设备在收到起始信号之后只要在一个字符的传输时间内能和发送设备保持同步就能正确接收。下一个字符起始位的到来又使同步重新校准。

通信协议(通信规程)是指通信双方约定的一些规则。异步通信协议中字符的传送格式一般为：起始位、数据位、奇偶校验位、停止位等，各位的意义如图 11.1-3 所示。

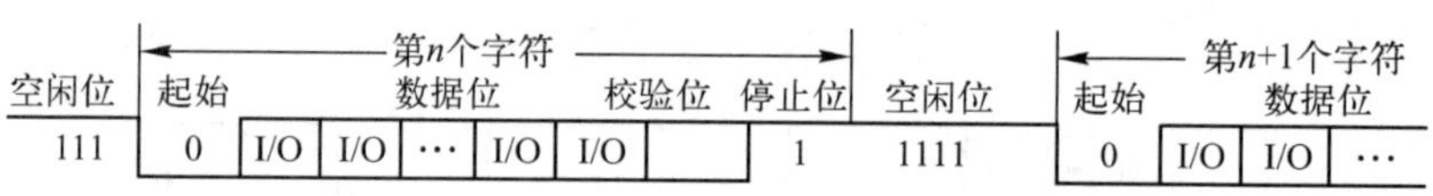

图 11.1-3　异步通信的格式

① 起始位：先发出一个逻辑“0”信号，表示传输字符的开始。

② 数据位：紧接在起始位之后。数据位的个数为 5～8，构成一个字符。通常采用 ASCII 码。从最低位开始传送，靠时钟定位。

③ 奇偶校验位：数据位加上这一位后，使得“1”的位数应为偶数(偶校验)或奇数(奇校验)，以此来校验数据传送的正确性。

④ 停止位：它是一个字符数据的结束标志。可以是 1 位、1.5 位、2 位的高电平。

⑤ 空闲位：处于逻辑“1”状态，表示当前线路上没有数据传送。

波特率：是衡量数据传送速率的指标。表示每秒钟传送的二进制位数。例如数据传送速率为 120 字符/秒，而每一个字符为 10 位，则其传送的波特率为 10×120=1200 字符/秒=1200 波特。

异步通信传输方式由于不需要在发送和接收之间另外传输定时信号，因而实现起来比较简单，缺点是对每个字符要加起始位和停止位，传输数据的冗余数据位会增加。

【例 11.1-1】 异步串行通信，信息由 1 个起始位，2 个停止位，1 个校验位，和 8 个数据位组成，设传送英文大写字母 W 的 ASCII 码(57H)且采用偶校验，请写出此时传送信息的帧格式。

【解答】 异步通信时先传送的是数据的最低位，所以 57H(01010111B)是反过来的。帧格式见表 11.1-1。

表 11.1-1　帧格式

起始位	数据位								校验位	停止位
	D_0	D_1	D_2	D_3	D_4	D_5	D_6	D_7		
0	1	1	1	0	1	0	1	0	1	11

2. 同步通信及其协议

同步通信以一个帧为传输单位，每个帧中包含有多个字符。在通信过程中，以固定的时钟来发送和接收数据信号，每个比特与时钟信号严格一一对应；每个字符间的时间间隔是相等的，而且每个字符中各相邻位代码间的时间间隔也是固定的。

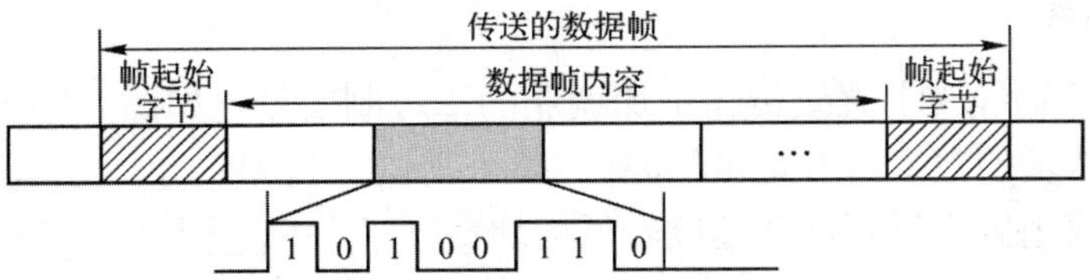

图 11.1-4　同步通信的格式

如图 11.1-4 所示，接收方要从接收到的数据流中正确区分出每个比特(位同步)，首先必须建立与发送方一样的时钟。在近距离传输时，可以在传输线中增加一根时钟信号线，用发送方的时钟驱动接收设备。远距离传输时，则必须从接收的数据流中提取同步信号，用锁相技术可得到与发送时钟完全相同的接收时钟，从而实现位同步。

如果数据仍以字符为单位传输，若干字符构成一字符串，则必须在字符串前加上两个同步字符(SYN)，用于标识字符串的开始，如图 11.1-5 所示。在以字符为单位的传输中，一般会在字符集中规定一些特殊的字符作为开始(2 个 SYN)、结尾(SYN)、标题(SOH)、正文(STX)等的控制字符，这些字符不作为数据信息使用。

如果传输的是由任意比特构成的数据帧，则必须在其前后加上标志序列来标识数据帧的开始和结束，如图 11.1-6 所示。例如：高级数据链路控制 HDLC 协议规定了起始标志(FLAG)为 01111110B。数据帧信息在发送时，需要对数据流加以处理，使它不会在数据帧中出现与标志数据相同的数据。

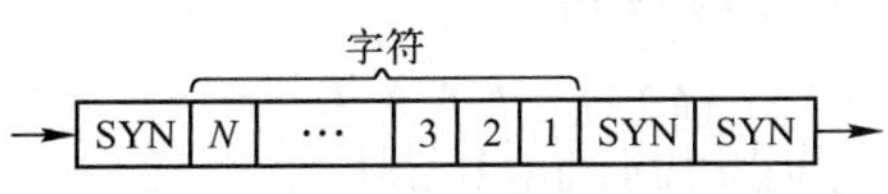

图 11.1-5　字符同步通信的格式

图 11.1-6　帧同步通信的格式

同步通信的效率较异步通信要高，但实现电路比较复杂，成本也比较高。因此，现行的同步传输系统在军事专线上，以及在广域网的结点交换机与路由器之间都有应用。

11.1.2　数据传送方式

根据数据传送方向的不同有以下三种传送方式，如图 11.1-7 所示。

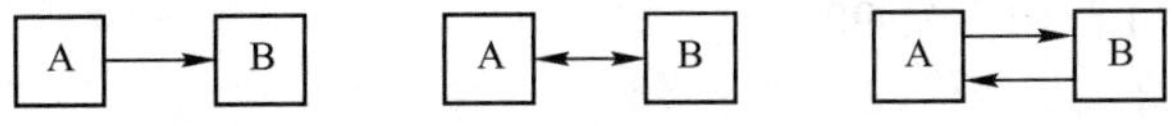

(a) 单工方式　(b) 半双工方式　(c) 全双工方式

图 11.1-7　数据传送方式

单工方式：只允许数据按照一个固定的方向传送，即一方只能作为发送站，另一方只能作为接收站。

半双工方式：数据能从 A 站传送到 B 站，也能从 B 站传送到 A 站，但是双方之间只有一根传输线，所以不能同时在两个方向上传送，每次只能有一个站发送，另一个站接收。通信双方可以轮流地进行发送和接收。

全双工方式：允许通信双方同时进行发送和接收。这时，A 站在发送的同时也可以接收，B 站亦同。全双工方式相当于把两个方向相反的单工方式组合在一起，因此它需要两条传输线。

11.1.3 信号传输方式

1. 基带传输方式

基带传输指在传输线路上直接传输不加调制的二进制信号，如图 11.1-8 所示。它要求传送线的频带较宽，传输的数字信号是矩形波。

基带传输方式仅适宜于近距离和速度较低的通信。

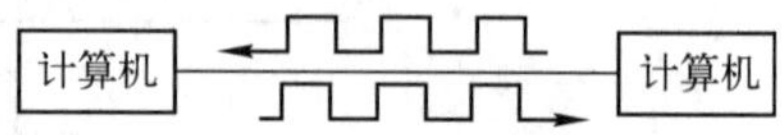

图 11.1-8 基带传输方式

2. 频带传输方式

频带传输传送的是经过调制的模拟信号。

在长距离通信时，发送方要用调制器把数字信号转换成模拟信号，接收方则用解调器将接收到的模拟信号再转换成数字信号，这就是信号的调制解调。

实现调制和解调任务的装置称为调制解调器(MODEM)。采用频带传输时，通信双方各接一个调制解调器，将数字信号寄载在模拟信号(载波)上加以传输。因此，这种传输方式也称为载波传输方式。这时的通信线路可以是电话交换网，也可以是专用线。

最基本的调制方法有以下几种，如图 11.1-9 所示。

调幅(AM)——模拟信号的振幅随着数字信号变化。例如，数字信号“0”无模拟输出，数字信号“1”有模拟输出。

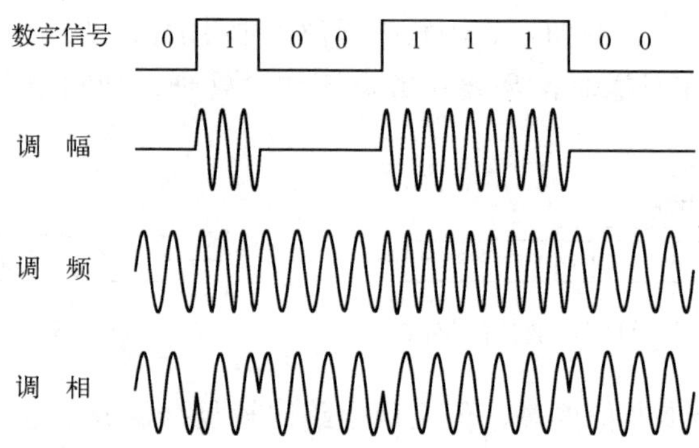

图 11.1-9 数字信号调制方法

调频(FM)——模拟信号的频率随着数字信号变化，幅度不变。例如，数字信号“0”频率是 F_1，数字信号“1”频率是 F_2。

调相(PM)——模拟信号的初始相位随着数字信号变化，幅度不变。例如，数字信号“0”相位是 0°，数字信号“1”相位是 90°。

11.1.4 串行接口标准

1. RS-232C 标准

RS-232C 串行接口标准指的是计算机或数据终端设备(DTE)与数据通信设备(DCE，如 MODEM)之间的连接标准，常见的有 RS-232C，RS-423A 等。在这一通信方式中，调制解调器(DCE)一端通过标准插座和传输设施连接在一起，另一端通过接口与终端设备(DTE)连接在一起。

RS-232C 标准为设计串行接口芯片和设备提供了一种依据，将符合 RS-232C 标准的设备连接在一起就能实现数据串行通信。

（1）RS-232C 电气特性

RS-232C 标准采用 EIA 电平，数据传输时的信号定义如图 11.1-10 所示：逻辑“1”，用电平−3V～−15V 表示；逻辑“0”，用电平+3V～+15V 表示。

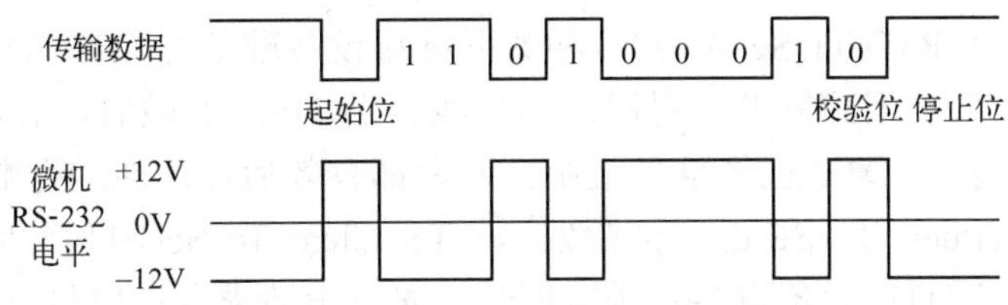

图 11.1-10　RS-232 电平与 TTL 电平关系

例如：微型计算机系统发出的“1”和“0”信号电平分别是−12V 和+12V，如图 11.1-10 所示。

DTE 和 DCE 都必须按 RS-232C 规定的电压电平来设计，在一般数字电路中，大多使用 TTL 电平，要在电路中增加电平转换电路。MCl488 完成 TTL 电平到 EIA 电平的转换，MCl489 完成 EIA 电平到 TTL 电平的转换。

这些电气特性确定了利用 RS-232C 接口所能实现的传输距离和速率。如果采用双绞线连接时，信号传输的极限距离为 15m。

（2）RS-232C 机械特性

RS-232C 接口机械特性与 DTE 和 DCE 实际的物理连接有关。它规定 RS-232C 是一个有 25 个(或 9 个)插脚的连接器，引线都做了具体定义，这些引线在每一端都被捆扎成一根带有端接插头的电缆；DTE 和 DCE 必须各具有一个阴阳属性相反的插头，以便与该电缆相连接。

（3）RS-232C 功能

异步应用的 RS-232C 电路如图 11.1-11(a)所示，同步应用的 RS-232C 电路如图 11.1-11(b)所示。主要信号线如下：

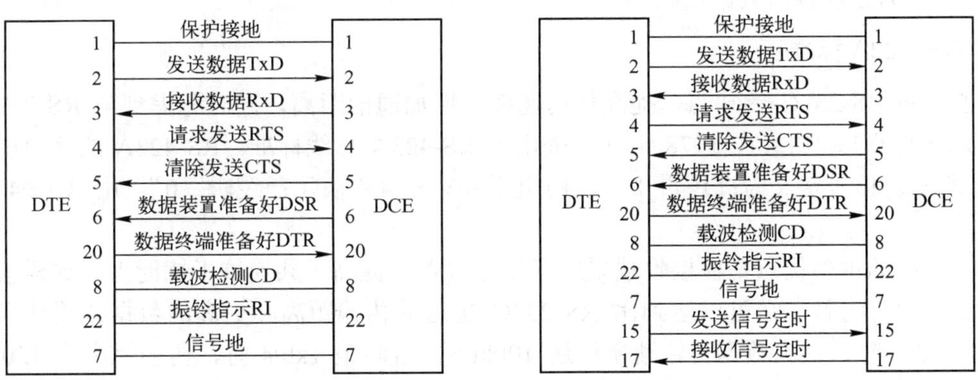

（a）异步RS-232C引脚　　（b）同步RS-232C引脚

图 11.1-11　异步 RS-232 与同步 RS-232 应用连接

① 数据传输信号线

数据发送信号线 TxD(Transmit Data)和数据接收信号线 RxD(Receive Data)是一对收发数据线，在 DTE 与 DCE 连接时，引脚一一对应连接，发送数据从 DTE 发出，由 DCE 调制解调输出模拟信号；接收数据时，DCE 设备接收模拟信号将其转换为数字信号，并将数字信号传送给 DTE 设备。如果 DTE 与 DTE 之间采用引脚 2 和 3 交叉连接，DTE 发送的数据直接传输给另一台的 DTE 接收。

② 联络信号

DTE 与 DCE 是两个独立的模块或是独立设备，在进行串行传输之前和传输的过程中，两者之间要求能够配合工作，为此，设置了如下的挂钩联络信号线。

数据装置准备好 DSR(Data Set Ready)和数据终端设备准备好 DTR(Data Terminal Ready)是为 DCE 和 DTE 设备之间建立的一对联络信号线。当 DSR 有效时，表示 DCE 已经准备就绪；当 DTR 有效时，表示 DTE 已经准备就绪。两者都有效后，才能进行数据传输。

请求发送 RTS(Request To Send)和清除发送 CTS(Clear To Send)信号线是为发送数据建立的一对联络信号线。当 DTE 设备将要发送数据时，先发出请求发送信号 RTS，以取得 DCE 设备的允许，如果允许，则发出清除发送信号 CTS 给 DTE 设备。

载波检测 CD(Carried Detect)和振铃指示 RI(Ring Indication)是为接收数据建立的信号线。当 DCE 接收到线路上有信号出现(也可能是干扰)时，它就发出载波检测信号 CD 给 DTE 设备；当两台数据通信设备(DCE)线路物理连接完成时，它就向 DTE 设备发出振铃指示 RI，启动 DTE 设备开始接收 DCE 设备传送的数字信号，并将接收的数据帧进行错检测，将正确的数据帧数据字符取出保存，将出错帧的状态信息记录到状态寄存器中。

③ 信号地和保护接地

保护接地是接在设备的外壳上的，RS-232C 电缆的屏蔽线与机外壳相互连着，并接到大地。信号地是逻辑电路中的地信号线。

④ 同步时钟信号

在同步应用中，除了异步所需要的数据信号线和挂钩联络信号线以外，还增加了两条时钟信号线。

引脚 15 是发送定时信号线，该时钟信号是发送数据时的同步时钟，用这个时钟来同步 DTE 设备向 DCE 设备的数据发送。

引脚 17 是接收定时信号线，该时钟信号是接收数据时的同步时钟，用这个时钟来同步 DCE 设备到 DTE 设备的数据接收。

2．RS-423A 标准

为了克服 RS-232C 的缺点，提高传送速率，增加通信距离，同时考虑到与 RS-232C 的兼容性，美国电子工业协会在 1978 年 9 月提出了 RS-423A 总线标准。RS-423A 的接口电路如图 11.1-12 所示。信号定义为：逻辑“1”，用电平–6V～–4V 表示；逻辑“0”，用电平+4V～+6V 表示。

RS-423A 的主要优点是在接收端采用了差分输入，提高了共模抗干扰能力，这样就提高了通信的可靠性。同时，它可以达到比 RS-232C 更远的传输距离和更高的数据传输速率，当传输距离为 90m 时，最大数据传输速率可达 100kb/s；若降至 1kb/s 时，传输距离为 1200m。从而获得更佳的通信效果。

3．RS-422A 总线

RS-422A 总线是一种以平衡方式传输的标准，它是在公布了 RS-423A 标准之后推出的。所谓平衡，是指双端发送和双端接收。RS-422A 电路由发送器、平衡连接电缆、电缆终端负载和接收器组成。

RS-422A 总线采用平衡输出的发送器，差分输入的接收器，如图 11.1-13 所示。

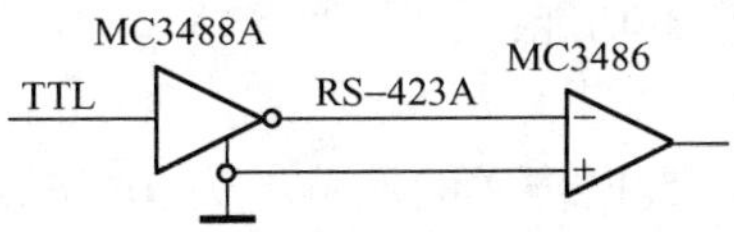

图 11.1-12　RS-423A 接口电路

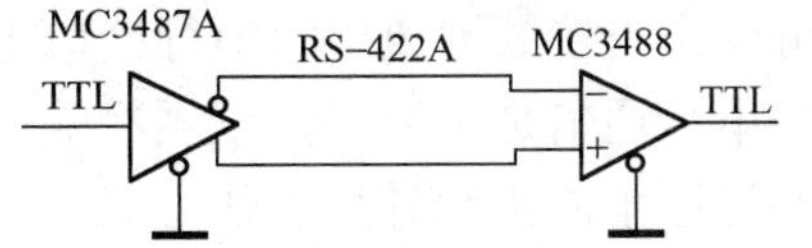

图 11.1-13　RS-422A 平衡输出差分输入图

RS-422A 的输出信号线间的电压为±(2~6)V，根据两条传输线间电位差来决定逻辑信号：

逻辑“1”，用 AA 线电平比 BB 线电平低 (2~6)V 表示。

逻辑“0”，用 AA 线电平比 BB 线电平高 (2~6)V 表示。

接收器的识别电压为±0.2V，共模范围±25V。在高速传送信号时，应该考虑到通信线路的阻抗匹配，一般在接收端加终端电阻以吸收反射波。由于 RS-422A 标准采用了双线传输，可大大增强了抗共模干扰的能力，因此最大数据传输率可达 10Mb/s(传送距离为 15m)；若传输速率降到 90kb/s 时,则最大距离可达 1200m。

4．RS-485 总线

RS-485 总线是一种平衡传输方式的串行接口标准，与 RS-422A 兼容并且扩展了 RS-422A 的功能(在电路中允许可以有多个发送器)。RS-485 适用于收发双方公用一对线进行通信，也适用于多个点之间公用一对线路进行总线方式连网，已成为 Profibus、Can、Lonworks、Modbus 等工业现场总线的物理层标准。

其主要特点是抗干扰能力强，传输速率高，传送距离远。在 100kb/s 的传输速率时，可传送 1200m；若速率为 9600b/s，则传送距离可达 1500m；允许的最大传输速率为 10Mb/s(传输距离为 15m 时)。

练习题 1

11.1-1　计算机数据通信方式分为______ 和______ ，其中______ 方式又分为______ 通信和______ 通信两种通信协议方式。

11.1-2　串行通信有 3 种数据传送方式，即____________，____________ 和____________。

11.1-3　串行通信中调制的作用是________________，解调的作用是________________。

11.1-4　判断：RS232 的信号电平规范同 TTL 兼容。(　　)

11.1-5　判断：串行通信只需要一根导线。(　　)

11.1-6　已知异步串行通信的帧信息为 0011000101B，其中包括 1 位起始位、1 位停止位、7 位 ASCII 码数据位和 1 位校验位。此时传送的字符是______ ，采用的是 ________校验，校验的状态为______。

11.1-7　若某终端以 2400 波特的速率发送异步串行数据，发送 1 位需要多少时间？假设一个字符包含 7 个数据位、1 个奇偶校验位，1 个停止位，发送 1 个字符需要多少时间？

11.2　可编程串行接口芯片 8251A

Intel 8251A 是 Intel 公司专门设计的通用可编程串行同步和异步收发器(USART)，可用作 CPU 与串行外部设备的接口电路，由 CPU 编程以完成实际的串行通信，USART 从 CPU 接收并行的数据，然后转换成串行数据发送；也可接收串行数据流，把它转换成数据给 CPU。

11.2.1　8251A 概述

1．8251A 的基本功能

Intel 8251A 是一种可编程的串行接口，适用于同步和异步串行通信方式，提供多条控制信号，它可以作为在数据通信的串行接口电路，具有以下基本功能：

（1）串行通信是全双工、双缓冲的接收/发送器。

（2）可用于同步和异步工作方式。同步工作方式下，数据传送的波特率为 0～64kb；异步工作方式下，数据传送的波特率为 0～19.2kb。

（3）同步工作方式下，字符可选 5～8 位，可加奇偶校验位，可自动检测同步字符。

（4）异步工作方式下，字符可选 5～8 位，可加奇偶校验位，发送时，自动为每个字符添加 1 个起始位，并提供编程选择 1 位、1 位半和 2 位停止位。

（5）出错检测方式：奇偶、溢出和帧错误等检测电路。

2．8251A 的内部结构

8251A 的内部结构如图 11.2-1(a)所示，整个芯片可以分成 5 个主要部分：发送器、接收器、数据总线缓冲器、读写控制电路和调制解调控制电路。8251A 的内部由内部数据总线实现相互之间的通信。

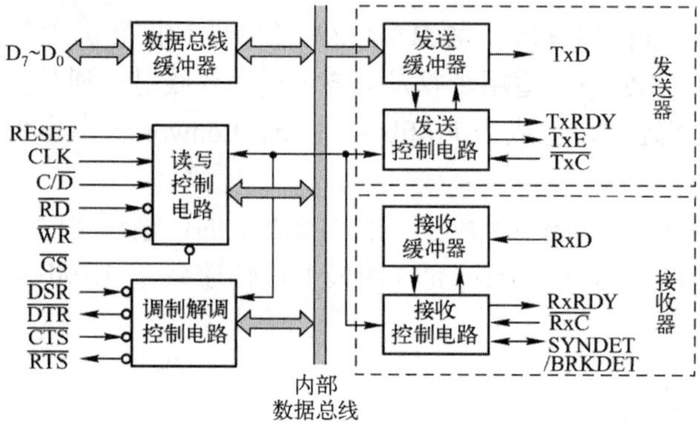

(a)内部结构

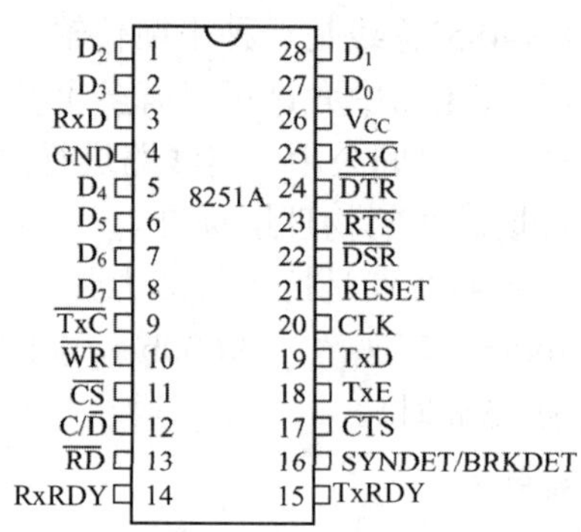

(b)外部引脚

图 11.2-1　8251A 内部结构与外部引脚

（1）发送器

发送器由发送缓冲器和发送控制电路两部分组成。

采用异步方式，则由发送控制电路在其首尾加上起始位和停止位，然后从起始位开始，经移位寄存器从数据输出线 TxD 逐位串行输出。

采用同步方式，则在发送数据之前，发送器将自动送出 1～2 个同步字符，然后逐位串行输出数据。

如果 CPU 与 8251A 之间采用中断方式交换信息，那么 TxRDY 可作为向 CPU 发出的中断请求信号。当发送器中的 8 位数据串行发送完毕时，由发送控制电路向 CPU 发出 TxE 有效信号，表示发送器中移位寄存器已空。

（2）接收器

接收器由接收缓冲器和接收控制电路两部分组成。

接收移位寄存器从 RxD 引脚上接收串行数据转换成并行数据后存入接收缓冲器。

异步方式：在 RxD 线上检测低电平，将检测到的低电平作为起始位，8251A 开始进行采样，完成字符装配，并进行奇偶校验和去掉停止位，变成了并行数据后，送到数据输入寄存器，同时发出 RxRDY 信号送 CPU，表示已经收到一个可用的数据。

同步方式：首先搜索同步字符。8251A 监测 RxD 线，每当 RxD 线上出现一个数据位时，就接收下来并送入移位寄存器移位，与同步字符寄存器的内容进行比较，如果两者不相等，则接收下一位数据，并且重复上述比较过程。当两个寄存器的内容相等时，8251A 的 SYNDET

升为高电平，表示同步字符已经找到，同步已经实现。

采用双同步方式，就要在测得输入移位寄存器的内容与第一个同步字符寄存器的内容相同后，再继续检测此后输入移位寄存器的内容是否与第二个同步字符寄存器的内容相同。如果相同，则认为同步已经实现。

在外同步情况下，同步输入端 SYNDET 加一个高电位来实现同步。

实现同步之后，接收器和发送器间就开始进行数据的同步传输。这时，接收器利用时钟信号对 RxD 线进行采样，并把收到的数据位送到移位寄存器中。在 RxRDY 引脚上发出一个信号，表示收到了一个字符。

（3）数据总线缓冲器

数据总线缓冲器是 CPU 与 8251A 之间的数据接口，包含 3 个 8 位的缓冲寄存器：接收数据缓冲器、状态寄存器和发送数据/命令寄存器。前两个寄存器分别用来存放 CPU 向 8251A 读取的数据或状态信息，第三个寄存器用来存放 CPU 向 8251A 写入的数据或控制字。

（4）读写控制电路

读写控制电路用来配合数据总线缓冲器的工作。功能如下：

① 接收写信号 $\overline{WR}$，并将来自数据总线的数据和控制字写入 8251A；

② 接收读信号 $\overline{RD}$，并将数据或状态字从 8251A 送往数据总线；

③ 接收控制/数据信号 $C/\overline{D}$，高电平时为控制字或状态字，低电平时为数据；

④ 接收时钟信号 CLK，完成 8251A 的内部定时；

⑤ 接收复位信号 RESET，使 8251A 处于空闲状态。

（5）调制解调控制电路

调制解调控制电路用来简化 8251A 和调制解调器的连接。

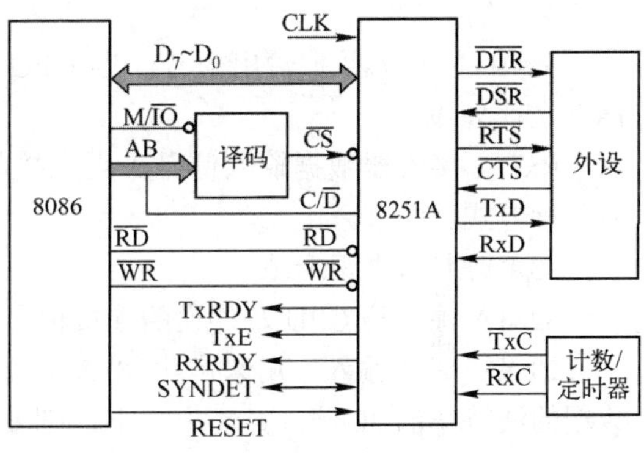

图 11.2-2　8251A 与 CPU 的信号连接

3. 8251A 的引脚功能

（1）8251A 和 CPU 之间的连接

如图 11.2-2 所示，8251A 和 CPU 之间的连接信号可以分为四类：

① 片选信号

$\overline{CS}$：片选信号，它由 CPU 的地址信号通过译码后得到。

② 数据信号

D_7～D_0：8 位，三态，双向数据线，与系统的数据总线相连，用于传输 CPU 发送的数据和对 8251A 的编程命令字以及 8251A 送往 CPU 的状态信息及数据。

③ 读写控制信号

$\overline{RD}$：读信号，低电平时，CPU 当前正在从 8251A 读取数据或者状态信息。

$\overline{WR}$：写信号，低电平时，CPU 当前正在往 8251A 写入数据或者控制信息。

$C/\overline{D}$：控制/数据信号，用来区分当前读写的是数据还是控制信息或状态信息。该信号也可看做 8251A 数据口/控制口的选择信号。

由此可知，$\overline{RD}$、$\overline{WR}$、$C/\overline{D}$ 这 3 个信号的组合，决定了 8251A 的具体操作，它们的关系如表 11.2-1 所示。

表 11.2-1　8251 读写操作真值表

$\overline{CS}$	$C/\overline{D}$	$\overline{RD}$	$\overline{WR}$	功能
0	0	0	1	8251A 数据→数据总线
0	0	1	0	数据总线→8251A 数据
0	1	0	1	8251A 状态→数据总线
0	1	1	0	数据总线→8251A 控制字
1	×	×	×	8251 总线浮空（无操作）

数据输入端口和数据输出端口合用同一个偶地址，而状态端口和控制端口合用同一个奇地址。

④ 收发联络信号

TxRDY：发送器准备好信号，用来通知 CPU，8251A 已准备好发送一个字符。在中断方式下，TxRDY 可用做中断请求信号；在查询方式下，RxRDY 可供 CPU 查询。

TxE：发送器空信号，高电平有效，用来表示此时 8251A 发送器中并串转换器空，说明一个发送动作已完成。

RxRDY：接收器准备好信号，用来表示当前 8251A 已经从外部设备或调制解调器接收到一个字符，等待 CPU 来取走。因此，在中断方式时，RxRDY 可用做中断请求信号；在查询方式时，RxRDY 可用做查询信号。

SYNDET：同步检测信号，只用于同步方式。

（2）8251A 与外部设备之间的连接

8251A 与外部设备之间的连接信号分为两类：

① 收发联络信号

$\overline{DTR}$：数据终端准备好信号，通知外部设备，CPU 当前已经准备就绪。

$\overline{DSR}$：数据装置准备好信号，表示当前外设已经准备好。

$\overline{RTS}$：请求发送信号，表示 CPU 已经准备好发送。

$\overline{CTS}$：允许发送信号，是对 $\overline{RTS}$ 的响应，由外设送往 8251A。

实际使用时，这 4 个信号中通常只有 $\overline{CTS}$ 必须为低电平，其他 3 个信号可以悬空。

② 数据信号

TxD：发送器数据输出信号。当 CPU 送往 8251A 的并行数据被转换为串行数据后，通过 TxD 送往外设。

RxD：接收器数据输入信号，用来接收外设送来的串行数据，数据进入 8251A 后被转换为并行方式。

（3）时钟、电源和地

8251A 除了与 CPU 及外设的连接信号外，还有电源端、地端和 3 个时钟端。

CLK：时钟输入，用来产生 8251A 器件的内部时序。同步方式下，大于接收数据或发送数据的波特率的 30 倍；异步方式下，则要大于数据波特率的 4.5 倍。

$\overline{TxC}$：发送器时钟输入，用来控制发送字符的速度。同步方式下，$\overline{TxC}$ 的频率等于字符传输的波特率；异步方式下，$\overline{TxC}$ 的频率可以为字符传输波特率的 1 倍、16 倍或者 64 倍。

$\overline{RxC}$：接收器时钟输入，用来控制接收字符的速度，和 $\overline{TxC}$ 一样。

在实际使用时，$\overline{RxC}$ 和 $\overline{TxC}$ 往往连在一起，由同一个外部时钟来提供。CLK 则由另一个频率较高的外部时钟来提供。

V_{CC}：电源输入。

GND：地。

11.2.2 8251A 初始化编程

8251A 是可编程的通用同步/异步通信芯片，利用它串行传输数据之前，必须对它进行初始化：设置同步或异步工作方式，以规定串行传输的数据格式、传输的波特率、检错方式和同步位等；设置控制命令字，以确定数据传输方式是查询还是中断方式，以及挂钩方式设定等。

1. 方式选择控制字（模式字）

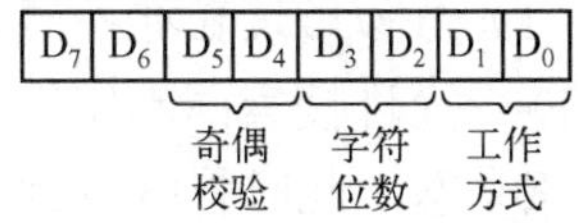

图 11.2-3　8251A 模式字格式

模式字的格式如图 11.2-3 所示。初始化时必须用写操作指令设置模式字。模式字各位说明如下。

（1）同步/异步共同定义位

无论是同步或异步工作方式，数据格式和奇偶校验的定义都相同。

D_3D_2：字符位数。D_3D_2 为 00、01、10 和 11 分别表示字符位数为 5 位、6 位、7 位和 8 位。当设置字符位数之后，USART 就按照定义的字符位数确定移位输出/输入的个数。编程时，写入一字节数据，若字符位数小于 8 位，取该字节的后几位组成一个字符。例如，设置该字符位数为 5 位，输出的字节是 10010110 时，串行输出的为 10110。

D_5D_4：奇偶校验。D_4=1 时，表示要校验；D_4=0 时，表示要不校验。当 D_4=1 需要校验时，用 D_5 设置是奇校验还是偶校验，D_5=0，表示奇校验，D_5=1，表示偶校验。

奇偶校验的字符由 USART 根据工作方式的定义自动添加校验位。

（2）异步工作方式定义位

D_1D_0 不等于 00 时，定义为异步方式，异步方式下要设定如下各位：

D_7D_6：停止位。D_7D_6 为 00、01、10 和 11 分别表示停止位为无、1 位、1 位半和 2 位。停止位结束后表示一帧异步传输的结束。

D_1D_0：波特率因子。D_1D_0 等于 01、10 和 11 分别表示波特率因子为 1、16 和 64。用户可以通过波特率因子来选择发送和接收的时钟分频倍率，从而获得需要的通信传输速率。例如：$\overline{RxC}$ 和 $\overline{TxC}$ 接入的时钟频率为 4800Hz 时，若 D_1D_0=01，那么数据传输的波特率为 4800。若 D_1D_0=10 时，那么数据传输的波特率为 300（4800÷16=300）。

（3）同步工作方式定义位

D_1D_0=00 时为同步方式，这时要设定如下各位：

D_7：同步字符 SYN 个数。D_7=1，表示用一个 SYN 同步字符；如果 D_7=0，表示用双 SYN 同步字符。它定义收发双方插入和检测的同步字符数。

D_6：同步方式 SYNDET。D_6=1，表示用外同步检测器检测同步字符；如果 D_6=0，表示用内部检测器检测同步字符。它定义了同步字的检测方式，当同步字符到达时，使 SYNDET 信号引脚为发生正跳变，并表明可以开始接收数据。

2. 通信命令控制字（控制字）

通信命令控制字是在串行传输过程中，根据通信状况不断发出的各种指令字，注意这些命令都是用位控制的。通信命令控制字定义如图 11.2-4 所示。各位定义如下。

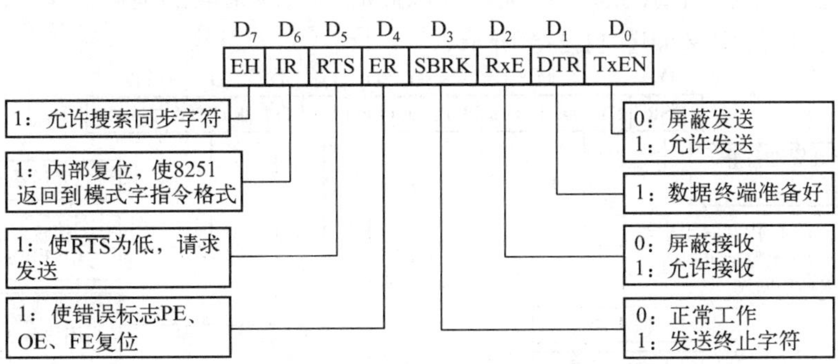

图 11.2-4　8251A 通信命令控制字定义

（1）与初始设置有关的命令

D_7：允许搜索同步字符 EH。在 8251A 工作在内同步检测方式下，当 D_7=1 时， 8251A 进入搜索状态，此时将接收到的数码逐位组合成字符，与同步字符比较，直到搜索到同步字符之后，引起 SYNDET 输出为 1 为止，此后，再将 D_7 位复位，正常接收。

D_6：复位命令 IR。当 D_6=1 时，无论其他位为何值，它都会使 8251A 回到接收模式字的状态。在此状态下，只有向 8251A 的控制口写入新的模式字，重新对芯片初始化编程后，8251A 才能正常工作。

（2）与收发数据控制有关定义

D_2：接收数据允许 RxE。当 D_2=1 时，表示 USART 可以接收数据，否则，屏蔽接收数据。该位可用编程的方式控制是否可接收数据。

D_0：发送数据允许 TxEN。当 D_0=1 时，表示 USART 可以发送数据，否则，屏蔽接收数据。该位可用编程的方式控制是否可发送数据。同时，发送数据还会受挂钩信号线的影响。

（3）与 8251A 引脚有关的定义

D_5：发送请求 RTS。当 D_5=1 时，使 8251A 的 $\overline{RTS}$ 引脚为有效的低电平，表示计算机已经准备好了数据，并且将该控制信号发送到 USART，以使 USART 测试 $\overline{CTS}$ 是否有效。当有效后，才能发送数据。

注意：发送请求信号 $\overline{RTS}$ 之后，必须在允许发送端 $\overline{CTS}$ 收到低电平，否则，发送数据指令是无效的。

D_1：数据终端设备准备好 DTR。当 D_1=1 时，使 8251A 的 $\overline{DTR}$ 引脚为有效的低电平，说明本数据终端设备已经做好收发数据的准备工作。

（4）其他的控制字

D_4：清除出错标志 ER。当异步或同步传输时，USART 在接收的同时，可以检测出收到的一帧数据是否正确，如果是错误帧，它会在状态字中设置。而这个状态只能等到下一帧新数据到达时，才会覆盖重写。控制命令 D_4=1 使出错标志位全部复位为“0”。

D_3：间断发送 SBRK。专用的间断控制，当 D_3=1 时，使发送数据的空闲时输出为低电平，作为数据间断时的线路状态表示。若 D_3=0，则在出现发送数据间断期间，线路仍为高电平。D_3 位同时还控制接收器在接收的过程中自动检测间断字符，并判断是否有间断信号。

3．状态字

工作状态字寄存器用来表示 8251A 当前的运行状态及通信的出错状态。CPU 通过程序检测状态字的相关位来了解当前的通信情况，并以此确定它应采取的措施。

工作状态字各位的定义如图 11.2-5 所示。

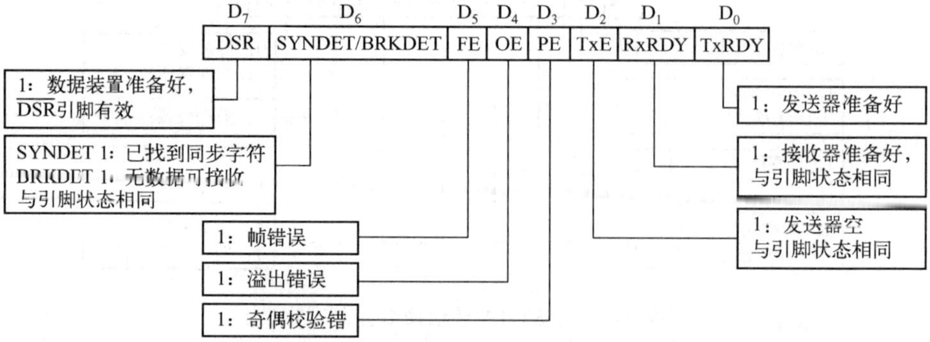

图 11.2-5 8251A 状态字定义

（1）出错标志位

D_5：帧错误 FE(只用于异步方式)。当 D_5=1 时，表示帧错误。在任一字符的结尾没有检测到规定的停止位时，这个标志置位。它由命令指令中的 ER 位复位。

D_4：溢出错误 OE。当 D_4=1 时，表示溢出错误。在本次输入字符变为可用前，CPU 没有读出上一个字符，使 OE 标志置位。

D_3：奇偶错误 PE。当 D_3=1 时，表示奇偶校验错误。当检测到奇偶错误时，此标志置位，它由命令指令中的 ER 复位，PE 并不禁止 8251A 工作。

（2）收发数据状态

D_0：发送数据准备好 TxRDY。当 D_0=1 时，表示发送缓冲器出现空闲，但它与引脚 TxRDY 的信号不完全相同。当 D_0=1 时，还要满足 $\overline{CTS}$=0 和 TxEN=1 这两个条件，TxRDY 引脚才被置位。

D_2：发送缓冲器空 TxE。当 D_2=1 时，表示发送缓冲器空，可发送数据到发送缓冲器，该状态变化与 8251A 的 TxE 引脚一致。

D_1：接收数据准备好 RxRDY。当 D_1=1 时，表示接收缓冲器满，收到一个字符。同时也使 8251A 引脚 RxRDY 被置位。该状态变化与 8251A 的 RxRDY 引脚一致。

（3）其他状态

D_7：数据通信设备准备好 DSR。该位状态与 8251A 引脚 $\overline{DSR}$ 的状态相反。当 $\overline{DSR}$ 引脚为有效的低电平时，则 DSR 状态 D_7=1，否则 D_7=0。

D_6：8251A 工作于同步方式时，为外同步检测状态 SYNDET。当 D_6=1 时，表明外同步检测到同步字符，可以开始接收同步数据帧的数据。当数据字符接收到后，即可使该引脚变低电平。8251 工作于异步方式时为断点检测状态，D_6=1 时，表示线路上无数据可接收。

4．8251A 的初始化流程

芯片复位以后，第一次向奇地址端口写入的值作为模式字。如果模式字中规定了 8251A 工作在同步模式，则 CPU 先输出 1 个或 2 个同步字符，接着向奇地址端口写入控制字，然后向偶地址端口写入的值将作为数据送到数据输出缓冲寄存器。

初始化流程图如图 11.2-6 所示。如果模式字中规定为异步模式，则直接设置控制字，然后进行数据传送。

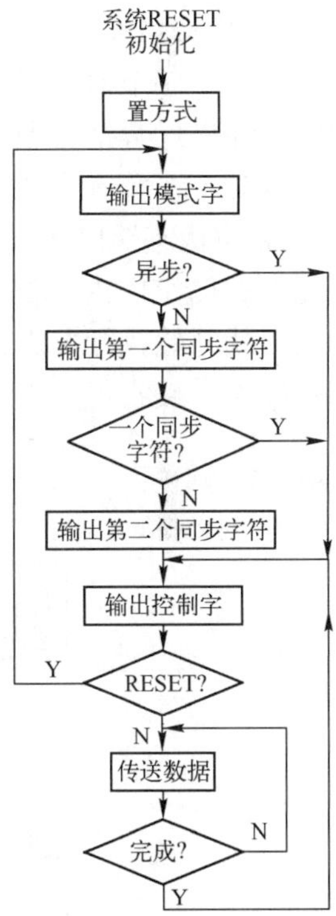

图 11.2-6　8251A 初始化流程

11.2.3　8251A 应用举例

1．异步模式下的初始化程序举例

【例 11.2-1】 设 8251A 工作在异步模式，波特率系数(因子)为 16，7 个数据位/字符，偶校验，2 个停止位，发送、接收允许，设控制/状态端口地址为 00E2H。完成初始化程序。

【解答】 根据题目要求，可以确定模式字为：11111010B，即 FAH。而控制字为：00110111B，即 37H。则初始化程序如下：

```
        MOV     AL, 0FAH        ; 送模式字
        MOV     DX, 00E2H
        OUT     DX, AL          ; 异步方式，7 个数据位/字符，偶校验，2 个停止位
        MOV     AL, 37H         ; 设置控制字，使发送、接收允许，清出错标志，使 RTS、DTR 有效
```

```
        OUT     DX, AL
```

2. 同步模式下初始化程序举例

【例 11.2-2】 设 8251A 的控制/状态端口地址为 52H，采用内同步方式，2 个同步字符(设同步字符为 16H)，偶校验，7 位数据位/字符。完成初始化程序。

【解答】 根据题目要求，可以确定模式字为：00111000B，即 38H。而控制字为：10010111B，即 97H。它使 8251A 对同步字符进行检索；同时使状态寄存器中的 3 个出错标志复位；此外，使 8251A 的发送器启动，接收器也启动；控制字还通知 8251A，CPU 当前已经准备好进行数据传输。具体程序段如下：

```
        MOV     AL, 38H         ; 设置模式字，同步模式，用 2 个同步字符，
        OUT     52H, AL         ; 7 个数据位，偶校验
        MOV     AL, 16H
        OUT     52H, AL         ; 送同步字符 16H
        OUT     52H, AL
        MOV     AL, 97H         ; 设置控制字，使发送器和接收器启动
        OUT     52H, AL
```

11.2.4　8251A 在自动气象站中的应用

通过 8251A 实现自动气象站与上位机通信，把温度、湿度、气压、风速、风向、降雨量和辐射 7 个字节数据发送给上位机，其中每个气象要素各占 1 个字节，上位机接收这 7 个字节数据，并进行数据处理、存储、打印等。

8251A 工作在异步模式下，8 位数据，1 位停止位，偶校验，波特率系数为 64。由表 0-1 可知控制/状态端口和数据端口地址为 028DH 和 028CH。自动气象站把测量数据按顺序排好，存储在存储空间内，通过查询方式发送给上位机。当气象站接收到上位机发送的#030CGG 的时候，就开始执行发送程序，上位机依次接收这 7 个字节数据，当接收到 7 个字节数据时，则停止接收。接收程序中进行偶校验，如出错，则转到出错处理程序。程序流程图如图 11.2-7。

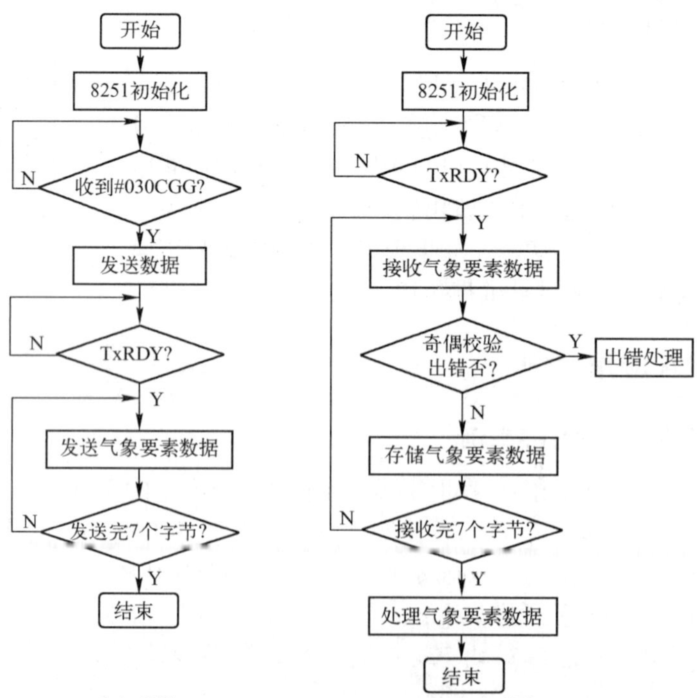

(a) 发送　　(b) 接收

图 11.2-7　程序流程图

所有数据均为 8 位二进制格式输出，温度、湿度、气压(Hpa)、风向、风速(8 位格雷码输出)、降雨量、辐射瞬时值均为 1 个字节，二进制数。具体的程序段如下：

● 发送端程序：

```
DATA      SEGMENT
          RBUFFER  DB  10 DUP(?)       ; 接收缓冲区
          SBUFFER  DB  10 DUP(?)       ; 发送缓冲区，存放各个气象要素
          STRIN    DB  '#030CGG'
          CTRL8251   EQU 028DH
          DATA8251   EQU 028CH         ; 定义 8251A 控制口和数据口地址
DATA      ENDS
CODE      SEGMENT
          ASSUME CS:CODE, DS:DATA
          ORG    1300H                 ; 定义起始地址
START:    MOV    AX, DATA
          MOV    DS, AX
          MOV    DX, CTRL8251
          MOV    AL, 7FH               ; 将 8251A 定义为异步方式，8 位数据，
          OUT    DX, AL                ; 1 位停止位，偶校验，取波特率系数为 64
          MOV    AL, 37H               ; 设置控制字,允许接收和发送
          OUT    DX, AL
          MOV    SI, OFFSET STRIN
          MOV    DI, OFFSET RBUFFER    ; 接收数据块首地址
WAITING:  REPE   CMPSB                 ; 下位机是否接收到#030CGG，如没收到，
          JNE    WAITING               ; 那么一直等待，接到则执行发送程序
TxNEXT:   MOV    CX, 7                 ; 发送 7 个字符
          MOV    SI, OFFSET SBUFFER    ; 发送数据块首地址
          MOV    DX, CTRL8251
          IN     AL, DX
          AND    AL, 01H               ; 查询 TXRDY 有效否？若无效，则等待
          JZ     TxNEXT
          MOV    DX, DATA8251
          MOV    AL, [SI]              ; 向 8251A 输出一个字节数据
          OUT    DX, AL
          INC    SI
          LOOP   TxNEXT
          MOV    AH, 4CH
          INT    21H
CODE      ENDS
          END    START
```

● 接收端程序：

```
DATA      SEGMENT
          RBUFFER   DB  10 DUP(?)      ; 接收缓冲区，存放气象要素
          SBUFFER   DB  10 DUP(?)      ; 发送缓冲区（备用）
          CTRL8251  EQU 028DH
          DATA8251  EQU 028CH          ; 定义 8251A 控制口和数据口地址
DATA      ENDS
CODE      SEGMENT
          ASSUME CS:CODE, DS:DATA
          ORG    1300H                 ; 定义起始地址
START:    MOV    AX, DATA
          MOV    DS, AX
          MOV    DX, CTRL8251
          MOV    AL, 7FH               ; 将 8251A 定义为异步方式，8 位数据，
```

```
        OUT   DX, AL                ; 1 位停止位，偶校验，取波特率系数为 64
        MOV   AL, 37H               ; 设置控制字,允许接收和发送
        OUT   DX, AL
        MOV   SI, OFFSET SBUFFER
        MOV   DI, OFFSET RBUFFER
RxNEXT: MOV   CX, 7                 ; 计数器初始化，共收取 7 个字符
        MOV   DX, CTRL8251
        IN    AL, DX
        AND   AL, 02H
        JZ    RxNEXT                ; 查询 RxRDY 有效否，若无效，则等待
        MOV   DX, DATA8251
        IN    AL, DX
        MOV   [DI], AL
        INC   DI
        MOV   DX, CTRL8251
        IN    AL, DX
        TEST  AL, 38H               ; 测试有无帧校验错
        JZ    ERROR                 ; 如错，转处理出错程序
        LOOP  RxNEXT                ; 温度等 7 个字节接收存放完毕
        JMP   EXIT
ERROR:  CALL  ERROUT                ; 调出错处理程序
EXIT:   MOV   AH,4CH
        INT   21H
CODE    ENDS
        END   START
```

练习题 2

11.2-1 8251A 控制线引脚 C/$\overline{\text{D}}$ =0，$\overline{\text{RD}}$ =0，$\overline{\text{CS}}$ =0 时，8251A 工作在方式（ ）。

A. CPU 从 8251A 读数据 B. CPU 从 8251A 读状态 C. CPU 写数据到 8251A D. CPU 写命令到 8251A

11.2-3 异步传送中，CPU 了解 8251A 是否做好接收一个字符数据的方法是（ ）。

A. CPU 响应 8251A 的中断请求 B. CPU 通过查询请求信号 RTS

C. CPU 通过程序查询 RxD 接收线状态 D. CPU 通过程序查询 RxRDY 信号状态

11.2-4 若 8251A 以 9600 波特的速率发送数据，波特率因子为 16，发送时钟 $\overline{\text{TxC}}$ 的频率是多少？

11.2-5 要求 8251A 工作于异步方式，波特率系数为 16，具有 7 个数据位，1 个停止位，有偶校验，控制口地址为 3F2H，写恢复时间子程序为 REVTIM。请完成对 8251A 的初始化。

11.2-6 要求 8251A 工作于内同步方式，采用双同步，具有 7 个数据位，奇校验，控制口地址为 3F2H，写恢复时间子程序为 REVTIM。同步字符为 16H。请完成对 8251A 的初始化，设复位字已写入。

11.2-7 试编写程序段，用异步串行输入方式输入 1000 个数据，存放到内存 BUF 开始的单元中。要求使 8251A 工作在异步方式，波特率因子为 16，数据长度为 7 位，偶校验，2 个停止位。设 8251A 的端口地址为 80H 和 81H。采用查询方式实现数据传输。

11.3 本章学习指导

11.3.1 本章主要内容

1. 串行通信基础

串行通信是指利用一条传输线将数据一位位地顺序传送。其特点是通信线路简单、成本

低，适用于远距离通信，传输速度慢。

（1）串行通信方式

- 异步通信以一个字符为传输单位，接收设备在收到起始信号之后只要在一个字符的传输时间内能和发送设备保持同步就能正确接收。
- 同步通信以一个帧为传输单位，每个帧中包含有多个字符。在通信过程中，以固定的时钟来发送和接收数据信号，每个比特与时钟信号严格对应。

（2）数据传输方式

- 单工方式只允许数据按照一个固定的方向传送。
- 半双工方式允许通信双方可以轮流地进行发送和接收。
- 全双工方式：允许通信双方同时进行发送和接收。

（3）信号传输方式

- 基带传输方式指在传输线路上直接传输不加调制的二进制信号，距离近、速度低。
- 频带传输方式传输经过调制的模拟信号，需调制解调器，距离远、速度高。

（4）串行接口标准

- RS-323C 标准采用 EIA 电平，数据传输时采用“负”逻辑：逻辑“1”，用电平–3V～–15V 表示；逻辑“0”，用电平+3V～+15V 表示。
- RS-422A 标准根据两条传输线间电位差来决定逻辑信号：逻辑“1”，用 AA 线电平比 BB 线电平低(2~6)V 表示；逻辑“0”，用 AA 线电平比 BB 线电平高(2~6)V 表示。
- RS-485 总线是一种平衡传输方式的串行接口标准，与 RS-422A 兼容并对其进行了扩展，广泛应用于工业现场，是多种现场总线的物理层基础。

2．可编程串行接口芯片 8251A

8251A 是一种可编程的串行接口，适用于同步和异步串行通信方式，提供多条控制信号，它可以作为数据通信的串行接口电路。

8251A 初始化内容包括：设置同步或异步工作方式，以规定串行传输的数据格式、传输波特率、检错方式和同步位等；设置控制命令字，以确定数据传输方式是查询还是中断方式，以及挂钩方式设定等。

11.3.2 典型例题

【例 11.3–1】 根据下面的信号波形判断：传输的字符是什么？采用何种校验码？

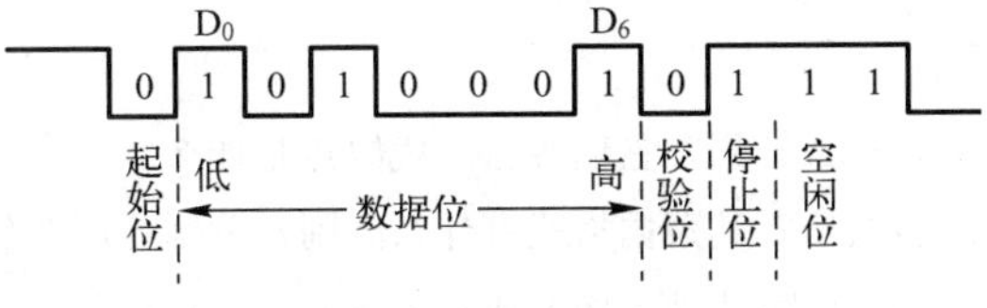

图 11.3–1 信号波形图

分析：异步通信时先传送的是数据的最低位，图中数据位是 7 位，我们在前面补个 0，因此可知传送的字符二进制数为 01000101B，即 45H，是大写英文字母 E 的 ASCII 码，所以字符是’E’。数据位中 1 的个数为 3，是奇数个，校验位是 0，说明采用的是奇校验。

【解答】 传输的是字符’E’，采用奇校验。

【例 11.3–2】 某系统采用串行异步方式与外设通信，发送字符格式由 1 位起始位、7 位数据位、1 位奇偶校验位和 2 位停止位组成，波特率为 1200。问：该系统每分钟发送多少个字符？若波特率因子为 16，发送时钟频率是多少？

【解答】 由于每发送一个 7 位的字符，就必须发送 $1+7+1+2=11$ 个串行数据，故每分钟发送的字符个数为：$1200/11\times60\approx6545$。

波特率因子为 16，则发送时钟频率为 1200×16=19.2kHz。

【例 11.3-3】 如图 11.3-2 所示，用 8253 的计数器 1 给 8251A 提供发送时钟信号。为简洁起见图中只给出了部分有关的引脚信号，8251A 的端口地址为 84H～85H，8253 的端口地址为 80H～83H，试：

（1）写出将模式字写入 8251A 的指令序列。使 8251A 工作在异步传送方式，字符 8 位，停止位 2 位，无校验，串行传送速率为 1200 波特，波特率系数为 16。

（2）写出将字符“A”写入发送缓冲器的指令序列。

（3）对 8253 初始化，其中计数方式为 BCD 制，计数初值先写入低 8 位后写入高 8 位。

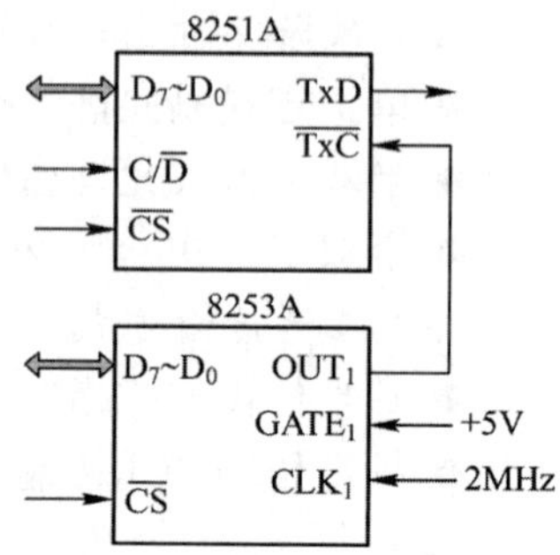

图 11.3-2 例 11.3-3 电路图

【解答】 （1）根据已知条件可知模式字为 11001101B。因此对应的语句为：

```
        MOV    AL, 0CDH
        OUT    85H, AL
```

（2）发送的数据送入 8251A 的偶地址端口，对应的语句为：

```
        MOV    AL, 'A'
        OUT    84H, AL
```

（3）8253 的通道 1 工作在方式 3 时，可以为 8251A 提供时钟信号，因为计数方式采用 BCD 制，计数初值先写入低 8 位后写入高 8 位，由此可知 8253 的工作命令字为 01110111B。

根据 8251A 的波特率和波特率因子可知，收发时钟的频率为 1200×16=19200。因此计数初值为：2M/19.2k≈104=68H。初始化程序段为：

```
        MOV    AL, 01110111B
        OUT    83H, AL
        MOV    AL, 68H
        OUT    81H, AL
        MOV    AL, 0
        OUT    81H, AL
```

本章习题

11-1 串行通信和并行通信有什么异同？它们各自的优缺点是什么？

11-2 什么是异步通信和同步通信？其数据格式有什么区别？分别使用在什么场合？

11-3 串行通信中数据传送可采用哪几种工作方式？各有什么特点？

11-4 串行通信中信号传输方式有几种？各有什么特点？

11-5 在数据传输中为什么要使用 MODEM？试画出一个调频的波形，说明调制和解调的原理。

11-6 RS-232C 的最基本数据传送引脚是哪几根？

11-7 为什么要在 RS-232C 与 TTL 之间加电平转换器件？如何实现？

11-8 简述 RS-232C、RS-423A、RS-422A、RS-485 各自特点及适用场合。

11-9 在串行传输中，若工作于异步方式，每个字符传送格式为数据位 8 位，奇偶校验位 1 位，停止位 1 位，如其波特率为 4800，则每秒钟最多能传输的字符数是多少？

11-10 已知异步通信接口的帧格式由 1 个起始位、7 个数据位、1 个奇偶校验位和 1 个停止位组成。当该接口每分钟传送 3600 个字符时，试计算其波特率。

11-11 设将 100 个 8 位二进制数据采用异步串行传输，波特率为 2400。其帧格式为 1 位起始位、8 位数据位、1 位偶校验位、2 位停止位，试计算传输完毕所需时间。

11-12 8251A 内部有哪些寄存器？分别举例说明它们的作用和使用方法。

11-13 8251A 内部有哪几个端口？它们的作用分别是什么？

11-14 8251A 的引脚分为哪几类？分别说明它们的功能。

11-15 8251A 的控制/状态端口地址为 52H。设置模式字：异步方式，字符用 7 位二进制数，带 1 个偶校验位，1 位停止位，波特率因子为 16。设置控制字；要求清除出错标志，并启动发送器和接收器，使数据端准备好，试编写其初始化程序。

11-16 设 8251A 的控制和状态端口地址为 52H，数据输入/输出口地址为 50H(输出端口未用)，输入 50 个字符，将字符放在 BUFFER 所指的内存区域中，试写出这段程序。

11-17 设计一个 8251A 采用异步通信方式输出字符的程序段。规定波特率因子为 64，7 个数据位，1 个停止位，用偶校验，端口地址为 40H、42H，缓冲区为 2000H～3000H。

第 12 章　A/D、D/A 转换技术及其接口设计

内容提要：

A/D、D/A 转换及其接口实现了将计算机处理的离散的数字信号与外部设备中连续变化的模拟量建立适配关系，从而使计算机能够鉴别、处理和控制。本章介绍 A/D、D/A 转换器的组成、转换机理及主要参数等基本概念，以及典型芯片 DAC0832、ADC0809 的引脚定义、转换时序、接口方法及编程应用。

教学目标：

- 了解测控系统组成框架
- 掌握 D/A 转换器的组成、转换机理及主要参数
- 掌握 DAC0832 的引脚定义、工作方式、接口方法及编程应用
- 掌握 A/D 转换器的组成、转换机理及主要参数
- 掌握 ADC0809 的引脚定义、转换时序、接口方法及编程应用

随着计算机的发展和应用领域的不断扩大，尤其是随着多媒体技术、网络技术、通信技术和工控技术的发展，使计算机的应用范围获得了前所未有的拓展，所面临的外设和外界信息种类越来越多。

在自动化领域中，常常用微型计算机进行实时控制和数据处理，组成计算机测控系统。在各种测控系统中，被控制和检测的参量往往是一些连续变化的物理量，如各种电压、电流、压力、速度、温度、湿度、流量、浓度、高度等。计算机是处理数据的机器，只能接收和处理数字量，因此必须把这些模拟量转化成数字量，才能被计算机接收处理。同样，计算机输出的也只能是数字信号，而大多数执行机构均不能直接接收数字信号，所以往往还需要把计算机加工处理后的数字信号转化为模拟信号，去控制和驱动执行机构，以实现对设备的控制。常把将模拟量转化为数字量的过程称为模数(A/D)转换，将数字量转化为模拟量的过程称为数模(D/A)转换，完成相应转换功能的器件叫模数转换器(也叫 A/D 转换器，简称 ADC)和数模转换器(也叫 D/A 转换器，简称 DAC)。

图 12.0-1 所示为一个典型的计算机测控系统的组成框图。

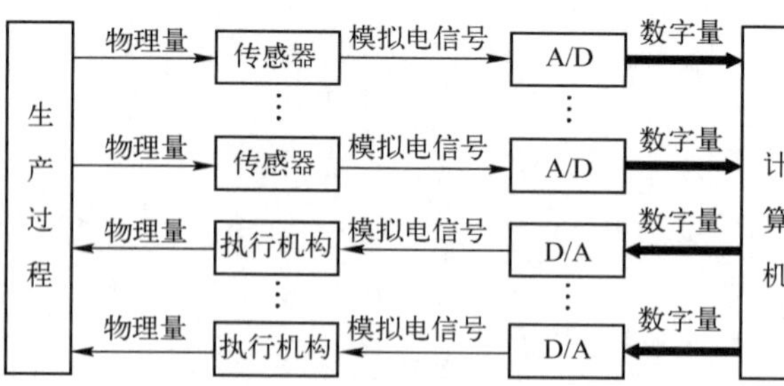

图 12.0-1　计算机测控系统组成框图

在计算机测控系统中，首先检测被控过程的各种物理量，如果为非电量，则需要用传感器将它转换成电量信号，由于传感器输出的信号通常是模拟信号，因而要用 A/D 转换器把它转换成数字信号，输入到计算机中进行处理。计算机输出的控制信号(数字量)，需经过 D/A 转换变成模拟信号后，传送到执行机构，实现对生产过程的控制。需要指出的是，如果计算机与被控

生产过程现场的距离较远，既可以用数字通信技术将图 12.0-1 中的数字信号通过有线或无线信道进行传输，也可以采用模拟信号长距离传输(A/D、D/A 转换器与计算机在一起)。不论那一种传输方式，A/D、D/A 转换器都是测控系统中不可或缺的重要组成部分。

上述把一个模拟量转换成数字量并送入计算机的通路，在计算机测控系统中叫模拟量输入通道，简称模入通道；而把计算机送出的数字量转换成模拟信号送给生产过程的通路，称为模拟量输出通道，简称模出通道。

事实上，多媒体计算机本身要涉及到声音、视频、图形图象的采集、处理、输出等，在通信、智能仪器仪表等许多系统中，A/D、D/A 转换器也有着同样重要的地位和作用。自然界的物理量大多数都是模拟量，要实现计算机对这些变量的分析、处理及控制，就存在着大量的模拟量输入/输出过程。所以说，ADC、DAC 已经成为计算机接口技术中最为常用的芯片之一，ADC、DAC 也已经成为计算机应用系统中最为广泛的一类接口。

由于集成电路技术的快速发展。目前 ADC、DAC 已经采用中、大规模集成电路，有单片集成、混合集成和模块型等几种结构形式。随着技术和工艺水平的不断提高，转换器的性能也在不断改进，且正在向标准化、系列化方向发展。目前市场上 ADC、DAC 的种类繁多，从位数上可分为 8 位、10 位、12 位、16 位、20 位、24 位等；从速度上可分为低速、中速、高速、超高速等；从传输方式上分为串行和并行；另外转换原理也有多种形式。这些芯片与微机接口的能力越来越强，因此使用起来也越来越方便。近年来，不少厂家还生产了 A/D、D/A 插件板，使用起来更为方便。

虽然 ADC、DAC 种类繁多，不胜枚举，但考虑目前大多数学校的这类实验设备仍是以 ADC0809 和 DAC0832 为转换芯片的，另外这两种芯片不仅在转换原理上仍具有代表性，而且在精度要求不高的场合仍被广为应用，因此本章仍然以这两种芯片为范例进行讨论，在此基础上再进一步讨论其他流行芯片及其接口设计。

12.1 D/A 转换器及其与主机的接口

12.1.1 D/A 转换器组成

D/A 转换器是把二进制代码表示的数字信号(编码信号)转换为模拟信号并以电流或电压形式输出的器件。按照数字量的传输方式(或与主机的接口方式)来分，可分为串行 D/A 转换器和并行 D/A 转换器两种。前者是把待转换数据一位一位地串行传送给 D/A 转换器，因此速度较慢；后者是把待转换数据的各位同时传送给 D/A 转换器，因而速度相对较快。目前常用的是并行 D/A 转换器，因此本节主要讨论并行 D/A 转换器的基本原理。

D/A 转换器组成如图 12.1-1 所示。

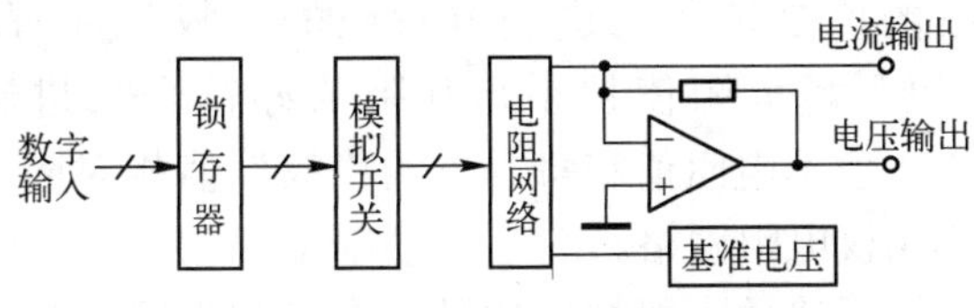

图 12.1-1 D/A 转换器组成

1. 电阻网络

在并行的 D/A 转换器中，都用到一些精密电阻和精密电阻网络。转换器的转换精度直接和这些电阻的精度有关。在某些 D/A 转换网络中，转换精度仅取决于各电阻间的比值，而和其绝对精度关系不大，这有利于提高 D/A 转换器抗环境干扰的能力，特别是提高了温度稳定性。

在快速 D/A 转换器中，电阻网络要流过高频率的变化电流，故要考虑寄生分量的影响。

例如，寄生电容与电阻相并联而寄生电感与电阻相串联。这些寄生分量还会随着电阻值的不同而改变，因此，在快速 D/A 转换器中对电阻的数值和网络的结构都要很好地考虑。

2．基准电源

在 D/A 转换器中，基准电源的精度直接影响着 D/A 转换的精度。在双极性 D/A 转换器中还需要既稳定又精确的正、负基准电源。如要求 D/A 转换器精确到满刻度的±0.05%，则要求基准电源的精度至少要达到±0.01%。应用时要注意，有些 D/A 转换芯片自带基准生成电路，有些则完全靠外部基准。另外，还要求基准源的噪声低、纹波小、内阻低，在某些特殊情况下还要求基准源有一定的负载能力。

3．模拟开关

D/A 转换器要求模拟开关断开时电阻要大，导通时电阻要小，即要求有很高的电阻断/通比。同时要力求减小开关的饱和电压，减小漏电流以及道通电阻对电阻网络输出的影响。

4．运算放大器

D/A 转换器的输出端一般都接有运算放大器，其作用是：将电阻网络中各支路电流进行叠加；为 D/A 转换器提供一个输出阻抗低、负载能力强的输出。就运算器本身而言，电流和电压的偏移及温度性能是其重要的特征。对于一个快速 D/A 转换器来说，还要考虑运算放大器的动态响应及输出电压的摆率。

假如要求 D/A 转换器的精度达到满刻度的±0.05%，首先要求运算放大器的电压输出至少稳定在满刻度的±0.01%以内。如果运算放大器的满刻度输出为±10V，则要求其输出稳定在±1mV 范围内。因此这样的放大器必须附加对偏移和漂移的校正才能满足转换器对精度的要求。

12.1.2 D/A 转换原理

实现 D/A 转换的方法很多，这里仅以最基本权电阻网络 D/A 转换和在大多数集成化 D/A 转换器中实用的 R–$2R$ T 形电阻网络为例来说明 D/A 转换的基本原理。

1．权电阻网络 D/A 转换器

图 12.1–2 所示是 4 位权电阻网络 D/A 转换器的原理电路。

图中 S_1～S_4 是模拟切换开关，开关的闭合方向由待转换的二进制数的对应位的状态决定，当相应的二进制位为“0”时开关向下闭合而接地，为“1”时则向上闭合接基准电源。电阻网络的值是按各二进制位对应的“权”配置的，“权”越大阻值越小，其阻值亦符合二进制规律。由于电阻值和每一位的“权”值相对应，因此叫权电阻网络。

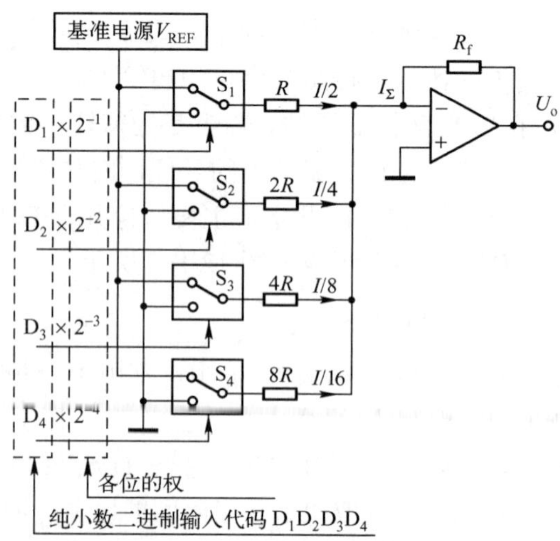

图 12.1–2 权电阻网络 D/A 转换器原理电路

运算放大器构成的是一个求和电路，当输入二进制代码的对应位为“1”时，相应的电阻上有电流流过，为“0”时该路电流为 0。因此运算放大器的虚地点的电流为

$$I_{\Sigma} = D_1 \times (V_{REF}/R) + D_2 \times (V_{REF}/2R) + D_3 \times (V_{REF}/4R) + D_4 \times (V_{REF}/8R)$$
$$= (V_{REF}/R) \times (D_1 + D_2/2 + D_3/4 + D_4/8) = (2V_{REF}/R) \times (D_1 \times 2^{-1} + D_2 \times 2^{-2} + \times D_3 \times 2^{-3} + D_4 \times 2^{-4})$$
$$= I \times D$$

式中，$I = 2V_{REF}/R$ 为常数，因此输出电流 I_{Σ} 正比于输入二进制数的值 D(纯小数表示)。

运算放大器的输出电压为

$$U_o = -I_{\Sigma} \times R_f = -IR_f \times D$$

式中，R_f 也为常数，因此输出电压 U_o 的绝对值正比于输入二进制数的值 D。

可见，选用不同的权电阻网络就可得到不同编码数的 D/A 转换器。

2．T 形电阻网络 D/A 转换器

权电阻网络 D/A 转换器虽然原理清晰，电路简单，但是在输入数字的位数较多时，权电阻的阻值分散性将增大，给生产带来困难，且会影响转换精度。因此对于集成 D/A 转换器并不用这种转换方式。T 形电阻网络 D/A 转换器克服了权电阻 D/A 转换器的缺陷，不管多少位，在电阻网络中只有 R 和 $2R$ 两种阻值，因此得到了广泛的应用。

图 12.1-3 所示为 T 形电阻网络 D/A 转换器原理电路，除电阻网络外其余均与权电阻 D/A 转换器相同。根据权电阻网络的输出推导过程可以看出，其关键是求出电流 I_{Σ} 的表达式。为此需先求出各支路电流的表达式，然后再求出各支路流入叠加点(虚地点)的电流。为求出各支路电流表达式，必须先求出各支路对地的等效电阻。

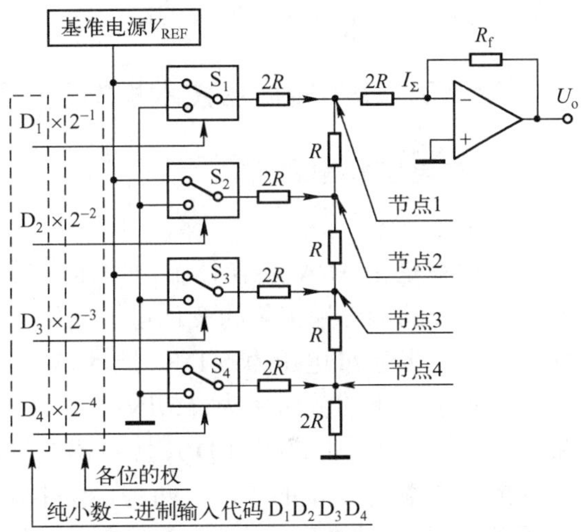

图 12.1-3　R-2R T 形电阻网络 D/A 转换器原理电路

从节点 4 看入，其对地电阻为 2 个阻值为 $2R$ 的电阻并联，因此对地的等效电阻的阻值为 R。再从节点 3 看入，由于节点 4 对地的等效电阻为 R，因此节点 3 垂直向下的等效电阻为 $2R$，显然节点 3 对地的等效电阻也为 2 个 $2R$ 电阻的并联，其值为 R。同样的道理，从节点 2 看入的对地等效电阻和从节点 1 看入的对地等效电阻均为 R。据此我们还可以方便地分析出在假设虚地点电位为“0”情况下，从 S_1～S_4 向右看进去的等效电阻均为 $3R$。先以 S_1 向右看进去的等效电阻来说明。S_1 到节点 1 的电阻为 $2R$，节点 1 垂直向下的等效电阻为 $2R$，向右的对虚地的电阻也为 $2R$，这 2 个 $2R$ 支路为并联关系，其等效电阻为 R，故而从 S_1 向右看进去的等效电阻为 $3R$。再以 S_2 向右来看，由于节点 2 垂直向下的等效电阻为 $2R$，垂直向上的等效电阻也为 $2R$，这 2 个 $2R$ 支路并联等效电阻为 R，故而从 S_2 向右看进去的等效电阻亦为 $3R$。其余以此类推。

由于从 S_1～S_4 向右看进去的等效电阻均为 $3R$，那么在各开关均接向基准电源 V_{REF} 时，各开关流过的电流 I 是相等的，均为 $V_{REF}/3R$。流经各开关的电流中流入加法器输入端的电流为多少呢？首先来看流经 S_1 的电流有多少流入了加法器的输入端。当电流 I 流入节点 1 时，由于节点 1 向右对地(虚地)的支路电阻和垂直向下支路的对地电阻相等(均为 $2R$)，故而流经 S_1 的电流 I 有一半即 $I/2$ 流入加法器的输入端。同理流经 S_2 的电流中流经节点 2 时一半向下，一半向上，向上的那 $I/2$ 电流中流经节点 1 时又有一半流向左边支路一半流向右边支路，因此流入加法器输入端的电流为 $I/4$。依此类推，流经 S_3 的电流中流入加法器输入端的为 $I/8$，流经 S_4 的电流中流入加法器输入端的为 $I/16$。按照输入二进制数对模拟开关的控制，可以求出对某一二

进制数 $D_1 D_2 D_3 D_4$ 输入时，加法器输入端的总电流为

$$I_{\Sigma} = D_1\times(I/2) + D_2\times(I/4) + D_3\times(I/8) + D_4\times(I/16)$$

把 $I = V_{REF}/3R$ 代入上式并整理得

$$I_{\Sigma} = V_{REF}/3R\times(D_1\times2^{-1}+D_2\times2^{-2}+D_3\times2^{-3}+D_4\times2^{-4}) = I\times D$$

或 $$I_{\Sigma} = V_{REF}/3R\times2^{-4}\times(D_1\times2^{3}+D_2\times2^{2}+D_3\times2^{1}+D_4\times2^{0}) = I\times D\times2^{-4}$$

上式中 I 为常数，因此转换的模拟电流 I_{Σ}正比于输入二进制数的值 D。

另外，运算放大器的输出电压为

$$U_o = -I_{\Sigma}R_f = -I\,R_f\,D$$

式中，R_f也为常数。因此输出电压 U_o 的绝对值正比于输入二进制数的值 D。

从以上讨论中可以看出，D/A 转换器的输出不仅与输入的待转换数码和电阻网络有关，还与运算放大器的反馈电阻、基准电压有关。在实用中常常通过调整这两个参数来达到对 D/A 转换器的满刻度和输出电压范围的调整。

集成化的 D/A 转换器通常带有输入数据寄存器，可以和 CPU 的数据总线直接相连。对没有输入数据锁存器的芯片不能直接和 CPU 的数据总线相连。大多数的 D/A 转换器为电流输出型，其求和运算放大器是外接的。

12.1.3 D/A 转换器技术指标及选型

1. 主要技术指标

（1）分辨率

分辨率是指 D/A 转换器输出电压的最小变化量，也就是输入数字的最低有效位数码变化时，所引起的输出模拟量的变化量。例如，对 8 位的单片集成 D/A 转换器，我们常说它的分辨率为 8 位，若基准电压为 5.1V，把 5.1V 等分为 255 份，每份的电压值则为其分辨率，即该芯片在这种条件下的分辨率为：5.1V/ (2^8-1) = 5.1V/255，即 20mV，也就是最低位所代表的电压量为 20mV。有时也直接用 D/A 转换器的位数来表示其分辨率，如 8 位的 D/A 转换器，则说该芯片的分辨率是 8 位的。以上两种说法中，前一种虽然能直接给出电压分辨量，但这是在一定使用条件下(基准电压一定)的分辨率，我们不妨称之为应用分辨率。而第二种为以芯片位数定义的分辨率，称其为芯片分辨率。显见 D/A 转换器的位数越多分辨率就越高。

（2）精度

精度表示由于引入 D/A 转换器而使其输出和输入之间产生的误差。

D/A 转换器的误差主要由以下几部分组成：

① 非线性误差：在满刻度范围内，实际输出特性偏离理想转换特性的最大值称为非线性误差。通常用非线性误差的大小来表示 D/A 转换器的线性度。

② 温度系数误差：在满刻度输出的条件下，温度每升高 1℃，因 D/A 转换器内部各参数(如增益、线性度、零漂等)变化所引起的输出变化量称为温度系数误差。

③ 电源波动误差：由于标准电源和 D/A 芯片的供电电源波动在其输出端所产生的变化量称为电源波动误差。

误差的表示方式有两种：绝对误差和相对误差。

绝对误差用 D/A 转换器的输出变化量来表示，如多少伏。也可用 D/A 转换器最低有效位 LSB 的几分之几来表示，如 1/4 LSB。

相对误差是绝对误差除以满刻度值，再乘以 100%。如绝对误差为 ± 0.05V，输出满刻度值为 5V，则相对误差可表示为 ± 1%。

完整的 D/A 转换器电路还应包括与 D/A 芯片输出相连的运算放大器。这些器件也会给 D/A 转换带来误差。考虑到这些引起误差的因素是相对独立的，因此 D/A 转换器的总精度如用均方误差来表示，则可写为：

$$\varepsilon_{总}^2 = \varepsilon_{非线性}^2 + \varepsilon_{电源波动}^2 + \varepsilon_{温度漂移}^2 + \varepsilon_{运放}^2$$

标准误差为 $$\varepsilon_{总} = \sqrt{\varepsilon_{非线性}^2 + \varepsilon_{电源波动}^2 + \varepsilon_{温度漂移}^2 + \varepsilon_{运放}^2}$$

（3）转换时间

在数字信号满刻度变化时，从输入数码到输出模拟电压达到其终值+1/2LSB 所需时间称为转换时间。该时间限制了 D/A 转换器的速率，它表征了 D/A 转换器的最高转换频率。例如，后面要提到的 DAC0832 的变换时间为 1μs，表明其最高变换频率为 1MHz。各种 D/A 转换芯片都具有各自的转换时间。不同型号的 D/A 转换芯片，其转换时间是不同的。

需要注意的是，D/A 转换电路还应包括输出电路中的运算放大器。此时 D/A 变换电路的变换时间应为 D/A 芯片的转换时间和运算放大器的建立时间之和。

（4）工作温度范围

任何一个集成电路都有规定的工作温度范围。只有在此范围内工作才能保证其稳定性和标识的性能指标。较好的转换器的工作温度为-40℃～85℃，较差的为 0～70℃。

（5）动态范围

所谓动态范围，就是 D/A 转换电路的最大和最小输出电压范围。D/A 转换电路后接的控制对象不同，其要求也有所不同。不同型号的 D/A 输出电平相差较大。一般为 5～10V，有的高压输出型的输出电平高达 24～30V。对电流输出型，低的为 20mA，高的可达 3A。

D/A 芯片的动态范围一般取决于参考电压 V_{REF} 的高低，参考电压高，动态范围就大。

（6）输入代码形式

当 D/A 转换器单极性输出时，输入代码形式有二进制码和 BCD 码。双极性输出时，用补码等。

2. D/A 转换器件选型

D/A 转换器的选择要考虑的因素很多，总的就是根据应用要求选择以上各项指标。从一般意义上来讲主要是根据系统对 D/A 转换器的精度要求，选择分辨率。

例如某系统分配给 D/A 转换器的误差为 0.2%，考虑由 D/A 分辨率所确定的变化量，该系统最低限度应选择多少位的 D/A 转换芯片呢？在考虑系统误差时，D/A 转换器的分辨率必然会对系统误差产生影响。因为它确定了系统的控制精度，即确定了控制电压的最小变化量。这种影响是固有的。为了基本消除这种影响，一般在系统设计中应这样来选择 D/A 转换器的位数，使其最低有效位 1 位变化所引起的误差(电压分辨率)远远小于 D/A 转换器的总误差。在上述问题中，系统要求 D/A 转换器的总误差小于 0.2%，那么 D/A 转换器应选择 12 位的。这是因为 12 位的 D/A 转换器最低有效位的 1 位变化所引起的输出变化为 0.02%(1/4096)。也即一般要使最低有效位 1 位变化所引起的误差(电压分辨率)比 D/A 转换器上允许的总误差小一个数量级。

另外，在选择 D/A 转换器中除上述各项指标外还应考虑 D/A 转换器与计算机接口的方便性，芯片的性能价格比，以及对外围电路的要求等。

12.1.4 数模 D/A 转换器 DAC0832

1. DAC0832 的功能结构和引脚说明

DAC0832 为 8 位集成 D/A 转换器。电路使用了 CMOS 工艺，从而达到了较低的功耗

(20mW)。由于它价格低廉、接口简单、转换控制容易而得到了广泛的应用。

DAC0832 的内部结构如图 12.1-4 所示，引脚图如图 12.1-5 所示。它有两级输入缓冲寄存器、一个 T 形电阻解码网络，为电流输出型芯片，T 形电阻网络的输出电流要外接运算放大器才能得到输出电压。DAC0832 有输入缓冲寄存器，因此可以和 CPU 数据总线直接相连。

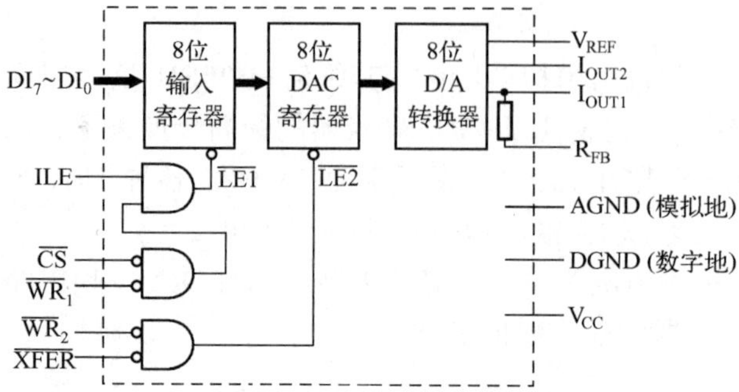

图 12.1-4　DAC0832 内部结构

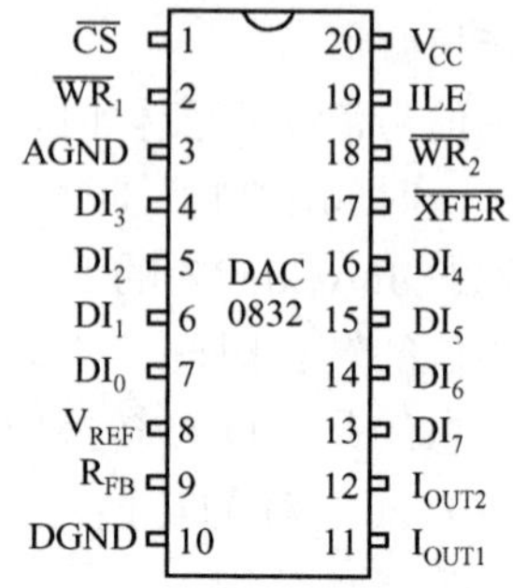

图 12.1-5　DAC0832 引脚图

- 单一电源供电(VCC)，电源电压为+5V～+15V；
- 功耗为 20mW；
- 可单缓冲、双缓冲、或直通方式工作；
- 线性误差：0.02%FSR(满量程)

各引脚的功能为：

$\overline{CS}$：片选信号，输入，低电平有效。

ILE：输入锁存允许信号，输入，高电平有效。

$\overline{WR_1}$：写控制信号 1，输入，低电平有效。

$\overline{WR_2}$：写控制信号 2，输入，低电平有效。

$\overline{XFER}$：传输控制信号，输入，低电平有效。

DI_7-DI_0：8 位数据输入线，TTL 电平，输入数据的有效保持时间要大于 90ns。

I_{OUT1}：DAC 电流输出端 1，当 DAC 寄存器的内容全为 1 时，I_{OUT1} 的输出电流最大；DAC 寄存器的内容全为 0 时，I_{OUT1} 为 0。它是数字量转换后的模拟电流输出端。

I_{OUT2}：DAC 电流输出端 2，$I_{OUT1}+I_{OUT2}=$常数，则 $I_{OUT2}=$常数$-I_{OUT1}$，在单极性输出时，常将 I_{OUT2} 接地。

R_{FB}：反馈电阻引出端，内部已集成有 15kΩ的反馈电阻，应用中可把该端直接和外接运算放大器的输出端相连，仅使用内部电阻作为反馈电阻；也可再串联电阻或电位器，以改变运算放大器的放大倍数；或者把它短路，然后外接反馈电阻。

V_{REF}：基准电压输入端，要求外部提供高精度的基准电源(-10V～+10V)。

V_{CC}：芯片工作电压(+5V～+15V)。

AGND：模拟地，模拟信号和基准电源的参考地。

DGND：数字地，它与 AGND 是不同的，必须正确连接，以提高抗干扰能力。

2. DAC0832 的工作方式及接口方法

由于 DAC0832 有两级输入缓冲寄存器，且均是可控的，因此有双缓冲、单缓冲和直通三种工作方式，可通过对 ILE 和 $\overline{XFER}$ 端的控制来选择某种工作方式。当 $\overline{LE1}$ 为高电平时输入寄存器的输出信号随输入数字 DI_7～DI_0 的变化而变化；当 $\overline{LE}1$ 由“高”变“低”时，输入寄存器锁存 DI_7～DI_0 的当前值。当 $\overline{LE}2$ 为高电平时，DAC 寄存器的输出信号随输入寄存器的输出信号的变化而变化；当 $\overline{LE}2$ 由“高”变“低”时，DAC 寄存器锁存当前输入值(即输入寄存器的当前输出值)，并送入 D/A 转换器进行转换。

（1）单缓冲方式及其接口方法

所谓单缓冲就是使输入寄存器和 DAC 寄存器中的一个处于直通状态，例如把 $\overline{WR_2}$、$\overline{XFER}$ 接地(数字地)，使 DAC 寄存器处于直通状态；ILE 接+5V，$\overline{WR_1}$ 接 CPU 的 $\overline{IOW}$，$\overline{CS}$ 接 I/O 口地址译码器。CPU 送数据给 DAC0832 转换时，仅需对 $\overline{CS}$ 口进行一次写入操作，数据写入输入寄存器后就直接经过 DAC 寄存器进入 D/A 转换器进行转换。典型连接如图 12.1-6 所示。典型程序为：

```
MOV  DX, PORTCS        ; 使CS有效的端口地址送DX寄存器
MOV  AL, DATA          ; 待转换数据送AL
OUT  DX, AL            ; 待转换的数据写入DAC寄存器
```

（2）双缓冲方式及其接口方法

在双缓冲方式下，输入寄存器和 DAC 寄存器均是可控的。常规的接法是：ILE 直接接+5V，控制总线的 $\overline{IOW}$ 复接到 $\overline{WR_1}$ 和 $\overline{WR_2}$，用 $\overline{CS}$ 作为输入寄存器的选通信号，用 $\overline{XFER}$ 作为 DAC 寄存器的选通信号，它们分别接到端口译码器的两个译码输出端。典型连接如图 12.1-7 所示。

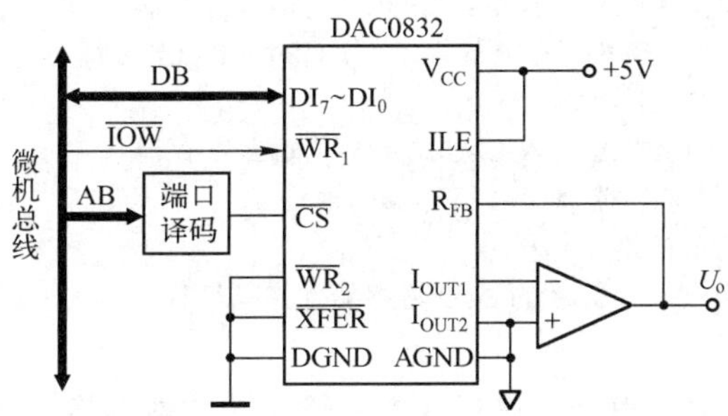

图 12.1-6　单缓冲工作方式典型接口连接图

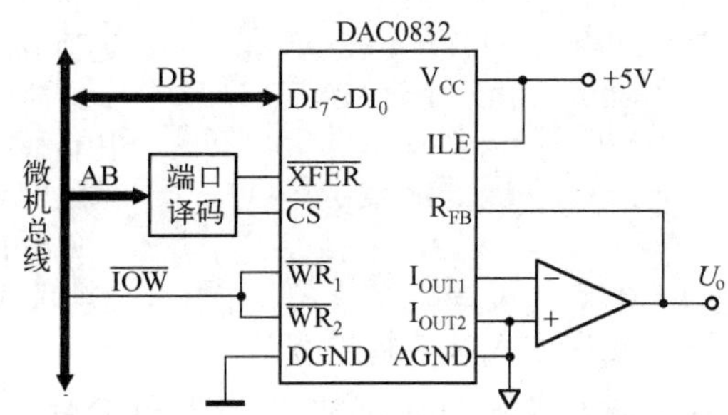

图 12.1-7　双缓冲工作方式典型接口连接

双缓冲方式下的数据写入要分两次进行，第一次是把待转换的数据写入输入寄存器，第二次再对 DAC 寄存器进行一次写操作，这一次的写操作仅是一次“虚拟写”，即写入何数据无意义，因为该数据并不进入任何寄存器，仅是为了对 DAC 寄存器进行一次选通，以把第一次写入输入寄存器的内容锁存到 DAC 寄存器中。典型程序为：

```
MOV     DX, PORTIN      ; 使CS有效的端口地址送DX寄存器
MOV     AL, DATA        ; 待转换数据送AL
OUT     DX, AL          ; 待转换的数据写入输入寄存器
MOV     DX, PORTDAC     ; 选通DAC寄存器的地址(使XFER为低的地址)送DX
OUT     DX, AL          ; 选通DAC寄存器
```

双缓冲方式的特点是，可以实现在 D/A 转换的同时接收下一个待转换数据，从而可以提高转换的速率；可以实现多路同步转换。在这种应用场合下，第一步是 CPU 分时向各路写待转换数据，并锁存到各自的输入寄存器中。然后 CPU 对各路 D/A 转换器同时发选通信号，使各路 D/A 转换器输入寄存器中的数据同时打入各自的 DAC 寄存器，以实现同步转换输出。图 12.1-8 所示为两路模拟信号同步输出的图形显示系统。

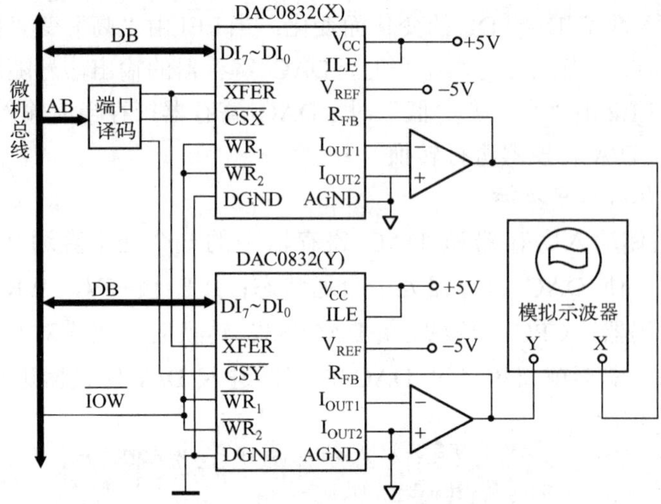

图 12.1-8　两路模拟信号同步输出系统

该系统需要占用 3 个端口地址，2 个 DAC0832 的输入寄存器各占 1 个端口地址(通过对各自的片选选通实现)，2 个 DAC0832 的 DAC 寄存器公用 1 个端口地址(通过对 $\overline{XFER}$ 的选通实现)。典型控制程序为

```
MOV   DX, PORTCSX     ; 选通 DAC0832X 输入寄存器的地址(使 CSX =0)送 DX
MOV   AL, DATAX       ; X 方向待转换数据送 AL
OUT   DX, AL          ; 待转换的数据 DATAX 写入 DAC0832X 的输入寄存器
MOV   DX, PORTCSY     ; 选通 DAC0832Y 输入寄存器的地址(使 CSY =0)送 DX
MOV   AL, DATAX       ; Y 方向待转换数据送 AL
OUT   DX, AL          ; 待转换的数据 DATAY 写入 DAC0832Y 的输入寄存器
MOV   DX, PORTDAC     ; 选通 X 和 Y 两寄存器的 DAC 寄存器的地址
                      ; (使 XFER 为低的地址)送 DX
OUT  DX, AL           ; 同时选通两个 DAC0832 的 DAC 寄存器并启动转换
```

（3）直通方式及其接口方法

在直通方式下 DAC0832 的输入和 DAC 寄存器一直处于选通状态，输入端的数据将被直接送到 D/A 转换器进行转换。这种方式下由于没有了缓冲功能，因此不能直接和 CPU 数据总线连接，一般很少使用。在该方式下 ILE 接+5V，$\overline{CS}$、$\overline{WR_1}$、$\overline{WR_2}$、$\overline{XFER}$ 都直接接数字地。

12.1.5　串行接口 D/A 转换器

以上讨论的是并行接口的 D/A 转换器，并行转换器具有转换速度快，编程简单等优点。但是它的连线较多，且随着转换器位数的增加而增加。对不带锁存功能的转换器或转换器位数多于总线位数的系统中占用的接口资源较多。在转换速度要求不高、I/O 线紧张或没有并行总线的 I/O 系统中，可选用串行接口的 D/A 转换芯片。这里仅以串行输入的 13 位 D/A 转换器 AD7543 为例进行说明，以建立串行转换的基本概念和接口方法。

AD7543 是 CMOS 工艺的单片串行 13 位 D/A 转换器，其非线性误差为±1LSB。它由 1 个 13 位的串行输入并行输出的移位寄存器、1 个 13 位的寄存器、1 路 13 位的 D/A 转换电路组成，其内部结构框图如图 12.1-9 所示。

图中 V_{DD} 为电源端，单一电源+5V，V_{REF} 为基准源输入端，AGND 为模拟地，DGND 为数字地，R_{FB} 为反馈电阻和反馈连接端，I_{OUT1} 和 I_{OUT2} 为电流输出端。它的数据输入端只有 1 个，是 SRI，数据通过这个端一位一位地移入移位寄存器 A，移位脉冲由 STB_1、STB_2、$\overline{STB_3}$

和 STB_4 产生，满足表 12.1-1 所示 4 种组合之一时，SRI 端的数据移入移位寄存器 A 一位(从高位向低位)。$\overline{CLR}$ 端为寄存器 B 的清除端，当其为零时，寄存器 B 被清零。$\overline{LD_1}$、$\overline{LD_2}$ 是寄存器 B 的选通端，当两者同时为零(且 $\overline{CLR}$ =1)时移位寄存器 A 中的数据进入寄存器 B，其中之一变高时锁存。

其输出电流的转换方法和 DAC0832 一样。$\overline{LD_1}$、$\overline{LD_2}$ 其中一个直接接地，另一个受控，STB_1、STB_2、$\overline{STB_3}$、STB_4 其中之一受控，其余的接无效电平，如表 12.1-1 所示。如果不需要对寄存器 B 清零，$\overline{CLR}$ 端直接接+5V。因此，一般用于接口的连接线只有 3 条，即 SRI、STB_i 和 $\overline{LD_i}$。

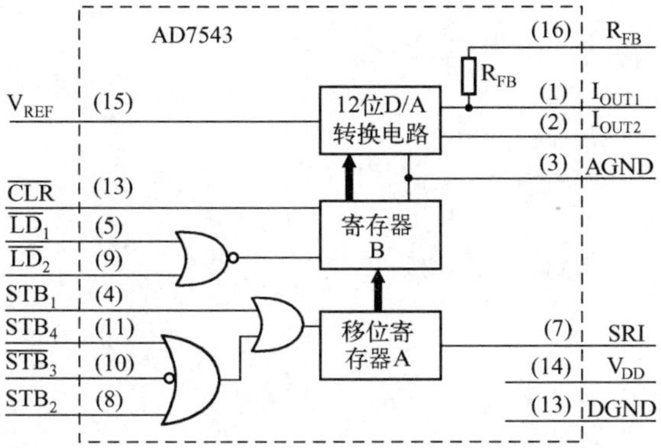

图 12.1-9　AD7543 内部结构框图

表 12.1-1　移位脉冲产生组合方式

序号	STB_4	$\overline{STB_3}$	STB_2	STB_1
1	0	1	0	↑
2	0	1	↑	0
3	0	↓	0	0
4	↑	1	0	0

12.1.6　D/A 转换器应用

1．应用举例

利用 D/A 转换器输出的模拟量与数字量成正比关系这一特点，将 D/A 转换器作为微机输出接口，CPU 通过程序向 D/A 转换器输出随时间按希望规律变化的数字量，则 D/A 转换器就可输出相应的模拟量。

利用 D/A 转换器可以方便地产生各种波形，如方波、三角波、锯齿波等，通过它们的组合可以产生各种复合波和不规则波形。另外再引进必要的算法，所产生的波形形状将更加灵活，是其他纯硬件波形发生器所难以比拟的。图 12.1-10 所示为用 DAC0832 产生各种波形的硬件连接图。利用 8255A 作为主机与 DAC0832 之间的接口。8255A 的 A 口作为数据输出口，工作在方式 0，输出。DAC0832 的 $\overline{CS}$、$\overline{WR_1}$、$\overline{WR_2}$、$\overline{XFER}$ 均接地，ILE 接高电平，即工作在直通方式。

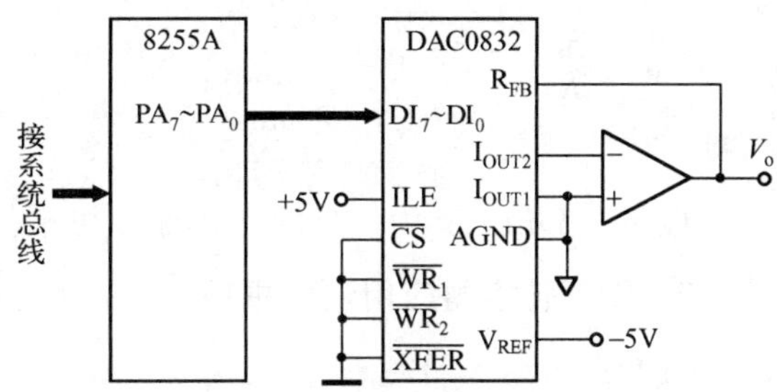

图 12.1-10　用 DAC0832 产生各种波形的硬件连接图

假设 8255 的端口地址为 FFF8H～FFFEH。

● 锯齿波：

```
          MOV   DX, 0FFFEH
          MOV   AL, 82H          ; A 口，方式 0，输出
          OUT   DX, AL           ; 写入 8255A 的方式控制字
          MOV   DX, 0FFF8H
          MOV   AL, 00H          ; 设置输出初值
  DACOUT: OUT   DX, AL           ; 锯齿波输出
```

```
        INC    AL
        JMP    DACOUT
```

这段程序是将输出到 DAC0832 的数据从零开始逐渐增加，增至最大(255)后，再回零，重复此过程，即可得到正向锯齿波输出。如果输出初值设置为最大值 255，然后逐渐减小到零，并重复，则输出的就是负向锯齿波。

● 三角波

利用正、负向锯齿波的组合，即可产生三角波。

```
            MOV    DX, 0FFFEH
            MOV    AL, 82H
            OUT    DX, AL
DACOUT_S:   MOV    DX, 0FFF8H
            MOV    AL, 00H          ; 正向输出初值
DACOUT_Z:   OUT    DX, AL           ; 正向输出
            INC    AL
            JNZ    DACOUT_Z         ; 未到最大值继续
            MOV    AL, 0FFH
DACOUT_F:   DEC    AL
            JZ     DACOUT_Z         ; 等于零，负向结束，转向正向输出
            OUT    DX, AL           ; 负向输出
            JMP    DACOUT_F
```

● 方波

```
        MOV    DX, 0FFFEH
        MOV    AL, 82H
        OUT    DX, AL
        MOV    DX, 0FFF8H
AGAIN:  MOV    AL, 00H
        OUT    DX, AL           ; 输出方波"0"
        CALL   DELAY            ; 方波宽度控制
        MOV    AL, 0FFH
        OUT    DX, AL           ; 输出方波"1"
        CALL   DELAY            ; 方波宽度控制
        JMP    AGAIN
```

程序中 DELAY 为一延时子程序，可根据对方波周期的要求设置延时时间。

2．D/A 转换器应用注意事项

（1）输出方式问题

我们已经知道 D/A 转换器分电流输出型和电压输出型，对电流输出型要得到电压输出需外接运算放大器进行转换。以上的接口方法中均有转换，但是在这些转换中均属于单极性输出，在有些场合还要求双极性电压输出，能完成双极性电压输出的转换电路如图 12.1-11 所示。

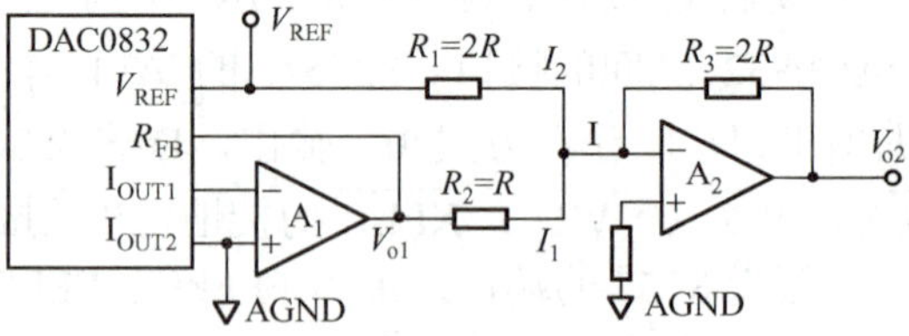

12.1-11　DAC0832 双极性输出电路

在该输出电路中，进入 A_2 的电流 I 为 I_1 和 I_2 的代数和，I_1 为 A_1 的输出电流，I_2 为基准源 V_{REF} 提供的电流，由于 A_1 的输出 V_{o1} 与 V_{REF} 的极性相反，因此 I_1 和 I_2 的方向向反。由于 $R_1=R_3=2R_2$，则 V_{REF} 提供给 A_2 的电流 I_2 为 A_1 输出电路的 1/2，因此 A_2 的输出在 A_1 输出的基础上产生位移，其输出为 $V_{o2}=-(2V_{o1}+V_{REF})$。

例如，当 DAC0832 的输入数字全为 0 时，$V_{o1}=0$，则 $V_{o2}=-(V_{REF}/2R)\cdot 2R=-V_{REF}$。当 DAC0832 的输入数字全为 1 时，$V_{o1}=-V_{REF}$，则 $V_{o2}=V_{REF}$。输入数字为 10000000B 时，$V_{o1}=-V_{REF}/2$，则 $V_{o2}=0$。（上述过程没有考虑末位误差的影响）。

（2）8 位以上的 D/A 转换器和 8 位数据总线连接问题

当使用 8 位以上的 D/A 芯片时，可用两级锁存方法，如图 12.1-12 所示。图中为第一级锁存器 U1、U2 各分配了 1 个 I/O 口地址 $\overline{Y}_1$ 和 $\overline{Y}_2$，第二级锁存器 U_3、U_4 公用 1 个 I/O 口地址 $\overline{Y}_3$。74LS02 是或非门，平时 $\overline{Y}_1$ ～ $\overline{Y}_3$ 为高电平，不管 $\overline{IOW}$ 为何电平，74LS02 输出均为低电平，U_1～U_3 为保持状态。设要转换输出的数据为 130H，执行如下指令时，即可完成输出：

```
MOV   DX, Y1_ADDR      ; 设置输出端口地址指向 U1
MOV   AL, 20H          ; 要转换输出数据的低 8 位送 AL
OUT   DX, AL           ; 输出低 8 位，在 IOW 的上升沿把数据锁存到 U1
MOV   AL, 01H          ; 要转换输出数据的高 4 位送 AL
MOV   DX, Y2_ADDR      ; 设置输出端口地址指向 U2
OUT   DX, AL           ; 输出高 4 位，在 IOW 的上升沿把数据锁存到 U2
MOV   DX, Y3_ADDR      ; 设置输出端口地址指向 U3 和 U4
OUT   DX, AL           ; 在 IOW 的上升沿把 U1 和 U2 的数据同时锁存到 U3 和 U4
```

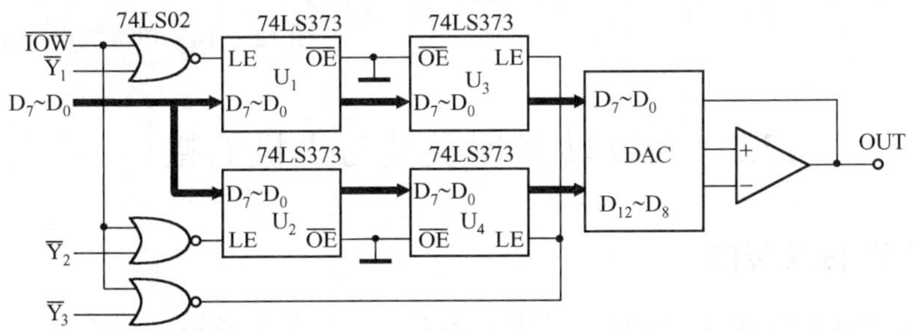

图 12.1-12　用两级锁存的 12 位 D/A 转换输出框图

（3）参考电源的配置

若 D/A 芯片无参考电压源，则需外配。传统的参考电压源由带温度补偿的齐纳二极管构成。这种二极管是由两个正负温度系数的二极管背对背串接构成的。具有负温度系数正向导通的二极管补偿正温度系数反向导通的稳压二极管，使温度系数接近于零。这类稳压管的稳压值一般为 5.5～6.5V，温度系数为±5ppm/℃，如国产的 2DW232(2DW7C)型温度补偿稳压二极管。现在常用另一种精密参考电压源——能隙恒压源，这种集成精密稳压电源的特点是输出电压低，一般为 1.25V 或 2.5V，而输入电压为 5～15V，温度系数为±20ppm/℃。目前的典型产品有 MC1403(美国 Motorala)等。与齐纳二极管相比，能隙恒压源工作在正常线性区域，内部噪声小；而齐纳二极管工作在齐纳击穿区，内部噪声较大。D/A 转换接口中的外接参考源电路有多种形式，图 12.1-13 所示为两种典型电路。

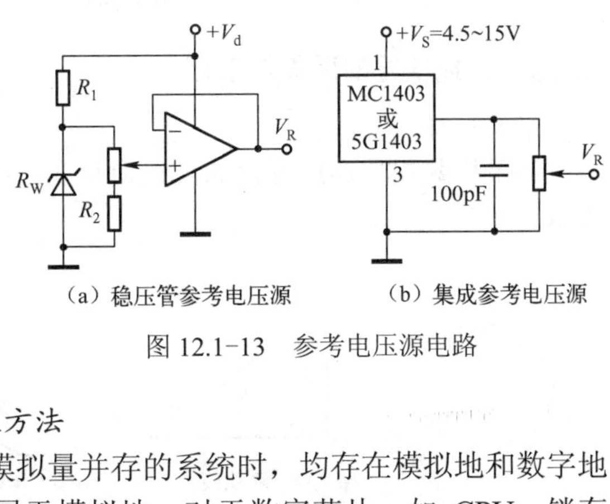

（a）稳压管参考电压源　　（b）集成参考电压源

图 12.1-13　参考电压源电路

（4）数字地(DGND)和模拟地(AGND)的处理方法

在设计 D/A 转换器、A/D 转换器等数字量和模拟量并存的系统时，均存在模拟地和数字地的连接问题。首先要分清哪些属于数字地，哪些属于模拟地。对于数字芯片，如 CPU、锁存器、译码器等只有数字地。对模拟芯片，如运算放大器就只有模拟地。而 A/D、D/A 转换器等芯片属于数字模拟混合芯片，因此既有数字地又有模拟地。在地线连接时要首先把数字地和数字地连接在一起，模拟地和模拟地连接在一起，切忌混接，然后选择一个公共点再把数字地和模拟地连接在一起，以避免形成回路而引起数字信号通过数字地干扰模拟信号。

练习题 1

12.1-1 一个 4 位的 D/A 转换器，满量程电压为 10V，其线性误差为±1/2LSB。当输入为 0CH 时，其输出最可能为（　　）。

A. +10V　　B. −10V　　C. 7.25V　　D. 7.00V

12.1-2 DAC 中采用双缓冲的目的是（　　）。

A. 所存转换的数字量

B. 多路模出通道同步转换

C. 可用于直通工作方式

12.1-3 采用如图 12.1-14 所示单极性电压输出电路图，设 DAC0832 基准电压 $V_{REF}=-5V$。问：（1）DAC0832 工作在哪一种缓冲方式？（2）试编写程序使其输出周期性的锯齿波。（3）如果 $V_{REF}=+5V$，画出输出波形图。

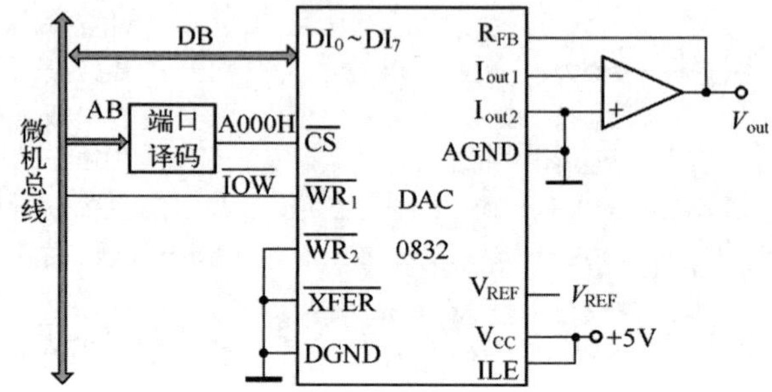

图 12.1-14　单极性电压输出电路

12.2　A/D 转换器及其与主机的接口

12.2.1　A/D 转换接口

A/D 转换器是用于将模拟量转换为数字量的器件。当外部模拟量要输入计算机时，必须将输入模拟量通过 A/D 转换接口送入计算机。一个 A/D 转换接口通常包括多路模拟开关、采样保持器、A/D 转换器及其与主机的接口等，如图 12.2-1 所示。可见 A/D 转换接口是计算机与模拟设备的输入接口。

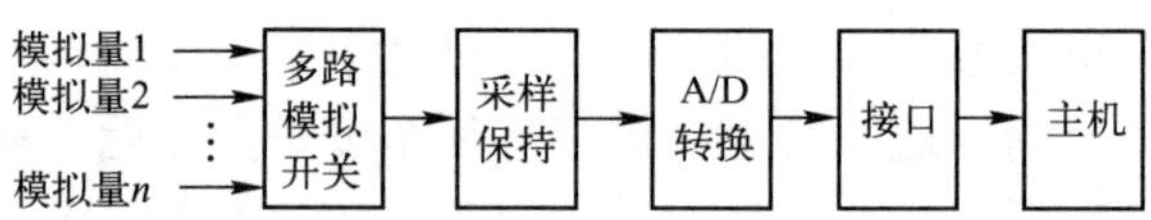

图 12.2-1　A/D 转换接口的一般组成

1. 模拟信号的采集与量化

（1）采样

用采样装置将连续变化的模拟信号变为离散的脉冲序列，这一过程就叫采样，如图 12.2-2 所示。

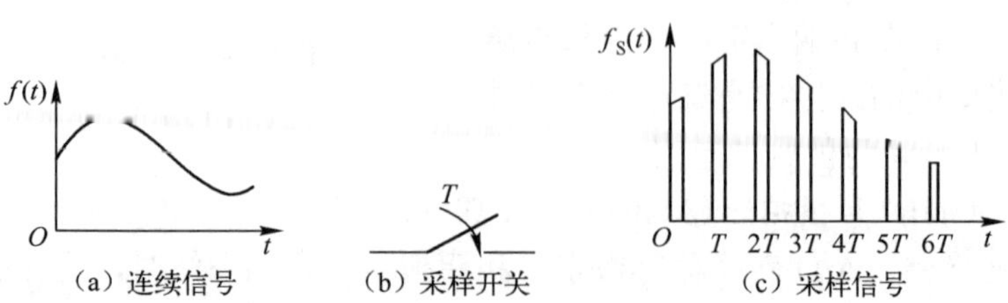

图 12.2-2　采样过程

我们知道，对每一路输入来讲，只是在该路的采样时间内才向计算机输送信号。因此计算机从每一路所获得的信号是一串以该路采样周期为间隔，以采样开关闭合时间为脉冲宽度的脉冲信号。如设采样开关闭合的时间为τ，采样周期为 T，则采样后所得的脉冲序列如图 12.2-2(c)所示。所以采样信号 $f_{\mathrm{s}}(t)$可以看成原信号 $f(t)$ 和一个幅度为 1、宽度为τ、周期为 T 的开关函数 $S(t)$（见图 12.2-3）的乘积，即

$$f_{\mathrm{s}}(t)=f(t)S(t)$$

这样，采样过程可以用乘法器来模拟，如图 12.2-4 所示。

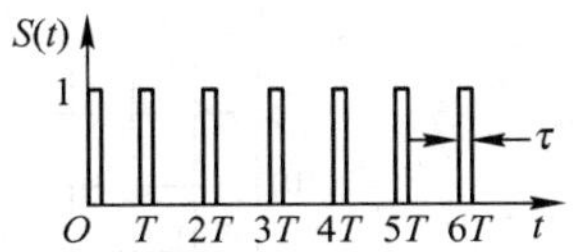

图 12.2-3　开关函数

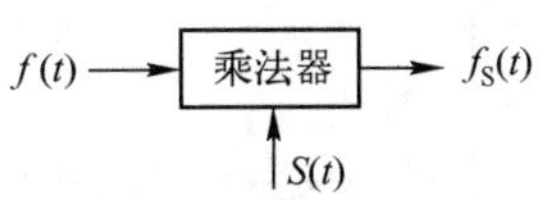

图 12.2-4　采样过程模拟

（2）采样定理

从上述采样过程可以看出，采样频率越高，离散后的信号就越接近原信号，失真就越小；采样频率为无限高时，就是原信号。但是采样频率越高，单位时间内采集的信息就越多，计算机的负担就越重。由此看来选择一个合适的采样频率是十分重要的。

香农(Shannon)采样定理给我们提供了选择采样频率的依据。香农采样定理指出：对一个具有有限频谱的连续信号进行采样，当采样频率大于或等于被采信号频谱中所包含的最高频谱的 2 倍时，采样信号能无失真地恢复到原来的连续信号。

虽然香农采样定理已清楚地告诉我们采样频率的选择依据，但是实用中并不如此明确。首先被采信号频谱中包含的最高频率是多少并不十分明确。其次，这里所谓的不失真恢复仅是理论上的，工程实际中是无法实现的。因此在工程应用中应如何选择合适的采样频率，还要根据计算机的能力、被采信号的情况、对失真度的要求、恢复手段、现场环境，以及被采对象的特点和个人的经验等因素综合考虑。

（3）模拟信号的量化与量化误差

采样信号是时间上离散而幅值上连续的信号，这种信号还不能被计算机接受，因此还必须进行量化处理。

所谓量化，就是采用一组数码(如二进制码)来逼近离散模拟信号的幅值，将其转化为数字信号。这个将采样信号变为数字信号的过程称为量化过程，该过程是一个近似过程，因此必然存在量化误差。

量化过程需要一定的时间，而在量化过程中离散模拟信号的幅值是在不断变化的，那么量化出来的数字到底对应于哪一个瞬间的模拟值显然无法确定。这必然增加量化误差，且量化过程所需要的时间越长误差越大，信号幅值变化越快误差越大。为此常常对开始采样时刻的瞬时值加以保持，使其在量化期间保持不变。这样就实现了对采样时刻的瞬时值进行转换，离散信号可等效为如图 12.2-5(a)所示。

① 关于分辨率

量化是用一组数码(不加特殊说明，以后均指二进制码)来逼近模拟值的，由于数码位数的有限性，这种逼近必然是近似的，我们把这一组数码的最末位所代表的模拟量叫做量化分辨率，也叫量化单位或量化间隔，用 q 表示。因此量化后的数值总是分辨率的整数倍。如图 12.2-5 所示，被量化信号的最大值取为 3V，用 2 位二进制数进行量化，则分辨率为 1V。

假设被量化信号的最大值(即满刻度值)为 M，量化器的二进制位数为 n，则分辨率 q 可表

示为

$$q = M/(2^n-1) = \text{LSB}$$

式中，LSB 代表量化的最低有效位。

由于通常情况下 n 比较大，分母中的 1 可以忽略，则分辨率可简单表示为

$$q = M/2^n$$

可见，量化的位数越多，分辨率就越高。

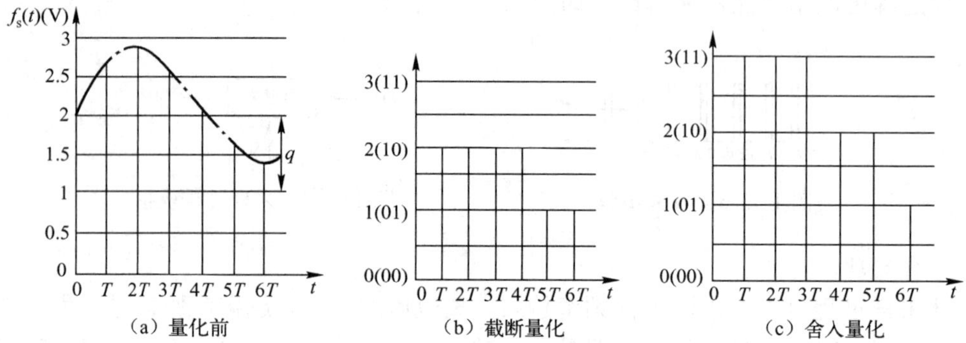

图 12.2-5　量化过程

② 关于量化误差

由于量化是用有限的数字编码来表示有无限个分量的模拟量的，因此必然存在量化误差。按照被量化模拟量减去分辨率整数倍的剩余部分的不同处理方法，有两种量化特性，也就对应有两种量化误差计算方法。

一种是把剩余部分忽略不计，这叫截断量化，如图 12.2-5(b)所示。例如上述用两位二进制数对 0～3V 电压量化过程中，当 $0 \leqslant f_s(t) < 1\text{V}$ 时量化结果均为 00，当 $1 \leqslant f_s(t) < 2\text{V}$ 时量化结果均为 01，当 $2 \leqslant f_s(t) < 3\text{V}$ 时量化结果均为 10，当 $3 \leqslant f_s(t)$ 时量化结果均为 11。可见采取截断量化其量化结果总是小于等于实际值，所造成的误差绝对误差的最大值为$-q$。

另一种是把剩余部分按 4 舍 5 入处理，这叫舍入量化，如图 12.2-5(c)所示。还是上述问题，在舍入量化下，当 $0 \leqslant f_s(t) < 0.5\text{V}$ 时量化结果均为 00，当 $0.5 \leqslant f_s(t) < 1.5\text{V}$ 时量化结果均为 01，当 $1.5 \leqslant f_s(t) < 2.5\text{V}$ 时量化结果均为 10，当 $2.5 \leqslant f_s(t)$ 时量化结果均为 11。可见采用舍入量化所造成的绝对误差的最大值为 $\pm 0.5q$。

在实际应用的 A/D 转换器中，一般都是按 4 舍 5 入处理的，所以一般情况下讨论量化误差时都直接按舍入量化讨论。

例如某 A/D 转换器输入的满刻度值为 5V，则对 8 位、10 位、12 位的 A/D 转换器的量化间隔为

$$q_8 = 5\text{V}/2^8 \approx 19.6\text{mV}, \quad q_{10} = 5\text{V}/2^{10} \approx 4.88\text{mV}, \quad q_{12} = 5\text{V}/2^{12} \approx 1.22\text{mV}$$

绝对量化误差为　$a_8 = q/2 = 9.8\text{mV}, \quad a_{10} = q/2 = 2.44\text{mV}, \quad a_{12} = q/2 = 0.61\text{mV}$

$$\text{相对量化误差} = \frac{\text{绝对量化误差}}{\text{满刻度电压}} \times 100\% \approx \frac{1}{2^{n+1}} \times 100\%$$

因此，上述 A/D 转换器的相对量化误差即可表示为

$$b_8 = 1/2^9 \approx 0.2\%, \quad b_{10} = 1/2^{11} \approx 0.49‰, \quad b_{12} = 1/2^{13} \approx 0.12‰$$

2．采样保持电路

在对模拟信号进行模数变换时，从启动变换到变换的数字量输出，需要一定的时间，即

A/D 转换器的孔径时间。当输入信号频率较高时，由于孔径时间的存在，会造成较大的转换误差，要防止这种误差的产生，必须在 A/D 转换开始时将信号电平保持住，而在 A/D 转换结束后又能跟踪输入信号的变化，即对输入信号处于采样状态。能完成这种功能的器件叫采样保持器。显见，采样保持器在保持阶段相当于一个模拟信号存储器。

在模拟信号输入通道中，是否需要加采样保持器，取决于模拟信号的变化频率和 A/D 转换的孔径时间；对快速过程信号，当最大孔径误差超过允许值时，必须在 A/D 转换器前加采样保持器。如果采集的是缓变信号，并有意识地想利用双积分型的 A/D 转换器滤除高频干扰，此时可不加采样保持器。

（1）采样保持原理

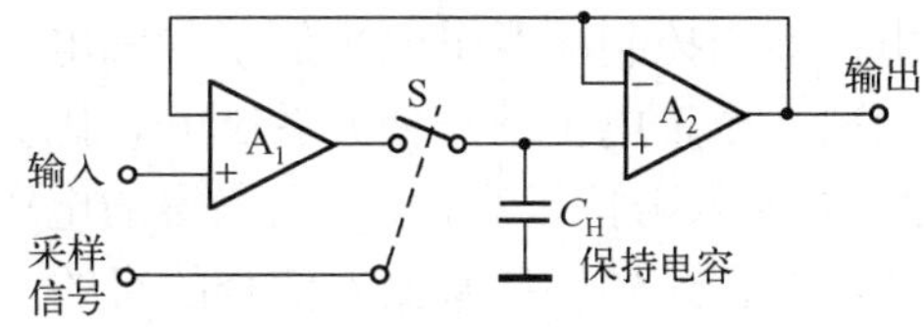

图 12.2-6　采样保持原理电路

图 12.2-6 为采样保持原理电路。主要由保持电容、输入和输出缓冲器，以及采样开关等组成。

采样期间，在采样信号控制下采样开关是闭合的，A_1 是高增益放大器，它的输出通过开关对电容快速充电；保持期间，开关断开，由于 A_2 的输入阻抗很高，在理想情况下，保持电容保持充电时的最终值。

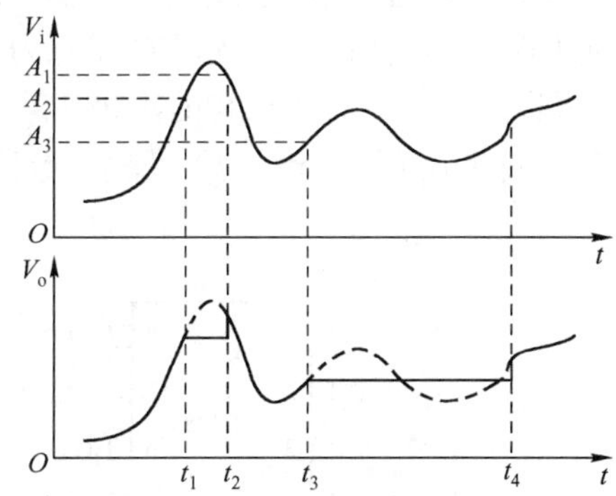

图 12.2-7　采样保持电路输入和保持信号

图 12.2-7 所示为对输入 V_i 信号的采样过程。如，在 t_1 时刻前，S 为闭合状态，输出信号 V_o 跟输入 V_i 保持同步变化，即为采样状态。在时间 t_1 时刻，S 断开，此时保持电容 C 已充电到 A_2 的幅值，所以输出电压基本保持在输入信号在 S 断开瞬间的电平值 A_2 不变，即为保持状态。在 t_2 时刻，新的采样时刻到来，此时相当于 S 重新闭合，V_i 通过 R 迅速向 C 充电，之后，V_o 又随 V_i 同步变化，直至 t_3 时刻 S 断开，V_o 保持 A_3 的电位不变。因此，利用采样保持器，在启动 A/D 变换时，保持住输入信号，从而可避免 A/D 转换孔径时间带来的转换误差。

由上述分析也可知，电容 C 对采样保持的精度有很大影响。如果电容值过大，则其时间常数大，当信号变化频率高时由于电容充放电时间大，将会影响输出信号对输入信号的跟随特性，而且在采样的瞬间电容两端的电压会与输入信号电压有一定的误差；而当处于保持状态时，如果电容的漏电流太大，负载的内阻太小，都会引起保持信号电平的变化。

为使采样保持器有足够的精度，除了一般在其输入级和输出级均采用缓冲器，以减小信号源的输出阻抗，增加负载的输入阻抗外，在电容的选择时，应选择容量大小适宜，以保证其时间常数适中，并选用漏泄小的电容，如聚四氟乙烯电容。

（2）集成采样保持器

随着大规模集成电路技术的发展，目前已生产出多种集成采样保持器。例如，可用于一般目的的 AD582，AD583，LF198 系列等；用于高速场合的有 HTS-0025，HTS-0010，HTC-0300 等；用于高分辨率场合的有 SHA1144 等；为了使用方便，有些采样保持器的内部还设有保持电容，如 AD389，AD585 等。集成采样保持器的特点是：

① 采样速度快，精度高，一般在 2～2.5μs 即达到±0.01%～±0.003%精度；

② 下降速率慢，如 AD585，AD348 为 0.5mV/ms，AD389 为 0.1μV/ms。

正因为集成采样保持器有许多优点，因此得到了极为广泛的应用。下面以 LF398 为例，介绍集成采样保持器的原理。

图 12.2-8 为 LF398 原理图，图中，A_1 和 A_2 是跟随器，其作用主要是对保持电容输入和输出端进行阻抗变换，以提高采样保持器的性能。A_3 主要起比较器的作用，其中第 7 脚为参考电压，当输入控制逻辑电平高于参考端电压时，A_3 输出一个低电平信号驱动开关 S 闭合，此时输入信号经 A_1 跟随输出到 A_2 再由 A_2 跟随输出，同时向保持电容(接 6 端)充电；而当控制端逻辑电平低于参考电压时，A_3 输出一个正电平信号使开关断开，因为跟随器 A_2 的输入阻抗很高，C_H 上充得的电压近似保持不变，达到保持原输入信号的目的。

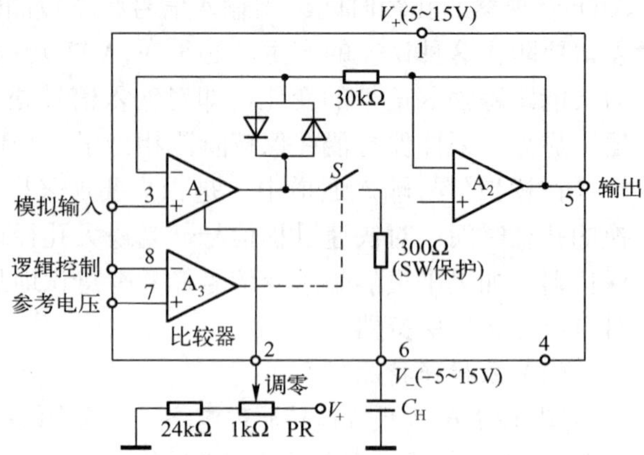

图 12.2-8　LF398 原理图

与 LF398 结构相同的还有 LF198，LF298 等，它们都是由场效应管构成的，具有采样速度高、保持电压下降慢及精度高等特点。输入偏置电压的调整只需在偏置端(第 2 脚)调整即可，并且在不降低偏置电流的情况下，允许的带宽为 1MHz，其主要技术指标有：① 工作电压：±5V～±18V；② 采样时间：小于等于 10μs；③ 可与 TTL、PMOS、CMOS 兼容；④ 当保持电容为 0.01μF 时，典型保持步长为 0.5mV；⑤ 低输入漂移。图 12.2-9 为其引脚图，图 12.2-10 为其典型应用。

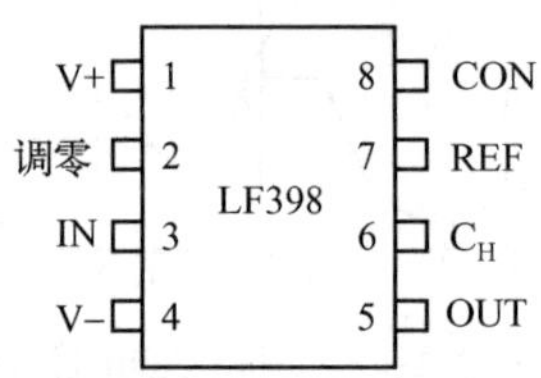

图 12.2-9　LF398 引脚图

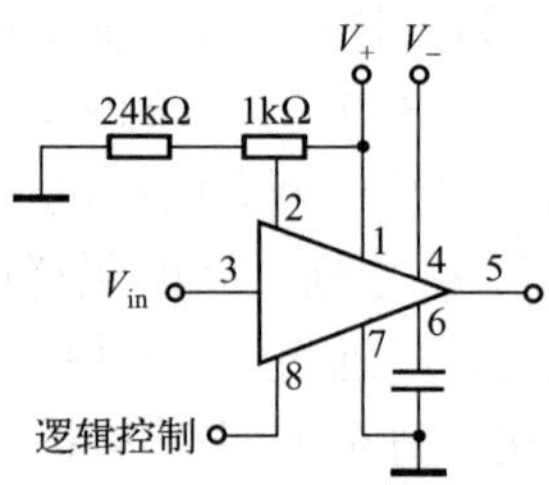

图 12.2-10　LF398 典型应用

3. 多路模拟开关

多路开关的作用主要是用于信号切换，如在某一时刻接通某一路，让该路信号输入而让其他路断开，从而达到分时进行多通道检测的目的。

(1) 常用的多路开关

① 机械触点式多路开关：这类开关主要有干簧继电器、水银继电器和机械振子式继电器等。其特点是：断开电阻大，导通电阻小，寿命长，输入电压、电流容量大，动态范围宽。主要缺点是：体积大，切换频率低，在通断时存在抖动现象。因此一般用于低速、高精度检测系统中。

② 模拟集成多路开关：是指在一个单片上包含多路开关。其中采用 CMOS 工艺的模拟多路开关应用最为广泛。其特点是切换速度快，无抖动。但其导通电阻较大，输入电压、电流容量较小，动态范围有限，常用于高速且系统体积小的场合。

(2) 选择多路开关时要考虑的参数

① 泄漏电流：如果信号源内阻很大，传输的是电流量，此时就要考虑多路开关的泄漏电流，一般希望泄漏电流越小越好。

② 切换速度：对于需传输快速信号的场合，要求多路开关的切换速度快。同时要考虑到其后级采样保持电路和 A/D 的速度，开关切换速度只需略大于它们的速度即可。

③ 开关电阻：断开电阻尽可能大，导通电阻应远小于负载电阻。否则会使信号衰减。

④ 在进行精密数据采集和测量时，需考虑模拟开关的传输精度问题，尤其需注意模拟开关漂移特性，因为如果性能稳定，即使开关导通电阻较大，也可采取补偿措施来消除影响。但如果阻值和漏电流等漂移很大，将会大大影响测量精度。

由于模拟开关在接通时，有一定的导通电阻，在某些情况下，可能会对信号的传递精度带来较大的影响。作为一种补救，一般应尽可能使负载阻抗大一些，必要时可在负载前加缓冲器。另外，为了防止两个通道在切换瞬间同时导通情况(多选开关)，往往在某一通道断开到后一通道闭合之间加一延时，当然，这会影响模拟开关的切换速度。

12.2.2 A/D 转换原理及实现

A/D 转换器的种类很多，按照输出代码的有效位数分为 4 位、6 位、8 位、10 位、13 位、14 位、16 位、24 位和 BCD 码输出的 3.5 位、4.5 位、5.5 位、6.5 位、7.5 位、8.5 位等多种；按照转换速度分为超高速(转换时间$\leqslant$1ns)、高速(转换时间$\leqslant$1μs)、中速(转换时间$\leqslant$1ms)、低速(转换时间$\leqslant$1s)等芯片；按照转换方法分为计数式 A/D 转换、逐次逼近式 A/D 转换、并行直接比较式 A/D 转换、双积分式 A/D 转换等；按和计算机的接口方式可分为并行 A/D 转换器和串行 A/D 转换器。在计算机系统中的 A/D 转换还可借助计算机软件使 A/D 转换的硬件得以简化。另外，由于电压/频率(V/F)转换器具有和计算机接口简单、抗干扰能力强、性能价格比高等一系列特点，近年来在 A/D 转换速度要求不高的计算机系统中也得到了广泛的应用，特别是在单片微型计算机系统中应用更广。为适应系统集成的需要，有些转换器还将多路转换开关、时钟电路、基准电压源、二-十进制译码器和转换电路集成在一个芯片内，超越了单纯的 A/D 转换功能，为构成数据采集系统和输入/输出装置提供了很多方便。

1. 计数式 A/D 转换器

计数式 A/D 转换器由计数器、D/A 转换器和比较器组成。8 位计数式 A/D 转换器的组成原理如图 12.2-11 所示。

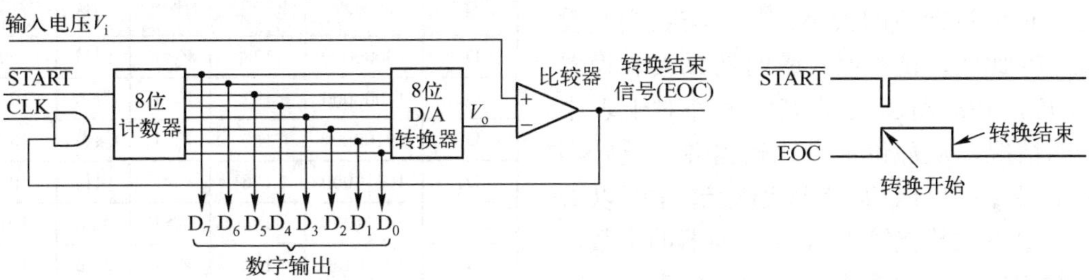

图 12.2-11　8 位计数式 A/D 转换器组成原理

工作过程：首先给计数器一个启动信号$\overline{START}$(负脉冲)，当$\overline{START}$由高变为低时计数器清零。此时 D/A 转换器的输出电压为 0，在输入 $V_i \neq 0$ 的情况下比较器的输出为高电平，计数器开放，开始对 CLK 做加 1 计数，随着计数的进行，D/A 转换器的输出电压不断增加(D/A 转换要在两个计数脉冲之间完成)，只要 V_o 不大于 V_i，计数器就不断地计数，直到 $V_o > V_i$ 时比较器反转，输出由高电平变为低电平而封锁计数脉冲，计数器停止计数，此时计数器中的计数值就是对应于输入 V_i 的数字量，即对模拟量 V_i 的 A/D 转换结果。同时比较器由高到低的跳变就表示一次转换的结束。

计数式 A/D 转换方式的特点是电路简单、成本低，但转换速度慢，在满量程下需要 2^n-1 个计数周期才能完成一次转换。

2. 逐次逼近式 A/D 转换器

逐次逼近式 A/D 转换器与计数式 A/D 转换器相比主要就是用逐次逼近式寄存器取代了计数器，从而克服了计数式 A/D 转换器转换速度慢的缺陷，得到了广泛的应用。其转换原理图如图 12.2-12 所示。

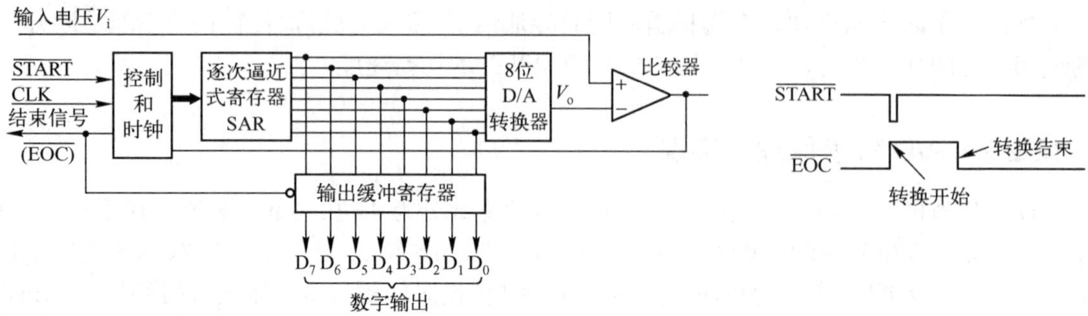

图 12.2-12　逐次逼近式 A/D 转换器原理

工作过程：和计数式 A/D 转换器的过程基本一样，也是首先给逐次逼近式寄存器一个启动信号$\overline{START}$（负脉冲），当$\overline{START}$由高变低时将逐次逼近式寄存器清零。此时 D/A 转换器的输出电压为 0，在输入 V_i 为 0 的情况下比较器的输出为高电平，逐次逼近式寄存器开始向输入模拟量 V_i 所对应的数字(即转换结果)逼近。其逼近过程是按对分搜索的方法进行的，即先使逐次逼近式寄存器的最高位为 1(即 1000000)，该值经 D/A 转换器转换后与 V_i 比较，如果 $V_o \leqslant V_i$ 则该位保持 1，否则该位清零，然后再用同样的方法试探次高位，以此类推，直至最后一位，此时逐次逼近式寄存器中的数就是对应于输入 V_i 的数字量，即对模拟量 V_i 的 A/D 转换结果。同时比较器由高到低的跳变就表示一次转换的结束，并选通输出缓冲寄存器把本次转换的结果送出。表 12.2-1 是假设待转换电压 V_i 所对应的数值为 178 的转换逼近过程。

表 12.2-1　逐次逼近过程

试探位	试探数	试探值	比较	确认	本次试探后保留的结果
D_7	10000000	128	$V_o<V_i$	保持	10000000
D_6	11000000	192	$V_o>V_i$	回 0	10000000
D_5	10100000	160	$V_o<V_i$	保持	10100000
D_4	10110000	176	$V_o<V_i$	保持	10110000
D_3	10111000	184	$V_o>V_i$	回 0	10110000
D_2	10110100	180	$V_o>V_i$	回 0	10110000
D_1	10110010	178	$V_o=V_i$	保持	10110010
D_0	10110011	179	$V_o>V_i$	回 0	10110010

为了说明试探值的大小，只能与我们假设的结果 178 比较，试探值对应的是 D/A 转换器的输出 V_o，178 对应的是 V_i。另外对于表中 $V_o= V_i$ 的情况，从理论上讲比较器并不反转，因此该位保持为 1。从上述逼近过程可以看出，它的逼近次数就等于 A/D 转换器的位数，在时钟频率固定的情况下，一次转换需要的时间是一定的，不像计数式 A/D 转换器，转换时间随待转换电压的增大而增加。

逐次逼近式 A/D 转换器的优点是精度高，转换速度快，其转换时间在几μs 到 100μs 之间，属中速转换器，常用于工业多通道控制系统和声频数字转换系统等。缺点是抗干扰能力不强。

3. 双积分式 A/D 转换器

图 12.2-13 所示为双积分式 A/D 转换器的转换原理图。图 12.2-14 所示为积分过程，图中曲线 *OAC* 对应的待转换电压为 V_A，OBD 对应的待转换电压为 V_B，其中 $V_A>V_B$。在转换开始信号的控制下，电子开关与模拟信号 V_i 接通，在固定的几个时钟脉冲时间内，V_i 向 C 充电，这是一个定时正向积分过程，时间一到，控制逻辑把开关转接到与 V_i 极性相反的基准电压上，使电容放电(反向积分过程)。开始放电的同时计数器也开始计数，当积分器过零时(电容器放电完

毕)，使计数器停止计数，并由控制逻辑发出转换结束信号。可见，计数值的大小反映了放电时间的长短，由于基准电压是恒定的，因此放电的速率(积分曲线的斜率)是固定的，所以放电时间正比于放电前电容上的电压，而该电压(定时积分所产生的)正比于定时积分期间 V_i 的平均值。因此，计数器的计数值正比于定时积分期间 U_i 的平均值，故该计数值即为转换结果。

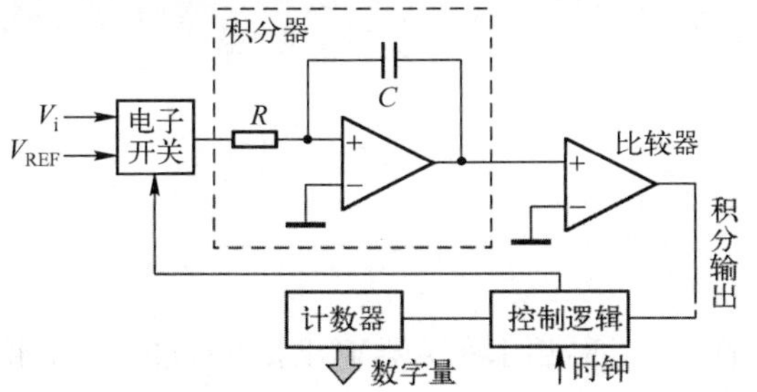

图 12.2-13　双积分式 A/D 转换器原理图

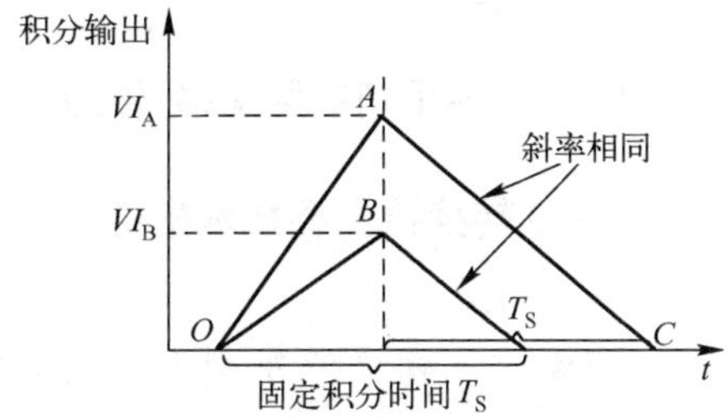

图 12.2-14　积分过程

这种方法的优点是消除干扰及抗电源噪声能力强，精度高。缺点是转换速度慢。转换时间从几毫秒到几百毫秒不等，一般适用于对温度、压力、湿度等缓变参量的检测。它在各种数字仪器仪表中得到了广泛应用。

4. 基于 D/A 转换器的 A/D 转换实现

从计数式 A/D 转换器和逐次逼近式 A/D 转换器的转换原理可以看出，A/D 转换器的计数功能和搜索比较功能都可以通过软件来实现。图 12.2-15 所示为用 D/A 转换器实现 A/D 转换的原理图。

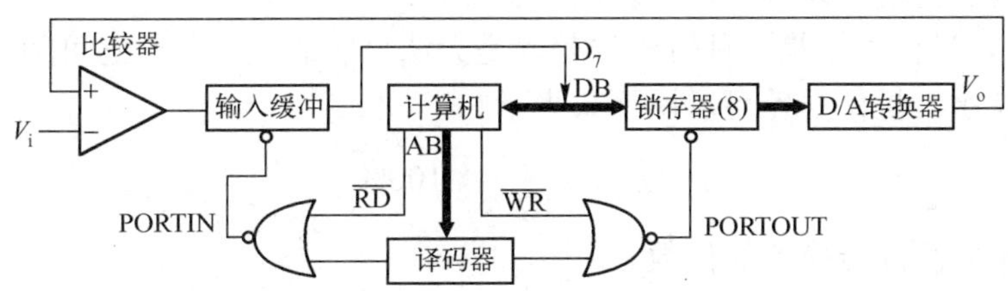

图 12.2-15　用 D/A 转换器实现 A/D 转换的原理图

依据计数式 A/D 转换原理，CPU 首先向锁存器写零，然后读取输入端口判别 D_7 的状态，如果 $D_7=1$，则 $V_o>V_i$，转换结束，锁存其中的数据即为转换结果。如果 $D_7=0$，则 $V_i>V_o$，使锁存器加 1 再读输入端口并判别 D_7 的状态，如此循环，直到 $D_7=1$ 为止。

依据逐次逼近式 A/D 转换原理，结合表 12.2-1，完成逐次逼近式 A/D 转换的程序如下(设输入端口的地址为 PORTIN，锁存器的端口地址为 PORTOUT)。

```
START:  SUB   AL, AL          ; AL 清 0
        MOV   BL, 80H         ; 置 BL=80H 作为试探输出的初值
        MOV   CX, 0008H       ; 置逼近次数
ADLOOP: ADD   AL, BL          ; 计算试探值
        MOV   BH, AL          ; 保留试探值
        OUT   PORTOUT, AL     ; 试探值送 D/A 转换器
        IN    AL, PORTIN      ; 读比较结果
        AND   AL, 80H         ; 测试比较结果
        JZ    ADNEXT          ; D7=0，即 Vo<Vi，保持此位的 1
        MOV   AL, BL          ; 试探值送 AL
        NOT   AL              ; 试探值求反
```

```
            AND    AL, BH         ; 使本次的试探位为 0
            MOV    BH, AL         ; 保存试探值
  ADNEXT:   ROR    BL, 1          ; 右移，得到下一个试探位
            MOV    AL, BH         ; 试探值送 AL
            LOOP   ADLOOP         ; CX 不为 0 继续；试探完毕，BH 中为转换结果
              ⋮
```

12.2.3 A/D 转换器技术指标及选型

1. A/D 转换器主要技术指标

（1）分辨率

分辨率表示转换器对微小输入量变化的敏感程度，通常用转换器输出数字量的位数来表示，或者以最小二进制位所代表的电压量来描述。例如，对 8 位 A/D 转换器，其数字输出量的变化范围为 0～255，即把输入电压最多可分为 255 份，每份对应一个最小二进制位。当输入电压满刻度为 5V 时，转换器对输入模拟电压的分辩能力为 5V/255≈19.6mV。即只要输入电压的变化量大于等于 19.6mV，输出数字就发生变化，可见该值不仅与 A/D 转换器的位数有关，还与输入电压的满刻度值有关。所以，与 D/A 转换器一样，A/D 转换器的位数所表示的分辨率，称为芯片的分辨率，而最小二进制在一定满刻度输入电压下所代表的电压值称为应用分辨率。

（2）精度

一个转换器中输出的数码所对应的实际模拟电压与理想的电压值之差并非是一个常数，把这个差的最大差值定义为绝对精度，而这个最大偏差与满刻度模拟电压之比的百分数即为相对精度。A/D 转换器的精度受许多因数的影响。主要有：

① 量化误差。量化误差是一种方法误差，是无法克服的误差。但它可随所选的 A/D 转换器位数的增加而减小。量化误差可以用下式表示

$$\varepsilon_{量化} \approx \frac{1}{2^{n+1}} \times 100\%$$

式中，n 为所选用的 A/D 转换器的位数。

② 非线性误差。A/D 转换器的非线性误差是指在整个变换量程范围内，数字量对应的模拟输入信号的实际值与理论值之差的最大值。当 A/D 转换器芯片选定后，生产厂家会给出所选 A/D 转换器芯片的非线性误差。

③ 电源波动误差。由于 A/D 转换器中包含运算放大器，有的还利用外接电源产生参考电压，这样供电电源的变化就会直接影响 A/D 转换器的精度。A/D 转换器对电源变化的灵敏度可用相对误差来表示，但更多的情况下用绝对误差(LSB)来表示。同样，一旦选定 A/D 转换器芯片，厂家在其使用手册中会给出所选的 A/D 转换器的电源波动误差。

④ 温度漂移误差。它是由于温度变化而使 A/D 转换器发生的误差。

⑤ 零点漂移误差。它是由于输入零点漂移而引起的误差。

⑥ 参考电源误差。有的 A/D 转换器需使用外接电源。由于参考电源在 A/D 转换器中相当于天平称重时的砝码，它的误差将直接影响到 A/D 转换器的精度。通常在选用参考电源时，要求其精度要比量化误差引起的精度高一个数量级以上。

上述这些误差构成了 A/D 转换器的总误差。在计算 A/D 转换器总误差时，应用各种误差的均方根表示。例如，总误差可表示为

$$\varepsilon_{总} = \sqrt{\varepsilon_1^2 + \varepsilon_2^2 + \varepsilon_3^2 + \varepsilon_4^2 + \varepsilon_5^2 + \varepsilon_6^2}$$

式中，ε_1～ε_6 为各种因素引起的误差。$\varepsilon_{总}$ 为 A/D 转换器的总误差。

（3）转换时间

A/D 转换器完成一次 A/D 转换所需的时间。其倒数即为转换速率。

（4）工作温度范围

由于温度会对内部的运算放大器和电阻网络产生影响，故只有在一定的温度范围内才能保证额定精度指标。应选其温度范围适于预期的工作环境。

（5）基准电压

基准电压的精度对 A/D 转换器精度影响较大，在选用时应考虑是否需外配基准电压(最好选用片内含基准电压源的芯片)。

2. A/D 转换器选型

（1）A/D 转换器的选型原则

① 根据检测通道的总误差和分辨率要求，选取 A/D 转换器的精度和分辨率。在一些大型测控系统中，不太计较成本的情况，应选 A/D 的精度和分辨率比系统要求的高一个数量级，这样系统的误差指标可全部分配给传感器和其他环节，以降低系统的设计或研制难度。在小型的智能仪器中，则应对系统各环节进行合理的精度分配，根据分配给 A/D 部分的指标进行选取，原则上满足系统要求即可，选得太高，既没有意义，而且价格也要高得多。

② 根据被测对象的变化率及转换精度要求确定 A/D 转换器的转换速率。为保证实时性和采样信号不失真的要求，A/D 转换时间必须满足由采样定理所确定的时间。因此，需估算出输入信号的最高频率 f_m，选 A/D 转换速率 $\geqslant f_m$。

③ 根据环境条件选择 A/D 芯片的环境参数，如工作温度、功耗等等。

④ 根据接口设计是否简便及价格等选取 A/D 芯片。现在 A/D 芯片种类繁多，有些内部含基准电源，有些则需外配；有些是 TTL 电平锁存或三态输出，TTL 电平控制，有些则不是。在价格差别不大的情况下，应选取既能保证性能，接口设计又最简单的芯片。

（2）标度变换

标度变换又称工程量变换。在测控系统中，往往要把经 A/D 转换所得的数字量转换成工程量，以便能直观地知道实际值的大小。这是因为在生产现场的各种工艺参数的量纲并不完全相同，比如温度有℃、℉，而压力有 Pa(帕)、MPa(兆帕)，而流量有 M^3/H(每小时立方)等。而 A/D 转换的输出数字一般不等于带有量纲的实际参数值，只能代表其相对大小，比如某 10 位分辨率的 A/D 转换器的满量程输出为 1023，该值仅能代表是该转换通道所测范围的最大值，为此，只有把它转换成带有量纲的数值后才能直观地表示被侧值的实际大小。当工程参数与 A/D 转换的结果是线性关系时可用下式变换，否则要根据它们之间的具体函数关系来考虑：

$$Y_i = (Y_{max}-Y_{min})(D_i-D_{min})/(D_{max}-D_{min}) + Y_{min}$$

式中，D_{max}、D_{min}、D_i 分别为 A/D 转换器可能产生的最大转换值、最小转换值和当前采样值下的 A/D 转换结果；Y_{max}、Y_{min}、Y_i 分别为对应于 D_{max}、D_{min}、D_i 的工程量数值。

例如，12 位的 A/D 转换器，对 0℃～100℃的温度进行采样转换，按照常规 $D_{max} = 2^{12}-1$（对应于 Y_{max}=100℃时），$D_{min} = 0$（对应于 $Y_{min} = 0$℃时），如果当前采样值的 A/D 转换输出 $D_i = 2048$，则 $Y_i = (100℃-0℃)\times(2048-0)/(4095-0) + 0℃ \approx 50℃$。

12.2.4 模数 A/D 转换器 ADC0809

1. ADC0809 的功能结构和引脚

ADC0809 是一种采用 CMOS 工艺的 8 位 A/D 转换器，其内部结构如图 12.2-16 所示。它主要由 8 路模拟开关、地址锁存和译码器、比较器、逐次逼近式寄存器(SAR)、开关树组、R-2R 解码网络、控制逻辑和三态输出缓冲寄存器等组成。

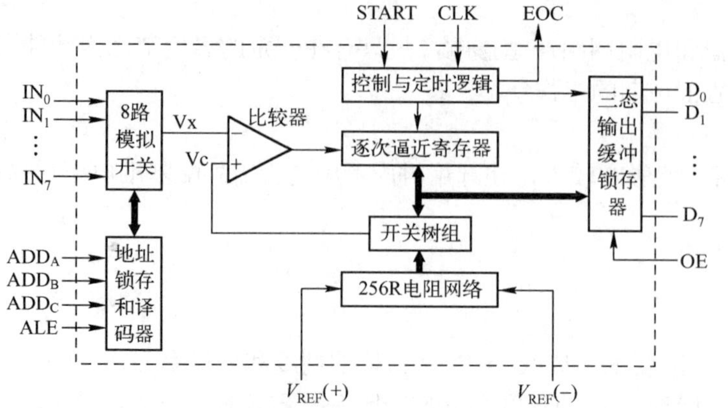

图 12.2-16　ADC0809 内部结构

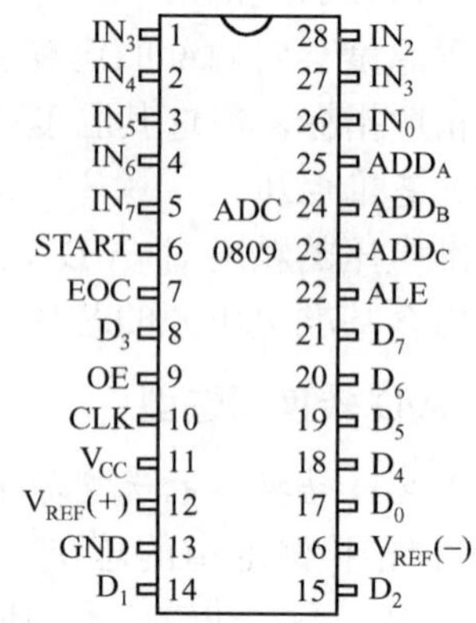

图 12.2-17　ADC0809 引脚排列

它的主要功能包括：

① 8 位分辨率。

② 8 路模拟输入选通转换。

③ 可锁存三态输出，与 TTL 兼容，和微机接口方便。

④ 最大不可调误差小于±1LSB。

⑤ 不必进行零点和满度调整。

⑥ CMOS 工艺、功耗为 15mW。

⑦ 单一+5V 电源工作。

⑧ 转换速度取却于芯片的时钟频率。时钟频率范围为 10～1380kHz，当时钟频率为 500kHz 时，转换时间为 138μs。

ADC0809 为 28 引脚芯片，其引脚排列如图 12.2-17 所示，引脚功能如下：

START：A/D 转换启动控制端，加正脉冲后转换开始。

IN_7～IN_0：8 路模拟量输入端(电压范围为 0～5V)。

D_7～D_0：8 位数字量输出。

EOC：转换结束信号输出端，当 A/D 转换开始后 EOC 变低，而转换结束时 EOC 返回高电平。该信号可以作为 A/D 转换的状态信号供查询用，也可作为中断请求信号，向 CPU 申请取走 A/D 转换结果。

ALE：地址锁存控制端，ALE 的上升沿将 ADD_A、ADD_B、ADD_C 的输入地址打入地址锁存器，经译码后控制多路模拟开关，将对应输入通道接至内部比较器的输入端。

OE：输出允许控制端，当 OE 端的电平由低变高时，三态输出锁存器打开，将数据送到数据总线上。与微机连接时该信号一般由片选和读信号产生。

CLK：时钟输入端。

$V_{REF}(+)$和 $V_{REF}(-)$：参考电压输入端，一般 $V_{REF}(+)$与电源 Vcc 相连，$V_{REF}(-)$与 GND 相连。

ADD_A，ADD_B，ADD_C：8 路模拟开关的选通地址输入端，用以选择 8 个通道中的一个模拟量进行 A/D 转换。ADD_C，ADD_B，ADD_A 为 000 时选中 IN_0，…，为 111 时选中 IN_7。

V_{CC}：电源电压。

GND：地。

2．ADC0809 的转换时序

ADC0809 的时序图如图 12.2-18 所示，ADC0809 的主要交流参数为：启动脉冲宽度 t_{ws}=100～200ns，ALE 脉冲宽度 t_{wale}=100～200ns，建立时间 t_s=25～50ns，保持时间 t_h=25～50ns，通道地址稳定时间为 $t_s + t_h$。

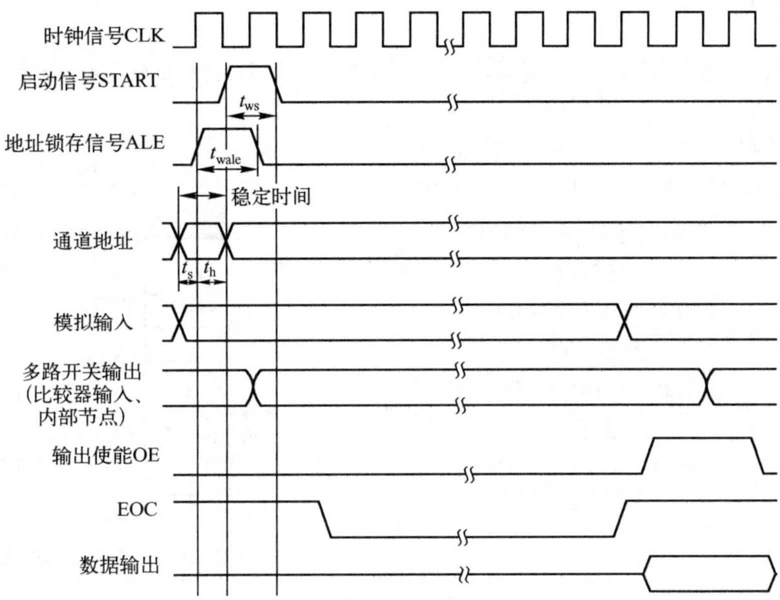

图 12.2-18　ADC0809 时序图

3．ADC0809 与微机的接口

由于 ADC0809 具有可锁存三态输出并和 TTL 兼容，因此和微机接口十分方便。图 12.2-19 是一种与微机的接口方法。START 和 ALE 复接到 $\overline{CS}$ 和 $\overline{IOW}$ 的或非门输出，这样在锁存通道地址的同时也就启动了 A/D 采样转换。ADD_C、ADD_B、ADD_A 分别接到地址总线的 A_2、A_1、A_0，用于通道选择。

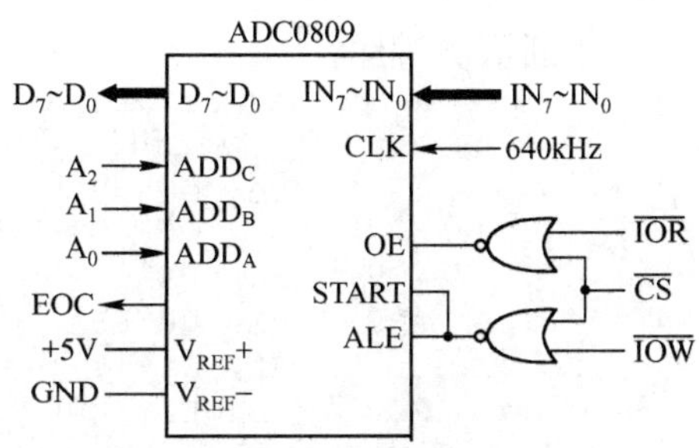

图 12.2-19　ADC0809 接口原理

能完成这一功能的指令为：

```
MOV   DX, PORTADCi
OUT   DX, AL
```

指令中 AL 的内容无任何意义，输出指令的目的就是产生 $\overline{CS}$ 和 $\overline{IOW}$ 有效的控制信号，以产生有效的 ADC 启动信号并对 ADC0809 的端口地址 PORTADC*i* 中的通道号(一般为地址总线的低 3 位)进行锁存。

转换结束信号 EOC 在中断方式下作为中断请求信号，在查询方式下为状态信号，可接到状态端口供 CPU 查询。

ADC0809 的 OE 端受 $\overline{CS}$ 和 $\overline{IOR}$ 的控制，通过对 ADC0809 八个通道中任一通道的读操作均可读取转换结果。读取 A/D 转换结果的指令为：

```
MOV   DX, PORTADCi
IN    AL, DX
```

4. ADC0809在自动气象站中的应用

【例 12.2-1】 ADC0809 用于自动气象模拟量采集。如图 12.2-20 所示，温度、湿度、气压和辐射 4 个模拟量分别接入 ADC0809 的 IN_0～IN_3 通道，温度传感器量程为−50℃～80℃，湿度传感器量程为 0%～100%，气压传感器量程为 400～1200hPa，辐射传感器量程为 0～2000W。A/D 转换结束，EOC 端口为高电平，向 8259A 提出中断，等待中断处理。

① 工程量转换

以温度为例，由 $Y_i=\dfrac{(Y_{max}-Y_{min})(D_i-D_{min})}{(D_{max}-D_{min})}+Y_{min}$ 来进行工程量转换的计算，因为 ADC0809 是 8 位的，所以 $D_{max}=2^8-1=255$ ，$D_{min}=0$ ，D_i 为 ADC0809 转换输出值，$Y_{max}=80$ ，$Y_{min}=-50$ 。

温度(℃)：$T=\dfrac{[80-(-50)]\times(D_i-0)}{255-0}+(-50)$

湿度(%)：$H=\dfrac{(100-0)\times(D_i-0)}{255-0}+0$

气压(hPa)：$P=\dfrac{(1200-400)\times(D_i-0)}{255-0}+400$

辐射(W)：$R=\dfrac{(2000-0)\times(D_i-0)}{255-0}+0$

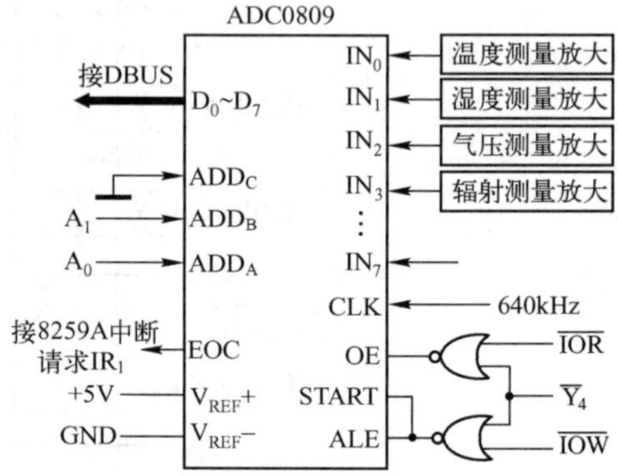

图 12.2-20 ADC0809 采集模拟量连接图

② 程序设计

数据段定义：

```
DATA   SEGMENT
         BUFFER    DB  10 DUP(?)        ; 存放各个气象要素，一共 10 个字节
         ADDR0809  EQU 0290H            ; 定义 ADC0809 开始 0 通道地址
DATA   ENDS
```

中断服务程序：

```
         ⋮
     MOV    DX, ADDR0809
     MOV    DI, OFFSET BUFFER
     MOV    BX, DX
     AND    BX, 000FH                ; 通道判断
TRN: IN     AL, DX                   ; 读入结果
     MOV    [BX+DI], AL              ; 将结果存入缓冲区对应单元
     INC    BX
     CMP    BX, 4
     JL     LL
     JMP    FIN                      ; 4 个通道都转换完转结束处理
LL:  ADD    DX, BX
     OUT    DX, AL                   ; 启动下个通道转换……
     JMP    TRN
         ⋮
FIN:     ⋮                           ; 结束处理
```

12.2.5 12位A/D转换器AD574

1. AD574的结构及引脚

AD574 是美国模拟器件公司的产品，是较先进的高集成度、低价格的逐次比较式转换器。

近几年来，该公司又推出一种新的 A/D 转换器 AD1674，它的功能、特性及引脚完全与 AD574 相同，不同的是把采样保持电路集成到了芯片内。如果使用 AD1674，可将模拟信号直接加到模拟信号输入端。

（1）AD574 的功能

① 12 位逐次比较式 A/D 转换器。

② 转换时间为 25μs。

③ 输入电压可以是单极性 0～+10V 或 0～+20V，也可以是双极性-5V～+5V，-10V～+10V。

④ 可由外部控制进行 12 位转换或 8 位转换。

⑤ 12 位数据输出分为三段，A 段为高 4 位，B 段为中 4 位，C 段为低 4 位，分别经三态门控制输出。

⑥ 内部具有三态输出缓冲器，可直接与 8 位或 16 位的 CPU 数据总线相连。

⑦ 功耗 390mW。

AD574 的内部结构和引脚如图 12.2-21 所示。

AD574 由两片大规模集成电路构成。一片为 D/A 转换器 AD565，另一片集成了逐次比较寄存器(SAR)、转换控制电路、时钟电路、总线接口电路和高分辨比较电路。

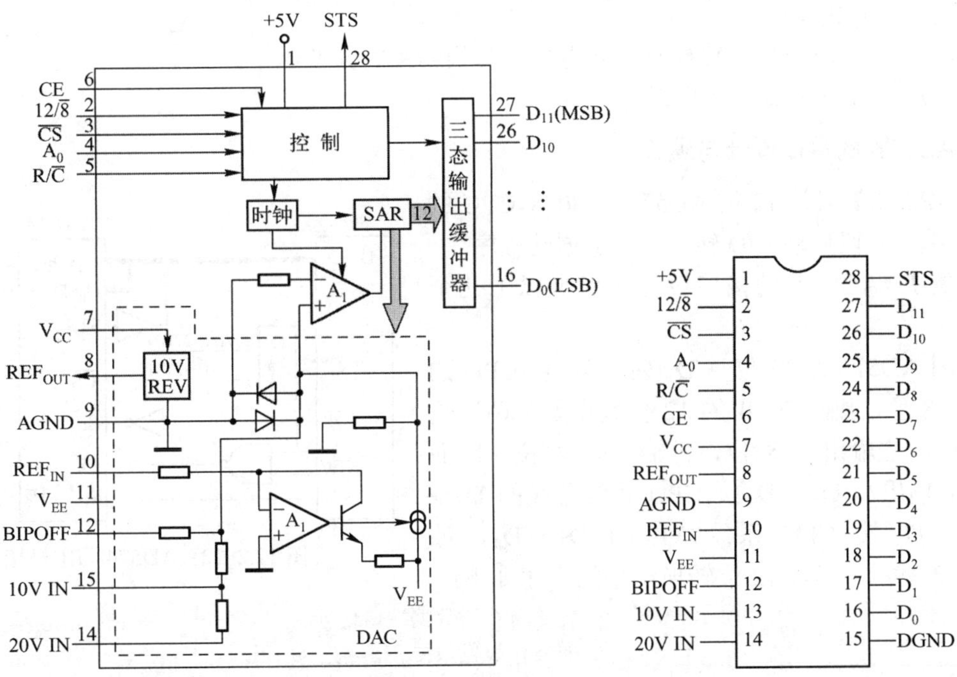

（a）内部结构　　（b）引脚

图 12.2-21　AD574 的内部结构和引脚

（2）引脚信号说明

12/$\overline{8}$：输出数据方式选择控制信号。当接高电平时，输出数据是 12 位字长；当接低电平时，将转换后的数变成两个 8 位数据输出。

A_0：转换数据长度选择控制信号。当 A_0 为高电平时，启动转换，进行 8 位转换；当 A_0 为低电平，启动转换，进行 12 位转换。

$\overline{CS}$：片选信号，低电平有效。

R/$\overline{C}$：读出或转换控制选择信号。为低电平时，启动转换；为高电平时，可将转换后的数据读出。

CE：芯片允许信号，高电平有效。该信号与$\overline{CS}$信号一起有效时，AD574 才可以进行转换或从 AD574 输出转换后的数据。

启动转换或读出数据时，$\overline{CS}$，CE，R/$\overline{C}$，A_0，12/$\overline{8}$ 等控制信号的配合关系如表 12.2-2 所示。

表 12.2-2　AD574 控制信号的配合关系

CE	$\overline{CS}$	R/$\overline{C}$	12/$\overline{8}$	A_0	功　能
1	0	0	*	0	12 位转换
1	0	0	*	1	8 位转换
1	0	1	接+5	*	允许 12 位并行输出
1	0	1	接数字地（15 脚）	0	允许 8 位最高有效输出
1	0	1	接数字地（15 脚）	1	允许 4 位最低有效位加 4 个 0 输出

V_{CC}：正电源，其范围为 0～+16.5V。

REF_{IN}：参考电压输入。

REF_{OUT}：+10V 参考电压输出，具有 1.5mA 的带负载能力。

AC：模拟地。

DC：数字地。

V_{EE}：负电源，可选-11.4～-16.5V 之间的电压。

10V IN：10V 输入端，单极性输入时，输入电压范围为 0～+10V；双极性输入时，输入电压范围为-5～+5V。

20V IN：20V 输入端，单极性输入时，输入电压范围为 0～+20V；双极性输入时，输入电压范围为-10～+10V。

STS：状态输出信号，转换时为高电平，转换结束时为低电平。

D_0～D_{11}：输出转换结果的数据线。

2．AD574 的接口设计与编程

【例 12.2-2】设计 12 位 AD574 与 8088 CPU 的接口，并编写一段启动 A/D 转换采集数据的程序。

【解答】 AD574 的接口设计应考虑以下几个方面：

① 因 AD574 是 12 位 A/D 转换器，若 CPU 的数据线为 8 位，则 AD574 的 12 位数据要分两次输出到 CPU，先输出高 8 位，再输出低 4 位，因而 AD574 的输出端 D_{11}～D_4 接 CPU 系统总线的 D_7～D_0，D_3～D_0 接 CPU 系统总线的 D_7～D_4，如图 12.2-22 所示。读取 12 位转换结果的程序如下：

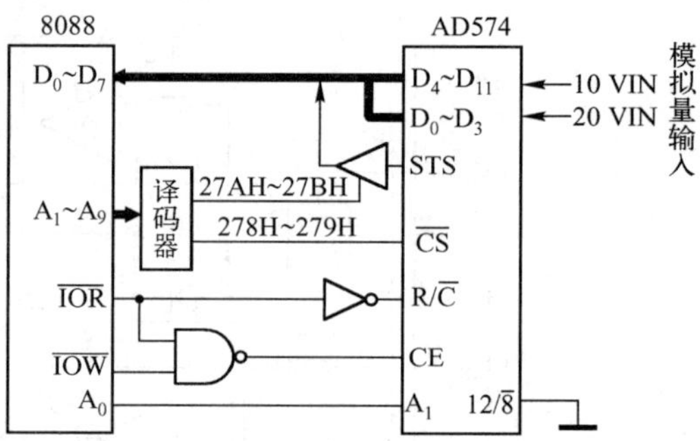

图 12.2-22　AD574 与主机接口

```
        MOV     DX, ADCPORT1        ; 设置高 8 位数据端口地址
        IN      AL, DX              ; 采集高 8 位数据
        MOV     AH, AL              ; 高 8 位数据保存在 AH 寄存器内
        MOV     DX, ADCPORT2        ; 设置低 4 位数据端口地址
        IN      AL, DX              ; 采集低 4 位数据，保存在 AL 寄存器中
```

在 AX 中存放 12 位数据的排列结构如图 12.2-23 所示。

D_{15}	D_{14}	D_{13}	D_{12}	D_{11}	D_{10}	D_9	D_8	D_7	D_6	D_5	D_4	D_3	D_2	D_1	D_0
												0	0	0	0

12位A/D转换结果

图 12.2-23　AD574 12 位数据排列结构（8 位 CPU）

若 CPU 有 16 位数据线，则 AD574 的 D_0～D_{11}12 位数据输出可直接接在 CPU 数据总线的 D_0～D_{11} 位上，执行一次输入指令，即可把 12 位 A/D 转换结果输入到 CPU 中，在 AX 中存放

12 位的数，排列结构如图 12.2-24 所示。

D_{15}	D_{14}	D_{13}	D_{12}	D_{11}	D_{10}	D_9	D_8	D_7	D_6	D_5	D_4	D_3	D_2	D_1	D_0
0	0	0	0												

12位A/D转换结果（D_{11}～D_0）

图 12.2-24　AD574 读入 AX 的 12 位结果排列结构（16 位 CPU）

② $12/\overline{8}$ 引脚的电平要求。由表 12.2-2 可看出，在转换时，$12/\overline{8}$ 的电平可高可低，在输出数据时，根据 12 位数据输出是一次输出还是两次输出。12 位数据一次输出，$12/\overline{8}$ 引脚接高电平；12 位数据分两次输出时，$12/\overline{8}$ 引脚接低电平。在图 12.2-23 中设计为两次输出，所以 $12/\overline{8}$ 接一固定低电平。

③ 根据前面所述 AD574 的工作过程可知，无论是转换过程还是输出数据，AD574 的控制引脚 $\overline{CS}$=0，CE=1，因而在图 12.2-23 中利用译码器的输出作为 $\overline{CS}$ 引脚的控制信号，读写信号经与非逻辑输出后的信号作为 CE 的控制信号，即无论是读还是写，CE 信号都有效。

④ STS 信号是由 AD574 芯片本身产生的一个状态信号，该信号反映转换过程是否结束，因而该信号可以作为中断请求信号，利用中断方式判断 A/D 转换是否结束；也可以通过查询方式，把 STS 线连接到数据总线的某一根数据线上，通过查询数据线的高低电平，判断转换是否结束。需要注意的是 STS 线不可直接连接到数据总线上，要经过一个三态门再连接到数据总线上，此三态门的开启可通过一个地址线进行控制。

AD574 的地址分配需：第一，取高 8 位数据，启动转换要使 A_0=0，所以地址值是 278H；第二，取低 4 位数据，要使 A_0=1，所以地址值是 279H；第三，为打开 STS 状态信号的通路，三态门的地址为 27AH。设三态门输出接至 CPU 系统总线的 D_7。启动转换并读取结果的程序如下：

```
          MOV   DX, 278H
          OUT   DX, AL          ; 启动转换，R/C̄=0，C̄S̄=0，CE=1，A0=0
          MOV   DX, 27AH        ; 设置三态门地址
    AA1:  IN    AL, DX          ; 读取 STS 状态
          TEST  AL, 80H         ; 测试 STS 电平
          JNZ   AA1             ; STS=1 等待，STS=0 向下执行
          MOV   DX, 278H
          IN    AL, DX          ; 读高 8 位数据，R/C̄=1，C̄S̄=0，CE=1，A0=0
          MOV   AH, AL          ; 保存高 8 位数据
          MOV   DX, 279H
          IN    AL, DX          ; 读低 4 位数据，R/C̄=1，C̄S̄=0，CE=1，A0=1
```

12.2.6　自动气象站框架设计

接口篇开始提出的自动气象站的主要功能(瞬时风速、降雨量、风向、温度、湿度、气压、直接辐射强度的测量设计)已经全部完成；自动气象站和计算机的串行通信和人机接口的键盘与 LED 数码显示也均已实现；通过 8259A 实现了 8253、ADC 和键盘的中断管理。自动气象站的主程序主要是定时调用通信程序进行信息上传和循环调用动态显示程序保证显示的稳定并等待中断即可。

本设计侧重原理设计和与教学内容的关联，因此并不是一个理想的实用自动气象站设计。目前各类嵌入式处理器(单片微型计算机、ARM、DSP 等)已经集成有并行接口、串行接口、定时/计数、A/D 和 D/A 转换，以及多中断源管理等功能，而且还集成了一定容量的随机读写存储器和只读型存储器，其数据处理能力也足以满足自动气象站的要求，因此图 12.2-25 所示虚线框内部分的功能可由一个嵌入式处理器来实现。本课程所学习的微机原理知识不是仅对

PC 机的，而是各类微型计算机和嵌入式处理器的共同基础。

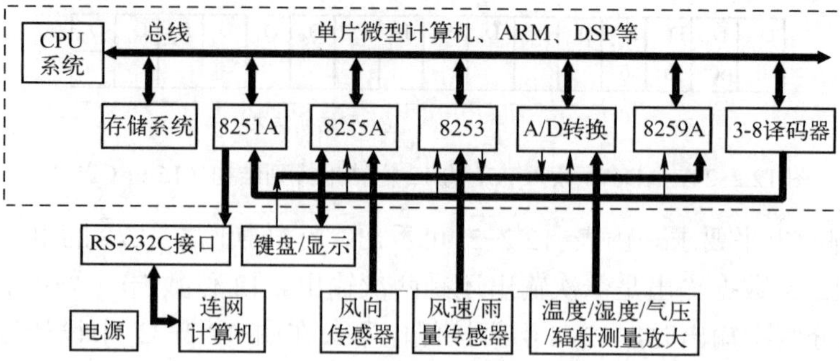

图 12.2-25　自动气象站原理框图

练习题 2

12.2-1　12 位的 A/D 转换器，对 0℃~100℃的温度进行采样转换，如果当前采样值的 A/D 转换输出 D_i=2048，则实测温度为_____。

12.2-2　某 A/D 转换器的分辨率为 8 位，满量程输入电压 VFS=5V，则分辨率是______V。

12.2-3　有关逐次逼近式 10 位 A/D 转换芯片的正确叙述是（　　）。

A. 转换时间与模拟输入电压有关，分辨率为 $1/2^{10}$　　B. 转换时间与模拟输入电压无关，分辨率为 $1/2^{10}$

C. 转换时间与模拟输入电压有关，分辨率为 $1/2^{9}$　　D. 转换时间与模拟输入电压无关，分辨率为 $1/2^{9}$

12.2-4　如图 12.2-26 所示 ADC0809 通过 8255A 与 CPU 接口。图中 0809 的 D_7～D_0 接 8255A 的 PA 口，ADD_C、ADD_B、ADD_A 接 PB_2～PB_0；START 接 PC_6，ALE 接 PC_7，EOC 接 PC_0。8255A 的 PA 口输入，PB 口输出，PC 口高 4 位输出，PC 口低 4 位输入，三个口均工作于方式 0。8255A 的地址为 200H～206H。当以查询的方式采样数据时，只需不断检测 PC_0。编写程序以查询的方式对 IN_0 端进行 100 次采样数据存入 BUF 开始的内存中。

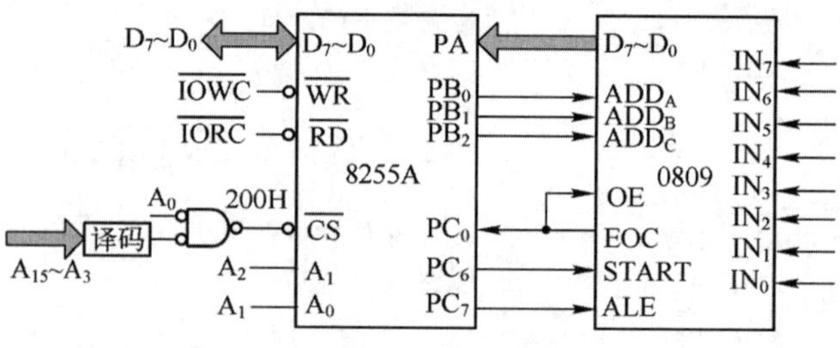

图 12.2-26　题 12.2-4 图

12.3　本章学习指导

12.3.1　本章主要内容

将模拟量转化为数字量的过程称为模数(A/D)转换，将数字量转化为模拟量的过程称为数模(D/A)转换，完成相应转换功能的器件叫模数转换器(又称 A/D 转换器)和数模转换器(又称 D/A 转换器)。

1. D/A 转换器及其与主机的接口

D/A 转换器组成包括：电阻网络、基准电源、模拟开关及运算放大器等。

D/A 转换器主要的转换原理有：权电阻网络 D/A 转换和实用的 R−2R T 形电阻网络 D/A 转换。

D/A 转换器主要技术指标有：分辨率、精度、转换时间、温度范围、动态范围等。

DAC0832 的引脚定义及三种工作方式：单缓冲方式、双缓冲方式和直通方式。

2．A/D 转换器及其与主机的接口

A/D 转换器接口通常包括：多路模拟开关、采样保持器、A/D 转换器及其与主机的接口等。

A/D 转换器主要的转换原理有：计数式 A/D 转换、逐次逼近式 A/D 转换、并行直接比较式 A/D 转换、双积分式 A/D 转换等。

A/D 转换器主要技术指标有：分辨率、精度、转换时间、温度范围、基准电压等。

ADC0809 的引脚定义、转换时序及与主机的接口方法。

12.3.2 典型例题

【例 12.3-1】 根据 A/D、D/A 转换器互为逆转换的特点，设计 ADC0809 和 DAC0832 的自检硬件电路，并编写相应的自检软件。

【解答】 ① 自检思路

首先将 80H 写入 DAC0832，使 D/A 转换器输出的 2.5V 电压(设满刻度为 5V)。然后，启动 ADC0809，对 D/A 的输出进行转换。假定 ADC0809 的满刻度也是 5V，则经转换后，A/D 转换器的转换值约为 80H。假定在一定的门限范围内(程序中为±3LSB)两者相等，即认为 A/D、D/A 转换工作正常；反之认为有故障。

② ADC0809 和 DAC0832 与主机的连接

ADC0809 和 DAC0832 与主机的连接如图 12.3-1 所示，为自检，将 DAC0832 的输出接到了 ADC0809 空着的模拟信号输入端 IN_7 上。ADC0809 转换结束信号 EOC 接到 U_2 的 $1A_1$ 端。

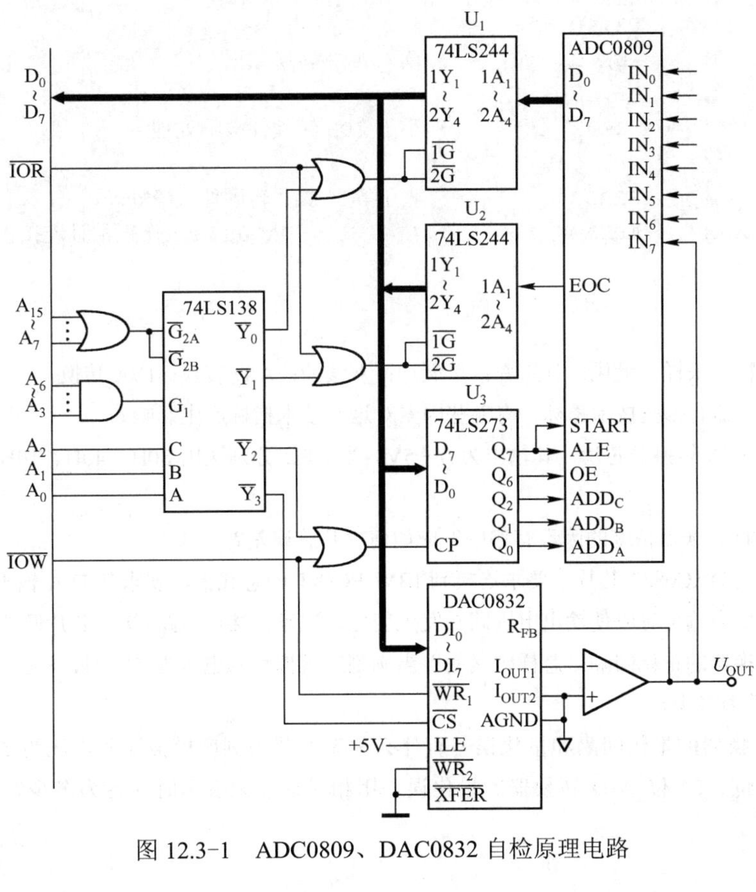

图 12.3-1　ADC0809、DAC0832 自检原理电路

③ 端口地址分析

根据 74LS138 译码器与地址总线的连接可以看出，当 A_{15}～A_7 全为 0 且 A_6～A_3 全为 1 时选通 74LS138，则 138 译码器 $\overline{Y}_0$～$\overline{Y}_7$ 对应地址为 0078H～007FH。因此读取 ADC0809 转换结果的输入数据端口地址(即选通 U_1 的地址)为 0078H。读取 ADC0809 转换是否结束的状态端口地址为 0079H。控制 ADC0809 启动和转换通道选择的控制端口地址为 007AH。向 DAC0832 输出数据的数据端口地址为 007BH。

④ A/D 和 D/A 的自检程序

```
ADTEST: MOV    DX, 007BH
        MOV    AL, 80H
        OUT    DX, AL          ; 80H 送 D/A
        MOV    DX, 007AH
        MOV    AL, 07H
        OUT    DX, AL          ; 送选通 IN7 的地址，并使 START、ALE、OE 均为低
        MOV    AL, 87H
        OUT    DX, AL          ; 使 START 为高
        MOV    AL, 07H
        OUT    DX, AL          ; 使 START 为低，产生启动脉冲
        MOV    DX, 0079H
WAIT:   IN     AL, DX
        TEST   AL, 01H
        JZ     WAIT            ; 等待变换结束
        MOV    AL, 40H
        MOV    DX, 007AH
        OUT    DX, AL          ; 使 ADC0809 的 OE 有效
        MOV    DX, 0078H
        IN     AL, DX          ; 读入 A/D 转换数据
        CMP    AL, 7DH
        JC     ERROR           ; 小于 7DH 转硬件故障处理
        CMP    AL, 84H
        JNC    ERROR           ; 大于等于 84H 转硬件故障处理
        JMP    ADDAOK          ; ADC0809、DAC0832 工作正常且连接正确转 ADDAOK
```

本章习题

12-1 名词解释：采样；量化；分辨率；单缓冲；双缓冲；A/D 转换；D/A 转换。

12-2 D/A 转换器有哪些技术指标？有哪些因素对这些技术指标产生影响？

12-3 某 8 位 D/A 转换器芯片，其输出为 0～5V。当 CPU 分别送出 80H、40H、10H 时其对应的输出电压各为多少？

12-4 影响 A/D 转换器精度的因素有哪些？应如何求其总误差？

12-5 现有两块 DAC0832 芯片，要求连接到 IBM PC/XT 的总线上，要求其 D/A 输出电压均为 0～5V，且两路输出在 CPU 更新输出时应使输出电压同时发生变化。试设计接口电路(接口芯片及地址自定)。

12-6 A/D 转换器的量化间隔是怎样定义的？当满刻度模拟输入电压为 5V 时，8 位、10 位、12 位 A/D 转换器的量化间隔各为多少？

12-7 A/D 转换器的量化间隔和量化误差有什么关系？若满刻度模拟输入电压为 5V，8 位、10 位、12 位、16 位、20 位、24 位 A/D 转换器的量化误差用相对误差来表示时应各为多少？用绝对误差表示又各为多少？

12-8 在书中设计的 A/D、D/A 电路的自检硬件电路图 12.3-1 基础上，改用 8255A 作为接口芯片取代原图中的 U_1、U_2、U_3，DAC0832 的输出送到 ADC0809 的 IN_5，请重新设计电路，并编写相应的自检软件(门槛范围改为±2LSB)。

12-9 若某 10 位 A/D 转换器芯片的引脚简图及工作波形如图 12.3-2 所示。试画出该 A/D 芯片与 8088 系统总线相连接的接口电路，并编制采集子程序，要求将采集到的数据放入 BX 中(接口芯片及地址自定)。

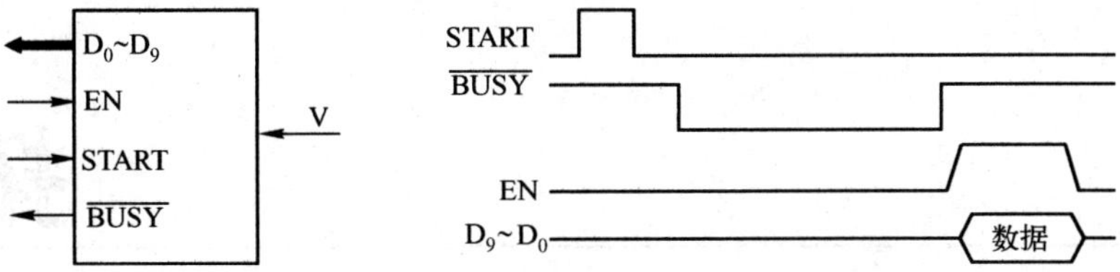

图 12.3-2　10 位 A/D 转换器及其时序图

拓展篇

微机技术发展迅速，CPU的复杂程度已远非一门课程所能够触及，但是对新技术的了解是必须的。本篇由第13~15章组成。第13章概述总线的分类、功能及特点，常用的和最新的总线控制方法和标准。第14章以80486为重点介绍高性能微处理器及其发展，然后阐述了当前高性能微处理器关键新技术。实践性强是微机原理课程的特点之一，第15章为实验和实训，主要包括汇编语言部分的5项和接口部分的7项基本实验，覆盖了理论部分的主要知识点；每个实验包括：实验目的、实验预习、实验内容、实验分析、实验步骤和思考题六项内容；接口实验均基于Proteus仿真软件，具有较大的灵活性。

本篇作为基础篇和接口篇的拓展，第13~14章是需要学生了解但教学安排难以系统涵盖的内容，可供自学或者有选择性的教学，第15章可根据各校实验安排考虑是否选作实验教学内容，不论是否选择作为教学内容，其接口实验都可以作为仿真学习与实物(体)实验的预备和补充，供学习者自主完成都是极为有益的。

*第 13 章　总 线 技 术

内容提要：

总线技术是与 CPU 技术、计算机及其应用系统的发展相适应的。本章概述总线的分类、功能及特点，阐述常用总线控制方法，最后介绍常用总线标准。

教学目标：

- 了解总线分类及特点
- 了解常用总线控制方法
- 了解常用总线总线标准

13.1　总 线 概 述

总线是一组公用信号线的集合，是一种在各模块或各设备间传送信息的公共通路。

在微机系统中，利用总线实现芯片内部、印刷电路板各部件之间、机箱内各插件板之间、主机与外部设备之间或系统与系统之间的连接与通信。总线是构成微型计算机应用系统的重要技术，总线设计得好坏会直接影响整个微机系统的性能、可靠性、可扩展性和可升级性。

1. 总线分类

根据总线在系统中所处的位置，按照总线的主要作用和传输性质，可按图 13.1-1 进行分类。

- 计算机系统或设备
  - 内部总线
    - 片内总线：CPU、8255芯片、ASIC的内部总线
    - 片外
      - 系统总线：主机结构总线、Multi BUS
      - 局部总线：ISA总线、PCI总线
  - 外部总线
    - 并行总线：并行打印机、Centronics、仪器总线、IEEE-488、硬盘IDE、SCIS
    - 串行总线：异步串行RS232、USB

图 13.1-1　总线分类

按照总线长度区分，总线可分为：毫米级芯片内总线、厘米级芯片间总线、分米级机箱内总线(如 ISA、PCI、I^2C 及 SPI 等)、十米级机柜间总线(RS232、VXI 等)及千米级现场总线(FF、Profibus 等)。

（1）片内总线

片内总线位于集成电路的内部，用作各功能单元的信息通路。例如，CPU 片内总线是 ALU、寄存器和控制器之间的信息通路。

（2）系统总线

系统总线是指模块式微型计算机机箱内的底板总线，用来连接构成微型机的各插件板，它可以是多处理机系统中各 CPU 板之间的通信通道，也可以是用来扩展某块 CPU 板的局部资源，或是总线上所有 CPU 板扩展共享资源之间的通信通道。现在较流行的标准化微机系统总

线有 16 位的 MULTIBUS I、STDBUS；32 位的 MULTIBUS II、STD32 和 VME 等。

（3）局部总线

局部总线用于在印刷电路板上连接各芯片之间的公共通路，如 CPU 及其支持芯片与其局部资源之间的通道。这些资源包括在板资源，插在板上局部总线扩展槽上的功能扩展板上的资源。例如 PC 系列机中的 ISA、EISA、PCI、AGP、PCI-E、I^2C 及 SPI 等总线标准。

（4）外部总线

外部总线是相对于微型计算机的机体而言的，它用于微机系统之间、微机系统与外部设备之间及独立部件与微机系统之间。

外部总线又分为并行总线和串行总线。并行打印机总线 Centronics 就是建立在计算机与打印机设备之间的一种标准。串行接口 RS232 总线是连接微型计算机系统与调制解调器等设备之间的一种标准，而 RS485 总线则成为大多数工业现场总线的标准物理层协议。

2．总线功能

不同总线应用环境不同，其总线功能也不同。总线基本功能是传输数据，总线上能够提供的总线传输方式及总线传输率是总线的基本功能，它们主要表现在以下几个方面。

（1）数据传输。数据传输功能是总线的基本功能，用总线传输率来表示，即每秒传输的字节数。单位是 Mbps(兆字节/秒)。影响总线传输率的主要因素有总线宽度、时钟频率等。总线传输类型有同步传输和异步传输。

（2）中断功能。中断是计算机系统中实时响应的机制，是计算机快速反应的关键。当外部设备与计算机之间建立中断约定时，即占用了计算机系统提供的一条中断线路。中断信号线的多少，中断优先级的高低，反映了系统响应多个中断源的能力。

（3）多设备支持。多设备使用一条总线时，总线占用权的问题，由总线仲裁器采用一定仲裁策略管理，以确定哪个设备占用总线。多 CPU 系统、DMA 系统都存在着总线占用问题。

3．总线特点

（1）共享性。所谓共享性表现为总线是一组公共信号线，在总线上挂接多个芯片或部件，并分时享用总线。单根信号线不能称为总线，两个芯片或部件之间的多根信号线也不能称为总线。

（2）可扩展性。所谓可扩充性表示在总线上的信号线一般具有通用性，像数据总线、地址总线和控制总线都具有通用性，使连接的部件有较强兼容性，方便系统功能模块扩展。

（3）竞争仲裁。共享必然引起争用，总线在争用的基础上工作，争用处理是总线分时共享的策略。总线设计为争用解决设计算法，合理分配各共享资源的总线占用。

4．性能指标

（1）总线宽度。总线宽度指一次可以同时传输的数据位数，小于 CPU 的数据宽度。ISA 为 16，EISA、PCI 为 32。

（2）总线频率。总线频率指总线工作时每秒钟内能传输数据的次数。ISA、EISA 为 8MHz，PCI 为 33MHz。

（3）总线带宽。总线带宽即传输率，指总线每秒能传输的字节数，用 MB/s 表示。

$$总线带宽(传输率) = 总线宽度/8 \times 总线频率$$

如 PCI 总线的宽度为 32，总线频率为 33MHz，则

$$总线带宽(传输率) = 32/8 \times 33 = 4 \times 33 = 132\text{MB/s}$$

13.2 总线控制

一般来说，总线上完成一次数据传输要经历以下 4 个阶段：

① 申请(Arbitration)占用总线阶段。需要使用总线的主控模块(如 CPU 或 DMAC)向总线仲裁机构提出占有总线控制权的申请，由总线仲裁机构判别确定，把下一个总线传输周期的总线控制权授给申请者。

② 寻址(Addressing)阶段。获得总线控制权的主模块，通过地址总线发出本次打算访问的从属模块，如存储器或 I/O 接口的地址，通过译码使被访问的从属模块被选中而启动。

③ 传数(Data Transferring)阶段。主模块和从属模块进行数据交换。数据由源模块发出经数据总线流入目的模块。对于读传送，源模块是存储器或 I/O 接口，而目的模块是总线主控者 CPU；对于写传送，则源模块是总线主控者，如 CPU，而目的模块是存储器或 I/O 接口。

④ 结束(Ending)阶段。主、从模块的有关信息均从总线上撤除，让出总线，以便其他模块能继续使用。

13.2.1 总线仲裁

对于只有一个总线主控设备的简单系统，对总线无须申请、分配和撤除。而对于多 CPU 或含有 DMA 的系统，就要有总线仲裁机构，来授理申请和分配总线控制权。

1. 串行链式仲裁

在串行链式仲裁方式中，各部件的请求信号经过一条公共的请求线向控制器发出，如图 13.2-1 所示。如果总线空闲，控制器发出总线可用的响应信号，该信号串行地通过每个部件。未发出请求信号的部件收到此信号时，将其传送给下一个部件；发出请求的部件在收到可用信号后发出总线忙信号并开始总线操作，它不再向下一个部件传送总线可用信号。该部件在完成总线操作后将去除总线忙信号，使总线控制进行新的分配。可见，部件离控制器越近，优先级越高。

2. 定时查询方式

定时查询方式由控制器轮流对各部件进行测试，看是否有请求，如图 13.2-2 所示。查询时以计数方式向各部件发出一个计数值，如果与计数值对应的部件发出了请求，则响应该部件的请求，计数器停止计数，该部件获得总线使用权，发出总线忙信号并开始总线操作。操作结束后，该部件去除总线忙信号，释放总线，控制继续进行轮询。计数值可以从零开始，也可以从暂停的值继续。如果每次都从零开始，则各部件的优先级的排列类似于串行链接方式；如果从暂停的计数值继续下去，则所有部件都有相同的使用总线的机会，即优先级相等。这种方式的优先级可以用程序控制，动态改变，灵活性较强。部件的故障不会影响总线的控制，因此可靠性高。其代价是较多的控制线和较差的扩展性。

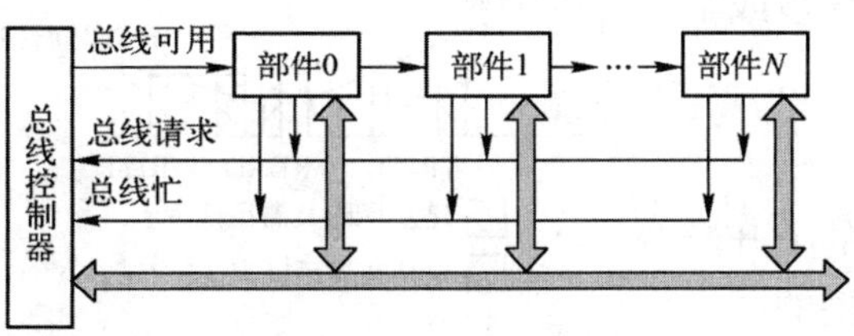

图 13.2-1 串行链式仲裁

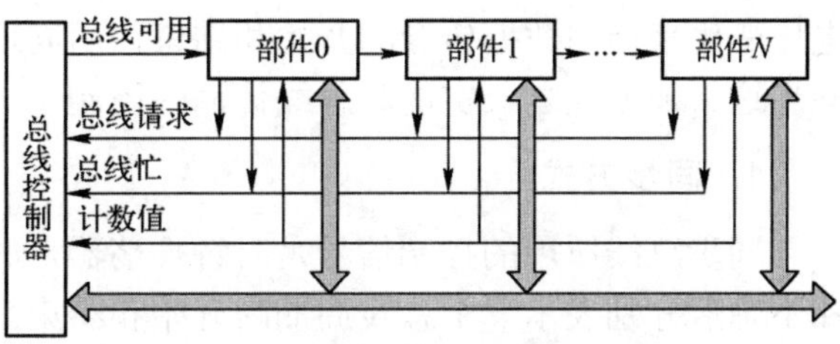

图 13.2-2 定时查询方式

3. 并行独立仲裁

在并行独立仲裁方式中，各部件都有各自的一条总线请求线 BRi 和一条总线可用信号线 BGi，总线忙信号 SACK 是公共的，如图 13.2-3 所示。各部件独立地向控制器发出总线请求，在得到总线可用信号时获得总线使用权，发出总线忙信号(以表示总线已被占用)并开始总线操作。总线操作结束后该部件去除总线忙信号以释放总线。总线控制器可根据某种算法对同时送来的请求进行裁决。

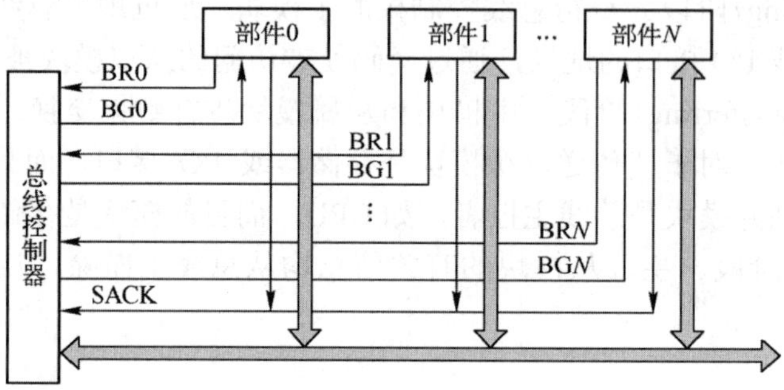

图 13.2-3　并行独立仲裁

总线裁决的算法有 4 种：

① 静态优先级算法。把每个使用总线的部件设置为固定的优先级。当多个部件要求使用总线时，优先级较高的部件获得总线使用权。这种算法也称为菊花链算法。

② 固定时间算法。这种算法是将优先权在总线各部件之间轮转，如果轮到的部件不要求使用总线，则将使用权传递给下一个部件。

③ 动态优先级算法。在固定时间算法中，各设备占用总线的机会比较均等，但设备请求的平均等待时间较长。为减少平均等待时间而又使各设备有较平等的占用总线的机会，可采用动态优先级算法。这种算法给各设备赋予唯一的优先权，这个优先权可以动态改变。动态优先级算法有两种：最近最少使用算法(LRU)和轮转菊花链算法(RDC)。LRU 算法将最高优先权赋予最久末使用总线的请求设备。在 RDC 算法中，不需要集中控制器，总线上的各设备构成一个环，总线许可信号来自这个环中的一个设备。占用总线的设备就是总线的控制器，由它对下一个总线请求操作进行裁决。每个设备的优先权取决于它离裁决器的距离(注意：裁决器是占用总线的环上的一个设备，显然它不是固定的)，这样优先权可在各设备间动态改变。这种算法比较适用于面向多机系统的总线，因为这种系统通常要求各处理机对称。

④ 先来先服务算法。在这种算法中，按使用总线请求的次序裁决。

13.2.2　总线握手

总线上的主、从模块通常采用以一定方式用握手信号的电压变化来指明数据传送的开始和结束，用同步、异步或半同步这 3 种方式之一实现对总线传输的控制。

1. 同步方式

同步总线所用的控制信号是时钟振荡器，时钟的上升沿和下降沿分别表示一个总线周期的开始和结束。典型的同步方式的定时信号如图 13.2-4 所示。

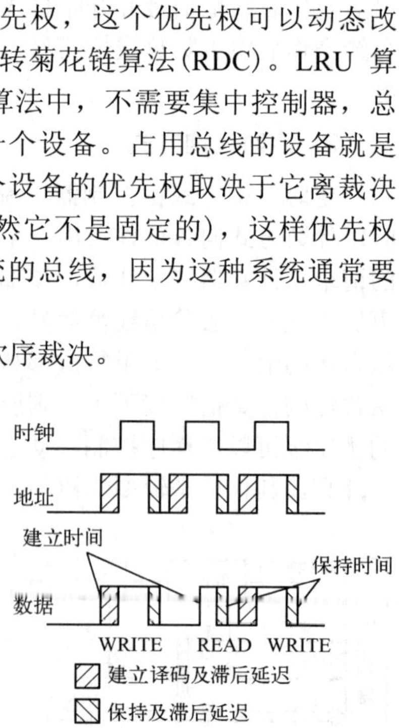

图 13.2-4　同步方式的定时信号

总线时钟信号用来使所有的模块同步在一个共同的时钟基准上。地址和数据信号阴影区的出现有以下几个原因。

① 因为总线主控器(Bus Master)发出的地址信号经过地址总线到总线受控器(Bus Slave)的译码器译码需要时间，所以地址信号必须在时钟信号到来前提前一段时间到达稳定状态。

② 当译码器输出选中数据缓冲器后，在写操作时，一旦时钟信号出现在缓冲器的输入端，就把数据总线上的数据打入数据缓冲器内。因此，数据信号必须在时钟信号到达缓冲器前提前一段时间出现在数据总线上，这段时间称为建立时间。为了使写操作稳定，在时钟信号消失后，数据信号在数据总线上还必须停留一段时间，这段时间称为保持时间。

对于读操作，地址线与写操作类似，但数据线的作用不同。

由图 13.2-4 可见，建立时间比保持时间长得多，这是因为建立时间包括受控设备中的译码延迟，同时还包括信号通过不同总线上的门电路会产生不同的滞后延迟。同样，保持时间内也包括滞后延迟。

同步系统的主要优点是简单，数据传送由单一信号控制。然而，同步总线在处理接到总线上慢速的受控设备方面存在一系列问题。例如，对于接到总线上的快慢不同的受控设备，必须降低时钟信号的频率，以满足总线上响应最慢的受控设备的需要。这样，即使低速设备很少被访问，它也会使整个系统的操作速度降低很多。

2. 异步方式

对于具有不同存取时间的各种设备，是不适宜采用同步总线协定的。因为这时总线要以最低速设备的速度运行。因此，如果对高速设备能具有高速操作，而对低速设备能具有低速操作，从而对不同的设备具有不同的操作时间，就可采用异步总线。异步方式的定时信号及控制信号如图 13.2-5 所示。

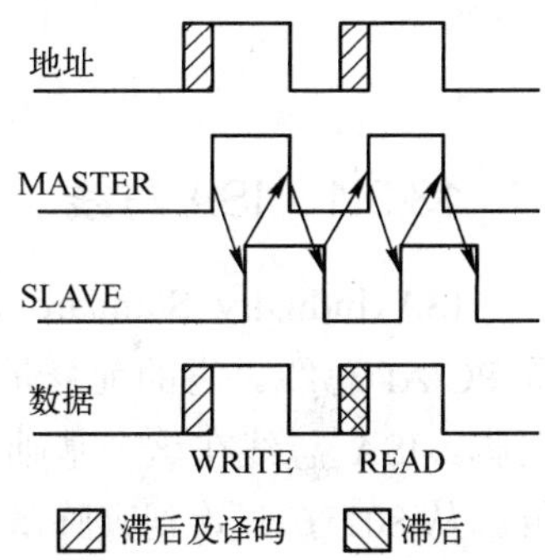

图 13.2-5 异步方式的定时信号

这种总线叫作"全互锁异步总线"，在总线操作期间两个控制信号(MASTER 和 SLAVE)交替地变化，即随着一个信号的改变才使另一个信号处于待变化状态。这种方式的互锁保证了地址总线上的信息不会冲突，也不会丢失或重复接收。

对于写操作，总线主控设备把地址和数据放到总线上，在允许的滞后、译码及建立时间的延迟之后，总线主控设备使 MASTER 上升，它表明这些数据可以被受控设备接收。于是该上升沿触发一个受控存储器，开始一个写周期，并把数据锁存于一个受控缓冲寄存器中。

对于读操作，在主控设备把地址放到总线上之后，MASTER 信号的上升沿启动受控设备操作。在受控设备取出所要求的数据并把它放到总线之后，SLAVE 信号变为高电平，表示该操作完成了，它触发主控设备把总线上的数据装入自己的缓冲器，在此期间 SLAVE 信号必须保持高电平，使数据稳定在数据总线上。当主控设备已经完成了数据的接收后，就使 MASTER 变为低电平，表示已接收了数据，而后 SLAVE 降低，表示受控设备已经知道主控设备得到了数据，整个读操作结束，又可以开始一个新的操作。

在全互锁协定中阴影区表示的意义和同步协定中相同，建立时间至少要足以允许地址译码和缓冲器被选通。保持时间没有表示出来，然而它是存在的。通常保持时间是通过在 WRITE 完成之后或对于 READ 是在总线上出现数据之后，延迟 SLAVE 信号一个保持时间而被加进受控设备的。而主控接收到受控信号的转变之后，使它的动作推迟一个保持时间，也同样可以把保持时间加到主控设备上。

全互锁异步方式的主要优点是可靠性高，在处理通过较长总线连接且具有各种不同响应时间的设备时效率高。

3. 半同步方式

因为异步总线的传输延迟严重地限制了最高的频带宽度，因此，总线设计师结合同步和异步总线的优点设计出混合式的总线，即半同步总线，半同步方式的定时信号如图 13.2-6 所示。

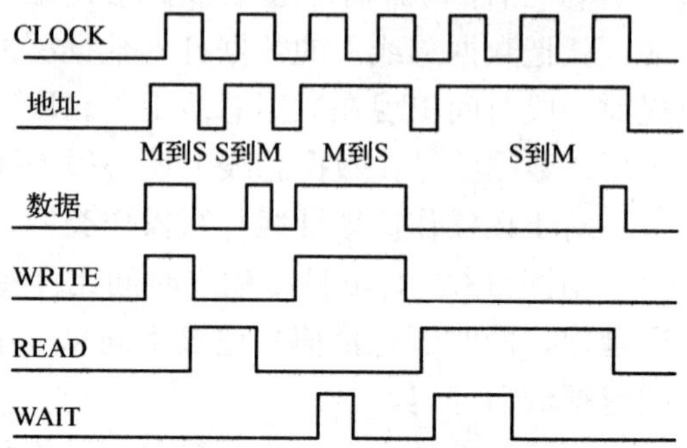

图 13.2-6　半同步方式的定时信号

这种总线有两个控制信号，即由主控来的 CLOCK 和受控来的 WAIT 信号，它们起着异步总线 MASTER 和 SLAVE 的作用，但传输延迟是异步总线的一半，这是因为成功的握手只需要一个来回行程。对于快速设备，这种总线本质上是由时钟信号单独控制的同步总线。如果受控设备快得足以在一个时钟周期内做出响应的话，那么它就不发 WAIT 信号。这时的半同步总线像同步总线一样地工作。如果受控设备不能在一个周期内做出响应，则它就使 WAIT 信号变高，而主控设备暂停。只要 WAIT 信号高电平有效，其后的时钟周期就会知道主控设备处于空闲状态，当受控设备能响应时，它使 WAIT 信号变低，而主控设备运用标准同步方式的定时信号接收受控设备的回答。这样，半同步总线就具有同步总线的速度和异步总线的适应性。

13.3　常用总线标准

13.3.1　ISA 总线

ISA(Industry Standard Architecture)是 IBM 公司为推出 PC/AT 机而建立的总线标准，故又称 PC/AT 总线。它的前身是 PC/XT 微型计算机上的 8 位总线扩展槽，也称 AB 槽，有 32 对 62 引脚，ISA 总线在这个基础上增加了一个 18 对 36 个引脚的 CD 槽，因而数据总线扩展到 16 位。从 80286 开始到奔腾微机，大多都采用了 ISA 总线标准，但随着技术进步和计算机性能提高，目前 ISA 总线已逐渐被淘汰了。

1. ISA 总线特点

ISA 总线用于连接插件板，它以通道形式经过扩充和再驱动而连接到扩充槽上，扩充插槽固定在系统主板上，每个系统主板上有多个 ISA 插槽，满足不同需求和功能的插件板(显示卡、声卡、网卡等)可插入 ISA 总线插槽中。其主要特点如下：

- I/O 空间 0100H～03FFH；
- 24 位地址线(16MB 寻址空间)；
- 时钟频率 8MHz，数据传输率 16MB/s；
- 提供 11 个中断请求输入，7 个 DMA 通道；
- 采用单总线结构，数据总线最高 16 位；
- 采用独立请求式的总线裁决，静态优先级算法；
- 数据同步传送；
- 总线时钟是系统主板频率的 1/8。

2. ISA 总线信号

ISA 总线共包含 98 根信号线，它们是在原来 8 位 XT 总线 62 线基础上再扩充 36 线而成的。98 根信号线分为五类：地址线、数据线、控制线、辅助线和电源线，如图 13.3-1 所示。

（1）A19～A0(20 根)

为输出地址线，用来指示内存地址或 I/O 寻址，在系统总线周期中由 CPU 驱动，在 DMA 周期由 DMA 控制器驱动。对 I/O 寻址时只使用 A9～A0，I/O 地址范围规定为 200H～3FFH，可用 AEN 线来限定。

（2）D7 ~ D0(8 根)

为双向数据线，用来在 CPU、存储器及 I/O 端之间传输数据，可由 $\overline{IOW}$ 或 $\overline{MEMW}$ 、$\overline{MEMR}$ 或 $\overline{IOR}$ 来选通数据。

（3）控制线(21 根)

AEN：地址允许信号，输出线，高电平有效。如果处于 DMA 控制周期中，此信号可用来在 DMA 期间禁止 I/O 端口的地址译码。

ALE：允许地址锁存，输出线，这个信号由 8288 总线控制器提供，作为 CPU 地址的有效标志，其下降沿用来锁存 A19～A0。

$\overline{IOR}$：I/O 读命令，输出线，用来把选中的 I/O 设备的数据读到数据总线上，在 CPU 启动的 I/O 周期，通过地址线选择 I/O；在 DMA 周期，I/O 设备由 $\overline{DACK}$ 选择。

$\overline{IOW}$：I/O 写命令，输出线，用来把数据总线上的数据写入被选中的 I/O 设备端口，在 CPU 启动的 I/O 周期，通过地址线选择 I/O；该信号由 CPU 或 DMA 控制器产生，经总线控制器 8288 送至总线。

$\overline{MEMR}$：存储器读命令，输出线，用来把选中的存储单元中的数据读到数据总线上，该信号的产生与 $\overline{IOR}$ 相似。

$\overline{MEMW}$：存储器写命令，输出线，用来把数据总线上的数据写入到被选中的存储单元。该信号与 $\overline{IOW}$ 相似。

IRQ2～IRQ7：中断请求线，输入线，用来把外部 I/O 设备的中断请求信号经中断控制器 8259A 传送给 CPU。IRQ2 级别最高，信号的上升沿触发请求，并保持有效高电平，直到 CPU 响应。

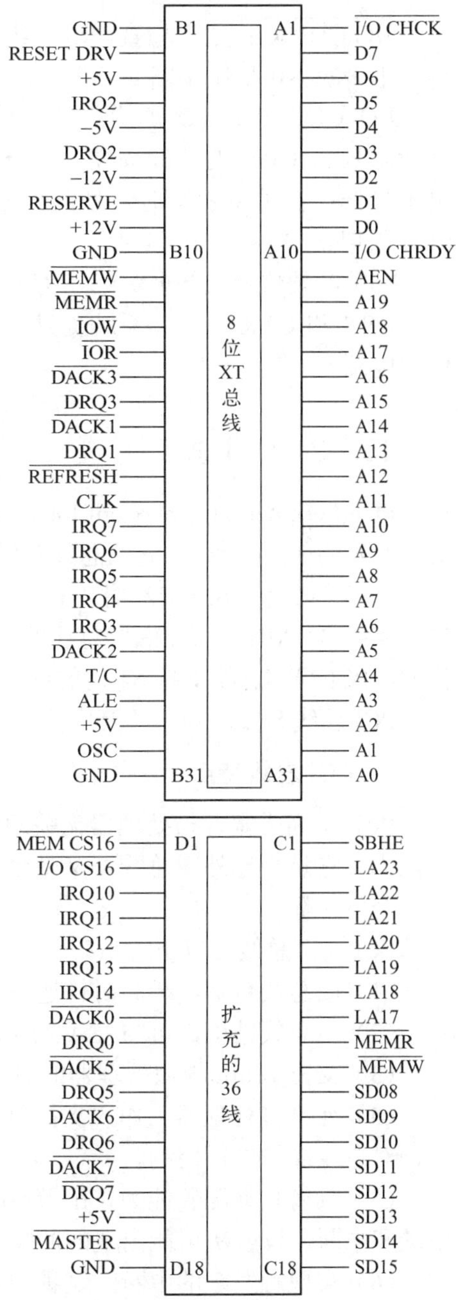

图 13.3-1　ISA 总线插座及引脚

DRQ1～DRQ3：DMA 请求，输入线，用来把 I/O 设备发出的 DMA 请求，通过系统板上的 DMA 控制器，产生一个 DMA 周期。DRQ0 级别最高，被系统用作刷新动态存储器。

DACK1～DACK3：DMA 应答，输出线，用来应答 DMA 请求，当应答信号到达时，允许 DMA 控制器占用总线，并进入 DMA 工作周期。

RESET DRV：系统复位信号，输出线，它为接口提供复位信号，使各个接口置于初始状态。

T/C：DMA 终止计数，输出线，该信号是一个高电平脉冲，表明 DMA 传送的数据已达到其程序预置的字节数，用来结束一次 DMA 数据块传送。

（4）状态线(2 根)

$\overline{\text{I/O CHCK}}$：通道检查，输入线，有效低电平用来表明接口插件或系统板存储器出错，它将产生一次不可屏蔽中断。

I/O CHRDY：I/O 通道就绪，输入线，高电平表示“就绪”。该信号是低速 I/O 或存储器请求延长 CPU 的总线周期。该低速设备应在被选中且收到读或写命令时，把此信号线的电平拉低；在准备就绪时，使此信号线变为高电平。但信号电平变低的时间不能超过 10 个时钟周期。

（5）时钟信号线和电源线(8 根)

OSC 和 CLK 时钟是系统提供给插件的同步时钟，±12V、±5V 和 GND 是系统提供给插件的电源。

13.3.2 PCI 总线

PCI(Peripheral Component Interconnect，外部设备互连)总线是 Intel 公司为适应奔腾系列微机而开发的 32 位总线。它的总线时钟频率为系统主板时钟频率的 1/2，是 ISA 总线的 4 倍。当系统主板时钟为 66MHz 时，PCI 总线速率就为 33MHz，所以最大的数据传输速率可达 33.3×4＝133 MB/s，是 ISA 总线的 24 倍。目前个人计算机中所使用的 PCI 总线通常都是 32 位的，PCI 局部总线支持 64 位的操作。

PCI 总线开放性好，具有广泛的兼容性，能与 ISA 总线兼容。

1．PCI 总线特点

PCI 是高带宽、与处理器无关的总线，采用同步时序协议和集中式仲裁策略，具有自动配置能力。它是高速外围总线，又是至关重要的层间总线，将计算机主板上的各层总线“粘合”成一个整体。

PCI 局部总线有以下特点：

（1）高总线带宽，最高时钟速率为 33MHz，32 位和 64 位两种数据通道；

（2）多总线结构，可与 ISA、EISA 和 MCA 微通道等多种总线兼容；

（3）支持 Pentium 微处理器的成组数据传送方式；

（4）允许多处理器工作，支持总线主控方式，允许多处理器中的任何一个成为总线主控设备，对总线操作进行控制。

（5）具有自动配置能力，配置软件能够自动地根据当前系统的使用状况，分配未被使用的地址和中断，以解决可能出现的冲突。

（6）实现触发级的中断，这种中断支持中断共享。

（7）PCI 总线支持高达 10 个外围设备，而且其中的某些外围设备必须嵌入系统主板上。

2．PCI 总线结构

在一个微机系统中 HOST 总线、PCI 总线及遗留扩展总线三种不同类别总线标准共存，所有的 PCI 总线上的部件都与 PCI 总线相连，经总线桥再与 HOST 总线或遗留扩展总线相连。以桥连接的多总线具有较好的可扩充性和兼容性，允许多条总线并行工作。PCI 总线结构如图 13.3-2 所示。

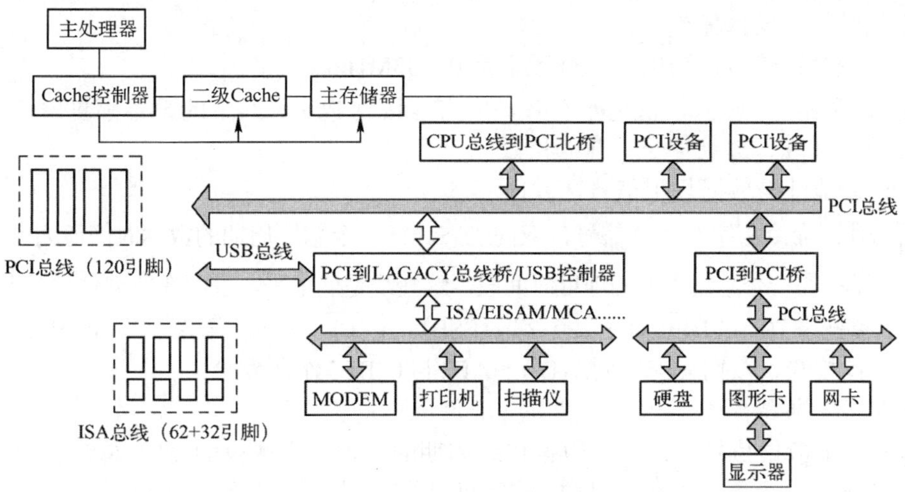

图 13.3-2　PCI 总线结构

HOST 总线，也称 CPU-主存总线，可构成多 CPU 系统。HOST 总线用 HOST/PCI 桥实现与 PCI 总线连接。

PCI 是局部总线，连接着高速 PCI 设备，可以是主设备，也可以是从设备，支持成组传输方式，没有 DMA。总线结构中允许有多条 PCI 总线，通过 PCI/PCI 桥扩展。

遗留扩展 ISA、EISA、MAC 等总线，可实现保留的扩展卡使用。遗留总线与 PCI 总线之间有一个 PCI/遗留总线桥，将两个总线连接在一起。

3．PCI 总线信号

32 位的 PCI 总线有 62 对引脚，其中的 2 对用作定位缺口，故实际上有 60 对引脚。它们类似 ISA 分成 AB 两面，但引脚间距比 ISA 要小得多。

PCI 总线信号分为必备和可选两大类，左边的总线信号是 32 位操作必不可少的，右边则多数是扩展为 64 位操作时的信号。可以看出，PCI 局部总线采用了数据/地址复用技术，使得总线引脚大为减少，从而降低了总线设备的制作成本。在 ISA 总线中，地址总线与数据总线分别引出，这是两者的另一个明显差别。PCI 总线信号如图 13.3-3 所示。

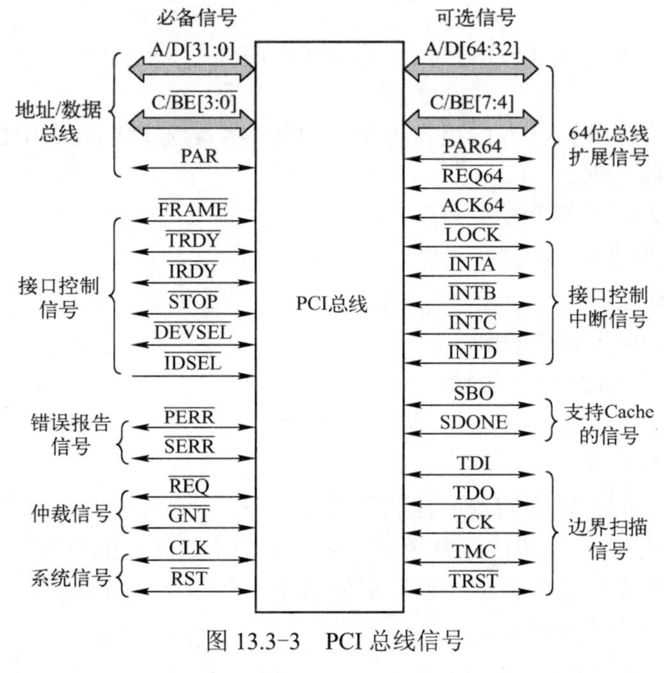

图 13.3-3　PCI 总线信号

（1）总线时钟、复位信号

CLK：系统时钟信号，输出，时钟频率是0～33MHz。

$\overline{RST}$：复位信号，输入，低电平有效，所有连接到PCI总线上的设备都复位。

（2）地址数据线、总线命令、奇偶校验

AD[31:0]：地址与数据复用信号，双向三态。

$C/\overline{BE}[3:0]$：命令与字节允许信号，双向三态。在一个总线周期的数据时间段内，这些线表明总线周期的类型；在一个总线周期的地址时间段，这些线是低电平，表明在数据传送时会涉及32位数据总线上的哪些字节。$C/\overline{BE0}$对应第0字节(LSB)，$C/\overline{BE3}$则对应第3字节(MSB)。

PAR：奇偶校验，双向三态，对AD_{31}～AD_0与$C/\overline{BE3}$作偶校验。

（3）帧信号，总线业务

$\overline{FRAME}$：帧数据信号，在每个数据传送周期的开始，由现役的PCI总线主控设备将这个信号线置成低电平，当所有的数据传送完毕或传送被中断时，撤销这个信号。或是当前主方驱动，指示一个总线业务开始，直至结束。

$\overline{IRDY}$：初始者就绪，写数据表明数据已在AD线上，读数据表明主方已为接收数据准备好。

$\overline{TRDY}$：目标者就绪，写数据表明已为接收数据准备好，读数据表明数据已在AD线上。

$\overline{STOP}$：主控目标停止信号，目标方要求主方终止当前业务。

$\overline{LOCK}$：锁定信号指示总线业务不可分割。低电平，表明到指定的PCI设备的访问封锁，但是到PCI其他设备的访问仍然可以执行。

$\overline{DEVSEL}$：设备选择信号，输入，表明某个设备被选中。

$\overline{IDSEL}$：预置设备选择信号，输出，低电平选择配置初始化的设备。

（4）总线请求与授权

$\overline{REQ}$：总线请求信号，输入，表示驱动该信号的设备向仲裁方提出请求，这是一个点对点的信号，每一个主控设备都有自身的$\overline{REQ}$，当执行$\overline{RST}$时都处于高阻禁止状态。

$\overline{GET}$：总线授权信号，输出，有效表示允许提出申请的设备使用总线。这是一个点对点的信号，每一个主控设备都有自身的$\overline{GET}$，当执行$\overline{RST}$时都处于高阻禁止状态。

（5）错误报告

$\overline{PERR}$：奇偶报告错，奇偶检测错误。除特殊周期外，其他的PCI传输都有数据奇偶错误的报告功能。

$\overline{SERR}$：系统错误。该信号专门报告地址奇偶错误、特殊周期命令中的数据奇偶错误或者其他任何灾难性的系统错误。

（6）扩充PCI地址、数据和命令线

AD[63:32]：扩充地址到64位。

CE/BE[7:4]：总线命令。

$\overline{REQ64}$：请求用64位传送数据。

ACK64：目标允许64位数据传输。

PAR64：对扩充的AD线和C/BE线提供偶校验

（7）支持Cache的信号

支持Cache透写与回写操作的双向控制信号有两条：

$\overline{SBO}$：试探返回信号。当该信号有效时，表示命中了修改过的一行。

$\overline{SDONE}$：监听完成信号。表示当前监听的状态，当该信号有效时，表明监听已经结束；该信号无效时，说明监听正在进行。

（8）扩充 PCI 的中断请求信号线

$\overline{\text{INTA}} \sim \overline{\text{INTD}}$：中断请求信号(仅用于多功能设备)。

中断信号在 PCI 中是可选的，并非必备的。这 4 条中断线均为电平触发，低电平有效，使用开漏方式驱动，同时中断信号的建立与撤销是与时钟不同步的。对于单一功能的设备，只能使用 $\overline{\text{INTA}}$ 这条线；而对于多功能的设备，4 条线都可以使用，且可以是任意的一条或者任意的几条线，这就为 PCI 板卡的设计提供了很大的灵活性。

（9）扩充 PCI 的边界扫描信号

它用于系统与外部接口。可用做系统测试信号输出和输入。包括：

TCK：测试时钟；TDI：测试输入；TDO：测试输出；TMS：测试模式选择；$\overline{\text{TRST}}$：测试复位。

13.3.3 USB 总线

USB(Universal Serial Bus，通用串行总线)是由 COMPAQ、DIGITAL EQUIPMENT、IBM、Intel、Microsoft、NEC 等七家公司共同开发的一种新型的外设连接技术，它在传统计算机组织结构的基础上，引入了网络的某些技术，以最终解决和简化计算机与外部设备的连接。

1. USB 总线特点

总线为计算机各模块间的通信提供了共享的通道。USB 总线解决了一些相对较慢设备的 I/O 操作需要，其特点表现在以下几个方面。

（1）共享性：具有广泛的应用性，适应不同的设备，传输率从几 kbps 到几 Mbps，乃至上百 Mbps，并在同一根电缆上支持同步、异步两种传输模式。

（2）实时性：与 PC 产业的发展相一致，具有简单而完整的协议。实现了现今 PC 所要求的即插即用的体系结构，并与现有的操作系统相适应，不会产生任何冲突。

（3）动态性：其电缆连接和连接头只有单一的模型，电气特性与用户无关。可以自行检测外设，自行进行设备设置和驱动，提供动态连接、动态识别等特性。

（4）联合性：可以对多个设备同时进行操作，最多可接 127 个外围设备，在主机和设备之间可传输多个数据和报文，并利用底层协议，提高了总线利用率。将外设和主机硬件进行了最优集成，并提供低价的电缆和连接头等设备，因而也促进了低价外设的发展。

（5）容错性：在协议中规定了出错处理和差错恢复的机制，可以对有缺陷的设备进行认定，对错误的数据进行恢复或报告。

（6）多能性：各个不同的接口可以使用不同的供电模式。

2. USB 总线体系结构

如图 13.3-4 所示为 USB 的树状总线拓扑结构。USB 系统可由 USB 主机控制器(HOST)/根集线器(HUB)、USB 集线器和 USB 设备三部分组成。USB 的物理连接是有层次的星形布局，每个集线器是在星形的中心，只有一个主机。

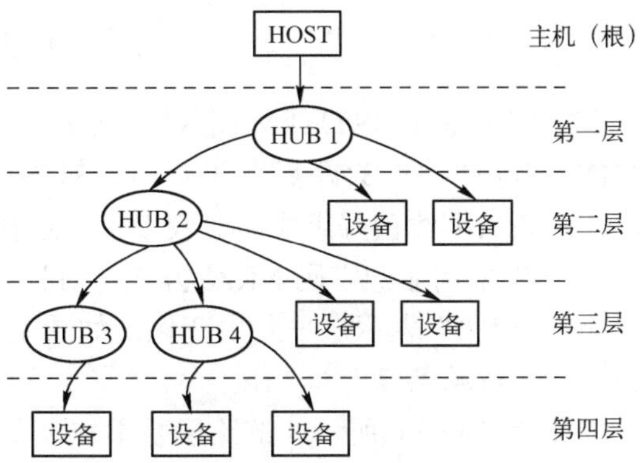

图 13.3-4　USB 的树状总线拓扑结构

USB 的主机控制器(HOST)永远连接在 PC 的 USB 端上，所有的其他连接到主机控制器(HOST)上的都称为设备，设备与设备之间是无法实现直接通信的，只有通过主机控制器(HOST)的管理与调节才能够实现数据的互相传送。在系统中，通常会有一个根集线器(HUB)，这个根集线器一般有两个下行的端口。

USB 的设备处于 USB 结构的末端，可以直接接在 PC 上的任意的 USB 接口上；也可使用集线器扩展，使更多的 USB 设备连接到系统中。USB 的集线器有一个上行端口，有多个下行端口(连接其他的设备)，从而可以使整个系统可以扩展连接 127 个外设，其中 HUB 也算外设。

USB 是一种轮询方式的总线，在 USB 总线上，主机可以和许多外设同时进行数据传输，主机与设备之间数据通信是垂直分层传送的，如图 13.3-5 所示。下层为上层提供服务，上层向下层发送所需数据，层与层之间紧密相连；而水平方向上，使用同样协议和规程，实现同层上的管理。

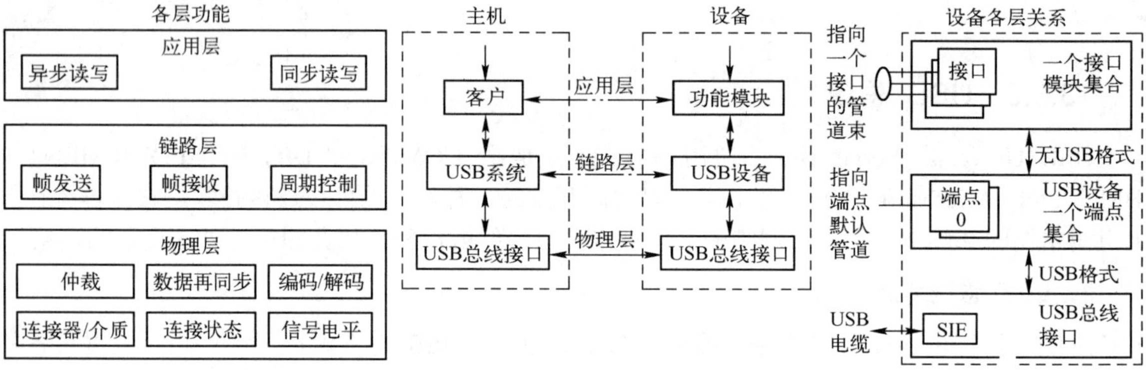

图 13.3-5　USB 总线分层关系

（1）物理层

物理层总线接口包括机械、电气、功能和规程等定义。

USB 的电缆有 4 根线，USB 插座有两种形式：A 型和 B 型。如图 13.3-6 所示，2 根传送的是 5V 的电源(+5V 和 GND)，提供 USB 设备的工作电源，也可使用自带电源，不用它来供电。另外 2 根是数据线，数据线是半双工的，在整个系统中，数据速率是一定的，要么是高速(12MB/s)，要么是低速(1.5MB/s)，没有一个可以中间变速的设备来实现数据码流的变速。连接电缆长度小于 5m。

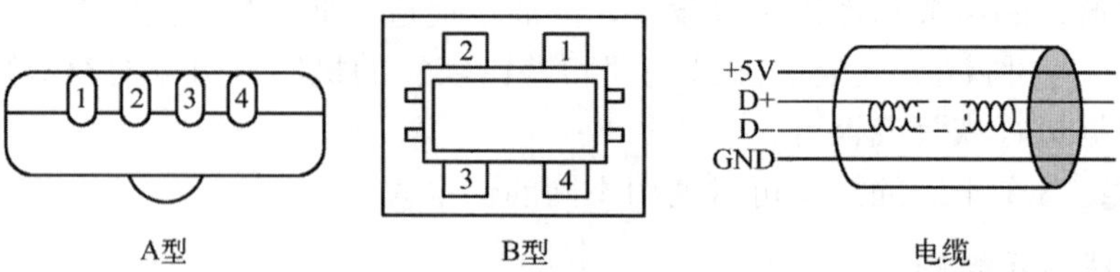

图 13.3-6　USB 接口插座与电缆

主控设备(HOST)或集线器的 USB 接口的第 2(D+)、3(D -)引脚与 USB 设备第 2(D -)、3(D +)引脚的定义相反，两条数据线正好组成两对收发信号连接。

USB 采用非归零码 NRZI 方式，“1” 表示不出现电平变化，而“0”表示电平发生变化，如图 13.3-7 所示。

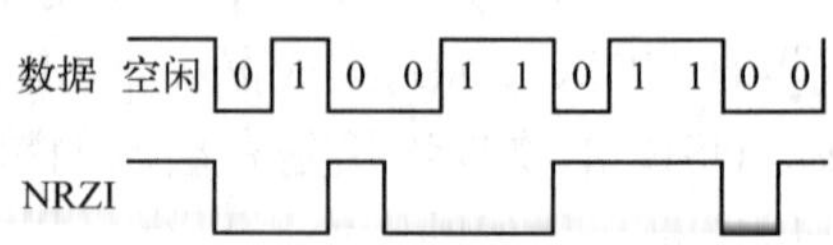

图 13.3-7　NRZI 数据编码

（2）链路层

如图 13.3-5 所示，链路层是主控设备(HOST)系统与 USB 设备之间建立的端点到端点的传送协议，它能接收上层应用层下达的无 USB 格式的控制命令和数据信息，并将其封装成

USB 格式，发送到物理层；它还能接收下层传送来的 USB 格式的状态和数据帧，并将 USB 帧撤封，转换成无 USB 的数据格式，传送给上层。

端点是一个 USB 设备唯一可确认的部分，它是主机和设备之间的通信流终点。端点可决定端点与客户软件之间通信所需传送的服务类型。利用设备地址和端点号就可唯一指定一个端点。每个 USB 设备都拥有端点 0，低速设备有两个端点，高速设备最多可有 16 个端点。

（3）*应用层*

应用层是用管道进行操作的。一个 USB 管道是设备上的一个端点和主机上的软件的结合体。管道表示经过一个存储器缓冲区和一个设备上的端点，可以在主机和设备之间具有用软件传送数据的能力。管道上有两种互相排斥的管道通信类型：流管道(无 USB 格式)和消息管道(USB 格式)。

3．USB 协议帧格式

USB 协议，即 USB 的传输格式和协议操作的流程。主控设备负责把 USB 时间分成 1ms 的时间段，称之为“帧”。它是通过以 1ms 的间隔发送帧开始(SOF)的方法来建立帧的，如图 13.3-8 所示的帧 0、帧 1、…、帧 *n* 表示的。

USB 帧通常用来分配带宽给不同的数据传送方式。同时由于帧结构的规律性，帧的这种特性也可以用作同步信号。如图 13.3-8 所示为几种情况下的帧构成。

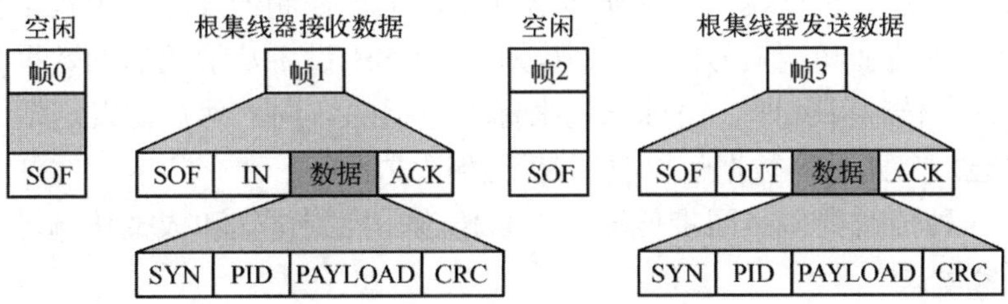

图 13.3-8　USB 协议帧

每个 USB 帧的 SOF 之后，主控设备(HOST)可以发送其他的处理信息或数据，也可以处于空闲状态。如果需要发送处理信息或数据时，需要遵循 USB 的协议，USB 帧由一个或多个分组组成，共有四种类型 10 个分组：令牌分组、数据分组、挂钩握手分组、特殊分组。

每个 USB 帧的每种分组都有其专门的分组结构，图 13.3-9 所示的就是重要的令牌分组的结构，每个分组中又由多个域构成，在每个域具体标识发送分组的含义。PID 域就是分组标识域，它用不同编码区分 10 个分组命令。

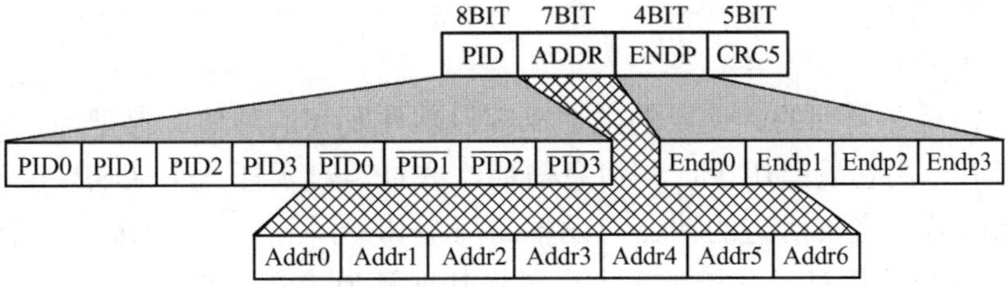

图 13.3-9　分组格式

大多数分组命令的结构如图 13.3-9 所示，分组由分组标识域(PID)、地址域(ADDR)、端点域(ENDP)和校验域(CRC5)组成，每个分组由分组标识域的编码决定。表 13.3-1 所示为 PID 分组命令。PID 由四位二进制编码和该四位的反码组成，四位反码是为 PID 域自检验服务的。

地址域 ADDR 由 7 比特组成 128 个地址。端点 ENDP 由四位组成 16 个组，CRC5 是循环冗余校验码，分令牌 CRC 和数据 CRC 两种。

表 13.3-1　PID 分组命令

分组类型	分组命令	PID[3:0]	说　明
令牌分组	SOF（帧开始）	B0101	帧标记+帧标号开始
	OUT（输出）	B0001	地址+主机中的端点号→USB 设备
	IN（输入）	B1001	地址+USB 的端点号→主机处理
	SETUP（配置）	B1101	地址+主机中的端点号→用于控制端点建立
数据分组	DATA0（数据奇）	B0011	数据分组奇 PID
	DATA1（数据偶）	B1011	数据分组偶 PID
挂钩握手	ACK（已收正确）	B0010	接收器接收到无错分组
	NAK（出错）	B1010	接收设备不能接收或发送数据
	STALL（暂停）	B1110	端点被暂停
特殊分组	PRE	B1100	主机发出同步信号，激活至低速设备的下行总线数据流

4．USB 的传输方式

USB 是一种轮询方式的总线，在每次传送开始，主机控制器发送一个包括描述传输动作种类、方向、USB 设备地址和端口号的 USB 数据包。USB 设备从解码后的数据包的适当位置取出属于自己的数据。传输开始时，由标志包来标志数据的方向，然后由发送端发送数据包，接收端也要响应发送一个握手的数据包以表明是否传送成功。

USB 提供了四种传送类型：同步传输、中断传输、控制传输和成批传输。

（1）同步传输方式

USB 同步传输主要传送数据信息，同步传输的数据不具有 USB 定义的格式，使用数据流通道，单方向传送，同步传送的端点决定数据区的最大长度；同步传输速率固定不变，不支持因错而进行的重传，使用同步传输的软件不要求是同步的。主控设备与 USB 设备在发送数据时，只需要使用 DATA0 作为数据分组即可。

（2）中断传输方式

USB 中断传输用于少量且不经常传送的周期性数据。中断传输采用数据流通道，无 USB 格式要求，传送的帧长度受限，高速设备最大不超过 64 字节的数据区，低速设备只允许不超过 8 字节的数据区，不够的最大数据区，无须添加字节。中断传输的服务请求可得到保证，对传输的错误可进行重传。

（3）控制传输方式

USB 控制传输是非周期的、突发的由主机客户软件发起的通信。典型地，它主要用于传送控制命令和状态信息，它只能用于控制消息信道，并且，对于任一个 USB 设备来讲，必须提供一条默认控制信道。这条信道的端点为设备的两个 0 号端点，一个进、一个出(端点都是单向的)，由 USB 系统软件对设备初始化，也可将其理解为建立 USB 逻辑链路，这种通信发生在链路层，用于控制管理。

（4）成批传输方式

USB 的成批传输用于支持突发的大量数据，可获得带宽访问总线，数据传送使用数据流通道，无 USB 格式要求，传送的帧长度受限，由批传送端点决定自身的最大传送长度。作为主控设备(HOST)都必须支持 8、16、32 和 64 字节作为最大长度。如果出错可以重传。

在这 4 种数据传输方式种，除同步传输方式外，其他 3 种方式都必须进行错误校验，在数据传输发生错误时，都会重新发送数据以保证其准确性。

13.3.4 IEEE 1394 总线

IEEE 1394 总线，全称是 IEEE 1394 高性能串行总线(IEEE 1394 High Performance Serial Bus)，由 Apple 公司于 1993 年提出，它的原型是运行在 Apple Mac 计算机上的“FireWire”，目前广泛应用于数字摄像机、数字照相机等家电设备和计算机及其外围设备中。

IEEE 1394 和 USB 产生于相同的历史背景，需要解决同一个问题，即如何使外设与计算机的连接变得更方便、更简洁。但二者的立足点有所不同，前者立足于高速设备，而后者立足于中低速设备。当然，新的 USB 标准(USB 2.0)已提供对高速设备的支持。

IEEE 1394 总线信号支持三种事件：总线配置、总线仲裁和数据传输。当系统加电或者有设备插入或拔出时进行总线配置(总线配置无须主机干预)，配置完成后开始数据传输，但节点在每次传输事务之前需首先通过总线仲裁事件获得总线控制权。

IEEE 1394 采用四层传输协议，由上至下依次为总线管理层、事务层、链路层和物理层。总线管理层负责总线配置、电源和带宽管理、节点活动管理等。事务层(这里的事务相当于 USB 系统中的传输)为支持有关异步传输操作向上层提供服务。链路层负责传输包的生成和分解。物理层提供串行总线接口实现数据比特传输，并实现总线仲裁以确保同一时间内只有一个节点通过总线发送数据。

IEEE 1394 总线主要特点如下：

① 采用点对点模型，所有连接设备建立一种对等网络，设备之间可以互相通信而不通过主机。

② 采用六线制，包括两对双绞线和一对电源线。一对双绞线传输数据，另一对传输选通信号，数据和选通信号进行“异或”运算后可得到时钟信号。

③ 单一总线最多连接 63 个物理节点(相当于 USB 系统中的接口)，一个计算机系统中最多可以有 1024 条 IEEE 1394 总线。

④ 支持三种速率模式：100Mbps、200Mbps 和 400Mbps。1394B 又定义了三种更高的速率：800Mbps、1.6Gbps 和 3.2Gbps。

⑤ 支持等时和异步两种传输方式。等时传输按一定的速率进行传输，拥有固定的带宽。和 USB 不同的是，除了点对点传输外，还可以一对多，进行广播式传输；异步传输通过唯一地址指定响应节点，通信时请求方与响应方需要进行联络。支持即插即用。

⑥ 设备可以自供电或由总线供电。

13.3.5 SCSI 总线

SCSI(Small Compute System Interface，小型计算机系统接口)总线是在美国 Shugart 公司开发的 SASI 的基础上，增加了磁盘管理功能而形成的。目前广泛用于微型计算机中主机与光驱、扫描仪、打印机以及像硬盘这样的大容量存储设备的连接，成为一种重要的、极具潜力的新总线标准。SCSI 总线有如下主要特点：

① SCSI 是一种低成本的通用多功能的计算机与外部设备并行外部总线，可以采用异步传送，当采用异步方式传送 8 位的数据时，传送速率可达 1.5MB/s。也可以采用同步传送，速率达 5MB/s。其下一代 SCSI-2(fast SCSI)的速率为 10MB/s；Ultra SCSI 的传输速率为 20MB/s；Ultra-Wide SCSI(数据为 32 位宽)的传送速率高达 40MB/s。

② SCSI 的启动设备(命令别的设备操作的设备)和目标设备(接受请求操作的设备)通过高级命令进行通信，不涉及外设的物理层如磁头、磁道、扇区等物理参数，所以不管是否与磁盘或 CD-ROM 接口，都不必修改硬件和软件，是一种连接很方便的通用接口。它也是一种智能接口，对于多媒体集成接口此标准更重要。

③ 当采用单端驱动器和单端接收器时，允许电缆可长达 6m；当采用差动驱动器和差动接收器时，允许电缆可长达 25m。总线上最多可挂接 8 台总线设备(包括适配器和控制器)。但在任何时刻只允许两个总线设备进行通信。目前数据宽度有 8 位和 32 位两种。

13.3.6 AGP 总线

AGP(Accelerated Graphics Port，加速图形端口)总线是 Intel 公司为高性能图形和视频支持而专门设计的一种新型总线。AGP 以 PCI 为基础，但在物理上、电气上和逻辑上独立于 PCI。与 PCI 带有多个连接器(插槽)的真正总线不同，AGP 是专为系统中一块视频卡设计的点到点高性能连接，只有一个 AGP 插槽可以插入单块视频卡。

AGP 规范 1.0 版由 Intel 公司于 1996 年 7 月首次发布，定义了带 1X 和 2X 信令的 66MHz 时钟速率，使用 3.3V 电压。AGP 2.0 版于 1998 年 5 月发布，增加了 4X 信令，以及以更低的 1.5V 电压工作的能力。还有一个新的 AGP PRO 规范，该规范定义了略长些的插槽，在每一端又附加了电源引脚，以便驱动更大、更快的 AGP 卡，其耗电大于 25W，最大可高达 110W。AGP PRO 卡用在高档图形工作站中。AGP PRO 插槽后向兼容，这意味着标准 AGP 卡也可插入。

AGP 是一种高速连接，以 66MHz 的基频运行(实际为 66.66MHz)，为标准 PCI 的两倍。基本 AGP 模式叫作 1X，每个周期完成一次传输。由于 AGP 总线为 32 位(4 字节)宽，在每秒 6600 万次的条件下能达到大约 266MB/s(每秒百万字节)数据传输能力。原始 AGP 规范也定义了 2X 模式，每个周期完成两次数据传输，速率达到 533MB/s。

更新的 AGP2.0 规范增加了 4X 传输能力，每个周期完成四次数据传输，1066MB/s 的数据传输速率。表 13.3-2 给出了 AGP 工作模式下的时钟频率和数据传输速度。

表 13.3-2　AGP 工作模式下数据传输速率和时钟频率

AGP 模式	基本时钟频率	有效时钟频率	数据传输速率
1X	66MHz	66MHz	266MB/s
2X	66MHz	133MHz	533MB/s
4X	66MHz	266MHz	1066MB/s

由于 AGP 独立于 PCI，使用 AGP 视频卡将省出 PCI 总线用于更多的传统输入/输出，如 IDE/ATA 或 SCSI 控制器、USB 控制器、声卡等。

除了能获得更快的视频性能， Inte1 公司设计 AGP 的另一个主要原因是允许视频卡与系统 RAM 直接进行高速连接。这将允许 AGP 视频卡直接存取系统 RAM，减少了越来越多视频内存的需求。AGP 将使视频卡的速度能满足高速 3D 图形渲染，以及将来在 PC 上显示全活动视频的需要。

13.3.7 PCI-E 总线

PCI-E 总线(PCI-Express 总线的简称)，是 Intel 公司为了全面取代现行的 PCI 和 AGP，最终实现总线标准统一而提出的。其主要优势就是数据传输速率高，目前最高可达到 10GB/s 以上，而且还有相当大的发展潜力。PCI Express 也有多种规格，从 PCI Express 1X 到 PCI Express 16X，能满足现在和将来一定时间内出现的低速设备和高速设备的需求。

PCI-E 采用了目前业内流行的点对点串行连接，比起 PCI 以及更早期的计算机总线的共享并行架构，每个设备都有自己的专用连接，不需要向整个总线请求带宽，而且可以把数据传输率提高到一个很高的频率，达到 PCI 所不能提供的高带宽。相对于传统 PCI 总线在单一时间周期内只能实现单向传输，PCI-E 的双单工连接能提供更高的传输速率和质量，它们之间的差异跟半双工和全双工类似。

PCI-E 的接口根据总线位宽不同而有所差异，PCI-E 规格从 1 条通道连接到 32 条通道连接，有非常强的伸缩性，以满足不同系统设备对数据传输带宽的需求。此外，较短的 PCI-E 卡可以插入较长的 PCI-E 插槽中使用，PCI-E 接口还能够支持热拔插。PCI-E X1 的 250MB/s 传输速度已经可以满足主流声效芯片、网卡芯片和存储设备对数据传输带宽的需求，但是远远无法满足图形芯片对数据传输带宽的需求。因此，用于取代 AGP 接口的 PCI-E 接口位宽为 X16，能够提供 5GB/s 的带宽，即便有编码上的损耗但仍能够提供约为 4GB/s 左右的实际带宽，远远超过 AGP 8X 的 2.1GB/s 的带宽。

PCI-E 通道规格中，PCI-E X1 和 PCI-E X16 已成为主流规格，很多芯片组厂商在南桥芯片当中添加对 PCI-E X1 的支持，在北桥芯片当中添加对 PCI-E X16 的支持。除了提供极高数据传输带宽之外，PCI-E 因为采用串行数据包方式传递数据，所以 PCI-E 接口每个引脚可以获得比传统 I/O 标准更多的带宽，这样就可以降低 PCI-E 设备生产成本和体积。另外，PCI-E 也支持高阶电源管理，支持热插拔，支持数据同步传输，为优先传输数据进行带宽优化。

13.3.8 I^2C 总线

I^2C (Inter-Integrated Circuit) 总线是 Philips 公司开发的一种双向两线串行总线，以实现集成电路之间的有效控制。目前，Philips 及其他半导体厂商提供了大量的含有 I^2C 总线的外围接口芯片，I^2C 总线已成为广泛应用的工业标准之一。

（1）I^2C 总线特点

I^2C 总线采用二线制传输，一根是数据线 SDA (Serial Data Line)，另一根是时钟线 SCL (Serial Clock Line)，所有 I^2C 器件都连接在 SDA 和 SCL 上，每一个器件具有一个唯一的地址。

I^2C 总线是一种多主机总线，总线上可以有一个或多个主机(或称主控制器件)，总线运行由主机控制。主机是指启动数据的传送(发起始信号)、发出时钟信号、发出终止信号的器件。通常，主机由单片机或其他微处理器担任；被主机访问的器件叫从机(或称从器件)，它可以是其他单片机，或者其他外围芯片，如 A/D、D/A、LED 或 LCD 驱动串行存储器芯片。

I^2C 总线支持多主(Multi-Mastering)和主从(Master-Slave)两种工作方式。多主方式下，I^2C 总线上可以有多个主机。I^2C 总线需通过硬件和软件仲裁来确定主机对总线的控制权；主从工作方式时，系统中只有一个主机，总线上的其他器件均为从机，只有主机能对从机进行读写访问，因此，不存在总线的竞争等问题。

（2）I^2C 总线工作原理

I^2C 总线是由数据线 SDA 和时钟 SCL 构成的串行总线，可发送和接收数据。在 CPU 与被控 IC 之间、IC 与 IC 之间进行双向传送，最高传送速率 100kbps。各种被控制电路均并联在这条总线上，并且每个电路和模块都有唯一的地址，在信息的传输过程中，I^2C 总线上并接的每一模块电路既是主控器(或被控器)，又是发送器(或接收器)，这取决于它所要完成的功能。CPU 发出的控制信号分为地址码和控制量两部分，地址码用来选址，即接通需要控制的电路，确定控制的种类；控制量决定该调整的类别及需要调整的量。这样，各控制电路虽然挂在同一条总线上，却彼此独立，互不相关。

I^2C 总线在传送数据过程中共有三种类型的信号：

开始信号：SCL 为高电平时，SDA 由高电平向低电平跳变，开始传送数据。

结束信号：SCL 为高电平时，SDA 由低电平向高电平跳变，结束传送数据。

应答信号：接收数据的 IC 在接收到 8bit 数据后，向发送数据的 IC 发出特定的低电平脉冲，表示已收到数据。CPU 向受控单元发出一个信号后，等待受控单元发出一个应答信号，CPU 接收到应答信号后，根据实际情况做出是否继续传递信号的判断。若未收到应答信号，则判断为受控单元出现故障。

目前有很多半导体集成电路上都集成了 I^2C 接口。带有 I^2C 接口的单片机有：CYGNAL 的 C8051F0XX 系列，PHILIPS 的 P87LPC7XX 系列，MICROCHIP 的 PIC16C6XX 系列等。很多外围器件如存储器、监控芯片等也提供 I^2C 接口。

13.3.9 SPI 总线

串行外围设备接口 SPI(Serial Peripheral Interface)总线技术是 Motorola 公司推出的一种同步串行接口，用于 CPU 与各种外围器件进行全双工、同步串行通信。SPI 可以同时发出和接收串行数据。它只需四条线就可以完成 MCU 与各种外围器件的通信，这四条线是：串行时钟线(SCLK)、主机输入/从机输出数据线(MISO)、主机输出/从机输入数据线(MOSI)、低电平有效从机选择线 $\overline{CS}$。这些外围器件可以是简单的 TTL 移位寄存器，复杂的 LCD 显示驱动器，A/D、D/A 转换器或其他的 MCU。

当 SPI 工作时，在移位寄存器中的数据逐位从输出引脚(MOSI)输出(高位在前)，同时从输入引脚(MISO)接收的数据逐位移到移位寄存器(高位在前)。发送一个字节后，从另一个外围器件接收的字节数据进入移位寄存器中。主 SPI 的时钟信号(SCLK)使传输同步。其典型系统框图如图 13.3-10 所示。

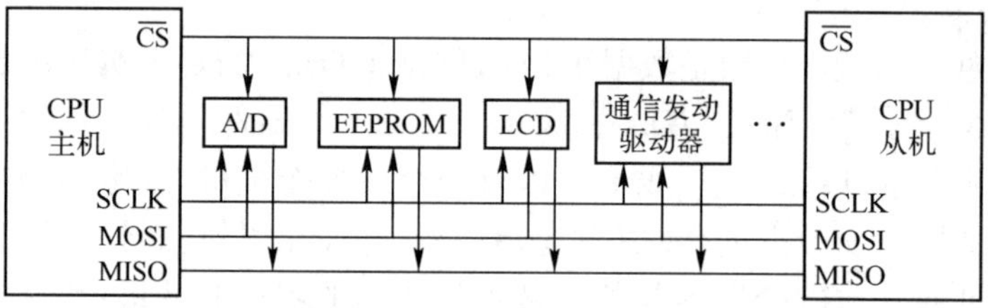

图 13.3-10　典型系统框图

SPI 采用串行通信协议，也就是说数据是一位一位传输的。由 SCLK 提供时钟脉冲，MOSI，MISO 则基于此脉冲完成数据传输。数据在时钟上升沿或下降沿时改变，在紧接着的下降沿或上升沿被读取。这样，经过至少 8 次时钟信号的改变(上升沿和下降沿为一次)，就可以完成 8 位数据的传输，具体协议格式如图 13.3-11 所示。

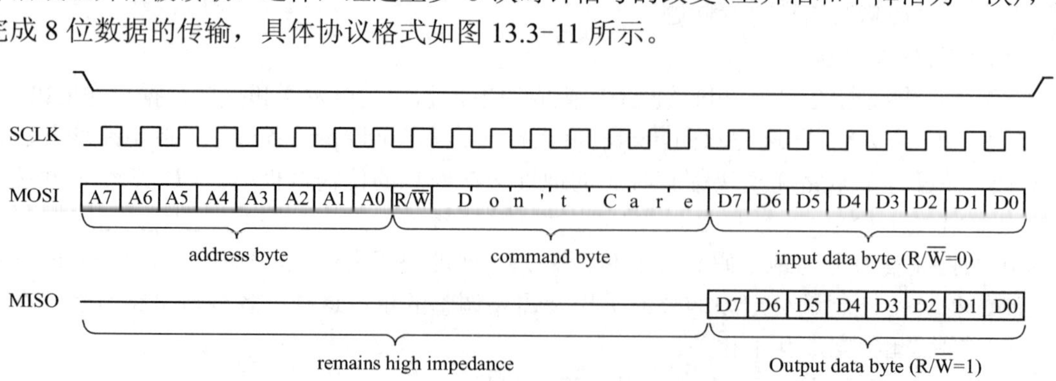

图 13.3-11　SPI 总线通信协议格式

普通的串行通信一次连续传送至少 8 位数据，而 SPI 允许数据一位一位地传送，甚至允许暂停，因为 SCLK 时钟线由主控设备控制。

当没有时钟跳变时，从设备不采集或传送数据，也就是说，主设备通过对 SCLK 时钟线的控制可以完成对通信的控制。

因为 SPI 的数据输入和输出线独立，所以允许同时完成数据的输入和输出，从而实现全双工通信。

13.4　本章学习指导

总线是一组公用信号线的集合，是一种在各模块或各设备间传送信息的公共通路。根据不同分类方法可以分为片内总线、系统总线、局部总线及外部总线。

总线完成数据传输经历申请占用总线、寻址、传数及结束四个阶段，涉及总线仲裁及总线握手等总线控制问题。

常用的总线标准包括 ISA、PCI、USB、1394、SCSI、AGP、PCI-E、I^2C 及 SPI 等。

本章习题

13-1　什么是总线？其特点是什么？

13-2　根据微型计算机系统不同层次，微型机系统中共有哪几类总线？根据总线长度区分，总线可分为哪几类总线?

13-3　总线仲裁分为哪几种方式？它们各自有哪些特点？

13-4　总线握手分为同步方式、异步方式和半同步方式，它们各自如何实现总线控制？有哪些特点？

13-5　列举常用总线标准，叙述其发展过程。

13-6　试说明 ISA、PCI 和 USB 总线的主要特点和用途。

13-7　PCI 总线是通过什么与微处理机连接的？

13-8　试说明 PCI 局部总线结构中，遗留总线是通过什么与微处理器连接的。

13-9　什么是 USB 串行总线？

13-10　USB 接口有几种外观特性？其信号是如何定义的？

13-11　USB 串行总线是通过什么与微处理器连接的？

13-12　USB 串行总线体系结构分几层？每层的作用是什么？

13-13　比较 IEEE 1394 与 USB 的异同。

13-14　SCSI 总线的主要特点是什么？

13-15　试说明微机中采用 AGP 总线的原因。

13-16　请对 I^2C、SPI 两种总线标准进行比较。

*第 14 章　高性能微处理器及其新技术

内容提要：

以 8086 为鼻祖的 X86 微处理器技术日新月异，了解微处理器技术的发展历程和微处理器的最新技术很有必要。本章以 80486 为重点介绍高性能微处理器及其发展，然后阐述当前高性能微处理器关键新技术。

教学目标：

- 了解 80X86 芯片发展概况
- 了解典型 32 位微处理器 80486
- 了解高性能微处理器关键新技术

14.1　32 位微处理器芯片

14.1.1　80X86 芯片发展

美国 Intel 公司是目前世界上最有影响的微处理器生产厂家，也是世界上第一个微处理器生产厂家，所生产的 80X86 系列微处理器一直是个人微机的主流 CPU。Intel 80X86 系列微处理器的发展就是微型计算机发展的一个缩影。

1．8086

1978 年，Intel 推出了 16 位 8086 CPU，这是该公司生产的第一个 16 位芯片，内外数据总线均为 16 位，地址总线 20 位，主存寻址范围 1MB，时钟频率 5MHz。1979 年 Intel 推出了 8088，只是将外部数据总线设计为 8 位，被称为准 16 位 CPU。80186/80188 分别是以 8086/8088 为核心，并配以定时器、中断控制器、DMA 控制器等支持电路构成的功能更强、速度更快的芯片。80186/80188 常用作智能型的控制器来进行实时控制，许多网络接口卡也使用它们处理底层的网络通信协议。

2．80286

1982 年，Intel 推出 80286 CPU，时钟频率 6~20MHz，16 位内外数据总线，地址总线 24 位，物理存储器具有 18MB。80286 有两种工作方式：实模式和保护模式。在实模式下，80286 与 8086 的工作方式一样，相当于一个快速 8086 在保护模式下。80286 提供了虚拟存储管理和多任务的硬件控制，能直接寻址 16MB 主存和 1GB 的虚拟存储器，提供保护机制。

3．80386

1985 年，Intel 80X86 微处理器进入第三代即 80386。80386 CPU 采用 32 位结构，数据总线 32 位，地址总线 32 位，可寻址 4GB 内存和 64TB 虚拟内存，时钟频率有 16、25、33MHz。80386 除保持与 80286 完全兼容外，还提供了可选的页式存储管理功能，以及虚拟 8086 工作模式，可同时模拟多个 8086 处理器。80386 指令系统在兼容原来 16 位系统的基础上，全面升级为 32 位，还新增了有关位操作、条件设置等指令。

作为 32 位 CPU，80386 设计得非常成功。当时，Intel 公司明确宣布 80386 芯片的体系结构将被确定为以后开发的 80X86 系列微处理器体系结构的标准，成为英特尔 32 位结构：IA-32（Intel Architecture-32）。

为了适应便携机要求，Intel 在 1990 年引入 SL 技术生产低功耗节能型芯片，还增加了一种新的工作模式：系统管理模式（SMM）。当微处理器进入 SMM 工作方式后，会根据当时不同的使用环境自动减速运行，甚至停止运行，这时微处理器还可以控制其他部件停止工作，从而使微机的整体耗电降到最小。它们最初为便携机而设计，后来也用于节能的台式机中。

4．80486

1989 年，Intel 出品 80486 CPU。它采用了 1μm 制造工艺，内部继承了 120 万个晶体管，最初的时钟频率为 25MHz 但很快发展到了 33MHz 和 50MHz。从结构上来说，80486=80386+80387+8KB Cache，即 80486 把 80386 CPU 与 80387 数学协处理器和 8KB 高速缓冲存储器 Cache（L1 Cache）集成在一个芯片上，且支持二级高速缓存（L2 Cache），使 CPU 的性能大大提高。80486 在 Intel 生产的 CPU 中首次采用了精简指令集计算机 RISC 技术，同时采用了流水线方式的指令重叠执行方法，从而使 80486 可以在一个时钟周期执行完成一条简单指令。

Intel 80X86 系列微处理器是传统的复杂指令集计算机 CISC，采用大量的、复杂的但功能强大的指令来提高性能。复杂指令一方面提高了处理器性能，另一方面又给进一步提高性能带来了麻烦。所以，人们又转而设计主要由简单指令组成的处理器，以期在新的技术条件下生产更高性能的处理器。80486 以后的微处理器吸取了 RISC 技术的特长，并将其融入了 CISC 中，极大地提高了微处理器的性能。指令流水线技术是将指令的执行划分为多个步骤在多个部件中独立地进行，这样使得多条指令可以在不同的执行阶段同时进行，就像工厂中的产品流水线。

80486SX 是在 80486DX 销售一年后推出的，它与 80486DX 的区别是内部不含数学协处理器。80486DX2 是基于 80486DX 的升级产品，它与 80486DX 完全兼容（包括处理器引脚），但采用了时钟倍频技术（Clock Doubling），使得处理器内部时钟频率提高一倍，从而加快了处理器的运行速度。80486DX4 是 80486 微处理器中最快的一种芯片，它综合了以前使用的所有技术，它不仅内部集成了 CPU、协处理器和高速缓冲存储器 Cache，还把 Cache 容量提高到 16KB；它采用倍频思想，且使内部频率为外部频率的 3 倍；它主要有内部频率为 75/100MHz 两款产品，对应的外部频率是 25/33MHz。它内部具有电源管理电路，使用 3.3V 电源电压，也是一种具备系统管理方式的节能型芯片。

5．Pentium 系列

Pentium 芯片即俗称的 80586 微处理器，因为数字很难进行商标版权保护的缘由而特意取名。其实，Pentium 源于希腊文“pente”（数字 5），加上后缀-ium（化学元素周期表中命名元素常用的后缀）变化而来的。同时，Intel 公司为其取了一个响亮的中文名称——奔腾，并进行了商标注册。为了满足不断发展的应用和市场需求，这一代 80X86 微处理器形成了 Pentium 系列芯片。

（1）Pentium（奔腾）

Intel 公司于 1993 年制造成功 Pentium，采用了 0.6μm CMOS 工艺，由 310 万个晶体管组成。最初的 P5 使用 60MHz 和 66MHz 时钟频率，但广泛应用的 P54C 有 100、120、133、150、166 和 200MHz 内部时钟频率，其外部频率主要是 60MHz 和 66MHz。

Pentium 虽然仍属于 32 位结构，但其与主存连接的外部数据线却是 64 位的，这样大大提高了存取主存的速度。

Pentium 采用了动态分枝预测解决流水线技术中的指令相关问题。分枝预测部件记录分支指令的执行情况，当下次再执行该分支指令时，就根据记录情况分析预测是否发生分枝；如果预测正确，流水线就不会停顿。

Pentium 引入了超标量技术，内部具有可以并行工作的 2 条整数护理流水线，可以达到每个时钟周期执行 2 条指令。Pentium 还将 L1 Cache 分成两个彼此独立的 8KB 代码和 8KB 数据高速缓冲存储器，即双路高速缓冲结构，这种结构可以减少采用 Cache 的情况。

另外，Pentium 对浮点协处理单元做了重大改进，包含了专用的加法、乘法和除法单元。Pentium 还对常用的简单指令直接用硬件逻辑实现，对指令的微代码进行了重新设计。这些都提高了 Pentium 的整体性能。

（2）Pentium Pro（高能奔腾）

Pentium Pro 于 1995 年正式推出，原来被称为 P6，中文名成为“高能奔腾”。Pentium Pro 由两个芯片组成：一是含 8KB+8KB 一级 Cache 的 CPU，由 550 万个晶体管构成；二是芯片上还封装了 256/512KB 的二级（L2）高速缓冲存储器 Cache，由 1550/3100 万个晶体管构成。CPU 和 L2 Cache 共置于 387 针的所谓“双腔”PGA 封装内，这种封装技术叫作多芯片模块（Multi-Chip Module，MCM）。

Pentium Pro 在微处理器结构上的最大革新是采用了动态执行技术。动态执行是 3 种技术结合的总成：分枝预测、数据流分析和推测执行。分枝预测技术预测程序的正确转移方向；数据流分析技术分析哪些指令依赖于其他指令的结果或数据，以便创建最优的指令执行序列；而推测执行技术利用分枝预测和数据流分析，推测着执行指令。指令的实际执行顺序是动态的、乱序的，即不一定是指令的原始静态顺序，执行的临时结果暂存于处理器的缓冲区中，但最终的输出执行顺序仍然是指令的正确顺序。动态技术可以使处理器尽量繁忙，避免可能引起的流水线停顿。

Pentium Pro 扩展了超标量技术，具有 12 级指令流水线和 5 个端口的执行单元，能同时执行 3 条指令。它还扩大了地址线条数，达到 36 位，使其寻址生存达到了 64GB。Pentium Pro 针对 32 位指令进行了优化，使其执行纯 32 位软件（如 Windows NT）的运行速度得到提高，主要应用在微机服务器中。

（3）MMX Pentium（多能奔腾）

为了顺应微机向多媒体和通信方向发展，Intel 公司及时在其微处理器中加入了多媒体扩展（Multi-Media eXtension，MMX）技术。MMX 技术于 1996 年正式公布，它在 Pentium 微处理器中新增了 57 条整数运算多媒体指令，可以用这些指令对图像、音频、视频和通信方面的程序进行优化，使微机对多媒体的处理能力较原来有了大幅度提升。

MMX Pentium 是将 MMX 技术应用于 Pentium 之后的芯片，也称为 P55C，主要有 166/200/233MHz 内部频率，中文名称为“多能奔腾”。它全兼容 Pentium 芯片（包括引脚），可以直接用于 Pentium 系统中，使 Pentium 升级成为多媒体处理器。

MMX Pentium 采用 0.28μm 4 层 CMOS 制造工艺，集成了 450 万个晶体管。另外，MMX Pentium 将 L1 Cache 加大为 16KB 代码和 16KB 数据高速缓冲存储器。

（4）Pentium II（奔腾 II）

Pentium II 是基于 Pentium Pro 的采用 MMX 技术的微处理器芯片，于 1997 年推出。它集各种 Pentium 处理器之大成，并有所改进，使微处器性能大大提高，因此被称为真正的第六代微处理器 686。它继承了 MMX 技术和 Pentium Pro 的动态执行技术，发展 Pentium Pro 的“双腔”封装为双重独立总线 D.I.B 结构和单边接触盒 S.E.C 封装。

在以往的结构中，L1 Cache 最快，在 CPU 内部与 CPU 同频工作；L2 Cache 次之，在主板上与主板同频（即 CPU 外部频率）工作。CPU 与 L2 Cache 间的通道和 CPU 与系统其他部件间的通道共用一条 64 位总线，这就造成主板总线上数据传输混乱、拥挤；而且由于主板的总线工作频率远低于 CPU 内部主频(多倍关系)，使得数据传输速度较慢。Pentium II 采用双重独立总线结构(Dual Independent Bus)，CPU 与 L2 Cache 间单独使用一条 64 位的背侧总线，且其工作频率独自与 CPU 的主频保持 1/2 的关系。这样，便提高了 L2 Cache 的速度。这个思想实际上来源于 Pentium Pro 的“双腔”封装，但 Pentium Pro 由于封装了 L2 Cache 而体积过大，于是 Pentium II 采用单边接触(Single Edge Contact)盒将其插入 Slot 1 插槽，体积虽然也很大，但在主板上占不了多大面积。

Pentium II 内部 L1 Cache 增大为 32KB+32KB，L2 Cache 为 512KB。对于 233/266/300/333MHz 内频的 Pentium II 的外频是 66MHz；后来内频 350/400/450MHz 的 Pentium II 采用 100MHz 外频，2.0V 工作电压。

为了占领低端(低价位)PC 的 CPU 市场，1998 年 Intel 公司推出了 Celeron(中文名称：赛扬)处理器。它从 Pentium II 衍生而来，核心为 7500 万个晶体管，采用 0.25μm 制造工艺。它兼容 Slot 1 插槽，内含 32KB L1 Cache，外部频率仍为 66MHz。开始推出的 266 和 300MHz 的赛扬处理器不含 L2 Cache，也就没有 Pentium II 的最大技术优势——双重独立总线结构，其性能略高于 233MHz 的 MMX Pentium。后来推出的 300A、333、366 和 533MHz 的赛扬内置了 128KB L2 Cache，性能有了很大提高，采用 Socket 370 插座。

（5）Pentium III(奔腾 III)

1999 年，针对国际互联网和三维多媒体程序的应用要求，Intel 又采用数据流 SIMD 扩展 SSE 技术(原称为 MMX-2)开发了 Pentium III。Pentium III 在 Pentium II 的基础上又新增了 70 条 SSE 指令。它侧重于浮点单精度运算，极大地提高了浮点 3D 数据的处理能力。SSE 指令集类似于 AMD 公司发布的 3D Now !指令集。

后来，Intel 又推出了代号“Coppermine(铜矿)”的改进型 Pentium III。它将半速于 CPU 的 512KB 二级 Cache 改成集成在 CPU 芯片中的全速 256KB 高速缓冲存储器，将制造工艺从 0.25μm 改为 0.18μm，集成约 1000 万个晶体管，内频达到 1GHz，而外频是 133MHz。

2000 年 5 月，基于 Pentium III 的赛扬 II 微处理器被生产出来。它采用 0.18 微米制造工艺，内频有 533 和 566MHz，但外频仍然保持为 66MHz。2001 年的赛扬 II 将外频提升为 100MHz。

另外，基于 Pentium II/III 的 Xeon(至强)微处理器是用于服务器的 CPU 芯片。

（6）Pentium 4(奔腾 4)

2000 年 5 月，Intel 公司推出 Pentium 4。它面向因特网服务市场，采用全新的 32 位 NetBurst 微结构，超级流水线达 20 级。Pentium 4 新增 76 条 SSE2 指令集，侧重于增强浮点双精度运算能力。最初推出的两款芯片分别为 1.4GHz 和 1.5GHz 内频、400MHz 前端系统总线(Front System Bus，FSB)，采用 0.18μm 制造工艺，具有 0.42 亿个晶体管，256KB 全速 L2 Cache 和 423 个引脚。

用于服务器的 Xeon 也开始基于 Pentium 4 的 NetBurst 微结构，并率先采用了超线程技术(Hyper Threading，HT)。超线程技术使一个物理处理器对操作系统来说像是有两个逻辑处理器，这使两个程序线程(不管有关还是无关)可以同时执行。2002 年推出的 3.06GHz 的 Pentium 4 开始支持超线程技术。2003 年，Intel 采用 90 纳米工艺生产出新一代 Pentium 4 处理器，其中新增了 13 条 SSE3 指令，具有 1.25 亿个晶体管，L2 Cache 更是达到了前所未有的 1MB 容量。

14.1.2 典型 32 位微处理器

80486 在 Intel 32 位微处理器的体系演化过程中，具有承上启下的地位。一方面它上承

80386，从芯片特征上可看出其将 80386 及运算协处理器 80387、高速缓存器集成于一体。另一方面它下启 Pentium 系列微处理器的基本体系结构。虽然 Pentium 采用了超标量设计，有两条流水线及配套的辅助部件，有多媒体控制能力等，但在涉及微机系统基本工作原理的部分，仍然保持了 80486 的逻辑部件及功能。

1．32 位微处理器结构

以 80486 为例，图 14.1-1 示出 32 位微处理器的基本结构框图，图中描述了 32 位微处理器内部的基本逻辑部件之间的基本联系、各部件的主要功能、数据在微处理器中的主要流动方向。其中每个图框都可以进一步细化成一个局部结构图，用于反映该部件内的情况。

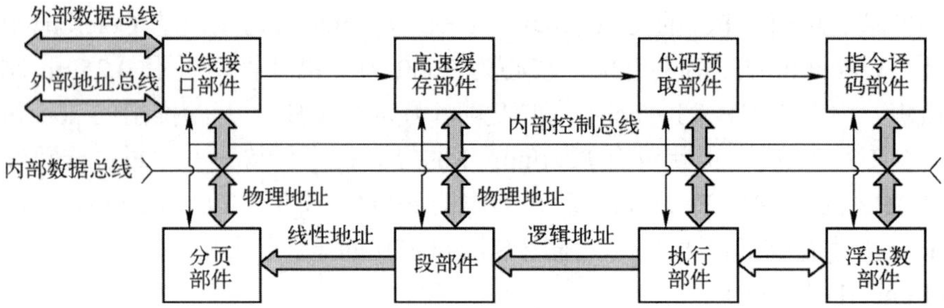

图 14.1-1　80486 基本结构框图

所有部件都挂接在内部总线上，通过内部总线交换数据，也可以按粗箭头所示方式与相邻部件交换数据。每个部件都有自己的寄存器，而且微处理器还有一些供多个部件共同使用的寄存器。许多寄存器对于编程者是不可见的，编程者可见（在程序的命令中使用）的那部分寄存器，构成程序员通过程序操纵微处理器的一个重要途径。

（1）总线接口部件

实现内部总线与外部总线的联系。在内部时序信号控制下，将内部总线上的数据、控制信号或者地址送到外部数据总线、控制总线或者地址总线；接收外部数据总线的数据、控制信号，可以根据接收到的控制信号，产生总线周期输出相应的外部控制信号，又称握手联络信号。此外，总线接口部件还具有一个重要功能，即支持突发总线控制，对主存中进行连续多个数据单元的传输，加快数据的读写。所谓突发总线控制是指在一个总线传送周期只进行一次寻址，然后连续传送多个数据单元的方式。由于数据一般连续存放，因此可以成组传送。

（2）高速缓存部件

用于减少微处理器对内存的访问次数，提高程序运行速度。在 80386 机型中，该部件在微处理器外部。在 80486 机型中，在微处理器内部集成了一个 8KB 容量的高速缓冲存储器，它用来存放微处理器最近要使用的指令和数据，片内 Cache 比片外 Cache 进一步加快了微处理器访问主存的速度，并减轻系统总线的负载。Pentium 机型中，微处理器内部设有 2 个高速缓存部件，一个用于程序缓存，称为程序缓存器；另一个用于对操作数据的缓存，称为数据缓存器。

（3）代码预取部件

对代码做取入、排队分析、分解等译码的前期准备工作。代码预取操作是利用总线空闲周期，不断将后续指令从高速缓存或从内存中取入，放置在指令队列中，直到装满为止。该队列缓冲区容量为 32 字节大小。预处理后供译码部件使用，这种指令的取入和分析执行的并行操作，避免了译码部件因总线忙碌不能及时取入后续指令，而暂时停机的可能性，提高了微处理器工作效率。

（4）指令译码部件

从指令预取队列中取出指令进行译码。将指令转换成微码入口地址，而将指令寻址信息送存储器管理部件，指挥各部件协同工作。

指令译码部件完成对指令译码。目的是把指令的含义转换成相应的内部控制总线信号，指挥各部件协同工作。

（5）浮点数部件

完成执行部件不善长的浮点数运算、双精度运算等数学运算任务。遇到这类指令时，执行部件暂停工作，把数据交给浮点数部件处理，待浮点数部件完成输出运算结果后，执行部件继续运行。在 80386 机型中，该部件由片外的运算协处理器 80387 担任。

（6）执行部件

它是微处理器的核心部件。主要完成一般的算术运算、逻辑运算及数据传送等任务。大部分指令所要求的操作都由该部件完成，它主要包含有 16 个 32 位的通用寄存器、算术逻辑单元 ALU 以及桶形移位器。算术逻辑运算部件用于算术和逻辑运算。它的状态保存在标志寄存器中，其可以通过内部的数据总线与高速缓存部件、浮点部件、分段分页部件进行信息交换。桶形移位器单元可加快移位指令、乘除运算指令的执行。

执行部件负责从指令译码器队列中取出指令微码地址，并解释执行该指令微码。微处理器的每一条指令都有一组相应的微码，存放在控制 ROM 中，它们作为可以被机器识别的命令，用来产生对各部件实际操作所需的一系列控制信号。译码器产生的微码入口地址就是指向该组命令的地址。由于对控制 ROM 读取微码不便于并行操作，Pentium 机型中，还具有把简单指令直接转换成相应的内部控制时序信号送执行部件的逻辑部件。

（7）分段部件

提供对内存分段管理的硬件支持。可以把指令指定的逻辑地址变换为物理地址，实现对内存的分段管理；也可以把指令指定的逻辑地址变换为线性地址，传送到分页部件，实现对内存分段分页管理；分段部件在地址变换过程中实现任务间的隔离保护及虚拟内存技术。它包含有 CS, DS, SS, ES, GS, FS 共 6 个段寄存器，用于存放内存的段地址。

（8）分页部件

提供对内存分页管理的硬件支持。可直接把指令指定的逻辑地址变换为物理地址，实现对内存的分页管理；也可以将段部件输出的线性地址转换成物理地址，实现对内存分段分页管理；当设置分页部件不工作时，段部件形成的线性地址就作为物理地址。分页部件内还有一个称为后援缓冲器(TLB)的超高速缓存，TLB 存有 32 个最新使用页的表项内容(线性页号和物理页号)，它作为页地址变换机构的快表。

设置分段和分页部件是为了对物理地址空间进行管理，实现虚拟内存管理功能，所谓虚拟内存是指以少量内存模拟大容量内存，以提高内存利用率。Windows 98 以上操作系统内存管理均采用 flat 逻辑结构，即只采用分页方式不分段，用户段均从地址全零开始，以便在支持多用户操作中为用户提供最大虚拟内存空间。

2. 80486 寄存器

80486 微处理器内部详细结构框图如图 14.1-2 所示，包括总线接口部件、指令预取部件、指令译码部件、控制和保护部件、算术与逻辑运算部件、浮点运算部件 FPU、分段部件、分页部件和 8KB 的 Cache 部件。这些部件可以独立工作，也能与其他部件一起并行工作。在取指令和执行指令时，每个部件完成一项任务或某一操作步骤，这样既可同时对不同的指令进行操作，又可对同一指令的不同部分同时并行处理，即流水线工作方式。

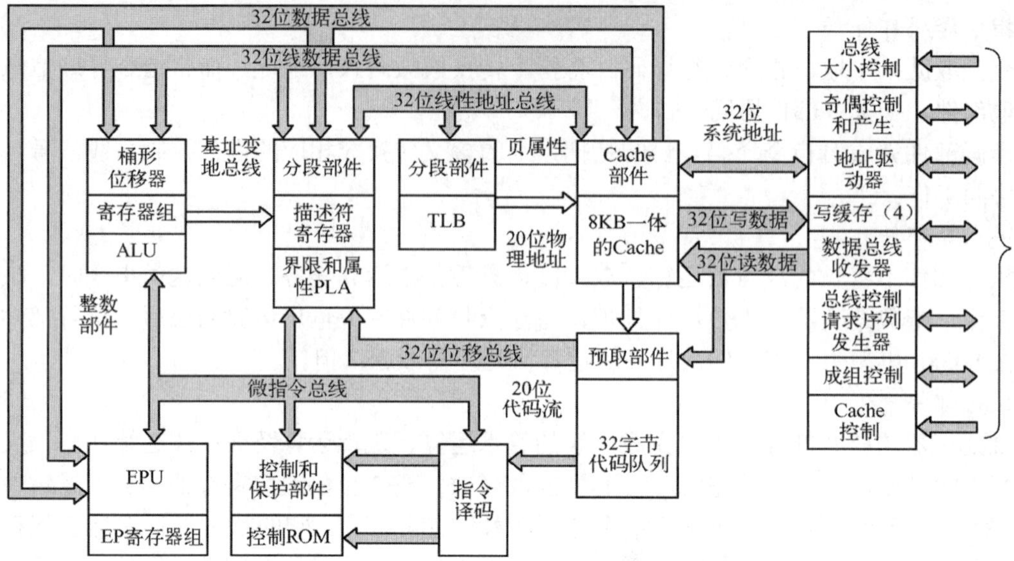

图 14.1-2　80486 内部详细结构框图

80486 CPU 的寄存器按功能可分为四类：基本寄存器、系统寄存器、调试和测试寄存器以及浮点寄存器。

这里只简单介绍基本寄存器，基本寄存器包括 8 个通用寄存器 EAX, EBX, ECX, EDX, EBP, ESP, EDI, ESI；1 个指令指针寄存器 EIP；6 个段寄存器 CS, DS, ES, SS, FS 和 GS；一个标志寄存器 EFLAGS。

（1）通用寄存器(General Purpose Registers)

通用寄存器包括 EAX, EBX, ECX, EDX, EBP, ESP, EDI 和 ESI。

EAX, EBX, ECX, EDX 都可以作为 32 位寄存器、16 位寄存器或者 8 位寄存器使用。EAX 可作为累加器用于乘法、除法及一些调整指令，对于这些指令，累加器常表现为隐含形式。EAX 寄存器也可以保存被访问存储器单元的偏移地址。EBX 常用于地址指针，保存被访问存储器单元的偏移地址。ECX 经常用作计数器，用于保存指令的计数值。ECX 寄存器也可以保存访问数据所在存储器单元的偏移地址。用于计数的指令包括重复的串指令、移位指令和循环指令。移位指令用 CL 计数，重复的串指令用 CX 计数，循环指令用 CX 或 ECX 计数。EDX 常与 EAX 配合，用于保存乘法形成的部分结果，或者除法操作前的被除数，它还可以保存寻址存储器数据。

EBP 和 ESP 是 32 位寄存器，也可作为 16 位寄存器 BP, SP 使用，常用于堆栈操作。EDI 和 ESI 常用于串操作，EDI 用于寻址目标数据串，ESI 用于寻址源数据串。

（2）指令指针寄存器

指令指针寄存器 EIP(Extra Instruction Pointer)存放指令的偏移地址。微处理器工作于实模式下，EIP 是 IP(16 位)寄存器。80486 CPU 工作于保护模式时 EIP 为 32 位寄存器。EIP 总是指向程序的下一条指令(EIP 的内容自动加 1，指向下一个存储单元)。EIP 用于微处理器在程序中顺序地寻址代码段内的下一条指令。当遇到跳转指令或调用指令时，指令指针寄存器的内容需要修改。

（3）标志寄存器 EFR

EFR(Extra Flags Register)包括状态位、控制位和系统标志位，用于指示微处理器的状态并控制微处理器的操作。80486 CPU 标志寄存器如图 14.1-3 所示。

	18	17	16	15	14	13 12	11	10	9	8	7	6	5	4	3	2	1	0
	AC	VM	RF	0	NT	IOPL	OF	DF	IF	TF	SF	ZF	0	AF	0	PF	0	CF

图 14.1-3　80486 标志寄存器

1）状态标志位：包括进位标志 CF、奇偶标志 PF、辅助进位标志 AF、零标志 ZF 、符号标志 SF 和溢出标志 OF。

2）控制标志位：包括陷阱标志（单步操作标志）TF、中断标志 IF 和方向标志 DF。80486 CPU 标志寄存器中的状态标志位和控制标志位，与 8086 CPU 标志寄存器中的状态标志位和控制标志位的功能完全一样，这里不再赘述。

3）系统标志位和 IOPL 字段：在 EFR 寄存器中的系统标志和 IOPL 字段，用于控制操作系统或执行某种操作。它们不能被应用程序修改。

① IOPL（I/O Privilege Pevel field）：输入/输出特权级标志位。它规定了能使用 I/O 敏感指令的特权级。在保护模式下，利用这两位编码可以分别表示 0, 1, 2, 3 这四种特权级，0 级特权最高，3 级特权最低。在 80286 以上的处理器中有一些 I/O 敏感指令，如 CLI（关中断指令）、STI（开中断指令）、IN（输入）、OUT（输出）。IOPL 的值规定了能执行这些指令的特权级。只有特权高于 IOPL 的程序才能执行 I/O 敏感指令，而特权低于 IOPL 的程序，若企图执行敏感指令，则会引起异常中断。

② NT（Nested Task flag）：任务嵌套标志。在保护模式下，指示当前执行的任务嵌套于另一任务中。当任务被嵌套时，NT=1，否则 NT=0。

③ RF（Resume Flag）：恢复标志。与调试寄存器一起使用，用于保证不重复处理断点。当 RF=1 时，即使遇到断点或故障，也不产生异常中断。

④ VM（Virtual 8086 Mode flag）：虚拟 8086 模式标志。用于在保护模式系统中选择虚拟操作模式。VM=1，启用虚拟 8086 模式；VM=0，返回保护模式。

⑤ AC（Alignment Check flag）：队列检查标志。如果在不是字或双字的边界上寻址一个字或双字，队列检查标志将被激活。

（4）段寄存器

80486 微处理器包括 6 个段寄存器，分别存放段基址（实地址模式）或选择符（保护模式），用于与微处理器中的其他寄存器联合生成存储器单元的物理地址。具体如下：

① 代码段寄存器 CS。代码段是一个用于保存微处理器程序代码（程序和过程）的存储区域。CS 存放代码段的起始地址。在实模式下，它定义一个 64KB 存储器段的起点。在保护模式下工作时，它选择一个描述符，这个描述符描述程序代码所在存储器单元的起始地址和长度。在保护模式下，代码段的长度为 4GB。

② 数据段寄存器 DS。数据段是一个存储数据的区域，程序中使用的大部分数据都在数据段中。DS 用于存放数据段的起始地址。可以通过偏移地址或者其他含有偏移地址的寄存器，寻址数据段内的数据。在实模式下工作时，它定义一个 64KB 数据存储器段的起点。在保护模式下，数据段的长度为 4GB。

③ 堆栈段寄存器 SS。SS 用于存放堆栈段的起始地址，堆栈指针寄存器 ESP 确定堆栈段内当前的入口地址。EBP 寄存器也可以寻址堆栈段内的数据。

④ 附加段寄存器 ES。ES 存放附加数据段的起始地址，或者在串操作中作为目标数据段的段基址。

⑤ 附加段寄存器 FS 和 GS。FS 和 GS 是附加的数据段寄存器，作用与 ES 相同，以便允许程序访问两个附加的数据段。

14.2 64 位 CPU 简介

64 位处理器技术是相对于 32 位而言的，这个位数指的是 CPU GPRs(General-Purpose Registers，通用寄存器)的数据宽度为 64 位，64 位指令集就是运行 64 位数据的指令，也就是说，处理器一次可以运行 64bit 数据。

在 2005 年春季 IDF(Intel Developer Forum，英特尔开发技术论坛)上，Intel 宣布将发布采用 IA32E 技术的处理器，该处理器在 Intel 原有的 IA32 架构上进行了扩展，增加了 64 位计算模式，支持 64 位的虚拟寻址空间，同时兼顾 64 位和 32 位运算程序。很明显，该处理器采用了与 AMD Athlon 64(AMD 公司生产的 64 位 CPU)类似的技术。其他高端的 RISC(Reduced Instruction Set Computing，精简指令集计算机)也采用 64bit 处理器，比如 SUN 公司的 Ultra SPARC Ⅲ、IBM 公司的 POWER5、HP 公司的 Alpha 等。

把 64 位处理器运用到移动设备上的还有 Apple 公司 2013 年上市的 iPhone5s、iPad Air 等。2014 年苹果推出的 iPhone6 以及 iPhone6 plus 也使用了 64 位处理器，但是更加优越，使用了 A8 64 位处理器。

1. 64 位 CPU 优势

位宽是指 CPU 一次执行指令的数据带宽，位宽对处理器性能的影响绝不亚于主频。

处理器的寻址位宽增长很快，在计算机界已使用过 4、8、16、32 位寻址，再到目前主流的 64 位寻址浮点运算。

受虚拟和实际内存尺寸的限制，以前的 32 位处理器在性能执行模式方面存在一个严重的缺陷：当面临大量的数据流时，32 位的寄存器和指令集不能及时进行相应的处理运算。

32 位处理器一次只能处理 32 位，也就是 4 个字节的数据；而 64 位处理器一次就能处理 64 位，即 8 个字节的数据。如果将总长 128 位的指令分别按照 16 位、32 位、64 位为单位进行编辑的话，旧的 16 位处理器(如 8086CPU)需要 8 个指令，32 位处理器(如 80386)需要 4 个指令，而 64 位处理器则只要两个指令。显然，在工作频率相同的情况下，64 位处理器的处理速度比 16 位、32 位的更快。

要注意的是，处理器不只需要位宽够宽的寄存器，也需要足够数量的寄存器，以确保大量数据处理。因此，为了容纳更多的数据，寄存器和内部数据通道也必须加倍。在 64 位处理器中的寄存器位数是 32 位处理器的两倍。

不过虽然寄存器位数增加了，但正在执行指令的指令寄存器却都是一样的，即数据流加倍而指令流不变。此外，增加数据位数还可以扩大动态范围。在通常使用的十进制中，只能得到最多 10 个整数(一位数情况下)，这是因为 0～9 中只有 10 个不同的符号来表示相应的意思，想要表示 10 以上的数就需要增加一位数，两位数(00～99)才可以表示 100 个数。

这里可以得出十进制的动态范围的计算公式 $DR=10^n$(n 表示数字位数)。在二进制体系中，相应地可以得到公式 $DR = 2^n$，那么以前使用的 32 位就可以达到 $2^{32} = 4.3\times10^9$，升级到 64 位之后，就可以达到 $2^{64} = 1.8\times10^{19}$，动态范围扩大了 43 亿倍。

这里说明一下，扩大动态范围可以在一定程度上提高寄存器中数据的准确性。比如，当使用 32 位系统处理气象模拟运算任务时，当处理的数据超过 32 位所能提供的最大动态范围时，系统就会出现诸如 Overflow(超过了最大正整数)或 Underflow(低于最小的负整数)的错误提示，这样寄存器中的数据就无法保证准确。

64 位处理器除了在运算能力上明显高于 32 位处理器之外，在对内存控制的能力上也明显高于 32 位处理器。通过前面的学习可以知道，内存是通过地址总线进行访问的，并且需要经过算术逻辑单元和寄存器进行计算。传统的 32 位处理器，其最大的寻址空间为 4GB, 而 64 位处理器，由于地址总线远远高于 32 位处理器，从理论上来说，它的最大寻址空间可以达到 1800 万 TB。随着大批量数据处理的需求逐渐增大，32 位处理器由于受到寻址能力和计算能力的限制，使得它逐渐无法满足这一需求，形成了运行效率的瓶颈。即使 32 位的系统可以通过采用一些寻址技术，比如软模拟方式等，来实现 512GB 的内存管理，进而对这一瓶颈加以缓冲。但是无论采用何种技术，由于它在硬件上没有改进，只能通过软件的形式来实现，所以这种实现方式在一定程度上会大大降低系统性能。而 64 位处理器的出现，就把这一瓶颈问题加以彻底解决了。

64 位处理器在解决这一瓶颈的同时，也引入了一些新的问题。比如，内存地址值随着位数的增加变为原来的两倍，当内存中的内容调入到高速缓存时，就将占用更多的高速缓存容量，使得容量本来就不大的高速缓存空间无法载入更多的有用数据，进而导致系统的整体性能下降。

处理器厂商早已经意识到传统的 32 位处理器的设计已经严重制约了处理器性能向更高方向发展，因此，作为处理器两大厂商的 Intel 和 AMD 分别推出了自家的 64 位架构。然而，在 2005 年 IDF 大会之前，在 64 位处理器发展道路之上，AMD 与 Intel 选择了两条截然相反的道路。

2. Intel IA-64 架构

英特尔公司根据处理器支持的寻址位宽不同，采用了两种互不通用的策略：IA-32 和 IA-64。对于 32 位的桌面台式计算机，采用的是与 X86 兼容的 IA-32 架构；对于 64 位的服务器计算机，采用的是全新的 IA-64 架构。由于这两种架构的指令集是不能兼容的，也就是说，IA-32 架构无法使用 IA-64 架构的指令集；而 IA-64 架构也无法使用 IA-32 架构的指令集，于是 IA-64 架构的处理器就不能同时运行两代应用程序。

IA 的英文是 Intel Architecture，其中文是英特尔体系结构，在 i486 出现之前，英特尔体系结构又被称作 X86 架构。这是因为英特尔公司的第三代微处理器被命名为 8086，而其后继研制的微处理器又分别称为 8088、80186、80286、80386 等，均以 80X86 的形式来命名的，所以就把这一系列的产品统一称为 X86 架构。随着 i486 处理器的推出，英特尔公司开始用 IA 来为后继产品命名，这就出现了 32 位处理器架构的 IA-32；64 位处理器架构的 IA-64 等。

IA-64 架构与 IA-32 架构相比，最大的一个特点是内存的寻址能力得以大幅提升。但是作为一个全新的架构体系，内存寻址能力的提升只是一方面，为了使系统的性能全面提高，该架构还可以在每个时钟周期内并行执行更多的指令。那么它是如何做到的呢?先来看看传统的 IA-32 架构，它是通过对处理器并行的排序代码来向处理器传递并行命令的。由于 IA-32 的这一设计原理，就束缚了 64 位处理器性能的充分发挥。为了解决这一问题，必须引入新的设计理念。英特尔公司在 IA-64 架构中引入了一种称为 EPIC 的技术。EPIC 是 Explicitly Parallel Instruction Computing 的简称，其中文意思是显式并行指令运算。该技术除了能让处理器内并行执行几条指令外，还具有和其他处理器相连构成并行处理环境的能力。关于这项技术的具体内容，读者可以查阅相关的参考资料，这里就不再介绍。IA-64 架构除了引入 EPIC 技术之外，对寄存器的长度、数量和功能也做了较大的变动，比如提供 128 个整数/多媒体寄存器，12 个 82 位的浮点寄存器、64 个 SIMD(Single Instruction Stream Multiple Data Stream，即单指令多数据)寄存器等。寄存器方面的变动，使得 IA-64 架构的处理器大大增强了多任务处理的能力。

英特尔公司基于 IA-64 架构的第一款处理器是 Itanium(安腾)处理器。前面提到，IA-64 架构无法与 IA-32 架构兼容，所以该款处理器是无法运行 IA-32 指令集的。随着各种技术的进步，该项限制的缺陷显得越来越突出。于是，英特尔公司针对这一问题，对 IA-64 架构又做出了新的变动。在 IA-64 架构中引入了更加完善的 Bundled Instructions 指令包，并且新增了 IA-32 转换成 IA-64 的 64 位指令编译器。凭借这些技术，当基于 IA-64 的处理器执行 IA-32 的二进制代码时，其内部的 64 位指令编译器会采用软件模拟的方式，对 IA-32 的二进制代码加以执行，从而实现与 IA-32 架构的无缝连接，即实现与 IA-32 指令集的兼容。但是，由于采用的是软件模拟的方式，并且这也不是运行 IA-32 架构指令集的最佳方式，所以实现起来效率不高。

3．AMD X86-64 架构

AMD 公司在对待 64 位处理器的设计问题上，采用的策略与英特尔公司完全不同。它所采用的策略是 X86-64 架构。简单地说，就是在原来 X86 架构的基础上进行升级和改造。通过改造使得 X86-64 架构在增加寻址位宽的同时，又能向下兼容以往的 X86 架构，于是，AMD 公司通过这个策略，使得其设计的 64 位处理器可以在 32 位甚至 16 位的应用环境下运行。在 X86 架构中，寄存器体系结构是其核心设计思想，AMD 公司在缔造 X86-64 架构的时候，首先考虑的问题就是同时兼顾 64 位和 32 位的运算任务。如果要做到这一点，就必须对原来 X86 架构中的寄存器体系进行改造。为了了解 X86 架构的设计，先对传统的 X86 架构中的指令集做个简单的介绍。

传统的 X86 指令集属于 CISC(Complex Instruction Set Computer)，即复杂指令系统。所谓复杂指令系统指的是通过设置一些功能复杂的指令，把一些原来由软件实现的、常用的功能改用硬件指令系统来实现，从而达到增强指令功能的目的。而改用的硬件，绝大部分都以寄存器的形式出现。X86 指令集中程序可以使用的寄存器数量比较少，长度也较短，只有 8 个通用寄存器、8 个浮点寄存器和 8 个 SIMD 寄存器等。这些寄存器在进行批量数据处理时，将会极大降低系统的性能，比如造成传输延迟、流水线工作效率低下等。AMD 公司在设计 X86-64 架构时，一方面增加了寄存器的数量，比如把通用寄存器和 SIMD 寄存器都增加到 16 个；另一方面，对寄存器的长度也进行厂增加，由 32 位变动为 64 位。通过这样的改造，使得通用寄存器都可以工作在 64 位的模式下。

这些加长位数的寄存器主要有 RAX、RBX、RCX、RDX、RDI、RSI、RBP、RSP、RIP 以及 EFLAGS 等。由于它们是从原来 X86 架构中扩充起来的，所以它们既可以工作在 64 位的模式下，可以工作在 32 位的模式下。举个例子来说，原来 X86 架构中的 EAX 寄存器可以看作 RAX 的一个子集，当系统运行在 32 位模式下时，完全可以把 RAX 当作 EAX 来使用，也就是说，仅使用 RAX 寄存器中的部分位；而当系统运行在 64 位模式下时，就完全使用 RAX 寄存器中的所有位。不过，这里需要注意的是，并非所有的寄存器在 32 位的模式下都要用到。

为了让寄存器更好地区分是工作在 32 位模式还是工作在 64 位模式，X86-64 架构对 64 位 CPU 规定了两种工作模式。如果是工作在 64 位模式下，就称为长模式(Long Mode)；如果是工作在 32 位或更低位的模式下，就称为传统模式(Legacy Mode)。

通过前面的介绍，可以知道，与英特尔公司的 IA-64 架构相比，AMD 公司的 X86-64 架构最大的优势就是能够完全兼容以往的 X86 应用程序，并且以往的 X86 应用程序在 X86-64 架构下运行，并无任何区别。AMD 公司正是凭借这一优势在历史上首次战胜它的竞争对手——英特尔公司。

这里顺便介绍一下，除了前面介绍的复杂指令系统，还存在一个精简指令系统 RISC (Reduced Instruction Set Computer)。所谓精简指令系统指的是，尽量简化指令功能，只保留那些功能简单，能在一个时钟周期内执行完成的指令，较复杂的功能用一段子程序来实现，在 SUN、IBM 中的 64 位处理器就属于 RISC。

14.3 高性能微机技术

随着 VLSI(超大规模集成电路)的出现和发展，芯片集成度显著提高，价格不断下降，从而提高了计算机的性能价格比，使得过去在大、中、小型计算机中才采用的一些现代技术(如流水线技术、高速缓冲存储器 Cache 和虚拟存储器等)下移到微型机系统中来，使大、中、小、微型计算机的界限随时代的变化而趋向消失。

14.3.1 流水线(PipeLine)技术

流水线技术是一种同时进行若干操作的并行处理方式，它类似于工厂的流水作业装配线。在计算机中把 CPU 的一个操作(分析指令，加工数据等)进一步分解成多个可以单独处理的子操作，使每个子操作在一个专门的硬件上执行，这样，一个操作需顺序地经过流水线中多个硬件的处理才能完成。但前后连续的几个操作可以依次流入流水线中，在各个硬件间重叠执行，这种操作的重叠提高了 CPU 的效率。

1. 超流水线超标量方法

超流水线是指某些 CPU 内部的流水线超过通常的 5~6 步以上，例如 Pentium Pro 的流水线就长达 14 步，Pentium Ⅳ为 20 步。流水线步(级)数越多，其完成一条指令的速度越快，因此才能适应工作主频更高的 CPU。超标量(Super Scalar)是指在 CPU 中有一条以上的流水线，并且每个时钟周期内可以完成一条以上的指令，这种设计就叫超标量技术。

2. 超长指令字(VLIW)技术

超长指令字(Very Long Instruction Word，VLIW)方法是由美国耶鲁大学的 Fisher 教授首先提出的，它与超级标量方法有许多类似之处，但它以一条长指令来实现多个操作的并行执行，以减少对存储器的访问。这种长指令往往长达上百位，每条指令可以做几种不同的运算，这些运算都要发送到各种功能部件上去完成，哪些操作可以并行执行，这是在编译阶段选择的。

3. 其他相关技术

(1) 乱序执行技术

乱序执行(Out-of-order execution)是指 CPU 采用了允许将多条指令不按程序规定的顺序分开发送给各相应电路单元处理的技术。采用乱序执行技术的目的是为了使 CPU 内部电路满负荷运转并相应提高了 CPU 运行程序的速度。

(2) 分枝预测和推测执行技术

分枝预测(Branch Prediction)和推测执行(Speculation Execution)是 CPU 动态执行技术中的主要内容。采用分枝预测和动态执行的主要目的是为了提高 CPU 的运算速度。推测执行是依托于分枝预测基础上的，在分枝预测程序是否分枝后所进行的处理也就是推测执行。

程序转移(分枝)对流水线影响很大，尤其是在循环设计中。每次在循环当中对循环条件的判断占用了大量的 CPU 时间，为此，Pentium 用分枝目标缓冲器(Branch Target Buffer，BTB)来动态地预测程序分枝。当指令导致程序分枝时，BTB 就记下这条指令的地址和分枝目标的地址，并用这些信息预测这条指令再次产生分枝时的路径，预先从此处预取指令，保证流水线的指令预取不会空置。

当 BTB 判断正确时，分枝程序即刻得到译码。从循环程序来看，在开始进入循环和退出循环时，BTB 会发生判断错误，需重新计算分枝地址。因此，循环越多，BTB 的效益越明显。

（3）指令特殊扩展技术

自最简单的计算机开始，指令序列便能取得运算对象，并对它们执行计算。对大多数计算机而言，这些指令同时只能执行一次计算。如需完成一些并行操作，就要连续执行多次计算。此类计算机采用的是单指令单数据(SISD)处理器。在介绍 CPU 性能中还经常提到“扩展指令”或“特殊扩展”一说，这都是指该 CPU 是否具有对 X86 指令集进行指令扩展而言的。扩展指令中最早出现的是 Intel 公司自己的“MMX”，其次是 AMD 公司的“3D Now!”，最后是最近的 Pentium III 中的“SSE”及 Pentium Ⅳ中的“SSE2”。

14.3.2 精简指令集(RISC)技术

按照指令系统分类，计算机大致可以分为两类：复杂指令系统计算机(Complex Instruction Set Computer，CISC)和精简指令系统计算机(Reduced Instruction Set Computer，RISC)。CISC 是 CPU 的传统设计模式，其指令系统的特点是指令数目多而复杂，每条指令的长度不尽相等；而 RISC 则是 CPU 的一种新型设计模式，其指令系统的主要特点是指令条数少且简单，指令长度固定。

1. RISC 的概念

精简指令系统计算机是一种在 20 世纪 80 年代发展起来的优化方法，其基本思想是尽量简化计算机指令功能，只保留那些功能简单、能在一个节拍内执行完成的指令，而把较复杂的功能用一段子程序来实现。RISC 技术通过简化计算机指令功能，使指令的平均执行周期缩短，从而提高计算机的工作主频，同时大量使用通用寄存器来提高子程序执行的速度。

1975 年，IBM 的设计师 John Cocke 研究了当时的 IBM 370 CISC 系统，发现其中仅占总指令数 20%的简单指令却在程序调用中占据了 80%，而占指令数 80%的复杂指令却只有 20%的机会被调用到。由此，他提出了 RISC 的概念。

第一台 RISC 计算机于 1981 年在美国加州大学伯克利分校问世。20 世纪 80 年代末开始，各家公司的 RISC CPU 如雨后春笋般出现，占据了大量的市场。到了 20 世纪 90 年代，X86 的 CPU(如 Pentium)也开始使用先进的 RISC 技术。

2. RISC 的特点

RISC 的主要特点是指令长度固定，指令格式和寻址方式种类少，大多数是简单指令且都能在一个时钟周期内完成，易于设计超标量与流水线，寄存器数量多，大量操作在寄存器之间进行。

RISC 体系结构的基本思想：针对 CISC 指令系统指令种类太多、指令格式不规范、寻址方式太多的缺点，通过减少指令种类、规范指令格式、简化寻址方式，方便处理器内部的并行处理，提高 VLSI 器件的使用效率，从而大幅度地提高处理器的性能。

RISC 的目标决不是简单地缩减指令系统，而是使处理器的结构更简单，更合理，具有更高的性能和执行效率，同时降低处理器的开发成本。

由于 RISC 指令系统仅包含最常用的简单指令，因此，RISC 技术可以通过硬件优化设计，把时钟频率提得很高，从而实现整个系统的高性能。同时，RISC 技术在 CPU 芯片上设置大量寄存器，用来把常用的数据保存在这些寄存器中，大大减少对存储器的访问，用高速的寄存器访问取代低速的存储器访问，从而提高系统整体性能。

RISC 的三个要素：① 一个有限的简单的指令集；② CPU 配备大量的通用寄存器；③ 强调对指令流水线的优化。

RISC 的典型特征包括：

（1）指令种类少，指令格式规范。RISC 指令集通常只使用一种或少数几种格式，指令长度单一(一般 4 个字节)，并且在字边界上对齐，字段位置(特别是操作码的位置)固定。

（2）寻址方式简化。几乎所有指令都使用寄存器寻址方式，绝不出现存储器间接寻址方式，寻址方式总数一般不超过 5 个。其他更为复杂的寻址方式，如间接寻址等，则由软件利用简单的寻址方式来合成。

（3）大量利用寄存器间操作。RISC 强调通用寄存器资源的优化使用，指令集中大多数操作都是寄存器到寄存器的操作，只有取数指令、存数指令访问存储器，指令中最多出现 RS 型指令，绝不会出现 SS 型指令。因此，每条指令中访问的主存地址不会超过 1 个，访问主存的操作不会与算术操作混在一起。

（4）简化处理器结构。使用 RISC 指令集，可以大大简化处理器中的控制器和其他功能单元的设计，不必使用大量专用寄存器，特别是允许以硬连线方式来实现指令操作，以期更快的执行速度，而不必像 CISC 处理器那样使用微程序来实现指令操作。因此，RISC 处理器不必像 CISC 处理器那样设置微程序控制存储器，从而能够快速地直接执行指令。

（5）便于使用 VLSI 技术。随着 LSI 和 VLSI 技术的发展，整个处理器(甚至多个处理器)都可以放在一片芯片上。RISC 体系结构为单芯片处理器的设计带来很多好处，有利于提高性能，简化 VLSI 芯片的设计和实现。基于 VLSI 技术，制造 RISC 处理器的工作量要比 CISC 处理器小得多，成本也低得多。

（6）加强处理器的并行能力。RISC 指令集非常适合采用流水线、超流水线和超标量技术，从而实现指令级并行操作，提高处理器的性能。目前常用的处理器的内部并行操作技术，基本上都是基于 RISC 体系结构而逐步发展和走向成熟的。

（7）RISC 技术的复杂性在于它的优化编译程序，因此软件系统开发时间比 CISC 机器要长。

14.3.3　多媒体扩展(MMX)技术

1. MMX 技术概述

多媒体扩展(MultiMedia eXtensions，MMX)，是第 6 代 CPU 芯片的重要特点。MMX 技术是在 CPU 中加入了特别为视频信号、音频信号以及图像处理而设计的 57 条指令，因而极大地提高了电脑的多媒体处理功能。MMX 采用单指令多数据技术(SIMD)，对一条命令多个数据同时进行处理，它一次可以处理 64bit 任意分割的数据，并且 MMX 计算结果超过实际处理能力的时候也能进行正常处理。

MMX 主要用于增强 CPU 对多媒体信息的处理，提高 CPU 处理 3D 图形、视频和音频信息能力。MMX 技术一次能处理多个数据。计算机的多媒体处理，通常是指动画再生、图像加工和声音合成等处理。在多媒体处理中，对于连续的数据必须进行多次反复的相同处理。利用传统的指令集，无论是多小的数据，一次也只能处理一个数据，因此耗费时间较长。为了解决这一问题，在 MMX 中采用了 SIMD(单指令多数据技术)，可对一条命令多个数据进行同时处理，它可以一次处理 64bit 任意分割的数据。其次，数据可按最大值取齐。MMX 的另一个特征是在计算结果超过实际处理能力的时候也能进行正常处理。若用传统的 X86 指令，计算结果一旦超出了 CPU 处理数据的限度，数据就要被截掉，而化成较小的数。而 MMX 利用所谓“饱和(Saturation)”功能，圆满地解决了这个问题。计算结果一旦超过了数据大小的限度，就能在可处理范围内自动变换成最大值。

2．MMX 技术对 IA 的扩展

MMX 技术对 IA(Intel Architecture)编程环境的扩展包括：8 个 MMX 寄存器、4 种 MMX 数据类型及 MMX 指令系统。

（1）MMX 寄存器

MMX 寄存器集由 8 个 64 位寄存器组成，见图 14.3-1。MMX 指令使用寄存器名 MM0~MM7 直接访问 MMX 寄存器。这些寄存器只能用来对 MMX 数据类型进行数据运算，不能寻址存储器。MMX 指令中存储器操作数的寻址仍使用标准的 IA 寻址方式和通用寄存器(EAX、EBX、ECX、EDX、EBP、ESI、EDI 和 ESP)来进行。

尽管 MMX 寄存器在 IA 中是作为独立寄存器来定义的，但是，它们是通过对 FPU(Float Process Unit)数据寄存器堆栈(R0~R7)别名而来的。

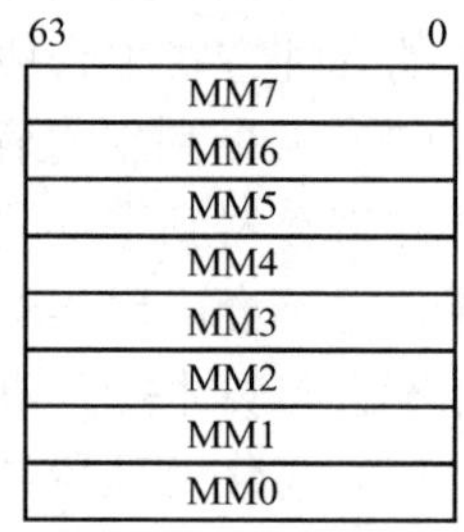

图 14.3-1　MMX 寄存器集

（2）MMX 数据类型

MMX 技术定义了以下新的 64 位数据类型。

紧缩字节：8 个字节紧缩成 1 个 64 位；紧缩字：4 个字紧缩成 1 个 64 位；紧缩双字：2 个双字紧缩成 1 个 64 位；4 字：1 个 64 位。如图 14.3-2 所示。

紧缩字节数据类型中字节的编号为 0~7，第 0 字节在该数据类型的低有效位(位 0~7)，第 7 字节在高有效位(位 56~63)。紧缩字数据类型中的字编号为 0~3，第 0 字在该数据类型的位 0~15，第 3 字在位 48~63。紧缩双字数据类型中的双字编号为 0~1，第 0 个双字在位 0~31，第 1 个双字在位 32~63。

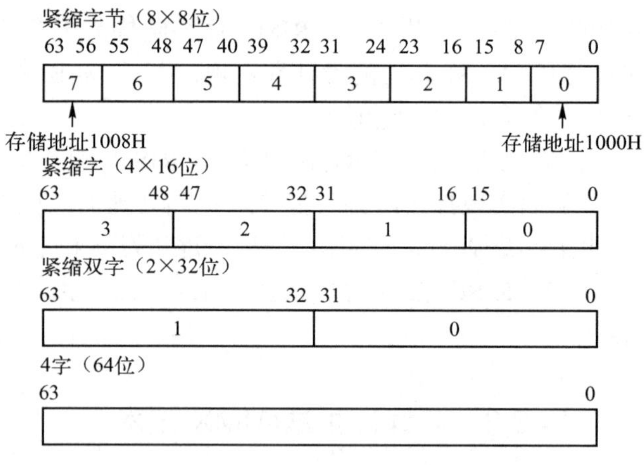

图 14.3-2　数据格式和存储方式

MMX 指令可以用 64 位块方式与存储器进行数据传送，也可以用 32 位块方式与 IA 通用寄存器进行数据传送。但是，在对紧缩数据类型进行算术或逻辑操作时，MMX 指令则对 64 位 MMX 寄存器中的字节、字或双字进行并行操作。

对紧缩数据类型的字节、字和双字进行操作时，这些数据可以是带符号的整型数据，也可以是无符号的整型数据。

（3）单指令多数据执行方式

MMX 技术使用单指令多数据(Single Instruction Multiple Data，SIMD)技术对紧缩在 64 位 MMX 寄存器中的字节、字或双字实现算术和逻辑操作。例如，PADDSB 指令将源操作数中的

8 个带符号字节加到目标操作数中的 8 个带符号字节上，并将 8 字节的结果存储到目标操作数中。SIMD 技术通过对多数据元素并行实现相同的操作，来显著地提高软件性能。

MMX 技术所支持的 SIMD 执行方式可以直接满足多媒体、通信以及图形应用的需要，这些应用经常使用复杂算法对大量小数据类型(字节、字和双字)数据实现相同操作。例如，大多数音频数据都用 16 位(字)来量化，一条 MMX 指令可以对 4 个这样的字同时进行操作。视频与图形信息一般用 8 位(字节)来表示，那么，一条 MMX 指令可以对 8 个这样的字节同时进行操作。

14.3.4 单指令多数据(SIMD)技术

1.SIMD 技术

单指令多数据(SIMD)结构的 CPU 有多个执行部件，但都在同一个指令部件的控制下。SIMD 在性能上有什么优势呢？以加法指令为例，单指令单数据(SISD)的 CPU 对加法指令译码后，执行部件先访问内存，取得第一个操作数；之后再一次访问内存，取得第二个操作数；随后才能进行求和运算。而在 SIMD 型 CPU 中，指令译码后几个执行部件同时访问内存，一次性获得所有操作数进行运算。这个特点使得 SIMD 特别适合多媒体应用等数据密集型运算。AMD 公司的 3D NOW！技术其实质就是 SIMD，这使 K6-2 处理器在音频解码、视频回放、3D 游戏等应用中显示出优异性能。

2．SSE 技术

因特网数据流单指令序列扩展(Internet Streaming SIMD Extensions，SSE)除保持原有的 MMX 指令外，又新增了 70 条指令，在加快浮点运算的同时，也改善了内存的使用效率，使内存速度显得更快一些。

Intel 的 SSE 由一组队结构的扩展所组成，它被设计为用以提高先进的媒体和通信应用程序的性能。SSE(包括新的寄存器、新的数据类型和新的指令)与 SIMD 技术相结合，有利于加速应用程序的运行。这个扩展与 MMX 技术相结合，将显著地提高多媒体应用程序的效率。典型的应用程序是：运动视频，图形和视频的组合，图像处理，音频合成，语音的识别、合成与压缩，电话、视频会议和 2D、3D 图形。对于需要有规律地访问大量数据的应用程序，也可以从流式 SIMD 扩展的高性能预取和存储方面获得好处。

3．SSE2 技术

Intel 在 Pentium Ⅳ处理器中加入了 SSE2 指令集，与 Pentium III 处理器采用的 SSE 指令集相比，目前 Pentium Ⅳ的整个 SSE2 指令集共有 144 条，其中包括原有的 68 组 SSE 指令及新增加的 76 组 SSE2 的指令。全新的 SSE2 指令除了将传统整数 MMX 寄存器也扩展成 128 位(128bit MMX)外，还提供了 128 位 SIMD 整数运算操作和 128 位双精度浮点运算操作。

4．SSE3 技术

2004 年，Intel 在其基于 Prescott 核心的新款 Pentium 4 处理器中，开始使用 SSE3 (Streaming SIMD Extensions 3)技术。

SSE3 指令集是 Intel 公司在 SSE2 指令集的基础上发展起来的。相比 SSE2，SSE3 在 SSE2 的基础上又增加了 13 条 SIMD 指令，以提升 Intel 超线程(Hyper-Threading)技术的效能，最终达到提升多媒体和游戏性能的目的。

14.3.5 线程级并行技术

线程级并行技术(Thread-Level Parallelism，TLP)包括同时多线程技术和单芯片多处理器技术。

1. 同时多线程技术（SMT）

尽管提高CPU的时钟频率和增加缓存容量后的确可以改善性能，但这样的CPU性能提高在技术上存在较大的难度。实际应用中在很多情况下CPU的执行单元都没有被充分使用。如果CPU不能正常读取数据(总线/内存的瓶颈)，其执行单元利用率会明显下降。另外，目前大多数执行线程缺乏指令级并行(Instruction-Level Parallelism，ILP)支持。这些都造成了目前CPU的性能没有得到全部的发挥。

同时多线程技术(Simultaneous Multi-threading Technology，SMT)，通过复制处理器上的结构状态，让同一个处理器上的多线程同时执行并共享处理器的执行资源，同时减少水平浪费与垂直浪费，最大限度地提供部件的利用率。

超线程技术(Hyper-Threading，HT)是同时多线程技术的一种，就是利用特殊的硬件指令，把两个逻辑内核模拟成两个物理芯片，让单个处理器都能使用线程级并行计算，进而兼容多线程操作系统和软件，减少了CPU的闲置时间，提高了CPU的运行效率。

超线程技术是在一颗CPU同时执行多个程序而共同分享一颗CPU内的资源，理论上要像两颗CPU一样在同一时间执行两个线程，P4处理器需要多加入一个Logical CPU Pointer(逻辑处理单元)。因此新一代的P4 HT的面积比以往的P4增大了5%。而其余部分如ALU(整数运算单元)、FPU(浮点运算单元)、L2 Cache(二级缓存)则保持不变，这些部分是被分享的。

虽然采用超线程技术能同时执行两个线程，但它并不像两个真正的CPU那样，每个CPU都具有独立的资源。当两个线程同时需要某一个资源时，其中一个要暂时停止，并让出资源，直到这些资源闲置后才能继续。因此超线程的性能并不等于两颗CPU的性能。

英特尔P4超线程有两个运行模式，即Single Task Mode(单任务模式)及Multi Task Mode(多任务模式)，当程序不支持Multi-Processing(多处理器作业)时，系统会停止其中一个逻辑CPU的运行，把资源集中于单个逻辑CPU中，让单线程程序不会因其中一个逻辑CPU闲置而减低性能，但由于被停止运行的逻辑CPU还是会等待工作，占用一定的资源，因此Hyper-Threading CPU运行Single Task Mode程序模式时，有可能达不到不带超线程功能的CPU性能，但性能差距不会太大。也就是说，当运行单线程应用软件时，超线程技术甚至会降低系统性能，尤其在多线程操作系统运行单线程软件时容易出现此问题。

2. 单芯片多处理器(CMP)技术

单芯片多处理器(Chip Multi-Processors，CMP)，也指多核心。CMP是由美国斯坦福大学提出的，其思想是将大规模并行处理器中的SMP(对称多处理器)集成到同一芯片内，各个处理器并行执行不同的进程。与CMP比较，SMT处理器结构的灵活性比较突出。但是，当半导体工艺进入0.18μm以后，线延迟已经超过了门延迟，要求微处理器的设计通过划分许多规模更小、局部性更好的基本单元结构来进行。相比之下，由于CMP结构已经被划分成多个处理器核来设计，每个核都比较简单，有利于优化设计，因此更有发展前途。IBM的Power 4芯片和Sun的MAJC5200芯片都采用了CMP结构。多核处理器可以在处理器内部共享缓存，提高缓存利用率，同时简化多处理器系统设计的复杂度。

2005年下半年，Intel和AMD的新型处理器融入CMP结构。Intel安腾(Itanium)处理器开发代码为Montecito，采用双核心设计，拥有最小18MB片内缓存，采取90nm工艺制造，它的设计绝对称得上是对当今芯片业的挑战。它的每个单独的核心都拥有独立的 L1, L2 和 L3 Cache，包含大约 10 亿只晶体管。

14.3.6 低功耗管理(LPM)技术

对于高性能通用处理器而言，低功耗管理(Low Power Management，LPM)技术主要解决处理器局部过热和功率过高的问题。局部过热会导致芯片不能正常工作，功率过高则使得散热设备日趋昂贵，节省散热设备成本和能量损耗可以提高产品的竞争力。对于移动计算(嵌入式处理器)来说，最重要的是提高能量的效率，即计算相同的问题，使用更少的能量(一方面降低功率，一方面减少计算时间)，其主要目的在于延长电池的寿命，提高产品竞争力。

1. 制程工艺提升

解决 CPU 的高功耗，制程工艺(制作工艺)的提升是最直接的改善方法。

一条粗的电阻丝比一条细的电阻丝的功耗更大。在 CPU 中使用了电路与各个细小元件的连接，虽然这些电路极其细微，但如果全部连接起来的话，CPU 这类超大规模集成电路的线路长度将达到可观的数量级，其功耗会在这些线路中被转换成热量。制程的提升就是把这些线路变得更细，功耗可因此而大幅下降，用 65nm 工艺制造的奔腾 CPU 比 90nm 工艺制造的同样 CPU 功耗下降 30W 就是最好的例证。

2. 降低电压

高电压是造成功耗提升的另一个重要因素，电压与功耗总是成正比关系。

在 CPU 中，最大功耗可由核心电压×最大电流简单计算而估得。通常 CPU 内部的电流都较大，而且是不易减小的，因此，虽然供给 CPU 的电压并不高，但与大电流相乘后，带来的功耗也是不容忽视的。所以，降低电压，即使降低的幅度不太大，所带来的功耗下降也将相当明显。但是如果电压降得过低，CPU 内部的 CMOS 管就会变得不稳定，工作可靠性也随之大大降低。

3. 减少晶体管数量

微处理器领域总是使用晶体管的数量来衡量集成技术的高低。在 Prescott 核心的奔腾 4 芯片上，晶体管数量已经达到了 1.69 亿只的水平，比前辈 Northwood 核心增加了 2 倍以上，因此虽然工艺更先进，但功耗反而继续提升。随着多核和大缓存技术的流行，晶体管的数量也成几何速度直线增长，数以亿计的晶体管本身就是消耗能源的大户。

在相同制程下，越少的晶体管数量可以拥有越低的功耗，因此，通过优化设计，减少晶体管数量是行之有效的降低功耗手段之一。

4. 降低频率

实际上，过于注重频率的提升，也是导致 CPU 功耗日益加大的重要因素。以前，人们一直认为频率是衡量 CPU 性能的最重要标志，频率并不等于性能的说法直到近几年才被意识到。

提高频率有很多方法，如采用全新的设计、提升电压、制程提升等，但更为简单直接的却是采用超长流水线设计。在此设计中，CPU 的流水线被划分得相当细密，频率提升的空间也相应增大，这就如同更细密的生产流水线拥有更高的效率一样。但是问题在于，流水线过多，其延迟和错误率也会增加，最终导致 CPU 效率直线下降，性能反而不佳。

降低流水线等级在近几年中得到了大量的应用，如 Intel 启用了短流水线设计的酷睿 2 (Core 2)。

5．其他方法

高级分枝预测(Advanced Branch Prediction)：采用多分枝预测机制，大幅度提高预测的准确度，缩短任务执行时间，进而降低功耗。

宏指令融合(Macro-Op Fusion)：将两个宏指令归并为一个，实现“两个操作一次执行”，从而加快执行速度，降低功耗。

功耗优化总线(Power Optimized Bus)：根据需要打开或关闭处理器总线，从而降低非使用状态部分总线的能耗。

专属堆栈管理器(Dedicated Stack Manager)：通过设置硬件堆栈管理器，可以明显减少堆栈管理的微操作数，达到降低功耗的目的。

14.4　本章学习指导

美国 Intel 公司生产的 80X86 系列微处理器一直是个人微机的主流 CPU，Intel 80X86 系列微处理器的发展就是微型计算机发展的一个缩影，该系列经历了 8086、80286、80386、80486、Pentium 系列等阶段。

80486 在 Intel 32 位微处理器的体系演化过程中，具有承上启下的地位。一方面，它上承 80386，从芯片特征上可看出其将 80386 及运算协处理器 80387、高速缓存器集成于一体。另一方面，它下启 Pentium 系列微处理器的基本体系结构，Pentium 系列涉及微机系统基本工作原理的部分，保持了 80486 的逻辑部件及功能。

高性能微处理器新技术包括 Pipeline、RISC、MMX、SIMD、TLP、LPM 等。

本章习题

14-1　简述 80X86 的发展历史。

14-2　以 80486 为例说明 32 位微处理器内部结构由哪几部分组成，阐述各部分的作用。

14-3　80486 的寄存器分为哪几类？分别是什么寄存器？

14-4　64 位 CPU 主要采用 IA-64 架构和 X86-64 架构？两者有何异同？

14-5　高性能微处理器有哪些新技术？

14-6　名词解释：（1）流水线技术；（2）指令预取；（3）多媒体扩展；（4）单指令多数据技术。

14-7　如何理解同时多线程技术和单芯片多处理器技术两种线程级并行技术？

14-8　高性能通用处理器采用哪些低功耗管理技术？

第 15 章　实 验 指 导

内容提要：

本章共 12 项实验，包括顺序、分支、循环、子程序和 DOS 系统功能调用等程序设计，以及简单 I/O 接口、8253、8255A、8251A、ADC0809、DAC0832 和中断等接口实验。其中，汇编语言程序实验用 MASM 和 DEBUG 工具，而接口部分实验基于 Proteus ISIS 仿真平台。

教学目标：

- 掌握汇编语言程序设计方法、调试技术，熟悉上机调试环境。
- 掌握常用可编程接口芯片的使用方法。
- 掌握 Proteus ISIS 环境下进行 8086 CPU 各类接口仿真实验的方法。

15.1　汇编语言上机及 DEBUG 调试实验

（1）实验目的

掌握汇编语言程序设计的一般过程，掌握 DEBUG 跟踪执行程序的方法。

（2）实验预习

扫描图 15.1-1 中的二维码获取阅读材料 1，学习“DEBUG 常用命令的使用方法”，以及“汇编语言程序编写、编译、链接和执行”等相关内容。

图 15.1-1　阅读材料 1

（3）实验内容

编写程序将变量 VAR1 中的 4 位压缩 BCD 码与 VAR2 中的 4 位压缩 BCD 码相加，结果保存在 SUM 中，相关变量定义如下：

```
VAR1  DB  34H, 67H        ; 低位在前高位在后
VAR2  DB  78H, 12H
SUM   DB  3  DUP (?)
```

用 DEBUG 跟踪分析程序运行的结果。

（4）实验分析

相加前先将 CF 清零，接着把低字节部分相加，用压缩 BCD 码的加法调整指令调整结果，并保存至 SUM 的最低字节；然后再对高字节部分进行带进位的加法，同样需要对结果进行调整，保存至 SUM+1；最后需要将可能存在的最高位进位存入 SUM+2。

（5）实验步骤

1）建立汇编语言源程序(见参考程序 15.1-1)，然后进行编译、链接，得到可执行程序。

【参考程序 15.1-1】

```
DATA     SEGMENT
      VAR1   DB 34H, 67H       ; 低位在前高位在后
      VAR2   DB 78H, 12H
      SUM    DB 3 DUP(?)
DATA     ENDS
CODE     SEGMENT
         ASSUME  CS:CODE, DS:DATA
```

```
START:  MOV    AX, DATA
        MOV    DS, AX
        CLC
        MOV    AX, 0
        MOV    AL, VAR1
        ADD    AL, VAR2
        DAA
        MOV    SUM, AL
        MOV    AL, VAR1+1
        ADC    AL, VAR2+1
        DAA
        MOV    SUM+1, AL
        ADC    AH, 0
        MOV    SUM+2, AH
        MOV    AH, 4CH
        INT    21H
CODE    ENDS
        END    START
```

2）用 DEBUG 调试生成的可执行程序，装入被调试程序：

① 用 U 命令查看调入的程序，记录代码段基址和数据段基址；

② 用 D 命令查看程序执行前变量 VAR1、VAR2 和 SUM 的值；

③ 用 T 命令单步执行，或者用 G 命令执行完程序；

④ 再次用 D 命令查看程序执行之后变量 SUM 的值。

3）用 E 命令输入新数据后重新运行程序，观察并记录运行结果。

（6）思考题

1）在装入被调用程序后，如何知道分配给该用户程序的数据段在内存中的位置？

2）程序执行完毕后，结果存放在何处？

15.2　分支结构程序设计实验

（1）实验目的

掌握分支结构程序设计的方法；掌握转移类指令的应用方法。

（2）实验预习

复习教材中有关转移指令的功能、格式，以及分支结构程序的设计方法。

（3）实验内容

已知 X 和 Y 是无符号字节数，编程序计算分段函数 $Y=\begin{cases}3X, & X<20\\ X-20, & X\geqslant 20\end{cases}$。用 DEBUG 跟踪分析程序运行的结果。

（4）实验分析

本实验是典型的分支结构程序问题，适合用比较指令和条件转移指令实现，相应的流程图见图 15.2-1。注意要用无符号数乘法运算指令。字节型乘法结果默认在 AX 中，而本题中显然不管哪个分支的结果都不会超过 1 个字节无符号数的最大值 255，所以只需要读出 AL 中的内容送 Y 即可。

（5）实验步骤

1）建立汇编语言源程序（见参考程序 15.2-1），然后进行编译、链接，得到可执行程序。

【参考程序 15.2-1】

```
DATA    SEGMENT
        X DB 3
        Y DB ?
DATA    ENDS
CODE    SEGMENT
        ASSUME  CS:CODE, DS:DATA
START:  MOV    AX, DATA
        MOV    DS, AX
        MOV    AL, X
        CMP    AL, 20
        JAE    ABOVE
        MOV    BL, 3
        MUL    BL
        JMP    RESULT
ABOVE:  SUB    AL, 20
RESULT: MOV    Y, AL
        MOV    AH, 4CH
        INT    21H
CODE    ENDS
        END    START
```

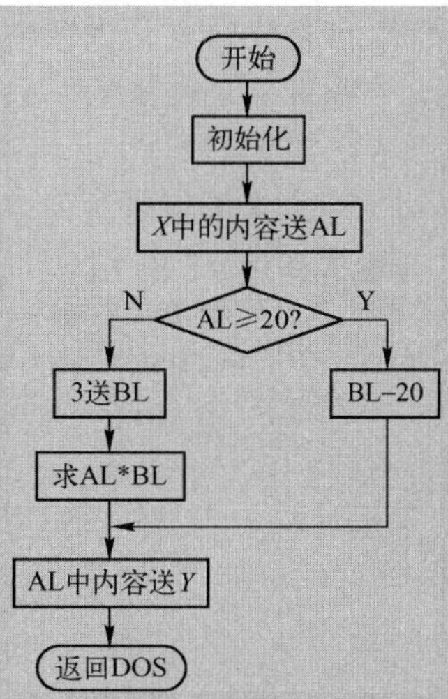

图 15.2-1　流程图

2）用 DEBUG 调试生成的可执行程序，装入被调试程序：

① 用 U 命令查看调入的程序，记录代码段基址和数据段基址；

② 用 D 命令查看程序执行前变量 X 和 Y 的值；

③ 用 G 命令执行完程序；

④ 再次用 D 命令查看程序执行之后变量 X 和 Y 的值。

3）用 E 命令修改 X 的值后重新运行程序，观察并记录运行结果。

（6）思考题

有一个压缩 BCD 数 A，试编写程序计算 Y，其中：$Y=\begin{cases}3A, & A<20\\ A-20, & 20\leqslant A<60\\ 80H, & X\geqslant 60\end{cases}$。

15.3　循环结构程序设计实验

（1）实验目的

掌握循环结构程序设计的方法；通过程序调试，了解循环程序的循环过程，理解 LOOP 指令的功能。

（2）实验预习

复习教材中有关循环程序的相关内容。

（3）实验内容

从 NUM 单元开始有 10 个无符号的字节数据，试编写程序求这 10 个数的和，结果存入 SUM 和 SUM+1 单元中。

（4）实验分析

将 NUM 单元开始的 10 个无符号字节数看成是数组，用指针 SI 指向数组的首地址，数组长度送 CX，通过循环实现数组的累加求和。因为 10 个无符号字节数据的累加和很可能超出

255(0FFH)，所以最后的结果需要用 2 个字节存放。因此在循环体中求和的时候，每次需要把最高位的进位加上。先取出当前数组元素[SI]加到之前的累加结果 AL 上，同时把进位加到 AH。在循环累加结束后，AH 和 AL 中存放的结果分别送 SUM+1 和 SUM，得到 16 位结果。

（5）实验步骤

1）建立汇编语言源程序(见参考程序 15.3-1)，然后编译、链接，得到可执行程序。

【参考程序 15.3-1】

```
DATA    SEGMENT
        NUM  DB  1, 2, 3, 4, 5, 6, 7, 8, 9, 10
        SUM  DB  2 DUP (?)
DATA    ENDS
CODE    SEGMENT
        ASSUME  CS:CODE, DS:DATA
START:  MOV    AX, DATA
        MOV    DS, AX
        MOV    SI, OFFSET NUM
        MOV    CX, 10
        CLC
        MOV    AX, 0
NEXT:   ADD    AL, [SI]
        ADC    AH,0
        INC    SI
        LOOP   NEXT
        MOV    SUM, AL
        MOV    SUM+1, AH
        MOV    AH, 4CH
        INT    21H
CODE    ENDS
        END    START
```

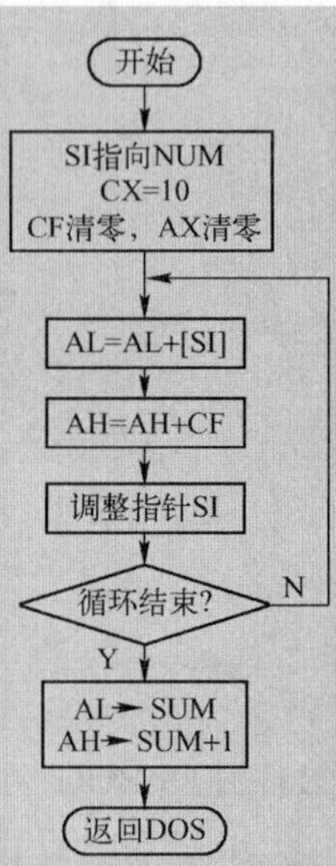

图 15.3-1　流程图

2）调试运行程序，列表写出每一次求和运算前后的原始数据和运算结果(即调试时需要单独执行每一次循环)。

3）记录求和运算前后的 NUM 和 SUM、SUM+1 的原始数据和结果。

（6）思考题

1）总结循环程序的控制方法。

2）如果是有符号数做减法，程序该如何修改?

15.4　子程序设计实验

（1）实验目的

掌握子程序设计与调用技术，参数传递的方法。

（2）实验预习

复习教材中有关子程序设计的相关内容。

（3）实验内容

设从 BUFFER 开始的内存单元中顺序存储了 *N* 个有符号字节数据，编写子程序找出其中的最大值和最小值。

（4）实验分析

寻找最大值和最小值采用子程序 SMAX 和 SMIN 实现。找到的最大值和最小值存放在变量 MAX 和 MIN 中。主程序需要给子程序传递的参数包括数组首地址和数组长度，子程序要传递给主程序的参数就是 MAX 和 MIN，均用内存单元传递。查找最大值的子程序流程图见图 15.4-1。查找最小值的方法类似。

（5）实验步骤

1）建立汇编语言源程序(见参考程序 15.4-1)，然后编译、链接，得到可执行程序。

【参考程序 15.4-1】

```
DATA    SEGMENT
        BUFFER  DB  3, -1, 25, 127, 80, -128, 65, 10
        LEN = ($-BUFFER)/ TYPE BUFFER   ;计算 BUFFER 中数据元素的个数
        MAX DB  ?
        MIN DB  ?
DATA    ENDS
CODE    SEGMENT
        ASSUME  CS:CODE, DS:DATA
START:  MOV    AX, DATA
        MOV    DS, AX
        CALL   SMAX
        CALL   SMIN
        MOV    AH, 4CH
        INT    21H
SMAX    PROC                     ; 寻找最大值子程序
        LEA    SI, BUFFER        ; 取 BUFFER 的首地址
        MOV    CX, LEN-1         ; 设置循环次数
        MOV    AL, [SI]
NEXT1:  INC    SI                ; 指向下一个元素
        CMP    AL, [SI]
        JGE    G1                ; AL>=[SI],取下一个值进行比较
        MOV    AL, [SI]          ; 否则, [SI]-->AL
G1:     LOOP   NEXT1
        MOV    MAX, AL
        RET
SMAX    ENDP
SMIN    PROC                     ; 寻找最小值子程序
        LEA    SI, BUFFER        ; 取 BUFFER 的首地址
        MOV    CX, LEN-1         ; 设置循环次数
        MOV    AL, [SI]
NEXT2:  INC    SI                ; 指向下一个元素
        CMP    AL, [SI]
        JLE    L1                ; AL<=[SI],取下一个值进行比较
        MOV    AL,[SI]           ; 否则, [SI]-->AL
L1:     LOOP   NEXT2
        MOV    MIN, AL
        RET
SMIN    ENDP
CODE    ENDS
        END    START
```

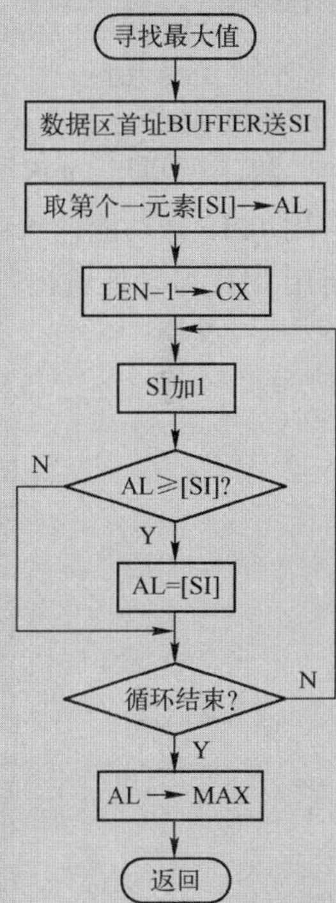

图 15.4-1　查找最大值子程序流程图

2）选择多组数据，分别运行调试，记录运行结果。

（6）思考题

如果要用堆栈来传递参数，应该如何编写程序？

15.5 DOS系统功能调用实验

（1）实验目的

掌握基本的DOS系统功能调用，学会简单的人机信息交互方式；掌握串操作指令的用法。

（2）实验预习

复习“INT 21H”的DOS系统功能调用方法；复习串操作指令的用法。

（3）实验内容

从键盘输入目标字符串和待查找的关键字符，从目标串中寻找出关键字符。若找到则在屏幕上显示“Y”，否则显示“N”。要求显示的格式如下：

```
INPUT STRING: *********
INPUT CHARACTER: *
RESULT: *
```

（4）实验分析

提示信息用DOS功能调用的09H号功能实现输出；目标串的输入用0AH号功能；关键字符用02H号功能输入；前2行结束时都要用09H号功能输出回车换行符；代表查找结果的字符用01H号功能输出。程序流程如图15.5-1所示。

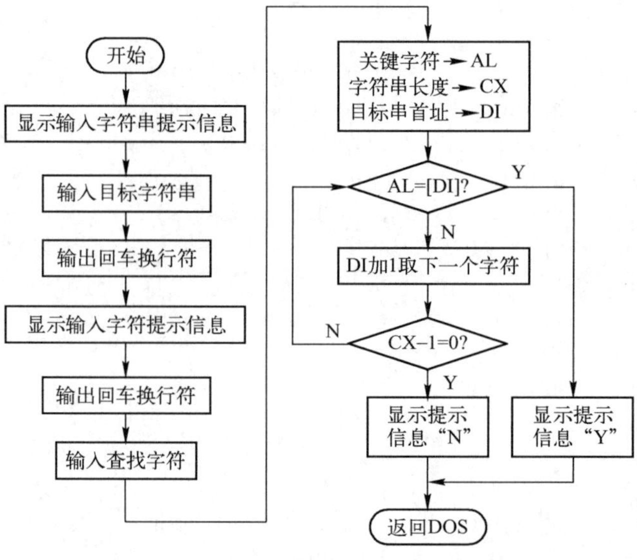

图15.5-1 DOS系统功能调用实验流程图

（5）实验步骤

1）建立汇编语言源程序(见参考程序15.5-1)，对源程序进行编译、链接，得到可执行程序。

【参考程序15.5-1】

```
DATA    SEGMENT
        STRBUF1 DB 'INPUT STRING:','$'
        STRBUF2 DB 'INPUT CHARACTER:','$'
        STRBUF3 DB 'RESULT:','$'
        KEYLEN  DB 64                   ；输入字符串缓冲区
        KEYNUM  DB ?
        KEYBUF  DB 64 DUP(?)
        CHAR    DB ?                    ；存放关键字符
```

```
        CRLF    DB 0AH,0DH,'$'  ; 回车换行
DATA    ENDS
CODE    SEGMENT
        ASSUME CS:CODE, DS:DATA
START:  MOV    AX, DATA
        MOV    DS, AX
        LEA    DX, STRBUF1       ; 显示输入字符串提示信息
        MOV    AH, 9
        INT    21H
        LEA    DX, KEYLEN        ; 接收用户输入的目标串
        MOV    AH, 0AH
        INT    21H
        LEA    DX, CRLF          ; 回车换行
        MOV    AH, 09H
        INT    21H
        LEA    DX, STRBUF2       ; 显示输入字符提示信息
        MOV    AH, 09H
        INT    21H
        MOV    AH, 01H           ; 从键盘接收用户输入的关键字符
        INT    21H
        MOV    CHAR, AL
        LEA    DX, CRLF          ; 回车换行
        MOV    AH, 09H
        INT    21H
        MOV    CL, KEYNUM        ; 循环查找字符串 KEYBUF
        MOV    CH, 0
        MOV    DI, OFFSET KEYBUF
        MOV    AL, CHAR
L1:     CMP    AL, [DI]
        JZ     FOUND
        INC    DI
        LOOP   L1
NOFOUND:LEA    DX, STRBUF3       ; 显示结果提示信息
        MOV    AH, 09H
        INT    21H
        MOV    DL, 'N'
        MOV    AH, 2
        INT    21H
        JMP    EXIT
FOUND:  LEA    DX, STRBUF3       ; 显示结果提示信息
        MOV    AH, 09H
        INT    21H
        MOV    DL, 'Y'
        MOV    AH, 2
        INT    21H
EXIT:   MOV    AH, 4CH
        INT    21H
CODE    ENDS
        END    START
```

2）选择多组数据，分别运行调试，记录运行结果。

（6）思考题

1）如果使用串操作指令和重复指令前缀，完成相同功能，应该如何修改程序？

2）试编制程序并上机调试，实现从键盘输入 2 个字符串，进行比较：如果完全相同，则显示“MATCHED”，否则显示“NOT MATCHED”。

15.6 简单并行接口实验

（1）实验目的

了解 8086 微型计算机 I/O 接口地址的分配，掌握 I/O 端口地址译码方法，以及简单并行 I/O 芯片与 CPU 的接口方法。

（2）实验预习

1）扫描图 15.6-1 中的二维码，获取阅读材料 2 学习“Proteus 的基本操作”及“8086 最小系统和译码电路的搭建”等内容。

2）复习 74LS373 和 74LS245 等芯片的工作原理。

图 15.6-1　阅读材料 2

（3）实验内容

1）设计用 8 位锁存器 74LS373 控制 8 个 LED 发光二极管显示的输出接口电路；

2）设计用 74LS245 三态门构成一个 8 位输入口，接 8 个开关；

3）编写程序实现用 8 个 LED 发光二极管反映开关的状态。

（4）实验分析

图 15.6-2 给出了实验原理图，其中用到的元件包括 7427、74LS373、RES(100 Ω)、LED-YELLOW、NOT、74LS245、RESPACK-8 和 DIPSW_8。最小系统和译码电路没有画出(见阅读材料 2)。用三输入或非门 7427 产生 LE 信号，将来自 CPU 低 8 位数据线上的数据锁存于 Q7~Q0 输出端，控制发光二极管的亮灭。7427 的三个输入信号分别是 IO0、A0 和 $\overline{WR}$ (根据阅读材料 2 可分析出对应的端口地址范围)。74LS245 构成输入端口，所以需要 $\overline{RD}$ 信号控制，端口地址由 IO1 和 A0 决定。只要从输入端口读入开关状态再送到输出端口，即可控制相应的发光二极管亮灭。

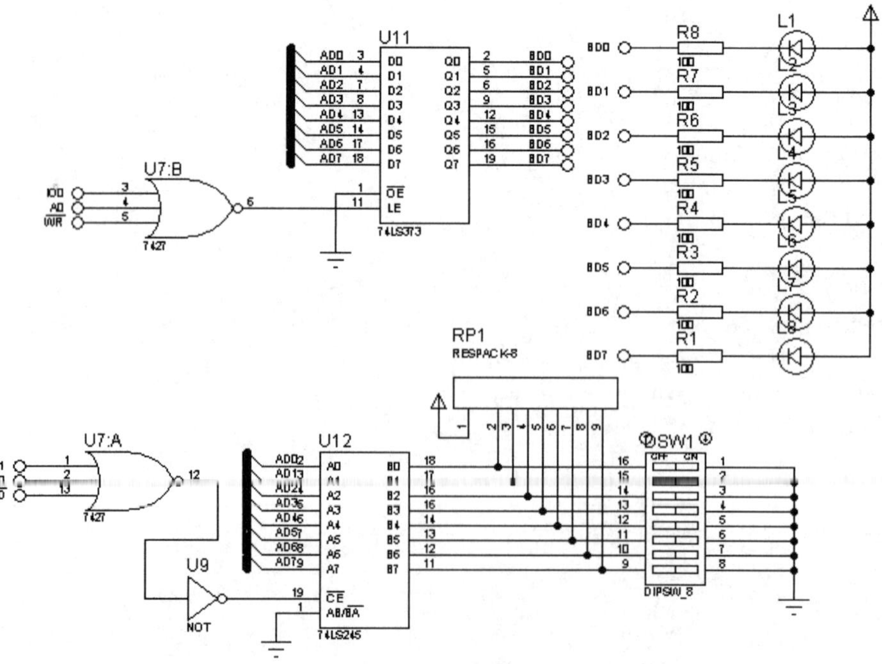

图 15.6-2　电路原理图

（5）实验步骤

1）在 Proteus ISIS 环境下绘制电路原理图。

2）在下面的参考程序空白处填上合适的内容。

【参考程序 15.6-1】

```
CODE    SEGMENT
        ASSUME CS:CODE
START:  MOV    DX,______        ;输入端口读入开关状态
        ______________
        MOV    DX,______        ;将状态输出至 LED
        ______________
        JMP    START
CODE    ENDS
        END    START
```

3）按照阅读材料 3 中的方法(扫描图 15.6-3 中的二维码获取)编译程序，生成可执行程序并加载到 8086 芯片中。

4）运行仿真，观察实验结果。

（6）思考题

1）观察开关 ON/OFF 与发光二极管之间的亮灭关系。如果希望状态相反，应该如何修改电路或程序？

2）74LS373 和 74LS245 能互换使用吗？为什么？

图 15.6-3　阅读材料 3

15.7　8253 实验

（1）实验目的

熟悉并掌握 8253 的基本工作原理和编程方法，以及与 CPU 的接口方法。

（2）实验预习

1）扫描图 15.7-1 中的二维码，获取阅读材料 4 学习“数字时钟信号发生器和虚拟示波器的使用方法”等内容。

2）复习 8253 的工作原理和初始化方法。

（3）实验内容

本实验采用 8253 通道 0，输入时钟 CLK0 为 2Hz(由数字时钟信号发生器为 CLK0 提供时钟信号)，输出 OUT0 要求是周期为 3s 的方波，用虚拟示波器观察输出波形。完成相关的电路和程序设计。

图 15.7-1　阅读材料 4

（4）实验分析

图 15.7-2 给出了实验原理图，用到的元件包括：8253 和 SW-SPDT。8253 的 A0、A1 接系统地址总线 A1、A2，故 8253 有四个端口地址。请分析 8253 的片选地址为多少？8253 四个端口地址分别为多少？

CLK0 接频率为 2Hz 的时钟信号，OUT0 输出周期为 3s 方波信号，由此可以计算出计数初值，并确定通道 0 工作于方式 3。根据以上信息可以确定控制字，并对 8253 初始化。

（5）实验步骤

1）在 Proteus ISIS 环境下绘制电路原理图。

2）在下面的参考程序空白处填上合适的内容。

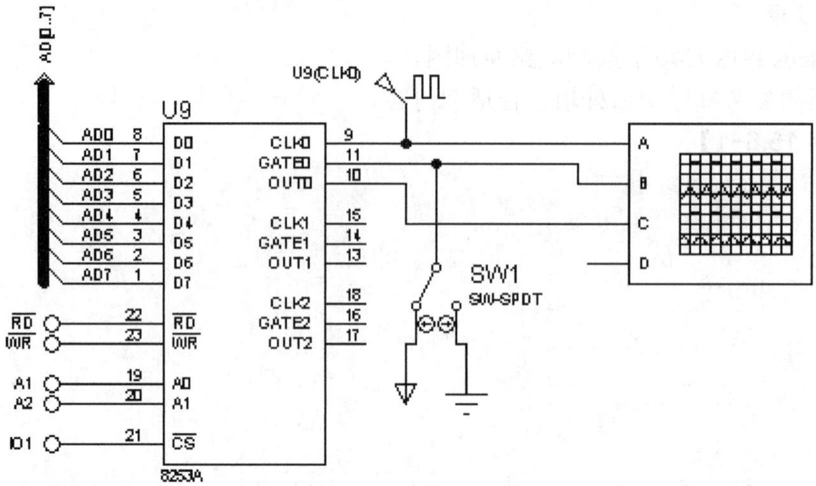

图 15.7-2　电路原理图

【参考程序 15.7-1】

```
TCONTR  EQU  ______                ;8253 端口地址定义
TCON0   EQU  ______
TCON1   EQU  ______
TCON2   EQU  ______
CODE    SEGMENT
        ASSUME CS:CODE
START:  MOV    DX, ________
        ____________________       ;计数器 0,读写高低 8 位,方式 0,二进制计数
        ____________________
        MOV    DX,________
        ____________________       ;先写入低字节
        ____________________
        ____________________       ;后写入高字节
        ____________________
        JMP    $
CODE    ENDS
        END    START
```

3）编译生成可执行程序并加载到 8086 芯片中。

4）运行仿真，首先将开关接电源，观察示波器输出的 3 条波形之间的关系；然后将开关接地，再观察 OUT0 输出的波形；重复以上过程观察波形的变化。

（6）思考题

1）GATE0 接地和接电源时，波形有何变化？

2）改变计数值，计数器输出波形有何变化？

3）如果要用 8253 控制 LED 发光二极管闪烁，频率为 50Hz，该如何实现？给出软硬件设计。

15.8　8255A 实验

（1）实验目的

掌握可编程并行接口 8255A 方式 0 的工作原理及使用方法，七段数码管的静态显示原理。

（2）实验预习

1）复习 8255A 方式 0 的工作原理和使用方法。

2）复习 10.4.2 节中关于七段数码管显示原理的相关内容。

（3）实验内容

1）使用一片 8255A，完成方式 0 无条件输入/输出。要求 8255A 的 B 口作为输入端口，连接 8 个开关，A 口作为输出端口，接 8 个发光二极管。编写程序实现在方式 0 下，从 8255A 的 B 口输入数据，再从 A 口输出。

2）在实验内容 1）的基础上，将 A 口改接共阳极七段数码管，要求数码管显示 B 口闭合开关的数目。

（4）实验分析

图 15.8-1 给出了实验内容 1 的原理图，用到的元件包括：8255A、RES(100Ω)、DIPSW_8、RESPACK-8、LED-YELLOW 等。8255A 的片选信号接 IO3。编写程序时，先对 8255A 初始化，设置为方式 0、B 口输入、A 口输出，控制字为 10000010B。然后读 B 口数据，再把数据通过 A 口输出，在 LED 上显示出来。

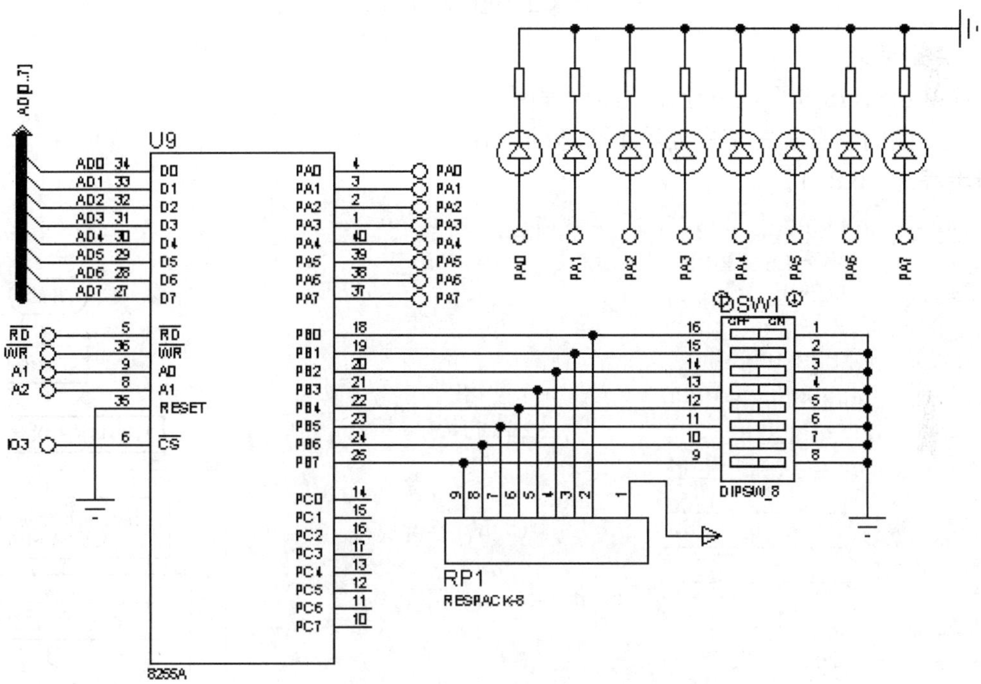

图 15.8-1　电路原理图 1

图 15.8-2 给出了实验内容 2 的原理图，控制字不变。某开关闭合时，PB 口对应引脚为低电平，通过 IN 指令从 PB 口读入开关状态至 AL，然后统计 AL 的 8 个二进制位中“0”的个数，假设用变量 NUM 保存。可以通过带进位的循环移位指令，依次把 AL 的各位送入 CF 标志位，然后用 JC 指令判断 CF 的状态，如果 CF=0，则 NUM 加 1。

接下来用数码管显示 NUM 的值。需要注意的是通过数码管显示数字，不能直接把 NUM 的值送到输出端口。而需要把 NUM 的值转换成数码管字符的段码，这可以通过查表法实现。注意：在每次重新统计闭合开关数之前，即进入 NEXT 循环体前，要将 CF 和 NUM 清零。程序流程图见图 15.8-3。

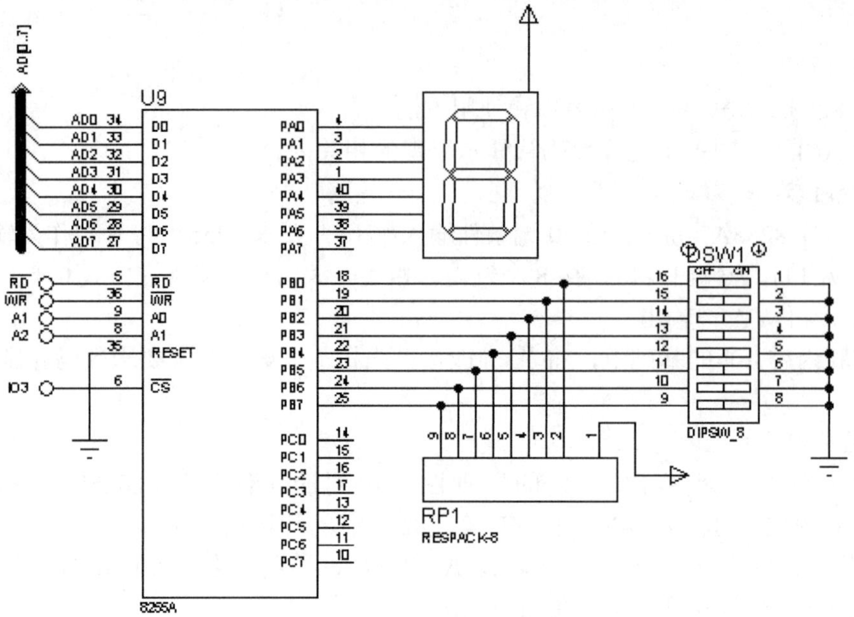

图 15.8-2　电路原理图 2

（5）实验步骤

1）在 Proteus ISIS 环境下绘制电路原理图。

2）在下面的参考程序空白处填上合适的内容。

【参考程序 15.8-1】

```
        IOCON    EQU ______
        IOA      EQU ______
        IOB      EQU ______
        IOC      EQU ______
        CODE     SEGMENT
                ASSUME  CS:CODE
        START:   ____________        ;8255 初始化
                 ____________
                 ____________
        START1:  ____________        ;从 B 口读开关状态
                 ____________
                 ____________        ;送 A 口数码管显示
                 ____________
                 JMP    START1
        CODE     ENDS
                 END    START
```

【参考程序 15.8-2】

```
        IOCON    EQU ______
        IOA      EQU ______
        IOB      EQU ______
        IOC      EQU ______
        DATA     SEGMENT
                 TABLE  DB __________   ;0~8 的共阳极数码管段码
                 NUM   DB  ?
        DATA     ENDS
        CODE     SEGMENT
```

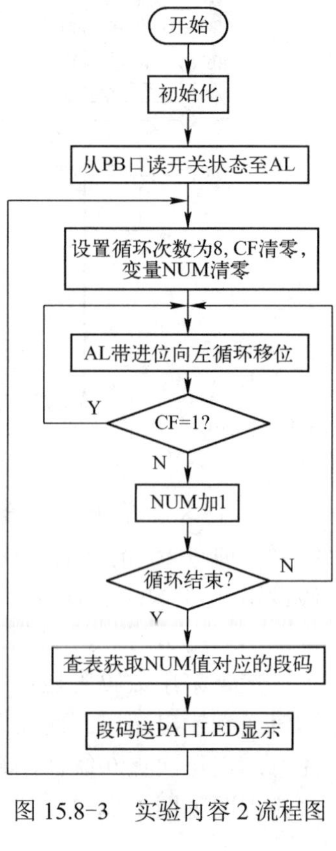

图 15.8-3　实验内容 2 流程图

```
        ASSUME CS:CODE, DS:DATA
START:  MOV     AX, DATA
        MOV     DS, AX
        ______________________            ; 8255 初始化
        ______________________
        ______________________
START1: ______________________            ; 从 B 口读开关状态
        ______________________
        MOV     CX,_____
        ______________________
        MOV     NUM,____                  ; NUM 要清零
NEXT:   ______________________            ; 将最高位移入 CF
        ______________________
        INC     NUM
ONE:    LOOP    NEXT                      ; 处理下一位
        MOV     BX,_____
        MOV     AL,_____
        ______________________            ; 查表
        ______________________            ; 送 A 口数码管显示
        ______________________
        JMP     START1
CODE    ENDS
        END     START
```

3）编译生成可执行程序并加载到 8086 芯片中。

4）运行仿真，拨动开关观察发光二极管和七段数码管的变化情况。

（6）思考题

1）在图 15.8-1 基础上实现跑马灯功能，即使相邻两个灯亮，延时一段时间后顺序使后两个灯亮，循环下去……直到 PB0 引脚上开关闭合(ON)，该如何设计程序？

2）如果将图 15.8-2 中的数码管改成共阴极的，请问电路和参考程序 15.8-2 需要如何修改才能观察到相同的结果？

15.9　8251A 实验

（1）实验目的

理解串行通信的基本概念；掌握 8251A 串行接口芯片的基本工作原理及应用编程方法。

（2）实验预习

1）复习串行通信的特点和 8251A 的编程方法。

2）扫描图 15.9-1 中的二维码，获取阅读材料 5，学习“Proteus 虚拟终端”等内容。

图 15.9-1　阅读材料 5

（3）实验内容

使用 8251A 循环发送指定的字符串，比如“8251A experiment.”。要求通过虚拟示波器和虚拟终端观察发送的情况。要求波特率为 1200，波特率因子为 16，无校验位，8 位数据位和 1 位停止位。

（4）实验分析

实验原理图见图 15.9-2，用到的元件主要为 8251A、虚拟终端和虚拟示波器等。根据实验内容可以确定模式字和控制字，它们都写入奇地址寄存器(即 $C/\overline{D}=1$)，在发送之前要检验

TxRDY 位的状态(状态字的 D_0 位)，只有当 TxRDY=1(发送器准备好)时，才能发送下一个字节，状态字也从奇地址读出，通过“TEST AL, 01H”实现检测。要发送的字节送入偶地址寄存器(即 $C/\overline{D}$=0)。流程图见图 15.9-3。

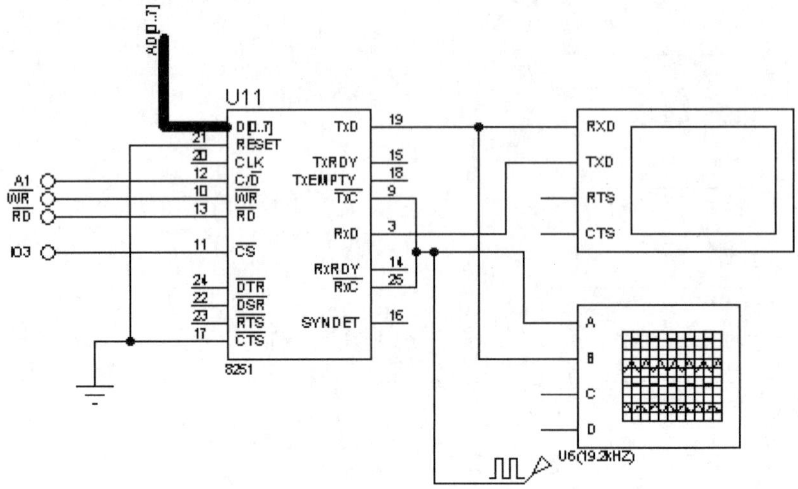

图 15.9-2　8251A 发送接口原理图

（5）实验步骤

1）在 Proteus ISIS 环境下绘制电路原理图。

2）在下面的参考程序空白处填上合适的内容。

【参考程序 15.9-1】

```
CS8251D  EQU  ______              ;8251A 数据口地址
CS8251C  EQU  ______              ;8251A 控制和状态口地址
DATA     SEGMENT
         ORG 1000H
         STR1    DB  '8251A experiment.',0ah,0dh
         LEN = $ -STR1
DATA     ENDS
CODE     SEGMENT
         ASSUME CS:CODE,DS:DATA
START:   MOV    AX, DATA
         MOV    DS, AX
RESET:   MOV    AL,_______        ;连续送 3 个 0
         MOV    CL,_______
         MOV    DX,_______
OUT1:    OUT    DX, AL
         LOOP   OUT1
         MOV    AL,_______        ;8251A 复位
         OUT    DX, AL
         NOP
         ________________
         OUT    DX, AL            ;写入模式字
         ________________
         OUT    DX, AL            ;写入控制字
AGAIN:   ________________         ;取数据缓冲区偏移地址
```

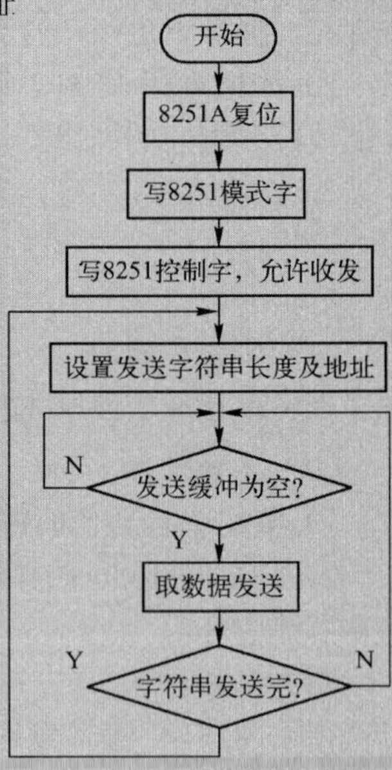

图 15.9-3　串行通信流程图

```
        ________________        ;取字符串长度
NEXT:   MOV     DX, ______      ;设置 8251A 控制口地址
WAIT1:  NOP
        NOP
        ________________        ;读取状态字
        ________________        ;检测 TxRDY 位
        ________________        ;发送缓冲器不空，等待
        MOV     DX, ______      ;设置 8251A 数据口地址
        ________________        ;取数据
        OUT     DX, AL          ;将数据(通过串口)传送给另一台计算机(虚拟终端表示)
        ________________        ;修改数据区地址指针,指向下一个要传送的字符
        LOOP    NEXT
        CALL    DELAY           ;延时
AA1:    JMP     AGAIN           ;重复显示字符串

DELAY   PROC    NEAR            ;延时子程序
        PUSH    BX
        PUSH    CX
        MOV     BX, 50
DEL1:   MOV     CX, 100
DEL2:   LOOP    DEL2
        DEC     BX
        JNZ     DEL1
        POP     CX
        POP     BX
        RET
DELAY   ENDP
CODE    ENDS
        END      START
```

3）编译生成可执行程序并加载到 8086 芯片中。

4）运行仿真，观察虚拟终端显示的内容以及虚拟示波器输出的波形。

(6) 思考题

如果用 8253 为 8251 提供时钟信号，该如何修改电路和程序？

15.10 DAC0832 实验

1. 实验目的

了解数/模转换器的基本原理；掌握 DAC0832 芯片的使用方法。

2. 实验预习

数/模转换器的基本原理和 DAC0832 芯片的结构以及使用方法。

3. 实验内容

采用单缓冲工作方式，通过 DAC0832 数模转换器产生单极性锯齿波，并用虚拟示波器观察波形。

4. **实验分析**

实验原理图见图 15.10-1，用到的元件有：DAC0832、LM324、虚拟示波器和直流电压表。DAC0832 数模转换器内部有二级锁存器，根据任务要求采用单缓冲方式，即只经过一级输入缓冲器锁存。假设使用第一级锁存，第二级直通，那么应该使第二级的控制端 $\overline{WR2}$ 和 $\overline{XFER}$ 两端都固定接地。第一级锁存器被选通的条件是 ILE、$\overline{CS}$、$\overline{WR1}$ 要满足有效电平分别为 1、0、0。因此令 ILE 接高电平，$\overline{CS}$ 和 $\overline{WR1}$ 作为缓冲锁存信号，分别与译码输出端 IO4 和 $\overline{WR}$ 连接。

5. **实验步骤**

1）在 Proteus ISIS 环境下绘制电路原理图。

2）在下面的参考程序空白处填上合适的内容

【参考程序 15.10-1】

```
DAC_1     EQU  ______
CODE     SEGMENT
          ASSUME CS:CODE
START:    MOV     AL,  ______
          MOV     DX,  ______
OUTUP:    ________________
          CALL    DELAY
          ________________
          JMP     OUTUP
DELAY     PROC
          MOV     CX, 125
          LOOP    $
          RET
DELAY     ENDP
CODE      ENDS
          END     START
```

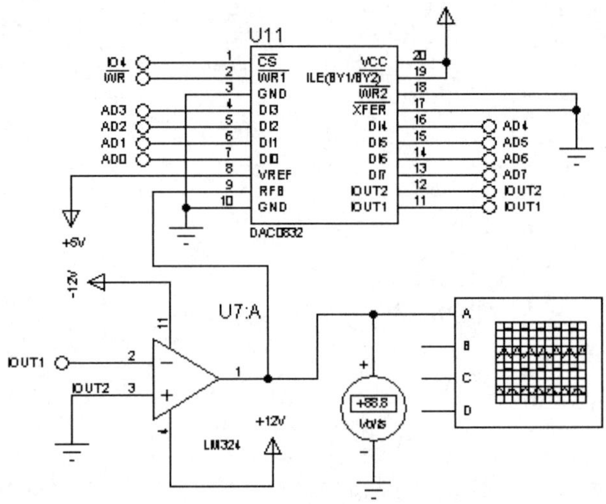

图 15.10-1　实验原理图

3）编译生成可执行程序并加载到 8086 芯片中。

4）运行仿真，观察虚拟示波器的输出的波形。

（6）思考题

1）请分析实验中当 AL=0FFH 和 AL=0 时，对应锯齿波的位置和电压，画出波形示意图。请问如果要输出相反方向的锯齿波，程序改如何修改？

2）如果要输出三角波该如何修改程序？

15.11　ADC0809 实验

（1）实验目的

了解模/数转换器的基本原理；掌握 ADC0809 芯片的使用方法。

（2）实验预习

模/数转换器的基本原理和 ADC0809 芯片的结构及使用方法。

（3）实验内容

实验原理图见图 15.11-1，将电位器输出的 0~5V 直流电压送入 ADC0809 的通道 0(IN0)，用 2 位 LED 数码管显示转换结果，观察虚拟电压表测量到的输入电压与数码管显示的转换数字的关系，来验证 ADC0809 的工作。

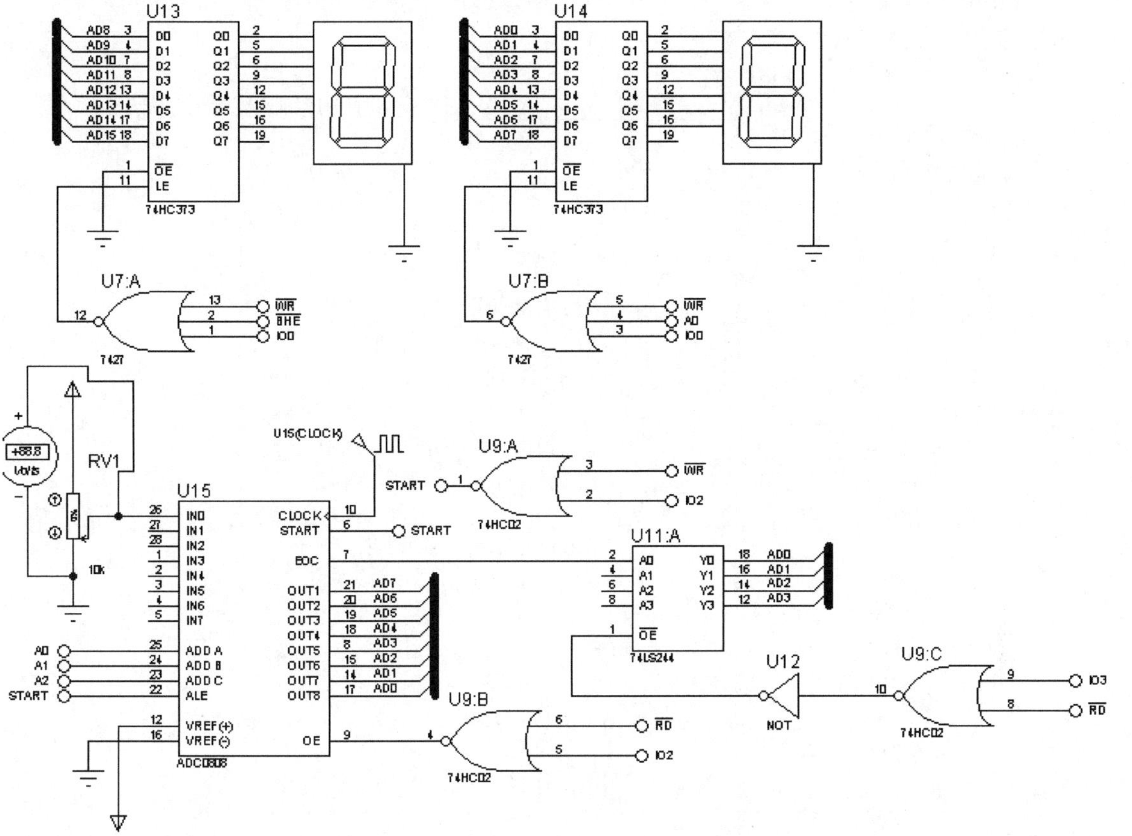

图 15.11-1　实验原理图

（4）实验分析

图 15.11-1 采用的是查询式接口，EOC 用作 CPU 查询状态信号，采用 74LS244 作为 EOC 信号的输入接口，根据 EOC 信号状态判断转换是否结束，状态端口的地址由译码电路的输出端 IO3 决定。START(ALE)对应的地址由译码电路的输出端 IO2 决定，用地址线 A2~A0 作为通道选择信号，各模拟通道均有自己的启动地址。程序流程图见图 15.11-2。

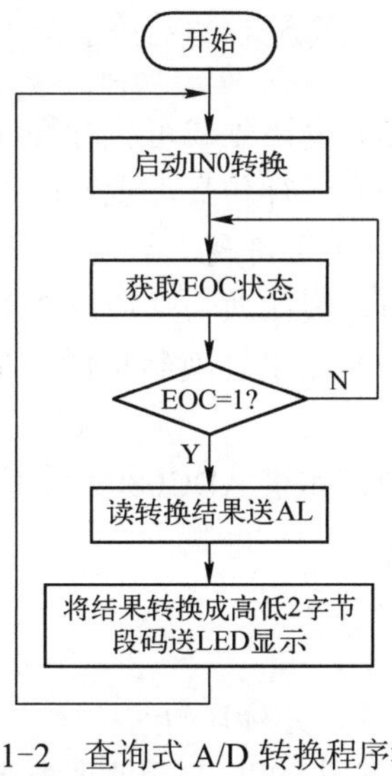

图 15.11-2　查询式 A/D 转换程序流程图

转换结果由 2 个数码管按十六进制数(00H~0FFH)显示。数码管部分的并行接口由 2 片 74HC373 锁存器芯片构成。图 15.11-1 中低位数码管显示内容由 8086 的低 8 位数据线传送，高位数码管显示内容则由 8086 高 8 位数据线传送。因此高位数码管的选通由 $\overline{WR}$、$\overline{BHE}$ 和 IO0 决定，低位数码管的选通由 $\overline{WR}$、A0 和 IO0 决定。

（5）实验步骤

1）在 Proteus ISIS 环境下绘制电路原理图。

2）在下面的参考程序空白处填上合适的内容

【参考程序 15.11-1】

```
        LED_L   EQU ______                ;低位 373
        LED_H   EQU ______                ;高位 373
```

```
EOC_ST  EQU ______                   ;244 地址
ADC0809 EQU ______                   ;0809 地址
DATA    SEGMENT
        ORG    1000H
        TABLE  DB   ______________________ ;0~F 的共阴极七段数码管段码
DATA    ENDS
CODE    SEGMENT
        ASSUME CS:CODE, DS:DATA
START:  MOV    AX, DATA
        MOV    DS, AX
AGAIN:  MOV    DX,_____              ;启动 A/D 转换
        _______________
        MOV    DX,_____              ;244 地址
WAIT0:  _______________
        _______________              ;检测 EOC 是否有效
        JZ     WAIT0
        MOV    DX,_____
        _______________              ;读取 A/D 转换结果
        MOV    AH, AL
        MOV    SI, AX
        MOV    BX, OFFSET TABLE
        AND    SI, 000FH
        _______________              ;取低字节
        MOV    DX, _____             ;低位 373
        _______________              ;显示
        MOV    SI, AX
        MOV    CL, 12
        SHR    SI, CL
        _______________              ;取高字节
        MOV    DX,_____              ;高位 373
        ________________             ;显示
        JMP    AGAIN
CODE    ENDS
        END    START
```

3）编译生成可执行程序并加载到 8086 芯片中。

4）运行仿真，观察虚拟电压表测量到的输入电压与数码管显示的转换数字的关系。

（6）思考题

1）假如改为从通道 2(IN2)采集数据，程序和电路应该如何修改？

2）如果转换结果的高低 2 位通过“OUT DX, AX”指令一起送数码管显示，程序该如何修改？

3）如果 ADC0809 采用软件延时等待式接口方式，请问电路和程序应该如何修改？

15.12　中断控制实验

（1）实验目的

掌握 8086 中断处理系统的基本原理和工作过程；学会编写中断服务程序。

（2）实验预习

复习中断的基本原理和中断处理过程；复习 8259A 的工作原理和不可屏蔽中断。

（3）实验内容

利用不可屏蔽中断或者 8259A 芯片监测按键状态，当有按键按下时，七段数码管显示值加 1，加到 9 后回 0，初始时显示 0。

（4）实验分析

不可屏蔽中断请求由 NMI 引脚上的上升沿信号触发，不受中断标志位 IF 影响。中断类型号为 2。中断相关程序编写，一般步骤包括：

1）根据中断类型码计算中断向量在中断向量表中的地址，这里是 2×4~2×4+3；

2）将中断服务程序入口地址送入中断向量表的相应位置；

3）编写中断服务子程序。

七段数码管递增循环显示，需要先在数据段中定义一个表，存放数字 0~9 的七段数码管段码；然后利用一个指针如 SI，指向当前要取出的段码，SI 初始时指向表的起始地址，NMI 中断每触发一次，SI 加 1，当 SI 移至表尾时，重新将 SI 指向表首。

中断向量的初始化、SI 的初始化和数码管的显示在主程序中完成；SI 的修改在中断服务程序中进行。

如果用 8259A 来实现，则主程序主要完成 8259A 的初始化操作、中断向量的填写和开中断及显示等操作；中断服务程序由单脉冲引发，主要完成中断次数计数器的修改。

两种情况下的原理图分别见图 15.12-1 和图 15.12-2。

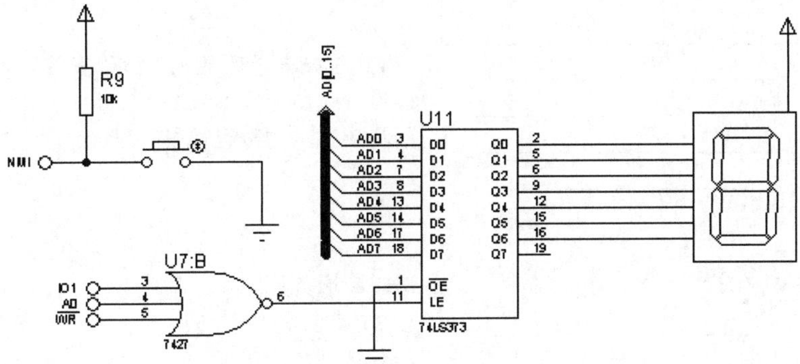

图 15.12-1　非屏蔽中断实验原理图

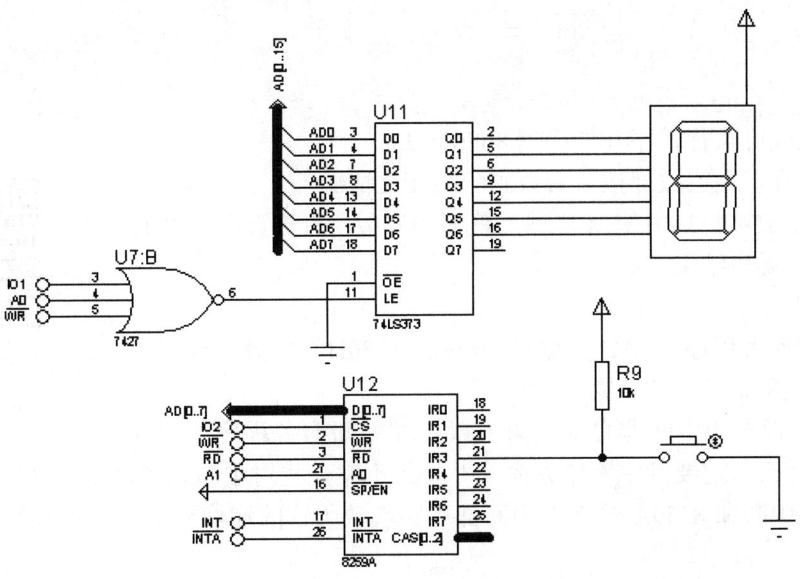

图 15.12-2　8259A 实验原理图

（5）实验步骤

1）在 Proteus ISIS 环境下绘制电路原理图。

2）在下面的参考程序空白处填上合适的内容

【参考程序 15.12-1】

```
OUT373  EQU  0290H
DATA    SEGMENT
        ORG      1000H
        TABLE   DB  ____________________      ; 0~9 的共阳极七段数码管段码表
        TABLE_END = $
DATA    ENDS
CODE    SEGMENT
        ASSUME DS:DATA,CS:CODE
START:  MOV    AX, DATA              ; 装入数据段地址
        MOV    DS, AX
        ┌──────────────────────┐      ; 方框内写入若干语句完成中断向量初始化，即
        │                      │      ; 将非屏蔽中断服务程序 NMI_SERVICE 的地址
        │                      │      ; 送入内存 0 段
        │                      │
        └──────────────────────┘
        ____________________          ; 将 SI 指向七段数码管段码表首
        MOV    DX, _________          ; 设置端口地址
LP:     ____________________          ; 将要显示的数码管段码送 AL
        ____________________          ; 由端口输出
        JMP    LP

NMI_SERVICE:                          ; 中断服务程序
        ____________________          ; SI 指向下一个数字
        CMP    SI, _________          ; 是否到达表尾
        JB     EXIT
        MOV    SI, _________          ; 大于 9 后回到 0，即表首
EXIT:   IRET
CODE    ENDS
        END    START
```

3）编译生成可执行程序并加载到 8086 芯片中。

4）运行仿真，观察按键按下后数码管的变化情况。

5）扫描图 15.12-3 中的二维码，获得 8259A 的仿真电路和程序，运行仿真，观察结果。

图 15.12-3　8259A 的仿真电路和程序

（6）思考题

1）如果把参考程序 15.12-1 中的"ORG 1000H"去掉，观察仿真会出现什么现象？请思考原因是什么？

2）8259A 设置为中断非自动结束方式，在中断服务程序结束即将返回时，为什么一定要发中断结束命令？如果不发，将对中断系统产生怎样的影响？

3）非屏蔽中断和 8259A 管理的中断都能实现数码管的递增显示，两者有何区别？

附录A　自测试题

A.1　试卷一

一、选择题（15 分）

1．一个完整的计算机系统应包括（　　）。

A．配套的硬件设备和软件系统　　B．外部设备和主机

C．主机和实用程序　　D．运算器、存储器和控制器

2．若某种个人计算机有 24 根地址线，则其 CPU 能直接寻址的最大的内存容量为（　　）。

A．4 M　　B．8 M　　C．16 M　　D．24 M

3．下列 4 个不同进制的数中，其值为 10.5 的是（　　）。

A．10.5H　　B．12.2Q　　C．$(10.1)_5$　　D．1010.1000B

4．当 M/$\overline{IO}$ ="0"，$\overline{RD}$ ="0"，$\overline{WR}$ ="1"时，CPU 完成的操作为（　　）。

A．读存储器　　B．读 I/O　　C．写存储器　　D．写 I/O

5．EPROM 是指（　　）。

A．随机读写存储器　　B．只读存储器

C．可编程的只读存储器　　D．可擦可编程的只读存储器

6．在 8086/8088 系统中，下列指令正确的是（　　）。

A．MOV　AX，CL　　B．MOV　SS，5000H

C．MOV　AX，WORD　PTR　ES:[BX][SI]　　D．MOV　CS，DS

7．RS-232C 标准规定其逻辑电平"0"为（　　）。

A．0V~+5V　　B．+3V~+15V　　C．−3V~−15V　　D．−5V~0V

8．若 AL=0FH，BL=04H，则执行"CMP　AL, BL"后，AL 和 BL 的内容为（　　）。

A．0FH 和 04H　　B．0BH 和 04H　　C．0F 和 0BH　　D．04 和 0FH

9．8 片 8259A 级联后，CPU 通过 8259A 管理的可屏蔽中断源个数可扩大到（　　）。

A．64 个　　B．57 个　　C．16 个　　D．24 个

10．在以下编码中，0 的表示方式是唯一的有（　　）。

A．原码　　B．反码　　C．补码　　D．原码和反码

11．同步串行通信的基本特点是（　　）。

A．字符间间隔相同，字符内部各位间间隔也相同

B．字符间间隔不相同，字符内部各位间隔也不相同

C．字符间间隔相同，字符内部各位间隔不相同

D．字符间间隔不相同，字符内部各位间间隔相同

12．利用程序判断外设状态，以决定是否传送数据的数据传送方式是（　　）。

A．无条件传送方式　　B．查询方式　　C．中断方式　　D．DMA 方式

13．主存和 CPU 之间增加 Cache 的目的是（　　）。

A．解决 CPU 和主存之间的速度匹配问题　　B．扩大主存容量

C．扩大 CPU 中通用寄存器的数量　　D．既扩大主存容量，又扩大 CPU 中通用寄存器的数量

14．设某存储器的地址线有 16 条，存储单元为字节，若采用 2K×4 位芯片，按全译码方式组成存储器，则该存储器被扩充成最大容量时，需要此种存储器芯片的数量是（　　）。

A．16 片　　B．32 片　　C．64 片　　D．128 片

15．在 8086/8088 系统中，涉及到对堆栈进行访问的指令是__________

A．MOV　AX，[BX]　　B．MOV　AX，[BP]　　C．MOV　AX，[SI]　　D．MOV　SP，[BX]

二、填空题（15 分）

1．设字长为 8 位，有 x = −1，y = 124，则有：$[x+y]_{补}$=_______。

2．现有 DS = 2000H，BX = 0100H，SI = 0002H，(20100H) = 78H，(20101H) = 56H，(20102H) = 34H，(20103H) = 12H，(21200H) = 65H，(21201H) = 0B7H，(21202H) = 4CH，(21203H) = 2AH，试说明下列各条指令执行完后 AX 寄存器的内容。

（1）MOV　AX，3456H　　;AX= _______

（2）MOV　AX,　BX　　;AX= _______

（3）MOV　AX，[1200H]　　;AX= _______

（4）MOV　AX，[BX+1100H]　　;AX= _______

（5）MOV　AX，[BX]　　;AX= _______

（6）MOV　AX，1100H[BX] [SI]　;AX= _______

3．某数据段定义如下：

```
DATA    SEGMENT
    X   DB  3 DUP (56，24，2 DUP (7)，4 DUP (6，32))
    Y   DD  24 DUP (? )
    Z   EQU  $-X
DATA    ENDS
```

问：Z 的值是_______，X+9 字节单元的内容是_______，X+12 字节单元的内容是_______，X+13 字节单元的内容是_______。

4．设 8086 系统中采用单片 8259A，其 8259A 的 ICW_2=58H，则对应 IR_5 的中断类型号为______H，对应该中断的中断服务子程序的入口地址存放在中断向量表中以地址_______H 为首地址的连续的四个单元中，若在以该地址为首地址的连续 4 个单元内存放的内容依次为 34H、56H、78H、12H，则该中断服务子程序的逻辑地址为_______。

5、设采用 8251A 进行串行异步传输，每帧信息对应 1 个起始位，7 个数据位，1 个奇/偶校验位，1 个停止位，波特率为 4800，则每分钟能传输的最大字符数为____________个。

三、问答题（20 分）

1．8086/8088 CPU 在结构上由哪两个独立的处理单元构成？此结构最主要的优点是什么？

2．请说出 DAC0832 的 3 种工作方式；如果要利用 0832 实现多路同步转换应该使用哪种工作方式？

3．源程序如下：

```
CMP   AX, BX
JNC   L1
JZ    L2
JNS   L3
JNO   L4
JMP   L5
```

设 AX=74C3H，BX=95C3H，则程序最后将转到哪个标号处执行？试说明理由。

4．设 8253 的端口地址为 140H~143H，源程序及 8253 的方式控制字格式如下：

```
MOV   DX, 143H
```

```
MOV   AL, 77H
OUT   DX, AL
MOV   AX, 0
DEC   DX
DEC   DX
OUT   DX, AL
MOV   AL, AH
OUT   DX, AL
```

问：（1）程序是对 8253 的哪个通道进行初始化？（2）该通道的计数常数为多少？安排该通道工作在哪种工作方式？（3）若该通道时钟脉冲 CLK 的周期为 1μs，则输出脉冲 OUT 的周期为多少 μs？

四、程序阅读题（20 分）

1．已知：AX=6666H，BX=0FF00H，CF=0，某指令代码段如下，

```
MOV   AX, 5555H
AND   AX, BX
XOR   AX, AX
NOT   BX
```

试问：执行本程序段后 AX=_______，BX=_______，CF=_______。（6 分）

2．源程序如下：

```
    MOV   AX，0
    MOV   BX，1
    MOV   CX，100
A:  ADD   AX，BX
    INC   BX
    LOOP  A
    HLT
```

试问：执行本程序段后 AX=_______；BX=_______；CX=_______。（6 分）

3．阅读下列程序，回答下列问题（8 分）：

```
DATA    SEGMENT
        BUFFER  DB 'ABCD HACD Q ER A GA','$'
        SUM     DB ?
DATA    ENDS
CODE    SEGMENT
        ASSUME CS:CODE, DS:DATA
START:  MOV   AX, DATA
        MOV   DS, AX
        MOV   BX, OFFSET BUFFER
        MOV   DL, 0
LP2:    CMP   BYTE PTR [BX],'$'
        JZ    DONE
        CMP   BYTE PTR [BX],'A'
        JNZ   LP1
        INC   DL
LP1:    INC   BX
        JMP   LP2
DONE:   MOV   SUM, DL
        MOV   AH, 4CH
        INT   21H
CODE    ENDS
```

```
        END       START
```

（1）程序执行的功能为____________________

（2）程序执行完后，SUM 单元的内容为__________

（3）可以替代“MOV　BX, OFFSET BUFFER”的指令是_________________

（4）指令组　MOV　AH，4CH

　　　　　　INT　　21H

的功能是________________________________

五、图 A.1-1 中，AB_7~AB_0 为 8086 CPU 低 8 位地址总线。试问（10 分）：

（1）8259A 占用______个端口地址，分别为______，其中 ICW_1 的设置地址为______；

（2）8255A 占用______个端口地址，分别为______，其中控制寄存器的地址为______。

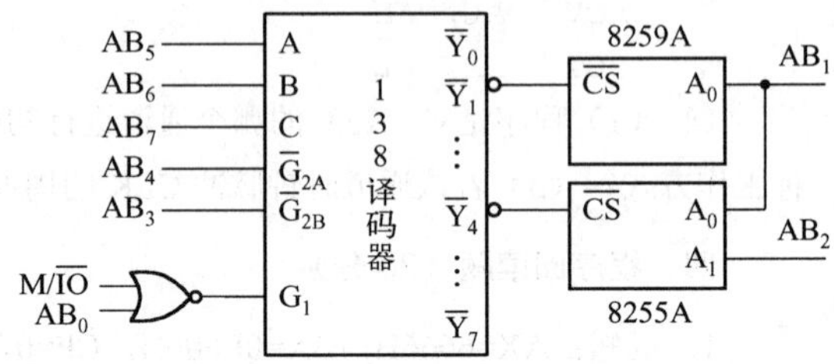

图 A.1-1

六、如图 A.1-2 所示，ADC0809 通过 8255A 和 8086 CPU 相连，8255A 的口地址为 80H~83H，CPU 通过 8255A 的 A 口读取 ADC0809 转换后的数据。对 8255A 进行初始化及启动 A/D 转换并读取 A/D 转换数据的部分程序段如下，试分析程序，并回答以下问题（20 分）。

```
        ⋮
     MOV   BX, 2000H
     MOV   CX, 10
     MOV   AL, ________      ; 对 8255A 进行初始化
     OUT   83H, AL
LP2:MOV   AL, 0DH
     OUT   83H, AL
     NOP
     MOV   AL, 0CH
     OUT   83H, AL
LP1:IN    AL,_______        ; 读 8255A 的 C 口，查询 EOC
     TEST  AL, 02
     JZ    LP1
     IN    AL, 80H          ; 读 A/D 转换结果
     MOV   [BX], AL
     INC   BX
     LOOP  LP2
        ⋮
```

（1）将程序当中的空格填上。

（2）8255A 的 A、C 口分别工作在何种方式？

（3）ADC0809 转换的是哪一个通道的模拟量？

（4）程序启动了几次 A/D 转换？转换后的结果放于何处？

（5）程序中指令 NOP 所起的作用是什么？

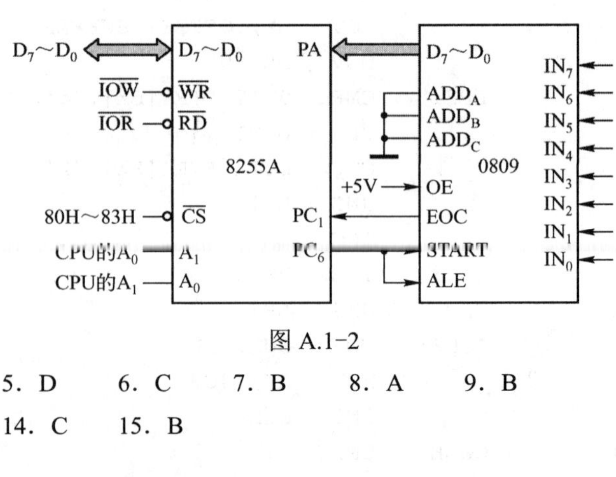

图 A.1-2

A.2　试卷一答案

一、1. A　　2. C　　3. D　　4. B　　5. D　　6. C　　7. B　　8. A　　9. B

　　10. C　　11. A　　12. B　　13. A　　14. C　　15. B

二、1．7BH

2．（1）3456H （2）0100H （3）0B765H （4）0B765H （5）5678H （6）2A4CH

3．132, 32, 56, 24

4．5DH，0174H；1278:5634H

5．28800

三、1．8086/8088 CPU 主要由执行单元（EU）和总线接口单元（BIU）两部分构成。EU 负责完成指令的执行工作，BIU 负责完成预取指令和数据传输的工作，即从内存指定区域取出指令送到指令队列缓冲区。两部分既相互独立又相互配合。这种结构的优点是可以实现指令的重叠执行，即在执行一条指令的同时取下一条指令，提高了 CPU 的利用率和整个系统的执行速度。

2．DAC0832 的工作方式为：直通方式、单缓冲方式、双缓冲方式；要利用 0832 实现多路同步转换应该工作在双缓冲方式下。

3．因为执行 CMP 指令后 CF＝1，ZF＝0， SF＝1，OF＝1，所以跳转到 L5。

4．（1）对通道 1 初始化；（2）计数常数为 10000，方式 3；（3）周期为 10000μs

四、1．0，00FFH，0

2．5050，101，0

3．（1）统计数据串 BUFFER 中字母‘A’的个数，并将结果存放在 SUM 单元中

（2）4 （3）LEA BX, BUFFER （4）返回 DOS 系统

五、（1）2 个（或 4 个）；20H 和 22H（或 20H，22H，24H，26H）；20H（或 24H）

（2）4 个；80H，82H，84H，86H；86H

注：端口地址的分析见表 A.2-1。

表 A.2-1 端口地址分析

	AB_7	AB_6	AB_5	AB_4	AB_3	AB_2	AB_1	AB_0	地址
8259A	0	0	1	0	0	×	0	0	20H 或 24H
	0	0	1	0	0	×	1	0	22H 或 26H
8255A	1	0	0	0	0	0	0	0	80H
	1	0	0	0	0	0	1	0	82H
	1	0	0	0	0	1	0	0	84H
	1	0	0	0	0	1	1	0	86H

六、（1）10010××1B（注：×表示 0 和 1 任意）；82H

（2）都工作于方式 0，A 输入，C 高四位输出、低四位输入

（3）IN0

（4）10 次； DS:2000H 开始的存储区 10 个地址单元

（5）用一个正脉冲启动 A/D 转换，NOP 起延时作用，延长高电平的持续时间

A.3 试卷二

一、选择题(20 分)

1．微型计算机在硬件上是由（ ）四大部分组成的。

A．微处理器、存储器、I/O 接口和总线　　B．ALU、寄存器组、程序计数器和指令系统

C．微处理器、存储器、输入设备、输出设备　　D．主板、硬盘、键盘、显示器

2．某数在计算机中用压缩 BCD 码表示为 10010011，其真值为（ ）。

A．10010011B　　B．93H　　C．93　　D．147

3．微机的地址总线功能是（　　）。

A．只用于选择存储器单元；　　B．只用于选择进行信息传输的设备；

C．用于传送要访问的存储器单元或 I/O 端口的地址　　D．只用于选择 I/O 端口。

4．指令周期是指（　　）。

A．从主存中读取一条指令的时间　　B．从主存中读取一条指令到执行结束的时间

C．执行一条指令的时间　　D．主频脉冲周期

5．RESET 信号有效后，CPU 执行的第一条指令地址为（　　）。

A．00000H　　B．FFFFFH　　C．FFFF0H　　D．0FFFFH

6．8086 最大和最小工作方式的主要差别是（　　）。

A．数据总线的位数不同　　B．地址总线的位数不同

C．I/O 端口数不同　　D．单处理器与多处理器的不同

7．当 8086 执行“OUT　DX, AL”指令时，以下无效的引脚信号是（　　）。

A．$M/\overline{IO}$　　B．$\overline{RD}$　　C．$\overline{WR}$　　D．$\overline{DEN}$

8．执行“MOV　DL, 2AH”和“SHR　DL,1”两条指令后，寄存器 DL 与 CF 标志分别为（　　）。

A．DL=10110110, CF=1　　B．DL=00110101, CF=0

C．DL=00110100, CF=1　　D．DL=00010101, CF=0

9．在微机中，为了提高内存和高速外设批量传送数据的速度，应该用（　　）。

A．中断传输方式　　B．DMA 传送方式　　C．由 CPU 查询传送　　D．程序查询传

10．8086 对中断请求响应优先级最高的请求是（　　）。

A．NMI　　B．INTR　　C．内部中断　　D．单步中断

11．设 8259A 工作于循环优先级方式，CPU 执行完 IR_2 引脚的中断服务程序后，8259A 各引脚的优先顺序为（　　）。

A．$IR_2>IR_3>IR_4>IR_5>IR_6>IR_7>IR_0>IR_1$　　B．$IR_3>IR_4>IR_5>IR_6>IR_7>IR_0>IR_1>IR_2$

C．$IR_0>IR_1>IR_2>IR_3>IR_4>IR_5>IR_6>IR_7$　　D．$IR_2>IR_0>IR_1>IR_3>IR_4>IR_5>IR_6>IR_7$

12．对单片方式使用的 8259A 进行初始化时，必须设置的初始化命令字为（　　）。

A．ICW_1，ICW_3　　B．ICW_1，ICW_2　　C．ICW_3，ICW_4　　D．ICW_2，ICW_4

13．图 A.3-1 为 1 个共阴极的七段数码管，若显示数字“3”，则 D_7~D_0 的状态应该是（　　）。

A．10110000 B　　B．01001111B　　C．00001101B　　D．11110010B

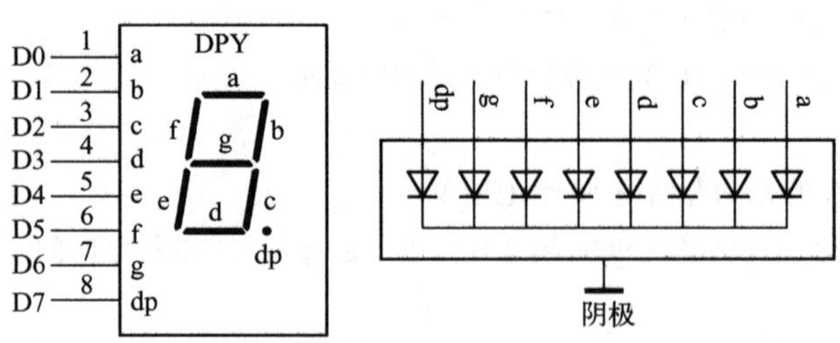

图 A.3-1

14．假设 AX 和 BX 寄存器中存放的是有符号整数，为了判断 AX 寄存器中的数据是否大于 BX 寄存器中的数据，应采用指令序列（　　）。

A．SUB　AX，AX
JC　label　　B．SUB　AX，BX
JNC　label　　C．CMP　AX，BX
JA　label　　D．CMP　AX，BX
JG　label

15．一个 4 位的 D/A 转换器，满量程电压为 10V，其线性误差为±1/2LSB。当输入为 0CH 时，其输出最

可能为（　　）。

A．+10V　　B．–10V　　C．7.25V　　D．7.00V

16．DAC 中采用双缓冲的目的是（　　）。

A．锁存转换的数字量　　B．多路模出通道同步转换　　C．可用于直通工作方式

17．在 I/O 设备的接口电路中，常用器件（　　）解决与数据总线的隔离问题

A．译码器　　B．触发器　　C．三态缓冲器　　D．锁存器

18．下列存储器中，存取速度最快的是（　　）。

A．CD-ROM　　B．内存储器　　C．软盘　　D．硬盘

19．8251 控制线引脚 C/$\overline{D}$ =0，$\overline{RD}$ =0，$\overline{CS}$ =0 时，8251 工作在（　　）。

A．CPU 向 8251 写数据　　B．CPU 向 8251 写命令

C．CPU 从 8251 读数据　　D．CPU 从 8251 读状态

20．起始地址从 0000H 开始的存储器系统中，10KB RAM 的寻址范围为（　　）。

A．0000H~03FFH　　B．0000H~1FFFH　　C．0000H~27FFH　　D．0000H~3FFFH

二、填空题 (每空 1 分，共 20 分)

1．$(11111111)_B$=(_______)$_D$ =(______)$_H$。

2．8086/8088 CPU 的数据线和地址线是以__________方式轮流使用的。

3．若定义“DAT　DW 12H, 34H”，则 DAT+1 和 DAT+2 两个字节内存单元中存放的数据分别是_______和_______。

4．INTR 引脚上来的中断是______中断，NMI 引脚引入的中断是______中断。

5．8086 CPU 的一个基本的总线周期由_____个 T 周期组成，如果某计算机的主频为 5MHz，那么它的一个时钟周期为________，8086/8088 CPU 在进行总线操作中_______情况下需要插入 T_W 周期。

6．某台计算机有 20 根地址线和 8 根数据线，则其存储器寻址空间为_______，通过数据总线一次可传送的带符号数范围是______。

7．若 DS=2000H，ES=2100H，SS=1500H，SI=00A0H，BX=0100H，BP=0010H，则指令“LEA　AX, [BX][SI]”之后，AX=______H，源操作数是_______寻址方式

8．用 8K×1 位的存储芯片，组成 8K×16 位的存储器，需用________扩展，要用____片。

9．DRAM 表示__________存储器，为保证其内容不消失，需要进行______操作。

10．8253 芯片上有_______个独立的 16 位计数器通道，每个通道有______种工作方式。

三、简答题(20 分)

1．数据定义如下：D1　DB　20 DUP(?)，请写出用一条指令实现取 D1 的偏移地址到 SI 的两种方法。

2．设 SS=1250H，SP=0240H，若在堆栈中存入 2 个数据，则栈顶的物理地址为多少？如果又在栈中取出 5 个数据，则栈顶的物理地址为多少？ 给出具体的计算过程。

3．已知 8251A 编程时，对其奇地址写入模式字 FDH。（1）画出传输 'A'（ASCII 码为 41H）时的波形图；（2）若波特率为 9600bit/s，则收/发时钟的频率是多少？

4．已知字长为 8，$[X]_补$=11001000B，$[Y]_补$=10001011B，计算出 X+Y 运算结果的真值，并判断结果是否有溢出，说明原因。

四、根据下面所提供的某 80X86 微机内存中的数据，回答问题(10 分)。

```
0000:0040   B3 18 8A CC 4D F8 00 F0 – 41 F8 00 F0 C5 18 8A CC
0000:0050   39 E7 00 F0 A0 19 8A CC – 2E E8 00 F0 DS EF 00 F0
```

（1）“INT　11H”中断服务程序的入口地址是多少？

（2）写出其中断向量初始化的程序段。

五、8253 计数器/计时器 CLK_0 的时钟频率为 1kHz，请问（20 分）：

（1）该通道的最大定时时间是多少？

（2）要求 8253 通道地址为 88H~8BH，完成图 A.3-2 中的地址连线。

（3）若要周期性地产生 5ms 的定时中断（方式 2），计算计数初值；写出 8253 的工作方式控制字；编写程序实现给定功能 。

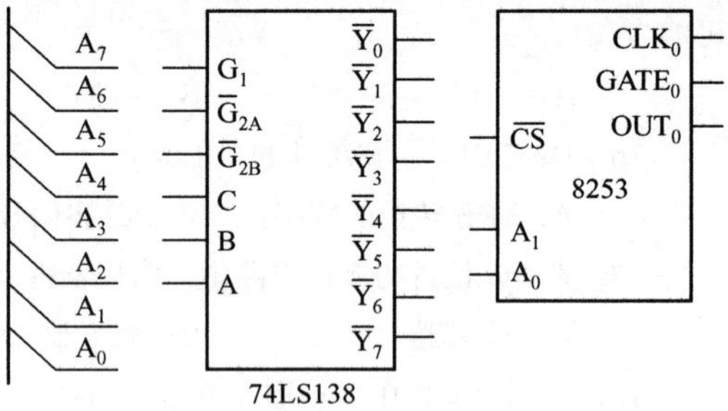

图 A.3-2

六、某 PC 系列微机应用系统以 8255A 作为接口，采集一组开关 K_0~K_7 的状态，然后通过一组发光二极管 LED_0~LED_7 显示出来（K_i 闭合对应 LED_i 亮，K_i 断开对应 LED_i 灭），电路连接见图 A.3-3，已知 8255A 的通道地址为 40H~43H ，A、B 二组均工作在方式 0。（10 分）

（1）写出 8255A 的工作方式控制字。

（2）编写程序实现给定功能。

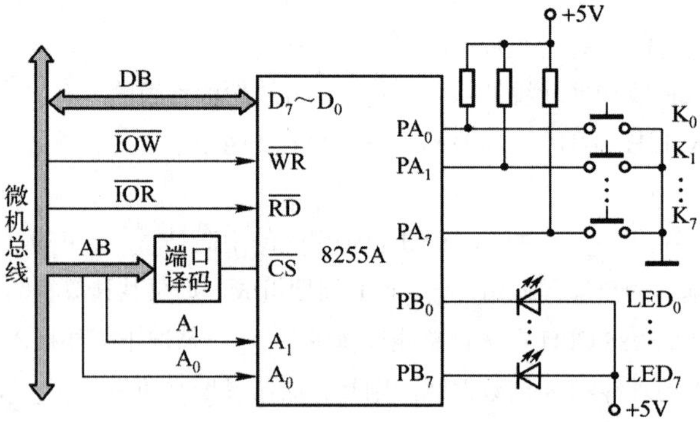

图 A.3-3

A.4　试卷二答案

一、1．A　2．C　3．C　4．B　5．C　6．D　7．B　8．D　9．B　10．C

11．B　12．B　13．B　14．D　15．C　16．B　17．C　18．B　19．C　20．C

二、1．255，0FF　　2．分时　　3．00H，34H　　4．可屏蔽，不可屏蔽

5．4，0.2μs，如果出现内存或 IO 接口速度较慢，来不及响应

6．1MB，−128~+127　　7．01A0，基址加变址　　8．位，16　　9．动态随机读写，刷新

10．3，6

三、1．（1）LEA　SI, D1　　（2）MOV　SI, OFFSET D1

2．栈顶= 12500H + 0240H − 2×2 = 1273CH；栈顶 = 1273CH + 2 × 5 = 12746H

3．8251A 的模式字为 1111 1101B，因此有 2 个停止位，偶校验，8 个数据位(0100 0001B)，波特率因子是 1，因此

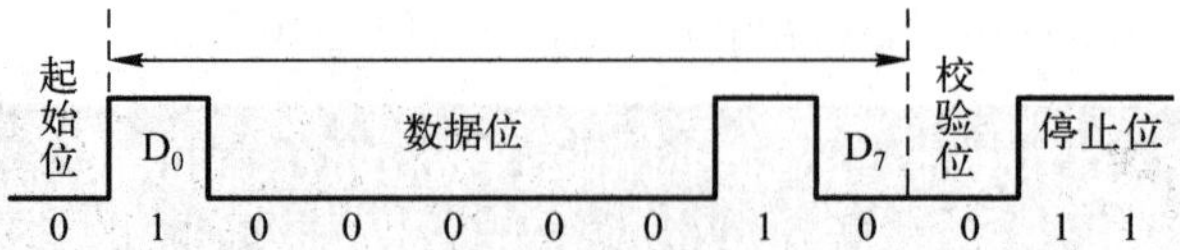

收/发时钟的频率=波特率因子×波特率=1×9600=9600Hz

4.

$$
\begin{array}{rl}
[X]_{补} = & 11001000\ B \\
+\ [Y]_{补} = & 10001011\ B \\
\hline
& 1\ 01010011\ B
\end{array}
$$

C_S　C_P

方法 1：双高位判别法。次高位向最高位无进位（C_P=0），而最高位向前有进位（C_S=1），根据双高位判别法 $C_P \oplus C_S = 0 \oplus 1 = 1$，因此结果溢出。

方法 2：符号位判别法。X 和 Y 是两个负数（补码的符号位为 1），而相加的结果 01010011B(83)为正数，所以结果有溢出。

四、（1）F000: F84DH

（2）
```
MOV   DX, 0F84DH
MOV   AX, 0F000H
MOV   DS, AX
MOV   AL, 11H
MOV   AH, 25H
INT   21H
```
或者
```
MOV   AX, 0
MOV   DS, AX
MOV   BX, 11H*4
MOV   WORD PTR [BX], 0F84DH
MOV   WORD PTR [BX+2], 0F000H
```

五、（1）采用二进制计数，计数初值为 0 时定时时间最大，即 $T = N / f_{CLK}$ =65536×10^{-3}=65.536s

（2）根据端口地址 88H~8BH，可知地址线 A_7~A_0 的取值如表 A.4-1 所示，其中 $A_4A_3A_2$(010)作为 CBA 输入，8253 的片选信号 $\overline{CS}$ 接 $\overline{Y}_2$。因此连线如图 A.4-1 所示。

表 A.4-1　8255 端口地址分析

	A_7	A_6	A_5	A_4 C	A_3 B	A_2 A	A_1	A_0	地址
8255	1	0	0	0	1	0	0	0	88H
	1	0	0	0	1	0	0	1	89H
	1	0	0	0	1	0	1	0	8AH
	1	0	0	0	1	0	1	1	8BH

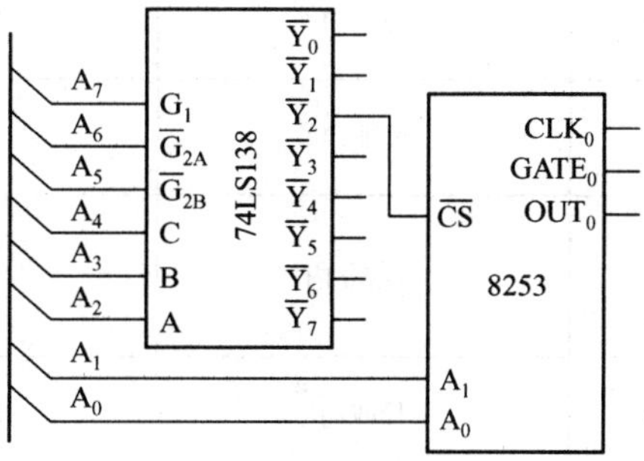

图 A.4-1

（2）计数初值 $N = T \times f_{CLK}$= 5× 10^{-3} × 10^3= 5

```
MOV   AL, 00010101B ; 计数通道 0，只读写低 8 位，工作方式 2，BCD 计数
OUT   8BH, AL
MOV   AL, 05H
OUT   88H, AL
```

六、（1）PA 口方式 0 输入，PB 口方式 0 输出，所以控制字为 1001×00×B（×表示 0 或者 1）

（2）
```
MOV   AL, 10010000B
OUT   43H, AL
IN    AL, 40H
OUT   41H, AL
```

附录B　基本逻辑门电路图形符号对照表

表中列出了基本逻辑门电路的国际图形符号和限定符号(GB/T4728.12.1996)、国外流行图形符号和曾用图形符号。

序　号	名　称	GB/T4728.12-1996		国外流行图形符号	曾用图形符号
		限定符号	国标图形符号		
1	与门	&	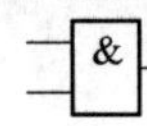	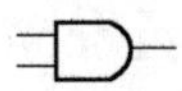	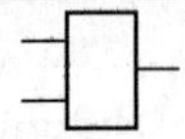
2	或门	≥1	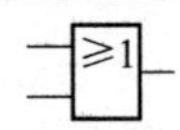	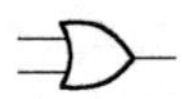	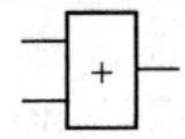
3	非门	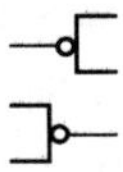 逻辑非入和出	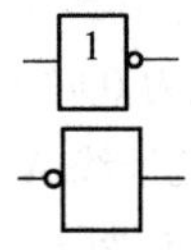	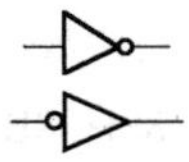	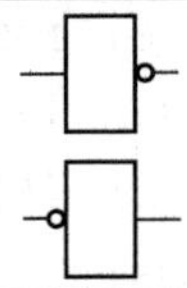
4	与非门		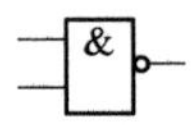	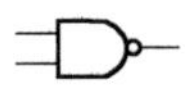	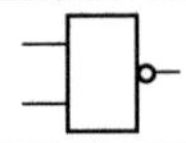
5	或非门		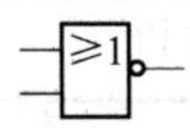	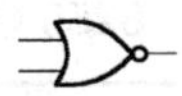	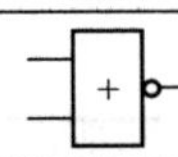
6	与或非门		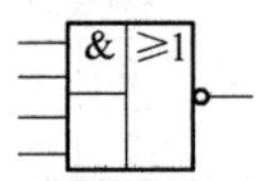	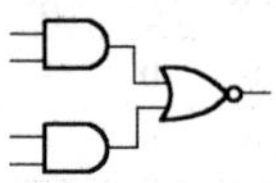	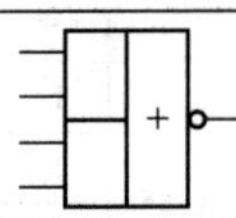
7	异或门	=1	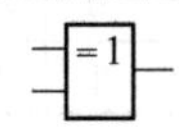		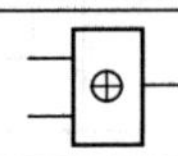
8	同或门	=	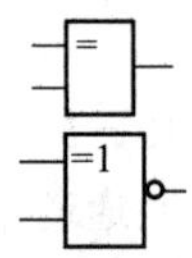	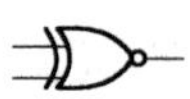	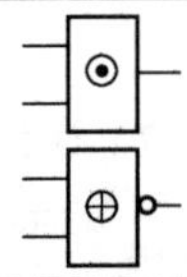
9	集电极开路 OC 门、漏极开路 OD 门	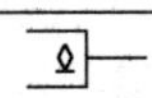 L 型开路输出	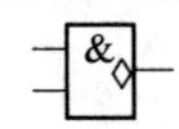		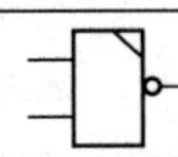
10	缓冲器	▷	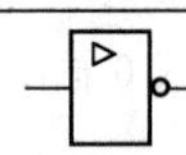	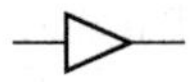	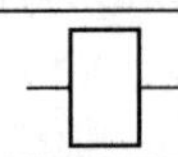
11	三态使能输出的非门	EN 输入使能	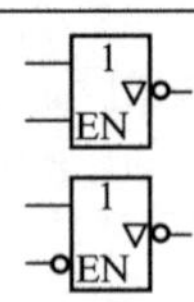	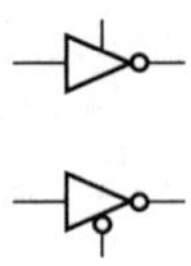	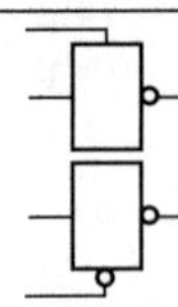
12	传输门		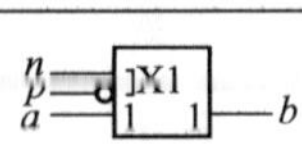		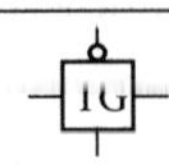

注：在表的第三列列出了限定符号，限定符号有总限定符号、输入/输出限定符号、内部连接符号、方框内符号、非逻辑连接和信息流指示符号等。

总限定符号用于表征逻辑单元的总逻辑功能，输入/输出限定符号标注在方框内输入端或输出端，用于说明输入或输出的功能消息等。

附录 C　ASCII 编码表

表 C-1　非打印 ASCII 码

十进制值	十六进制值	助记名	备注	十进制值	十六进制值	助记名	备注
0	00	NUL	空	16	10	DLE	数据传送换码
1	01	SOH	文件头的开始	17	11	DC1	设备控制 1
2	02	STX	文本的开始	18	12	DC2	设备控制 2
3	03	ETX	文本的结束	19	13	DC3	设备控制 3
4	04	EOT	传输的结束	20	14	DC4	设备控制 4
5	05	ENQ	询问	21	15	NAK	否定
6	06	ACK	确认	22	16	SYN	同步空闲
7	07	BEL	响铃	23	17	ETB	传输块结束
8	08	BS	后退	24	18	CAN	取消
9	09	HT	水平跳格	25	19	EM	媒体结束
10	0A	LF	换行	26	1A	SUB	减
11	0B	VT	垂直跳格	27	1B	ESC	退出
12	0C	FF	格式馈给	28	1C	FS	域分隔符
13	0D	CR	回车	29	1D	GS	组分隔符
14	0E	SO	向外移出	30	1E	RS	记录分隔符
15	0F	SI	向内移入	31	1F	US	单元分隔符

表 C-2　可打印 ASCII 码

十进制值	十六进制值	符号	十进制值	十六进制值	符号	十进制值	十六进制值	符号
32	20	空格	64	40	@	96	60	、
33	21	!	65	41	A	97	61	a
34	22	″	66	42	B	98	62	b
35	23	#	67	43	C	99	63	c
36	24	$	68	44	D	100	64	d
37	25	%	69	45	E	101	65	e
38	26	&	70	46	F	102	66	f
39	27	′	71	47	G	103	67	g
40	28	(	72	48	H	104	68	h
41	29	)	73	49	I	105	69	i
42	2A	*	74	4A	J	106	6A	j
43	2B	+	75	4B	K	107	6B	k
44	2C	,	76	4C	L	108	6C	l
45	2D	-	77	4D	M	109	6D	m
46	2E	.	78	4E	N	110	6E	n
47	2F	/	79	4F	O	111	6F	o
48	30	0	80	50	P	112	70	p

续表

<table>
<tr><th>十进制值</th><th>十六进制值</th><th>符号</th><th>十进制值</th><th>十六进制值</th><th>符号</th><th>十进制值</th><th>十六进制值</th><th>符号</th></tr>
<tr><td>49</td><td>31</td><td>1</td><td>81</td><td>51</td><td>Q</td><td>113</td><td>71</td><td>q</td></tr>
<tr><td>50</td><td>32</td><td>2</td><td>82</td><td>52</td><td>R</td><td>114</td><td>72</td><td>r</td></tr>
<tr><td>51</td><td>33</td><td>3</td><td>83</td><td>53</td><td>S</td><td>115</td><td>73</td><td>s</td></tr>
<tr><td>52</td><td>34</td><td>4</td><td>84</td><td>54</td><td>T</td><td>116</td><td>74</td><td>t</td></tr>
<tr><td>53</td><td>35</td><td>5</td><td>85</td><td>55</td><td>U</td><td>117</td><td>75</td><td>u</td></tr>
<tr><td>54</td><td>36</td><td>6</td><td>86</td><td>56</td><td>V</td><td>118</td><td>76</td><td>v</td></tr>
<tr><td>55</td><td>37</td><td>7</td><td>87</td><td>57</td><td>W</td><td>119</td><td>77</td><td>w</td></tr>
<tr><td>56</td><td>38</td><td>8</td><td>88</td><td>58</td><td>X</td><td>120</td><td>78</td><td>x</td></tr>
<tr><td>57</td><td>39</td><td>9</td><td>89</td><td>59</td><td>Y</td><td>121</td><td>79</td><td>y</td></tr>
<tr><td>58</td><td>3A</td><td>:</td><td>90</td><td>5A</td><td>Z</td><td>122</td><td>7A</td><td>z</td></tr>
<tr><td>59</td><td>3B</td><td>;</td><td>91</td><td>5B</td><td>[</td><td>123</td><td>7B</td><td>{</td></tr>
<tr><td>60</td><td>3C</td><td><</td><td>92</td><td>5C</td><td>\</td><td>124</td><td>7C</td><td>|</td></tr>
<tr><td>61</td><td>3D</td><td>=</td><td>93</td><td>5D</td><td>]</td><td>125</td><td>7D</td><td>}</td></tr>
<tr><td>62</td><td>3E</td><td>></td><td>94</td><td>5E</td><td>^</td><td>126</td><td>7E</td><td>~</td></tr>
<tr><td>63</td><td>3F</td><td>?</td><td>95</td><td>5F</td><td>–</td><td>127</td><td>7F</td><td></td></tr>
</table>

参考文献

1 王克义，等．微机原理与接口技术教程．北京：北京大学出版社，2010.2.

2 周荷琴，等．微型计算机原理与接口技术（第 4 版）．合肥：中国科技大学出版社，2008.6.

3 杨振山，龚沛曾，等．大学计算机基础（第 4 版）．北京：高等教育出版社．2004.7.

4 戴梅萼，史嘉权．微型计算机技术及应用（第 4 版）．北京：清华大学出版社．2009.10.

5 邹逢兴，陈立刚．微型计算机原理与接口技术．北京：清华大学出版社，2007.12.

6 周明德．微机原理与接口技术（第 2 版）．北京：人民邮电出版社，2007.4.

7 王克义．微机原理——结构、编程与接口．北京：清华大学出版社，2009.2.

8 朱庆保，张颖超，孙燕. 微机系统原理与接口．南京：南京大学出版社，2003.8.

9 沈美明．IBM PC 汇编语言程序设计（第 2 版）．北京：清华大学出版社，2005.3.

10 何莉．微机原理与接口技术．北京：机械工业出版社，2005.3.

11 俸远祯，王正智，徐洁，俸智丹．计算机组成原理与汇编语言程序设计．北京：电子工业出版社，1997.6.

12 刘洪梅，薛永毅，尹兵．微型计算机实用接口．北京：机械工业出版社，1998.11.

13 宁飞，刘捷．微型计算机原理及接口应用．济南：山东大学出版社，2002.4.

14 朱定华．微机原理与接口技术．北京：北方交通大学出版社，清华大学出版社，2002.6.

15 周明德．微机原理与接口技术实验指导与习题集．北京：人民邮电出版社，2002.5.

16 赵志诚， 段中兴．微机原理及接口技术．北京：中国林业出版社，2006.8.

17 李伯成．微型计算机原理及应用习题+试题分析与解答．西安：西安电子科技大学出版社，2001.12.

18 于海生，丁军航，潘松峰．微型计算机控制技术（第 2 版）．北京：清华大学出版社，2009.9.

19 钱晓捷．微型计算机原理及应用．北京：清华大学出版社，2006.6.

20 周荷琴，吴秀清．微型计算机原理与接口技术（第 4 版）．合肥：中国科学技术大学出版社，2008.6.

21 袁新燕．计算机外设与接口简明教程．北京：北京航空航天大学出版社，2000.8.

22 李文英等．微机原理与接口技术．北京：清华大学出版社，2001.9.

23 薛钧义，虞鹤松，张彦斌．微型计算机原理及应用．西安：西安交通大学出版社，2000.7.

24 何宏．微型计算机原理与接口技术．天津：天津大学出版社，2005.9.

25 杨晓东．微型计算机原理与接口技术．北京：机械工业出版社，2007.8.

26 吴宁. 微型计算机原理与接口技术．西安：西安交通大学出版社，2009.8 .

27 钱晓捷，陈涛. 16/32 位微机原理、汇编语言及接口技术，北京：机械工业出版社，2001.7.

28 周佩玲，彭虎，傅忠谦. 微机原理与接口技术—基于 16 位机. 北京：电子工业出版社，2005.4.

29 杨素行. 微型计算机系统原理及应用（第 2 版）. 北京：清华大学出版社，2004.2.

30 刘星. 微机原理与接口技术. 北京：电子工业出版社，2002.1.

31 王爽．汇编语言（第 2 版）． 北京：清华大学出版社，2008.4.

32 王永山，杨宏五，杨婵娟． 微型计算机原理及应用（第 2 版）．西安：西安电子科技大学出版社，1999.12.

33 周明德．微型计算机系统原理及应用（第 3 版，上册）．北京：清华大学出版社，1998.8.

34 Kip R．Irvine．Intel 汇编语言程设计（第 5 版）．北京：电子工业出版社，2007.9.

35 郑利平，周国祥，张冬艳，李扬．结合高级语言的汇编语言教学方法研究．合肥工业大学学报(社会科学版)，2008，22(10):101~105．

36 刘健．汇编流程控制的标准规范式之探讨．宜春师专学报，1999，21(5):73~78．

37 张绪辉，罗忠．汇编语言数据访问的高级语言理解．湖北教育学院学报，2007，24(8):26~28．

38 吕振洪．用结构化程序设计思想指导汇编语言开发．自动化技术与应用，2001，1:42~44．

39 马瑞芳．80X86 汇编语言程序设计 导教·导学·导考．西安：西北工业大学出版社，2005.4．

40 姜媛，白洁，任卓谊．IBM PC80X86 汇编语言程序设计习题解析及实验指导．北京：冶金工业出版社，2005.2．

41 吴向军， 李磊， 梁志勇．汇编语言程序设计实验指导及习题集．北京：高等教育出版社，2004.6．

42 武自芳． 微型计算机原理常见题型解析及模拟题（第 2 版）．西安：西北工业大学出版社，2001.2．

43 周佩玲，彭虎，傅忠谦．微机原理与接口技术，北京：电子工业出版社，2005.1．

44 王玉良，戴志涛，杨子珊．微机原理与接口技术．北京：北京邮电大学出版社，2001.6．

45 周明德．微型计算机系统原理及应用．北京：清华大学出版社，2007 年 1 月．

46 李牧，何明星，汤波，胡训强．微机系统与接口．北京：冶金工业出版社，2007.4．

47 杨文．现代微型计算机原理与接口技术教程．北京：清华大学出版社，2006.6．

48 冯博琴，吴宁．微型计算机原理与接口技术（第 2 版）．北京：清华大学出版社，2007.8．

49 李芷．微机原理与接口技术（第 2 版）．北京：电子工业出版社，2007.1．

50 彭虎，周佩玲，傅忠谦．微机原理与接口技术学习指导（第 3 版）．北京：电子工业出版社，2013.4．

51 余春暄，施远征，左国玉．80X86 微机原理与接口技术——习题解答与实验指导．北京：机械工业出版社，2011.1．

52 顾晖，陈越，梁惺彦．微机原理与接口技术——基于 8086 和 Proteus 仿真（第 2 版）．北京：电子工业出版社，2015.8．

53 徐军，李海燕，张申浩．考研专业课真题必练（含关键考点点评）——微机原理与接口技术．北京：北京邮电大学出版社，2013.5．

54 邹逢兴．微机原理与接口技术经典实验案例集．北京：高等教育出版社，2012.5．

55 陈逸菲，叶彦斐，孙宁，杨乐．微机原理与接口技术实验与实践教程——基于 Proteus 仿真．北京：电子工业出版社，2016.7．

反侵权盗版声明

举报电话：（010）88254396；（010）88258888
传　　真：（010）88254397
E-mail：dbqq@phei.com.cn
通信地址：北京市海淀区万寿路 173 信箱
　　　　　电子工业出版社总编办公室
邮　　编：100036